Nationalatlas Bundesrepublik Deutschland – Dörfer und Städte

Nationalatlas Bundesrepublik Deutschland –
Unser Land in Karten, Texten und Bildern

Gesellschaft und Staat
Bevölkerung
Dörfer und Städte
Bildung und Kultur
Verkehr und Kommunikation
Freizeit und Tourismus

In dieser Sonderausgabe sind die zwischen 1999 und 2002 erschienenen ersten sechs Bände des *Nationalatlas Bundesrepublik Deutschland* zusammengefasst.

Der Band *Dörfer und Städte* wurde teilfinanziert durch Projektförderung des Bundesministeriums für Verkehr, Bau- und Wohnungswesen.

Institut für Länderkunde, Leipzig (Hrsg.)

Nationalatlas Bundesrepublik Deutschland –
Unser Land in Karten, Texten und Bildern

Dörfer und Städte
Mitherausgegeben von Klaus Friedrich, Barbara Hahn und Herbert Popp

Wichtiger Hinweis für den Benutzer
Der Verlag und der Autor haben alle Sorgfalt walten lassen, um vollständige und akkurate Informationen in diesem Buch zu publizieren. Der Verlag übernimmt weder Garantie noch die juristische Verantwortung oder irgendeine Haftung für die Nutzung dieser Informationen, für deren Wirtschaftlichkeit oder fehlerfreie Funktion für einen bestimmten Zweck. Der Verlag übernimmt keine Gewähr dafür, dass die beschriebenen Verfahren, Programme usw. frei von Schutzrechten Dritter sind. Der Verlag hat sich bemüht, sämtliche Rechteinhaber von Abbildungen zu ermitteln. Sollte dem Verlag gegenüber dennoch der Nachweis der Rechtsinhaberschaft geführt werden, wird das branchenübliche Honorar gezahlt.

Bibliografische Information der Deutschen Bibliothek
Die Deutsche Bibliothek verzeichnet diese Publikation in der Deutschen Nationalbibliografie; detaillierte bibliografische Daten sind im Internet über http://dnb.ddb.de abrufbar.

Nationalatlas Bundesrepublik Deutschland
Herausgeber: Leibniz-Institut für Länderkunde
Schongauerstraße 9
D-04329 Leipzig
Mitglied der Leibniz-Gemeinschaft

Dörfer und Städte
Mitherausgegeben von Klaus Friedrich, Barbara Hahn und Herbert Popp

Alle Rechte vorbehalten
Sonderausgabe der sechs Bände *Gesellschaft und Staat* (1. Auflage 1999),
Bevölkerung (2001), *Dörfer und Städte* (2002), *Bildung und Kultur* (2002),
Verkehr und Kommunikation (2001), *Freizeit und Tourismus* (2000)
1. Auflage der Sonderausgabe 2004
© Elsevier GmbH, München
Spektrum Akademischer Verlag ist ein Imprint der Elsevier GmbH.

04 05 06 07   5 4 3 2 1 0

Das Werk einschließlich aller seiner Teile ist urheberrechtlich geschützt. Jede Verwertung außerhalb der engen Grenzen des Urheberrechtsgesetzes ist ohne Zustimmung des Verlages unzulässig und strafbar. Das gilt insbesondere für Vervielfältigungen, Übersetzungen, Mikroverfilmungen und die Einspeicherung und Verarbeitung in elektronischen Systemen.

Nationalatlas Bundesrepublik Deutschland
Projektleitung: Prof. Dr. S. Lentz, Dr. S. Tzschaschel
Lektorat: S. Tzschaschel
Redaktion: V. Bode, K. Großer, D. Hänsgen, C. Hanewinkel, S. Lentz, S. Tzschaschel
Kartenredaktion: S. Dutzmann, K. Großer, B. Hantzsch, W. Kraus
Umschlag- und Layoutgestaltung: WSP Design, Heidelberg
Satz und Gesamtgestaltung: J. Rohland
Druck und Verarbeitung: Appl Druck GmbH & Co. KG, Wemding

Umschlagfotos: PhotoDisc
Printed in Germany

ISBN 3-8274-1523-3

Aktuelle Informationen finden Sie im Internet unter www.elsevier.de

Geleitwort

Foto: J. Hohmuth

Nun also die Dörfer und Städte als Gegenstand des Nationalatlas eines in Mitteleuropa gelegenen Landes, als Gegenstand des Deutschen Nationalatlas. Welche Botschaft kann für den Leser die Vielfalt der Themen, die Vielfalt der Bearbeiter bieten zum Verständnis dessen, was wir unter Dörfern und Städten verstehen, was andere darunter verstehen, einschließlich aller möglichen Missverständnisse? Was ist oder wäre zu erwarten?

Es ist fast zum Allgemeinplatz geworden, dass die Menschheit und damit auch die Deutschen zu immer größeren Anteilen in Städten leben und zukünftig leben werden und zu immer geringer werdenden Anteilen in Dörfern.

Aber, was sind das für Städte, sind es überhaupt noch einzelne identifizierbare Städte oder nicht vielmehr nur noch zusammenhängende verstädterte Siedlungsgebiete, Verdichtungsräume oder Agglomerationsräume, also Wohngebiete, Geschäftsgebiete und gewerblich genutzte Räume, verbunden und gegliedert durch Verkehrsnetze und Ballungen in den Stadtkernen (Cities) oder von wo auch immer gelegenen Einkaufs-, Kommunikations- oder Aktivitätszentren – in hoher Verdichtung. Was ist daran etwa noch das spezifisch Europäische, wenn heute allenthalben von der Europäischen Stadt gesprochen wird, die Forderung nach ihrem Erhalt, ihrer Bewahrung erhoben wird? Und dies in Absetzung zu anderen Stadtformen auf anderen Kontinenten, etwa in Amerika und Asien jenseits aller Unterschiede der Städte dort? Welche Vorstellungen leiten uns, wenn wir hier vom Bild oder der Gestalt der Stadt sprechen? Welche gesellschaftlichen Vorstellungen und Werte leiten uns, verstädterte Gebiete als Städte zu sehen und zu schätzen, sie abzusetzen gegenüber den sogenannten Zersiedlungen von Verdichtungsräumen, die für viele nur noch städtische Elemente in Anspruch nehmen können, aber nicht mehr die Bezeichnung Stadt als Benennung einer „heilen Welt". Drohen wir durch die Ubiquität des Städtischen die Städte selbst zu verlieren? Oder ist das Gegenteil der Fall, sind die heutigen verstädterten Gebiete nicht eher der Ausdruck unserer nivellierten Mittelstandsgesellschaft, unserer affluenten Massengesellschaften und das alte Bild der Städte nur noch der baulich fast museale Reflex einer nicht mehr vorhandenen Gesellschaftsformation, nämlich der bürgerlichen Gesellschaft, ganz zu schweigen von feudalen oder absolutistischen Relikten?

Demgegenüber, wie im Titel, abgesetzt die Dörfer. Gibt es sie überhaupt noch identifizierbar nach allen territorialen und anderen funktionalen Gebietsreformen? Sind sie nicht dem zentralisierenden Prinzip der Zentralen Orte, einer präskriptiv gewendeten Deskription, und der damit verbundenen Verbetriebswirtschaftlichung räumlicher Strukturen zum Opfer gefallen? Gibt es Dörfer im alten Sinne überhaupt noch nach dem Rückgang der wirtschaftlichen Bedeutung der Landwirtschaft einerseits und der damit einhergehenden Rationalisierung gleich Verindustrialisierung der sie einst prägenden Produktionsverhältnisse andererseits?

Fragen über Fragen nach der räumlichen Struktur unserer Gesellschaft, nach dem räumlichen Niederschlag der Gesellschaft, ihrer räumlichen Konkretisierung. Insofern kann unter Stadt und Dorf heute gar nicht mehr das verstanden werden, was in den beiden vergangenen Jahrhunderten darunter verstanden wurde – nach all dem Wandel der gesellschaftlichen Strukturen und Ordnungen, der sich auch heute noch sehr dynamisch vollzieht und vieles auf den Kopf stellt, was bisher als gesicherte Erfahrung oder Kategorie einer bestehenden Ordnung galt. Positiv gesehen etwa in dem Slogan, dass Stadtluft frei mache oder dörfliche Lebensformen eine besondere Geborgenheit ausstrahlen, wobei ich die negativen Konnotationen, die sich mit der gegenwärtigen Realität der Städte und Dörfer verbinden, einmal bewusst nicht aufführen will. Gleichwohl haben räumliche Strukturen durch ihre bauliche Dauerhaftigkeit auch eine gewisse Nachhaltigkeit und durchaus Momente an Beharrungsvermögen, zumal sich für diese alten räumlichen Strukturen immer neue Formen der Nutzung ergeben, sich neue Nutzungsformen eröffnen.

Dabei unterliegt man leicht dem Fehler, diese räumlich-bauliche Persistenz mit einer ähnlichen Persistenz der gesellschaftlichen Strukturen gleichzusetzen. Dies ist gleichsam ein häufig zu beobachtender Schluss oder Fehler, nicht zuletzt damit verbunden, in der Vergangenheit Orientierungen oder gar Ordnungen für die Gegenwart und Zukunft zu suchen, häufig auch als eine gewisse Abwehr gegenüber dem unübersichtlichen Neuen.

An diesen skizzierten Fragen und Problematisierungen ist leicht zu erkennen, dass das Rahmenthema „Dörfer und Städte" mehr Facetten hat als der einfache Titel vermuten lässt. Vielmehr ist die räumliche Form unserer Gesellschaft angesprochen, die Form und Gestalt des Raumes, die unsere Gesellschaft prägt, aber auch umgekehrt. Andererseits wissen wir auch aus eigener Erfahrung, dass die Vielfalt menschlicher Existenz sich immer weniger aus den vorhandenen räumlichen Gegebenheiten herleitet, geschweige denn ihr verpflichtet ist. Denn es lässt sich in städtischen Räumen durchaus fast ländlich leben, was auch immer darunter verstanden wird, wie es umgekehrt auch möglich ist, in ganz peripher gelegenen Räumen (Dörfern) mit der städtischen Gegenwart ständig im Austausch und in Verbindung zu stehen.

Die Ubiquität des Städtischen korrespondiert hier mit einem Potenzial des überall Möglichen, auch wenn sich die räumlichen Konkretisierungen noch als unterschiedliche Typen fassen lassen. Die Unterschiede zwischen lokalen (= dörflichen?) oder kosmopolitischen (= städtischen?) Orientierungen sind etwa nicht mehr ein Reflex bestimmter räumlicher Bedingungen, sondern sind in räumlich ganz unterschiedlichen Kontexten verwirklichbar und zu leben möglich. So wie Formen von dörflich gekennzeichneter Nachbarschaft auch in städtischen Zusammenhängen beobachtbar und möglich sind – vergleiche etwa das von Herbert Gans bewusst so genannte Paradoxon der *urban villagers*. So wie sich auch Formen der gegenseitigen Fremdheit, des Nicht-Aufeinander-Bezogenseins heute in Dörfern beobachten lassen. Demgegenüber steht – vermittelt durch die ubiquitären elektronischen Massenmedien – die Entwicklung der Welt, der Menschheit zu einem *global village* als Orientierung ebenfalls im Raum, virtuell und real. Es scheint, als ob sich derzeit die klare Unterscheidung von räumlichen Kategorien, die uns von früher vertraut und bekannt sind, auflöst in nur scheinbar paradoxe Konstellationen, in nur scheinbare *contradictiones in adiecto*, denn diese scheinbaren Widersprüchlichkeiten scheinen die gegebene Realität viel besser zu erfassen als alle Ausschließlichkeit fordernden Kategorisierungen.

Erneut Fragen über Fragen, auf die die Autoren dieses Bandes Antworten zu geben versuchen. Es ist der Vorteil eines solchen enzyklopädischen Ansatzes, dass hier keine vorgefertigten, endgültigen Antworten gegeben werden, schon gar nicht solche als Präskriptionen für zukünftige Entwicklungen, vielmehr werden hier Materialien zum Eigenstudium, zur Selbsterkenntnis angeboten, Anregungen, vielleicht auch Orientierungen gegeben, aber nicht fertige, endgültige Antworten. Und dies hat als Aufforderung einen hohen Stellenwert in der abendländischen Welt. Erkenne Dich selbst, wie und wo Du lebst und wie und wo Du leben möchtest! Ergreife die Chance dazu, warte nicht auf Lösungen durch andere, verlass Dich nicht auf angeblich festliegende Prädispositionen oder gar Prädestinationen.

Die Vielfalt der in diesem Band angebotenen Methoden und Hinweise bietet alle Chancen für eine kritische Aufklärung. Sie ist entstanden im Geflecht oder in Netzwerken der einschlägig arbeitenden *scientific community*, fokussiert durch das Institut für Länderkunde, seine Mitarbeiter und den sie beratenden Beirat. Jetzt ist es Aufgabe der Leser, das Angebot zu nutzen und die Reflexionen über die Siedlungsstruktur Deutschlands im Fokus der Begriffe Dorf und Stadt als Anregung aufzugreifen, um das Verständnis für die damit gegebenen räumlichen und gesellschaftlichen Konstellationen zu vertiefen, weiter voranzutreiben im Sinne einer sich gegenseitig bedingenden und beeinflussenden Dialektik, nicht jedoch als sich ausschließende Kategorisierung.

Zwischen kollektiver Erinnerung oder Selbstvergewisserung einerseits und der gemeinsamen gesellschaftlichen, nicht nur staatlichen Gestaltung der Zukunft andererseits liegt die Gegenwart des gemeinsamen Handelns und Entscheidens. Dazu bedarf es analytischer Kompetenz und Beratung. Dies soll dieser Band leisten. Möge er die weiteren Diskussionen befruchten und vorantreiben, denn abgeschlossen sind sie hiermit beileibe nicht.

Bonn, im Juli 2002

Prof. Dr. Wendelin Strubelt
Vizepräsident des Bundesamtes
für Bauwesen und Raumordnung,
Mitglied im Beirat des Nationalatlas
Bundesrepublik Deutschland

Abkürzungsverzeichnis

Zeichenerläuterung

❶ Verweis auf Abbildung/Karte
▶▶ Verweis auf anderen Beitrag
→ Hinweis auf Folgeseiten
▶ Verweis auf blauen Erläuterungsblock

Allgemeine Abkürzungen

Abb. – Abbildung
aL – alte Länder
Anm. – Anmerkung (im Anhang)
BBR – Bundesamt für Bauwesen und Raumordnung
Bd. – Band
BIP – Bruttoinlandsprodukt
BRD – Bundesrepublik Deutschland
BSP – Bruttosozialprodukt
bspw. – beispielsweise
bzw. – beziehungsweise
ca. – cirka, ungefähr
DDR – Deutsche Demokratische Republik
Dez. – Dezember
DM – Deutsche Mark
dtsch. – deutsch
dzt. – derzeit
ehem. – ehemalige/s
engl. – englisch
etc. – etcetera, und so weiter
EU – Europäische Union
Ew. – Einwohner
franz. – französisch
GG – Grundgesetz
ggf. – gegebenenfalls
Hbf. – Hauptbahnhof
Hrsg. – Herausgeber
i.d.R. – in der Regel
IfL – Institut für Länderkunde
inkl. – inklusive
ital. - italienisch
J. – Jahr/e
Jh./Jhs. – Jahrhundert/s
k.A. – keine Angabe (bei Daten)
...kan. – ...kanal
Kfz – Kraftfahrzeug
km – Kilometer
lat. – lateinisch
m – Meter
Max./max. – Maximum/maximal
Min./min. – Minimum/minimal
mind. - mindestens
Mio. – Millionen
Mrd. – Milliarden
N – Norden
NUTS – nomenclature des unités territoriales stastistiques [1]
n.Ch. – nach Christus
nL – neue Länder
O – Osten
o.Ä. – oder Ähnliches
o.g. – oben genannt/e/er
ÖPNV – Öffentlicher Nahverkehr
Pkw – Personenkraftwagen

rd. – rund
s – Sekunde
S – Süden
s. – siehe
S. – Seite
sog. – sogenannte/r/s
Tsd. – Tausend
u.a. – und andere
u.Ä. – und Ähnliches
u.s.w. – und so weiter
u.U. – unter Umständen
v.a. – vor allem
v.Ch. – vor Christus
W – Westen
z.B. – zum Beispiel
z.T. – zum Teil

Spezielle Abkürzungen für Band 5

BauGB – Baugesetzbuch
BMBau – Bundesbauministerium (vor 1998); Kurzform für Bundesministerium für Raumordnung, Bauwesen und Städtebau
BMVBW – Bundesministerium für Verkehr, Bau- und Wohnungswesen
EAD – Einwohner-Arbeitsplatz-Dichte
KfS – kreisfreie Stadt
N.U.R.E.C. – Network on Urban Research in the European Union
MIV – Motorisierter Individualverkehr
MKRO – Ministerkonferenz für Raumordnung
ÖV – öffentlicher Verkehr
SK – Stadtkreis

---

[1] NUTS – Schlüsselnummern der EU-Statistik. Die Ebene NUTS-0 bilden die Staaten; NUTS-1 die nächstniederen Verwaltungseinheiten, in Deutschland die Länder; NUTS-2 in Deutschland die Regierungsbezirke; NUTS-3 in Deutschland die Kreise.

Für Abkürzungen von geographischen Namen – Kreis- und Länderbezeichnungen, die in den Karten verwendet werden – siehe Verzeichnis im Anhang.

Inhaltsverzeichnis

Geleitwort 5
Abkürzungsverzeichnis 6
Vorwort des Herausgebers 9
Deutschland auf einen Blick *(Dirk Hänsgen und Birgit Hantzsch)* 10

Einleitung und Überblick

Dörfer und Städte – eine Einführung *(Klaus Friedrich, Barbara Hahn und Herbert Popp)* 12
- Fragestellungen der Stadtforschung
- Die Entwicklung der Städte und des Städtesystems
- Raumordnung – der staatliche Einfluss
- Regionale Besonderheiten der Städte
- Der ländliche Raum und seine Siedlungen
- Stadtland Deutschland – eine Zukunftsvision

Die Stadt als sozialer Raum *(Hartmut Häußermann)* 26

Allgemeine Prinzipien der Siedlungsstruktur

Siedlungsstruktur und Gebietskategorien *(Ferdinand Böltken und Gerhard Stiens)* 30
Gemeinde- und Kreisreformen seit den 1970er Jahren *(Thomas Schwarze)* 32
Zentrale Orte und Entwicklungsachsen *(Klaus Sachs)* 34
Vom Stadt-Land-Gegensatz zum Stadt-Land-Kontinuum *(Gerhard Stiens)* 36
Städtesystem und Metropolregionen *(Hans Heinrich Blotevogel)* 40
Wohnimmobilienmärkte *(Ulrike Sailer)* 44
Wohnungsbestand *(Ulrike Sailer)* 46

Siedlungen im ländlichen Raum

Bauernhaustypen *(Johann-Bernhard Haversath und Armin Ratusny)* 48
Traditionelle Ortsgrundrissformen und neuere Dorfentwicklung *(Johann-Bernhard Haversath und Armin Ratusny)* 50
Geschichte und Entwicklung der Städte im ländlichen Raum *(Vera Denzer)* 54
Klein- und Mittelstädte – ihre Funktion und Struktur *(Kerstin Meyer-Kriesten)* 58
Mittel- und Großstädte im ländlichen Raum *(Bert Bödeker)* 62
Ehemalige Kreisstädte *(Ulrike Sandmeyer-Haus)* 64
Industrialisierung und Deindustrialisierung im ländlichen Raum *(Reinhard Wießner)* 66
LPG-Zentralsiedlungen und ihre Veränderung seit 1990 *(Dieter Brunner und Meike Wollkopf)* 68
Arbeitsplätze und Lebensqualität im ländlichen Raum *(Carmella Pfaffenbach)* 70
Versorgung im ländlichen Raum *(Ulrich Jürgens)* 72
Entleerung des ländlichen Raums – Rückzug des ÖPNV aus der Fläche *(Peter Pez)* 74
Der Trend zum Freizeitwohnen im ländlichen Raum *(Walter Kuhn)* 76
Ältere Menschen im ländlichen Raum *(Birgit Glorius)* 78

Stadttypen und Stadtentwicklung im Überblick

Stadtgründungsphasen und Stadtgröße *(Herbert Popp)* 80
Historische Stadttypen und ihr heutiges Erscheinungsbild *(Barbara Hahn)* 82
Neuzeitliche Planstädte *(Barbara Hahn)* 86
Kriegszerstörung und Wiederaufbau deutscher Städte nach 1945 *(Volker Bode)* 88
Hochschulstädte *(Ulrike Sailer)* 92
Hafenstädte *(Helmut Nuhn und Martin Pries)* 94
Messestädte *(Volker Bode und Joachim Burdack)* 96
Kurorte und Bäderstädte *(Christoph Jentsch und Steffen Schürle)* 98
Städtetourismus – Touristenstädte *(Peter Pez)* 100
Bischofs- und Wallfahrtsstädte *(Markus Hummel, Gisbert Rinschede und Philipp Sprongl)* 102
Garnisonsstädte und Konversionsfolgen *(Peter Pez und Klaus Sachs)* 104
Industriestädte *(Petra Pudemat)* 106

    Industriestädte im Wandel *(Hans-Werner Wehling)* 108
    Kommunale Finanzen – Struktur und regionale Disparitäten *(Claudia Kaiser)* 112
    Nachhaltige Stadtentwicklung *(Claus-Christian Wiegandt)* 114
    Stadterneuerung *(Andreas Hohn und Uta Hohn)* 116

Verdichtungsräume

    Die innere Struktur von Verdichtungsräumen *(Christian Langhagen-Rohrbach,*
    Jens Peter Scheller und Klaus Wolf) 120
    Städtebauliche Strukturen in den kreisfreien Städten *(Günter Arlt, Bernd Heber,*
    Iris Lehmann und Ulrich Schumacher) 122
    Wohnsuburbanisierung in Verdichtungsräumen *(Günter Herfert und Marlies Schulz)* 124
    Suburbanisierung von Industrie und Dienstleistungen *(Peter Franz)* 128
    Großwohngebiete *(Bernd Breuer und Evelin Müller)* 130

Analyse innerstädtischer Strukturen und Prozesse

    Nutzung und Verkehrserschließung von Innenstädten *(Rolf Monheim)* 132
    Die City – Entwicklung und Trends *(Bodo Freund)* 136
    Gentrifizierung *(Jürgen Friedrichs und Robert Kecskes)* 140
    Innerstädtische Segregation in deutschen Großstädten *(Günther Glebe)* 142
    Einkaufszentren – Konkurrenz für die Innenstädte *(Ulrike Gerhard und Ulrich Jürgens)* 144
    Stadttypen, Mobilitätsleitbilder und Stadtverkehr *(Andreas Kagermeier)* 148
    Leitlinien der Stadtentwicklung – die Beispiele Frankfurt und Leipzig *(Johann Jessen)* 152
    Moscheen als stadtbildprägende Elemente *(Thomas Schmitt)* 154

Landeshauptstädte und die Bundeshauptstadt Berlin

    Landeshauptstädte *(Cornelia Gotterbarm)* 156
    Berlin – von der geteilten Stadt zur Bundeshauptstadt *(Bärbel Leupolt)* 160
    Kulturstadt Berlin *(Ulrich Freitag)* 164
    Die Metropolregion Berlin-Brandenburg *(Wolf Beyer, Stefan Krappweis, Torsten Maciuga,*
    Jörg Räder und Manfred Sinz) 166

Anhang

    Die Generallegenden der Stadtkarten *(Werner Kraus)* 170
    Abkürzungen für Kreise, kreisfreie Städte und Länder 172
    Quellenverzeichnis – Autoren, kartographische Bearbeiter, Datenquellen, Literatur und Bildnachweis 174
    Sachregister 191
    Ortsregister 194

Im Schuber finden Sie - für alle sechs Bände - Folienkarten zum Auflegen mit der administrativen Gliederung der Bundesrepublik
Deutschland:
* *Kreisgrenzen und -namen in den Maßstäben 1:2,75 Mio. und 1:3,75 Mio.,*
* *Regierungsbezirke im Maßstab 1:5 Mio.,*
* *Länder im Maßstab 1:6 Mio.,*
* *Reisegebiete im Maßstab 1:2,75 Mio.,*
* *Raumordnungsregionen in den Maßstäben 1:5 Mio. und 1:6 Mio.*
Zudem gibt es eine herausnehmbare Legende für Stadtkarten (Band „Dörfer und Städte").

Nationalatlas Bundesrepublik Deutschland
Zeichenerklärung für die Kartengrundlage thematischer Stadtkarten
Band 5 „Dörfer und Städte"

3 Thematische Stadt- und Ortsübersichten
Maßstäbe
1:25 000 ◆ 1:30 000 ◆ 1:50 000 ◆ 1:70 000

Hinweis in den Karten auf diese Legende:
topographischer Karteninhalt: ▶▶ Legende 3

Siedlungen
Siedlungsnamen
- WOLFSBURG — Stadt mit 100 Tsd. bis 500 Tsd. Einwohner
- FREUDENSTADT — Stadt unter 100 Tsd. Einwohnern
- CHRISTOPHSTAL — Stadtteil
- Mustin — Gemeinde
- Schlossberg — Gemeindeteil
- OBEN Großermuth — Wohnplatz einer Stadt/Gemeinde
- PANKOW — Stadtbezirk (Berlin)

Bebauung
- bebaute Fläche
- geschlossen bebaute; offen bebaute Fläche

Ausgewählte Flächennutzungen
- Friedhof
- jüdischer Friedhof
- islamischer Friedhof
- Park
- Bahngelände, Industrie- oder Gewerbegebiet
- Grenze eines flächenhaften topographischen Objektes

Einzelobjekte
- bedeutende Kirche; Kirche
- Schloss
- Schlossruine
- Turm
- hervorragender Baum, Naturdenkmal

Verkehrsnetz
Straßenverkehr
- A3 — A29 Autobahn mit Nummer
- B49 — B1 Schnellstraße (als Bundesstraße mit Nummer)
- B28 — B210 Bundesstraße mit Nummer
- Haupt-, Durchgangsstraße
- sonstige Straße
- Brücke
- Tunnel

Schienenverkehr
- Bahnlinie, Personenverkehr
- Anschlussgleis, nur Güterverkehr
- Bahnhof; Haltepunkt
- S-Bahn mit Haltestelle
- U-Bahn mit Haltestelle
- Brücke
- Tunnel

Luftverkehr
- Flughafen
- Flugplatz

3 Fortsetzung

Schiffsverkehr
- Kanal
- Hafen

Grenzen
- Staatsgrenze
- Ländergrenze
- Kreisgrenze, Grenze einer kreisfreien Stadt, Stadtbezirksgrenze (Berlin)

Landschaft
Bodenbedeckung
- Wald
- Wiese, Weide
- einzelne Bäume, Gebüsch, kleines Wäldchen
- Moor, nasser Boden

Gewässer
- Fluss
- Gewässerlauf, Bach
- See
- Weiher, Teich
- Stausee
- schmaler Kanal

Namen der Landschaftselemente
- Kienberg ▲ 799 — Berg mit Höhenangabe
- Finkenberg — Höhenzug
- Langenwald Kreuzchen — kleinräumige Landschaftsbezeichnung
- Tiergarten — Name einer Parkanlage

4 Thematische Stadtübersichten
Maßstäbe
1:100 000 ◆ 1:150 000 ◆ 1:200 000
1:300 000 ◆ 1:375 000

Hinweis in den Karten auf diese Legende:
topographischer Karteninhalt: ▶▶ Legende 4

Siedlungen
Siedlungsnamen
- BERLIN — Stadt über 1 Mio. Einwohner
- DUISBURG — Stadt mit 500 Tsd. bis 1 Mio. Einwohnern
- ROSTOCK — Stadt mit 100 Tsd. bis 500 Tsd. Einwohnern
- ERKRATH — Stadt unter 100 Tsd. Einwohnern
- STÖTTERITZ Meiderich — Stadtteil
- PANKOW — Stadtbezirk (Berlin)
- Papendorf — Gemeinde

Bebauung
- bebaute Fläche

4 Fortsetzung

Ausgewählte Flächennutzungen
- Friedhof
- Park
- Grenze eines flächenhaften topographischen Objektes

Verkehrsnetz
Straßenverkehr
- A3 — A14, A100 — A5 Autobahn mit Nummer
- B103 Schnellstraße
- B6 — B158 — B3 Bundesstraße mit Nummer
- sonstige wichtige Straße
- Autobahnkreuz, -dreieck oder -anschlussstelle
- Tunnel

Schienenverkehr
- Bahnlinie, Personenverkehr
- Anschlussgleis, nur Güterverkehr
- bedeutender Bahnhof

Luftverkehr
- Flughafen

Schiffsverkehr
- Kanal
- Hafen

Grenzen
- Ländergrenze
- Kreisgrenze, Grenze einer kreisfreien Stadt, Stadtbezirksgrenze (Hamburg)
- Stadtbezirksgrenze (Berlin)
- Stadtteilgrenze

Landschaft
Bodenbedeckung
- Wald
- Moor, nasser Boden

Gewässer
- Fluss
- Gewässerlauf, Bach
- See
- Weiher, Teich

Sonstige Landschaftselemente
- ▲8 Höhenangabe

Hinweis:
Die Bezugsgrundlage (Basiskarte) der thematischen Stadtkarten wird jeweils von einer Auswahl der hier erklärten topographischen Elemente gebildet.

© Institut für Länderkunde, Leipzig 2002

Nationalatlas Bundesrepublik Deutschland
Zeichenerklärung für die Kartengrundlage thematischer Stadtkarten
Band 5 „Dörfer und Städte"

1 Thematische Stadt- und Ortspläne
Maßstäbe
1:7500 und größer ♦ 1:13500 ♦ 1:15000
1:17500 ♦ 1:20000

Hinweis in den Karten auf diese Legende:
topographischer Karteninhalt: ▶▶ Legende 1

Siedlungen
Siedlungsnamen
STRALSUND — Stadt unter 100 Tsd. Einwohner
BAALSDORF — Stadtteil
MÜNZENBERG — Wohnplatz einer Stadt
Kramerschlag — Gemeindeteil

Bebauung
öffentliche Einrichtung
bebaute Fläche

Ausgewählte Flächennutzungen
Friedhof
jüdischer Friedhof
Park
Grenze eines flächenhaften topographischen Objektes

Einzelobjekte
Museum
bedeutende Kirche; Kirche (*in 1:20000)
Kapelle
Schloss
Stadttor, Torturm
Turm (historisch)
Stadtmauer
Denkmal, Gedenktafel
Brunnen

Verkehrsnetz
Straßenverkehr
Bundesstraße mit Nummer (B 186, B 105)
Bundesstraße mit getrennten Fahrbahnen
Haupt-, Durchgangsstraße mit Straßennamen
Nebenstraße mit Straßennamen
sonstige Straße
Weg
Fußgängerzone
Straßen und Gassen (im Altstadtbereich)
Brücke
Tunnel
Parkplatz, Tiefgarage

Schienenverkehr
Bahnlinie, Personenverkehr
Anschlussgleis, nur Güterverkehr
Bahnhof; Fernverkehr
S-Bahn mit Haltestelle (unterirdisch)
Straßenbahn
U-Bahn mit Haltestelle
Brücke

1 Fortsetzung

Schiffsverkehr
Kanal
Hafen

Landschaft
Bodenbedeckung
Wald
Wiese, Weide
einzelne Bäume, Gebüsch, kleines Wäldchen

Gewässer
Fluss
Gewässerlauf; Bach
See
Weiher, Teich

Namen der Landschaftselemente
Hohenwand — kleinräumige Landschaftsbezeichnung
Hofgarten — Name einer Parkanlage
Hafeninsel — Inselname

2 Thematische Stadtpläne
Maßstäbe
1:7500 ♦ 1:10000 ♦ 1:12500 ♦ 1:15000
1:20000

Hinweis in den Karten auf diese Legende:
topographischer Karteninhalt: ▶▶ Legende 2

Siedlungen
Siedlungsnamen
HEDDERNHEIM — Stadtteil

Bebauung
öffentliche Einrichtung
bebaute Fläche
überbaute Straße

Ausgewählte Flächennutzungen
Friedhof
jüdischer Friedhof
Park
Bahngelände
Grenze eines flächenhaften topographischen Objektes

Einzelobjekte
Krankenhaus; Museum
bedeutende Kirche; Kirche (*in 1:20000)
Kirchenruine
Kapelle
Schloss

2 Fortsetzung

Einzelobjekte (Fortsetzung)
Stadttor, Torturm
Turm (auch historisch)
Stadtmauer
Denkmal
Brunnen

Verkehrsnetz
Straßenverkehr
Autobahn mit Nummer (A 5)
Schnellstraße
Bundesstraße mit Nummer (B 3, B 2)
Bundesstraße mit getrennten Fahrbahnen
Haupt-, Durchgangsstraße mit Straßennamen
Nebenstraße mit Straßennamen
sonstige Straße
Brücke
Tunnel
Weg
Fußgängerzone (z.T. auch mit Treppenbereichen)
Fußgängerpassage
Fußgängerbrücke, schmale Überführung
Fußgängerunterführung
Straßen und Gassen (in historischen Karten)
Bushaltestelle

Schienenverkehr
Bahnlinie, Personenverkehr
Anschlussgleis
Bahnhof; Fernverkehr
S-Bahn mit Haltestelle (oberirdisch / unterirdisch)
Straßenbahn mit Haltestelle
U-Bahn mit Haltestelle
Brücke
Tunnel

Schiffsverkehr
Schiffsanlegestelle

Grenzen
Ländergrenze

Landschaft
Bodenbedeckung
Wald
Wiese, Weide
einzelne Bäume, Gebüsch, kleines Wäldchen
Moor, nasser Boden

Gewässer
Fluss
Gewässerlauf; Bach
See
Weiher, Teich

Namen der Landschaftselemente
Brauhausberg — Berg
Potsdamer Heide — kleinräumige Landschaftsbezeichnung
Englischer Garten — Name einer Parkanlage
Freundschaftsinsel — Inselname

© Institut für Länderkunde, Leipzig 2002

Vorwort des Herausgebers

Eine steigende Zahl von Weltkonferenzen, Programmen und Appellen – von URBAN 21 über die Agenda 21 bis hin zur „Sozialen Stadt" – haben in den letzten Jahren medienwirksam auf die aktuellen bis akuten Probleme unserer Städte hingewiesen. Bald zwei Drittel der Erdbevölkerung leben in städtischen Siedlungen, und urbane Lebensformen haben längst auch die Menschen in den ländlichen Siedlungen erfasst, so dass die Idylle vom Landleben kaum mehr existent ist. Der Band 5 des Nationalatlas ist den Siedlungen in Deutschland gewidmet und spannt den Bogen von den ländlichen Siedlungsformen bis hin zu den Metropolregionen, ohne damit den Anspruch auf Vollständigkeit zu erheben. Auch sei darauf verwiesen, dass viele die Siedlungen betreffende Aspekte bereits in anderen Bänden des Nationalatlas Bundesrepublik Deutschland angesprochen wurden, wie z.B. Themen des Stadtverkehrs (Bd. 9, *Verkehr und Kommunikation*), des Städtetourismus (Bd. 10, *Freizeit und Tourismus*) oder der Baukultur (Bd. 6, *Bildung und Kultur*).

Nach der Einleitung aus geographischer und soziologischer Sicht befassen sich einige Beiträge mit Aspekten der Planung und Verwaltung von Siedlungen, Gemeinden, Kreisen, Städten und Metropolen. Es folgt ein Themenblock über unterschiedliche Siedlungsformen im ländlichen Raum, der mit den traditionellen Haus- und Dorfformen beginnt, Funktionen und Entwicklungen von Klein- und Mittelstädten betrachtet und schließlich wichtige Prozesse beleuchtet, die diese Entwicklungen beeinflussen, wie das Freizeitwohnen, der öffentliche Verkehr oder die Versorgung im ländlichen Raum.

Weitere Themenblöcke beschäftigen sich mit den Städten. Hier stehen zunächst die Entstehung von Städten und die unterschiedliche städtebauliche Struktur verschiedener historischer Stadttypen im Mittelpunkt. Anschließend werden Perspektiven der Stadtentwicklung unter Gesichtspunkten von Stadterneuerung und Nachhaltigkeit thematisiert. Besondere Berücksichtigung erfahren die Verdichtungsräume sowie die innerstädtischen Strukturen und Prozesse. Abschließend werden sowohl die Landeshauptstädte wie auch die sich neu als *Primate City* formierende Bundeshauptstadt Berlin behandelt.

Während die drei deutschen Millionenstädte Berlin, Hamburg und München in diesem Atlasband unter mehreren Aspekten dargestellt sind, konnte lediglich eine Auswahl der restlichen 79 Großstädte (über 100.000 Ew.) und insbesondere der 568 Mittel- und 1425 Kleinstädte im Detail gezeigt werden, denn im Maßstabsbereich, der eine Überblicksbetrachtung über die gesamte Bundesrepublik erlaubt und der bei einem Nationalatlas im Vordergrund stehen muss, geht es in erster Linie um das Aufzeigen von Typischem und Generalisierbarem. Die Beschäftigung mit städtischen Siedlungen erfordert dagegen vielfach größere Maßstäbe, genaueres Hinsehen, mehr Detail. So können die typischen Mechanismen der innerstädtischen Differenzierung, die besonderen Entwicklungen von Cities und Bürostädten, von Einkaufszentren und Wohnvierteln nur an Beispielen sinnvoll erläutert werden. Die Betrachtung dieser Phänomene bringt es mit sich, dass die Karten in den Beiträgen ganz unterschiedliche Maßstäbe und Dimensionierungen aufweisen müssen.

Für unsere Atlasmitarbeiter und besonders die Kartographen ergab sich daraus eine zusätzliche Herausforderung. Über 70 Stadtkarten entstanden in unterschiedlichen Maßstäben und mit vielfältigen und komplexen Inhalten. Die topographischen Elemente werden für den größten Teil dieser Karten in einer gesonderten Legende erläutert, die im Anhang des Bandes abgedruckt sowie als Einlegeblatt beigefügt ist. In den entsprechenden Karten wird auf die im jeweiligen Maßstab relevante topographische Generallegende verwiesen. Außerdem gibt es zu jeder Stadtkarte die jeweils spezifische Themalegende, die – wie gewohnt – in oder unter der Karte steht.

Der Band versucht damit einen Spagat zu leisten zwischen Überblick und Detail, Generalisierung und Sonderentwicklung, konkreter Anschauung und Hinweisen auf Gesetzmäßigkeiten. Wir hoffen, er ist geglückt. Zum Gelingen des Werkes beigetragen haben unsere geduldigen Koordinatoren und Autoren, die noch geduldigeren Mitarbeiter und kartographischen Bearbeiter am IfL, die freundlich-konstruktiven Berater unserer Gremien, verschiedenste lokale und nationale Datenlieferanten einschließlich des Bundesamtes für Bauwesen und Raumordnung, der statistischen Ämter des Bundes und der Länder sowie verschiedene Behörden und Ämter, die Pläne, Karten und Luftbilder zur Verfügung gestellt haben. Nicht zuletzt sei das Bundesministerium für Verkehr, Bau- und Wohnungswesen mit seiner Projektförderung erwähnt, das einen Teil der Kosten getragen hat. Ihnen allen sei hier aufs Herzlichste gedankt.

Leipzig, im Juni 2002

Alois Mayr
    (Projektleitung)
Sabine Tzschaschel
    (Projektleitung und Gesamtredaktion)
Konrad Großer
    (Kartenredaktion)
Christian Hanewinkel
    (elektronische Ausgabe)

Deutschland auf einen Blick

Dirk Hänsgen und Birgit Hantzsch

Deutschland liegt in Mitteleuropa, hat ein kompakt geformtes Territorium mit einer Bodenfläche von 357.031 km² und einer Landgrenze von insgesamt 3758 km zu neun anderen Staaten.

Gliederung des Staatsgebiets
Das Bundesgebiet gliedert sich in verschiedene Gebietskörperschaften. Die föderative Struktur der 16 Länder trägt den regionalen Besonderheiten Deutschlands Rechnung. Die 323 Landkreise/Kreise, 117 kreisfreien Städte/Stadtkreise und 13.837 Gemeinden bilden die Basis der verwaltungsräumlichen Gliederung (Stand 31.12.2000).

Landesnatur
Die landschaftliche Großgliederung ❶ Deutschlands ordnet sich in die für Mitteleuropa typischen Großlandschaften: Tiefland, Mittel- und Hochgebirge. Im Norden befindet sich das *Norddeutsche Tiefland*. Eine besondere Differenzierung erfährt die Mittelgebirgslandschaft durch das *Südwestdeutsche Schichtstufenland* und den *Oberrheingraben*. Im Süden stellt das *Süddeutsche Alpenvorland* den Übergang zu der Hochgebirgsregion der *deutschen Alpen* dar.

Bevölkerung
Auf der Fläche Deutschlands lebten im Jahr 2000 rund 82 Mio. Menschen, davon 58,6 Mio. in Städten. Die mittlere Bevölkerungsdichte beträgt 230 Ew./km², wobei die reale Verteilung ein ausgeprägtes West-Ost-Gefälle aufweist.

- **Höchste und niedrigste Bevölkerungsdichte** (Kreise): kreisfreie Stadt München (3897 Ew./km²), Landkreis Müritz (41 Ew./km²)

Siedlung und Flächennutzung
Von der Bodenfläche Deutschlands ❷ werden für die Siedlungs- und Verkehrsfläche 12,3% beansprucht, zwischen 1997 und 2001 hat diese Fläche um 129 ha pro Tag zugenommen. Bezogen auf die Kreisfläche weist die Stadt Herne mit 74,6% den höchsten und der Landkreis Garmisch-Partenkirchen mit 4,3% den niedrigsten Anteil an Siedlungs- und Verkehrsfläche auf (s. Anm. im Anhang). Die größten Anteile an der Bodenfläche werden von der Landwirtschaftsfläche (53,5%) und der Waldfläche (29,5%) eingenommen. Geringere Anteile entfallen auf die Wasserfläche (2,3%) und sonstige Flächen wie z.B. Abbauland (2,4%).

- **Stadtgrößen:** 82 Großstädte >100.000 Ew., 568 Mittelstädte mit 20.000-100.000 Ew. und 1425 Kleinstädte <20.000 Ew.
- **Größte Städte:** Berlin (3,4 Mio. Ew.), Hamburg (1,7 Mio. Ew.), München (1,2 Mio. Ew.), Köln (0,96 Mio. Ew.), Frankfurt a.M. (0,65 Mio. Ew.)
- **Kleinste Gemeinde mit Stadtrecht:** Arnis (327 Ew., Kreis Schleswig-Flensburg)
- **Kleinste Gemeinden:** Wiedenborstel (3 Ew., Kreis Steinburg), Dierfeld (8 Ew., Landkreis Bernkastel-Wittlich), Ammeldingen a.d. Our (10 Ew., Landkreis Bitburg-Prüm)

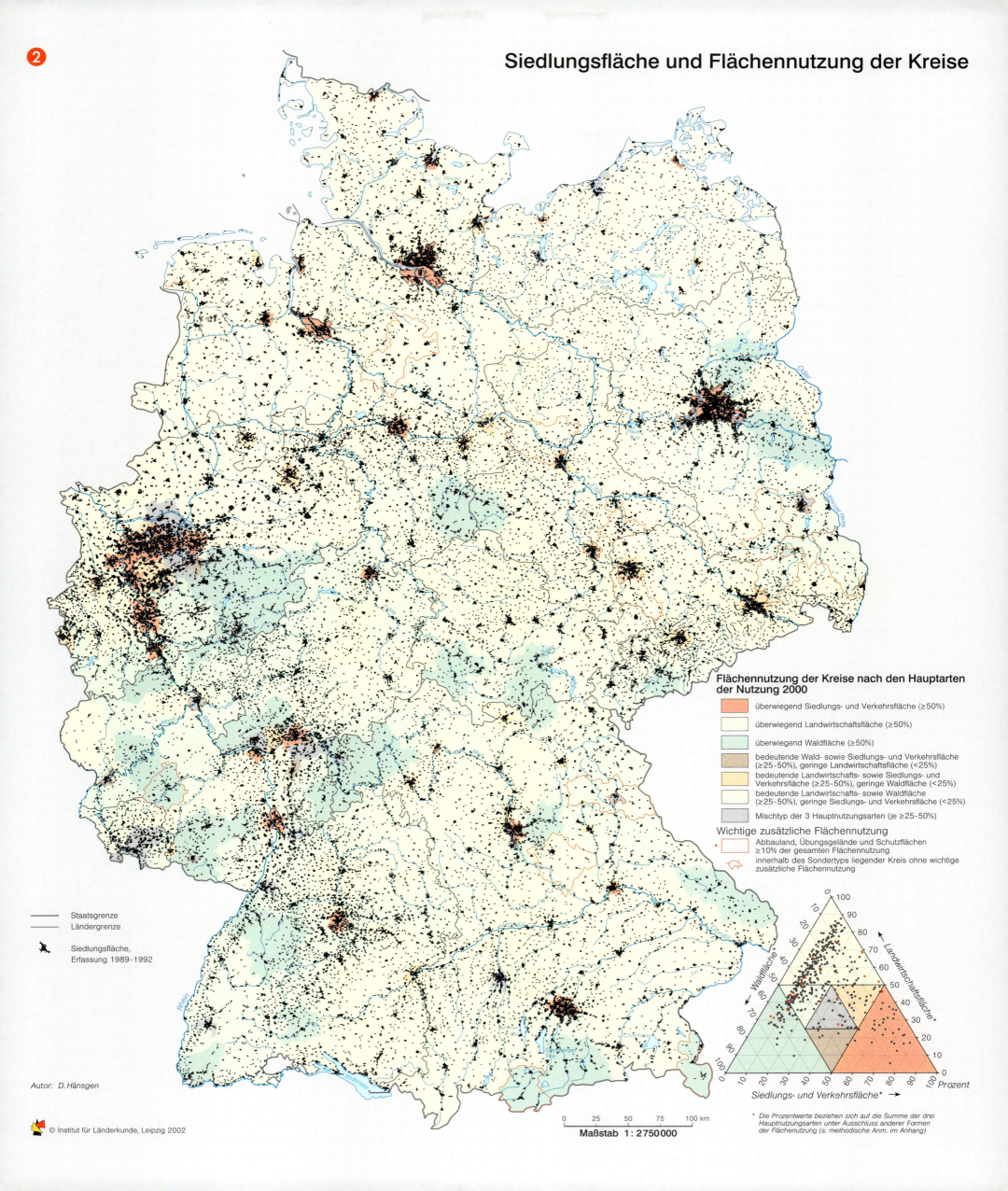

Dörfer und Städte – eine Einführung

Klaus Friedrich, Barbara Hahn und Herbert Popp

Die Bevölkerung Deutschlands ist in hohem Maße stadtgebunden. Derzeit wohnen etwa ein Drittel der Menschen in 82 Großstädten mit über 100.000 Einwohnern, 17% in Gemeinden unter 5000 Einwohnern und nur knapp 10% in Gemeinden mit weniger als 2000 Einwohnern ❶. Ähnliche Relationen findet man gleichermaßen im globalen Maßstab: An der Schwelle zum neuen Jahrtausend lebt erstmals die Mehrheit der Weltbevölkerung in Städten; bereits für das Jahr 2025 wird prognostiziert, dass der Anteil der städtischen Bevölkerung weltweit auf zwei Drittel steigt.

Schon aus dieser Dimensionierung ergeben sich grundlegende Herausforderungen für die Zukunft. Sie bestehen nach dem Weltbericht ▶ URBAN 21 auf Seiten der Entwicklungs- und Schwellenländer in der Bewältigung des rasant fortschreitenden Städtewachstums, während in den Ländern der „ersten Welt" – und hierzu zählt auch die Bundesrepublik Deutschland – eher solche Probleme zu lösen sein werden, die mit Schrumpfung, Stillstand des Wachstums der Städte sowie ihrer Ausdifferenzierung und demographischen Alterung zusammenhängen.

Die verschiedenen Gesichter der Städte

Hinter der häufig verwendeten statistisch-administrativen Bestimmung von Städten verbergen sich in Deutschland unterschiedlich ausgeprägte Erscheinungsbilder, deren Vielfalt hier nur an drei Beispieltypen diskutiert werden kann.

Köln im 17. Jh.

Da ist zum einen die kompakte Stadt, die in den meisten Fällen auf mittelalterliche Gründungen des 12. bis 15. Jhs. zurückreicht (▶▶ Beitrag Popp, S. 80). Sie war in der Regel klar gegen das Umland abgegrenzt; städtischer Siedlungs- und Wirtschaftsraum stimmten für viele Jahrhunderte weitgehend überein. Im Zeichen der ökonomischen Umbrüche der Industrialisierung erweiterte sich durch Flächen- und Bevölkerungswachstum die über den mittelalterlichen Kern hinausreichende Überbauung um ein Vielfaches. Zusätzlich kam es – vor allem in den Industrieregionen – zur Ausbildung von Wirtschaftsstandorten außerhalb der traditionellen Kernstädte. Das Grundprinzip der kompakten Stadt blieb indes weitgehend unangetastet (SCHÖLLER 1967; SCHÖLLER 1985).

Dies änderte sich nach dem Zweiten Weltkrieg vor allem in Westdeutschland. Der fortschreitende Vorgang der ▶ Metropolisierung, die Umwandlung von Städten in ▶ Agglomerationen, hat eine Ausdehnung des Siedlungssystems in die Suburbia auf Kosten der Kernstädte zur Folge gehabt. Dekonzentrationsprozesse trugen zur Auflösung der Städte als physiognomische Einheiten bei. Ehemals randstädtische und ländliche Bereiche nahmen die Bevölkerung auf, die in den überlasteten und teuren urbanen Zentren nicht mehr leben wollten und konnten. Diese übergangslos vom Kern in die Fläche expandierende Verstädterung ist mittlerweile Kennzeichen nahezu aller prosperierenden Verdichtungsräume. In den ostdeutschen Städten setzte dieser Prozess erst seit der Wende ein, wobei – anders als in Westdeutschland – zunächst die Gewerbe- und erst dann die Wohnsuburbanisierung erfolgte (▶▶ Beitrag Herfert/Schulz, S. 124).

Einen dramatischen Kontinuitätsbruch bedeutete die Phase nach dem Zweiten Weltkrieg für die Städte in Ostdeutschland. Aufgrund der nun vorherrschenden Ideologie bildete sich neben dem bürgerlichen Erbe die sozialistisch geprägte Stadt heraus. Dieser Dualismus manifestiert sich in den Innenstädten in wenigen stadtbildprägenden Dominanten, in den größeren Städten jedoch nahezu durchgehend in der Errichtung randstädtischer Großwohngebiete einerseits (▶▶ Beitrag Breuer/Müller, S. 130) und dem bewusst in Kauf genommenen Verfall der Altbausubstanz in den Zentren andererseits. Seit der Wende haben hier tief greifende Transformationsprozesse begonnen, in deren Gefolge u.a. die Sanierung der Altbausubstanz, die Revitalisierung der Stadtkerne und die Modernisierung der Großwohngebiete auf der Habenseite, Bevölkerungsverluste der Kernstädte, dramatische Wohnungsleerstände und innerstädtische Industriebrachen als Folge der massiven ▶ Deindustrialisierung auf der Negativseite zu bilanzieren sind (LICHTENBERGER 2002, STOOB 1985).

Fragestellungen der Stadtforschung

Obwohl jedermann zu wissen glaubt, was eine Stadt ist, und trotz intensiver wissenschaftlicher Beschäftigung zahlreicher Disziplinen mit städtischen Phänomenen besteht eine weitgehende Unschärfe bei der Definition von Stadt und des typisch Städtischen und damit der konkreten Abgrenzung zu anderen Siedlungsformen. Dies trifft weniger für den historischen Stadtbegriff zu, der sich im Wesentlichen auf die vorindustrielle europäische Stadt bezieht und auf dem politisch-rechtlichen Gegensatz von Stadt und Land beruht. Für die begriffliche Abgrenzung der aktuellen Stadt indes werden – je nach Perspektive – entweder statistische, rechtliche, administrative, bauliche oder funktionale Kriterien herangezogen. Sozialwissenschaftliche Betrachtungsweisen akzentuieren urbane Bereiche als Lebensräume einer differenzierten Gesellschaft, die sich deutlich von nichtstädtischen Organisationsformen abhebt (▶▶ Beitrag Häußermann, S. 26). Geographische Definitionen beziehen sich häufig auf Kriteriensets wie z.B. hohe Einwohnerzahl und -dichte, Geschlossenheit der Ortsform, bauliche Konzentration, innere bauliche und soziale Differenzierung und zentralörtliche Bedeutung, allerdings ohne überzeugende Evidenz ihrer inhaltlichen Ausfüllung (▶ Glossar) (HEINEBERG 1998; HOFMEISTER 1984).

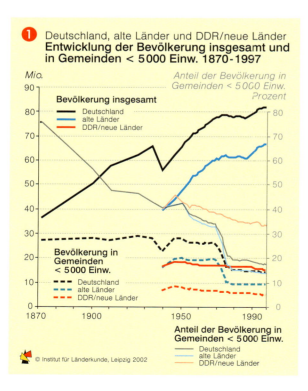

❶ Deutschland, alte Länder und DDR/neue Länder
Entwicklung der Bevölkerung insgesamt und in Gemeinden < 5000 Einw. 1870-1997

Agglomeration – Kernstadt/-städte und verstädtertes Umland einer oder mehrerer zusammenhängender Großstädte

autochthon – einheimisch, lokalen Ursprungs

Deglomeration – Verringerung der Konzentration von städtischen Einrichtungen und Funktionen

Deindustrialisierung – Rückgang der Bedeutung von Industrie und besonders schwerindustrieller Produktion; in den altindustrialisierten Gebieten begleitet von strukturellen Wirtschafts- und Beschäftigungsfolgen sowie als Flächenphänomen auch mit stadt- und regionsprägenden Auswirkungen.

eklektizistisch – aus verschiedenen Stil- oder Methodenrichtungen auswählend

Gentrifizierung – Aufwertung eines Wohnviertels aufgrund der Verdrängung eingesessener Bevölkerungsgruppen durch statushöhere Bewohner

glazigene Sedimente – Ablagerungen eiszeitlicher Entstehung

Metropolisierung, Metropolregion – Übergang zur international bedeutenden Großstadtregion mit höchsten Wirtschafts- und Verwaltungsfunktionen

morphogenetisch – die zeitliche Entwicklung des äußeren Erscheinungsbildes betreffend

morphographisch – die Gestalt beschreibend

Persistenz – Tendenz zur Erhaltung von Bestehendem, auch wenn dieses keine Funktion mehr hat

Segregation – Ungleichverteilung von Bevölkerungsgruppen nach ethnischen, sozialen oder Altersmerkmalen

URBAN 21 – Weltkonferenz zum Zustand und zur Zukunft der Städte, abgehalten 2000 in Berlin

Emden um 1600

Auch in der Bewertung der Bedeutung von Städten für die räumliche und gesellschaftliche Organisation besteht eine große Spannweite. Dies liegt keineswegs nur in der außerordentlichen Verschiedenartigkeit der städtischen Kulturen der ohnehin kaum miteinander zu vergleichenden sog. ersten oder dritten Welt, sondern gilt auch für die hier im Mittelpunkt stehenden Städte unseres Kulturkreises. So wurden Städte auf der bereits angesprochenen Weltkonferenz URBAN 21 von prominenter Seite als zentrale Orte politischer, sozialer und kultureller Teilhabe oder als Knotenpunkte ökonomischer, sozialer und politischer Entwicklung, als Motoren des Wachstums und Brutapparate der Kultur, Kreuzungspunkte von Ideen, Orte geistiger Gärung und Innovation gekennzeichnet. Aber UN-Generalsekretär Annan charakterisierte Städte auch als Orte von Ausbeutung, Krankheit, Gewaltverbrechen, Arbeitslosigkeit, Drogenmissbrauch, Umweltverschmutzung, Angst und betonte die Problematik der Trennlinien zwischen Zuwanderern und alteingesessenen Bewohnern.

Ohne den zahlreichen Definitionen und Bewertungen weitere hinzuzufügen, wollen wir festhalten, dass über einige Gemeinsamkeiten weitgehender Konsens besteht: Städte erfüllen als zentrale Orte wichtige Versorgungs- und Dienstleistungsfunktionen für die Umgebung (▶▶ Beitrag Sachs, S. 34), sie bündeln ökonomische und politische Kompetenzen, bieten ein differenziertes Angebot an Arbeits- und Lebensbedingungen und ermöglichen einer sich immer weiter ausdifferenzierenden Gesellschaft adäquate Lebensmöglichkeiten.

Ein interdisziplinärer Fokus
Angesichts weit fortgeschrittener Verstädterung (▶▶ Beitrag Stiens, S. 36) und der immensen Vielfalt städtischer Phänomene haben sich zahlreiche wissenschaftliche Disziplinen der Untersuchung des Gegenstandes Stadt zugewandt. Hierzu zählen neben weiteren die Geschichte, die Stadtsoziologie, der Städtebau, die Umweltpsychologie und die Stadtgeographie. Während sie anfänglich jeweils ein relativ spezifisch definiertes Erkenntnisinteresse pflegten, zeigen sich zunehmend vielfältige Überschneidungen und Konvergenzen. So spricht heute viel dafür, Stadtforschung eher als interdisziplinäre Querschnittsaufgabe zu sehen denn als Forschungsfeld parallel nebeneinander arbeitender Disziplinen (BENEVOLO 1993; FRIEDRICHS 1997; HÄUSSERMANN 1992).

Dieses Plädoyer für eine Vernetzung der am gleichen Gegenstand interessierten Disziplinen ist keineswegs als Aufforderung dazu zu verstehen, die jeweils spezifischen fachlichen Perspektiven aufzugeben. Diese sind vielmehr unerlässlich, um sich der Vielfalt der städtischen Phänomene angemessen nähern zu können.

So hat die Stadtgeschichte sehr viel zum Verständnis sowohl der Genese der räumlichen Organisationsform Stadt als auch der städtischen Gesellschaften in ihrer Raumgebundenheit beigetragen. Demgegenüber hat die stadtsoziologische Forschung in Deutschland nach dem Zweiten Weltkrieg, zunächst auf der Makroebene argumentierend, Stadt als Reproduktionsebene gesellschaftlicher Rahmenbedingungen fokussiert. Erst seit den 1970er Jahren trat neben diese systembezogene Perspektive verstärkt die Auseinandersetzung mit den schon viel früher durch die Chicagoer Schule der 1920er und 30er Jahre etablierten sozialökologischen Ansätzen.

Aus städtebaulicher Sicht stehen zunächst die Konfiguration des bebauten Raumes und die Formulierung planerischer Leitbilder im Vordergrund. Mit dem Paradigmenwechsel Ende der 60er Jahre jedoch wurden zunehmend auch die soziale Bedingtheit von Städtebau thematisiert. Die Wahrnehmung des städtischen Raumes und die Notwendigkeit zur Adaptation baulicher Gestaltelemente an die Bedürfnisse der in den Städten lebenden Menschen wurde zum wesentlichen Aufgabenfeld.

Von hier aus war es ein kurzer Weg zur Umweltpsychologie. Sie thematisiert die Raumgebundenheit menschlicher Gruppen und Individuen aus verhaltensorientierter Perspektive: Raumwahrnehmung und -aneignung stehen im Vordergrund einer kognitiven und verhaltenswissenschaftlichen Annäherung an städtische Lebensweisen.

Die geographische Stadtbetrachtung
Nach Aussage des britischen Stadtgeographen HALL (1998) ist das einzige beständige Merkmal von Städten ihr permanenter Wandel. Folgen wir dieser Einschätzung, wird nachvollziehbar, dass sich auch die Forschungsrichtungen und methodologischen Herangehensweisen im Zuge der Entwicklung der Stadtforschung ändern. Innerdisziplinär lassen sich frühe, moderne und gegenwärtige (seit den 1990er Jahren) →

Güstrow

Merkmale der Stadt in geographischer Sicht
- größere Siedlung (z.B. nach der Einwohnerzahl)
- Geschlossenheit der Siedlung (kompakter Siedlungskörper)
- hohe Bebauungsdichte
- überwiegende Mehrstöckigkeit der Gebäude (zumindest im Stadtkern)
- deutliche funktionale innere Gliederung (z.B. mit City oder Hauptgeschäftszentrum, Wohnvierteln, Naherholungsgebieten)
- besondere Bevölkerungs- und Sozialstruktur, z.B. überproportional viele Einpersonenhaushalte
- differenzierte innere sozialräumliche Gliederung (residentielle Segregation)
- hohe Wohn-, Arbeitsstätten-/Arbeitsplatzdichte
- Dominanz sekundär- und tertiärwirtschaftlicher Tätigkeiten bei gleichzeitig großer Arbeitsteilung
- Einpendlerüberschuss
- Vorherrschen städtischer Lebens-, Kultur- und Wirtschaftsformen
- Mindestmaß an Zentralität, z.B. mittelzentrale (Teil-)Funktionen
- relativ hohe Verkehrswertigkeit (Bündelung wichtiger Verkehrswege, hohe Verkehrsdichte)
- weitgehend künstliche Umweltgestaltung mit z.T. hoher Umweltbelastung, hoher Versiegelungsgrad

(nach HEINEBERG 2001, modifiziert)

Dörfer und Städte – eine Einführung

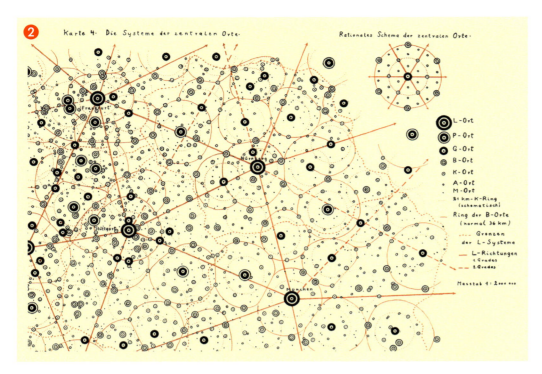

Faksimile aus der Originalkarte von W. Christaller zu den zentralen Orten in Süddeutschland (Ausschnitt)

Mit der wegweisenden Theorie der zentralen Orte von Christaller (1933) (▶▶ Beitrag Sachs, S. 34) rückten die funktionalen Stadt-Land-Bezüge in den Vordergrund; diese Thematik entfaltete eine immense internationale Wirkung. Darüber hinaus hat sich die Zentralitätsforschung für die Raumordnung und Landesplanung in Deutschland als empirisch äußerst fruchtbarer Forschungszweig erwiesen (▶▶ Beitrag Blotevogel, S. 40).

In dieser Zentralitätsforschung liegen auch die Wurzeln der Städtesystemforschung und ihrer Betrachtung eines arbeitsteilig organisierten urbanen Systems. Im Zeichen der gegenwärtigen Globalisierungsprozesse gewinnen Veränderungen und Leitbilder an Bedeutung, die über den nationalen und regionalen Maßstab hinaus europäische bzw. globale Netze und Austauschbezüge thematisieren.

Verstärkt seit den 1950er Jahren hat sich die kulturgenetische Stadtgeographie mit der Analyse kulturraumspezifischer Stadtstruktur- und Stadtentwicklungsmodelle zwar als ein wichtiges innerdisziplinäres Arbeitsfeld etabliert, vermochte indes kaum Beiträge zur allgemeinen Thematik der deutschen Städte zu entwickeln.

Die Hinwendung zu den Akteuren im urbanen Raum erfolgte seit den 1960er

Innerhalb der Wissenschaftsentwicklung der allgemeinen Stadtgeographie seit Ende des 19. Jahrhunderts lassen sich die von HEINEBERG für Deutschland ausgegliederten Forschungsrichtungen zusammenfassen und charakterisieren:

Die ▶ morphogenetische Stadtgeographie stellte ursprünglich die Lagebezüge von Städten sowie die Analyse ihrer Grund- und Aufrissgestaltung in den Vordergrund (z.B. Hettner und Schlüter). Diese Fragen nach dem Wo und dem Wie mündeten seit den 1970er Jahren in eine stärker anwendungsbezogene Grundlagenforschung zur Stadterneuerung und Stadtimagepflege.

Die funktionale Stadtgeographie wandte sich bereits seit den 1920er und 30er Jahren der Ausweisung innerstädtischer Teilräume wie z.B. Stadtzentren oder Wohn- und Gewerbegebieten mit dem Ziel einer funktionalen Stadtgliederung zu. In jüngerer Zeit ist eine Schwerpunktsetzung hin zur Analyse innerstädtischer Geschäftszentren zu erkennen.

Ansätze unterscheiden. Zur ersten Gruppe zählen die Betrachtung der Stadtlage und Stadtgestalt sowie der Wachstumsprozesse. Unter modernen Ansätzen lassen sich positivistische, verhaltens- und wahrnehmungsorientierte, humanistische, strukturalistische und stadtsoziologische Zugänge subsumieren. Kennzeichnend für die Gegenwart sind das Fehlen von und die Zurückhaltung vor einer geschlossenen Theorie der Stadtentwicklung mit der Konsequenz relativ ▶ eklektizistischer Zugänge und Perspektiven.

Abgrenzung der europäischen Agglomerationen

Ein Vergleich von Einwohnerzahlen europäischer Städte bezogen auf die administrative Abgrenzung der Kerngemeinde, wie er bei Untersuchungen deutscher Städte gängig ist, führt im europäischen Maßstab zu erheblichen Verzerrungen der tatsächlichen Größenverhältnisse. Man erhält ein besseres Ergebnis durch den Vergleich von Städten als Siedlungskörper nach dem Konzept der „morphologischen Agglomeration".

Die morphologische Agglomeration besteht aus dem auf Gemeindebasis abgegrenzten zusammenhängend bebauten Gebiet. Der UN-Definition folgend, wird ein Gebäude diesem zugerechnet, wenn es nicht mehr als 200 m davon entfernt liegt. Für die Bestimmung der morphologischen Agglomerationen in der Europakarte wurde auf die entsprechende Abgrenzung des Network on Urban Research in the European Union (N.U.R.E.C.) zurückgegriffen.

Dieses Konzept erlaubt auch die Bestimmung von grenzüberschreitenden Ballungsräumen. Insgesamt sind in der Karte vier solcher Agglomerationen ausgewiesen, von denen allerdings zwei durch die Kombination mit Monaco bzw. dem Vatikanstaat entstehen. Die Anwendung dieses einheitlichen Abgrenzungskriteriums kann auch zu unerwarteten Agglomerationskonstrukten führen. So erscheint der gesamte Raum zwischen Antwerpen, Brüssel und dem nordfranzösischen Lille als eine zusammenhängende Agglomeration mit relativ geringer Bevölkerungsdichte.

Der zusätzlich dargestellte Indikator der Bevölkerungsdichte weist auf unterschiedliche Strukturen innerhalb der Siedlungskörper hin. Während z.B. im südlichen Europa hohe Bau- und Wohndichten – mit Spitzenwerten in Barcelona und Neapel – vorherrschen, ist im nördlichen Europa häufig die lockerere Bebauung durch einen höheren Anteil an Einfamilienhäusern bedingt.

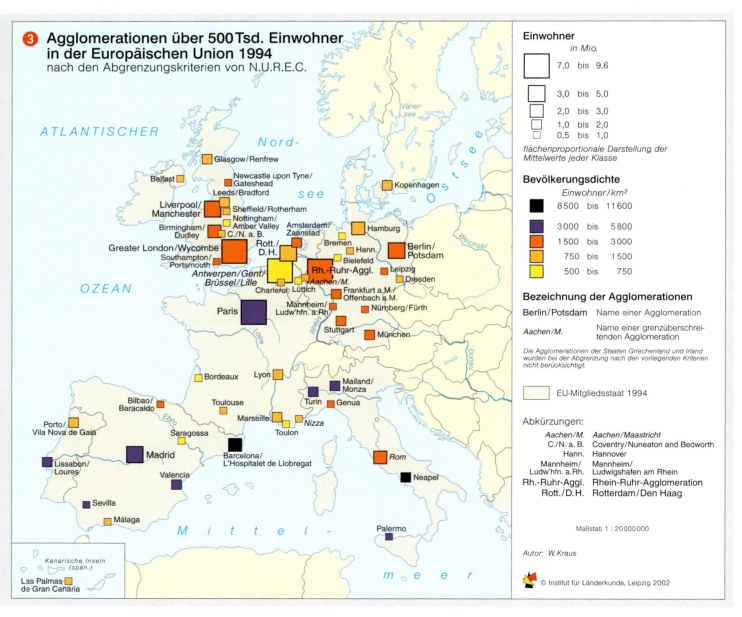

Agglomerationen über 500 Tsd. Einwohner in der Europäischen Union 1994 nach den Abgrenzungskriterien von N.U.R.E.C.

14 Nationalatlas Bundesrepublik Deutschland – Dörfer und Städte

Heidelberg

4 Haupt- und Residenzstädte um 1770-1790
Auswahl

Autor: nach P. Schöller 1987, ergänzt

● Haupt- und Residenzstadt von großregionaler Bedeutung
● Haupt- und Residenzstadt von regionaler Bedeutung
○ kleine Haupt- und Residenzstadt
◆ Teil- und Sommerresidenz
□ bedeutende Bürgerstadt ohne Territorialfunktion

Grenzen 2002
— Staatsgrenze
— Ländergrenze

© Institut für Länderkunde, Leipzig 2002

Maßstab 1 : 5 000 000

Jahren zunächst in der sozialgeographisch ausgerichteten Stadtforschung mit ihrem starken Fokus auf die spezifischen Standortmuster und Flächenansprüche der Daseinsgrundfunktionen im städtisch geprägten Raum.

Beeinflusst von der angelsächsischen Urban Geography und ihrer Thematisierung aktueller sozialer Probleme (wie Armut, Ghettobildung und Rassenkonflikte) erfahren derzeit die Ausprägung städtischer Lebensstile oder ▸ Gentrifizierungsprozesse Beachtung. Die seit den 1970er Jahren vornehmlich verhaltenswissenschaftlich fundierte Stadtgeographie befasst sich ebenso mit der Wahrnehmung und Bewertung städtischer Standorte wie mit den postulierten gruppenspezifischen Verhaltenskonsequenzen. Mit der Etablierung handlungszentrierter Konzepte rücken die Sinnintentionalität des handelnden Individuums und seine Einbindung in übergeordnete Systemzusammenhänge in den Blickpunkt (nach HEINEBERG 2001).

Wichtig ist, dass die geschilderten Entwicklungsphasen sich nicht etwa nacheinander ablösten, sondern jeweils zeitspezifische Schwerpunkte darstellten, die auch nachfolgend wieder aufgegriffen und anders akzentuiert wurden. Damit haben sich früh entwickelte Ansätze in der Gegenwart keineswegs überholt, sondern besitzen auch in aktuellen Fragestellungen, Anwendungen und Analysemethoden ihren Stellenwert.

Neben diesem Ineinandergreifen unterschiedlicher perspektivischer Zugänge ist die Berücksichtigung verschiedener räumlicher und zeitlicher Bezugssysteme ein weiteres konstitutives Kennzeichen stadtgeographischer Untersuchungen. Nach ihrer räumlichen Dimensionierung lassen sich zwischenstädtische und innerstädtische Systeme voneinander unterscheiden. Sie untergliedern sich jeweils wiederum in Mikro-, Meso- und Makroebenen mit maßstabsspezifischen Fragestellungen (vgl. HEINEBERG 2001, Abb. 1.3). Auf der innerstädtischen Mikroebene rücken z.B. Straßenabschnitte oder Einzelhandelsstandorte, auf der Mesoebene Stadtviertel und auf der Makroebene gesamtstädtische Phänomene bzw. Untersuchungsschwerpunkte in den Vordergrund. Im zwischenstädtischen System entsprechen den intraregionalen, nationalen/interregionalen und globalen/internationalen Ebenen solche Themen wie Pendler- und Erholungsverhalten, Ausweisung regionaler Stadttypen oder Fragen der globalen Verstädterung.

Die zeitliche Dimension erfährt methodologisch u.a. bei Prozessanalysen, Längs- und Querschnittsstudien sowie bei der Betrachtung zyklischer und rhythmischer Phänomene eine angemessene Berücksichtigung.

Die Entwicklung der Städte und des Städtesystems

Die ältesten Städte auf deutschem Boden sind römischen Ursprungs wie z.B. Colonia Augusta Treverorum, Aquae Granni oder Colonia Claudia Ara Agrippinensium, aus denen später Trier, Aachen und Köln hervorgingen. Ob nach dem Abzug der Römer bis zu der Entwicklung der mittelalterlichen Stadt Siedlungskontinuität bestand, ist nicht für alle römischen Gründungen eindeutig geklärt. Basierend auf frühmittelalterlichen Keimzellen (Königshöfen, Domburgen, Klosterburgen, kaufmännischen Siedlungen), setzte ab dem 10. Jh. die Phase der mittelalterlichen Stadtgründungen ein (▸▸ Beitrag Hahn, S. 82). Die ältesten Städte im rechtlichen Sinne waren Bischofssitze, die an strategisch wichtigen Standorten wie Flussübergängen und alten Handelswegen gegründet wurden (▸▸ Beitrag Hummel/Rinschede/Sprongl, S. 102). Begünstigt durch die politische Zerrissenheit des deutschen Reiches und den florierenden Handel gründeten die Territorialherren insbesondere vom 13. bis 15. Jh. auch an weniger begünstigten Standorten eine Reihe von Städten, die nicht über ein lebensnotwendiges Umland verfügten. Es folgte bis zum 17. Jh. eine Desurbanisierungsphase (Agrarkrise, Pest, Kriege) mit starkem Bevölkerungsrückgang. Viele der erst im Hochmittelalter gegründeten Städte wurden wieder zu Ackerbürgerstädten, und weitere Neugründungen unterblieben. Erst im 16. bis 18. Jh. wurde mit den Residenz-, Festungs- oder Garnisonsstädten wieder eine Reihe von Städten wie z.B. Mannheim, Karlsruhe oder Neustrelitz gegründet (▸▸ Beitrag Hahn, S. 86) **4**.
Zu Beginn des 19. Jhs. hatten viele deutsche Städte die Einwohnerzahl des Mittelalters noch nicht wieder erreicht.

Wandel des Städtesystems durch die Industrialisierung

Technische, ökonomische, demographische und gesellschaftliche Veränderungen leiteten zu Beginn des 19. Jhs. in Deutschland die Industrialisierung ein. Die Bevölkerung wuchs von 1816 bis 1914 von 25 auf 68 Mio. Einwohner an. Aufgrund dieses großen Wachstums und hoher Zuwanderungsraten aus den ländlichen Regionen nahm vor allem in der zweiten Hälfte des 19. Jhs. die Verstädterung stark zu, d.h. die Vermehrung, Ausdehnung und Vergrößerung der Städte nach Zahl, Fläche und Einwohnern, sowohl absolut →

Dörfer und Städte – eine Einführung | **15**

Gartenstadt Margarethenhöhe, Essen

als auch im Verhältnis zur ländlichen Bevölkerung ❺.

Insbesondere in der Periode der Hochindustrialisierung zwischen 1850 und 1920 veränderte sich das deutsche Städtesystem grundlegend (▶▶ Beitrag Wehling, S. 108). Es wurden im Vergleich zu den vorausgehenden Jahrhunderten wieder mehr Städte gegründet. Noch wichtiger war aber die Zuwanderung in die neuen Industriezentren. Die alten am Hellweg gelegenen Städte Essen und Dortmund oder Berlin erlebten in dieser Zeit einen ungeheuren Bedeutungszuwachs. Das Städtewachstum wurde nicht mehr durch territorialpolitische, sondern durch ökonomische Kräfte beeinflusst.

Zunächst erfolgte die Siedlungserweiterung noch innerhalb der mittelalterlichen und absolutistischen Befestigungsanlagen (Stadtmauern, Tore, Wälle, Gräben), die jedoch spätestens mit dem Ende der Befreiungskriege 1815 ihre militärische Funktion eingebüßt hatten. Der wachsende Bevölkerungsdruck ließ die Schleifung der Befestigungsanlagen, die die Ausweitung und Entwicklung der Städte behinderten, unumgänglich werden. In Frankfurt wurden die Befestigungen 1804 bis 1812, in Berlin 1867 und in Köln 1875 geschleift und durch breite Ringstraßen, Promenaden oder Parkanlagen ersetzt. Erst jetzt konnten Vorstädte, die für niedere Stände und störende Gewerbebetriebe bereits seit dem Hochmittelalter vor den Toren entstanden waren, in die Städte einbezogen werden, und neue Vorstädte entstanden. Ab ca. 1870 erfolgte außerdem eine bauliche Verdichtung durch den Bau höherer Häuser (Mietskasernen). In der zweiten Hälfte des 19. Jhs. erreichten die deutschen Städte ihre höchste Bevölkerungsdichte.

Die Städte wuchsen auch durch Veränderungen der Stadtgrenzen, d.h. durch Eingemeindungen. In den deutschen Großstädten entfiel Ende des 19. Jhs. durchschnittlich ein Viertel der Bevölkerungszunahme auf Eingemeindungen, und von 1871 bis 1910 hat sich die Gemarkungsfläche der damals 48 Großstädte mehr als verdoppelt.

Der Liberalismus des 19. Jhs. verhinderte, dass der Staat grundsätzliche Vorstellungen über die anzustrebende räumliche Ordnung entwickelte. Gleichwohl haben die deutschen Einzelstaaten und das Deutsche Reich nach 1871 insbesondere durch die Verkehrspolitik (Eisenbahn-, Straßen-, Kanal-, Binnen- und Seehafenbau) (▶▶ Beitrag Nuhn/Pries, S. 94) und die Verteilung der Garnisonen (▶▶ Beitrag Pez/Sachs, S. 104) Einfluss auf die Standorte der wirtschaftlichen Entwicklung genommen. Auch das innere Wachstum der Städte erfolgte lange Zeit weitgehend unkontrolliert. Erst als die Nachteile des ungeplanten und ungeordneten Siedlungsbaus immer stärker zutage traten, wurden gegen Ende des 19. Jhs. die ersten baurechtlichen Bestimmungen in Form von Fluchtlinienvorschriften erlassen.

Städtebau nach dem Ersten Weltkrieg
Kriegsheimkehrer und die damit verbundene Phase vieler Familiengründungen in den Nachkriegsjahren sowie das Bevölkerungswachstum in den Zwischenkriegsjahren (Deutsches Reich 1919: 60,9 Mio., 1935: 66,8 Mio.) haben einen Wandel in Städtebau und Architektur bewirkt. Die Voraussetzungen für eine Wende waren zu Beginn der 1920er Jahre günstig. Der Zusammenbruch der bestehenden politischen, gesellschaftlichen und kulturellen Strukturen eröffnete allem Neuen die Möglichkeit zur Entfaltung. Das Städtewachstum verlangsamte sich im Vergleich zu den vorausgegangenen Jahrzehnten, und die Städte wuchsen nicht mehr so unkontrolliert wie zur Zeit der Industrialisierung, sondern stärker auf der Grundlage der von den Gemeinden aufgestellten Generalpläne. Gleichzeitig ging der Wohnungsbau von den Erschließungsgesellschaften und den privaten Investoren der Gründerzeit immer mehr in die Hand kommunaler Bauträger über, die Siedlungen in einer bis dato nicht bekannten Größenordnung planten und bauten. Architektonische und städtebauliche Vorstellungen, die teilweise schon vor dem Ersten Weltkrieg entwickelt worden waren, konnten damit realisiert werden. Es fand eine Abkehr von der Mietskaserne des 19. Jhs. statt, die starre Bindung an das Blocksystem wurde aufgegeben und den Freiräumen ein hoher Stellenwert eingeräumt. Die systematische Anwendung des Zeilenbaus seit Mitte der 1920er Jahre erzielte eine grundlegende Veränderung der Siedlungsgrundrisse. In den Freiräumen zwischen den Häuserzeilen wurden Spiel- und Erholungsflächen für alle Mieter der Wohnsiedlungen integriert. Eine ähnliche Aufwertung von Freiflächen erzielte die Raumbildung durch Baugruppen. Zeilen- oder Kettenhäuser umschließen freie, in der Regel begrünte Räume, die oval, quadratisch oder rechteckig sein können. Die Errichtung großer Wohnsiedlungen fand 1929 mit dem Ausbruch der Weltwirtschaftskrise ein abruptes Ende. Insbesondere seit der Machtübernahme der Nationalsozialisten im Jahr 1933 erlebte der Bau von Kleinsiedlungen, meist am Rand von Großstädten, einen neuen Aufschwung. Der Bau der Siedlungen sollte helfen, die hohe Zahl der Arbeitslosen abzubauen, und die Nutzgärten sollten das Existenzminimum der Siedlerfamilien sichern.

Die katastrophalen Zerstörungen insbesondere der großen Städte während des Zweiten Weltkriegs (▶▶ Beitrag Bode, S. 88) und der große Zustrom von Flüchtlingen und Heimatvertriebenen erforderten einen schnellen Wiederaufbau der Städte. Dabei kam es nur in einzelnen Fällen zu Veränderungen des früheren Straßennetzes. In den 1950er Jahren wurden zunächst überwiegend in den zerstörten Stadtvierteln Wohn- und Geschäftsgebäude sowie Gewerbe- und Industriegebäude wieder aufgebaut. Der weitere Ausbau der Städte erfolgte nach dem Leitbild der „gegliederten und aufgelockerten Stadt", die – beeinflusst durch die Charta von Athen (▶▶ Beitrag Wiegandt, S. 148) – eine räumliche Trennung der Funktionen Wohnen, Arbeiten und Verkehr vorsah (GÖDERITZ/RAINER/HOFFMANN 1957). In den 1960er und 1970er Jahren entstanden überwiegend an den Stadträndern Großwohnsiedlungen für bis zu 50.000 Menschen (▶▶ Beitrag Breuer/Müller, S. 130). Seit den 1970er Jahren wurden zudem umfangreiche Sanierungs- und Entwicklungsmaßnahmen im Bereich bereits bestehender Siedlungen auf der Grundlage des 1971 verabschiedeten Städtebauförderungsgesetzes durchgeführt (▶▶ Beitrag Hohn/Hohn, S. 116). Im nächsten Jahrzehnt fand dagegen in Westdeutschland eine Abkehr von den Großwohnsiedlungen statt. In der Folge wurden überwiegend kleinere Wohnungsbauprojekte realisiert, und es vollzog sich eine bis heute andauernde Differenzierung des Wohnungsmarktes (▶▶ Beiträge Sailer, S. 44 und 46). In der DDR hielt dagegen der Wohnungsbau in industriell vorgefertigten Großwohnsiedlungen bis zur Wende an.

Herausbildung des Städtesystems
Die arbeitsteilige Organisation zwischen Städten und ihre Beziehungen zueinander werden als Städtesystem bezeichnet (▶▶ Beitrag Blotevogel, S. 40). Für Deutschland insgesamt ergibt sich eine ausgewogene regionale Verteilung. Neben den drei Millionenstädten Berlin (3,4 Mio. Ew.), Hamburg (1,7 Mio.) und München (1,2 Mio.), gefolgt von Köln (0,96 Mio.), steht eine Vielzahl weiterer Großstädte (1997). Von den 82 Städten mit mehr als 100.000 Einwohnern liegen nur zwölf in den neuen Ländern. Es fehlt die dominante Metropole, die Paris für Frankreich oder London für Großbritannien darstellen. Berlin hatte diese Rolle zwar bis zum Ende des Zweiten Weltkriegs inne, hat sie aber nach der deutschen Teilung wieder verloren. Da seitdem zahlreiche Funktionen auf Städte im Westen übergingen (z.B. Bonn als langjährige Hauptstadt, Frankfurt als Finanzzentrum, München als Technologie- und Medienstandort), bleibt abzuwarten, ob die Stadt nach der Übernahme der Hauptstadtfunktion wieder an ihre alte Rolle als dominantes Zentrum anknüpfen kann (▶▶ Beiträge Leupolt, S. 160; Freitag, S. 164) oder aufgrund ihrer geringen wirtschaftlichen Bedeutung lediglich eine große Regionalmetropole mit Hauptstadtfunktion bleibt (▶▶ Beitrag Beyer u.a.,

❺ Einwohnerzahl ausgewählter Großstädte 1960-2000
in Tsd.

Stadt	30.06.1960	31.12.1970	30.06.1980	30.06.1990	30.12.2000
Hannover	572,3	521,5	535,1	509,8	515,0
Köln	789,3	849,5	976,8	950,2	962,9
Essen	727,3	696,4	650,2	626,1	595,2
Frankfurt am Main	666,5	666,2	629,2	641,3	646,6
München	1079,4	1312,0	1298,9	1219,6	1210,2
Hamburg	k.A.	1793,6	1645,1	1652,3	1715,4
Leipzig	594,8	583,8	559,5	553,7	493,2

Prichsenstadt, eine Kleinstadt in Unterfranken

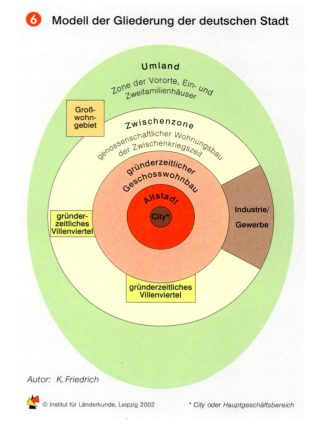

6 Modell der Gliederung der deutschen Stadt

Autor: K. Friedrich

© Institut für Länderkunde, Leipzig 2002 * City oder Hauptgeschäftsbereich

S. 166) (Blotevogel 1982; Blotevogel 1996; Blotevogel/Hommel 1980; Gatzweiler 1996).

In den neuen Ländern ist das Städtesystem nicht im gleichen Maße ausgeglichen, hier steht einem städtereichen Süden der städtearme Norden gegenüber. Im Großen und Ganzen stärkt jedoch die föderalistische Struktur Deutschlands die Bedeutung der regionalen Zentren nicht nur in politischer Hinsicht, sondern auch bezüglich ihrer funktionalen Spezialisierungen (▶▶ Beitrag Bode/Burdack, S. 96). Auch weniger große Städte wie Gütersloh, Bielefeld, Erfurt oder Schwerin können Sitz von Unternehmensverwaltungen oder Landeshauptstädte sein (▶▶ Beitrag Gotterbarm, S. 156). Sie erfüllen nicht selten bedeutende Funktionen für Menschen aus einem sehr großen Einzugsgebiet. Dieses gilt auch z.B. für Universitätsstädte (▶▶ Beitrag Sailer, S. 92), Bischofs- und Wallfahrtstädte (▶▶ Beitrag Hummel/Rinschede/Sprongl, S. 102) sowie Bäder (▶▶ Beitrag Jentsch/Schürle, S. 98) und Touristenstädte (▶▶ Beitrag Pez, S. 100).

Die innere Differenzierung der Städte

Seit dem Zweiten Weltkrieg haben sich die deutschen Städte auch in ihrer Binnenstruktur zunehmend differenziert. Neben der idealtypisch ringförmigen Ausdehnung mit einem Altstadtkern, einem daran anschließenden Wohn- und Gewerbegürtel und einem Suburbanisierungsring waren besonders in Städten mit hohem Druck auf den Immobilienmarkt ▶ Segregations- und Gentrifizierungstendenzen einzelner Wohnviertel zu verzeichnen (▶▶ Beiträge Glebe, S. 142 und Friedrichs/Kecskes, S. 140) **6**. Diese lassen sich besonders deutlich durch eine Konzentration von Ausländerbevölkerung und ihrer spezifischen Einrichtungen (▶▶ Beiträge Langenhagen-Rohrbach/Scheller/Wolf, S. 120 und Schmitt, S. 154) sowie durch die Verbreitung von sanierungsbedürftigem Wohnungsbestand bzw. luxussanierten Altbauwohnungen nachzeichnen (▶▶ Beitrag Hohn/Hohn, S. 116).

Die Zentren der meisten Städte (Cities) durchliefen seit der Nachkriegszeit mehrere Phasen. Die Expansion der City- und Bürofunktionen mit der Verdrängung von Wohnbevölkerung und Kommunikationsmöglichkeiten ging einher mit einer Monofunktionalisierung, begleitet von der in Westdeutschland viel beklagten „Verödung der Innenstädte" in den 1970er Jahren. Mit der Welle der Gentrifizierung statushoher Innenstadtrandlagen seit den 1980er Jahren (▶▶ Beitrag Friedrichs/Kecskes, S. 140) erfolgte jedoch auch die Sanierung von Citybereichen und die Revitalisierung der Innenstädte bis hin zur Festivalisierung der Fußgängerzonen sowie dem Event-Tourismus der Städtereisen (▶▶ Beiträge Freund, S. 136, Monheim, S. 132). In den 1990er Jahren vollzogen die Städte Ostdeutschlands teilweise diese Entwicklungen nach, wobei es jedoch wegen der schrumpfenden Bevölkerungszahlen bei gleichzeitigem hohem Suburbanisierungsdruck zu umfangreichen Leerständen sowohl bei Wohn- als auch bei Büronutzungen in den Innenstädten kam (▶▶ Beitrag Sailer, S. 44ff., Jessen S. 152). Gleichzeitig mit der Expansion von städtischen Siedlungsflächen (▶ Karte S. 11) erhöhten sich in kleinen und großen Städten auch der Versiegelungsgrad und damit die ökologischen Folgewirkungen der Verstädterung (▶▶ Beitrag Arlt/ Heber/ Lehmann/ Schumacher, S. 122).

Entwicklung der Stadt-Umland-Beziehungen

Bereits in der ersten Hälfte des 19. Jhs. verlegten wohlhabende Familien ihren Wohnsitz aus den Städten in das Umland, und ab ca. 1860 ermöglichten Pferdeomnibusse und Eisenbahnen die Errichtung erster Villenkolonien am Rande der Städte. Im 20 Jh., insbesondere aber seit den 1960er Jahren, bewirkten die steigende individuelle Motorisierung, die Förderung des Eigenheimbaus und der zunehmende Wohlstand, dass immer mehr Menschen ihren Wohnsitz aus der Kernstadt in das Umland verlagerten. Diese Wanderungen waren selektiv, da meist junge Familien mit vergleichsweise hohen Wohnflächenansprüchen und dem Wunsch nach bezahlbaren Mietpreisen an der Kern-Rand-Wanderung teilnahmen. In den Städten blieben eher ältere, immobile und statusniedere Personengruppen zurück (▶▶ Beitrag Glebe, S. 142). Im Umland waren die Geburtenraten höher als in den Kernstädten, die vergleichsweise hohe Sterberaten hatten. Das Umland wuchs somit weit schneller als die Kernstädte, deren Bevölkerung häufig sogar rückläufig war **7** (Gaebe 1987).

Die Kernstädte waren zunächst aufgrund des hohen Arbeitskräftepotenzials und guter Absatzmöglichkeiten die bevorzugten Industriestandorte. Nutzungskonflikte in den dicht bebauten Städten und fehlende Expansionsmöglichkeiten führten bereits im 19. Jh. zu der Verlagerung der ersten Betriebe in das Umland. Der Ausbau des Bahnnetzes und die Entwicklung des Transportwesens per Lkw und Container förderten diese Tendenz im 20. Jh. Seit den 1960er Jahren entstanden zudem immer mehr Dienstleistungseinrichtungen (Unternehmensverwaltungen, Einzelhandel) im Umland der Städte. Die Verlagerung des Wachstumsschwerpunktes von der Kernstadt in das Umland wird als Suburbanisierung bezeichnet (▶▶ Beiträge Franz, S. 128; Herfert/ Schulz, S. 124; Jürgens, S. 72).

Die Stadt und ihr Umland sind durch vielfältige sozio-ökonomische, soziokulturelle und ökologische Beziehungen miteinander verknüpft. Die Städte stellen Arbeitsplätze, kulturelle und soziale Infrastrukturleistungen sowie Konsumgüter bereit; außerdem üben sie Verwaltungsfunktionen auch für die Bevölkerung des suburbanen Raums aus, während das Umland Wohnstandort und ökologischer Ausgleichsraum ist und der Naherholung dient. Die Abgrenzung der Agglomerationen, die durch Kernstadt und Umland gebildet werden, ist schwierig, da der Übergang zum umgebenden ländlichen Raum fließend ist.

Ausgehend von der Überlegung, dass die Agglomerationen bei ungesteuerter räumlicher Entwicklung unaufhaltsam zu Lasten der ländlichen Räume wachsen würden, beschäftigen sich seit Beginn der 1960er Jahre Gutachten mit der Abgrenzung von Verdichtungsräumen (▶▶ Beiträge Böltken/Stiens, S. 30; Stiens, S. 36). Diese entwickelten Maßnahmen zur Eindämmung der negativen Folgen großer Agglomerationen (z.B. Zersiedelung, hohes Verkehrsaufkommen). 1968 wies die Ministerkonferenz für Raumordnung (MKRO) für die damalige Bundesrepublik erstmals 24 Verdichtungsräume aus. Wichtige Bestimmungsmerkmale waren zunächst die Einwohner-Arbeitsplatz-Dichte und eine positive Bevölkerungsentwicklung zwischen 1961 und 1967, seit 1970 aber nur noch die Einwohner-Arbeitsplatz-Dichte bei gleichzeitiger Mindestfläche von 100 km², Mindesteinwohnerzahl von 150.000 und Mindesteinwohnerdichte von 1000 Ew./km². Im Mai 1970 hatten die 24 Verdichtungsräume einen Anteil von 7,3% an der Fläche des Bundesgebietes (ohne Berlin), aber von 45,5% an der Bevölkerung und von 55,4% an den Beschäftigten. In Anlehnung an das erste Raumordnungsgesetz von 1965 wurde allgemein eine Verdichtung von Wohn- und Arbeitsstätten angestrebt, wenn diese dazu beitrug, räumliche Strukturen mit gesunden Lebens- und Arbeitsbedingungen →

7 Zunahme der städtischen Bevölkerung 1871-1925

Jahr	Anteil der Bevölkerung in den Gemeinden mit ...		
	weniger als 2000 Ew. (ländliche Bevölkerung)	mehr als 2000 Ew. (städtische Bevölkerung)	mehr als 100 000 Ew. (Großstädte)
1871	62,6	37,4	5,4
1900	43,9	56,1	17,2
1910	38,3	61,7	22,8
1925	35,4	64,6	26,6

Dörfer und Städte – eine Einführung

Wasserburg am Inn

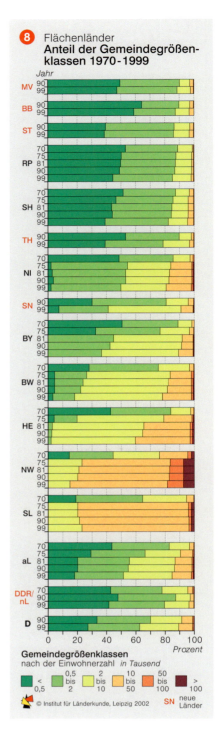

8 Flächenländer
Anteil der Gemeindegrößenklassen 1970-1999

Gemeindegrößenklassen
nach der Einwohnerzahl *in Tausend*

< 0,5 | 0,5 bis 2 | 2 bis 10 | 10 bis 50 | 50 bis 100 | > 100

© Institut für Länderkunde, Leipzig 2002   SN neue Länder

sowie ausgewogenen wirtschaftlichen, sozialen und kulturellen Verhältnissen zu erhalten, zu verbessern oder zu schaffen (▶▶ Beitrag Pfaffenbach, S. 70). Nachdem bereits in den 1970er und 1980er Jahren eine Reihe von Vorschlägen zur Überarbeitung des Konzepts vorgelegt worden waren, wurden 1993 die Verdichtungsräume, die in der Regel immer noch mehr als 150.000 Einwohner in einem zusammenhängenden Gebiet aufweisen sollten, aufgrund der beiden Indikatoren Siedlungsdichte (Einwohner je km² Siedlungsfläche ohne Verkehrsfläche 1987/85) und Siedlungsflächenanteil (Siedlungs- und Verkehrsfläche in Prozent der gesamten Gemarkungsfläche 1985) neu abgegrenzt. In den neuen Ländern sind die Verdichtungsräume anhand vergleichbarer Kriterien und durch Gutachten bestimmt worden. In der jüngsten Abgrenzung von 1993 hatten die Verdichtungsräume einen Flächenanteil von 11% am Bundesgebiet. Hier lebten ca. 50% der Bevölkerung.

Raumordnung – der staatliche Einfluss

Die räumliche Entwicklung wird durch die Raumordnungspolitik beeinflusst. In Deutschland gewann die Raumordnung gegen Ende des Ersten Weltkriegs an Bedeutung. In besonders stark verstädterten Regionen entstanden Planungsverbände zur Förderung der interkommunalen Zusammenarbeit, wie z.B. 1912 der Verband Groß-Berlin und 1920 der Siedlungsverband Ruhrkohlenbezirk. Der Staat schaltete sich nur allmählich in Planungsaufgaben ein, die zunächst fast ausschließlich von den Kommunen wahrgenommen wurden. Dieses änderte sich, als ab 1933 die Raumordnung zur Erreichung der politischen Ziele des totalitären Systems instrumentalisiert wurde. Der Verlauf der Autobahnen und die Standorte von Flughäfen und Rüstungsindustrien, aber auch von Feriensiedlungen und neuen Städten, wie das 1938 in der Reichsmitte gegründete Wolfsburg (▶▶ Beitrag Pudemat, S. 106), wurden vom Staat bestimmt.

Nach dem Zweiten Weltkrieg setzte sich in der Bundesrepublik Deutschland eine vierstufige Gliederung der Raumplanung durch: Bundesraumordnung, Landesplanung, Regionalplanung und Bauleitplanung der Gemeinden. Art. 75 Nr. 4 GG weist dem Bund die Rahmenkompetenz zu. Im Raumordnungsgesetz von 1965 und im Bundesraumordnungsprogramm von 1975 wurden die Ziele der Raumordnung definiert. Wichtiges Ziel war die Herstellung gleichwertiger Lebensbedingungen in allen Teilräumen. Die Ausweisung von zentralen Orten, in denen die staatliche Infrastruktur zu bündeln war, sollte zur Realisierung dieses Ziels beitragen. Ein zentraler Ort stellt Güter und Dienstleistungen auch für das Umland bereit. Die hierarchische Stufung in Ober-, Mittel-, Unter- und Kleinzentren sollte die Versorgung der Bevölkerung in allen Landesteilen sicherstellen. Die zentralen Orte sind durch Entwicklungsachsen miteinander verbunden (▶▶ Beitrag Sachs, S. 34) (GÜSSEFELDT 1997).

Die staatliche Raumplanung hat jedoch fast nie die kommunale Selbstverwaltung der Gemeinden **8** beschnitten. Diese ist in Artikel 28 des Grundgesetzes geregelt und garantiert, dass die Gemeinden alle Angelegenheiten der örtlichen Gemeinschaft im Rahmen der Gesetze selbst regeln dürfen. Die Ausgaben der Gemeinden werden in den kommunalen Haushalten geregelt, die u.a. Personalausgaben, soziale Leistungen, Sachinvestitionen und Zinszahlungen umfassen (▶▶ Beitrag Kaiser, S. 112).

Auch in der DDR wurde das Siedlungssystem auf der Basis der Zentrale-Orte-Theorie weiterentwickelt. Darüber hinaus wurde das Planungssystem der Sowjetunion, das auf der marxistischen Gesellschaftstheorie basiert, übernommen. Die Territorialplanung war ein integrierter Bestandteil der Volkswirtschaftsplanung und hatte die Aufgabe, planmäßig eine optimale territoriale Organisation des gesellschaftlichen Reproduktionsprozesses, d.h. aller Bereiche der Gesellschaft, herbeizuführen. Bis in die 1960er Jahre wurden der Bedeutungsrückgang der Ballungsgebiete und eine damit verbundene ▶ Deglomeration sowie die Industrialisierung der nördlichen Agrargebiete angestrebt. Ein Arbeitskräftedefizit in den Ballungsgebieten zwang jedoch in den 1970er Jahren zu deren Aufwertung. Mit den wachsenden wirtschaftlichen Problemen klammerten die Jahres- und Fünfjahrespläne zudem immer mehr Bereiche aus der Planung aus (Umwelt, Stadtzentren) und konzentrierten sich auf wenige ausgewählte Programme (Wohnungsbau, Kohle- und Energieprogramm).

Angesichts der außerordentlich großen räumlichen Ungleichgewichte zwischen dem Ost- und Westteil der Bundesrepublik wurde im November 1992 vom Bundesministerium für Raumordnung, Bauwesen und Städtebau der Raumordnungspolitische Orientierungs- und Handlungsrahmen aufgestellt, an dem die Länder mitgewirkt haben und der von der MKRO zustimmend zur Kenntnis genommen wurde. Er formuliert die Aufgaben der Bundesraumordnungspolitik anhand der fünf Leitbilder Siedlungsstruktur, Umwelt und Raumnutzung, Verkehr, Europa sowie Ordnung und Entwicklung. Besondere Bedeutung wird dem Ausbau und der Stärkung einer dezentralen Raum- und Siedlungsstruktur beigemessen. Die räumliche Verteilung der großen Zentren wie auch die günstige Entwicklung der kleinen und mittleren Industrie- und Dienstleistungszentren in den alten Ländern hat gezeigt, dass das Leitbild der dezentralen Konzentration in hohem Maße den Wohn- und Stadtortwünschen von Wirtschaft und Bevölkerung entsprach. In den neuen Ländern soll die Funktionsfähigkeit der Siedlungsstruktur durch Stärkung und Entwicklung des Netzes zentraler Orte gewährleistet werden. Wichtige Ziele des Raumordnungsgesetzes in der Fassung von 1998 sind die in §1 genannten Leitvorstellungen gleichwertiger Lebensverhältnisse der Menschen in allen Teilräumen und der Ausgleich der räumlichen und strukturellen Ungleichgewichte zwischen den bis zur Herstellung der Einheit Deutschlands getrennten Gebieten.

Regionale Besonderheiten der Städte

Schon Wilhelm Heinrich RIEHL betont in seiner "Naturgeschichte des Volkes" Mitte des 19. Jhs., dass es nicht den einheitlichen Typus der deutschen Stadt schlechthin gebe, sondern „allerlei Stadt". Er unterscheidet regionale Typen, die jeweils ein spezifisches Verhältnis von Stadt und Land in Abhängigkeit „der deutschen Landstriche [...] durch unverlöschliche Naturunterschiede" kennzeichnet (1899, S. 89-92; 1. Aufl. 1853).

Der Regionalisierungsansatz von RIEHL ist – bei aller Kritik, die er erfahren hat – vermutlich der erste Versuch, deutsche Städtelandschaften zu unterscheiden, wobei er bereits Differenzierungen als in der Vergangenheit angelegte ▶ Persistenzerscheinungen identifiziert, die vor allem in den historischen Altstadtkernen der Städte bis in die Gegenwart nachwirken.

Persistente Stadtstrukturen aus der Zeit vor dem 19. Jh.

Von ihrer baulichen Beschaffenheit sind die aus dem Mittelalter ererbten Städte in Deutschland ganz wesentlich das Abbild des Baumaterials, mit dem sie errichtet wurden. Die in früheren Jahrhunderten extrem hohen Transportkosten führten dazu, dass man vorwiegend die in der unmittelbaren Umgebung vorhandenen Baustoffe verwendete. So spiegeln sich die geologischen Bedingungen einer Region auch im Baubestand ihrer Städte wider.

Besonders eindrucksvolle Zeugen dieser Rahmenbedingungen sind die Backsteinkathedralen in den glazial überformten Gebieten Norddeutsch- →

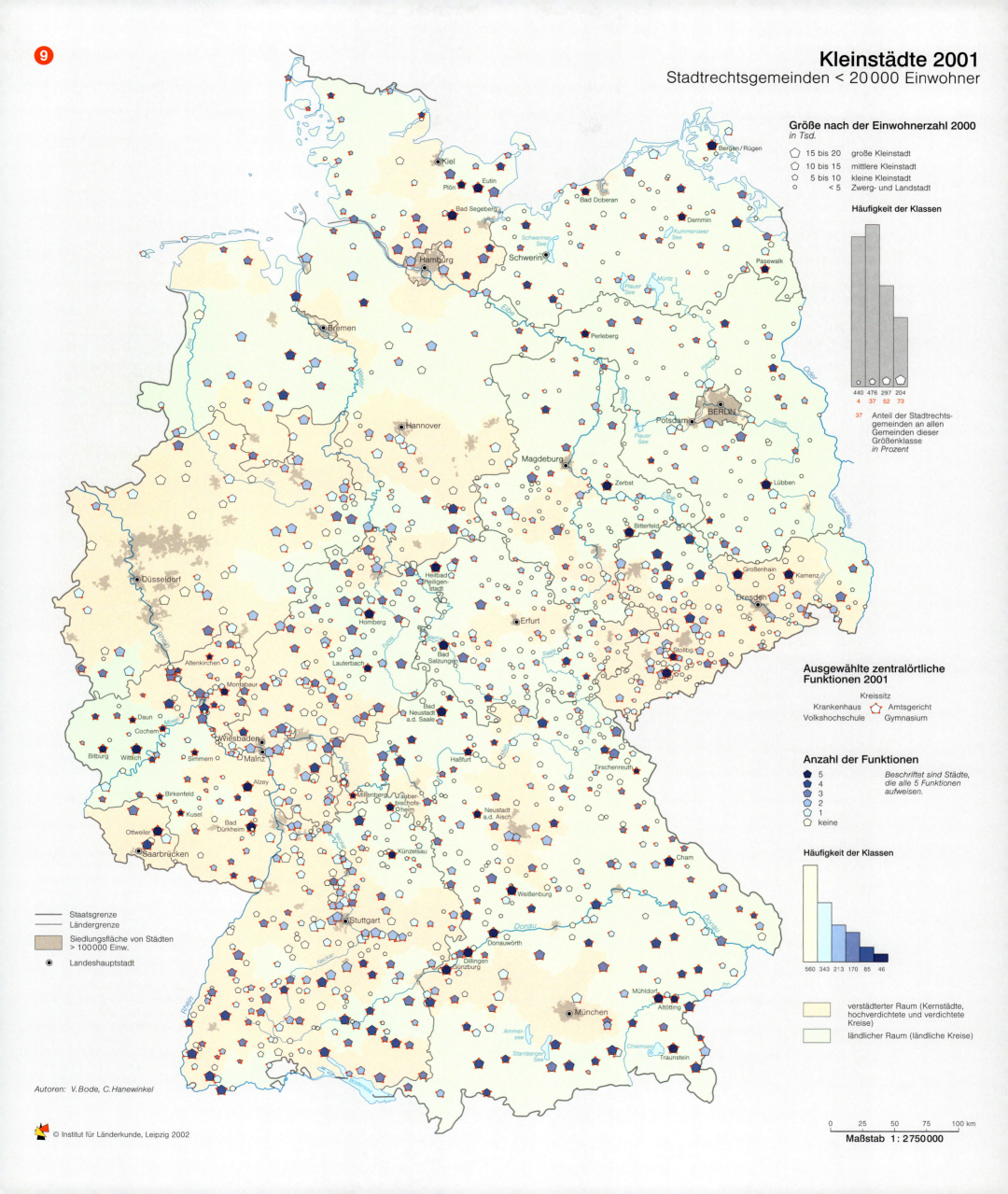

lands und des Alpenvorlandes, wo mangels geeigneter ▶ autochthoner Baustoffe gebrannte Ziegel selbst für repräsentative Sakralbauten Verwendung fanden. Die Backsteingotik wird z.B. verkörpert von der Marienkirche in Lübeck (▶▶ Beitrag Jöns/Köchling-Dietrich, Bd. 6, S. 144ff.), der Domkirche in Schleswig, der Nikolaikirche in Stralsund, dem Dom in Schwerin, aber auch von der Französischen Klosterkirche in Berlin. Berlin ist hier insofern eine besonders interessante Stadt, als für die anfänglichen Kirchenbauten (Nikolaikirche) noch reichlich Steine und Findlinge aus der näheren Umgebung vorhanden waren und nach deren Abbau erst später auf Ziegel als Baustoff umgestellt wurde. Da man sich zuweilen den Luxus eines weiten Transports leisten wollte, bestehen viele spätere Kirchenbauten in Berlin aus Sandstein, der auf dem Wasserweg vom Elbsandsteingebirge antransportiert worden ist (HOFMEISTER 1969). Im ebenfalls durch ▶ glazigene Sedimente geprägten Alpenvorland sind Backsteinkathedralen wie die St.-Martin-Kirche in Landshut oder die Frauenkirche in München als stadtbildprägende Elemente zu erwähnen.

Demgegenüber sind Städte inmitten sandsteinreicher Sedimentationsgebiete auch durch Repräsentativbauten aus diesem Baustoff entscheidend geprägt (HUTTENLOCHER 1963). Der Burgsandstein aus den Keuperschichten ist ebenso das Baumaterial für die Nürnberger Kaiserburg und die Lorenz- und Sebalduskirche wie für die gesamte mittelalterliche Stadtanlage von Rothenburg ob der Tauber. Heidelbergs Altstadt (▶ Foto S. 15) ist durch den tiefroten Buntsandstein geprägt; dies gilt ebenso für das Freiburger Münster, die Türme von Wertheim oder die Stadtmauern von Weil der Stadt in einer Werksteinprovinz, die den nördlichen Schwarzwald, den ganzen Odenwald und einen Gutteil des Oberrheinlandes umfasst.

Nicht nur für repräsentative Bauten, sondern für das gesamte ererbte Stadtbild treffen wir auf ein Abbild der geologischen Verhältnisse der jeweiligen Landschaft. So prägt die Schieferdachlandschaft vieler Städte in Nordhessen, im Thüringer Wald, im Frankenwald oder im Rheinischen Schiefergebirge in ihrer schwarzen Düsterheit diese Orte nachhaltig. Ein regionaler Sonderfall sind die Inn-Salzach-Städte mit ihrem charakteristischen Grabendach (▶ Foto S. 18). Derartige regionale Spezifika – insbesondere Baumaterial sowie Farbe und Material der Dachbedeckung – haben zwar seit Jahrzehnten die Tendenz, sich zu uniformieren. Aber über die Festlegungen in der Bauleitplanung und mit dem Werben für ein regionsspezifisches Bauen werden solche räumlichen Unterschiede des Baustils wieder neu betont und sogar in Neubaugebieten vielfach offensiv wiederbelebt.

Regionale Stadttypen
Die wohl differenzierteste Charakterisierung der regionalen Stadttypen in Deutschland verdanken wir SCHÖLLER (1967), der folgende "Städteprovinzen" unterscheidet:

1. Fränkisches Städtewesen: mit einer hohen Stilsicherheit in der Gestaltung asymmetrischer Baugefüge und rhythmisch gegliederter Straßenzüge; Überwiegen des Fachwerks; leicht, bewegt und malerisch.

2. Bairische und alpenländische Stadt: eine rustikale Kraft und Derbheit des Baucharakters; Weite und Übersichtlichkeit des langgestreckten Einstraßenmarktes; einheitlich und wuchtig.

3. Die Städtegruppen Südwestdeutschlands: alemannischer Grundcharakter der Region; Gebiet urbaner Lebensformen; klein gekammerte Bereichsgliederung mit vier regionalen Subtypen: (a) Oberschwaben: farbiger Ziegelbau; einheitliche Gestaltung der Straßen und Plätze bei gleichzeitiger Individualität der Einzelbauten; (b) Neckarschwaben: Mischzone fränkisch-schwäbischer Formelemente; jedoch klarere Straßenfluchten, einheitlichere Platzfronten, breitere und massivere Bauten, ruhigere Formen; (c) Bodenseezone: leichteres, lebhafteres Bautemperament; Gebäude und Straßenbilder wirken bewegter und anmutiger; holzverschalter Dachüberhang als Leitform; (d) Oberrheingebiet: Fachwerkbau in vollendetster Durchformung; grazile Stützen über dem Erdgeschoss, reich gegliederte Erker, offene Stockwerksgalerien und asymmetrische Gruppierung der Fenster.

4. Mitteldeutsche Städtegruppen (Hessen, Thüringen, Obersachsen): vorwiegend kleinstädtische Strukturen; Überwiegen des Fachwerkbaus; viele Ackerbürgerstädte; größere Zahl von Bergstädten.

5. Westniederdeutsche Städte (Niederrhein, Westfalen, Niedersachsen):

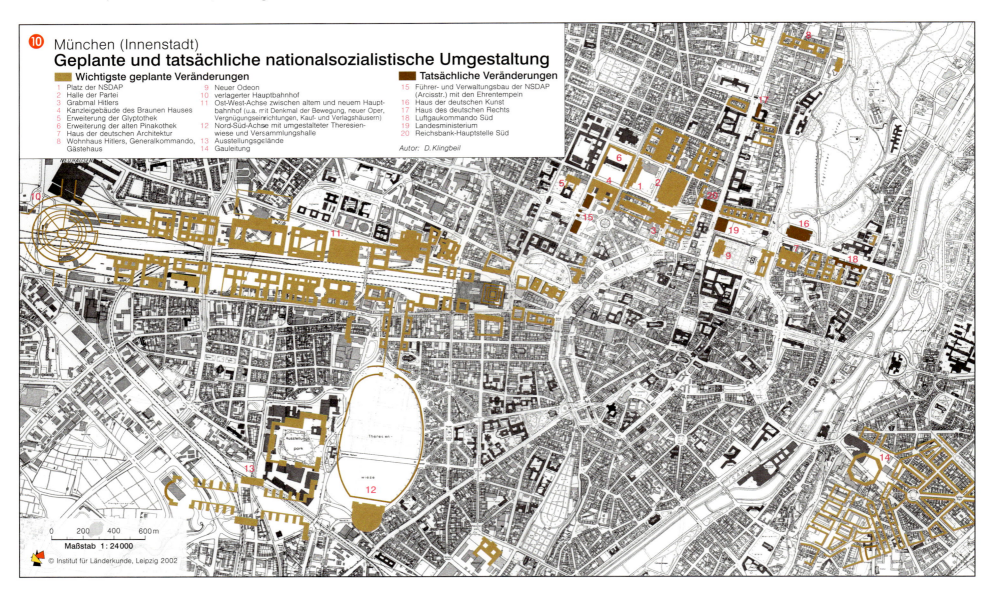

⑩ München (Innenstadt)
Geplante und tatsächliche nationalsozialistische Umgestaltung

Wichtigste geplante Veränderungen
1 Platz der NSDAP
2 Halle der Partei
3 Grabmal Hitlers
4 Kanzleigebäude des Braunen Hauses
5 Erweiterung der Glyptothek
6 Erweiterung der alten Pinakothek
7 Haus der deutschen Architektur
8 Wohnhaus Hitlers, Generalkommando, Gästehaus
9 Neuer Odeon
10 verlagerter Hauptbahnhof
11 Ost-West-Achse zwischen altem und neuem Hauptbahnhof (u.a. mit Denkmal der Bewegung, neuer Oper, Vergnügungseinrichtungen, Kauf- und Verlagshäusern)
12 Nord-Süd-Achse mit umgestalteter Theresienwiese und Versammlungshalle
13 Ausstellungsgelände
14 Gauleitung

Tatsächliche Veränderungen
15 Führer- und Verwaltungsbau der NSDAP (Arcisstr.) mit den Ehrentempeln
16 Haus der deutschen Kunst
17 Haus des deutschen Rechts
18 Luftgaukommando Süd
19 Landesministerium
20 Reichsbank-Hauptstelle Süd

Autor: D. Klingbeil

Maßstab 1 : 24000
© Institut für Länderkunde, Leipzig 2002

Übergewicht des bürgerlich-kaufmännischen Elementes; Rathäuser, Zunfthäuser und Märkte bilden den Kern der niederdeutschen Stadt. Es werden drei regionale Subtypen unterschieden: (a) Niederrheinische Städtegruppe: Flandrisch-niederländischer Baueinfluss; Überwiegen des Steinbaus bei geraden Straßenfluchten, flächiger Fassadengestaltung und glattem Dachabschluss; (b) Westfalen: Sinn für konstruktive Form, Streben nach Wucht und Solidität; (c) Niedersachsen: Übergang von Backsteinbau über Fachwerk mit Backsteinfüllung bis zu Schmuckfachwerk; reiche Ausstattung und Dekoration; geschlossene Straßenfluchten mit Traufhäusern.

6. Deutsche Küstenstädte: Prägung durch den hansischen Städtebund; Bürgerstädte mit Übergewicht des Fernhandels; rechteckig von den Baublöcken ausgesparter Marktplatz; Gleichmaß schmaler und tiefer Parzellen; vertikale Betonung der Fronten der Backsteinbauten; sparsame Dekoration, konstruktive Durchgliederung.

7. Städte im ostelbischen Binnenland: märkische Backsteingotik; Verwendung von Formziegeln und glasierten Backsteinen.

Diese Differenzierung mag im Detail unbefriedigend sein. Es fließen natürlich viel Intuition und bloß qualitativ angedeutete, aber empirisch nicht näher belegte Eigenschaften in sie ein. Zudem ist sie, das sei gerne zugegeben, eine Dimension deutscher Stadtkultur, die in der Gegenwart eher im Abklingen ist. Gleichwohl zeichnet sie immer noch relevante Unterschiede in den deutschen Stadtlandschaften nach, die man bis in die Gegenwart erfahren kann. Eine Aussage wie „Wirkt die fränkische Stadt individuell und malerisch, so die baierische einheitlich und wuchtig" (SCHÖLLER 1967, S. 44) gibt eine Erfahrungs- und Beobachtungsdimension wieder, die erstaunlich viel Unterschiedlichkeit auf den Punkt bringt, ohne klischeehaft zu sein.

Neben der Vielfalt der Baumaterialien und Baustile sind auch, parallel zur territorialen Zugehörigkeit im Hoch- und Spätmittelalter, durch wirtschaftliche und politische Einflüsse gänzlich unterschiedliche Städtelandschaften entstanden. Das bezieht sich nicht allein auf Handelskooperationen, die, etwa über die Hanse, ihre durchweg wirtschaftlich wohlhabenden Hafenstädte auch über ihre bürgerlichen Repräsentativbauten prägten.

Es entstanden auch, und das ist ein deutsches Spezifikum, in den zahlreichen Kleinterritorien der Landesherren bereits zum Zeitpunkt der Stadtgründung recht kleine Siedlungen, die auch später nie weit über ihre mittelalterliche Ummauerung hinaus expandierten. Da zudem die Zahl solcher spätmittelalterlichen Stadtgründungen als Zwerg- und Minderstädte besonders groß ist, bildeten sich ganze Regionen heraus, die zwar eine extrem hohe Städtedichte aufweisen, jedoch lediglich aus solchen Kleinstädten bestehen. Diese Städte repräsentieren bis auf den heutigen Tag einen sehr malerisch-pittoresken Siedlungstyp, der infolge meist geringer wirtschaftlicher Dynamik seinen mittelalterlich anmutenden Baubestand noch in erstaunlicher Weise konserviert hat. In dieser Eigenschaft stellen diese Kleinstädtchen neuerdings ein nicht unerhebliches Kapital für den Tourismus dar, auch wenn sie funktional oft keine große Bedeutung haben ❾. Derartige „Kleinstadtlandschaften" finden wir in Südniedersachsen ebenso wie z.B. in Nordhessen, in Thüringen und Franken, im Neckarland und im Allgäu.

Als Residenzstädte bildeten einige dieser kleineren Stadtgründungen (z.B. Ellingen, Oettingen, Meiningen, Arolsen), aber auch bedeutendere Herrschaftszentren (z.B. Karlsruhe, Würzburg, Bayreuth, Güstrow (▶ Foto S. 13), Dresden) in absolutistischer Zeit vielfach prächtige Schlösser und Stadtparks aus. Die Vielzahl alter Residenzen und die durch sie vererbte, oft prachtvolle Bausubstanz ist zweifelsohne eine spezielle Ausprägung deutscher Stadtkultur.

Der Städtebau im „Dritten Reich"
Eine Phase der Stadtentwicklung, in der grundlegende Veränderungen in vielen Städten zu erwarten gewesen wären, wenn die damalige politische Herrschaft noch länger gedauert hätte, ist die Zeit des Nationalsozialismus von 1933–1945. Für mehrere, für das NS-Regime besonders symbolträchtige deutsche Städte liegen Pläne vor, die flächenmäßig gigantomanische, in die vorhandenen Stadtstrukturen grundlegend eingreifende neue pseudo-klassizistische Viertel mit planmäßigem Grundriss, riesigen Aufmarschplätzen und Repräsentationsbauten vorsahen. Trotz der Kürze der NS-Zeit gab es erste Realisierungen dieser Ziele, wie z.B. das Reichsparteitagsgelände in Nürnberg um das Zeppelin- und Märzfeld mit der Großen Straße und der Kongresshalle am Dutzendteich oder die Bauten um den Königsplatz in München, die den geplanten Trend signalisieren, der unserer Städtelandschaft glücklicherweise zum größten Teil erspart geblieben ist.

Die für eine Umgestaltung im Sinne des nationalsozialistischen Städtebaus prioritär vorgesehenen Städte waren die „Führerstädte" Berlin, Nürnberg (Stadt der Reichsparteitage), Hamburg, München (Hauptstadt der Bewegung) ❿, Leipzig (Reichsmessestadt) und Linz, daneben aber auch die 18 Gauhauptstädte des Reichs wie Bayreuth oder Weimar. So gibt es selbst für die relativ kleine Hauptstadt des Gaues „Bayerische Ostmark" Bayreuth Pläne für ein riesiges Verwaltungs- und Aufmarschviertel im Bereich südöstlich der Innenstadt ebenso wie eine gigantische bauliche Erweiterung des Umgriffs des Richard-Wagner-Festspielhauses (▶ Foto).

Entwurf für eine Neugestaltung des Festspielhügels in Bayreuth durch die Nationalsozialisten

Der sozialistische Städtebau der DDR
Während der Phase der politischen Trennung nach dem Zweiten Weltkrieg wurden auch städtebauliche Entscheidungen getroffen, die zu einer unterschiedlichen Ausbildung der Städtelandschaft in den beiden deutschen Staaten führten. Ein von der Zahl der Objekte recht umfängliches Erbe aus DDR-Zeiten sind die „Errungenschaften des sozialistischen Städtebaus" (▶ Foto), und hierbei vor allem die Plattenbauensembles an den Stadträndern, oft in Form neu errichteter Großwohngebiete wie z.B. Leipzig-Grünau, Erfurt-Rieth, Halle-Neustadt oder Rostock-Schmarl. Waren diese Wohnungen in der Zeit vor der Wende stark nachgefragt als zwar uniforme Wohnungen von der Stange, die aber modern und zweckmäßig konzipiert waren, sind sie – wenn nicht aufwändig renoviert – mittlerweile nur schwer vermietbar, stehen leer oder werden teilweise sogar abgerissen.

Dieses bauliche Spezifikum der Plattenbausiedlungen als der Versuch einer standardisierten, auf industrielle Massenproduktion angelegten Form zur Schaffung modernen Wohnraums ist für die Wohnungsversorgung von Millionen von Menschen auch künftig unverzichtbar. So finden sich in den Großwohngebieten der neuen Länder etwa 1,5 Mio. Wohnungen oder 22% des ostdeutschen Wohnungsbestandes (in Westdeutschland sind es ca. 0,8 Mio. bzw. 3% des Wohnungsbestandes) (▶▶ Beitrag Breuer/Müller, S. 130). In Ostdeutschland lebt somit jeder vierte, in Westdeutschland jeder vierzigste Einwohner in einem Großwohngebiet. Gleichwohl hatte die Errichtung der Plattenbausiedlungen am Rand der Kernstädte zur Folge, dass das Umland-Wachstum der DDR-Städte weniger stark ausgeprägt war als in den alten Ländern. Die Städte der neuen Länder sind baulich (noch) kompakter, wachsen in geringerem Ausmaß in das Stadtumland und sind somit weniger stark durch Suburbanisierung geprägt als in der alten Bundes- →

Berlin - Blick vom Fernsehturm am Alexanderplatz in die Karl-Marx-Allee

Dörfer und Städte – eine Einführung

republik. Indes ist der Prozess der Suburbanisierung derzeit in den neuen Ländern in vollem Gange (HÄUSSERMANN 1997; BRAKE/DANGSCHAT/HERFERT 2001).

Der innerstädtische Umbau der ostdeutschen Städte, nach dem Krieg mit monumentalen Vorhaben wie der Karl-Marx-Allee in Ost-Berlin (▶ Foto S. 21) in Angriff genommen, beschränkte sich dagegen im Wesentlichen auf die im Zweiten Weltkrieg zerstörten Areale, die zum Teil – wegen des geringeren Stellenwertes des Kommerzes in den Innenstädten – einfach frei gelassen wurden, zum Teil jedoch auch für Monumentalbauten (Kulturpalast in Dresden) oder gezielt für innerstädtisches Wohnen (z.B. Innenstadt Leipzig) umgenutzt wurden. Diese Neubebauung der 1960er und 70er Jahre war verbunden mit weitläufigen Platzanlagen, die Versammlungen dienten, jedoch die traditionelle Dichte und Urbanität verdrängten. Viele dieser Bauensembles stehen inzwischen ungenutzt und sind oft in heruntergekommenem Bauzustand, so dass in einigen Fällen der Abriss droht (Leipziger Markt) und ein Neubau auf den Grundrissen der Vorkriegsbebauung bevorsteht (Berliner Schloss, Dresdner Schloss).

Der ländliche Raum und seine Siedlungen

Die in früheren Jahrzehnten bemühte Gegenüberstellung von Stadt und Land als antagonistische Gebietskategorien taugt nicht mehr zur Charakterisierung der gegenwärtigen Siedlungsstruktur in Deutschland. Mit der Industrialisierung in der zweiten Hälfte des 19. Jhs. expandierten einige Städte derart dynamisch, dass sie flächenmäßig mit ihren Nachbarstädten zusammenwuchsen (z.B. im Ruhrgebiet). Durch neue Verkehrstechnologien (Eisenbahn, Straßenbahn, S- und U-Bahn, Bus, Pkw) und erhöhte Distanzüberwindungspotenziale im öffentlichen und im Individualverkehr vergrößerten sich die Städte sternförmig nach außen entlang den Verkehrslinien, und zwar bis weit über die Stadtgrenzen hinaus (▶ Beitrag Kagermeier, S. 148). Längst sind die Umlandgemeinden der größeren Städte keine landwirtschaftlich geprägten Dörfer mehr; ihr Siedlungswachstum ist vielfach so bedeutend, dass wir nicht mehr von einem Stadt-Land-Gegensatz reden können, sondern eher ein Stadt-Land-Kontinuum von der Kernstadt ins Umland beobachten. Dementsprechend gibt es durch die Ministerkonferenz für Raumordnung seit 1968 eine neue Begriffswahl, die anstelle des Gegensatzpaars von Stadt und Land zwischen Verdichtungsraum und ländlichem Raum unterscheidet (▶ Beitrag Wießner, S. 66).

Damit ist zunächst ausgesagt, dass der alte Begriff Stadt im Falle größerer Agglomerationen durch den Begriff Verdichtungsraum als funktionalem Stadt-Umland-Verbund ersetzt wird. Wie gehen wir indes mit der „Restkategorie" des ländlichen Raumes um? Hier muss betont werden, dass es in dieser Gebietskategorie viele größere Siedlungen gibt, die bislang noch nicht zu Verdichtungsräumen herangewachsen sind und für die deshalb die Bezeichnung Stadt durchaus noch sinnvoll ist. Wir finden somit zahlreiche Klein- und Mittelstädte im ländlichen Raum (▶▶ Beitrag Bödeker, S. 62). Auch diese weisen zwar eine Tendenz zur Suburbanisierung auf, aber in geringerem Ausmaß als die Verdichtungsräume; die Kernstadt bleibt das dominierende Siedlungselement.

Neben solchen Gemeinsamkeiten repräsentieren die Klein- und Mittelstädte im ländlichen Raum eine hohe Variationsbreite an unterschiedlichen Strukturen und wirtschaftlichen Grundlagen. Ihrer Entstehungsgeschichte entsprechend (▶▶ Beitrag Denzer, S. 54) sind sie häufig dominant geprägt durch eine einzelne Funktion, wie z.B. als Ackerbürger-, Residenz-, Garnisons-, Universitäts- oder Bischofsstadt. Häufiger jedoch sind es Orte, die als Märkte eine gewisse Bedeutung erlangten und die dann vielfach bereits Anfang des 19. Jhs. einen Teil ihrer Versorgungs- und Verwaltungsfunktionen verloren. Daneben sind es auch Städte, die sich als Wirtschafts- und Verwaltungszentren in den beiden letzten Jahrhunderten behaupten konnten, oder solche, die erst in der Zwischen- oder Nachkriegszeit zu Kreissitzen wurden und damit nunmehr eine bescheidene Verwaltungsfunktion und Zentralität ausüben. In der DDR wurden diese Städte gezielt auch mit einem kleineren Industriebetrieb versehen, während in Westdeutschland bereits in den 1970er Jahren durch Kreisreformen viele der Städte ihre Funktion verloren (▶▶ Beitrag Sandmeyer-Haus, S. 64) und auch in der Bedeutung stagnierten. Generell gilt somit, dass die Entwicklungstendenzen der Klein- und Mittelstädte im ländlichen Raum die breite Palette von Dynamik über Stagnation bis zu Schrumpfung widerspiegeln. Heute zeichnen sich nur für einen Teil der Klein- und Mittelstädte im ländlichen Raum Perspektiven als regionaler Marktort (▶▶ Beitrag Meyer-Kriesten, S. 58), als Verwaltungsort, als Altersruhesitz von wohlhabenden Senioren (▶▶ Beitrag Glorius, S. 78) oder als Freizeit- und Touristenstadt ab (▶▶ Beitrag Kuhn, S. 76). Anderen besonders peripher gelegenen Städten, die den Verlust von Industriebetrieben (▶▶ Beitrag Wießner, S. 66), Garnisonen, der Verwaltungsfunktion oder Ähnliches erleiden mussten, drohen Stagnation und Abwanderung.

Die Entwicklung der Dörfer

Welche Entwicklung haben im ländlichen Raum demgegenüber die nichtzentralen Orte genommen, die wir gemeinhin als Dörfer bezeichnen? In der Siedlungsstruktur gibt es die klassischen Dörfer der vorindustriellen Zeit nicht mehr, die ausschließlich aus tradierten Hausformen bestanden (▶▶ Beitrag Haversath/Ratusny, S. 48) und in funktionalen Anordnungen regional differenzierte Ortsformen bildeten (▶▶ Beitrag Haversath/Ratusny, S. 50). Bei den Bewohnern können wir inzwischen eine fast flächendeckend verbreitete Tendenz zu urbanisierten Lebensformen feststellen. Heute sind die Landwirte meist in der Minderzahl; die Beschäftigungsorte der Bewohner liegen vielfach außerhalb des Dorfes; Berufspendeln ist zur Regel geworden. Im dörflichen Bereich nehmen die meist städtisch erscheinenden Einfamilienhäuser einen immer größeren Anteil ein. Auch das Sozialleben hat sich grundlegend geändert. Neben die klassischen Dorfvereine wie Feuerwehr oder Geflügelzuchtverein treten nunmehr der Tennis- oder Kegelclub für die aus einem städtischen Milieu zugezogenen Neubürger.

Gibt es angesichts solch grundlegender Veränderungen überhaupt noch das „deutsche Dorf"? In dieser zugespitzten Fragewise muss die Antwort sicherlich „nein" lauten. Es gibt aber durchaus eine größere Anzahl von spezifischen Konstellationen, nach denen sich die verschiedenenartigen Dorftypen auch in der Gegenwart noch unterscheiden lassen.

Einesteils gibt es Dörfer, in denen die Nutzung durch die Landwirtschaft zumindest im Kernbereich des Ortes noch überwiegt. Den Erfordernissen an eine moderne Bewirtschaftung entsprechend, ändert sich das Erscheinungsbild der Höfe und damit auch der Dörfer zunehmend. Oft sind solche betriebsstrukturell notwendigen Anpassungen für ein attraktives Ortsbild nicht förderlich, sondern eine Dominanz der Landwirtschaft im Dorf ist eher hinderlich für den Prozess der Bewahrung alter Hofgebäude und Dorfensembles.

Viele Dörfer sind mittlerweile dadurch suburbanisiert, dass Bevölkerung zugezogen ist, die in den benachbarten Verdichtungsraum oder zentralen Ort im ländlichen Raum auspendelt. Das Dorf wird zum Wohnort einer städtischen Bevölkerung, die die Ruhe im Grünen, die günstigen Baupreise und den attraktiven Lebensraum für Familien mit Kindern nachfragt. Oft gibt es Konflikte und Konkurrenzen zwischen Alt- und Neubürgern, die ein unterschiedliches Verständnis davon haben, welche Aktivitäten im Dorf zu erfolgen haben oder zu unterlassen sind.

Unabhängig von der Bevölkerungsstruktur des Dorfes ist es mittlerweile eher die Regel, dass das lokale Angebot an Kommunikations- und Konsumeinrichtungen zurückgegangen ist (▶▶ Beitrag Jürgens, S. 72). Die traditionellen Einzelhandelsgeschäfte des Typs Tante-Emma-Laden sind längst aufgegeben oder nur noch als auslaufende Betriebe anzutreffen. Vielfach ist überhaupt keine Grundversorgung im Dorf mehr gegeben oder wenn, dann im Supermarkt am Dorfrand und nicht mehr im Dorfzentrum. Bei gering leistungsfähigen ÖPNV-Systemen und dem zunehmenden Rückzug der Bahn aus der Fläche (▶▶ Beitrag Pez, S. 74) ist der Pkw ein notwendiger Bestandteil des Lebens in Dörfern geworden.

Dorf im Oberallgäu

Die in früheren Zeiten (oft verklärt wiedergegebene) intensive Kommunikation im Dorf, in den alten Ländern festzumachen am sonntäglichen Kirchenbesuch, dem Besuch des Dorfwirtshauses und der aktiven Beteiligung bei der Feuerwehr oder dem Kriegs- und Veteranenverein, hat sich reduziert. Der Kirchenbesuch ist nicht mehr eine Aktivität mit sozialem Zwangscharakter, das Dorfwirtshaus musste vielfach wegen zu geringer Wirtschaftlichkeit aufgegeben werden, das Vereinsleben nimmt ab.

Auch in der DDR veränderten sich die Dörfer deutlich. Während die traditionellen Wohn- und Bauernhäuser oft verfielen oder umgenutzt wurden, entstanden an den Ortsrändern die großen Zweckbauten der Landwirtschaftlichen Produktionsgenossenschaften und Volkseigenen Güter, an die teilweise auch gewerbliche Produktion angeschlossen war (▶▶ Beitrag Wollkopf/ Brunner, S. 68). Während die landwirtschaftlichen Betriebe nach der Wende meist in Agrargenossenschaften umgewandelt wurden und Teile der Zweckbauten leer stehen und verfallen, sind die traditionellen Strukturen nur in einigen Fällen wiederbelebt und denkmalgerecht gestaltet worden. Lediglich im Einzugsbereich von Großstädten beleben sich Dörfer im Zuge der Suburbanisierung, während in den deindustrialisierten peripheren Regionen besonders Brandenburgs und Mecklenburg-Vorpommerns weite Landstriche nahezu bevölkerungsleer zu werden drohen.

Die Identifizierung mit dem Dorf ist ebenfalls in die Krise geraten. Mit der Gebietsreform der Gemeinden (▶▶ Beitrag Schwarze, S. 32) und mit verschiedenen Schulreformen verschwanden auch jene Akteure, die zuvor die lokale Gemeinschaft reproduzierten: die Bürgermeister und die Dorflehrer. Besonders schlimm: es verschwand oft auch der bisherige Gemeindename. Neue Versuche einer „ganzheitlichen Dorferneuerung", die die Partizipation der Bewohner fördern möchten, streben heute mühsam an, die verloren gegangene Dorfidentität auf neuer Basis wieder zu beleben (KNIEVEL/ TÄUBE 1999; HENKEL 1999).

Das Dorf als reizvolle traditionelle Häuserlandschaft zu beleben und den Dorfkern als Lebensraum wieder attraktiver zu machen, ist ein Anliegen zahlreicher staatlich geförderter Programme. So scheinbar gänzlich unterschiedliche Programme wie Flurbereinigungsverfahren, der Wettbewerb „Unser Dorf soll schöner werden" ⑪, der Bau von Umgehungsstraßen oder Denkmalpflegemaßnahmen tragen alle mit zu dem Leitbild der erhaltenden Dorferneuerung bei, welches als politisches Ziel eine Bewahrung des Dorfs als ländlichen Lebensraum mit individueller und historisch gewachsener Eigenart anstrebt (LIENAU 1995).

Trotz der Vielzahl der Veränderungen und trotz der großen Variationsbreite, die heute die deutschen Dörfer kennzeichnet, lässt sich in grober Vereinfachung sagen, dass das Dorf als bauliches Ensemble, das charakteristische in der Vergangenheit angelegte Bauelemente konserviert, als eine „formale Hülse" noch anzutreffen ist. Das, was sich funktional hinter dieser Hülse an unterschiedlichen Berufsgruppen, Lebensstilen und sozialen Bindungen verbirgt, ist indes vielfältig. Das Dorf ist heute eher ein Ausdruck mehr oder weniger einheitlicher ererbter baulicher Morphologie als homogener sozialräumlicher Strukturen und Prozesse.

Stadtland Deutschland – eine Zukunftsvision

Die postindustrielle Stadt befindet sich derzeit auf dem Weg zur post- →

⑪ Unser Dorf soll schöner werden – unser Dorf hat Zukunft
Teilnehmer am Bundeswettbewerb 1995, 1998 und 2001

Autorinnen: B. Roggendorf, M. Wollkopf
© Institut für Länderkunde, Leipzig 2002

Maßstab 1 : 3750000

Dörfer und Städte – eine Einführung

modernen Stadt. Die wachsende Polarisierung der Gesellschaft drückt sich immer stärker auch in den innerstädtischen Raumstrukturen aus. Fragmentierung und Segregation nehmen zu (▶▶ Beiträge Häussermann, S. 26; Friedrichs/Kecskes, S. 140; Glebe, S. 142). Die Umgestaltung des Arbeitsmarktes lässt neue Lebensstile und Bewegungsmuster entstehen. Die zunehmende Internationalisierung bewirkt, dass in Städten mit dem Sitz global tätiger Unternehmen die Zahl hochqualifizierter ausländischer Arbeitskräfte zunimmt. Gleichzeitig wächst die Zahl derjenigen Zuwanderer, die nur über eine geringe berufliche Qualifikation verfügen und kaum in den Arbeitsmarkt zu integrieren sind (HÄUSSERMANN/SIEBEL 1987; HELBRECHT/POHL 1995).

Die Bewältigung des demographischen, sozialen und räumlichen Wandels wird zukünftig eine der zentralen gesellschaftlichen Aufgabenstellungen sein. Die Städte als Brennpunkte dieses Wandels nehmen hierbei eine hervorgehobene Position ein. Sie werden als Bühne von Inszenierungen ebenso genutzt, wie sie Identitäten hemmen oder befördern können. Der angesprochene Wandel lässt sich als postmoderne Ausdifferenzierung u.a. nach demographischen und sozialen Merkmalen skizzieren. Das Altern der modernen Gesellschaften, ihre polarisierende Entwicklung in Teilhabende und in Randgruppen, die Tendenzen zur Integration und Ausgrenzung, zur Inklusion und Exklusion werden nicht nur analytische, sondern auch planerische Schwerpunkte künftiger Stadtforschung sein.

Mit der Etablierung der meisten an der Erforschung städtischer Phänomene beteiligten Disziplinen als normative Handlungswissenschaften wird nicht mehr allein die Analyse als Aufgabenstellung gesehen. Vielmehr besteht der anwendungsbezogene Anspruch, einen Beitrag zur Verwirklichung gerechter Raum- und Bewohnerstrukturen zu leisten. Im Vordergrund der Entwicklung hin zu einer „sozialen Stadt" ⑫ könnten z.B. die Verringerung innerstädtischer Disparitäten und der Ausgrenzung ethnischer und sozialer Minoritäten, von Zugänglichkeitsbarrieren sowie von unfreiwilligen Standortdestabilisierungen stehen. Erweitert sich das Leitbild in Richtung einer nachhaltigen Stadtentwicklung mit dem Anspruch, einen Ausgleich der sozialen, ökologischen und ökonomischen Belange zu erreichen (▶▶ Beitrag Wiegandt, S. 114), dann wird sich das künftige Spektrum stadtgeographischer Themenfelder erheblich verbreitern.

Eine Aufgabe, die erst im letzten Jahrzehnt erwachsen ist, stellt der Transformationsprozess ostdeutscher Städte dar. Die anfänglich postulierte Konvergenz mit westdeutschen Prozessverläufen setzte die Erwartung einer nachholenden Entwicklung gleichsam automatisch voraus. Indes erfordert die Realität einen längeren Atem, mehr Kreativität und angemessenere Instrumente, als bisher angenommen. Einerseits wird das Erscheinungsbild ostdeutscher Innenstädte immer stärker durch tief greifende bauliche Erneuerungsprozesse und immer weniger durch die Hinterlassenschaften aus DDR-Zeiten geprägt. Dies betrifft sowohl die Revitalisierung der Zentren als auch die Sanierung und Modernisierung zentrumsnaher Wohnquartiere. Andererseits erweist sich die Entwicklung keineswegs allein als eine im Zeitraffer ablaufende Wiederholung nach westdeutschen Vorbildern. Es generieren sich eigene Prozessverläufe und Strukturen mit unterschiedlicher Bedeutung der beteiligten Akteure. So wäre es unangebracht, Prozesse wie Suburbanisierung, Segregation, Gentrifizierung oder die Entwicklung von Großwohngebieten vorschnell mit bekannten Etiketten zu versehen und mit vertrauten Handlungsempfehlungen zu begleiten. Sie lassen sich stattdessen nur nach sorgfältiger Analyse vor Ort und unter Berücksichtigung der neuen Rahmenbedingung einer schrumpfenden Bevölkerung adäquat erfassen.

Zum vorliegenden Atlasband

Angesichts der skizzierten Vielfalt der stadtgeographischen Fragestellungen und Aspekte ist eine umfassende und repräsentative Berücksichtigung aller Themen der modernen Siedlungs- und Stadtforschung kaum möglich. Zentrales Anliegen der Herausgeber und Bandkoordinatoren für den vorliegenden Band des Nationalatlas ist vielmehr die Präsentation relevanter und im Kartenbild visualisierbarer Fragestellungen. Aus diesem Grunde finden sich unter den Themen überproportional viele ▶ morphographische und funktionale Aspekte, während die differenzierte Betrachtung sozialräumlicher Phänomene rein quantitativ stärker in den Hintergrund tritt. Dies ist keine Missachtung oder Geringschätzung neuerer stadtgeographischer Ansätze, sondern hat damit etwas zu tun, dass die oft sehr abstrakten und weit in Fragen der Handlungs- und Systemtheorie reichenden Untersuchungen in der Regel nur als lokale oder regionale Fallstudien vorliegen und darüber hinaus kaum in einem Atlasband angemessen kartographisch wiedergegeben werden können.◆

Baumaßnahmen auf militärischem Konversionsgebiet in Tübingen nach Maßgaben der Nachhaltigkeit

Der Leipziger Osten – sächsisches Modellgebiet des Bund-Länder-Programms „Soziale Stadt"

Das Bund-Länder-Programm „Stadtteile mit besonderem Entwicklungsbedarf – die soziale Stadt"

„In den Stadtteilen mit besonderem Entwicklungsbedarf drohen sich Armut, Marginalisierung und Ausgrenzung zu konzentrieren. Dabei handelt es sich vielfach um hochverdichtete, einwohnerstarke Quartiere in städtischen Räumen, die im Hinblick auf ihre Sozialstruktur, den Gebäudebestand, das Arbeitsplatzangebot sowie das Wohnumfeld deutliche Defizite aufweisen. Für einen Teil der Bewohnerinnen und Bewohner sind Arbeit, Wohnung und gesellschaftliche Einbindung nicht mehr gewährleistet. Es entwickelt sich sozialer Konfliktstoff, oftmals noch verstärkt durch ethnische Probleme und Auseinandersetzungen der unterschiedlichen Gruppen. Die selektive Migration wird stärker, sozial aktive Bewohnerinnen und Bewohner verlassen die Stadtteile. Das Leben in diesen Quartieren wird selbst benachteiligend. Sichtbare Signale für solche Entwicklungen sind vernachlässigte Gebäudebestände, zunehmende Wohnungsleerstände, Verwahrlosung, Vandalismus, Drogenkonsum und wachsende Kriminalität.

Um diese Entwicklung zu stoppen und nachhaltige Verbesserungen insbesondere im städtebaulichen, sozialen und wirtschaftlichen Bereich zu erreichen, bedarf es einer intensiven Stadtteilentwicklung, die insbesondere auch die Bürgerinnen und Bürger beteiligt. Besondere Aufmerksamkeit ist dabei den Kindern und Jugendlichen zu widmen. Kinder und Jugendliche, die in Armutssituation leben, zeigen verstärkt soziale Auffälligkeiten, Angst vor Stigmatisierung, Leistungsstörungen, Abbruch sozialer Kontakte, Neigung zu Straftaten, soziale Isolation und psychosomatische Störungen.

Im Vordergrund des Programms „Die soziale Stadt" steht daher nicht die Lösung baulicher Aufgabenstellungen, sondern die Frage, ob und wie unsere Städte künftig funktionsfähig bleiben. Dabei ist der Aufbau nachhaltiger lokaler Strukturen wesentliche Voraussetzung für die Entwicklung von Stadtteilprojekten, die zur Stabilisierung des Gebiets beitragen. Ziel des Programms ist es, als Leitprogramm weitere Fördermöglichkeiten aus anderen Politikbereichen, insbesondere der Wohnungs-, Wirtschafts-, Arbeits- und Sozialpolitik zu mobilisieren und zu einem integrativen und stadtentwicklungspolitischen neuen Handlungsansatz zu verknüpfen, um auf diese Weise den Defiziten in sozial benachteiligten Gebieten wirksam entgegenzutreten." (BUNDESREGIERUNG, in: Deutscher Bundestag 2001, S. 3).

„Die überwiegende Anzahl der Flächenländer – die Stadtstaaten sind nicht betroffen – hat den Mitfinanzierungsanteil der Kommunen an der Programmfinanzierung mit einem Drittel festgelegt, so dass es dort zu jeweils gleichen Finanzanteilen von Bund, Ländern und Gemeinden kommt. In Baden-Württemberg und Bayern betragen die kommunalen Mitfinanzierungsanteile 40 v.H., in Thüringen 15 v.H. (nach zuvor 10 v.H. in den Jahren 1999 und 2000). Einige Länder berücksichtigen bei der Festlegung der Mitfinanzierungsanteile die finanzielle Leistungsfähigkeit der betroffenen Gemeinden (Hessen, Nordrhein-Westfalen, Rheinland-Pfalz), so dass dort flexible Lösungen innerhalb einer bestimmten Bandbreite erreicht werden" (BUNDESREGIERUNG, in: Deutscher Bundestag 2001, S. 17).

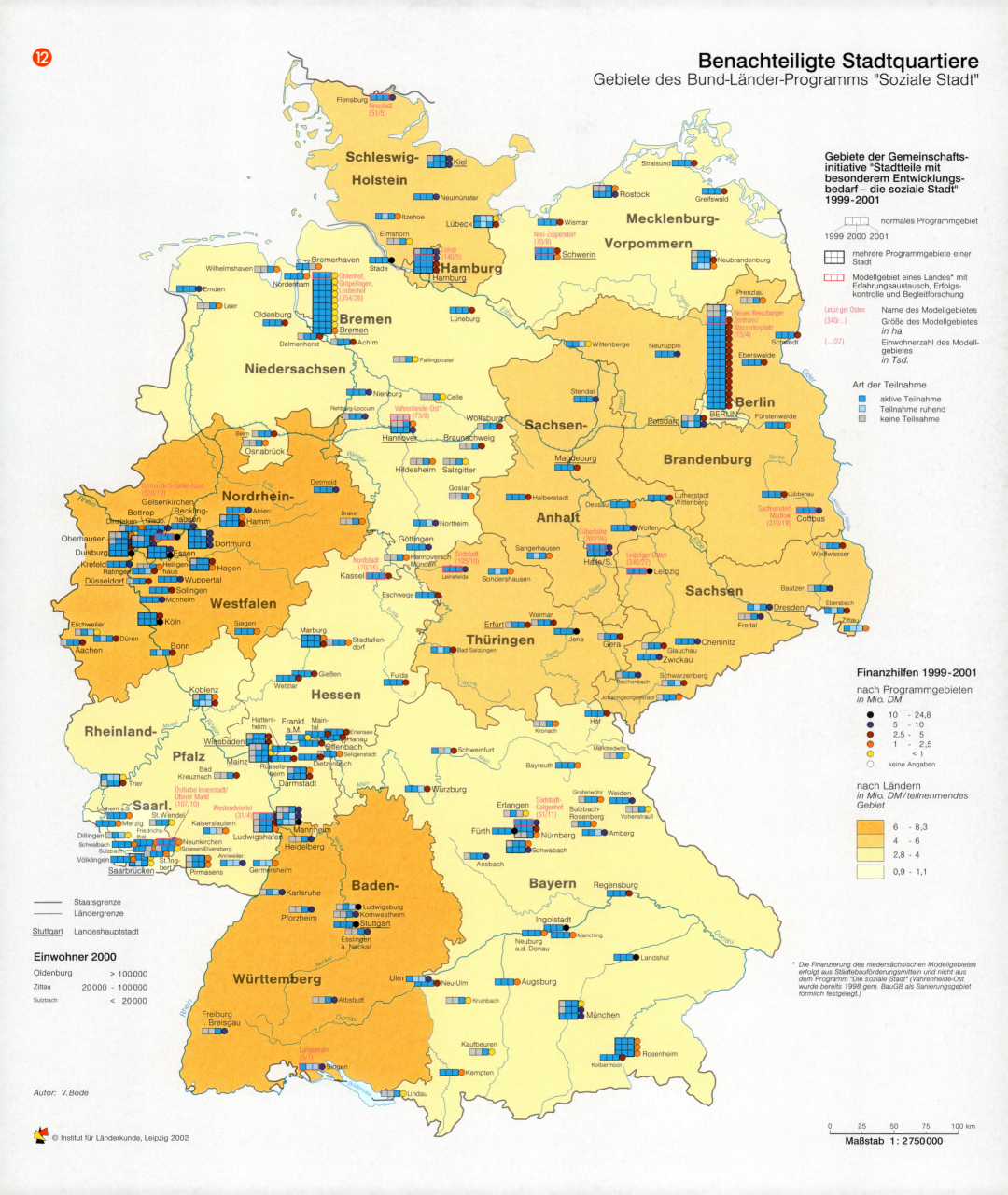

Die Stadt als sozialer Raum

Hartmut Häußermann

Soziologisches Interesse richtet sich aus zwei verschiedenen Perspektiven auf die Stadt:

Zum einen ist die Stadtentwicklung Gegenstand, weil sich in der Verteilung von Wohngelegenheiten, Arbeitsplätzen und Dienstleistungen Unterschiede in der Wohn- und Lebensqualität ergeben, die auf ihren Zusammenhang mit den sozialen Lagen der Bevölkerung untersucht werden. Die sozialräumliche Struktur der Stadt ist Ausdruck von ungleichen Einkommens-, Macht- und Prestigeordnungen, insgesamt also Ausdruck der sozialen Ungleichheit in ihr. Diese sozialräumliche Struktur ergibt sich einerseits aus Marktbeziehungen zwischen Anbietern und Nachfragern von Wohnungen bzw. Grundstücken für kommerzielle Nutzungen, andererseits aber auch aus stadtplanerischen Entscheidungen und aus Investitionen der öffentlichen Verwaltung. Die sozialräumliche Struktur ist daher nicht nur Abbild der sozialen Ungleichheit in der Stadt, sondern sie kann diese soziale Ungleichheit auch verstärken – oder im Gegenteil – kompensieren.

In der zweiten Perspektive der Soziologie wird die Stadt als sozialer Raum betrachtet, in dem sich eine besondere Lebensweise entwickelt. Besonders eklatant war der Gegensatz zwischen Stadt und Land im Mittelalter, als sich mit diesen räumlichen Kategorien unterschiedliche Gesellschaften mit unterschiedlichen Rechts-, Wirtschafts- und Sozialsystemen verbanden. Mit Industrialisierung und Verstädterung ist dieser Gegensatz durch Stadt-Land-Differenzen ersetzt worden, und im Laufe des 20. Jhs. sind auch diese Differenzen in der Lebensweise zwischen städtischen und ländlichen Regionen immer geringer geworden. Die Urbanisierung der Lebensformen beinhaltet einerseits bestimmte Verhaltensweisen und Mentalitäten, die vor allem Georg Simmel und später Hans Paul Bahrdt in den Mittelpunkt ihrer stadtsoziologischen Betrachtungen gestellt haben. Es ist damit aber auch die Veränderung der Zusammensetzung der privaten Haushalte, ihre Funktionsweise als soziale Einheit für die Existenzsicherung und ihre Wohnweise gemeint.

Mit der Urbanisierung der Lebensweise verliert die lokale Gemeinschaft als Vergesellschaftungsform an Bedeutung, die Integration in die Großsysteme Arbeits- und Wohnungsmarkt einerseits, staatliche Dienstleistungs- und Versorgungssysteme andererseits macht die Nachbarschaft als eine Organisation zur Sicherung der Existenz überflüssig. Gerade an diesem Wandel haben sich großstadtkritische und kulturpessimistische Analysen festgebissen, die in Deutschland bis zur Mitte des 20. Jhs. große Resonanz fanden. Mit dem großstadttypischen Geburtenrückgang und der Auflösung lokal gebundener Gemeinschaftsformen wurde nicht weniger als der Untergang des Abendlandes befürchtet.

In diesem Kulturpessimismus äußert sich einerseits der tatsächliche Verlust von sozialen Näheverhältnissen, der mit dem Aufbau der modernen Gesellschaftssysteme verbunden war; dabei werden aber alle Gewinne an Freiheit und Individualität unterschlagen, die den Modernisierungsprozess zumindest als ambivalent erscheinen lassen müssen.

Die Entwicklung der Stadtstruktur

In vorindustrieller Zeit war die Stadt durch eine Mauer gekennzeichnet, die sie deutlich vom umliegenden feudalen Land trennte. Die Stadt war Zentrum und Ort der Herrschaft, sie war der Ort des Marktes und der Repräsentation. In der vorindustriellen Stadt hatte das Stadtzentrum das höchste Prestige; um den zentral gelegenen Marktplatz versammelten sich Rathaus, Kirche und die Häuser der mächtigsten Organisationen oder Familien der Stadt. Die einzelnen Viertel wurden von bestimmten Berufen oder Ständen dominiert, was nicht nur funktionale Gründe (Standorte am Wasser, Geruchsbelästigungen, Transportwege) hatte, sondern auch die ord-

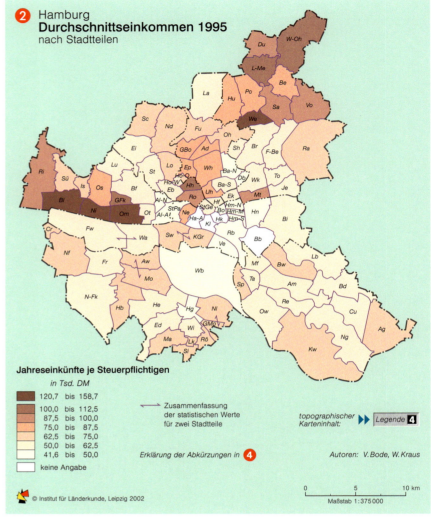

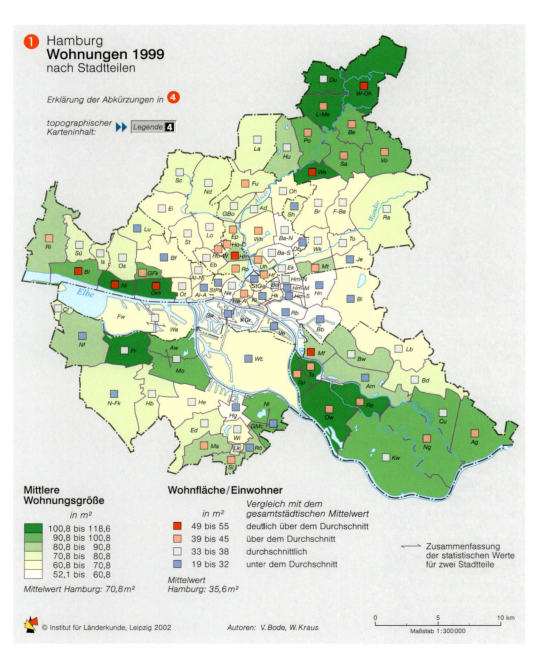

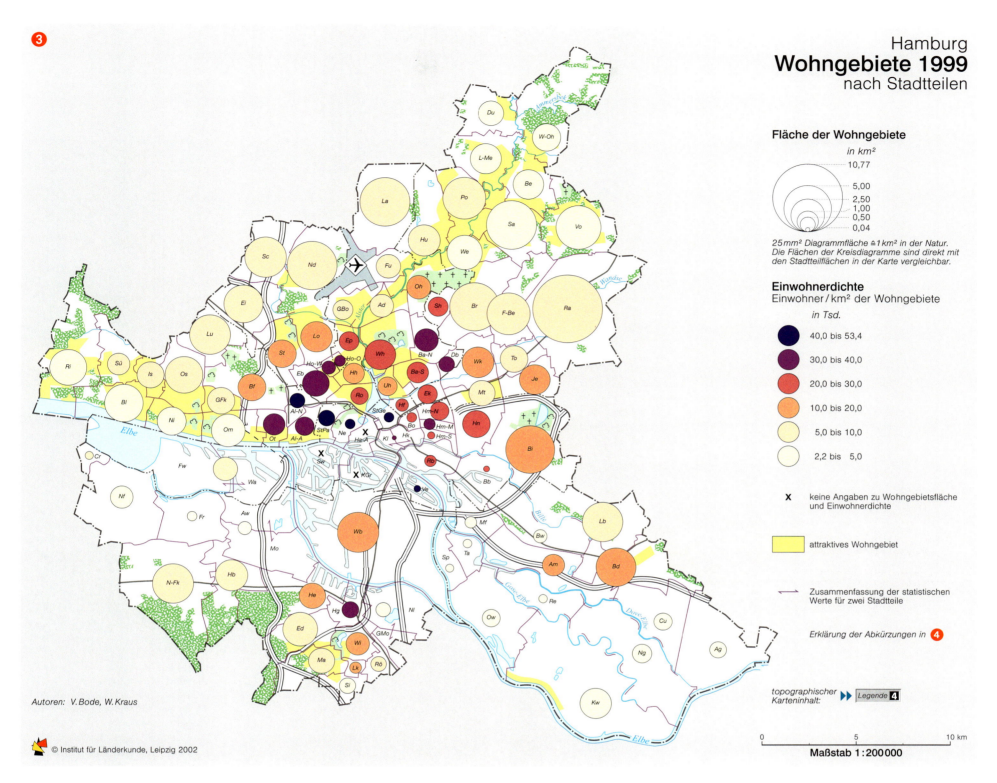

nende Hand der Stadtbürgerschaft zeigte.

Mit der Industrialisierung setzte ein rasantes Wachstum der Städte ein, in dessen Verlauf die ehemaligen Stadtgrenzen rasch übersprungen und die umliegenden Gemeinden in den Prozess der Verstädterung einbezogen wurden. In der Frühindustrialisierung waren zunächst die Stadtkerne stark verdichtet worden, in den Gärten und Hinterhöfen wurden Werkstätten und kleine Fabriken gebaut; in der Hochindustrialisierung bildete sich jedoch eine ganz neue Stadtstruktur als Gürtel um die historische Stadt. Im Laufe dieses Prozesses setzte sich eine neue funktionale Differenzierung der städtischen Räume durch: auf der einen Seite bildeten sich Arbeiterviertel heraus, die in der Nähe der neuen Fabrikanlagen lagen, während andererseits in den geographisch bevorzugten und landschaftlich schönen Gegenden der Stadt die Wohngebiete der neuen Bourgeoisie entstanden. Die Arbeiterviertel wurden als Orte des Wohnungselends beschrieben, waren aber auch Gebiete, in denen sich auf der Basis einer einheitlichen sozialen Lage eine spezifische Solidarität entwickelte, die für das Überleben in Zeiten von Arbeitslosigkeit, Krankheit oder Invalidität existenznotwendig war. Von diesen Verhältnissen versuchten sich die neuen Angestelltenschichten und das Bürgertum zu distanzieren, was in der Regel durch die Errichtung von neuen Quartieren am anderen Rand der Stadt sichtbar wurde.

Für die Entwicklung der europäischen Städte lässt sich kein einheitliches Modell formulieren, wie es für die amerikanischen Städte mit dem Stadtstrukturmodell von Burgess versucht wurde, in dem die Stadt Chicago zum allgemeinen Modell einer Stadtentwicklung stilisiert wurde. Im Unterschied zu den amerikanischen Städten, in denen die Innenstadt lediglich ein Geschäftsbezirk mit anliegenden Slums war, haben die europäischen Städte einen historischen Kern, der in der städtischen Kultur ein hohes Prestige hatte und in dem daher die oberen sozialen Schichten zu wohnen pflegten.

Die Entwicklung der europäischen Städte ist außerdem gekennzeichnet durch starke Eingriffe seitens der Kommunalverwaltungen, die im Laufe des 19. Jhs. eine umfassende Ver- und Entsorgungsinfrastruktur aufgebaut und die bauliche Entwicklung der Stadt durch ein sich nach und nach verfeinerndes System der Bauleit- und Entwicklungsplanung gelenkt haben. Nach der Demokratisierung am Ende des Zweiten Weltkrieges gewannen auch die Vertreter der Arbeiterbewegung stärkeren Einfluss auf die Kommunalpolitik, was sich vor allem im Aufbau eines nichtkommerziellen Segments der Wohnungsversorgung niederschlug, mit dem es auch Haushalten mit geringerem Einkommen möglich wurde, in gut ausgestatteten und günstig gelegenen Wohnungen zu leben. Der öffentlich geförderte Wohnungsbau – später sozialer Wohnungsbau genannt – war das entscheidende Instrument, um die krasse soziale Segregation aufzuhalten, die sich durch den privaten Städtebau während der Industrialisierung herausgebildet hatte. Insbesondere nach den Zerstörungen durch den Zweiten Weltkrieg und dem Wiederaufbau der Wohnungsversorgung, bei dem der öffentlich geförderte Wohnungsbau eine herausragende Rolle spielte, wurden die alten Muster →

Die Stadt als sozialer Raum

④ Abkürzungen der Hamburger Stadtteilnamen

Ad	Alsterdorf	He	Heimfeld	Ni	Neuland
Ag	Altengamme	Hf	Hohenfelde	Oh	Ohlsdorf
Al-A	Altona-Altstadt	Hg	Harburg	Om	Othmarschen
Al-N	Altona-Nord	Hh	Harvestehude	Os	Osdorf
Am	Allermöhe	Hm	Hammerbrook	Ot	Ottensen
Aw	Altenwerder	Hm-M	Hamm-Mitte	Ow	Ochsenwerder
Ba-N	Barmbek-Nord	Hm-N	Hamm-Nord	Po	Poppenbüttel
Ba-S	Barmbek-Süd	Hm-S	Hamm-Süd	Ra	Rahlstedt
Bb	Billbrook	Hn	Horn	Rb	Rothenburgsort
Bd	Bergedorf	Ho-O	Hoheluft-Ost	Re	Reitbrook
Be	Bergstedt	Ho-W	Hoheluft-West	Ri	Rissen
Bf	Bahrenfeld	Hu	Hummelsbüttel	Ro	Rotherbaum
Bi	Billstedt	Is	Iserbrook	Rö	Rönneburg
Bl	Blankenese	Je	Jenfeld	Sa	Sasel
Bo	Borgfelde	KGr	Kleiner Grasbrook	Sc	Schnelsen
Br	Bramfeld	Kl	Klostertor	Sh	Steilshoop
Bw	Billwerder	Kw	Kirchwerder	Si	Sinstorf
Cr	Cranz	La	Langenhorn	Sp	Spadenland
Cu	Curslack	Lb	Lohbrügge	St	Stellingen
Db	Dulsberg	Lk	Langenbek	StGe	St. Georg
Du	Duvenstedt	L-Me	Lemsahl-Mellingstedt	StPa	St. Pauli
Eb	Eimsbüttel	Lo	Lokstedt	Sü	Sülldorf
Ed	Eißendorf	Lu	Lurup	Sw	Steinwerder
Ei	Eidelstedt	Ma	Marmstorf	Ta	Tatenberg
Ek	Eilbek	Mf	Moorfleet	To	Tonndorf
Ep	Eppendorf	Mo	Moorburg	Uh	Uhlenhorst
F-Be	Farmsen-Berne	Mt	Marienthal	Ve	Veddel
Fr	Francop	Nd	Niendorf	Vo	Volksdorf
Fu	Fuhlsbüttel	Ne	Neustadt	Wa	Waltershof
Fw	Finkenwerder	Nf	Neuenfelde	Wb	Wilhelmsburg
GBo	Groß Borstel	N-Fk	Neugraben-Fischbek	We	Wellingsbüttel
GFk	Groß Flottbek	Ng	Neuengamme	Wh	Winterhude
GMo	Gut Moor	Ni	Nienstedten	Wi	Wilstorf
Ha-A	Hamburg-Altstadt			Wk	Wandsbek
Hb	Hausbruch			W-Oh	Wohldorf-Ohlstedt

insgesamt 103 Stadtteile

Randwanderung und Suburbanisierung erreichten in Deutschland freilich erst nach dem Zweiten Weltkrieg ihren Höhepunkt, als mit der massenhaften Verbreitung von Automobilen die individuelle Mobilität stark erhöht wurde und dadurch eine Ausdehnung der Siedlungsflächen ins Umland in bisher nie gekanntem Ausmaß möglich war. Zusammen mit wachsenden Einkommen und staatlicher Förderung des Eigenheimbaus entwickelten sich in den 1950er und 60er Jahren um die Städte mehrere Ringe von suburbanen Vororten, in denen vor allem Familien mit höherem Einkommen im Eigenheim mit Garten lebten und so den sozialen und ökologischen Zumutungen der Großstadt entflohen. Die Suburbanisierung ist also ein Ergebnis der Ausdehnung von Wohnflächen, insofern wachsender Reichtum mit ihr verbunden ist, sie bedeutet aber auch eine soziale Differenzierung zwischen Kernstadt und Umland, die sich in unterschiedlichen durchschnittlichen Einkommen und unterschiedlichem Bedarf an Sozialausgaben niederschlägt. Daraus ergibt sich, dass in den Großstädten bis heute ungelöste Probleme von wachsenden Sozialausgaben bei geringer werdenden Einnahmen anstehen, während die Finanzsituation der Gemeinden in den suburbanen Gebieten durch höhere Gewerbe- und Einkommensteuer günstiger ist, und diese zusätzlich auch noch geringere Anteile für Sozialausgaben aufzubringen haben.

Anders als in der Bundesrepublik entwickelten sich die Städte der DDR. Stadt- und Wohnungspolitik hatten einen hohen Stellenwert im propagandistischen und gesellschaftlichen Konzept der kommunistischen Partei und der von ihr gebildeten DDR-Regierungen. In der Tradition der modernen Stadtvorstellungen, die seit der Jahrhundertwende von der Architektur-Avantgarde entwickelt worden waren, wurde im Städtebau der DDR den Altbaugebieten nur eine geringe Wertschätzung entgegengebracht. In ihnen wurden keine Erhaltungs- bzw. Modernisierungsinvestitionen vorgenommen, sie wurden im Grunde dem Verfall preisgegeben. Im frei geräumten Stadtkern und am Stadtrand entstand als Kontrast die neue sozialistische Stadt. Das Stadtzentrum zeichnete sich – im Gegensatz zur vom Kapitalismus geprägten Stadt – durch eine geringe Kommerzialisierung aus, durch die Ansammlung von staatlichen Verwaltungen, Dienstleistungs- und Kulturbetrieben sowie durch die Anlage von Aufmarschstraßen für die regelmäßig veranstalteten Demonstrationen. Damit wurde dem Stadtzentrum ein hoher Stellenwert für die Repräsentation des Systems gegeben. Am Stadtrand entstanden in industriell vorgefertigter Bauweise große Wohnanlagen, in denen in standardisierten und typisierten Wohnungen die sozialistischen Kleinfamilien untergebracht wurden. Weil das Wohnen in den Neubauten mit ihrer besseren Haustechnik im Vergleich zum Leben in den verfallenden Altbauten sehr begehrt war, zogen die sozial aufsteigenden qualifizierten Mittelschichten aus den Stadtkernen an den Stadtrand. In den Altbaugebieten versammelten sich dagegen die politisch und sozial diskriminierten Gruppen sowie diejenigen, die von sich aus eine kulturelle Distanz zur sozialistischen Lebensweise wahren wollten. Im Gegensatz zur Stadtentwicklung im Westen wurden in den Städten der DDR auch Wohnungen im Stadtzentrum neu gebaut. Dies sollte ein sichtbarer Ausweis der Überwindung des kommerziellen Stadtzentrums sein.

Trends

Die Lebensformen und die Struktur der Städte sind durch einige Trends gekennzeichnet, die sich immer stärker in der sozialräumlichen Differenzierung der Städte niederschlagen. Diese sind:
- eine beständige Abnahme der Personenzahl in den Privathaushalten (Verkleinerung der Haushalte)
- eine stetige Vergrößerung der Wohnflächen pro Kopf ❶
- eine räumliche Differenzierung nach Haushaltsformen und Altersgruppen
- eine Differenzierung der städtischen Räume nach Eigentümerquoten.

In diesen Tendenzen äußert sich die Verknüpfung von Reichtumseffekten, neuen Lebensformen und stadtstrukturellen Bedingungen. Die bereits erwähnte Randwanderung der Bevölkerung war Ausdruck eines Lebensmodells, das in den 1950er und 60er Jahren

der sozialräumlichen Segregation aufgebrochen und bis zu einem gewissen Grade gemildert. Die Entkopplung von Arbeits- und Wohnungsmarkt, die mit der öffentlichen Förderung von Wohnungsbau für mittlere und untere Einkommensschichten vorgenommen wurde, sollte jene sozialräumlichen Fragmentierungen und Zuspitzungen in den Städten vermeiden, die für die moderne Stadtentwicklung in den Vereinigten Staaten so typisch sind. Die sozialräumliche Struktur der amerikanischen Städte ist ein Ergebnis von Marktprozessen, während in den europäischen Städten die vorindustrielle Stadtentwicklung ebenso andere Ausgangspunkte gesetzt hat wie der ordnende Eingriff der öffentlichen Verwaltung. Der starke Einfluss der öffentlichen Verwaltung geht vor allem auch auf den Bodenbesitz zurück, der einerseits noch Gemeineigentum aus vorindustrieller Zeit, andererseits Ergebnis der Bodenbevorratungspolitik des 19. Jhs. war, als der öffentliche Einfluss auf die Stadtentwicklung wuchs.

Städtewachstum nach dem Zweiten Weltkrieg

Mit dem Wachstum der Städte waren zentrifugale Kräfte verbunden. Die Wanderung von Industriebetrieben an den Stadtrand war auf Grund ihres wachsenden Flächenbedarfs und zunehmender Transportprobleme ebenso unumgänglich wie die Randwanderung der Bevölkerung. Die Städte dehnten sich nicht nur durch eine weitere Anlagerung von Produktionsstätten am Rande aus, sondern auch durch eine Entdichtung der alten Stadt, die durch Massenverkehrsmittel möglich wurde, die die zeitliche Distanz zwischen weit voneinander entfernten Wohn- und Arbeitsstätten verringerten. Entdichtung,

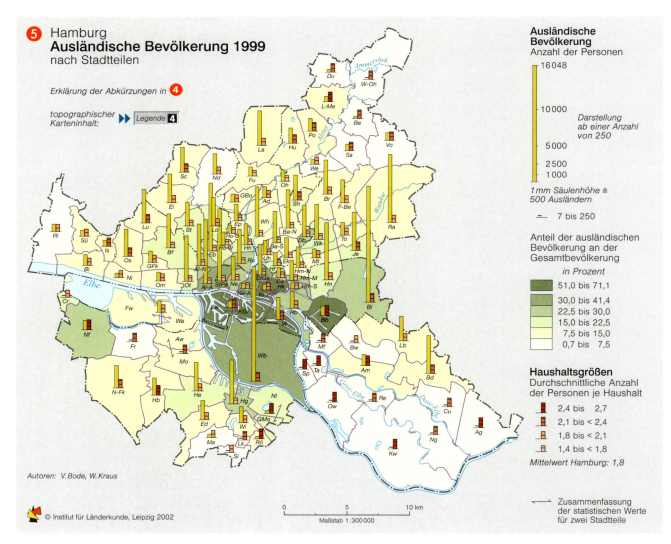

⑤ Hamburg
Ausländische Bevölkerung 1999
nach Stadtteilen

Erklärung der Abkürzungen in ④

topographischer Karteninhalt: ▶▶ Legende ④

Autoren: V. Bode, W. Kraus

© Institut für Länderkunde, Leipzig 2002
Maßstab 1:300000

Ausländische Bevölkerung
Anzahl der Personen

16048
10000
5000
2500
1000

Darstellung ab einer Anzahl von 250

1 mm Säulenhöhe ≙ 500 Ausländern

— 7 bis 250

Anteil der ausländischen Bevölkerung an der Gesamtbevölkerung
in Prozent

51,0 bis 71,1
30,0 bis 41,4
22,5 bis 30,0
15,0 bis 22,5
7,5 bis 15,0
0,7 bis 7,5

Haushaltsgrößen
Durchschnittliche Anzahl der Personen je Haushalt

2,4 bis 2,7
2,1 bis < 2,4
1,8 bis < 2,1
1,4 bis < 1,8

Mittelwert Hamburg: 1,8

→ Zusammenfassung der statistischen Werte für zwei Stadtteile

Nationalatlas Bundesrepublik Deutschland – Dörfer und Städte

bestimmend für die Stadtentwicklung war. Der Kernbereich der Städte war und ist zentraler Anlaufpunkt für jüngere Zuwanderer, die zu Ausbildungszwecken in die Stadt kommen. Nach abgeschlossener beruflicher Ausbildung und gelungenem Einstieg in den Arbeitsmarkt folgt in der Regel die Familiengründung, und mit der Ankunft des ersten Kindes ein Umzug ins Umland (ins Grüne). Unterstützt wurde diese Verbindung von Lebens- und Wohnmodell durch die staatliche Eigentumsförderung, die als Steuerersparnis gerade für die höheren Einkommensschichten besonders attraktiv war. Beruflicher Einstieg, Familiengründung, Eigentumsbildung waren unter anderem Etappen der Randwanderung. Sie bildeten ein kulturelles Muster, das bis in die 1970er Jahre hinein bestimmend für die Mittelschichten war. Seither hat sich von diesem zentrifugalen Strom jedoch eine Variante abgespalten, deren Zielort die innerstädtischen Wohngebiete sind: Im Gefolge der kulturellen Veränderungen, die mit der Emanzipation der Frauen und deren Eintritt in das Erwerbsleben verbunden sind, hat die Zahl der Haushalte mit Kindern wie auch die Größe der Haushalte stark abgenommen. Für diese Haushalte, die auf die innerstädtischen Arbeitsmärkte und auf deren Dienstleistungsangebote orientiert sind, ist die Abwanderung ins Umland weniger sinnvoll, zumal seit den 1970er Jahren auch die Eigentumsbildung im innerstädtischen Altbaubestand steuerlich subventioniert wurde. Mit dieser jüngeren, einkommensstarken, in der Regel akademisch gebildeten Bevölkerung entstand eine kaufkräftige Nachfrage für modernisierte Altbauwohnungen, die zu einer sozialen Transformation mancher innerstädtischen Gebiete geführt hat (▶▶ Beitrag Friedrichs/Kecskes, S. 140).

Die sozialräumliche Differenzierung

Im Prozess der Industrialisierung und Verstädterung entwickelte sich in den großen Städten eine sehr hohe Einwohnerdichte, bei der sich die räumliche Nähe von sozial sehr unterschiedlichen Bewohnergruppen fast zwangsläufig ergab – sieht man einmal von den extrem segregierten Gebieten der Reichen und der ganz Armen ab. Mit besseren Möglichkeiten, den Wohnstandort frei wählen zu können, setzen sich soziale Differenzierungen auch zunehmend in räumliche Differenzierungen um. Durch die Ausdehnung in die Fläche, durch abnehmende Einwohnerdichte und wachsende soziale Differenzierung auf Grund von Lebensstilen verändern sich die sozialräumlichen Muster und Milieus in den Großstädten insbesondere seit den 1970er Jahren, einer Zeit also, die von tiefgreifenden ökonomischen und sozialstrukturellen Veränderungen in den Städten gekennzeichnet ist.

Seit Mitte der 1970er Jahre hat als Ergebnis der Globalisierung von wirtschaftlichen und kulturellen Beziehungen ein grundlegender ökonomischer Wandel in den Städten eingesetzt. Die Arbeitsplätze in den produzierenden Bereichen nehmen seither mit großer Geschwindigkeit ab, Dienstleistungsarbeitsplätze entstehen neu. Dieser Prozess der Deindustrialisierung bzw. Tertiärisierung der Beschäftigung hat Folgen für die Sozialstruktur der Städte: Der Arbeiteranteil nimmt ab, die Anteile von qualifizierten Beschäftigten in den Dienstleistungsbereichen nehmen zu. Schrumpfen und Wachstum verlaufen jedoch nicht mit gleicher Geschwindigkeit, vielmehr entsteht eine strukturelle Lücke auf dem Arbeitsmarkt, die eine hohe Arbeitslosenquote in den Städten zur Folge hat. Gleichzeitig nimmt die ethnische Heterogenität der Bevölkerung dadurch zu, dass die Abwanderung von einheimischer Bevölkerung ins Umland anhält und die natürliche Bevölkerungsentwicklung durch die niedrigen Geburtenzahlen negativ ist, so dass eine Stabilität oder gar ein Wachstum der Großstadtbevölkerung nur durch Zuwanderung aus dem Ausland gesichert werden kann.

Die Tertiärisierung der Beschäftigung ist von einer wachsenden Ungleichheit der Einkommen geprägt: Auf der einen Seite wachsen die hoch qualifizierten Dienstleistungstätigkeiten mit sehr hohen Einkommen an, gleichzeitig aber auch sehr gering entlohnte Tätigkeiten, die keine Qualifikationen erfordern. Im Gegensatz zur Industriebeschäftigung, bei der auch unqualifizierte Arbeiter relativ hohe Einkommen erzielen konnten, ist die Dienstleistungsbeschäftigung durch eine wachsende Differenzierung der Einkommen gekennzeichnet.

Zunehmende ethnische Heterogenität der Bevölkerung und wachsende Einkommensungleichheit führen zu einer stärkeren sozialräumlichen Differenzierung, wenn gleichzeitig die Möglichkeiten für die Standortwahl ausgeweitet werden. Die großen Wechsel im Wohnungsangebot bei stagnierenden Bevölkerungszahlen haben um die Wende vom 20. zum 21. Jh. zu einer sehr ausgeglichenen Situation auf den Wohnungsmärkten geführt und die Optionen für die Privathaushalte erweitert. Diese vergrößerten Spielräume werden bei wachsenden sozialen Konflikten in den innerstädtischen Quartieren vor allem genutzt, um als Belastung empfundenen Wohnverhältnissen zu entgehen. Dadurch setzt eine soziale Entmischung von heterogenen innerstädtischen Quartieren ein; die Zahl der Quartiere, in denen eine ethnisch und sozial homogene Bevölkerung wohnt, wächst.

Zunehmende soziale Differenzierung und steigende Mobilität innerhalb der Stadtregionen führen zu einer wachsenden sozialräumlichen Differenzierung insbesondere dann, wenn der Einfluss von Staat und Stadtverwaltung auf die sozialräumliche Struktur zurückgeht. Dies ist tatsächlich deshalb der Fall, weil die Finanznot der öffentlichen Haushalte den Einfluss politischer Entscheidungen auf Investitionen in der Stadt verringert, weil mit dem Ende des sozialen Mietwohnungsbaus die Möglichkeiten zur Steuerung sozialräumlicher Strukturen abnimmt und weil mit dem Verkauf von öffentlichem Grundeigentum und der Privatisierung öffentlicher Betriebe insgesamt die sozialräumliche Organisation der Stadt stärker als bisher Marktkräften überlassen wird. Im Ergebnis führt dies am Beginn des 21. Jhs. zur Herausbildung von stark segregierten Gebieten, in denen sich ethnische Diskriminierung ❺ und soziale Deklassierung ❷ ❻ überlagern bzw. addieren zu einem sozialräumlichen Milieu, das die Lebenschancen der dortigen Bewohner erheblich beeinträchtigt. Somit zeichnet sich eine Polarisierung der sozialräumlichen Struktur der Stadt ab, die – wenn nicht erhebliche politische Anstrengungen unternommen werden – die europäischen Städte dem marktförmigen Modell der amerikanischen Stadt stärker angleicht, als dies in der bisherigen Geschichte der Fall war.◆

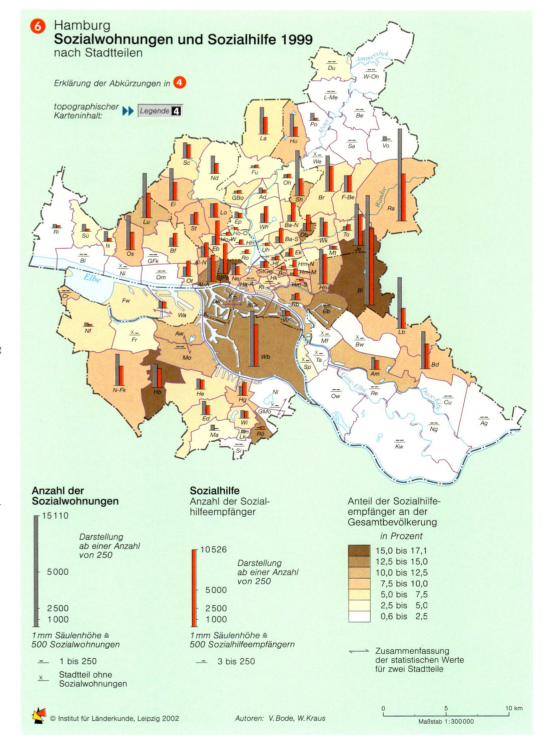

Die Stadt als sozialer Raum

Siedlungsstruktur und Gebietskategorien

Ferdinand Böltken und Gerhard Stiens

Räumliche Planung und Gestaltung erfordern Gliederungen der jeweiligen Territorien in Teilräume oder Gebiete, die nach verschiedenen Gesichtspunkten festgelegt werden können. Nach einer Definition der Raumordnung auf Bundesebene sind Gebietskategorien „nach bestimmten Kriterien abgegrenzte Gebiete, in denen gleichartige Strukturen bestehen bzw. gleichartige Ziele verfolgt werden sollen". Ausgangspunkte für die Einordnung als Gebietskategorie bieten die Grundsätze der Raumordnung im Raumordnungsgesetz (§2(1)). Diese Gebietskategorien sind einerseits durch eher gestalthafte Kriterien der Siedlungsstruktur charakterisiert (Verdichtungsraum oder ländlicher Raum) und andererseits durch eher problemorientierte Kriterien (z.B. Zurückgebliebenheit in den Lebensbedingungen oder Strukturschwäche von Räumen).

Siedlungsstrukturelle Regionstypen

Mit den siedlungsstrukturellen Regionstypen wird die charakteristische Siedlungsstruktur der Bundesrepublik Deutschland erfasst. Sie stellen im Rahmen der Raumordnung auf Bundesebene ein wichtiges räumliches Raster für die Raumbeobachtung dar und dienen vor allem der vergleichenden Beschreibung und Analyse großräumiger ▶ Disparitäten und Entwicklungstendenzen. Räumliche Basiseinheiten der Typenbildung sind die Raumordnungsregionen, die als (funktions-)räumliche Bezugseinheiten für bundesweite Analysen zum Stand und zur Entwicklung der regionalen Lebensbedingungen herangezogen werden und sich in ihrer Abgrenzung an Stadt- und Landkreisen sowie Planungsregionen der Länder orientieren.

Diese Analyseregionen werden zu drei Grundtypen und sieben weiter differenzierten Regionstypen zusammengefasst, wobei die historisch gewachsene Siedlungs- und Raumstruktur durch die Kriterien ▶ Zentralität und Dichte mit bundesweit einheitlichen Schwellenwerten erfasst wird.

- Je nach der zentralörtlichen Bedeutung des Zentrums und der Bevölkerungsdichte der Regionen werden die Grundtypen abgegrenzt: Agglomerationsräume (I), Verstädterte Räume (II) und Ländliche Räume (III).
- Innerhalb dieser Grundtypen werden differenzierte Regionstypen ausgewiesen: im Grundtyp I sehr hoch verdichtete, eher ▶ polyzentrisch vs. eher ▶ monozentrisch geprägte Regionen; in Grundtyp II wird dreifach nach dem Grad der Verstädterung unterschieden, im Grundtyp III werden die Regionen nach ihrem Grad von Ländlichkeit differenziert.

Aus den Karten ❷ und ❸ wird deutlich, in welch hohem Maße die Siedlungsstruktur der Bundesrepublik durch Verstädterung geprägt ist: 70% der Fläche kann als verstädtert eingeordnet werden, über 85% der Bevölkerung leben in mehr oder weniger verstädterten Regionen.

Verdichtungsräume

Die Gebietskategorie der Verdichtungsräume wurde bereits 1968 von der Ministerkonferenz für Raumordnung (MKRO) eingeführt und in das Raumordnungsgesetz aufgenommen. Die letzte Abgrenzung wurde 1993 verabschiedet. Sie basiert auf zwei Merkmalen, die zusammen Verdichtung kennzeichnen sollen: Siedlungsdichte (Ew/km² Siedlungsfläche) und Anteil der Siedlungs- und Verkehrsfläche an der Gesamtfläche. Zu den Verdichtungsräumen gehören Gemeinden, deren Fläche im Vergleich zum Bundeswert überdurchschnittlich als Siedlungs- und Verkehrsfläche genutzt wird und die gleichzeitig eine über dem Bundeswert liegende Siedlungsdichte aufweisen. Ein weiteres wesentliches Charakteristikum eines Verdichtungsraumes ist, dass in ihm mehr als 150.000 Einwohner leben, auch wenn nicht alle von der MKRO ausgewiesenen Verdichtungsräume dieses Kriterium erfüllen.

In Verdichtungsräumen, also auf nur etwa 11% der gesamten Fläche des Bundesgebietes, leben rund 50% der Bevölkerung Deutschlands. Der größte Verdichtungsraum ist Rhein-Ruhr mit gut 11 Mio., gefolgt von Berlin mit ca. 4 Mio. Einwohnern. Die größten Verdichtungsräume in den neuen Ländern sind – abgesehen von Berlin – Chemnitz/Zwickau und Halle/Leipzig mit jeweils über 1 Mio. Einwohnern.

In den Verdichtungsräumen sollen im Fall bestimmter Problemsituationen Maßnahmen zur Strukturverbesserung ergriffen werden: Früher primär für den Fall, dass Nachteile der Verdichtung (z.B. durch Luftverunreinigung, Lärmbelästigung, Überlastung der Verkehrsnetze) zu ungesunden Lebensbedingungen führten, heute vor allem dann, wenn Entwicklungen zu unausgewogenen Wirtschafts- und Sozialstrukturen

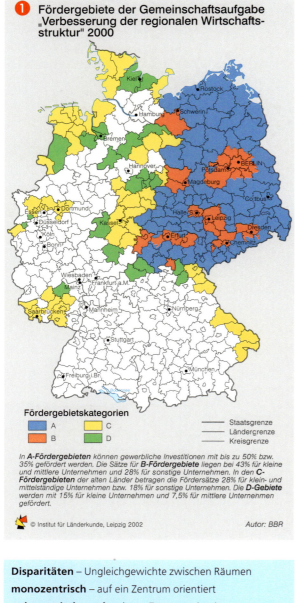

❶ Fördergebiete der Gemeinschaftsaufgabe „Verbesserung der regionalen Wirtschaftsstruktur" 2000

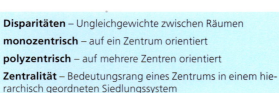

Disparitäten – Ungleichgewichte zwischen Räumen
monozentrisch – auf ein Zentrum orientiert
polyzentrisch – auf mehrere Zentren orientiert
Zentralität – Bedeutungsrang eines Zentrums in einem hierarchisch geordneten Siedlungssystem

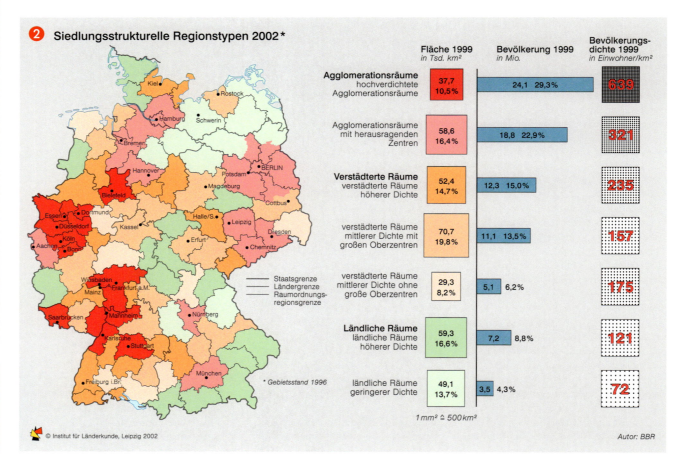

❷ Siedlungsstrukturelle Regionstypen 2002

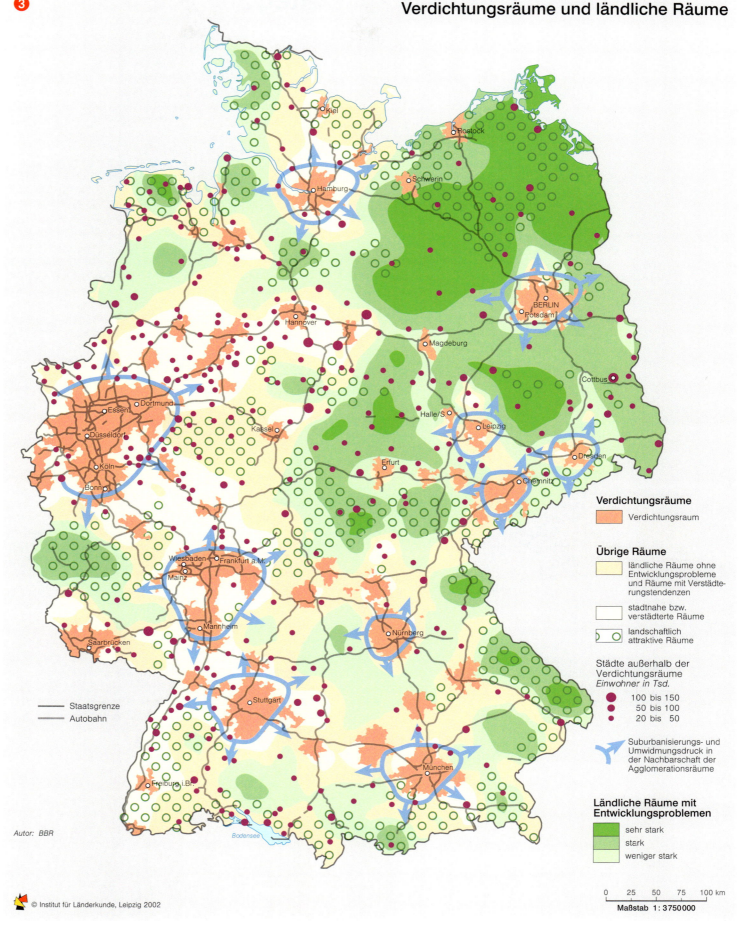

geführt haben; außerdem sind Freiräume zu sichern und Umweltbelastungen abzubauen.

Ländliche Räume

Eine eigenständige Abgrenzung für den ländlichen Raum liegt – über die oben angeführte siedlungsstrukturelle Typisierung hinaus – nicht vor. Sie wird auch als nicht erforderlich angesehen, da laut Raumordnungsgesetz mit der Abgrenzung der Regionskategorie der Verdichtungsräume komplementär auch die Abgrenzung des ländlichen Raumes getroffen worden ist. Traditionell besteht in der deutschen Raumordnung aber das Interesse, diese flächenmäßig größte Gebietskategorie nach verschiedenen politikbedeutsamen Kriterien zu differenzieren, besonders in der Zusammenschau der Kategorie der ländlichen Räume mit dem Gebietsmerkmal der Strukturschwäche.

Strukturschwache ländliche Räume
Nach dem Raumordnungsgesetz gelten solche Räume als strukturschwach, in denen die Lebensbedingungen in ihrer Gesamtheit im Verhältnis zum Bundesdurchschnitt wesentlich zurückgeblieben sind oder ein solches Zurückbleiben zu befürchten ist. In solchen Räumen sollen die Entwicklungsvoraussetzungen bevorzugt verbessert werden, d.h. sie sollen als Lebens- und Wirtschaftsräume mit eigenständiger Entwicklung gefördert werden.

Bei der jüngsten Abgrenzung dieser Raumkategorie durch die Bundesforschungsanstalt für Landeskunde und Raumordnung (BfLR) ❸ wurden insbesondere zwei Dimensionen durch Indikatoren operationalisiert:
- eine Stadt-Land-Dimension (d.h. Siedlungsstruktur nach den Indikatoren Einwohnerdichte, Ländlichkeit, Siedlungsdichte, Siedlungs- und Verkehrsfläche, Erreichbarkeit des nächsten Verdichtungsraumes)
- eine Strukturstärke-Strukturschwäche-Dimension (Indikatoren: Wirtschaft und Arbeit; ökonomische Entwicklungsdynamik; Umwelt, Natur und Landschaft)

Diese beiden Dimensionen weisen in ihrer Verknüpfung auf die strukturschwachen ländlichen Gebiete hin. Im Folgenden wird die Teildimension „ökonomische Entwicklungsdynamik", die in besonderem Maße zur Erhaltung der Siedlungsstruktur im ländlichen Raum beiträgt, gesondert behandelt.

Kategorie der Fördergebiete
In ländlichen Räumen mit extrem niedriger ökonomischer Entwicklungsdynamik werden im Rahmen der Bund-Länder-Gemeinschaftsaufgabe „Verbesserung der regionalen Wirtschaftsstruktur" Hilfen an die gewerbliche Wirtschaft vergeben. Durch die Förderung privater und öffentlicher Investitionen für die rasche Entwicklung wettbewerbsfähiger Strukturen sollen die Arbeitsmarktprobleme strukturschwacher Räume verbessert werden. Die Auswahl der Fördergebiete basiert auf vier Regionalindikatoren unterschiedlichen Gewichts: durchschnittliche Arbeitslosenquote (40%); Einkommen der sozialversicherungspflichtig Beschäftigten (40%); Infrastrukturindikator (10%); Daten der Erwerbstätigenprognose (10%). Die Fördergebiete der Gemeinschaftsaufgabe sind allerdings nicht einheitlich definiert. Die Unterschiede in den Förderansätzen und -sätzen werden in Form von vier Fördergebietskategorien (A bis D) ausgewiesen ❶.◆

Gemeinde- und Kreisreformen seit den 1970er Jahren

Thomas Schwarze

Mitte der 1960er Jahre begann in Westdeutschland eine Diskussion über Mindest- und Idealgrößen von Verwaltungseinheiten. Der Suche nach der optimalen Territorialgliederung, gleichsam eine „deutsche Obsession" (MATZ 1997), lag die Vorstellung zugrunde, drängende Probleme der Gesellschaft ließen sich mit Hilfe einer Gebietsreform beheben. Die DDR hatte die Auflösung der Länder 1952 mit der zeitgemäßen Anpassung von Verwaltungsstrukturen begründet. Als in Westdeutschland das Wirtschaftswunder eine bislang unerreichte Mobilität der Bevölkerung und damit auch Zersiedlung der Landschaft bewirkte, forderte die planungseuphorische erste Nachkriegsgeneration der Politiker und Fachleute einen „Neubau der Verwaltung" nach rationalen Kriterien. Die „Inkongruenz zwischen den Verwaltungsräumen einerseits und den Siedlungs- und Wirtschaftsräumen sowie dem System zentraler Orte andererseits" wurde fast über Nacht zum Thema.

Vollzug der Reform durch die Länder

In kürzester Zeit entwickelten die Flächenländer eigene landesspezifische Kriterien rationaler kommunaler Neugliederungen. Der entscheidende Unterschied zu bisherigen Territorialveränderungen auf Kreis- und Gemeindeebene bestand darin, dass es sich nicht mehr um episodische Ausgliederungen oder einvernehmliche Zusammenschlüsse handelte, sondern um von der jeweiligen Landesregierung erzwungene Zusammenlegungen und Neuordnungen in großem Maßstab.

Die durch das Grundgesetz geschützte kommunale Selbstverwaltung wurde durch landesspezifische Definitionen von Mindesteinwohnergrößen zeitweise faktisch außer Kraft gesetzt. In Nordrhein-Westfalen blieben nach 55 Gesetzen von 2334 Gemeinden noch 396 übrig – und nur eine kreisfreie Stadt und 10 kreisangehörige Gemeinden von Gebietsveränderungen verschont. Obgleich 1968 noch ein Drittel der Bevölkerung in Gemeinden mit weniger als 5000 Einwohnern lebte, wurde kleinen und kleinsten Gebietskörperschaften die Fähigkeit abgesprochen, eine adäquate Verwaltung zu organisieren.

Innerhalb von sechs Jahren (1968-1974/75) wurde die Gesamtzahl der Gemeinden von 24.282 auf 10.913 reduziert. 1981 waren noch 8501 selbständige Kommunen übrig. In Nordrhein-Westfalen, Hessen und dem Saarland gab es 1975 keine einzige selbständige Gemeinde mehr mit weniger als 2000 Einwohnern. Schleswig-Holstein und Rheinland-Pfalz verringerten hingegen die Zahl ihrer Gemeinden lediglich um weniger als 20%. Bei der Vielzahl kleiner und kleinster Gemeinden – in den südlichen Ländern pro Kreis zum Teil mehr als 100 – hatten die Kreisverwaltungen bislang eine Vielzahl kommunaler Kompetenzen übernommen. Mit der Bildung großer Gemeinden mussten nun auch die Kreise vergrößert werden, deren Zahl im Zeitraum 1968-1981 von 425 auf 237 sank ❷.

Gewinner und Verlierer

Gewinner der Gebietsreform waren die Länder, die ihre Stellung zwischen Bund und Gemeinden stärken und eine Infragestellung der Ländergrenzen vermeiden konnten. Für Großstädte ergab sich ein Zuwachs an Bevölkerung und vor allem an beplanbarem Territorium. Verlierer waren kleinere Städte im Umfeld größerer Ballungsräume sowie kleinere Kreisstädte. Die Gebietsreform machte deutlich, dass „rationale und optimale Raumgliederung" ein Mythos war. Allzu offenkundig trafen Landespolitiker Entscheidungen nach Gutsherrenart und politischem Kalkül, betrieben die Bundesländer Neuordnung in grenznahen Räumen unter dem Gesichtspunkt der Stärkung eigener Zentren. So blieb es beispielsweise auch in Nordrhein-Westfalen bei der Binnengrenze zwischen Rheinland und Westfalen ❶, um die politisch unerwünschte Einheit des Ruhrgebietes zu verhindern.

Die Gebietsreform forcierte die Wiederentdeckung und Instrumentalisierung lokaler Identitäten und die Renaissance von Heimatbewusstsein. Bürgerinitiativen entstanden aufgrund des allgemein empfundenen Demokratiedefizites, und einige Entscheidungen wurden durch Verwaltungsgerichtsentscheide revidiert (u.a. das aus Gießen, Wetzlar und 14 anderen Gemeinden zusammengesetzte Lahn in Mittel-Hessen).

Die nachgeholte Gebietsreform in den neuen Ländern

Die 1990 neu gebildeten Bundesländer entschieden sich für eine moderate Reform nach dem Vorbild von Rheinland-Pfalz, Schleswig-Holstein, Bayern und Baden-Württemberg. Die Neuordnung 1952 hatte im Zusammenhang mit der Schwächung kommunaler Selbstverwaltung sämtliche territorialen Einheiten verkleinert und z.T. bereits erfolgte Eingemeindungen widerrufen. Gemeinden und Kreise blieben bis 1989 als örtliche Organe der Staatsmacht auf die staatliche Auftragsverwaltung beschränkt. 95% aller Gemeinden in der DDR hatten 1989/90 weniger als 5000 Einwohner, fast die Hälfte sogar unter 500.

Mit der Wende wurde zugleich die kommunale Selbstverwaltung eingeführt und mit Blick auf die Gemeindefinanzen eine Neuordnung überfällig, da 80% der kommunalen Ausgaben durch Bundes- und Landesgesetze vorgegeben waren. Die Zahl der Gemeinden in den neuen Ländern sank bis 1999 lediglich von 7564 auf 5685; die Zahl der Landkreise hingegen wurde von 215 auf 112 nahezu halbiert, wobei zumeist jene Städte den Kreissitz verloren, die ihn 1952 erstmals erhalten hatten (▶▶ Karte S. 65). Eine Ausnahme machte Brandenburg, das dem Konzept der dezentralen Konzentration folgend Kreisstädte außerhalb des Ballungsraumes Berlin bevorzugte. Randgemeinden von Großstädten wurden insbesondere in Sachsen in größerem Umfang eingemeindet, um aufgetretene Planungsprobleme unter Kontrolle zu bringen.◆

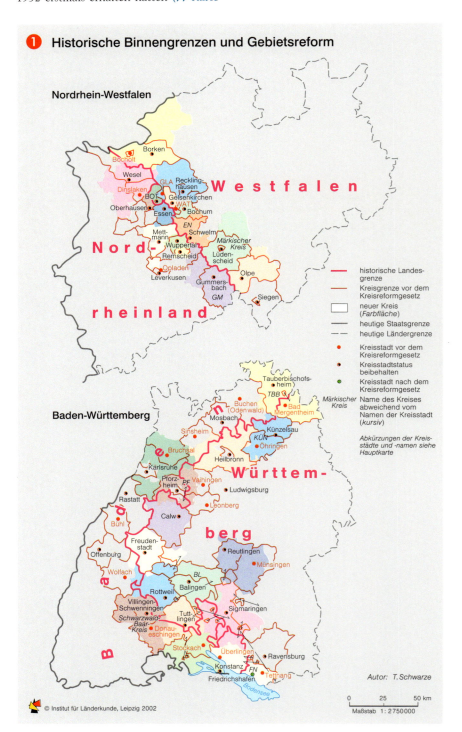

❶ Historische Binnengrenzen und Gebietsreform

Zentrale Orte und Entwicklungsachsen

Klaus Sachs

Vorrangiges Ziel der Raumordnung in Deutschland ist es, durch die bestmögliche Verteilung von Infrastruktureinrichtungen eine optimale Raumstruktur und -entwicklung zu erzielen. Im Baugesetzbuch und Raumordnungsgesetz ist die Herstellung gleichwertiger Lebensverhältnisse in allen Teilräumen Deutschlands als wesentliche Aufgabe festgeschrieben. Zu den räumlichen Ordnungskriterien zählen in erster Linie die so genannten zentralen Orte und großräumige Entwicklungsachsen.

Als zentrale Orte werden Gemeinden bezeichnet, die aufgrund ihrer Ausstattung mit privaten und öffentlichen Dienstleistungen (Handel, Bildung, Verwaltung) eine Versorgungsfunktion für sich und ihr Umland übernehmen.

Die Theorie der zentralen Orte

Bereits 1933 entwickelte Walter Christaller die Theorie der zentralen Orte. Mit seiner Dissertation über „Die zentralen Orte in Süddeutschland" (▶▶ Abb. 2, S. 14) verfolgte er das Ziel, Gesetzmäßigkeiten über Größe, Anzahl und räumliche Verteilung von Siedlungen mit städtischen, d.h. zentralörtlichen Funktionen abzuleiten. Diese Theorie machte W. Christaller zu einem der bis heute international bekanntesten deutschen Geographen. Als Zentrale-Orte-Konzept wurde sie nahezu weltweit zu einem tragenden Element der Raumordnung und Regionalplanung. In Westdeutschland fand das Zentrale-Orte-Modell in den 1960er und 70er Jahren Eingang in die Raumordnung, Landes- und Regionalplanung.

Zentrale Orte und Entwicklungsachsen

Bundesweit gibt es heute eine drei- bzw. vierfache Stufung und Kennzeichnung in Ober-, Mittel-, Unter- und Kleinzentren (Grundzentren) ❶. Oberzentren (OZ) sind i.d.R. Städte mit mehr als 100.000 Einwohnern. Sie sind identisch mit den größeren, überregional bedeutsamen Wirtschafts- und Arbeitsmarktzentren. Mittelzentren (MZ) erfüllen wichtige Funktionen in der regionalen Versorgung mit Arbeitsplätzen sowie mit Diensten und Gütern für den gehobenen und mittelfristigen Bedarf (z.B. Fachärzte, Bekleidung). Karte ❹ zeigt,

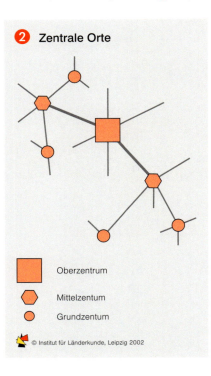

dass es heute v.a. in Verdichtungsräumen zu einer starken Konzentration und Konkurrenz von OZ und MZ kommt. In den dünn besiedelten ländlichen Regionen übernehmen die zentralen Orte unterer Stufe die Grundversorgung der Bevölkerung (Dienste und Güter für den allgemeinen und kurzfristigen Bedarf, z.B. Allgemeinarzt, Lebensmittel). Das dichte Netz der zahlreichen Unterzentren lässt sich im gegebenen Maßstab jedoch nicht darstellen.

Entwicklungsachsen sind i.d.R. leistungsfähige Verkehrsverbindungen zwischen zentralen Orten, die besonders günstige Voraussetzungen für die Ansiedlung von Wohn- und Arbeitsstätten bieten ❸. Sie ordnen verdichtete Räume und helfen, ländliche Räume zu entwickeln. Je nach Aufgabe und Ausprägung werden Verbindungsachsen, Siedlungsachsen und Entwicklungsachsen unterschieden. Durch die Bündelung von Verkehrs- und Versorgungssträngen (Strom- und Gasleitungen, Kabel der Kommunikationsinfrastruktur) und durch eine Konzentration der Siedlungstätigkeit auf diese Achsen sollen die Zwischenräume freigehalten und eine weitere Zersiedlung der Landschaft vermieden werden.

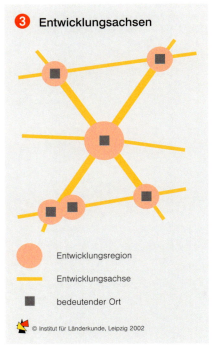

Entwicklung seit den 1960er Jahren

Die Raumordnungspolitik konzentrierte sich in den 1960er Jahren zunächst auf die Förderung der niederrangigen zentralen Orte, um eine Grundversorgung auch in ländlichen Räumen sicherzustellen. Vor dem Hintergrund vergrößerter Aktionsräume der Bevölkerung infolge der zunehmenden Motorisierung verlagerte sich die Aufmerksamkeit in den 1970er Jahren auf die Mittel- und Oberzentren, wobei Mittelzentren als vorrangige Standorte für die Schaffung gewerblicher Arbeitsplätze gefördert wurden. Seit Anfang der 1980er Jahre konzentrierte sich die Diskussion auf die Ausweisung hochrangiger Bereiche (OZ), denen Funktionen als Zentren regionaler Arbeitsmärkte und Standorte mit hochwertiger Infrastruktur (z.B. Verkehr, Bildung, Verwaltung) zukommen ❷.

Seitdem kommt es in den meisten Bundesländern jedoch zu einem allmählichen Aufweichen des Zentrale-Orte-Systems. Vielerorts entstanden sekundäre Standortcluster des großflächigen Einzelhandels mit Angeboten von höherrangigen Gütern und Dienstleistungen in niederrangigen Gemeinden. Gründe dafür finden sich auf der Verbraucherseite wie auf der Anbieterseite. Aufgrund dieser Entwicklungen wird das Zentrale-Orte-System heute zunehmend als ein überkommenes Instrument der klassischen Raumordnung gesehen, das neuen dezentralen und kooperativen Steuerungsformen zuwiderläuft (FÜRST 1996). Gerade in den neuen Länder ist jedoch die Entwicklung eines raumordnungspolitisch umsetzbaren Konzepts für Versorgungsstandorte und Infrastrukturplanung von Nöten, welches „die frühere staatsgesteuerte Zwangszentralität ablöst" und das unkontrollierte Wachstum von Einkaufszentren, Möbelmärkten etc. im suburbanen Raum in

> **Gründe für die Entwicklung eines sekundären Standortnetzes im Einzelhandel**
>
> **Verbraucherseite**
> • stark gestiegene Mobilität bei der Wahrnehmung der Daseinsgrundfunktionen
> • Dominanz des Individualverkehrs beim Versorgungsverhalten
> • zunehmende Pluralität von Lebensstilen und Konsumgewohnheiten, u.a. in einer verstärkten Mehrfachorientierung bei der Inanspruchnahme zentralörtlicher Angebote zum Ausdruck kommt
>
> **Anbieterseite**
> • parallel zur Suburbanisierung verlaufende Verlagerung von gewerblichen Unternehmen und großflächigen Einzelhandelsbetrieben
> • Ausdünnung von Funktionen auf der unterzentralen Ebene bei gleichzeitiger Diversifizierung früher hochrangiger (oberzentraler) Güter und Dienste
> (nach GEBHARDT 1995, S. 21 f.)

geordnetere Bahnen lenkt (GEBHARDT 1996, S. 1). Als Instrument zur räumlichen Steuerung der Einzelhandelsentwicklung und als Baustein für eine am Prinzip der Nachhaltigkeit ausgerichtete Siedlungsstrukturplanung (BLOTEVOGEL 1996, S. 23) besitzt das Konzept der zentralen Orte deshalb auch heute noch einen wichtigen Stellenwert. Raumordnungspolitisch umgesetzt, ist es – in der Funktion von Leitplanken, die mehr oder minder breite Entscheidungs- und Handlungskorridore markieren – nicht länger Ergebnis einer von oben verordneten Zentralität, sondern als Resultat eines Aushandlungsprozesses der räumlichen Ordnung zu sehen.♦

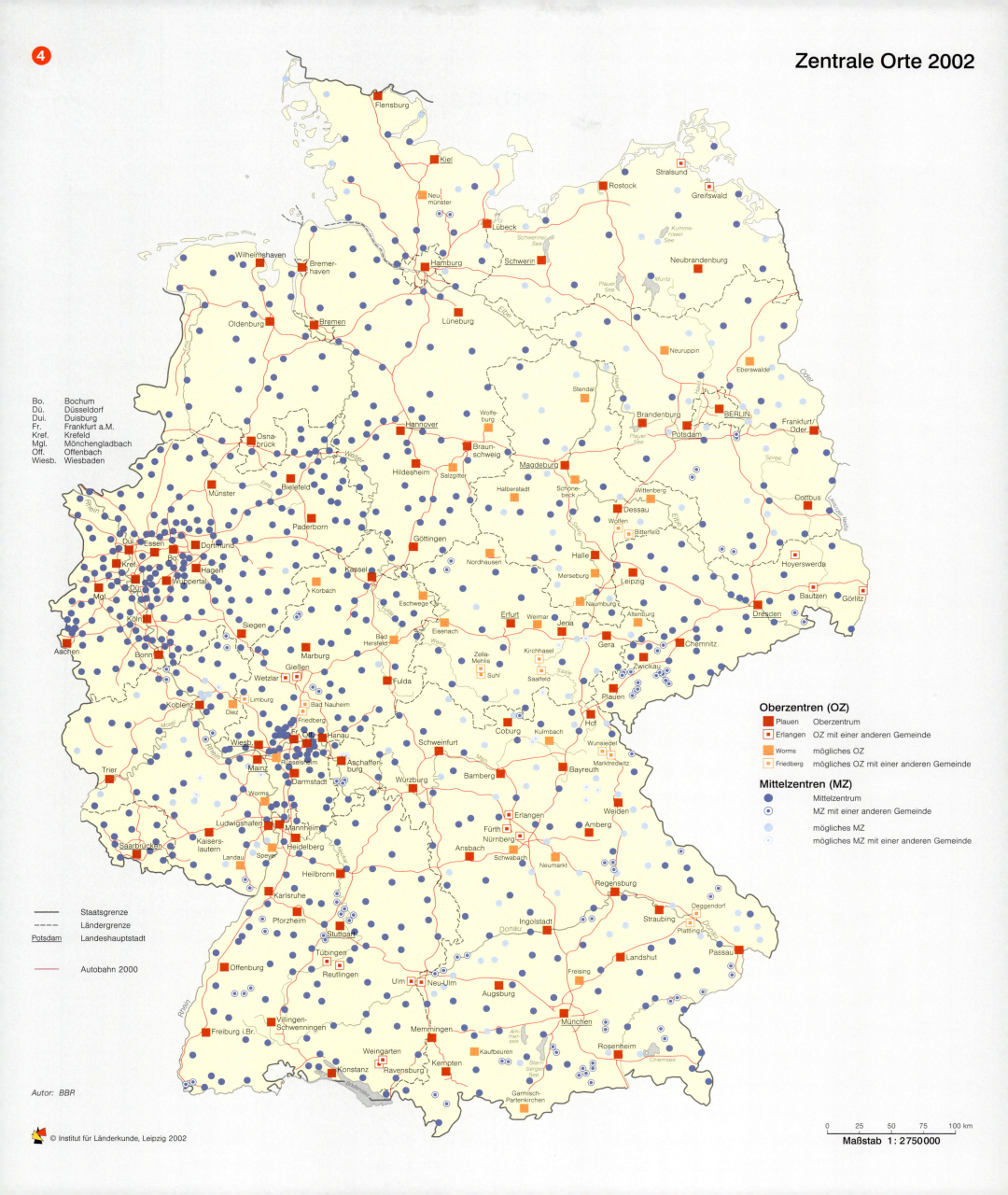

Vom Stadt-Land-Gegensatz zum Stadt-Land-Kontinuum

Gerhard Stiens

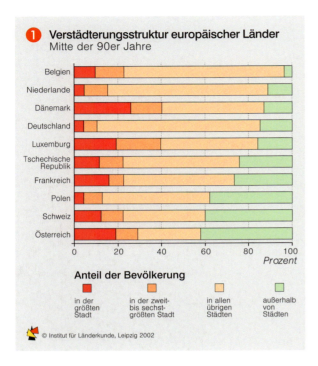

① Verstädterungsstruktur europäischer Länder
Mitte der 90er Jahre

Anteil der Bevölkerung: in der größten Stadt / in der zweit- bis sechstgrößten Stadt / in allen übrigen Städten / außerhalb von Städten

© Institut für Länderkunde, Leipzig 2002

Im deutschen Sprachraum ist Verstädterung in der Hauptsache die Bezeichnung für die Vermehrung, Vergrößerung oder Ausdehnung der Städte nach Anzahl, Bevölkerung oder Fläche – im Gegensatz zur Urbanisierung als der Ausbreitung von städtischen Lebens-, Wohn-, Sozial- oder Wirtschaftsformen. Allerdings werden die Begriffe oft synonym verwendet. Der Begriff Verstädterung beschreibt sowohl einen Zustand, der anhand unterschiedlicher Indikatoren erfasst werden kann ③, als auch einen Prozess. Als Prozess bedeutet Verstädterung den allmählichen Wandel des Stadt-Land-Gegensatzes zu einem Stadt-Land-Kontinuum.

Dimensionen der Verstädterung

Verstädterung wird in erster Linie als ein territorialer Prozess oder Zustand gesehen und mit demographischen Indikatoren beschrieben. So werden zur Bestimmung bzw. Klassifizierung städtischer Siedlungen in der Regel Einwohnerschwellenwerte herangezogen. Darüber hinaus wird Verstädterung als aus verschiedenen Teilprozessen zusammen gesetzt beschrieben.

Funktionale Verstädterung vollzieht sich in Form einer räumlichen Ausbreitung der vielfältigen Organisationsstrukturen städtischer Produktion und Verteilung, der Ausweitung der Verflechtungsbereiche der Arbeitsmärkte (Pendelwanderung) und der Dienstleistungsbereiche.

Industrielle Verstädterung ist mithin die Stadtentwicklung und die Entstehung städtischer Agglomerationen unter Einflüssen des Industrialisierungsprozesses, vor allem im 19. Jh. (z.B. im Ruhrgebiet).

Teilkomponenten einer **tertiären Verstädterung** sind z.B. die Citybildung oder die jüngeren Prozesse der Standortdezentralisierung tertiärer Nutzungen zugunsten dezentraler oder peripherer Lagen (tertiäre Suburbanisierung, Bürostandortdekonzentration).

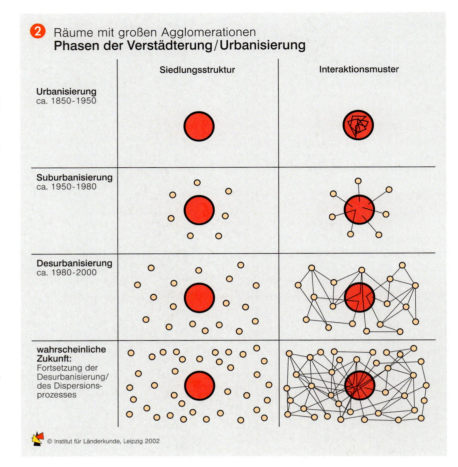

② Räume mit großen Agglomerationen
Phasen der Verstädterung/Urbanisierung

Siedlungsstruktur / Interaktionsmuster

Urbanisierung ca. 1850-1950
Suburbanisierung ca. 1950-1980
Desurbanisierung ca. 1980-2000
wahrscheinliche Zukunft: Fortsetzung der Desurbanisierung/des Dispersionsprozesses

© Institut für Länderkunde, Leipzig 2002

Als **soziale Verstädterung** (Urbanisierung) gilt die Adaption und die räumliche Ausbreitung städtischer Lebens-, Wohn-, Sozial- und Wirtschaftsformen. Für die Charakterisierung der sozialen Verstädterung können eine Vielzahl von Indikatoren dienen: u.a. Wohndichte, sozial- und berufsstrukturelle Merkmale, aber auch etwa Indikatoren für Slumbildung oder soziale Marginalität.

Neben der Verstädterung als ein mit Bezug auf ganze Territorien betrachteter Prozess oder Zustand wird sie auch schlicht als der Vorgang der Expansion der Stadt gesehen, als stadtregionales Städtewachstum und als Städteumstrukturierung.

Phasen der Verstädterung

In Deutschland finden sich Beispiele aller bedeutenden Phasen der Stadtgründung und Stadtentwicklung seit der römischen Antike ②. Sie sind bis heute in einzelnen Städten und ihren Stadtbildern ablesbar (z.B. in Trier). Im vereinfachenden Überblick lassen sich die Stadtentwicklung und Verstädterung in Deutschland in drei große Phasen aufteilen (▶▶ Beitrag Hahn, S. 82):

1. Die Ausbreitung der neu gegründeten oder aus dörflichen und sonstigen Kernen (Burg, Kloster) hervorgegangenen Städte: In der Zeit von ca. 100 bis ca. 1450 entstanden im mitteleuropäischen Raum rund 5000 Städte aller Größenordnungen (im deutschen Raum ca. 4000). Sie bilden bis heute den Kern der unvergleichlichen europäischen Stadtlandschaft.

2. Das große Bevölkerungswachstum seit Beginn des 19. Jhs.: Die Industrialisierung und Wanderungsströme führten zu einem neuen Muster der Stadtentwicklung und -struktur.

3. Nach dem Zweiten Weltkrieg ging die Phase der industriellen Verstädterung zunehmend in die der tertiären Verstädterung über. Durch die Expansion des Dienstleistungssektors wird die siedlungsstrukturelle Veränderung vor allem in zwei Richtungen vorangetrieben: in die Ausweitung der City-Funktionen mit entsprechenden Raumansprüchen und Verdrängung innerstädtischen Wohnens und in die Entwicklung des suburbanen Raumes.

Die gegenwärtige Situation ist insbesondere von Auswirkungen der Globalisierung und von veränderten Beziehungen zwischen Stadt und Land geprägt. Diese basieren im Wesentlichen auf der Wirkung von praktisch unbegrenzt und preiswert verfügbarer Mobilität und dem starken technologischen und organisatorischen Wandel in der Wirtschaft. Neue Fertigungs- und Kommunikationstechnologien machen Produktion und Dienstleistungen immer weniger abhängig von räumlicher Nähe.

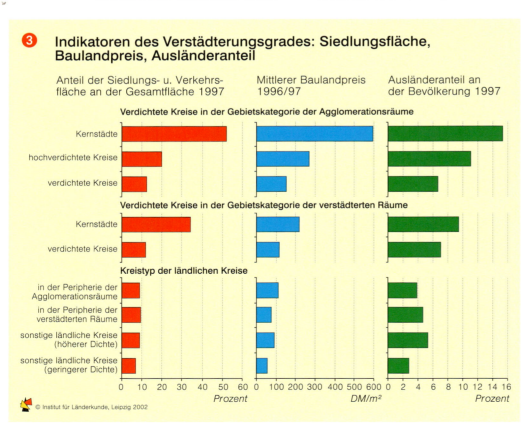

③ Indikatoren des Verstädterungsgrades: Siedlungsfläche, Baulandpreis, Ausländeranteil

Anteil der Siedlungs- u. Verkehrsfläche an der Gesamtfläche 1997 / Mittlerer Baulandpreis 1996/97 / Ausländeranteil an der Bevölkerung 1997

Verdichtete Kreise in der Gebietskategorie der Agglomerationsräume: Kernstädte / hochverdichtete Kreise / verdichtete Kreise

Verdichtete Kreise in der Gebietskategorie der verstädterten Räume: Kernstädte / verdichtete Kreise

Kreistyp der ländlichen Kreise: in der Peripherie der Agglomerationsräume / in der Peripherie der verstädterten Räume / sonstige ländliche Kreise (höherer Dichte) / sonstige ländliche Kreise (geringerer Dichte)

Prozent / DM/m² / Prozent

© Institut für Länderkunde, Leipzig 2002

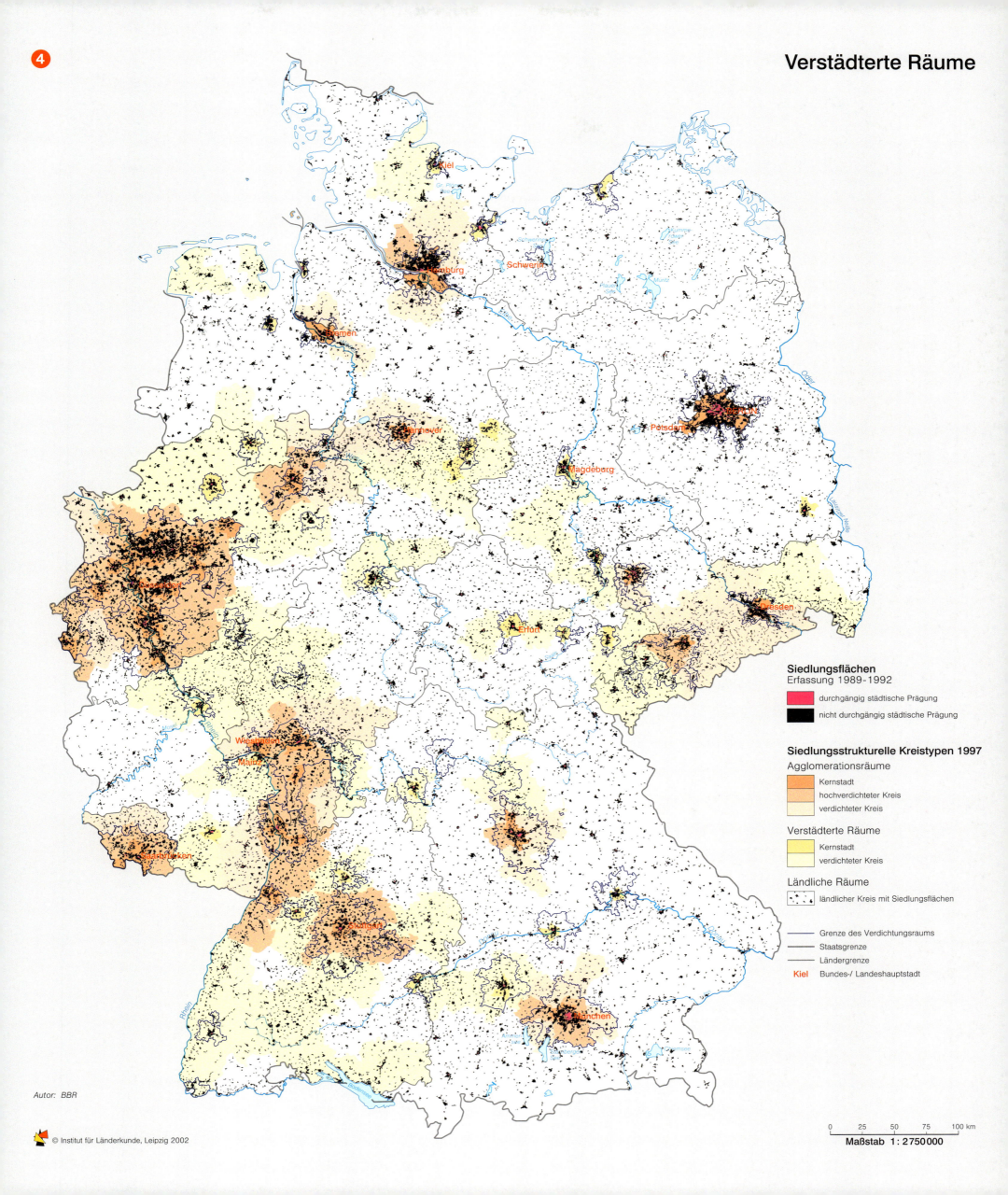

⑤ Oberzentren und Verdichtungsräume 1998
nach MKRO*

* Ministerkonferenz für Raumordnung 1993

© Institut für Länderkunde, Leipzig 2002
Autor: BBR
Maßstab 1:5000000

⑥ Radiuserweiterung der Bevölkerungszunahmen

relative Bevölkerungsentwicklung in %

Bevölkerungsentwicklung im Zeitraum: 1980-1985, 1993-1998

© Institut für Länderkunde, Leipzig 2002

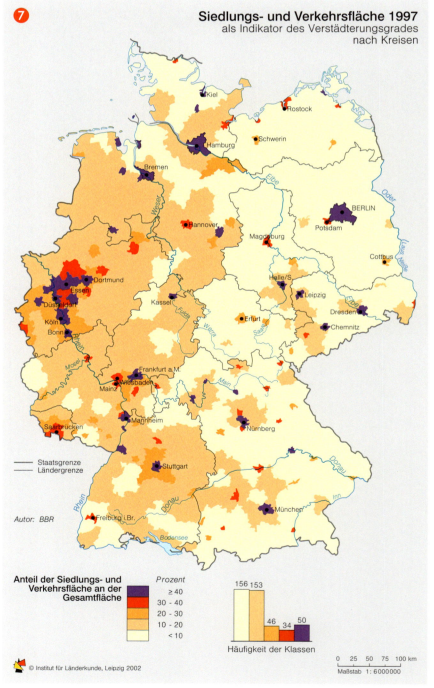

⑦ Siedlungs- und Verkehrsfläche 1997
als Indikator des Verstädterungsgrades
nach Kreisen

Anteil der Siedlungs- und Verkehrsfläche an der Gesamtfläche (Prozent):
≥ 40
30 – 40
20 – 30
10 – 20
< 10

Häufigkeit der Klassen: 156, 153, 46, 34, 50

Autor: BBR
© Institut für Länderkunde, Leipzig 2002
Maßstab 1:6000000

tems hervor: Nur knapp 5% der Bevölkerung leben in der größten Stadt (Berlin), etwa 10% sind in den sechs größten Städten konzentriert und gut 80% der Bevölkerung lebt in Städten mit mehr als 100.000 Einwohnern und ihren verstädterten Umlandkreisen. Drei Viertel der Bevölkerung erreichen eine Kernstadt innerhalb einer Reisezeit von 30 Minuten. Die weitaus größere Zahl europäischer Staaten weist dagegen eine eher monozentrische, hauptsächlich auf eine große Metropole ausgerichtete Verstädterung auf.

Die Sicht der Raumplanung

Für Verstädterung unter demographischem Aspekt lassen sich spezifische Verstädterungsgrade definieren: a) als das Ergebnis eines auf dem nationalen Territorium ablaufenden Prozesses und b) als der Prozess der Expansion der Stadt in den ländlichen Raum hinein. Für die Kennzeichnung des aktuellen Grades der territorialen Verstädterung hält die Raumplanung meist zwei Festlegungen bereit. Es handelt sich (1) um die Gebietskategorie der Verdichtungsräume und (2) um eine Typisierung von Kreisen, bei der Typen verstädterter von anderen Kreisen unterschieden werden. Es kann aber auch (3) die planerische Kategorie der Oberzentren und das Muster ihrer Verbreitung als ein Indikator angesehen werden.

(1) Verdichtungsräume ⑤ werden gemeinsam von Bund und Ländern bundesweit flächendeckend nach einheitlichen Kriterien abgegrenzt, sind Bestandteil der Landesentwicklungspläne und -programme und werden ständig aktualisiert.

(2) Die verstädterten „verdichteten Kreise" ④ der Kreistypisierung des Bundesamtes für Bauwesen und Raumordnung umfassen verschiedene Verstädterungstypen (▶▶ Beitrag Böltken/Stiens, S. 30).

(3) Oberzentren ⑤ sind in der Regel mit den regional, teils überregional bedeutsamsten Wirtschafts- und Arbeitsmarktzentren identisch; in ihnen kon-

Verstädterungsgrad und Verstädterungsstruktur

Die demographisch erfasste Verstädterung bezeichnet einerseits einen Zustand (auch Verstädterungsgrad oder -quote genannt), d.h. beispielsweise den prozentualen Anteil der Stadtbevölkerung an der Gesamtbevölkerung eines bestimmten Territoriums. Andererseits kann man darunter aber auch den Zuwachs des Anteils der Stadtbevölkerung (z.B. als durchschnittliche jährliche Zuwachsrate) verstehen, auch Verstädterungsrate genannt.

Genauso relevant wie der Verstädterungsgrad ist die Verstädterungsstruktur als die jeweils charakteristische städtische Siedlungsstruktur eines Staates zu einem bestimmten Zeitpunkt. In den Ländern Europas gibt es ganz unterschiedliche Verstädterungsstrukturen ①. Deutlich hebt sich die polyzentrische Struktur des deutschen Städtesys-

zentriert sich sowohl der größte Teil der Bevölkerung als auch die hoch- und höchstrangigen Versorgungs- und Dienstleistungen.

Es kommt damit zum Ausdruck, dass es zwischen größeren Räumen Deutschlands beachtliche Unterschiede im Grad der Verstädterung gibt. Die erheblichen West-Ost-Disparitäten sind allerdings nicht nur eine Folge der jahrzehntelangen Teilung Deutschlands; es gab sie zum Großteil auch schon vor dem Zweiten Weltkrieg. Außerdem sind die siedlungsstrukturellen Unterschiede innerhalb der neuen Länder stärker ausgeprägt als innerhalb der alten Länder.

Grad der Expansion der Stadt und die Folgen

Auch in den 1990er Jahren ist in Deutschland ein ungebremster flächenhafter Verstädterungsprozess im Umland der Agglomerationen zu beobachten; die Bevölkerungs- und Arbeitsplatzgewinne konzentrieren sich in den Agglomerationen und verstädterten Räumen auf das Umland ihrer Kernstädte.

Gegenüber dem zuvor eher kontinuierlichen Verlauf des Suburbanisierungsprozesses sind jetzt Trendverstärkungen und -verschiebungen in Form einer Radiuserweiterung der Siedlungsdispersion und einer zunehmenden funktionalen Anreicherung der Verstädterung des weiteren Umlandes zu beobachten ❻.

Unter Aspekten der Raumordnung ist nicht so sehr problematisch, dass die Umlandkreise höhere Bevölkerungsgewinne als die städtischen Kreise haben, sondern dass im Umland Gemeinden am stärksten zulegen, die keine oder keine höhere zentralörtliche Funktion (etwa die des Mittelzentrums) besitzen. Das Bevölkerungs- und Beschäftigtenwachstum vollzieht sich also nicht in den Orten, die von ihrer infrastrukturellen Tragfähigkeit her Zuwächse noch am ehesten vertragen könnten. Vor allem dieser Prozess der Dispersion ist es, der das Ziel einer nachhaltigen, d.h. ressourcenschonenden und umweltverträglichen Siedlungsentwicklung konterkariert.

Für planerisch bedenklich wird auch gehalten, dass nur bestimmte Bevölkerungsgruppen, meist ab einem mittleren Einkommen, Träger des Siedlungsflächenwachstums im Umland sind. Deshalb geht dieser Prozess zusätzlich mit einer verstärkten sozialen Entmischung oder Segregation einher (▶▶ Beitrag Häußermann, S. 26). Die spezifische Struktur des anhaltenden Verstädterungsprozesses hat Folgen für die gesamte Region. Der ständige Verlust einkommensstärkerer Mittelschichtgruppen schwächt die Bevölkerungs- und Sozialstruktur sowie das Finanzaufkommen der Kernstädte, dafür steigen ihre Sozialausgaben und Vorhaltekosten für Infrastruktureinrichtungen (▶▶ Beitrag Kaiser, S. 112).

Andere Indikatoren der Verstädterung

In den vergangenen 40 Jahren hat sich die Siedlungsfläche in den alten Ländern bei kontinuierlichem Wachstum fast verdoppelt, während die Bevölkerung nur um rund 30% anstieg, die Zahl der Erwerbstätigen sogar lediglich um 10%. Insgesamt zeigt die längerfristige Entwicklung einen konstanten, von der Einwohnerentwicklung weitgehend abgekoppelten Trend der Siedlungs- und Verkehrsflächenzunahme ❼ ❾. Entscheidend hierfür ist der anhaltende, flächenzehrende Suburbanisierungsprozess von Arbeitsplätzen und Bevölkerung. Die Siedlungstätigkeit konzentriert sich – auch als Folge der weiter zunehmenden Mobilität – immer mehr auf die weiteren Einzugsbereiche der Agglomerationen und das Umland der verstädterten Räume ❹. Zu den Hauptursachen gehören einerseits ein Mangel an baureifem Bauland verbunden mit hohen Baulandpreisen in den Agglomerationen und andererseits eine hohe Baulandverfügbarkeit, geringe Baulandpreise und eine gute Erreichbarkeiten im Umland.

Zwischen dem Verstädterungsgrad und dem jeweiligen Ausländeranteil ❽ besteht ein enger Zusammenhang. Generell liegt der Ausländeranteil in den Agglomerationsräumen um etwa ein Viertel über dem Bundeswert, in den ländlichen Räumen ist er nur etwa halb so hoch. Ähnlich ist das kleinräumige Gefälle innerhalb der Agglomerationen.

Trends der Verstädterung

Verstädterungsprozesse haben sich immer weiter in den ländlichen Raum hineinbewegt, Stadt und Land sind sich immer ähnlicher geworden. Die Kernstädte werden somit immer mehr „nur" zum Motor für die stadtregionale Entwicklung, für das Wachstum des Umlands. Ländliche Gebiete in der Bundesrepublik sind heute aus funktioneller und siedlungsstruktureller Sicht häufig integrierte Bestandteile von Städten und Stadtregionen.

❾ Entwicklung der Siedlungsfläche 1960-1996

Vieles spricht dafür, dass sich der Trend anhaltend starker Ausweitung der Siedlungsflächen fortsetzen wird, dass sogar ein neuer Schub der Flächeninanspruchnahme für Siedlungszwecke bevorsteht, nicht zuletzt als Folge veränderter Lebens- und Wirtschaftsweisen. Das ambivalente Verhältnis zur Ausdehnung des städtischen Raumes prägt einen wichtigen Teil der aktuellen Diskussion über Gegenwart und Zukunft der Städte bzw. des Städtischen. Zwei Grundlinien unterscheiden die Diskurse: eine über die Auflösung der traditionellen Stadt und über Möglichkeiten, die Folgen positiv aufzubereiten; die andere über den Versuch der Rekonstruktion und Stabilisierung der herkömmlichen Stadt, bezogen auf das Leitbild der Europäischen Stadt als übergreifende Orientierung.

Wird die Siedlungsentwicklung aber unter Aspekten ihrer langfristigen Entwicklungsdynamik betrachtet, ergibt sich womöglich ein differenzierteres Bild, das bisher noch durch den einseitigen Blick auf das Stadtzentrum versperrt erscheint: Die traditionelle urbane Form kann unter den stark veränderten Rahmenbedingungen nicht mehr ohne weiteres rekonstruiert bzw. planerisch gestaltet werden. Zunehmend wird für einen anderen als ausschließlich ablehnenden Umgang mit den verstädterten Peripherien in den Verdichtungsräumen plädiert. Der neue Begriff der „Zwischenstadt" für diesen Bereich weist sowohl auf eine Zustandsbeschreibung hin als auch auf ein neues normatives Modell für die Siedlungsstrukturentwicklung. ◆

❽ Ausländeranteil 1997 als Indikator des Verstädterungsgrades nach Kreisen

Städtesystem und Metropolregionen

Hans H. Blotevogel

Münchner Marienplatz im Zentrum der bayerischen Metropole

Städte sind keine isolierten Inseln; sie sind vielmehr sowohl mit ihrem jeweiligen Umland als auch mit anderen Städten funktional verflochten. Mit dem Begriff des Städtesystems hat die Stadtgeographie eine analytische Kategorie entwickelt, um die räumliche Verteilung und Größe der Städte sowie die Beziehungen und Verflechtungen zwischen den Städten in einem bestimmten Territorium (z.B. Nationalstaat) zu beschreiben und zu analysieren. Ein Städtesystem ist definiert als eine „Menge von untereinander in Beziehung stehenden Städten". Diese Beziehungen umfassen vor allem materielle und immaterielle Ströme – Waren-, Personen-, Geld- und Informationsströme – sowie organisatorische Verflechtungen, bei denen sich zwei Grundmuster unterscheiden lassen:
1) eine arbeitsteilige Funktionsspezialisierung,
2) eine ▶ Hierarchie.

Der arbeitsteilig-komplementäre Aufbau von Städtesystemen wird in der Stadtgeographie üblicherweise durch funktionale Städteklassifikationen beschrieben. Solche Funktionstypen sind beispielsweise Bergbaustädte, Industriestädte, Hafen- und Handelsstädte, Verwaltungsstädte, Fremdenverkehrsstädte usw. (▶▶ Beiträge S. 92 ff.)

Der hierarchische Aufbau von Städtesystemen ist idealtypisch durch den politisch-administrativen Staatsaufbau vorgezeichnet, er lässt sich aber auch im privatwirtschaftlichen Bereich nachweisen, wie an der Konzentration von ökonomischen Steuerungs- und Kontrollfunktionen in den großen Zentren deutlich wird. Eine bis heute wichtige Theorie zum Verständnis des hierarchischen Aufbaus von Städtesystemen ist die von Walter Christaller erarbeitete Theorie der zentralen Orte (▶ S. 13). Für die höherrangige und metropolitane Ebene des Städtesystems werden darüber hinaus stärker polit-ökonomische Theorieansätze herangezogen.

Die beiden Organisationsprinzipien Funktionsspezialisierung und Hierarchie schließen sich keineswegs gegenseitig aus; in der Realität überlagern sie sich auf komplexe Weise. Tendenziell scheint die Industrie eher dem Prinzip der ▶ sektoral-regionalen ▶ Standort-Clusterung zu folgen, während die Standortverteilung von Einzelhandel und Dienstleistungen und vor allem der höherrangigen Dienstleistungs-, Steuerungs- und Kontrollfunktionen eher nach dem Hierarchieprinzip organisiert ist und aufgrund dessen für den hierarchischen Aufbau der Städtesysteme verantwortlich ist.

Städtesysteme wurden in der Vergangenheit zumeist als nationale Städtesysteme beschrieben. Diese waren allerdings nie und sind heute weniger denn je geschlossene Systeme im Sinne hermetischer staatlicher Außengrenzen. Im Zuge der europäischen Integration, der Transformation Ostmittel- und Osteuropas sowie der Globalisierung wird auch und gerade das Städtesystem Deutschlands immer mehr zu einem integralen Bestandteil des europäischen und globalen Städtesystems.

Die zunehmende externe Verflochtenheit des deutschen Städtesystems zeigt sich einerseits in den Grenzregionen, andererseits auf der höchstrangigen, der metropolitanen Ebene des Städtesystems. Metropolen sind großstädtisch geprägte Siedlungsräume, wobei allerdings nicht die bloße Größe (z.B. gemessen an der Einwohnerzahl) das entscheidende Merkmal ist, sondern ihre Funktion als Knoten internationaler Verkehrs-, Handels- und Informationsströme sowie als Standort höchstrangiger Steuerungs-, Kontroll- und Dienstleistungsfunktionen. Dies sind in institutioneller Hinsicht vor allem Unternehmenszentralen,

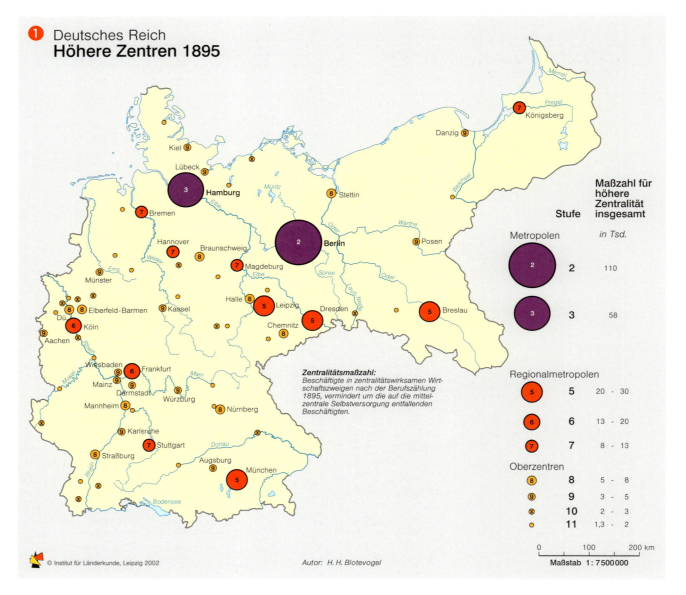

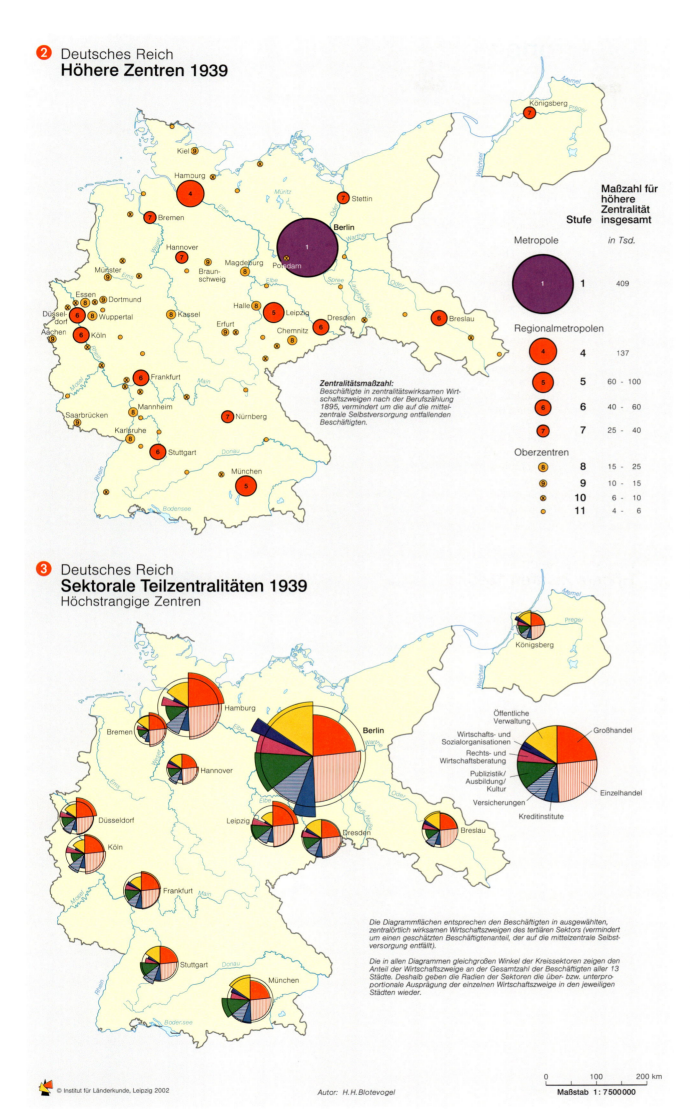

Backwash-Effekte – negative Auswirkungen auf das weitere Umland durch die Anziehungskraft eines dominanten Zentrums

Headquarter – Verwaltungs- und Steuerungszentrale

Hierarchie, hierarchisch – Rangfolge in stufenweiser Anordnung

Lobby – Interessenvertretung von Verbänden und Gruppierungen

sektoral – Betrachtungsweise nach Branchen oder Funktionen

Standort-Clusterung – Ballung von Standorten in räumlicher Nähe

tertiärer Sektor – Die Wirtschaft wird gemeinhin in drei Sektoren betrachtet: Landwirtschaft und Rohstoffgewinnung (primärer Sektor), produzierendes und verarbeitendes Gewerbe (sekundärer Sektor) und Dienstleistung (tertiärer Sektor) (nach FOURASTIÉ).

Einrichtungen des Finanzwesens und unternehmensorientierte Dienstleistungen, zusammengefasst als Finanz-Dienstleistungs-Komplex.

Zur Genese des deutschen Städtesystems im 19. und 20. Jh.

Die Entwicklung des deutschen Städtesystems ist eng verknüpft mit der Entwicklung des deutschen Nationalstaats im 19. Jahrhundert. Nach der Reichsgründung von 1871 entwickelte sich Berlin zur deutschen Metropole. Allerdings war 1895 der Abstand zum Handelszentrum Hamburg noch relativ klein ❶. Hinter Berlin und Hamburg bildeten die großen Regionalmetropolen wie München, Leipzig, Dresden, Breslau usw. eine charakteristische Ebene des deutschen Städtesystems. Aus der Karte deutlich wird auch der wichtige West-Ost-Unterschied im Aufbau des Städtesystems: einerseits der rhenanische Typ im Westen mit einer Vielzahl eng gehäufter kleinerer Zentren; andererseits der ostelbische Typ mit einem weitmaschigen Netz und wenigen großen Zentren; zwischen beiden Typen stehen das nordwestliche und das südöstliche Deutschland.

Bis zum Stichjahr 1939 ❷ hat Berlin seine metropolitane Position stark ausbauen können, als Ergebnis eines Metropolisierungsprozesses, der im Kaiserreich einsetzt, sich in der Weimarer Republik fortsetzt und sich im Dritten Reich weiter verstärkt. Hinter Berlin klafft eine weite Lücke zum zweitrangigen Zentrum Hamburg. Unter den Regionalmetropolen und kleineren Oberzentren haben die Städte im Westen (z.B. Stuttgart, Düsseldorf, Ruhrstädte) an Bedeutung gewonnen. Hingegen erlitten zahlreiche Städte im östlichen Deutschland relative Funktionsver- →

Städtesystem und Metropolregionen

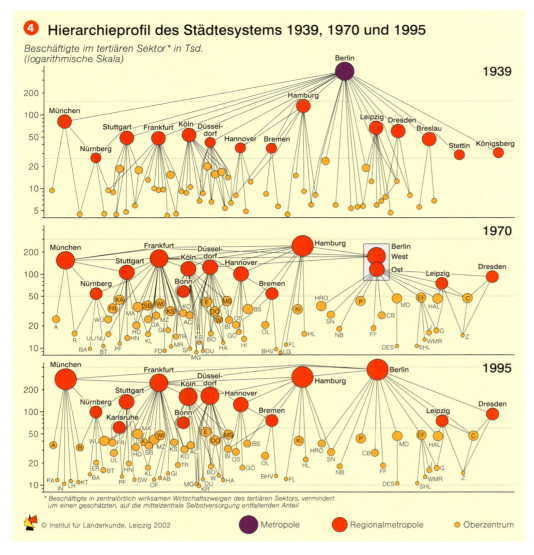

④ Hierarchieprofil des Städtesystems 1939, 1970 und 1995

Beschäftigte im tertiären Sektor* in Tsd. (logarithmische Skala)

* Beschäftigte in zentralörtlich wirksamen Wirtschaftszweigen des tertiären Sektors, vermindert um einen geschätzten, auf die mittelzentrale Selbstversorgung entfallenden Anteil

© Institut für Länderkunde, Leipzig 2002

● Metropole ● Regionalmetropole ○ Oberzentrum

⑤ DDR Zentrentypen nach ihrer Umlandbedeutung 1980

Staatsgrenze / Bezirksgrenze / Kreisgrenze

Zentrentypen
Groß- und Bezirkszentren:
■ Großzentrum
◩ großes Bezirkszentrum
□ mittleres Bezirkszentrum

Gebietszentren:
⬢ großes Gebietszentrum
⬡ partielles Gebietszentrum
○ kleines Gebietszentrum

Autor: Atlasredaktion

Maßstab 1: 5000000   0 25 50 75 100 km

© Institut für Länderkunde, Leipzig 2002

---

furt und München, die in unterschiedlichen Sektoren teilweise das Erbe Berlins übernehmen (z.B. Kreditinstitute in Frankfurt, Versicherungen in Köln und München, Publizistik und Kultur in München).

Die Entwicklung des hierarchischen Aufbaus lässt sich anhand von sog. Hierarchieprofilen veranschaulichen, in denen die zentralörtliche Position der einzelnen Städte entlang eines Profils von Bayern über den Westen und Norden bis zum Osten Deutschlands abgetragen ist ④. 1939 hat das deutsche Städtesystem eine klare Hierarchie mit Berlin an der Spitze und einer Gruppe von ungefähr acht annähernd gleich bedeutenden Regionalmetropolen (Hamburg, München, Stuttgart, Frankfurt, Köln, Leipzig, Dresden und Breslau). Eine Berechnung der höheren Zentralität nach dem Stand 1970 zeigt die weitreichenden Veränderungen ④ ⑥ ⑧: Das Städtesystem Deutschlands und mit ihm Berlin ist geteilt. West-Berlin ist zusammen mit Hamburg, München, Frankfurt usw. eine der großen westdeutschen Regionalmetropolen. Das Städtesystem der DDR wird von Ost-Berlin angeführt ⑤, gefolgt von den Regionalmetropolen Dresden und Leipzig sowie den großen Bezirkshauptstädten wie Rostock, Potsdam, Magdeburg, Erfurt, Halle und Karl-Marx-Stadt.

Das Städtesystem in den 1990er Jahren

Mit der deutschen Einigung wachsen die zuvor getrennten Städtesysteme der BRD und der DDR wieder zusammen, und Berlin rückt wieder an die Spitze der Hierarchie, allerdings bei weitem nicht mit dem Abstand wie vor dem Zweiten Weltkrieg. Das heute bestehende Städtesystem lässt sich durch die folgenden Merkmale charakterisieren:

Das deutsche Städtesystem besitzt nicht – wie beispielsweise das französische – eine eingipflige, sondern eine mehrgipflige Spitze ④. Charakteristisch ist die Gruppe der großen Regionalmetropolen, zu der auch Berlin gehört. Die sektoralen Funktionsspezialisierungen zwischen den großen Regionalmetropolen haben sich im Vergleich zu den früheren Zeitschnitten weiter verstärkt. Deutschland besitzt nicht eine Metropole, sondern ein arbeitsteiliges Netz von etwa sechs bis acht großen Zentren, die neben ihrer regionalen Funktion in bestimmten Funktionssektoren eine metropolitane Bedeutung besitzen, beispielsweise Hamburg im Großhandel, Frankfurt im Luftverkehr und im Finanzwesen, München und Köln im Versicherungswesen.

Unterhalb der metropolitanen Ebene verfügt das deutsche Städtesystem über ein reich gegliedertes und vergleichsweise dichtes Netz von kleineren Oberzentren ⑦. Unter raumordnungspolitischen Aspekten ist die hierarchische und räumliche Struktur des Städtesystems als ausgesprochen günstig zu bewerten: Es gibt keine überragende Metropole, die in ihrem Umland Backwash-Effekte auslösen könnte. Die weite räumliche Streuung der großen Regionalmetropolen bewirkt, dass es kaum größere Gebiete gibt, die sehr peripher liegen, und das verhältnismäßig dichte Netz der Oberzentren gewährleistet eine nahezu flächendeckende Versorgung mit hochwertiger Infrastruktur.

Gleichwohl zeigen sich bei einer näheren Betrachtung der sektoralen Aufgliederung der höchstrangigen Teilzentralitäten ⑨ einige gravierende Strukturschwächen. Berlin, Leipzig und Dresden besitzen klare Funktionsschwerpunkte insbesondere in den von der öffentlichen Hand bereitgestellten Funktionssektoren, während die hochrangigen privatwirtschaftlichen Funktionen (Großhandel, Banken, Versicherungen, unternehmensorientierte Dienstleistungen) in Relation zur Größe dieser Städte krass unterentwickelt sind. Damit korrespondiert, dass in den ostdeutschen Zentren kaum ▶ Headquarter großer Unternehmen ansässig sind (▶▶ Beitrag Heß/Scharrer, Bd. 1, S. 124).

Die höchstrangigen metropolitanen Funktionen der Städte haben erst seit wenigen Jahren eine angemessene Aufmerksamkeit der deutschen Raumordnungspolitik gefunden. Die Ministerkonferenz für Raumordnung hat sieben sog. Europäische Metropolregionen benannt, die als Standorte von hochrangigen Entscheidungs- und Dienstleistungseinrichtungen durch internationale Verflechtungen geprägt sind: Berlin-Brandenburg, Hamburg, Rhein-Ruhr, Rhein-Main, Stuttgart, München sowie Halle/Leipzig-Sachsendreieck. Es ist Aufgabe der jeweiligen Bundesländer und Städte, diese Funktionsbestimmung weiter zu konkretisieren und in die praktische Politik und Planung umzusetzen.

Auf europäischem Maßstab sind diese Metropolregionen in ein Städtesystem eingebunden, das zunehmende Beachtung durch die europäische Raumordnung erfährt (▶▶ Einführung, Karte 3, S. 14). Dabei finden auch Cluster von Städten, wie sie für den zentraleuropäischen Bereich zwischen dem Rhein, Belgien und den Niederlanden typisch sind, eine Berücksichtigung auf der höchsten Zentralitätsebene. Dieses System wird durch den Ausbau von ganz Europa querenden Autobahnnetzen und Hochgeschwindigkeits-Bahnlinien gestärkt.◆

---

luste (Breslau, Dresden, Magdeburg); dies kann als Hinweis auf ▶ Backwash-Effekte zugunsten von Berlin gewertet werden.

Anhand des ausgewählten Indikators (Beschäftigte in Wirtschaftszweigen des ▶ tertiären Sektors) lässt sich auch die sektorale Zusammensetzung der Zentralität aufzeigen ③. Zum Stichjahr 1939 sind in Berlin vor allem metropolitane Wirtschaftszweige wie Banken, Medien sowie Wirtschafts- und Sozialorganisationen überproportioniert. Hingegen ist der Großhandel unterdurchschnittlich ausgebildet – ganz im Gegensatz zur Situation in Hamburg, Leipzig und Düsseldorf. Dennoch halten sich die sektoralen Funktionsspezialisierungen noch in Grenzen; der funktionale Aufbau des Städtesystems entspricht also im Großen und Ganzen der sog. Christaller-Hierarchie.

Der Zweite Weltkrieg und vor allem die Teilung Deutschlands bedeuten auch für das Städtesystem einen tiefen Einschnitt. Bis zum Stichjahr 1970 (für das mangels vergleichbarer Daten die Berechnungen nur für das westliche Deutschland und West-Berlin durchgeführt werden können) hat Berlin den Großteil seiner metropolitanen Funktionen verloren. Gewinner der Funktionsverlagerungen waren neben Bonn (sektorale Funktionsspezialisierung von Bundesbehörden und ▶ Lobby) die großen westdeutschen Regionalmetropolen wie Hamburg, Düsseldorf, Köln, Frank-

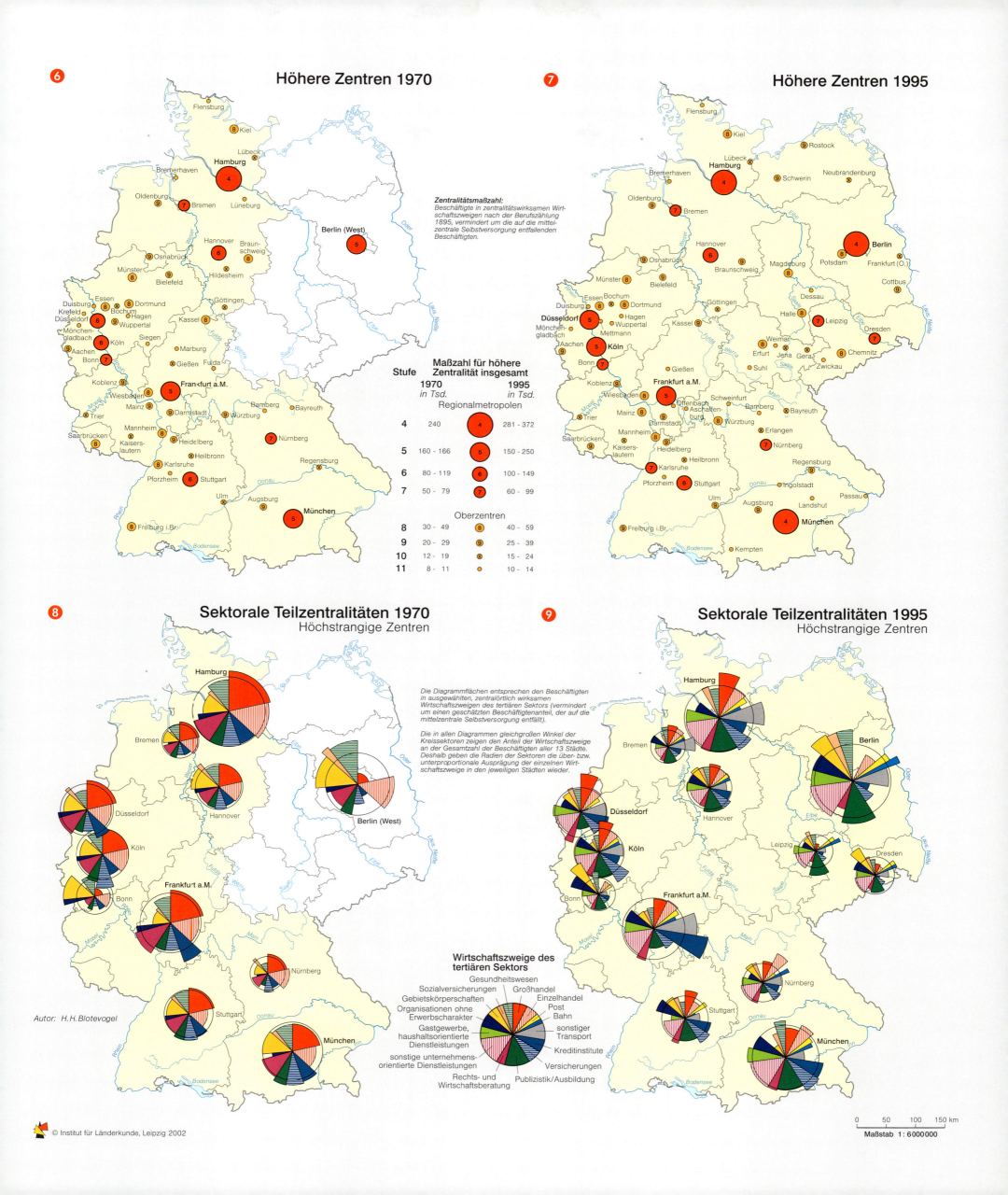

Wohnimmobilienmärkte

Ulrike Sailer

Der Wohnungsneubau wird durch die regionale Wirtschafts- und Bevölkerungsentwicklung sowie durch die Wohnbaulandsituation nachhaltig geprägt. Die höchsten Kaufwerte für baureifes Land werden in wirtschaftsstarken Verdichtungsräumen und in landschaftlich besonders attraktiven Gebieten erzielt ❸. Knappe Baulandreserven, die hohe Nachfrage und Hemmnisse bei der Baulandmobilisierung haben in den 1990er Jahren zu einer deutlichen Verteuerung von Baugrundstücken geführt. Derzeit sind in Hochpreisgebieten wie in Heidelberg, Stuttgart oder München durchschnittliche Kaufwerte von über 1200 DM pro Quadratmeter zu verzeichnen.

Erheblich niedriger sind die Baulandpreise in Ostdeutschland sowie in vielen Kreisen der mittleren und nördlichen Länder in Westdeutschland. Die günstigeren Kaufwerte haben in Ostdeutschland zusammen mit der nachholenden Wohnflächennachfrage und den hohen Subventionen den Wohnungsneubau im Umland der Großstädte und an der Ostseeküste erheblich befördert. In Westdeutschland hat der Wohnungsneubau im weiteren Umland der Agglomerationen wegen der niedrigeren Bodenpreise und dem größerem Flächenangebot deutlich zugenommen. Über Rückkopplungseffekte hat dies zu einer zentrifugalen Ausweitung der höheren Bodenpreise geführt. In Süddeutschland kann Bauland heute nur noch in wenigen Kreisen für weniger als 100 DM pro Quadratmeter erworben werden. Unter Nachhaltigkeitsaspekten ist diese Entwicklung kritisch zu bewerten. Durch eine verstärkte Innenentwicklung in Baulücken und auf Gewerbe- und Militärbrachen sollte das sich immer weiter ins Umland verlagernde Siedlungsflächenwachstum eingedämmt werden.

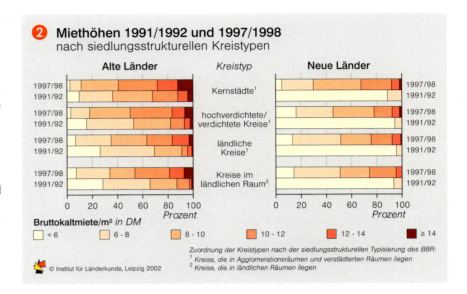

Eigenheime und Eigentumswohnungen

Auch gebrauchte Eigenheime und Eigentumswohnungen weisen erhebliche groß- und kleinräumige Preisunterschiede auf. Charakteristisch sind hohe Preise in bevorzugten Feriengebieten sowie ein das Wohlstandsniveau nachzeichnendes Süd-Nord- und West-Ost-Preisgefälle. Weiterhin bestehen zentral-periphere Unterschiede zwischen Agglomerationskernen, Umland und ländlichen Räumen. Dies wird für ausgewählte Städte dokumentiert, obwohl die Preise nicht flächendeckend für Deutschland vorliegen ❶. Am Tegernsee oder in Garmisch-Partenkirchen sind für frei stehende Eigenheime mit 150 m² Wohnfläche und gutem Wohnwert rund 1,5 Mio. DM zu bezahlen. Vergleichbare Objekte kosten im Ruhrgebiet 600.000 DM, in vielen nord- und ostdeutschen Städten nur rund 400.000 DM.

Die Preise für Eigentumswohnungen und auch für Eigenheime haben in den letzten Jahren deutlich nachgegeben. Dies gilt insbesondere für Ostdeutschland. Hierin spiegeln sich die Kaufzurückhaltung wegen der Wirtschaftslage sowie die zusätzliche Angebotsausweitung durch die Wohnungsprivatisierung und durch Wiederverkäufe von Abschreibungsprojekten aus den ersten Jahren nach der Wiedervereinigung. In Westdeutschland haben Umwandlungen von Miet- in Eigentumswohnungen den Preisrückgang in diesem Segment verstärkt. Darüber hinaus haben niedrige Hypothekenzinsen und die Umstellung der staatlichen Wohnungsbauförderung auf die progressionsunabhängige Eigenheimzulage die Nachfrage vieler Schwellenhaushalte vom Eigentumswohnungssektor zu Eigenheimen umgelenkt. Wegen des unterausgeschöpften Nachfragepotenzials nach selbst genutzten Wohnimmobilien ist in den nächsten Jahren ein Wiederanstieg der Preise für Eigenheime und für Eigentumswohnungen zu erwarten.

Mietwohnungen

Nach Jahren des schnellen Anstiegs sind seit Mitte der 1990er Jahre die Mieten spürbar zurückgegangen. Die umfangreiche Neubautätigkeit in der ersten Hälfte der 1990er Jahre hat auch zu einer Entspannung auf dem Mietwohnungsmarkt geführt. Dies konnte von vielen Haushalten zur Verbesserung ihrer individuellen Wohnsituation durch Umzug genutzt werden. Dennoch übertreffen in Westdeutschland in allen siedlungsstrukturellen Kreistypen die Bruttokaltmieten 1997/98 deutlich das Niveau von 1992/93 ❷. Hierbei ist der weit überproportionale Anstieg der Nebenkosten besonders zu berücksichtigen. In Ostdeutschland haben der Abbau der Mietpreisrestriktionen und umfassende Modernisierungen im Wohnungsbestand zur Ausdifferenzierung der Mieten geführt.

Preisgünstige Mietwohnungen haben überall in Deutschland in den 1990er Jahren abgenommen, wegen der Umwandlung von Miet- in Eigentumswohnungen, der Altbaumodernisierungen und in Westdeutschland auch wegen des Abschmelzens der preisgebundenen Sozialmietwohnungen. Hierdurch haben sich die Wohnungsversorgungsprobleme für ökonomisch schwache Haushalte und Gruppen mit Marktzugangsschwierigkeiten verschärft (u.a. Alleinerziehende, Ausländer, kinderreiche Familien). Als Resultat des jüngeren Einbruchs im Neubau von Mehrfamilienhäusern wird die Anspannung auch in den mittleren und gehobenen Mietwohnungssegmenten in den nächsten Jahren wieder zunehmen.◆

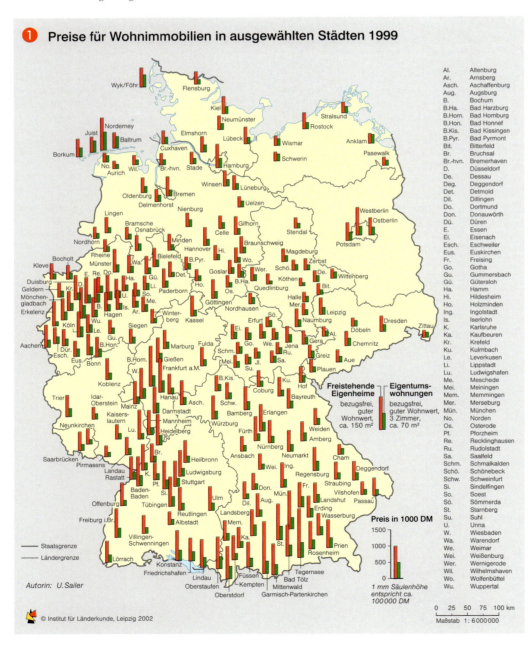

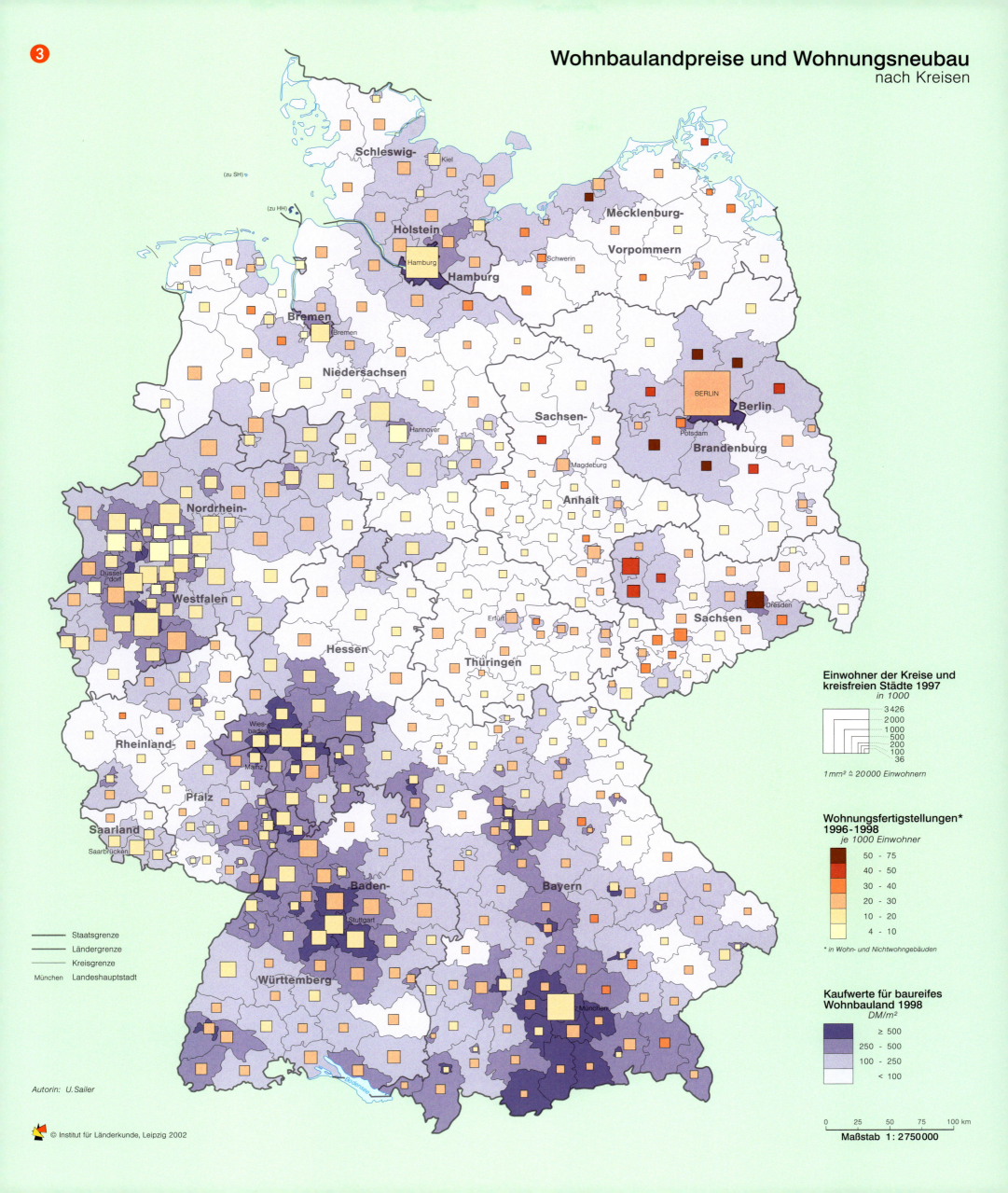

Wohnungsbestand

Ulrike Sailer

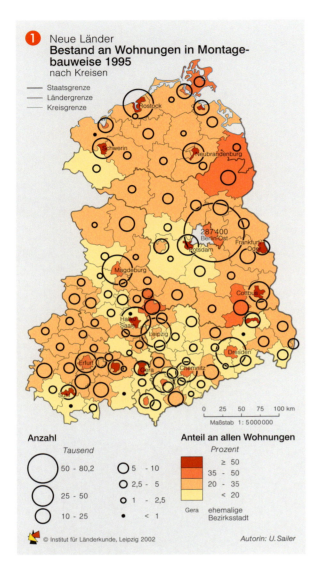

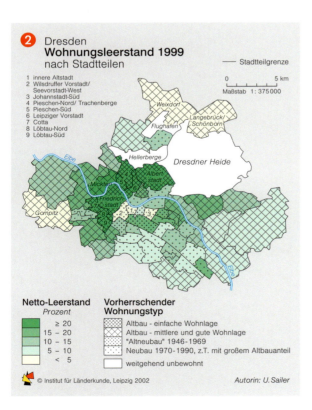

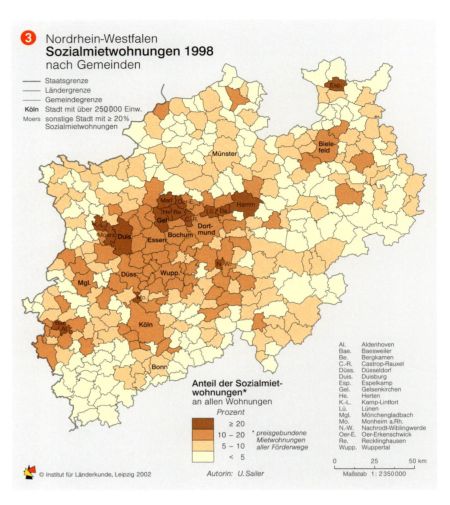

Die Struktur des Wohnungsbestands kann nur durch ein langjähriges hohes Neubauvolumen merklich verändert werden. 1998 weist in Ostdeutschland noch rund jede zweite Wohnung ein Baualter vor 1948 auf, in den alten Ländern dagegen nur knapp jede vierte. Die umfangreiche Bautätigkeit in Westdeutschland resultiert aus der kriegsfolgenbedingten extremen Wohnungsnot, dem Anstieg des Wohlstandsniveaus sowie den hohen staatlichen Subventionen für den Wohnungsneubau.

In Westdeutschland sind deutliche regionale Unterschiede im Wohnungsbestand charakteristisch. In Agglomerationen und größeren Städten dominiert der Geschosswohnungsbau, außerhalb überwiegen 1- und 2-Familienhäuser ❹. Weitere aussagekräftige Indikatoren zum Wohnungsbestand sind nur für die Raumordnungsregionen verfügbar. Auch diese Indikatoren zeigen von den Kernstädten nach außen zunehmende Anteile von selbst genutzten, größeren und jüngeren Wohnungen ❺❻❼. Dies ist die Folge der Bevölkerungssuburbanisierung, die sich wegen der Verknappung und Verteuerung des Baulandes im Zeitablauf wellenförmig nach außen verlagert hat. Im Vergleich zu anderen hoch entwickelten Staaten ist der erhebliche Anteil von Mietwohnungen hervorzuheben. Zentrale Ursachen hierfür sind baustandardbedingt hohe Produktionskosten, günstige steuerliche Regelungen für Mietwohnungen als Kapitalanlage sowie ein beträchtlicher gesetzlicher Mieterschutz.

In Ostdeutschland sind nur geringe regionale Unterschiede im Wohnungsbestand zu verzeichnen. Ideologisch begründet wurden in der früheren DDR die staatlichen Mittel auf den Neubau standardisierter kleiner Mietwohnungen konzentriert. Zuerst wurden noch Zeilenbauten in traditioneller Bauweise errichtet. Ab Mitte der 1960er Jahre erfolgte der Übergang zu Großsiedlungen in Plattenbautechnologie. Eine Bevölkerungssuburbanisierung in Form flächenverbrauchender Einfamilienhäuser hat erst nach der Wiedervereinigung eingesetzt.

Ostdeutsche Problemlagen

Ein hoher Anteil von Wohnungen in Montagebauweise ❶, ein verfallender Altbaubestand sowie ein erhebliches Wohnungsdefizit waren das markante Erbe der sozialistischen Vergangenheit. In den 1990er Jahren führten umfangreiche Abwanderungen nach Westdeutschland und in die Neubaugebiete im suburbanen Raum zu erheblichen Bevölkerungsverlusten der ostdeutschen Städte. Als Folge hiervon hat der Wohnungsleerstand schnell zugenommen.

Gegenwärtig stehen rund 1 Mio. der 7 Mio. Wohnungen in Ostdeutschland leer. Wie das Beispiel Dresden zeigt ❸, konzentrieren sich die Leerstände in den Altbauquartieren in einfacher Wohnlage, in denen viele Gebäude wegen ungeklärter Eigentumsverhältnisse und unsicherer Vermarktungschancen nicht umfassend saniert worden sind. Aber auch bereits sanierte Altbauten stehen leer. Daneben häufen sich Leerstände zunehmend in Großsiedlungen. Die umfangreichen Sanierungsmaßnahmen seit der Wiedervereinigung haben die sozial selektiven Abwanderungen aus den Großsiedlungen nicht grundsätzlich aufhalten können. Wegen der Angebotsüberhänge und ihres Negativimages ist nicht von einer Wiederbelebung der Konkurrenzfähigkeit der Großsiedlungen auszugehen. Der bereits begonnene Abriss wird insbesondere in Städten mit hohen Anteilen von Plattenbauwohnungen weitergeführt werden. Diskutiert wird der Abriss von mehreren hunderttausend Wohnungen im nächsten Jahrzehnt.

Sozialmietwohnungen

In Westdeutschland sind Sozialmietwohnungen wichtig für Haushalte, die sich auf dem freien Markt mit Wohnraum nicht angemessen versorgen können. Seit 1949 wurden über 4 Mio. Sozialmietwohnungen gebaut. Zum Zeitpunkt der letzten Volkszählung 1987 war rund jede dritte Mietwohnung eine Sozialmietwohnung. Wie das Beispiel von Nordrhein-Westfalen zeigt ❷, wurden diese vorrangig in Großstädten errichtet. Für Sozialmietwohnungen gelten Belegungs- und Mietpreisbindungen, allerdings nur für die Dauer der Rückzahlung der gewährten Subventionen. Seit den 1980er Jahren ist die Zahl der Sozialmietwohnungen deutlich zurückgegangen, da die aus der Bindung fallenden Wohnungen nicht durch Neubauten ersetzt worden sind. Die Wohnungsversorgungsprobleme von Haushalten mit niedrigen Einkommen und Marktzugangsschwierigkeiten haben daher beträchtlich zugenommen. Weiterhin ist hiermit eine ansteigende Konzentration sozial schwacher Haushalte in den verbleibenden Beständen verbunden. Aus dieser bis zur Herausbildung von Armutsinseln fortschreitenden Segregation (▶▶ Beiträge Häussermann, S. 26 und Glebe, S. 142) resultieren erhebliche Probleme, die derzeit als „überforderte Nachbarschaften" bzw. „soziale Exklusion" diskutiert werden. Inzwischen sind auch in Deutschland Programme für diese Problemgebiete aufgelegt worden. ◆

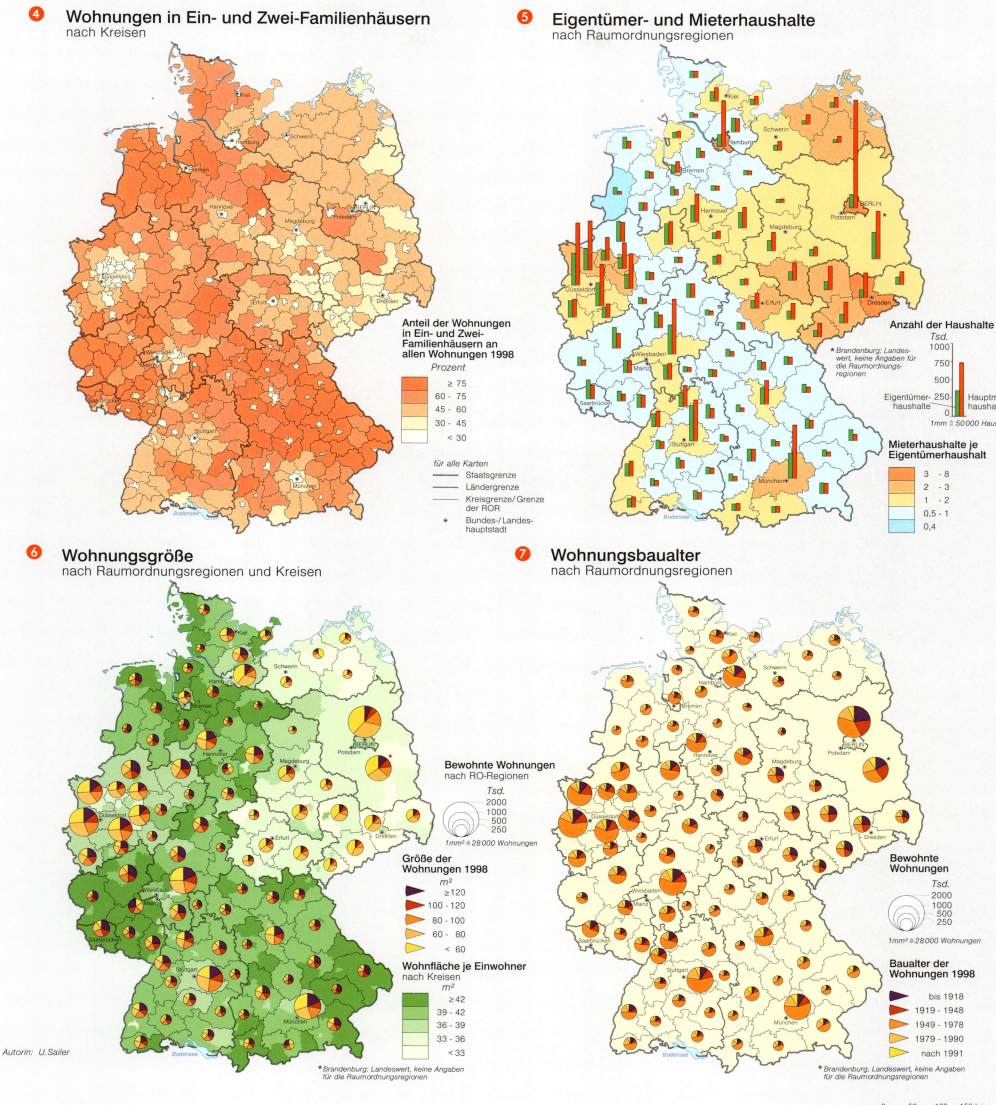

Bauernhaustypen

Johann-Bernhard Haversath und Armin Ratusny

Umgebindehaus im Lausitzer Bergland

Traditionell waren ländliche Siedlungen vor allem durch Bauernhäuser geprägt. Da diese primär Zweckbauten sind, bestimmen die Unterbringung des Groß- und Kleinviehs sowie das Stapeln und Verarbeiten des Ernteguts den Grund- und Aufriss. Ästhetische Gesichtspunkte spielen dagegen stets eine untergeordnete Rolle. Nur in Zeiten größeren Wohlstands konnten sich dekorative Außenfronten und aufwändig gestaltete Wohnräume entwickeln.

Die stark vereinfachte typenmäßige Zusammenfassung (nach GEBHARD 1982) der vielfältigen Hausformen erfolgt nach baulichen Kriterien (Grund- und Aufriss, Hofform, Wandmaterial und -verkleidung, Dachneigung, Zufahrt u.a.) ❷:

Die Baumaterialien wurden früher vor Ort gewonnen; das Boden- und Gesteinsmaterial der natürlichen Umwelt prägt daher das Aussehen und die Gestalt der Häuser (Naturstein-, Ziegel-, Blockhaus- oder Fachwerkbauten).

Handwerkliche Bautraditionen, die sich über Generationen entwickelt und bewährt haben, sind für die einheitlichen konstruktiven Elemente (z.B. Ständerbauten, Fachwerk) verantwortlich.

Die bäuerliche Wirtschaftsweise bestimmt, welche Hausform besonders vorteilhaft ist. In weidewirtschaftlich dominierten Räumen ist das Einhaus günstiger, ackerbaubetonte Betriebe bevorzugen mehrteilige Gehöfte.

Auch die Betriebsgröße ist ein steuernder Faktor. Kleinstbetriebe mussten sich stets mit kleinen Einhäusern zufrieden geben, während Großbetriebe, vor allem Güter, ein gesondertes Wohnhaus (Herrenhaus) und mehrere Wirtschaftsgebäude besitzen.

Wirtschaftliche Konjunkturen und technischer Fortschritt schufen oftmals neue Anforderungen an die Hausformen. So entstanden z.B. die Gulfhäuser Ostfrieslands ab dem 16. Jh., als die marktorientierte Wirtschaft in den Marschen nach Bauten verlangte, in denen Viehboxen und Stapelflächen für Getreide und Winterfutter in ausreichender Menge vorhanden waren.

Von den Landes- oder Gutsherren erlassene Verordnungen harmonisierten die Bauweise der Bauernhäuser. Die Ausbreitung der Steinbauweise oder die Auflage, Schornsteine zu bauen, dien-

> Als **Einhaus** oder Einfirsthof bezeichnet man Anwesen, die den Wohn- und den Wirtschaftsteil (Ställe, Stapelräume usw.) unter einer geraden Dachlinie vereinigen. Das Niederdeutsche Hallenhaus ist ein Beispiel hierfür.
>
> Beim **Winkelhof** (auch **Hakenhof**) handelt es sich um ein Gebäude mit abgeknickter Firstlinie. Genetisch ist er als erweitertes Einhaus zu erklären. In Teilen Schleswig-Holsteins, der Eifel sowie im schwäbischen und bayerischen Alpenvorland trifft man diese Form häufig an.
>
> **Dreiseithöfe** bestehen aus Wohnstallhaus, Stall und gesonderter Scheune, die im rechten Winkel zu einer U-Form angeordnet sind. Sie sind mit Ausnahme von Ostfriesland, Schwarzwald, Baar und dem Alpenvorland sehr weit verbreitet. Die als Karree errichteten **Vierseithöfe** haben eine deutlich geringere Verbreitung (v.a. Kölner Bucht, Altmark, Erzgebirgsvorland, Isar-Inn-Hügelland).
>
> **Streuhöfe** (auch **Haufenhöfe**) sind regellos angeordnete bäuerliche Anwesen, bei denen das Wohn- und die verschiedenen Wirtschaftsgebäude ohne bauliche Verbindung platziert sind.

ten sowohl dem Schutz der Wälder wie auch der Brandvorsorge. Das Vordringen von Ziegel- und Blechdächern (auf Kosten von Reet- und Schindeldächern) wurde durch die Feuerversicherungen entscheidend begünstigt.

Stammesmäßige, ethnische oder politische Bindungen spielen dagegen keine Rolle. Statt Begriffen wie Niedersachsenhaus, Fränkisches Gehöft o.Ä. werden daher in der heutigen wissenschaftlichen Literatur Namen mit eindeutig regionalem Bezug gewählt (z.B. mitteldeutsch für fränkisch).

Einheitlichkeit im Norden, Vielfalt im Süden

Die weiteste Verbreitung hat das Mitteldeutsche Gehöft (Ernhaus). Dabei handelt es sich um quer zur Firstlinie durch einen breiten Hausgang (Ern) geteilte Häuser. Es gibt eine große Fülle quergeteilter Häuser, deren Anordnung und Gebäudegröße stark variieren. Die Einzelformen reichen vom kleinen Einfirsthof bis zum majestätischen Vierseithof. Im Erzgebirge und Thüringer Wald, in Teilen Hessens, Südwestfalens und der Eifel sind Schieferverkleidungen charakteristisch. Ernhäuser sind dank ihrer funktionsneutralen Anlage auf den fruchtbaren Ackerböden der Börden und Gäue wie auch in Gebieten mit bedeutender Viehwirtschaft (Mittelgebirgsländer) verbreitet.

Das Niederdeutsche Hallenhaus nimmt den Raum des ozeanisch geprägten Nordwestens vom Münsterland bis Vorpommern ein, ist aber auch in einigen Mittelgebirgen (Sauerland, Teutoburger Wald, Weserbergland) vertreten. Von hier breitete sich dieser Typ bis ins Paderborner Land, nach Dänemark und nach Pommern aus. Die große Mitteldiele (Tenne) und die seitlichen Tiefställe spiegeln die Bedürfnisse der kombinierten Ackerbau- und Viehwirtschaft.

In Süddeutschland stehen unterschiedliche Einhäuser und Gehöftgruppen kleinräumig nebeneinander. Der agrarökologische Unterschied zwischen Gebirge und Vorland, zwischen lössbedeckten Ackerbauregionen und von der Grünlandwirtschaft beherrschten Räumen kommt hierin sichtbar zum Ausdruck. Welch große Vielfalt im Einzelnen hinter den generalisierten Typen steht, zeigt beispielhaft die Aufgliederung des Schwarzwalds ❶.

Nur museale Relikte?

Infolge des massiven Strukturwandels in der Landwirtschaft sind die traditionellen Bauernhaustypen vielfach vom Verschwinden bedroht. Hallenhäuser mit breiter Mitteldiele z.B. verlangen von den Landwirten oft unzumutbare Zugeständnisse. Auch das Mitteldeutsche Ernhaus genügt den Anforderungen von Vollerwerbsbetrieben nicht mehr, wie die zahlreichen Aussiedlerhöfe der 1960er Jahre belegen. Freilichtmuseen konservieren heute den ererbten Bestand ländlicher Bauten. Im Schwarzwald und im Alpenvorland scheint man dagegen eine Synthese aus Tradition und modernem Bauen gefunden zu haben. Die hohe Akzeptanz der Bauformen bei den Feriengästen gibt dieser Entwicklung zusätzliche Impulse. Generell gilt, dass Ferienwohnungen und Zweitwohnsitze einen wichtigen Beitrag zum Erhalt der Bauernhäuser *in situ* leisten. Gegenüber Verfall oder einer Verpflanzung ins Freilichtmuseum sind sie eine echte Alternative.◆

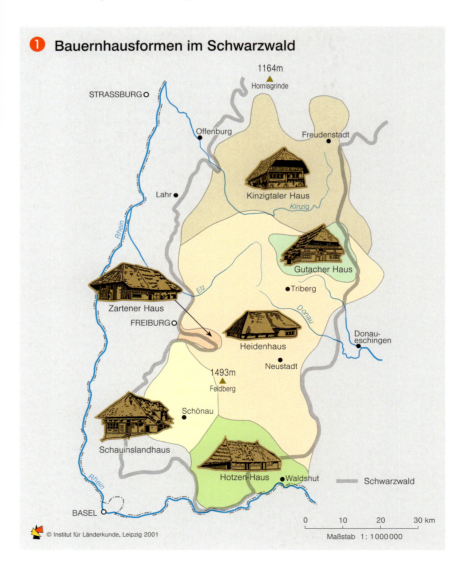

❶ Bauernhausformen im Schwarzwald

© Institut für Länderkunde, Leipzig 2001

Maßstab 1 : 1 000 000

Traditionelle Ortsgrundrissformen und neuere Dorfentwicklung

Johann-Bernhard Haversath und Armin Ratusny

Die ländlich-agrarisch geprägten nichtstädtischen Räume in Deutschland, die hinsichtlich ihrer Flächenerstreckung bis heute noch weitaus dominieren, lassen sich in der Erscheinung ihrer Siedlungen vor allem nach zwei Gesichtspunkten charakterisieren: nach der Grundrisserstreckung der Ortsformen und nach dem Grund- und Aufrisstyp der anzutreffenden Bauernhäuser (▶▶ Beitrag Haversath/Ratusny, S. 48).

Ländliche Ortsformen

Die regionale Differenzierung der traditionellen Ortsgrundrissformen ist das Ergebnis der historischen Phasen einer ca. 1500 Jahre währenden Kulturlandschaftsentwicklung. Die Grundrissmuster zerfallen um 1950, d.h. noch vor der Verstädterung vieler Dörfer, in planmäßig-regelhafte Ortsgründungen sowie in Ortsformen, die auf eine regellos-gewachsene Entwicklung zurückgehen. Ihre jeweilige Genese steht im Zusammenhang der Siedlungsträger und ihrer Motive sowie im Rahmen der jeweiligen agrarökologischen Situation.

Im vorliegenden Maßstab (1:3,75 Mio.) erscheint es zweckmäßig, nach ELLENBERG (1990) acht Ortsformentypen zu unterscheiden:

1. **Einzelhöfe**, zu denen meist die sie umgebende unregelmäßige Blockflur gehört, finden sich im gesamten Gebiet der Bundesrepublik, sind aber landschaftsbestimmend vor allem zwischen Niederrhein ❶ und mittlerer und unterer Weser (wo sie teilweise von Kleinweilern, sog. Drubbeln, durchsetzt sind), im Schwarzwald und im Niederbayerischen Tertiärhügelland (wo sie einer hochmittelalterlichen Ausbauzeit angehören). Im Allgäu sind sie die Folge einer frühen Flurbereinigung seit dem 16. Jh.

2. Auch **Weiler** (Gruppensiedlungen von 3-20 Höfen) kommen in Gestalt regelloser oder – in geringerer Zahl – regelhafter Ortsformen in altbesiedelten Räumen wie auch in jungbesiedelten Mittelgebirgen vor ❷. Sie können als solche planmäßig angelegt oder als Wachstumsformen aus Einzelhöfen entstanden sein. Im Bereich der mittelalterlichen Ostsiedlung treten sie in wesentlich geringerer Zahl und disperser auf als im westlichen Deutschland.

3. Die Verbreitung unterschiedlich großer **Haufendörfer**, d.h. unregelmäßiger ländlicher Siedlungen mit mehr als 20 Hof- bzw. Hausstellen, fällt zu einem Teil mit den altbesiedelten thermisch begünstigten Lagen mit fruchtbaren Böden zusammen ❸. In mittleren Höhenlagen kommen sie dort vor, wo Lehmböden auf Kalk eine natürliche Gunst gewährleistet haben. Sie entstanden meist aus frühmittelalterlichen Einzelhöfen

und Kleinweilern im Lauf des späteren Mittelalters und der frühen Neuzeit durch Zuwanderung, aber auch durch natürliches Bevölkerungswachstum, meist bei gleichzeitiger mehr oder weniger starker Zersplitterung der ackerbaulich genutzten Fläche.

Planmäßig entstandene Orte mit regelhaften, oft linearen Grundrissen entstanden vereinzelt bereits während der früh- bis hochmittelalterlichen karolingischen bzw. ottonischen Ausbauphasen. Ihre Verbreitung ist im vorliegenden Maßstab nicht darstellbar.

Eine sehr deutliche zeitliche und räumliche Zuordnung erlauben die in großflächiger Verbreitung auftretenden regelhaften Ortsformen der Mittelgebirge und des Raumes der deutschen Ostsiedlung. Die Rodungsflächen im Jungsiedelland der deutschen Mittelgebirge, die Flussmarschen des Nordwestens ebenso wie die tieferen Lagen der Gebiete östlich von Elbe und Saale tragen verbreitet regelhafte Ortsgrundrisse.

4. Dazu gehören die Reihensiedlungen in Form von **Waldhufen-, Hagenhufen-, Marsch- und Moorhufensiedlungen**, die sich zeitlich vom 12. bis zum 18. Jh. einordnen lassen. Ihr linearer Grundriss ist durch einen weiten Abstand zwischen den einzelnen Höfen gekennzeichnet, an die sich jeweils breit- und langstreifig die Flur mit weitgehend komplettem Hofanschluss anfügt ❹.

5. Ebenfalls ein linearer Grundriss kennzeichnet **Straßendörfer**, jedoch mit einem weitaus engständigeren, eher zeilenartigen Charakter der Hof- bzw. Häuserreihen ❺. Ihr Hauptverbreitungsgebiet liegt östlich der Elbe-Saale-Linie im Gebiet der mittelalterlichen Ostsiedlung.

6. Eine weitere mittelalterliche Planvariante sind **Angerdörfer**, deren wesentliches Merkmal der mehr oder weniger ovale, von zwei Hofzeilen umschlossene Platz (Anger) ist ❻. Dieser diente als Viehsammelplatz oder – bachdurchflossen bzw. vom Dorfteich eingenommen – als Viehtränke und kann sich bis hin zum Rechteckplatz in Quellmuldenlage erweitern. Das Hauptverbreitungsgebiet des Angerdorfes ist mit dem des Straßendorfes mehr oder weniger identisch; beide Formen kommen häufig vergesellschaftet vor (▶ Fotos S. 52).

7. Die Gruppe der **Rundsiedlungen** nimmt eine Sonderstellung ein: Oft von weilerartiger Größe, können sie aufgrund ihrer markanten runden oder hufeisenartigen Anordnung der Höfe um einen Platz genetisch teils als regellos gewachsen, teils als planmäßig angelegt interpretiert werden ❼. Der flächenhaft geschlossene Bereich der Rundsiedlungen im Elbe-Saale-Raum steht im Zusammenhang mit der Begegnung zwischen slawischen und deutschen Ethnien während der Ostsiedlung. Einem genetisch völlig anderen Rundsiedlungstyp gehören die Wurtendörfer der deutschen Nordseeküste an.

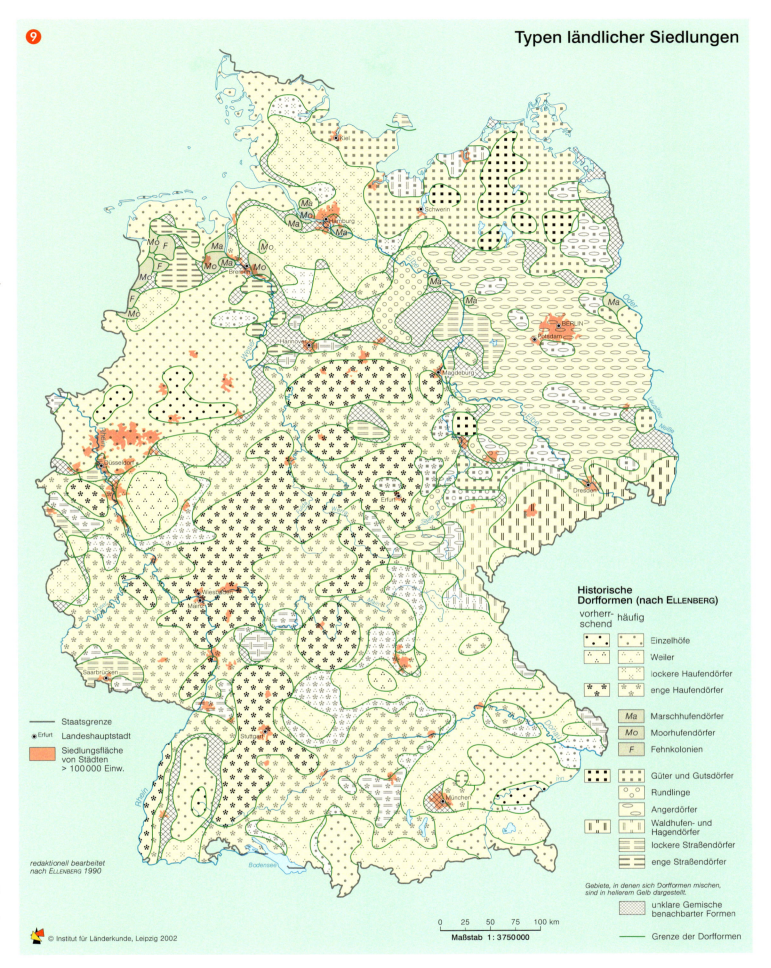

Typen ländlicher Siedlungen

Historische Dorfformen (nach ELLENBERG)
- Einzelhöfe
- Weiler
- lockere Haufendörfer
- enge Haufendörfer
- Ma Marschhufendörfer
- Mo Moorhufendörfer
- F Fehnkolonien
- Güter und Gutsdörfer
- Rundlinge
- Angerdörfer
- Waldhufen- und Hagendörfer
- lockere Straßendörfer
- enge Straßendörfer

Gebiete, in denen sich Dorfformen mischen, sind in hellerem Gelb dargestellt.
- unklare Gemische benachbarter Formen
- Grenze der Dorfformen

Maßstab 1:3 750 000

redaktionell bearbeitet nach ELLENBERG 1990

© Institut für Länderkunde, Leipzig 2002

8. **Güter und Gutsdörfer**, vornehmlich im Osten bzw. im Nordosten vorkommend, sind geknüpft an Großgrundbesitz und gebunden an die Entstehung von Gutsherrschaft und Gutswirtschaft seit dem späten 15. Jh. ❽. Die historischen Wurzeln der Gutsbildung im Osten sind vielfältig; sie gründet letztlich wirtschaftlich auf dem fernmarktorientierten Getreidebau, der vom niederen Adel in der frühen Neuzeit vielfach unter Beseitigung älterer ländlicher Siedlungen (Bauernlegen) angestrebt wurde.

In der Verbreitung dieser acht Haupttypen ländlicher Ortsformen ❾ spiegelt sich auch der siedlungsgeographische Gegensatz zwischen West- und Ostmitteleuropa wider. Während sich im Westen vornehmlich die gewachsenen Formen befinden, liegen im ostelbischen Raum großflächig die geplanten Formen der Ostsiedlung und – bis etwa zur Mitte des 20. Jhs. – die Güter und Gutsdörfer. In gewissem Sinn ist die Karte →

Traditionelle Ortsgrundrissformen und neuere Dorfentwicklung | 51

Das Angerdorf Baalsdorf, im Verdichtungsraum Leipzig gelegen, wurde 1999 im Rahmen der sächsischen Gemeindegebietsreform nach Leipzig eingemeindet

heute bereits historisch, weil seit ca. 1950 zum einen die Durchdringung des ländlichen Raumes mit nicht-ländlichen Funktionen die Ortsgrundrisse verändert hat und weil im Nordosten die Gutssiedlungen weitgehend eliminiert wurden.

Die neuere Dorfentwicklung

„Unser Dorf soll schöner werden" – unter diesem Motto stand in den 1960er Jahren die erste Welle der Dorfentwicklung in der Bundesrepublik Deutschland (▶▶ Karte S. 23). In Anbetracht des vehement einsetzenden agrarischen Strukturwandels waren viele Dörfer von Abwanderung, Verfall und allgemeinem Attraktivitätsverlust bedroht; in der DDR bildete die Kollektivierung einen vergleichbaren Wendepunkt (▶▶ Beitrag Brunner/Wollkopf, S. 68). Wirtschaftliche Ziele, verbunden mit Ertragssteigerungen durch Mechanisierung und Optimierung der Flächennutzung, sowie soziale Entwicklungen, die einen Wandel der Lebensformen herbeiführten, wurden in beiden Teilen Deutschlands zum Anlass für Eingriffe in die dörflichen Strukturen genommen, wenn auch mit ganz unterschiedlicher Akzentuierung.

Etappen des Wandels

Von der modernen Stadt als Leitbild des Wiederaufbaus ausgehend, gerieten auch die ländlichen Siedlungen in den Sog der Modernisierung. Umbau und Neubau bzw. Verfall und Abriss führten zu grundlegender baulicher Erneuerung. Fassadenverkleidungen aus neuen Baustoffen, großzügig zugeschnittene Fensteröffnungen und moderne Türen stehen sinnbildlich für die „Verschönerung" der traditionellen Hofanlagen in den 1960er Jahren.

In den 1970er Jahren kam es zu einer ersten Neubewertung. ▶ Dorferneuerungsprogramme erinnerten vorsichtig an den Verlust alter Substanz und bemühten sich um die Gestaltung des dörflichen Lebensraums. Vordringlich widmeten sie sich aber dem innerörtlichen Verkehr mit dem Bau von Umgehungsstraßen. Insbesondere in Gebieten mit ▶ Realerbteilung setzten die Erschließung von Gewerbegebieten und eine bauliche Auflockerung ein.

Erst die Programme der 1980er Jahre hatten die Revitalisierung der Dörfer zum Ziel. Die Erhaltung der individuellen Dorfarchitektur, der ortstypischen Bausubstanz und die Behebung der funktionalen Mängel in den Bereichen Versorgung, Verwaltung und Vereinsleben standen nun im Mittelpunkt. Seit den 1990er Jahren besserte sich das Image der ländlichen Siedlungen im Zuge wachsender ▶ Tertiärisierung und ▶ Ökologisierung.

In den neuen Ländern setzte 1990 in den vernachlässigten, baulich jedoch kaum überprägten Ortskernen die nach-

Kramerschlag, im ländlichen Raum gelegen, ist ein Ortsteil von Wegscheid und liegt an der deutsch-österreichischen Grenze, etwa 35 km östlich von Passau

holende Entwicklung ein. Hier hatte sich während der sozialistischen Zeit von 1945 bis ca.1990 eine ganz spezifische eigene Entwicklung vor dem Hintergrund der planmäßigen Steuerung der Wirtschaft, insbesondere im Rahmen der Errichtung der Landwirtschaftlichen Produktionsgenossenschaften vollzogen (▶▶ Beitrag Brunner/Wollkopf, S. 68). Diese Vorgänge bewirkten unter anderem den Verfall der Dorfkerne, die Errichtung neuer Produktionsgebäude an den Dorfrändern sowie auch hier die Verbreitung des Geschosswohnungsbaus.

Typisierung

Auf Grund der unterschiedlichen Entwicklungsdynamik in den einzelnen Landesteilen können besondere Typen der Dorfentwicklung ausgewiesen werden. Sie spiegeln die Hauptkategorien der räumlichen Entwicklung im Stadt-Land-Kontinuum wider.

Typ 1: In den stark wachsenden suburbanen Randzonen der Verdichtungsräume bilden ehemals bäuerlich geprägte Dörfer physiognomische Inseln, die von einem Kranz neuer Wohn- und Gewerbegebiete umgeben sind ❿. Baulicher Zuwachs bedeutet für diese Gemeinden eine funktionale Stärkung und einen wirtschaftlichen Gewinn. Auf gesellschaftlicher Ebene bildet sich in der Regel eine Kluft zwischen der einheimischen und der zugezogenen Bevölkerung.

Typ 2: In günstiger Lage zu den Verdichtungsgebieten, aber doch deutlich hiervon abgesetzt, bilden Revitalisierung und Dorferneuerung die hervorstechenden Kennzeichen ⓫. Rückbesinnung auf die örtlichen Traditionen führt im baulichen und gesellschaftlichen Bereich vielfach zu einer Renaissance alter Strukturen. Einheimische und Zugezogene finden im Idealfall über eine gemeinsame regionale und lokale Identität zu einem neuen dörflichen Selbstverständnis.

Typ 3: In Orten mit ausgeprägtem überregionalem Fremdenverkehr nehmen die bauliche Erhaltung und Pflege eine noch wichtigere Rolle ein, weil sie das Image der Siedlung maßgeblich beeinflussen. Die forcierte Wiederbelebung gesellschaftlicher Aktivitäten in Form von Dorffesten, der Pflege von Brauchtum und Vereinswesen zeigt vielfach folkloristische Züge.

Typ 4: In abseits gelegenen, weiterhin agrarisch geprägten Regionen stagniert der Baubestand der meisten ländlichen Siedlungen ⓬. Die Einwohnerzahl schrumpft, Schule, Post, Lebensmittelgeschäfte oder andere örtliche Kommunikationszentren wie Wirtshaus und Gemeindebüro sind längst verschwunden. Nur wo es der technische Standard oder die Lebensansprüche verlangen, wird umgebaut, ansonsten überwiegen tradierte Raumstrukturen.

Perspektiven

Die wachsende Wertschätzung der Siedlungen des ländlichen Raumes als Wohnstandorte ist seit der Suburbanisierung der 1970er Jahre offenkundig. Mit der Tertiärisierung bekommen sie gegenwärtig auch als Arbeitsstandorte zusätzliche Bedeutung. Als indirekte Folge der Ökologiebewegung ist der Eigenwert ländlicher Siedlungen einem größeren Bevölkerungskreis bewusst geworden. Sie werden nicht mehr als Kopien städtischer Vorbilder gesehen, sondern entfalten eigenständige, endogene Potenziale.

Dorfentwicklung wird deshalb als komplexer Prozess angesehen. Die anfänglich vernachlässigten gesellschaftlichen Aspekte, das Dorf als Arbeitsplatz, als Heimat, als Erlebnisraum, Dorf und Natur u.a., erregen heute besondere

> Der umgangssprachliche Begriff **Dorf** bezeichnet kleine, ursprünglich landwirtschaftlich geprägte, geschlossene Siedlungen. In Folge der rechtlichen Gleichstellung aller Gemeinden ist in der Geographie heute der Terminus **Siedlungen des ländlichen Raumes** verbreitet. Ihre Kennzeichen sind u.a. Dominanz der landwirtschaftlichen Nutzfläche, geringe oder fehlende Zentralität, spezifische Entwicklungsdynamik, besondere Wohnformen und ein eigenes Erscheinungsbild.
>
> **Dorferneuerung** – ein Sammelbegriff der Agrarpolitik, der die wirtschaftliche und kulturelle Strukturverbesserung ländlicher Siedlungen zum Inhalt hat. Sie ist die Reaktion auf den baulichen Verfall und die funktionale Ausdünnung in den Siedlungen des ländlichen Raumes seit den 1960er Jahren. Modernisierung des Baubestands, Erhaltung ortsbildprägender Gebäude und die positive Einstellung der Bewohner zu ihrer Siedlung zeigen die inhaltliche Akzentverlagerung der letzten Jahrzehnte.
>
> **Ökologisierung** – Trend zu einer gesundheitsbewussten Lebensweise und der Bewahrung der natürlichen Kreisläufe.
>
> **Realerbteilung** – regional wirksames Erbrecht, das die Aufteilung von Landflächen zwischen den Erben vorsieht und deshalb eine sehr kleine Parzellierung zur Folge hat.
>
> **Tertiärisierung** – Wandel von der produzierenden hin zur Dienstleistungsgesellschaft

Aufmerksamkeit. Gleichwohl gibt es viele Regionen, die von dieser Renaissance nicht tangiert werden. In diesen Dörfern sind in Siedlung und Flur die Relikte früherer Kulturlandschaftsepochen noch greifbar. Das Negativszenario ohnmächtiger, fremdbestimmter Ortsteile (HENKEL 1993) gilt für Marginalzonen in besonderem Maße.◆

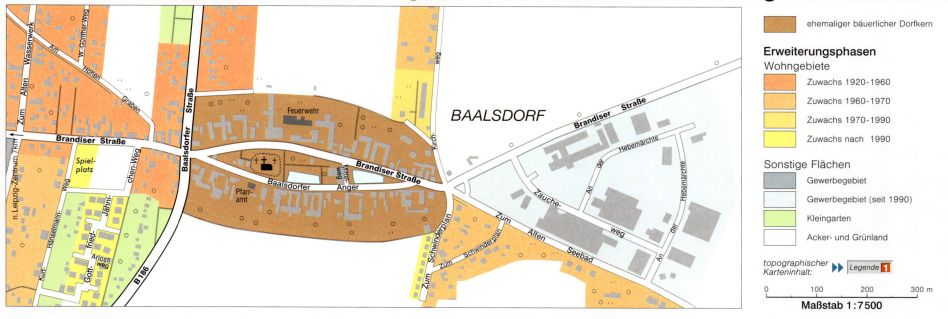

10 Leipzig-Baalsdorf
Ehemaliges bäuerliches Angerdorf zwischen Suburbanisierung und Tertiärisierung

- ehemaliger bäuerlicher Dorfkern

Erweiterungsphasen
Wohngebiete
- Zuwachs 1920–1960
- Zuwachs 1960–1970
- Zuwachs 1970–1990
- Zuwachs nach 1990

Sonstige Flächen
- Gewerbegebiet
- Gewerbegebiet (seit 1990)
- Kleingarten
- Acker- und Grünland

topographischer Karteninhalt: ▶▶ Legende 1

Maßstab 1:7500

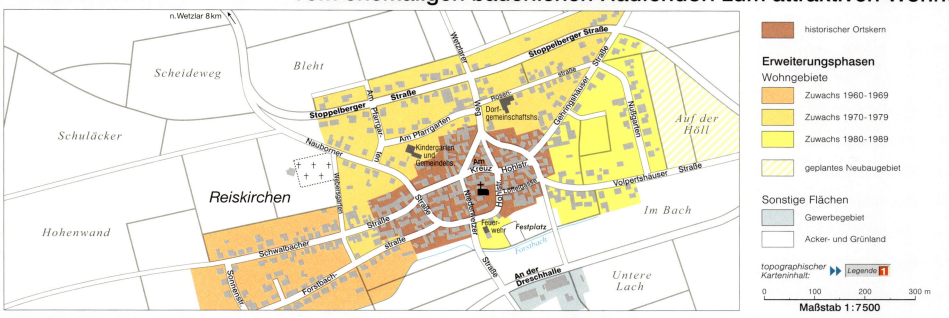

11 Hüttenberg-Reiskirchen (bei Wetzlar)
Vom ehemaligen bäuerlichen Haufendorf zum attraktiven Wohnort

- historischer Ortskern

Erweiterungsphasen
Wohngebiete
- Zuwachs 1960–1969
- Zuwachs 1970–1979
- Zuwachs 1980–1989
- geplantes Neubaugebiet

Sonstige Flächen
- Gewerbegebiet
- Acker- und Grünland

topographischer Karteninhalt: ▶▶ Legende 1

Maßstab 1:7500

12 Wegscheid-Kramerschlag (bei Passau)
Mittelalterliche Reihensiedlung in peripherer Lage

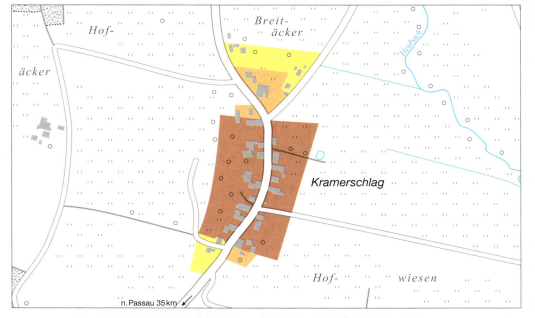

- historischer Ortskern

Erweiterungsphasen
- neuzeitliche Erweiterung
- Wohngebiet (seit 1960)

Sonstige Flächen
- Acker- und Grünland

topographischer Karteninhalt: ▶▶ Legende 1

Maßstab 1:7500

Bearbeitung der Basiskarten, z.B. Straßennetz und Bebauung, nach aktuellen Kartengrundlagen.

Stand der Kartierungen
Leipzig-Baalsdorf: 08/2000
  Ergänzungen 05/2001
Hüttenberg-Reiskirchen: 08/2000
Wegscheid-Kramerschlag: 08/2000

Lage der Siedlungen

© Institut für Länderkunde, Leipzig 2002

Autoren: J.-B. Haversath, A. Ratusny

Geschichte und Entwicklung der Städte im ländlichen Raum

Vera Denzer

Das heutige städtebauliche Erscheinungsbild wird in seinem Grund- und Aufriss von ▶ Persistenz, ▶ Transformation und Addition geprägt. Anhand des Vergleichs von aktuellen Stadtkarten mit historischen Stadtplänen und -ansichten sollen einzelne räumliche und zeitliche Entwicklungsphasen ausgewählter Städte des ländlichen Raumes ▶ morphogenetisch nachgezeichnet werden. Ausgehend von dem jeweiligen Gründungszeitraum, lassen sich Städte verschiedenen Stadttypen zuordnen. Diese sind gekennzeichnet durch eigenständige städtebauliche Muster als Ausdruck der jeweils herrschenden gesellschaftspolitischen Ordnung einer Epoche (z.B. des Mittelalters oder der Frühneuzeit, vgl. u.a. LICHTENBERGER 1991, S. 62f.). An den Stadtkern der Gründungsphase schließen sich zeitlich jüngere Erweiterungen an, die ebenso bestimmten wirtschaftlichen Entwicklungsphasen und/oder politischen Rahmenbedingungen zuzuordnen sind. Dabei kann davon ausgegangen werden, dass Grundriss- und Aufrisselemente der städtebaulichen Epochen eine gewisse Persistenz besitzen, wodurch sie bis heute prägend sein können. Vor allem der öffentliche Straßenraum bildet ein recht stabiles Gerüst, an welches häufig selbst nach schweren Bränden und Kriegszerstörung wieder angeknüpft wird (BÜCHNER 1989, S. 31). Somit lässt sich in einem räumlichen Nebeneinander ein zeitliches Nacheinander erkennen.

Anhand der Kleinstadt Lüchow und der Mittelstädte Freudenstadt, Wismar und Weimar kann aufgezeigt werden, dass sich einzelne Expansionsphasen in ihrer räumlichen Ausdehnung im Vergleich zu Großstädten wesentlich bescheidener gestalteten. Zum Teil fehlen sie fast vollständig ❸. Nicht immer spiegeln sich Phasen wirtschaftlicher, kultureller oder gesellschaftspolitischer Bedeutung der jeweiligen Stadt in deutlich erkennbaren Wachstumszonen wider. Es bedarf der zusätzlichen Auswertung weiterer Quellen, die beispielsweise für Lüchow trotz seiner Stagnation in der wirtschaftlichen Entwicklung kontinuierlich einen Verwaltungssitz belegen, für Freudenstadt den Ausbau eines Kurviertels, für Weimar die Bedeutung als geistig kulturelles Zentrum und für Wismar eine wichtige Rolle im Hanseverbund und als Werftstandort.

Beim Vergleich der Grundrisse der vier Städte fällt auf, dass sich – in Abhängigkeit von der topographischen Lage – Erweiterungen bis Anfang des 20. Jhs. mehr oder weniger ringförmig um den Stadtkern anordnen. Mit den Ausbaugebieten der Zwischenkriegszeit wird dieses Anordnungsmuster allmählich durchbrochen, und es erfolgt ein erstes Wachstum in die Breite (vgl. u.a. POPP 1977, S. 47). Die Bauaktivitäten der 1970er und 80er Jahre bewirken häufig neben der Flächenexpansion auch eine Abrundung und Lückenschließung der ersten Nachkriegsbebauungen der 1950er und 60er Jahre. Die in jüngster Zeit ausgewiesenen Gewerbegebiete sind eindeutig an der Verkehrsinfrastruktur ausgerichtet.

Hansestadt Wismar ❶

Die Hansestadt Wismar ist Glied einer Kette von Städten, die sich von West nach Ost, dem Ostseeufer folgend, von Hamburg über Lübeck, Rostock, Stralsund, Danzig, Königsberg bis weit in das Baltikum hinein erstreckt. Während das wahrscheinlich von Lübeck aus gegründete Wismar erstmals 1229 urkundlich erwähnt wird, ist ein Wismar genannter Hafen bereits für das Jahr 1209 belegt. Die Gründung Wismars geht aus den beiden Kirchspielen St. Nikolai und St. Marien hervor, zu denen bis 1250 noch die St. Georgs Pfarre in der sogenannten Neustadt hinzukam (vgl. HOPPE 1990 und STOOB 1986). Die Stadt erhielt bereits in den Jahren nach 1276 ihre erste Gesamtbefestigung, worin jedoch der Residenzsitz (1257-1358) der Fürsten von Mecklenburg nicht einbezogen wurde. Die wirtschaftliche Blütezeit Wismars bis zum Dreißigjährigen Krieg basierte sowohl auf dem Fernhandel als auch auf dem Brauereiwesen und der Wollweberei. Zum Schutz des Fernhandels vor Seeräubern wurde im Jahre 1259 ein Bündnis mit anderen Seestädten geschlossen. Neben Lübeck und Rostock war Wismar Gründungsmitglied des Wendischen Quartiers des Hanseverbundes und hatte darin eine wichtige wirtschaftliche Position. Besonders im 13. und 14. Jh. zeigt sich der Reichtum der Stadt in einer prächtigen hochmittelalterlichen Stadtarchitektur und gotischen Backsteinkirchen. Durch weitgreifenden Grunderwerb konnte Wismar seine Stadtfeldmark außerhalb der Stadtmauer nachhaltig erweitern. Nach dem Westfälischen Frieden (1648) wurde Wismar Schweden zugesprochen und unter seiner Herrschaft zu einer der größten Festungen Europas ausgebaut. Das 17. und 18. Jh. waren durch wirtschaftliche Stagnation und Ruin geprägt. Erst im 19. Jh. dehnte sich die Stadt räumlich über ihre mittelalterlichen Stadtgrenzen hinweg aus. Wismar wurde 1803 von Schweden an den Herzog von Mecklenburg auf 100 Jahre verpfändet und 1903 nicht wieder eingelöst. Allerdings erst mit der mecklenburgischen Zollreform (1863) und der Einführung der Gewerbefreiheit wird die Ansiedlung von Gewerbe- und Industriebetrieben attraktiv. Wismar entwickelte sich allmählich zu einem seeoffenen Industriestandort. Die Zwischenkriegszeit schlug sich städtebaulich in Form der Ansiedlung von Rüstungsindustrie und Wohnsiedlungen nieder. Aufgrund seiner günstigen geographischen Lage wurde die Stadt im Zuge des Aufbaugesetzes der Volkskammer der DDR (1950) neben Dresden, Leipzig und Magdeburg als besonders zu fördernde Industriestadt eingestuft. Neben dem groß angelegten Ausbau der Werft entstanden u.a. das Großwohngebiet Wendorf und der Flöter Weg zur Aufnahme der Umsiedler und zur Deckung des Wohnungsbedarfs durch Kriegszerstörung. Weitere Großwohnsiedlungen entstanden in den 1970er Jahren. Von 1994-1998 erfolgte der Umbau der Werftanlagen zu einer der modernsten und größten Werften Deutschlands. Als weitere wirtschaftliche Standbeine sind für die Stadt (47.909 Einw., Stand 31.12.99) der Kultur- und Städtetourismus von großer Bedeutung.

Weimar

Weimar, mit derzeit 62.452 Einwohnern (Stand 31.12.1999), liegt inmitten der thüringischen Städtereihe Eisenach, Gotha, Erfurt und Jena. Die 1250 durch landesherrliche Verfügung gegründete Stadt entwickelte sich unter Einschluss von drei älteren Siedlungskernen planmäßig zu einer Ackerbürgerstadt. 1557 von den Herzögen von Sachsen zur Residenz gewählt, entstand an der Ilm mit dem Ausbau der Burg Horn zum Schloss (ab 1547) ein Residenz- und Regierungsviertel, das sich jedoch auf die flächenhafte Ausdehnung der Stadt kaum auswirkte ❷, ebenso wenig wie die in der zweiten Hälfte des 18. Jhs. beginnende klassische Zeit Weimars. Vom aufgeklärten Absolutismus geprägt zog es Intellektuelle, Dichter, Musiker und Philosophen aus ganz Deutschland in das Zentrum dieses Kleinstaates, nunmehr Herzogtum Sachsen-Weimar-Eisenach. Bis ins 19. Jh. bleibt Weimar eine vom Hof geprägte Beamten- und Kleinbürgerstadt, in der sich die Industrie nur zögerlich entwickelte. Ab 1820 von der mittelalterlichen Befestigung befreit, konnte sich die Stadt ringförmig um den Kern entwickeln. Im Südwesten setzte auf der Grundlage eines gerasterten Bebauungsplans verstärkte Bautätigkeit ein. Trotz einiger industrieller Ansiedlungen blieb die Stadt bis zum Ersten Weltkrieg wirtschaftlich unbedeutend. Mit der Wahl Weimars zum ersten Tagungsort der Nationalversammlung (1918) (Weimarer Republik) und als Landeshauptstadt Thüringens (1920-48/52) rückte die Stadt wieder ins Zentrum öffentlichen Interesses. Bezüglich der Stadterweiterung sind mehrere Stadtrandsiedlungen zur Linderung der Wohnungsnot der Zwischenkriegszeit zu nennen. In der Zeit des →

Wismar

Exulanten – Flüchtlinge oder Verbannte aus Glaubensgründen, speziell aus dem Einflussgebiet der Habsburger im 17./18. Jh. vertriebene Protestanten

historisch-genetisch – in geschichtlicher Betrachtung der Entstehung

morphogenetisch – nach der Entstehung der Gestalt

Persistenz – Beharrungsvermögen

Transformation – strukturelle Veränderung

traufständig – mit der Traufe, d.h. Längsseite des Daches zur Straße stehend

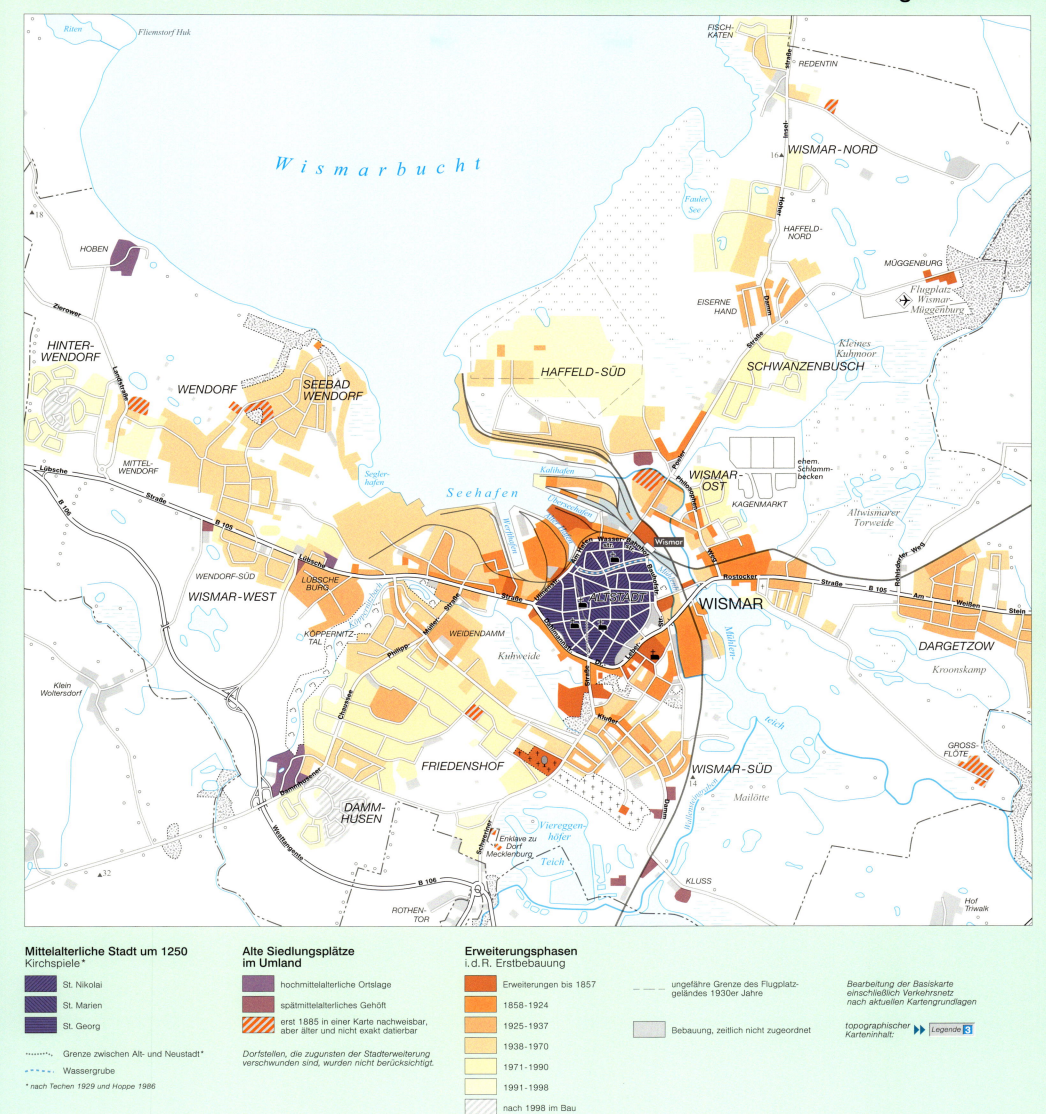

Weimar

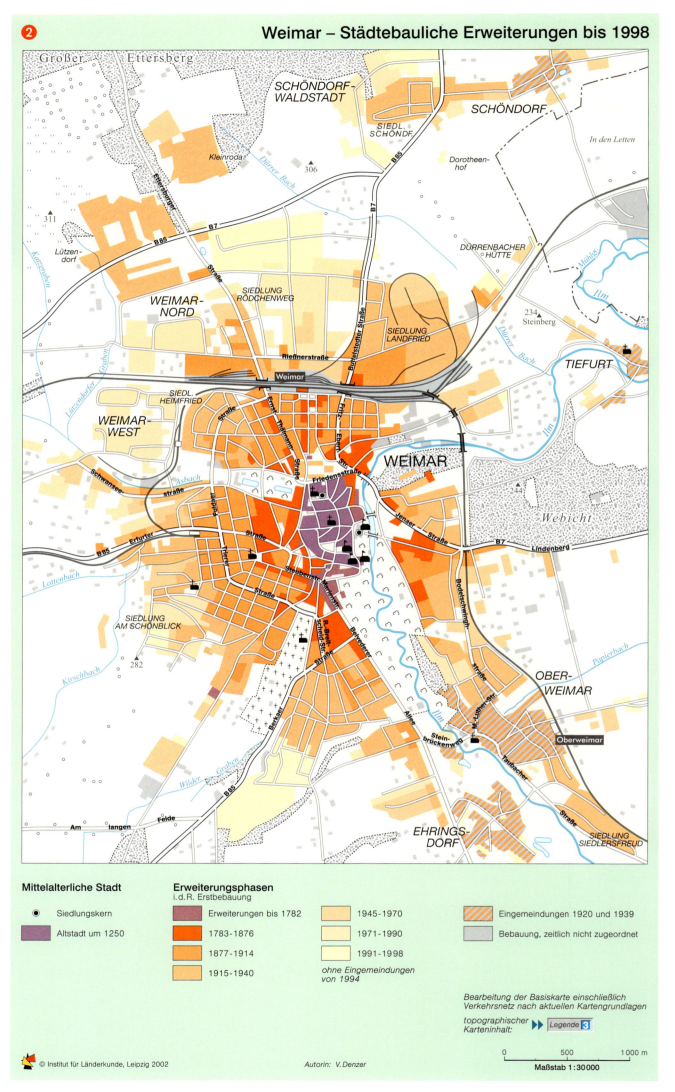

Nationalsozialismus zur Gauhauptstadt erhoben, sollte nördlich der Altstadt ein Regierungsviertel entstehen, das fragmentarisch erhalten blieb. In der DDR erhielt die Stadt durch neue Industrieansiedlungen größere industrielle Bedeutung, die Verwaltungsfunktion ging verloren. Ab Ende der 1950er Jahre, verstärkt aber ab den 1970er Jahren wurden mehrere Neubaugebiete angelegt. Die nach 1922 eingemeindeten vier Dörfer sind zwischenzeitlich zum Teil mit der Stadt zusammengewachsen. Mit der 1994 erfolgten jüngsten Eingemeindungswelle kamen weitere acht Siedlungen sowie zahlreiche Gewerbegebiete und Einkaufszentren zum Stadtgebiet. Weimar knüpft wirtschaftlich an seine historische Bedeutung als geistiges und kulturelles Zentrum an und setzt verstärkt auf den Kongress- und Tourismusbereich (1999 Kulturstadt Europas).

Lüchow

Im Hannoverschen Wendland, im ehemaligen innerdeutschen Grenzgebiet, liegt die kleine Kreisstadt Lüchow mit 9974 Einwohnern (Stand 01.07.2000). Auch hier lässt sich eine Burganlage als ältester Siedlungskern nachweisen. Im Zuge der Ostkolonisation entstand Lüchow in territorialer Grenzlage einer von Heinrich dem Löwen gegründeten Grafschaft, ebenso wie die benachbarten Städte Hitzacker und Dannenberg. Während der Ort namens Lüchow erstmals 1144 urkundlich greifbar wird, lässt sich die Stadt mit Lüneburger Stadtrecht erst für das Jahr 1274 belegen (vgl. GEHRCKE 1969, S. 306f. und KOWALESWKI 1980, S. 9). Von der um 1500 auf dem Platz der alten Burg errichtete Schlossanlage ist heute nur noch eine Turmruine erhalten ❸. Eine für das 14. Jh. nachweisbare Stadtbefestigung wurde bereits im 18. Jh. geschleift. Nach dem großen Stadtbrand von 1811 wurde unter Beibehaltung der Straßenführung eine Verbreiterung vorgenommen und der Wiederaufbau der Häuser entlang einer neuen Fluchtlinie ausgerichtet.

Kaum vorhandene Industrieansiedlungen, fehlende überregionale Verkehrsanbindung und ein rein agrarisch geprägtes Umland sind für die wirt-

Lüchow

schaftliche Stagnation über Jahrhunderte verantwortlich zu machen. Während der Flüchtlingsstrom nach dem Zweiten Weltkrieg vorübergehend für einen gewissen Bauboom mit lockerer Bebauung sorgte, verschärfte die Grenzziehung die Abseitslage von Lüchow und führte zur Abtrennung von ihrem Versorgungs- und Kulturzentrum Salzwedel. Darüber hinaus wurde der erst 1891 eingerichtete Personenverkehr der Bahn bereits 1975 wieder eingestellt. Zur Aufwertung der extrem peripheren Lage wurde der Sitz der Kreisverwaltung im Jahre 1951 von Dannenberg nach Lüchow verlegt. Um die Versorgung des grenznahen Umlandes zu gewährleisten, wurden der Stadt Funktionen eines Mittelzentrums übertragen. Sie umfasst heute, nach der kommunalen Neugliederung im Jahre 1972, weitere 19 Ortsteile. Seit der Grenzöffnung erhofft sich Lüchow durch die Ansiedlung von Gewerbebetrieben Entwicklungschancen und langfristig eine Entwicklungsachse entlang der B 248 bis Salzwedel.

Freudenstadt

Erst im Jahre 1599 wurde auf der gerodeten Ostabdachung des Nordschwarzwaldes der Grundstein für die frühneuzeitliche Gründung Freudenstadt gelegt, von Heinrich Schickhardt im Auftrage des württembergischen Landesherrn entworfen. Der sehr schematische Grundriss, einem Mühlebrettspiel ähnlich, die ursprünglich geplante Schlossanlage bewusst auf der Mitte des Marktplatzes sowie die randliche Lage von Kirche und Kaufhaus, in jeweils einer der vier Ecken des Marktplatzes, sind Kennzeichen der Renaissancestadt ❹ und demonstrieren den absolutistischen Zeitgeist. Die zunächst auf drei Zeilen festgelegte Bebauung wurde später um eine Zeile erweitert. Neben territorialpolitischen Interessen, der Aufnahme von österreichischen ▸ Exulanten, sollte Freudenstadt das nahegelegenen Bergbau in Christophstal (bereits um 1267 belegt) aufwerten, welcher 1770 zum erliegen kam. Erst allmählich, nach Ausbau des Straßennetzes und Anbindung an das Schienennetz entwickelte sich das wirtschaftlich unbedeutende Handwerkerstädtchen, geprägt vom Kleingewerbe, zu einem Luftkurort. Die Stadt partizipierte so an der seit Mitte des 19. Jhs. aufkommenden Sommer- und Winterfrische für das gehobene Bürgertum. Neben dem in den 1990er Jahren angelegten Kurviertel im Süden der Stadt blühte auch das Hotel- und Gaststättengewerbe auf. Beispielhaft erfolgte unter Bezug auf die „Heimatschutz-Architektur" in den Jahren von 1949-54 der Wiederaufbau der zu über 50% zerstörten Innenstadt. Dieser erfolgte unter weitgehender Beibehaltung des Straßennetzes, einem Minimum an Bebauung des Marktplatzes und einer Durchbildung der dreigeschossigen ▸ traufständigen Randbebauung des Marktplatzes mit umlaufenden Arkadengängen. In der Folgezeit bis Ende der 1980er Jahre wurden die Wohnbebauung vorangetrieben und mehrere Gewerbegebiete im Norden und Osten der Stadt ausgewiesen. Seit 1988 ist Freudenstadt Große Kreisstadt mit derzeit 22.685 Einwohnern (10.11. 2000). Die Stadt setzt als heilklimatischer Kneippkurort primär auf den Kur- und Städtetourismus.◆

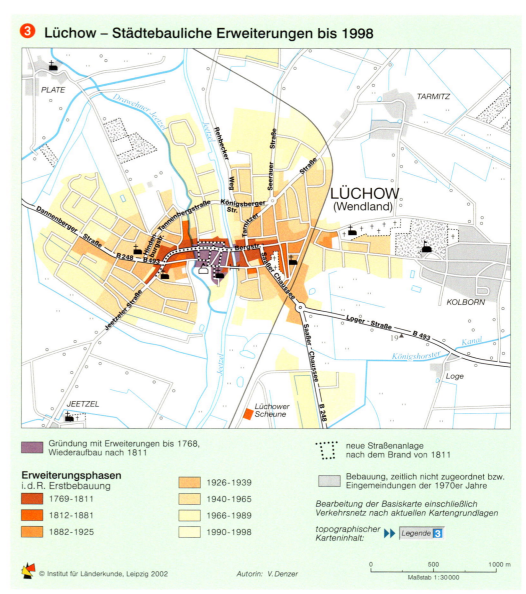

❸ Lüchow – Städtebauliche Erweiterungen bis 1998

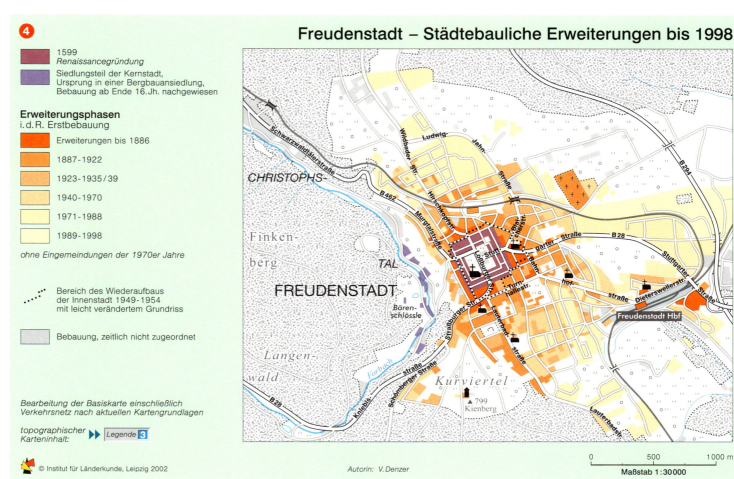

Freudenstadt – Städtebauliche Erweiterungen bis 1998

Geschichte und Entwicklung der Städte im ländlichen Raum 57

Klein- und Mittelstädte – ihre Funktion und Struktur

Kerstin Meyer-Kriesten

Rosenheim

Was ist typisch für die deutsche Klein- und Mittelstadt? Paradoxerweise ist es gerade ihre Vielfalt. Die jahrhundertelange Kleinstaaterei in Deutschland wirkt besonders in diesen Städten fort, deren gut erhaltene Altstädte mit einer bunten Funktionsmischung Ausdruck regionaler Besonderheiten sind. Gleichzeitig weisen Städte in Schleswig-Holstein und Bayern, in Thüringen, Hessen und anderswo Gemeinsamkeiten in der funktionalen Gliederung auf, die hier anhand der Beispiele Arnstadt, Eutin, Limburg und Rosenheim dargestellt werden, um sowohl die Variationsbreite der deutschen Klein- und Mittelstädte aufzuzeigen als auch nach übereinstimmenden Charakteristika aller Städte dieser Größenklasse (▶▶ vgl. Karte S. 19) unabhängig von ihrer genauen Einwohnerzahl, Lage und dominanten Funktion zu suchen.

Rosenheim ❶

Im oberbayerischen Oberzentrum Rosenheim leben 58.908 Einwohner (2000) auf einer Fläche von 3725 ha, die die Ortsteile Westerndorf/St. Peter, Happing, Aising und Pang einschließt. Die Altstadt zeigt die typische Form und die baulichen Merkmale der Inn-Salzach-Städte (giebelständige Bebauung, Grabendächer, Arkaden). Neben Industrie (Schwerpunkte Holzindustrie und Hochtechnologie) bestimmen v.a. Handel und weitere Dienstleistungen die Wirtschaft (GENOSKO 1996, S. 8). Rosenheim ist Standort einer Fachhochschule. Die überdurchschnittlich hohe Kaufkraft der Bewohner und ein großes, grenzüberschreitendes Einzugsgebiet führen dazu, dass in der Stadt der größte Einzelhandelsumsatz pro Bewohner in Deutschland erzielt wird. Mit den Nachbargemeinden besteht eine funktionale Verflechtung, die u.a. auf Flächenmangel in Rosenheim zurückzuführen ist (GENOSKO 1996, S. 17f.). Außerhalb der Gemeindegrenzen befinden sich viele Produktionsbetriebe und Einrichtungen des großflächigen Einzelhandels. Die Diskrepanz zwischen der funktionalen und der administrativen Stadtabgrenzung wird bereits bei einer relativ kleinen Stadt wie Rosenheim deutlich. Das Konkurrenzdenken der Gemeinden erschwert bislang eine gemeindeübergreifende Planung im Raum Rosenheim. Sie gilt als eines der dringendsten Planungsziele, um eine nachhaltige Entwicklung zu gewährleisten (PECHER, JUNG 1999).

Limburg an der Lahn ❷

Limburg ist Kreisstadt und Mittelzentrum mit Teilfunktionen eines Oberzentrums hat 35.566 Einwohner (2000) und eine Gemarkungsfläche von 4599 ha. Die Kernstadt umfasst nur 806,7 ha, der Rest verteilt sich auf die eingemeindeten Ortsteile Ahlbach, Dietkirchen, Eschhofen, Lindenholzhausen, Linter, Offheim und Staffel, die z.T. in großer räumlicher Entfernung von der Kernstadt liegen und mit zunehmender Entfernung mehr landwirtschaftlich geprägt sind. Die vielfältige Wirtschaftsstruktur Limburgs basiert auf der hohen Einzelhandelszentralität und mehreren hohen Industriebetrieben. In der vom Dom überragten Altstadt mit ihren Fachwerkhäusern sind kulturelle Funktionen und ein Teil des Hauptgeschäftszentrums angesiedelt, das sich von dort bis zum Bahnhof erstreckt. Als städtebauliche Entwicklungsmaßnahme soll der zukünftige ICE-Bahnhof nahe der Autobahnausfahrt Limburg-Süd zu einem neuen Quartier mit gemischter Nutzungsstruktur ausgebaut werden (STADT LIMBURG 1999). Es wird erwartet, dass sich der ICE-Bahnhof auf die zukünftige Stadtstruktur auswirkt. Denkbar ist eine zweipolige Entwicklung mit klarer funktionaler Unterscheidung, da der neue Standort explizit keine Konkurrenz zur Innenstadt darstellen soll (BOPP-SIMON).

Arnstadt ❸

Am Fuß des Thüringer Waldes liegt die historische Residenzstadt der Grafschaft Schwarzburg-Sondershausen, heute Industriestadt Kreisstadt und Mittelzentrum mit 27.220 Einwohnern (2000). Nach einer Phase der Abwanderung nach Westdeutschland ist aufgrund der Nähe zu Erfurt inzwischen ein leichter Zuzug zu verzeichnen. Die Gemarkungsfläche beträgt 4861 ha und umfasst auch Angelhausen/Oberndorf sowie die in den 1990er Jahren eingemeindeten Ortsteile Dosdorf, Espenfeld, Siegel-

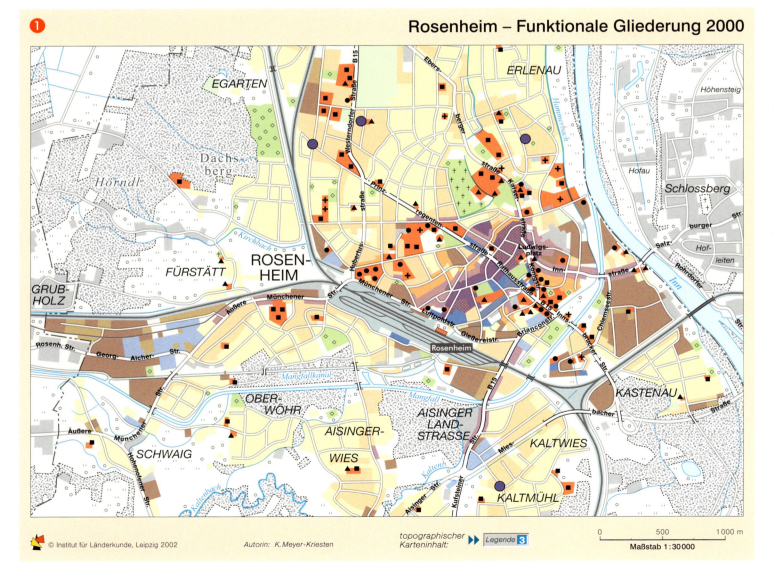

Rosenheim – Funktionale Gliederung 2000

bach und Rudisleben. Arnstadt hat wie die meisten ostdeutschen Industriestädte mit Modernisierungsdruck bzw. Betriebsstilllegungen und dem damit verbundenen Arbeitsplatzrückgang zu kämpfen, so dass sich der wirtschaftliche Schwerpunkt allmählich zum tertiären Sektor verlagert. Trotz intensiver Sanierungstätigkeit gibt es immer noch baufällige Häuser bzw. Baulücken in der Innenstadt. Nach 1945 entstanden überwiegend Mehrfamilienhäuser, darunter drei Plattenbausiedlungen. Aus den dazugehörigen Nahversorgungszentren der DDR-Zeit haben sich die heutigen Subzentren entwickelt. Daneben existieren auch in der Altstadt Plattenbauten, mit denen die verantwortlichen Stellen die Eignung dieser Bauweise für zentrale Standorte demonstrieren wollten (BÖTTCHER). Eine allzu starke Ausbreitung flächenintensiver Wohnformen soll in Arnstadt durch kontrollierte Bauflächenausweisung verhindert werden (STADT ARNSTADT 1998, S.45).

Eutin ④

Eutin in der Holsteinischen Schweiz, historische Residenz des Bistums Lübeck und heute Hauptstadt des Kreises Ostholstein, ist ein heilklimatischer Kurort und Mittelzentrum mit 16.874 Einwohnern (2000). Die Einwohnerzahl stieg nach dem Zweiten Weltkrieg durch Zuzug von Flüchtlingen sprunghaft an und löste ein großflächiges Wachstum außerhalb des historischen Stadtkerns aus. Das Stadtgebiet mit 4134 ha umfasst neben der Kernstadt die Ortsteile Neudorf, Fissau, Sibbersdorf und Sielbeck. In der Eutiner Wirtschaftsstruktur dominiert der tertiäre Sektor, ein erheblicher Beschäftigtenanteil entfällt auf die öffentliche Verwaltung (STADT EUTIN 1999), die in der Moderne die Funktion der Residenzstadt abgelöst hat. Der sekundäre Sektor spielt im funktionalen Spektrum nur eine sehr untergeordnete Rolle.

Der Typus der deutschen Klein- und Mittelstadt

Als gemeinsames Kennzeichen der Beispielstädte lässt sich die Funktion des Stadtkerns nennen, in dem das Hauptgeschäftsgebiet mit dem historischen Hauptplatz und den angrenzenden, verkehrsberuhigten Geschäftsstraßen liegt, dominiert von mittelfristigem Einzelhandel, durchsetzt mit einfachen und hochwertigen Dienstleistungen. Die Hauptgeschäftszentren haben sich nur geringfügig in Richtung neuerer Viertel verlagert, vielfach jedoch ausgedehnt. Bezugspunkt der Ausdehnung ist üblicherweise der Bahnhof. Die Innenstädte sind Ausdruck der Individualität der Klein- und Mittelstädte. Nicht nur regional unterschiedliche Baustile, sondern auch die lebendige Vielfalt lokaler Händler und bunter Branchenmischung prägen das Bild. Nur Rosenheim tendiert mit einem hohen Anteil von Handelsketten bereits in Richtung Großstadt. In einigen Obergeschossen befindet sich Geschäfts- bzw. Büronutzung. In sanierten Altstadtbereichen sind Ansätze der Gentrifizierung zu beobachten (▶▶ Beitrag Friedrichs/Kecskes, S. 140), während das traditionelle Handwerk weitgehend aus den Stadtzentren verschwunden ist. Für den Einzelhandel ist die Innenstadt immer noch der wichtigste Standort, in nicht integrierten Lagen befinden sich vorwiegend die typischen Branchen mit großem Flächenbedarf, die in der Innenstadt nicht angesiedelt werden könnten.

Limburg a.d. Lahn

An das Hauptgeschäftszentrum schließen sich flächen- oder linienförmig sekundäre Geschäftsstraßen mit geringerer Geschäftsdichte und anderer Branchenzusammensetzung an, es überwiegen langfristiger Handel und →

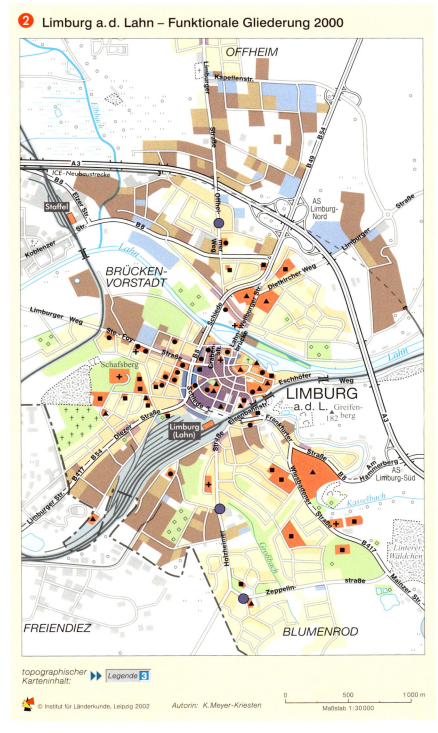

Autorin: K. Meyer-Kriesten

Klein- und Mittelstädte – ihre Funktion und Struktur

Das Rathaus von Arnstadt

Dienstleistungen. Nach außen folgen Gebiete mit dichtem Besatz hochwertiger Dienstleistungen (Büros und Praxen von Freiberuflern). Bei diesen Gebieten handelt es sich vielfach um großbürgerliche Erweiterungen aus dem späten 19./frühen 20. Jh. Ebenfalls im Anschluss an das Geschäftszentrum liegen Gebiete, die als innerstädtische Wohnstraßen zu bezeichnen sind, obwohl sich in einigen Erdgeschossen noch Geschäfte oder Praxen befinden.

Die meisten Städte dieser Größenordnung im ländlichen Raum sind Kreisstädte, viele von ihnen historische Residenzstädte. Damit ist ein funktionaler Schwerpunkt im Bereich der öffentlichen Verwaltung verbunden. Neben der Stadtverwaltung in den historischen Rathäusern und/oder an neueren, ebenfalls zentralen Standorten kommt es zur Konzentration von Verwaltungsstandorten am Rand der Geschäftszentren. Kulturelle Einrichtungen liegen in der Regel im Zentrum, Bildungs- und Gesundheitseinrichtungen dagegen in Wohngebieten oder deren Nähe.

Wohngebiete nehmen den größten Flächenanteil ein. Vereinzelt finden sich auch dort Geschäfte bzw. Dienstleistungen. In den untersuchten Städten nehmen die Stockwerkshöhen mit der Einwohnerzahl zu, ebenso der Anteil von Mehrfamilienhäusern. Dennoch bleibt der Anteil des Geschosswohnungsbaus geringer als in Großstädten. Dieser konzentriert sich weitgehend auf die Kernstädte, in den räumlich getrennten Ortsteilen überwiegen Einfamilienhäuser. Die Unterscheidung in Ein- und Mehrfamilienhäuser bietet Anhaltspunkte für eine Sozialgliederung. Daraus und aus Beobachtungen der Wohngebietsqualitäten zeigt sich, dass die Verteilung der Sozialschichten über das Stadtgebiet kleinräumig erfolgt und man nicht von sozialer Segregation sprechen kann. Einzig zwei Wohngebietstypen lassen sich bestimmten sozialen Gruppen zuordnen: Große Konzentrationen von Mehrfamilienhäusern in weniger zentralen Lagen werden tendenziell von niedrigen Sozialschichten bewohnt, zentral gelegene Einfamilienhausgebiete (Villenviertel) dagegen von hohen.

Galt lange Zeit noch als ein kleinstädtisches Merkmal, dass sich keine Sekundärzentren ausbildeten (GRÖTZBACH 1963), so zeigen die untersuchten Städte eindeutig Ansätze der Mehrkernigkeit. Subzentren liegen dort, wo sich die Bevölkerung in größeren Gebieten mit Mehrfamilienhäusern konzentriert. Um einen Supermarkt gruppieren sich weitere Geschäfte des kurz- und mittelfristigen Bedarfs, einfache Dienstleistungen und eine Sparkassen- oder Bankfiliale. Zahl und Größe der Subzentren stehen in direktem Zusammenhang zum Ausmaß des Geschosswohnungsbaus. Zudem hat sich an der Peripherie großflächiger Einzelhandel angesiedelt, überwiegend auf Sonderflächen innerhalb der Gewerbegebiete. In Arnstadt entfällt ein besonders großer Anteil auf diese Handelsform mit den entsprechenden Gefahren für die Innenstadt. Die Städte versuchen inzwischen, die weitere Ausbreitung dieser Betriebsformen durch Restriktionen einzudämmen oder zumindest auf die nicht innenstadtrelevanten Branchen zu beschränken, um die Funktionalität der Stadtzentren zu erhalten.

❸ Arnstadt – Funktionale Gliederung 2000

Legende für ❸ und ❺

Flächen für den Gemeinbedarf
- Stadtverwaltung, staatliche Verwaltung
- Schule, Kindergarten, sonstige Bildungseinrichtung (einschl. Volkshochschule und Fachhochschule)
- Krankenhaus, Senioren- oder Pflegeheim, sonstige Gesundheitseinrichtung
- kulturelle Einrichtung, Kirche, Museum, Schloss, Kloster
- Bahnhof

Wohngebiete
- innerstädtische Wohnstraßen, vereinzelt Geschäfte bzw. Bürostandorte
- überwiegend Mehrfamilienhäuser
- überwiegend Ein- und Zweifamilienhäuser

Geschäftsgebiete
- Hauptgeschäftsgebiet; ohne/mit Wohnnutzung in den Obergeschossen
- Nebengeschäftsgebiet; ohne/mit Wohnnutzung in den Obergeschossen
- Subzentrum innerhalb eines Wohngebietes
- großflächiger Einzelhandel
- hochwertige Dienstleistungen, private Verwaltung; ohne/mit Wohnnutzung in den Obergeschossen

Gewerbegebiete
- mit Dominanz des produzierenden Gewerbes
- mit Dominanz flächenintensiver Dienstleistungen

Grünflächen und Sportanlagen
- öffentliche Grünfläche, Kleingartenanlage
- Friedhof
- Sportanlage

Sonstige Flächen
- Bahngelände
- sonstige
- Bebauung, thematisch nicht berücksichtigt

Autorin: K. Meyer-Kriesten

Maßstab 1:30000

© Institut für Länderkunde, Leipzig 2002

Eutin

4 Funktionale Gliederung der deutschen Klein- und Mittelstadt
Modell

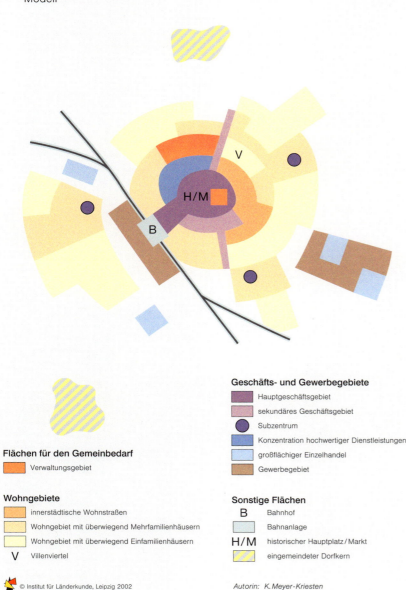

Flächen für den Gemeinbedarf
- Verwaltungsgebiet

Wohngebiete
- innerstädtische Wohnstraßen
- Wohngebiet mit überwiegend Mehrfamilienhäusern
- Wohngebiet mit überwiegend Einfamilienhäusern
- V Villenviertel

Geschäfts- und Gewerbegebiete
- Hauptgeschäftsgebiet
- sekundäres Geschäftsgebiet
- Subzentrum
- Konzentration hochwertiger Dienstleistungen
- großflächiger Einzelhandel
- Gewerbegebiet

Sonstige Flächen
- B Bahnhof
- Bahnanlage
- H/M historischer Hauptplatz / Markt
- eingemeindeter Dorfkern

© Institut für Länderkunde, Leipzig 2002

Autorin: K. Meyer-Kriesten

Differenzierung. Die durchgeführten Nutzungskartierungen bestätigen weitgehend die Erkenntnisse von POPP (1977) und GRÖTZBACH (1963) und damit die Persistenz vieler Funktionen. Daneben existieren jüngere Entwicklungen, die die traditionellen Stadtstrukturen verändern.♦

5 Eutin – Funktionale Gliederung 2000

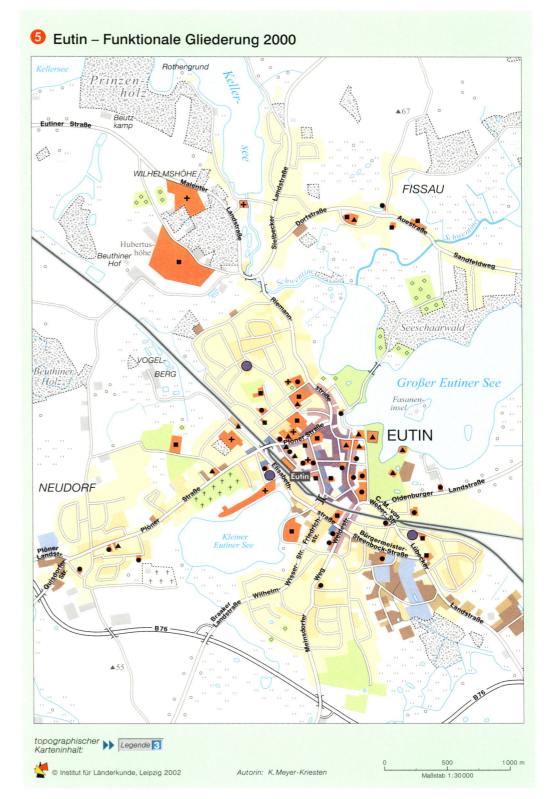

topographischer Karteninhalt: ▶▶ Legende 3

© Institut für Länderkunde, Leipzig 2002   Autorin: K. Meyer-Kriesten   Maßstab 1:30 000

Neben vereinzelten innerstädtischen Standorten befinden sich Industriebetriebe häufig in der Nähe des Bahnhofs. Das produzierende Gewerbe konzentriert sich an peripheren Standorten, obwohl die Struktur der meisten Gewerbegebiete von einem hohen Anteil flächenintensiver Dienstleistungen (Großhandel, Spedition, Autohäuser), z.T. auch publikumsextensiven hochwertigen Dienstleistungen und großflächigem Einzelhandel bestimmt ist.

Die räumliche und funktionale Verflechtung mit den umliegenden Gemeinden ist bei Klein- und Mittelstädten weniger deutlich ausgeprägt als bei Großstädten. Die untersuchten Städte zeigen in dieser Hinsicht eine Abstufung, die ihrer Einwohnerzahl und der Siedlungsdichte im Umland entspricht, so dass man den Grad der Verflechtung weitgehend am Kriterium der Stadtgröße festmachen kann.

Zwar sind die Individualität der Stadtbilder und die funktionale Vielfalt typisch für Klein- und Mittelstädte, aber die Untersuchung zeigt auch deutliche Übereinstimmungen der inneren

Klein- und Mittelstädte – ihre Funktion und Struktur

Mittel- und Großstädte im ländlichen Raum

Bert Bödeker

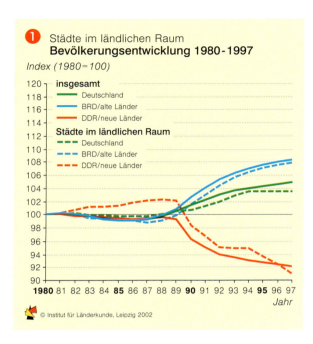

❶ Städte im ländlichen Raum
Bevölkerungsentwicklung 1980-1997

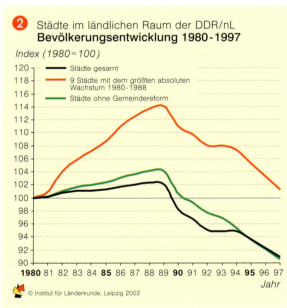

❷ Städte im ländlichen Raum der DDR/nL
Bevölkerungsentwicklung 1980-1997

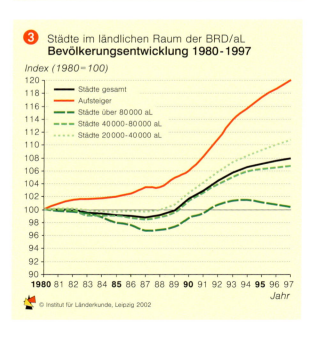

❸ Städte im ländlichen Raum der BRD/aL
Bevölkerungsentwicklung 1980-1997

Die Verdichtungsräume sind ein maßgeblicher Bestandteil der Raumstruktur und daher ein häufiger Forschungs- und Diskussionsgegenstand. Im Gegensatz dazu sind die Mittel- und Großstädte im ländlichen Raum relativ wenig untersucht. Dabei lebten im Jahr 1997 immerhin rund 11,8 Millionen Bürger Deutschlands in diesen Städten, gut dreiviertel davon in Westdeutschland.

Die Entwicklung der Städte im ländlichen Raum zwischen 1980 und 1997 deckt sich weitgehend mit der allgemeinen Bevölkerungsentwicklung in Deutschland: In den 1980er Jahren blieben die Einwohnerzahlen relativ stabil mit einem leichten Tiefpunkt zur Mitte des Jahrzehnts, um dann seit Ende des Jahrzehnts leicht anzusteigen ❶.

Die Ost-West-Schere

Die Entwicklung der einzelnen Städte differiert allerdings sehr stark. Sie reicht von über 50% Zuwachs bis zu mehr als 30% Bevölkerungsrückgang. Der auffälligste Unterschied besteht zwischen Ost- und Westdeutschland: Während die Einwohnerzahlen der meisten ostdeutschen Städte im ländlichen Raum seit der Wiedervereinigung stark rückläufig sind, gilt für die westdeutschen Städte genau das Gegenteil. Die Ursache für die deutliche Zunahme im Westen liegt im Wesentlichen in den Binnen- und Außenwanderungsgewinnen. Umgekehrt war der Bevölkerungsrückgang in Ostdeutschland zunächst überwiegend auf ▶Migrationsverluste durch die Abwanderung nach Westdeutschland zurückzuführen. Seit 1992 übersteigen die ▶Außenwanderungsgewinne in Ostdeutschland die ▶Binnenwanderungsverluste, die Bevölkerungszahl sinkt aber angesichts des Geburtendefizits durch ein verändertes ▶generatives Verhalten weiter (▶▶ Beitrag Gans, Bd. 4, S. 96).

In den 1980er Jahren nahm die Einwohnerzahl der ostdeutschen Städte im ländlichen Raum trotz ansonsten stagnierender Bevölkerungszahlen in Ostdeutschland zu ❶. Verantwortlich hierfür sind einige wenige Städte mit einem enormen Zuwachs aufgrund überwiegend intraregionaler Konzentrationsprozesse, d.h. die Bevölkerungsgewinne der Städte gingen zu Lasten des Umlandes. Aber selbst die großen Bevölkerungsgewinner der 1980er Jahre hatten in den 1990er Jahren große Verluste zu verzeichnen ❷. Der Abwärtstrend setzte sich dabei ungebremst bis 1997 fort. Die scheinbare Erholung 1993/1994 ist keine kurzzeitige Trendwende, sondern das Resultat von Eingemeindungen, die in den 1990er Jahren bei über der Hälfte der ostdeutschen Städte im ländlichen Raum durchgeführt wurden. Die Entwicklungskurve der Städte ohne Eingemeindungen hingegen fällt stetig seit 1990. Der Ost-West-Unterschied ist wegen der Eingemeindungen noch größer einzuschätzen, als er ohnehin schon auf den ersten Blick erscheint. So gehen z.B. die großen Bevölkerungsgewinne von Bad Langensalza und Neuruppin wesentlich auf Eingemeindungen zurück.

Ungunsträume im Westen

Während nur wenige ostdeutsche Städte im ländlichen Raum zwischen 1980 und 1997 eine positive Bevölkerungsentwicklung verzeichnen konnten, weisen in demselben Zeitraum nur wenige westdeutsche Städte Verluste auf. Neben den Städten im Norden von Schleswig-Holstein und z.T. auch von Niedersachsen betrifft dies hauptsächlich die ehemalige innerdeutsche Grenzregion, in der die Städte im ländlichen Raum fast ausnahmslos bis Ende der 80er Jahre von Bevölkerungsrückgang betroffen waren. Aus der Randregion ist mit der Wende eine Zwischenregion geworden (HENCKEL u.a. 1993, S. 350), wodurch die meisten Städte in dieser Region in der Folgezeit wuchsen. Für einige der Städte wendete sich das Blatt aber bereits Anfang bis Mitte der 90er Jahre wieder in Stagnation oder sogar Rückgang, wodurch die geringen „Wendegewinne" die Verluste der 80er Jahre nicht kompensieren konnten.

Aus der Großstadt ins Umland

Abgesehen von den beschriebenen Ausnahmen zeigten die Städte im ländlichen Raum in Westdeutschland eine überaus positive Entwicklung. Sie profitierten nicht nur von der Wiedervereinigung, sondern auch von der zunehmenden Verlagerung des ▶Suburbanisierungsprozesses hinein in die ländlichen Räume. Insbesondere um München herum, zwischen Neckar und

Hameln

Rhein, im Norden von Frankfurt und im Ruhrgebiet weisen vermehrt Städte im direkten Umland der Verdichtungsräume ein größeres Wachstum auf.

Weitgehend unabhängig von der Lage stagnieren allerdings seit 1992 die Einwohnerzahlen der Großstädte und der großen Mittelstädte ❸. Hohe relative und absolute Zugewinne erzielten vor allem die 38 westdeutschen „Aufsteiger" im ländlichen Raum, die 1980 noch weniger als 20.000 Einwohner hatten und überwiegend in den 1990er Jahren diese statistische Grenze überschritten haben.

Zukünftige Entwicklung

Die Entwicklung der Städte im ländlichen Raum in Deutschland unterliegt großräumlichen Unterschieden. In Westdeutschland ist darüber hinaus eine Abhängigkeit der Entwicklung von der Größe und der Entfernung zu Verdichtungsräumen feststellbar. Sowohl die Ungunsträume der letzten Jahre wie auch der Migrationstrend zu den mittelgroßen Zentren im ländlichen Raum werden wahrscheinlich mittelfristig erhalten bleiben. Vor allem aber werden die lokalen Besonderheiten die Entwicklung der Städte nachhaltig prägen und auf diese Weise weiterhin für große Unterschiede zwischen Städten in unmittelbarer Nachbarschaft sorgen.◆

---

generatives Verhalten – Zusammenspiel der verschiedenen Faktoren, die das Nachwachsen einer Bevölkerung beeinflussen, d.h. im Wesentlichen Zahl der Kinder pro Frau, Heiratsalter und Alter der Frauen bei der Geburt des ersten Kindes

Migration – Wanderung, d.h. Veränderung des Wohnsitzes oder Zu- und Fortzüge

Außenwanderungen – Migrationsbeziehungen mit dem Ausland

Binnenwanderungen – Umzüge innerhalb eines Landes über Gemeindegrenzen hinweg

Wanderungsgewinne und -verluste ergeben sich durch die unterschiedliche Höhe von Zuzügen und Fortzügen.

Suburbanisierung – Dekonzentrationsprozess von Bevölkerung und/oder Gewerbe in städtischen Räumen durch Wanderungen an den Stadtrand und das Umland

Ehemalige Kreisstädte

Ulrike Sandmeyer-Haus

Sowohl in den neuen als auch in den alten Ländern wurden – wenn auch zu sehr unterschiedlichen Zeiten – Kreisgebietsreformen durchgeführt (▶▶ Beitrag Schwarze, S. 32). Ziel der Reformen war eine Verwaltungsvereinfachung durch Reduktion der Anzahl der Gebietskörperschaften sowie eine Vereinheitlichung der räumlichen Zuständigkeitsbereiche von anderen Ämtern und Institutionen (Gesundheitsämter, Sparkassen etc.), aber auch eine Anpassung der Kreiszuschnitte an die größer werdenden Aktionsradien der Bevölkerung (Pendlereinzugsbereiche, Einkaufsverflechtungen etc.).

Die Zahl der Landkreise sank in ganz Deutschland seit den 1960er Jahren von ursprünglich 598 auf heute 324, von 170 Stadtkreisen bzw. kreisfreien Städten verloren 53 diesen Status ❶ ❺. Die Länder versuchten, negativen Struktureffekten durch Ausgleichsmaßnahmen vorzubeugen. Dennoch hat sich der Funktionsverlust vielfach negativ auf die weitere Entwicklung der ehemaligen Kreissitze ausgewirkt.

Die Kreisgebietsreformen

In den alten Ländern wurden die Kreisgebietsreformen Ende der 1960er und in den 1970er Jahren durchgeführt. Sie sind mit umfangreichem Zahlenmaterial dokumentiert. DASCHER (2000) vergleicht die Entwicklung 176 ehemaliger und 155 verbleibender Kreissitze in den alten Ländern anhand der Daten der Arbeitsstätten- und Volkszählungen aus den Jahren 1970 und 1987. Er kommt zu dem Ergebnis, dass ein Verlust der Kreissitzeigenschaft mit einem Rückgang an Beschäftigung einhergeht, sich in den verbleibenden Kreissitzen jedoch ein positiver Strukturwandel vom produzierenden Gewerbe hin zu den Dienstleistungen vollzog, der in den ehemaligen Kreissitzen nicht festzustellen ist.

Die Kreisgebietsreformen in den neuen Ländern erfolgten Mitte der 1990er Jahre relativ kurze Zeit nach Wiederherstellung der politischen Einheit Deutschlands. Aufgrund der erheblichen wirtschaftlichen und gesellschaftlichen Umstrukturierung bestand die Befürchtung, dass der Verlust des Kreissitzes mit gravierenden Negativwirkungen verbunden sein könnte. Einige Fallstudien zeigen mögliche Entwicklungspfade auf.

Fallstudie Scheinfeld

Die Stadt Scheinfeld liegt im bayerischen Regierungsbezirk Mittelfranken am Südwestabfall des Steigerwaldes und hat heute ca. 4800 Einwohner. Der Landkreis Scheinfeld wurde im Jahre 1972 im Zuge der bayerischen Kreisgebietsreform aufgelöst und auf die neuen Landkreise Kitzingen und Neustadt/Aisch aufgeteilt. Scheinfeld verlor den Kreissitz und eine Vielzahl von angegliederten Ämtern und Institutionen, die Kreissparkasse und die Volkshochschule wurden von Haupt- zu Nebenstellen. Eine Nebenstelle des Landratsamtes blieb mit eingeschränkten Zuständigkeiten und Öffnungszeiten erhalten.

Das Land Bayern gewährte der Stadt von 1973-81 Strukturfördermittel in Höhe von 4,8 Mio. DM. Die Mittel flossen zum größten Teil in den Ausbau von Schulen und Sporteinrichtungen, Infrastruktur sowie den Grundstückserwerb zur Vorhaltung von Industrieflächen. Das Ziel der Kommunalpolitik, Scheinfeld zum Schulzentrum für den südlichen Steigerwald auszubauen, konnte damit realisiert werden, während die Bemühungen um die Ansiedlung sauberer Industrien und mittelständischer Unternehmen weniger erfolgreich waren. Die problematische wirtschaftliche Lage zeigt sich an der Entwicklung des Gewerbesteueraufkommens ❷.

Fallstudie Staffelstein

Die Stadt Staffelstein liegt am Obermain im bayerischen Regierungsbezirk Oberfranken und hatte am 30.9.1999 10.615 Einwohner. 1972 wurde der Landkreis Staffelstein aufgelöst und sein Gebiet dem Landkreis Lichtenfels angegliedert. Dies ging mit dem Verlust einer Vielzahl von Ämtern und Institutionen einher. Zum Ausgleich erhielt die Stadt vom Land Bayern Strukturfördermittel in Höhe von 4,09 Mio. DM. Ein erheblicher Teil davon wurde in Maßnahmen investiert, die den Strukturwandel von der Behördenstadt zu einem anerkannten Heilbad einleiten sollten. 1975 wurde mit Strukturfördermitteln die wärmste und stärkste Thermalsole Bayerns erbohrt. 1999 ist „Bad Staffelstein" ein staatlich anerkanntes Heilbad geworden. Aufgrund des stetig wachsenden Besucherstroms ❸ kann es den Verlust seines Kreissitzes als Erfolgsgeschichte verzeichnen.

Fallstudie Zeitz

Die Stadt Zeitz liegt im Südosten des Landes Sachsen-Anhalt und hatte am 1.1.1999 33.750 Einwohner. Im Zuge der Kreisgebietsreform wurden die Altkreise Zeitz, Nebra und Naumburg zum neuen Burgenlandkreis zusammengefasst, wobei die Stadt Naumburg die Kreissitzfunktion erhielt.

Die Stadt Zeitz behielt nach der Kreisgebietsreform eine Nebenstelle der Kreisverwaltung mit allen wichtigen publikumsintensiven Ämtern, deren Zuständigkeit sich auf den Altkreis Zeitz beschränkt. Auch bei den nachgeordneten Kreiseinrichtungen sind bisher keine Bestandsveränderungen eingetreten. Es wird im Gegenteil erwogen, Zeitz zum Hauptsitz der Sparkasse Burgenlandkreis zu machen. Trotz dieser positiven Impulse war die Wirtschafts- und Bevölkerungsentwicklung in den Jahren nach der Kreisgebietsreform ungünstiger als im Burgenlandkreis oder in Sachsen-Anhalt. Auch die Beschäftigtenzahlen im verarbeitenden Gewerbe gingen in Zeitz stärker zurück als im Burgenlandkreis ❹.

Resumée

Die eingangs gestellte Frage nach dem Zusammenhang zwischen dem Kreissitzverlust und einer negativen Wirtschafts- und Bevölkerungsentwicklung kann nicht empirisch gesichert beantwortet werden. Allenfalls ist eine atmosphärische Verschlechterung des örtlichen Wirtschaftsklimas oder eine Verstärkung bestehender Standortschwächen festzustellen. Einzelfälle ehemaliger Kreisstädte wie Staffelstein zeigen, dass sich durch geschickten Einsatz der gewährten Strukturfördermittel und bewusste Neuorientierung der Stadtentwicklungsplanung auch positive Entwicklungsimpulse aus dem Kreissitzverlust ableiten können.◆

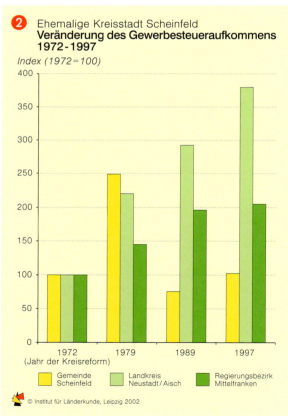

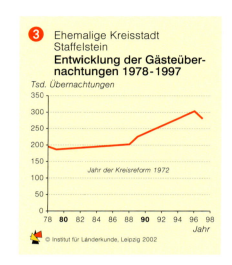

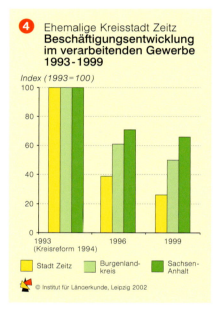

Industrialisierung und Deindustrialisierung im ländlichen Raum

Reinhard Wießner

Prozesse der Industrialisierung beschränkten sich in Deutschland nicht auf Verdichtungsräume, sondern fanden in vielen Regionen im ländlichen Raum statt. Mittlere und kleinere Industriestädte und -dörfer bestimmen in manchen Gegenden das Siedlungsbild, Industriearbeit und -kultur die sozialen Verhältnisse.

Bedeutung der Industrie im ländlichen Raum

In den alten Ländern liegt der Beschäftigtenanteil des ▶ sekundären Sektors 1998 in beiden ▶ Kreistypen des ▶ ländlichen Raums mit 46,4 bzw. 46,6% deutlich über dem Durchschnitt von 40,5%. Ein ähnliches Bild ergibt sich mit 43,1 bzw. 36,4% für die neuen Länder (Durchschnitt 33%) ❷, wobei die Werte überraschenderweise im ländlichen Raum höher sind als in Verdichtungsräumen. Die Anteile weisen ein signifikantes Süd-Nord-Gefälle auf ❹; die höchsten Werte (über 55%) finden sich in Süddeutschland. Den niedrigsten Besatz an industrieller Beschäftigung weist der ländliche Raum im Norden und Nordosten Deutschlands auf. Diese Strukturen sind Ergebnis historischer wie aktueller Prozesse der Industrialisierung und Deindustrialisierung.

❶ DDR
Beschäftigte im sekundären Sektor 1989 und Dezentralisierung der Industrie

Industrialisierung im 19. Jh.

Die Keimzellen der Industrialisierung im 19. Jh. lagen überwiegend im ländlichen Raum nahe den Orten der Rohstoffgewinnung wie im Ruhrgebiet oder in den Mittelgebirgsregionen. Auf der Basis traditioneller Gewerbe entstand im Erzgebirge beispielsweise ein hohes handwerklich-gewerbliches *Know-how*. Nach dem Rückgang des Erzbergbaus entstanden vielfältige Klein- und Nebengewerbe in der Textilherstellung sowie der Holz- und Metallverarbeitung. Aus diesen Traditionen gingen im Raum Chemnitz im 19. Jh. Unternehmen der Textilindustrie, des Maschinenbaus und später des Automobilbaus hervor. Gemeinsam mit benachbarten, ähnlich strukturierten Regionen im Vogtland, in Oberfranken und Südthüringen entstand das neben dem Ruhrgebiet bedeutendste Industrierevier Deutschlands (▶▶ Beitrag Wehling, S. 108).

Die zweite Industrialisierungswelle

Ein zweiter industrieller Aufschwung fand im Zuge des Wiederaufbaus nach dem Zweiten Weltkrieg statt. Vor allem im Umkreis der Verdichtungsräume wandelten sich landwirtschaftliche Siedlungen zu Industriearbeiter- und Pendlerwohngemeinden. In Westdeutschland kam es in ländlichen Regionen zu Industrieansiedlungen in Form von Zweigbetrieben und sog. verlängerten Werkbänken, gefördert durch billige Arbeitskräfte, günstige Grundstückskosten sowie staatliche Subventionen. Vor allem ländliche Regionen in Süddeutschland profitierten von der Industrialisierung der Nachkriegszeit, einige davon blieben sogar im Zeitraum 1990-1998 Wachstumsregionen des sekundären Sektors ❹.

Zwei Regionen, die sich in der Nachkriegszeit von Agrarräumen zu bedeutsamen Industrieräumen entwickelt haben, seien hervorgehoben: Südost-Bayern mit Landshut, Dingolfing und Straubing, das wesentliche Impulse durch Produktionsauslagerungen aus dem Münchner BMW-Werk erhielt, und das Emsland, eine ländlich-periphere Region, in der seit den 1960er Jahren u.a. zwei Atomkraftwerke, ein Bleichemiewerk sowie Teststrecken der Magnetschwebebahn und von Mercedes-Benz entstanden. Standortvorteile lagen in der Verfügbarkeit großer preiswerter Flächen sowie vor allem in der Akzeptanz von ökologisch umstrittenen Projekten durch Politiker und Bürger der Region.

In Ostdeutschland war die Industrialisierung des ländlichen Raums ein Teilziel des industriellen Neuaufbaus der DDR. Wichtige Neugründungen fanden relativ häufig im wenig industrialisierten Norden und Osten des Landes statt ❶, wie das Eisenhüttenkombinat in Eisenhüttenstadt an der Grenze zu Polen, das über 12.000 Beschäftigte erreichte (▶▶ Beitrag Pudemat, S. 106). Trotz einer planmäßigen Konzentration der Industrie in großen Kombinaten blieb das gründerzeitliche Muster industrieller Produktionsstandorte bis zum Ende der DDR grundlegend erhalten.

Deindustrialisierung

Seit einigen Jahrzehnten verzeichnet die Industrie rückläufige Tendenzen. Von 1990-1998 sank die Beschäftigung im sekundären Sektor in Westdeutschland um 15,3%. Besonders betroffen sind sog. Altindustrien wie die Textil- und Bekleidungsindustrie, die Stahlbranche, der Schiffbau sowie der Kohle- und Erzbergbau. Die Gründe hierfür sind vielfältig: fortgesetzte Rationalisierungsschübe, Verluste unter der wachsenden globalen Konkurrenz, Verlagerung von standardisierter Massenproduktion in Billiglohnländer u.a.

Die meisten Kreise im ländlichen Raum der alten Länder verzeichneten 1990-1998 einen Beschäftigtenverlust im sekundären Sektor. Überdurchschnittliche Rückgänge von mehr als 15% konzentrieren sich vor allem auf

> Der Beitrag verwendet die vom Bundesamt für Bauwesen und Raumordnung entwickelte **siedlungsstrukturelle Kreistypisierung**. Vereinfacht werden folgende Raumkategorien unterschieden:
> - Kernstädte und hochverdichtete Kreise, zu **Agglomerationen** zusammengefasst, die in etwa den in der Raumordnung abgegrenzten **Verdichtungsräumen** entsprechen, und
> - verdichtete Kreise und ländliche Kreise, die ungefähr den sog. **ländlichen Raum** umfassen.
>
> **sekundärer Sektor** – verarbeitende Industrie

die in der Gründerzeit gewachsenen Altindustriestandorte in den Mittelgebirgen ❹. Insgesamt fällt der Rückgang Westdeutschlands jedoch mit 6,9 bzw. 10,5% in den beiden ländlichen Raumkategorien erkennbar glimpflicher aus als in den Verdichtungsräumen ❸. Dies ist wesentlich auf die beschriebenen Tendenzen der Verlagerung von Industriebetrieben zurückzuführen. Während es auch vielen Verdichtungsräumen gelingt, Wachstumsbranchen des Informationszeitalters auf sich zu ziehen, ist ein solcher Strukturwandel in altindustrialisierten und peripheren ländlichen Regionen kaum zu erwarten.

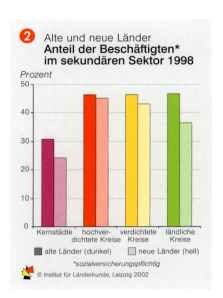

❷ Alte und neue Länder
Anteil der Beschäftigten* im sekundären Sektor 1998

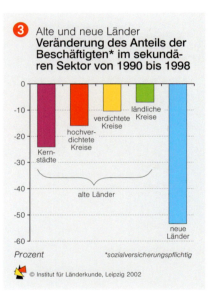

❸ Alte und neue Länder
Veränderung des Anteils der Beschäftigten* im sekundären Sektor von 1990 bis 1998

Sehr viel dramatischer sank die Beschäftigung im sekundären Sektor mit 53,5% von 1990-1998 in Ostdeutschland ❶. Viele Betriebe fielen einer nachholenden Deindustrialisierung, der unzureichenden Konkurrenzfähigkeit sowie dem Wegbrechen der Märkte in Osteuropa zum Opfer. Hohe Subventionen sowie das Ziel des Erhalts der industriellen Kerne konnten – bei vielen fragwürdigen Effekten – eine noch ungünstigere Entwicklung verhindern. Das Stahlwerk in Eisenhüttenstadt wurde z.B. bei einer Reduzierung der Zahl der Arbeitsplätze auf etwa ein Fünftel erhalten. Durch das neue VW-Werk in Zwickau-Mosel konnte eine Reihe von Zuliefer- und Servicebetrieben gerettet werden, und sogar Neuansiedlungen sind zu verzeichnen. In vielen Orten des Erzgebirges bilden dennoch leerstehende Fabrikgebäude typische Elemente des heutigen Siedlungsbilds.◆

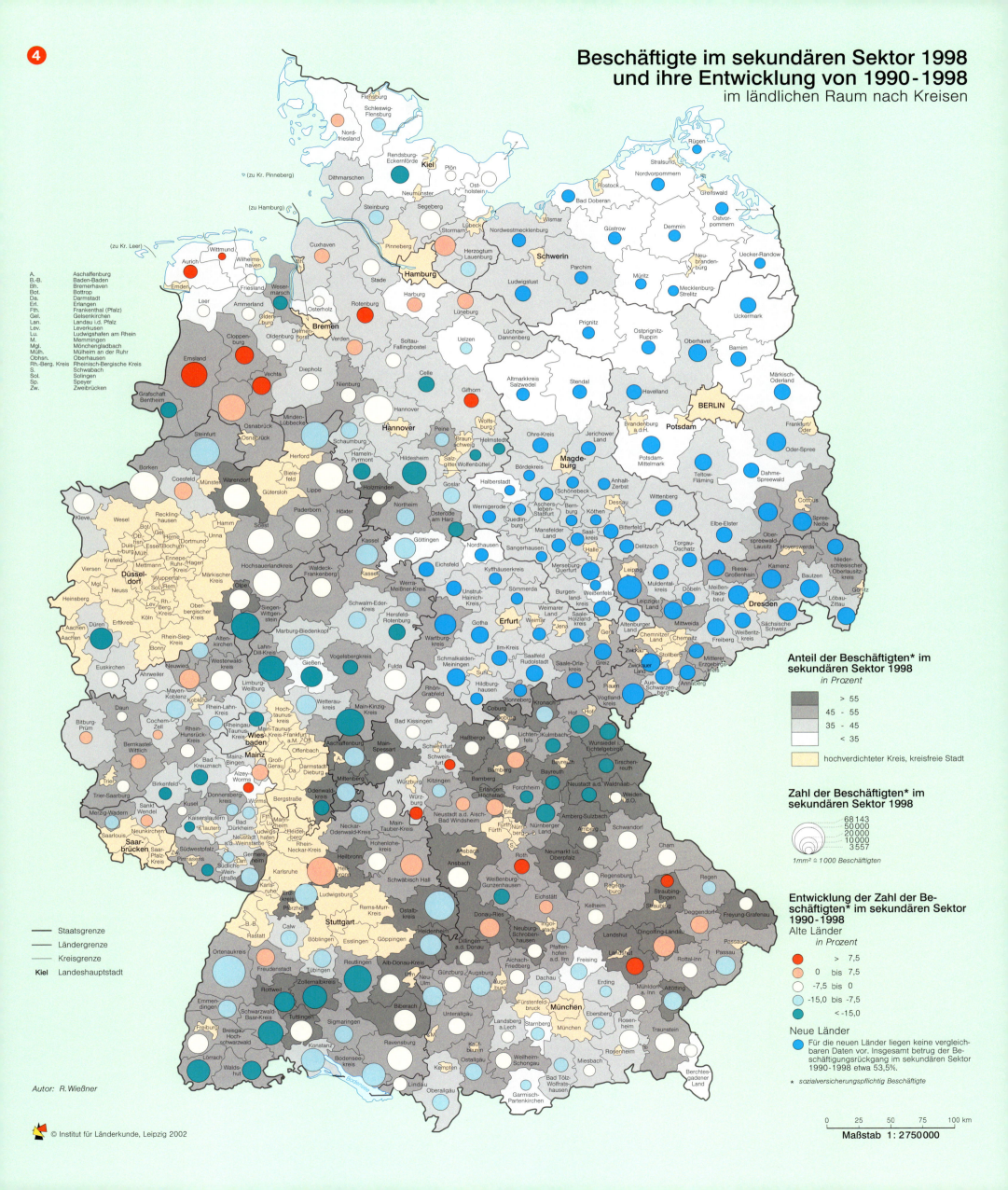

LPG-Zentralsiedlungen und ihre Veränderungen seit 1990

Dieter Brunner und Meike Wollkopf

Landwirtschaftlichen Produktionsgenossenschaften (LPGs)

In der DDR bestand bis 1990 eine staatliche genossenschaftlich organisierte großbetriebliche Landwirtschaft. Die ca. 4700 Agrarbetriebe, davon 80% LPGs (1988), mit Sitz in ca. 3500-3800 Siedlungen waren auf Pflanzenbau (**LPG P**) oder Tierhaltung/Veredlung (**LPG T**) spezialisiert und mit einer Reihe nichtlandwirtschaftlicher Aufgaben in den Bereichen Bau, Reparatur und Rationalisierung sowie Kultur/Soziales (wie Errichtung und Betreiben von Kindertagesstätten, Gaststätten, Kultureinrichtungen u.ä.) befasst. Etwa 20% der 831.700 ständig in der Landwirtschaft Beschäftigten waren durch diese nichtlandwirtschaftlichen Aufgaben gebunden. Die Agrarbetriebe übernahmen damit kommunale Vor- bzw. Dienstleistungen für die Landbevölkerung. Bei LPGs mit pflanzenbaulicher Spezialisierung schloss die Wirtschaftsfläche mehrere Gemeindeareale ein.

Die LPGs existierten bis 31.12.1991. Zur Umstrukturierung ließ der Gesetzgeber mehrere Varianten zu:
- Teilung mit Vermögensübertragung auf andere von der LPG gebildete Unternehmen,
- Umwandlung in eine eingetragene Genossenschaft, Kapital- bzw. Personengesellschaft oder
- Auflösung durch Mitgliederbeschluss.

Damit war der Weg frei für die Entstehung von Agrarbetrieben auf neuer Rechtsbasis (Bestand 1999: rd. 32.000).

Die verstaatlichte Agrarwirtschaft prägte die Entwicklung des ländlichen Raumes der DDR sowie die Gestalt, Funktion und Lebensfähigkeit der Dörfer über viele Jahre so tiefgreifend, dass sich ein völlig neuer Typ von Siedlung – die LPG-Zentralsiedlung – herausbilden konnte. Er war v.a. gekennzeichnet durch eine Massierung von Wirtschafts- und Verwaltungsgebäuden, große Stallkomplexe mit oft weithin sichtbaren Siloanlagen, Unterstell- und Wartungseinrichtungen für pflanzenbauliche Großtechnik sowie die mehrgeschossigen Wohnungsbau am Siedlungsrand für Landarbeiter und Genossenschaftsbauern. Im Durchschnitt war in jeder zweiten Gemeinde eine LPG ansässig, was einem Verhältnis von Siedlung zu LPG von etwa 5:1 entsprach ❶. Mit der politischen Wende 1989/90 sahen sich auch die LPG-Zentralsiedlungen und mit ihnen das gesamte ländliche Siedlungsnetz neuen kommunalpolitischen und wirtschaftlichen Rahmenbedingungen ausgesetzt. Seitdem ist ein dorfbezogener Strukturwandel im Gange, der auch in der Gegenwart noch nicht abgeklungen ist.

Die wirtschaftlichen Veränderungen mit ihren Konsequenzen für die Beschäftigungslage und die Gestaltung des Dorfalltags werden an zwei Regionalbeispielen verdeutlicht, die in unterschiedlichen agrarwirtschaftlichen Gebieten angesiedelt sind: Mustin im nördlichen Teil der DDR, wo die landwirtschaftlichen Betriebe häufig die alleinigen Arbeitgeber in den Dörfern waren, und Schönbach und Sermuth bei Großbothen in Mittelsachsen, wo auch im ländlichen Raum Einkommensmöglichkeiten in der Industrie vorhanden waren, so dass die LPG-Zentralsiedlungen hier über eine breitere Wirtschaftsbasis verfügten.

Veränderungen seit 1990

Die Erweiterung des Agrarbetriebsbestandes nach 1990 führte in den Dörfern zu einer Wiederbelebung landbaulich-bäuerlicher Traditionen, obwohl seit 1989 rd. 656.000 Arbeitsplätze durch Umstrukturierung der landwirtschaftlichen Kernbereiche, Abbau der Viehbestände und Modernisierung der Betriebsabläufe vernichtet wurden. Gleichzeitig entstanden auf dem Land Tausende von Firmen des produzierenden und dienstleistenden Handwerks. Ein Teil davon ging aus nichtlandwirtschaftlichen LPG-Produktionsbereichen hervor. Neue Lebensstile, die veränderte Erwerbsstruktur der Landbevölkerung, Arbeitslosigkeit und die Gewinnorientierung von Einrichtungen der sozialen Infrastruktur brachten dagegen bis Ende der 1990er Jahre vielen Dörfern Funktionsverluste wie die Schließung von Kindereinrichtungen, Verkaufsstellen, Post- und Sparkassenfilialen. Auch der massenhafte Leerstand von Wirtschaftsgebäuden inner- und außerhalb der Dorfensembles wurde zu einem gestalterisch kaum mehr zu bewältigenden Problem. Vollziehen sich diese Veränderungen bei rückläufiger Bevölkerungsentwicklung, unterliegen nicht nur einzelne LPG-Zentralsiedlungen, sondern ganze Landstriche zunehmend dem optischen und strukturellen Verfall.

Beispielraum Mustin

Die kleine LPG-Zentralsiedlung Mustin als Kombinationsstandort einer ▶ LPG P und einer ▶ LPG T liegt im agrarisch geprägten, dünn besiedelten Mecklenburg. Die Wirtschaftsfläche betrug 4600 ha und schloss u.a. auch die Gemarkung der Nachbargemeinde Witzin ein. Beide LPGs beschäftigten 1989 etwa 250-300 Personen. Auspendlern standen Industrie- und Infrastrukturarbeitsplätze v.a. in Sternberg, Schwerin und Güstrow zur Verfügung. Die Ausstattung mit Einrichtungen der sozialen Infrastruktur entsprach mit einer Lebensmittelverkaufsstelle, Kindereinrichtungen, einer Poststelle und wöchentlicher ärztlicher Vor-Ort-Betreuung dem damaligen Standard von ländlichen Mittelpunktsorten. Der gewerbliche Sektor beschränkte sich auf wenige kleine Handwerksbetriebe. Witzin war aufgrund der fast doppelt so großen Einwohnerzahl sogar noch besser ausgestattet ❹.

In Mustin hat sich bis zum Jahr 2000 die landwirtschaftliche Erwerbsbasis durch vier neu gegründete Agrarunternehmen erhalten und mit weiteren sechs auf Witzin und umliegende Dörfer ausdehnen können. Die ehemaligen LPGs existieren auf veränderter Rechtsbasis nur noch zur Vermögensverwaltung. Die zwei Postfilialen wurden geschlossen, eine ärztliche Betreuung kann nicht mehr angeboten werden. Mustins, aber auch Witzins Versorgung mit Lebensmitteln, Kleintextilien, Futtermittel u.ä. wird durch Mobilhandel bestimmt, es gibt lediglich einige Getränkeverkaufsstellen. Alle ehemaligen Handwerker führen ihre Unternehmen weiter. Zudem wurden in Mustin und Witzin 14 meist kleinere Firmen mit Schwerpunkt im Bauwesen neu gegründet.

Die LPG-Zentralsiedlung Mustin hat die frühere Vorrangstellung als Agrarstandort verloren. Die Nachbarsiedlung Witzin konnte sich zum gewerblichen und infrastrukturellen Kleinzentrum entwickeln, was u.a. ihrer verkehrsgünstigeren Lage zu verdanken ist.

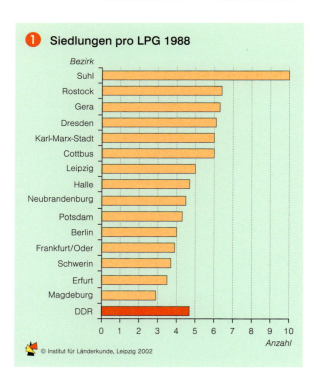

❶ Siedlungen pro LPG 1988

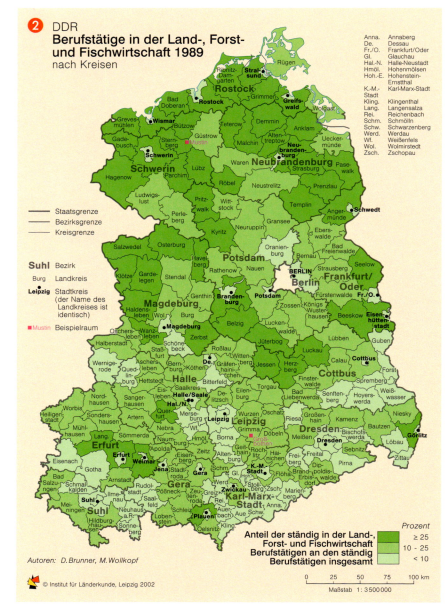

❷ DDR — Berufstätige in der Land-, Forst- und Fischwirtschaft 1989 nach Kreisen

③ Großbothen (Sachsen)
Wirtschaftlicher Strukturwandel 1989/2000

Beispielraum Großbothen

Das wirtschaftliche Schwergewicht der LPG-Zentralsiedlungen Schönbach und Sermuth lag im Handwerk, Bauwesen und Gewerbe mit einem Anteil von etwa 50% der am Ort Beschäftigten. Die meisten Betriebe waren zu Volkseigenen Betrieben (VEB) oder Produktionsgenossenschaften zusammengeschlossene Handwerksbetriebe des verarbeitenden und des Baugewerbes. Die Einzelhandelseinrichtungen waren kleine Betriebe im privaten Bäcker- und Fleischerhandwerk, aber auch aus Konsum- und HO-Verkaufsstellen für Alltagssortimente ③.

Trotz gewerblicher Dominanz hat sich im Jahr 2000 die Landwirtschaft in Schönbach durch sechs, in Sermuth durch drei neu entstandene Betriebe erhalten können. Die Gründung zahlreicher, in der Regel kleiner Betriebe im produzierenden und dienstleistenden Handwerk sichert auch ehemaligen Beschäftigten des inzwischen geschlossenen Colditzer Porzellan- und Keramikwerkes sowie des Chemieanlagenbaus Leipzig/Grimma – zwei Großbetriebe mit damals landesweiter Bedeutung – Erwerbsalternativen.

Das eigentliche Leistungszentrum allerdings war und ist Großbothen. Durch die Gebietsreform Mitte der 1990er Jahre hat es seine administrative Bedeutung als Gemeindemittelpunkt ausbauen können, während Schönbach und Sermuth zu zwei von insgesamt neun Gemeindeteilen wurden.

Dreiskau-Muckern (Sachsen) – früher LPG-Verwaltung im ehemaligen Rittergut, heute nach Sanierung Nutzung als Mehrzweckhalle

④ Mustin/Witzin (Mecklenburg-Vorpommern)
Wirtschaftlicher Strukturwandel 1989/2000

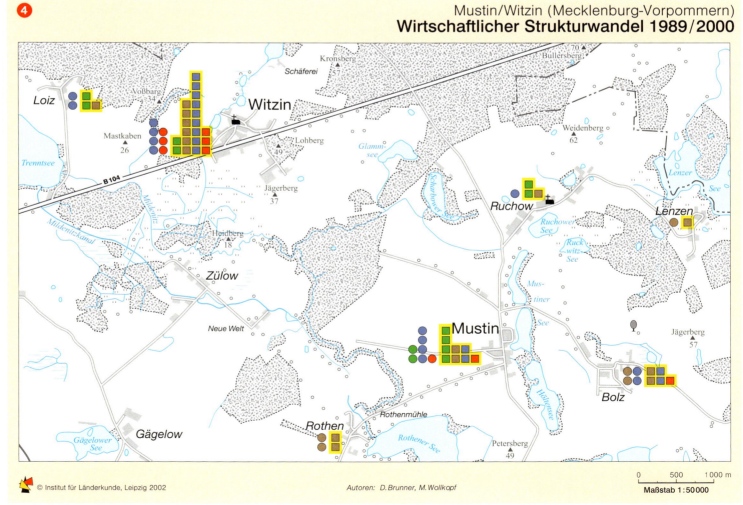

Arbeitsplätze und Lebensqualität im ländlichen Raum

Carmella Pfaffenbach

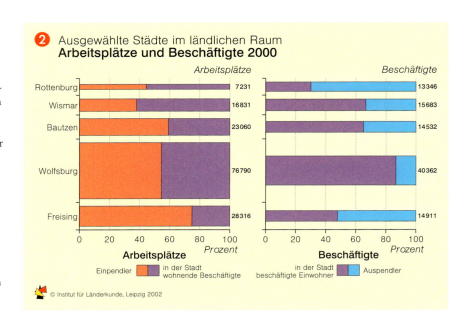

Eine ausreichende Zahl von Arbeitsplätzen am Wohnort ist ein wesentlicher Beitrag zur Lebensqualität der Menschen im ländlichen Raum. Die Relation der Einwohnerzahl zur Anzahl der Arbeitsplätze beziffert rein quantitativ die Versorgung der Bewohner mit Arbeit. Je kleiner der Wert, desto besser ist die Relation. Oder umgekehrt: je höher der Wert, desto knapper sind die Arbeitsplätze und desto größer sind die Konkurrenz um die Arbeitsplätze am Wohnort und das Auspendlervolumen.

Wolfsburg (oben)
Münchner Flughafen bei Freising (unten)

Arbeitsmärkte im ländlichen Raum

Die Arbeitsmarktsituation von Städten im ländlichen Raum unterscheidet sich sowohl in quantitativer als auch in qualitativer Hinsicht gravierend von der in Verdichtungsräumen. Es gibt im ländlichen Raum nicht nur allgemein weniger Arbeitsplätze, sondern auch weniger Plätze für hoch qualifizierte Personen mit hohen Einkommenserwartungen. Hier befinden sich oft die verlängerten Werkbänke der industriellen Produktion (▶▶ Beitrag Wießner, S. 66), und es werden Massenprodukte in stark standardisierten Verfahren hergestellt. Die Forschung und Entwicklung von neuen Produkten finden dagegen überwiegend in den Verdichtungsräumen statt. Auch die höher wertigen Dienstleistungen sind dort angesiedelt.

Qualität und Quantität der vorhandenen Arbeitsplätze beeinflussen u.a. die Höhe der durchschnittlichen Löhne und Gehälter, die Wahrscheinlichkeit, arbeitslos zu werden, sowie das Pendleraufkommen, d.h. die Anzahl der Personen, die täglich zum Arbeitsplatz pendeln und damit bestehende regionale Disparitäten der Arbeitsmärkte ausgleichen. Vor allem bei einer prekären Arbeitsmarktlage wird die Lebensqualität der Menschen sehr stark von der Verfügbarkeit wohnortnaher Arbeitsplätze bestimmt. Im ländlichen Raum kann die Lebensqualität der Menschen durch ein qualitativ und quantitativ geringes Angebot an Arbeitsplätzen beeinträchtigt sein. Beispielsweise müssen Hochqualifizierte in der Regel als Pendler große Strecken zu ihrem Arbeitsplatz zurücklegen.

Die Werte im gesamtdeutschen Vergleich

Das Kartenbild ❸ zeigt vor allem im Süden des Landes, in Baden-Württemberg und in Bayern, eine Konzentration guter Werte sowohl bezogen auf die Relation Einwohner pro Arbeitsplatz (niedrig) wie auch auf die Relation Einpendler je Auspendler (hoch). Diese Region weist zugleich mit rund 7% die niedrigsten Arbeitslosenquoten Deutschlands auf. Eine Konzentration hoher Einwohner-pro-Arbeitsplatz-Werte findet sich dagegen in Nordrhein-Westfalen und Niedersachsen (Arbeitslosenquoten von 11%). West-Ost-Disparitäten lassen sich bei diesem Thema nicht ausmachen. In den neuen Ländern dominieren mittlere Werte. Eine Konzentration schlechter Werte gibt es lediglich im Südosten von Brandenburg (Arbeitslosenquote 20%).

Einige Städte als Beispiele ❷

Den niedrigsten und damit besten Wert in Deutschland weist die Stadt Freising auf, die unmittelbar an den Verdichtungsraum München angrenzt. Hier gibt es bei knapp 40.000 Einwohnern über 28.000 Arbeitsplätze, was eine Einwohner-Arbeitsplatz-Relation von 1,4 bedeutet. Die hohe Anzahl an Arbeitsplätzen verdankt die Stadt v.a. dem nahe gelegenen Flughafen von München (▶ Foto). Es wird jedoch nur ein Viertel dieser Arbeitsplätze von Bewohnern der Stadt eingenommen. Drei Viertel pendeln von auswärts ein. Umgekehrt findet nur die Hälfte der knapp 15.000 berufstätigen Freisinger am Wohnort selbst Arbeit, die andere Hälfte pendelt aus – zumeist nach München.

Ein weiteres prominentes Beispiel für ein ähnliches Zahlenverhältnis ist die Autostadt Wolfsburg (▶ Foto) (▶▶ Beitrag Pudemat, S. 106). Auf 123.000 Einwohner kommen 77.000 Arbeitsplätze; das ergibt ein Verhältnis von 1,6. Von den 40.000 berufstätigen Wolfsburgern arbeiten 86% am Wohnort, und nur 14% pendeln aus. Sehr viel höher ist die Anzahl der Einpendler, die mehr als die Hälfte der Arbeitplätze einnehmen.

Als Gegenbeispiel bietet sich die Stadt Rottenburg am Neckar an, die ähnlich groß ist wie Freising, aber nur 7200 Arbeitsplätze aufweist, d.h. eine Verhältniszahl von 5,6. Von den 13.000 Berufstätigen müssen über 9000 auspendeln. Bei den Auspendlern handelt es sich vielfach um neu Zugezogene, die im Verdichtungsraum Stuttgart arbeiten und Rottenburg wegen der hohen Wohnqualität als Wohnort gewählt haben.

Bei den ostdeutschen Städten liegt die Stadt Bautzen in Sachsen auf einem der vorderen Plätze. In dieser Stadt mit 43.000 Einwohnern gibt es 23.000 Arbeitsplätze, d.h. eine Einwohner-Arbeitsplatz-Relation von 1,9. Von den Arbeitsplätzen, die in verschiedenen Landesbehörden und der mittelständischen Industrie existieren, werden nur 40% von Bewohnern der Stadt, 60% dagegen von Einpendlern eingenommen. Von den knapp 15.000 berufstätigen Bautzenern pendelt also ein Drittel aus, vor allem in die 50 km entfernte Landeshauptstadt Dresden.

Im Mittelfeld befindet sich die Hansestadt Wismar, die mit 49.000 Einwohnern und fast 17.000 Arbeitsplätzen rechnerisch ein Verhältnis von etwa 3:1 aufweist. Knapp 16.000 Erwerbstätige lassen einen geringen Arbeitsplätzeüberschuss erkennen. Die Anzahl der Aus- und Einpendler ist mit 5000 bzw. 6000 etwa gleich groß. Wismar bietet demnach etwa ebenso vielen Bewohnern von Umlandgemeinden z.B. in Schiffswerften Arbeitsplätze, wie die Bewohner selbst vom Arbeitsplatzangebot in den Nachbarstädten und in den alten Ländern profitieren.

Städte in dieser mittleren Kategorie machen die Mehrzahl aller Städte im ländlichen Raum aus, während solche mit sehr guten Werten wie Freising und Wolfsburg und solche mit sehr schlechten Werten wie Rottenburg am Neckar vergleichsweise selten sind ❶.

Verdichtungsräume

Im Vergleich zu den Städten im ländlichen Raum weisen die Städte in Verdichtungsräumen keine wesentlich anderen Werte auf. Frankfurt am Main erreicht ein Verhältnis von 1,4, die Werte von München, Hamburg und Köln liegen um die 2, der von Berlin bei 3. Am unteren Ende der Skala liegen einige Ruhrgebietsstädte mit Werten von über 4, z.B. Gelsenkirchen, Oberhausen, Bottrop und Moers.◆

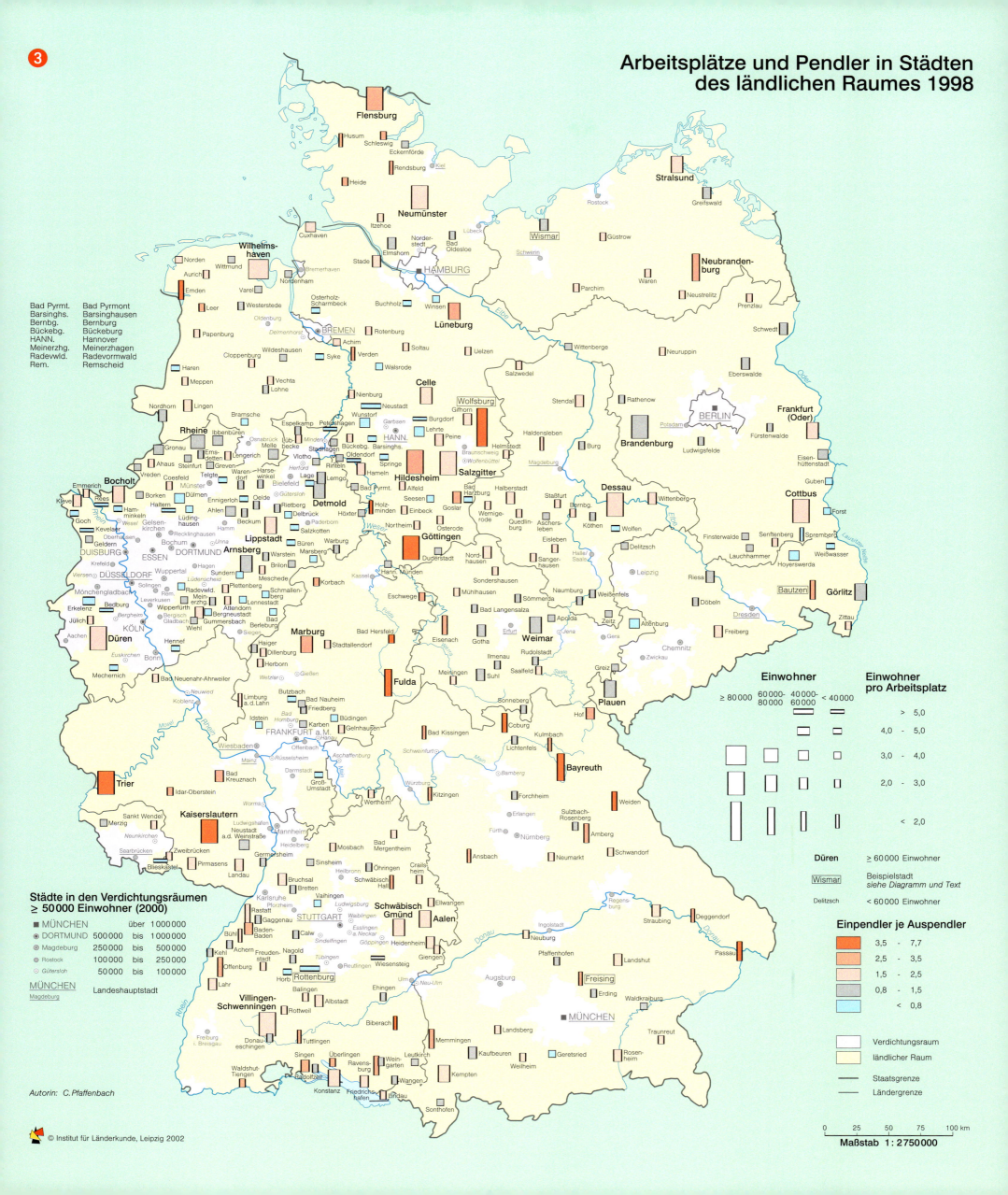

Versorgung im ländlichen Raum

Ulrich Jürgens

Sowohl in West- als auch in Ostdeutschland waren vor der Wiedervereinigung ländliche Räume von einem Rückgang der Bevölkerung und abnehmender Bedeutung der Landwirtschaft geprägt. Die Landflucht und damit der Rückgang potenzieller Nachfrager von ▶ Infrastruktur hat sich nach der Wiedervereinigung noch beschleunigt. In beiden Teilen Deutschlands entstanden Gewinner- und Verlierergemeinden. Während die Gemeinden im suburbanen Raum in ihrer wirtschaftlichen Entwicklung und ihrem sozialen Wandel von der Ansiedlung großflächigen Einzelhandels, von Freizeiteinrichtungen und Businessparks dominiert werden, führen im agglomerationsfernen Raum Ladenschließungen, der Verlust von Schulen und der Rückgang der medizinischen Versorgung zu einem Verlust an Lebensqualität.

Anhand von vier Indikatoren, die das Bundesamt für Bauwesen und Raumordnung flächendeckend erhebt, wird aber auch deutlich, dass das Bild der Versorgung – erfasst über sehr unterschiedliche Kriterien (sozial, kulturell, wirtschaftlich) – nicht konsistent ist ❸. So sind die gesamten neuen Länder dramatisch unterversorgt bei Angeboten im Volkshochschulbereich (▶▶ Beitrag Böhm-Kasper/Weishaupt, Bd. 6, S. 53). Weniger trifft diese Aussage für den gesundheitlichen Sektor zu. Dort zehren die neuen Länder noch von der sehr günstigen Ausstattung zur DDR-Zeit (v.a. Brandenburg, Mecklenburg-Vorpommern). Der Abbau von Bettenkapazitäten von bis zu 20% nach Auflösung der früheren Polikliniken kann aber zu einem Ergebnis wie in Süddeutschland führen. Hohe Arzt- und Krankenhaus-

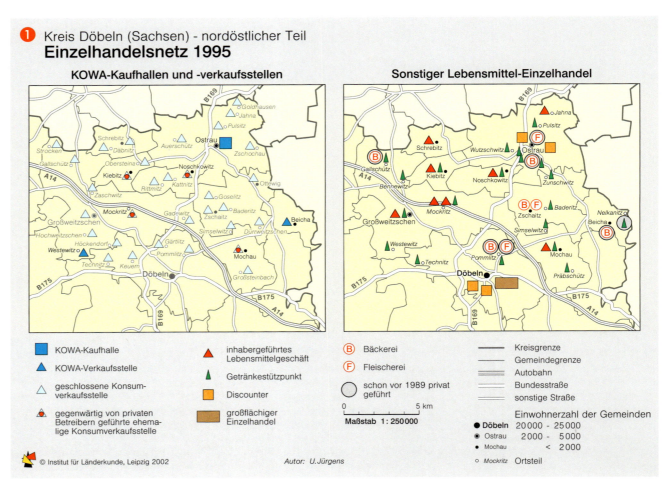

❶ Kreis Döbeln (Sachsen) - nordöstlicher Teil
Einzelhandelsnetz 1995

Infrastruktur – Summe aller materiellen, institutionellen und personellen Gegebenheiten eines Raumes (nach SEIFERT 1986, S. 72)

mobiler Einzelhandel – „fahrendes Kaufhaus", das sowohl Waren in Bedienung als auch Selbstbedienung häufig auf festgelegten Fahrtrouten und zu bestimmten Zeiten aus einem Fahrzeug anbietet.

Nachbarschaftsladen 2000 – sieht vor, dass in einem Geschäft verschiedene Dienstleistungen gebündelt werden. Damit soll einerseits der Versorgungsgrad der Bevölkerung erhöht werden, andererseits soll die Bündelung verschiedener Funktionen dem Geschäft eine größere Attraktivität und damit eine hohe Bindung der örtlichen Kaufkraft sichern, so dass es sich aus eigener Kraft tragen kann (Handelsblatt vom 16.11.1992).

---

bettendichten finden sich hier fast nur noch in Agglomerationsräumen, mittleren Kernstädten, aber auch in landschaftlich reizvollen ländlichen Gebieten. An der Nordsee oder im Bayerischen Wald vermag auch die Fremdenverkehrsfunktion zum hohen Ausstattungsgrad primärärztlicher Versorgung beitragen. Im Falle der Versorgung mit Schulen (d.h. Schultypen) spiegeln sich wiederum föderale Besonderheiten wider (KORCZAK 1995; BBR 1999). Aufgrund der stark rückläufigen Geburtenentwicklung in den neuen Ländern seit Beginn der 1990er Jahre (▶▶ Beiträge Gans, Bd. 4, S. 94-97) stehen ganze Schulstandorte zur Disposition (PAULIG 2000).

Einzelhandelsentwicklung

Die Entwicklung der Einzelhandelsversorgung wird aufgrund eines fehlenden flächendeckenden Indikators anhand von Fallbeispielen gezeigt. Im Kreis Döbeln wurde beispielsweise nach der Wende die Mehrzahl der kleinen Verkaufsstellen verpachtet oder geschlossen. Die Anzahl der Konsumläden reduzierte sich bis Ende 1995 auf lediglich vier Einheiten ❶. Ältere und immobile Personen sind hiervon besonders betroffen. Neue Einzelhandelsformen füllen die entstandenen Lücken. So bietet der ▶ Nachbarschaftsladen 2000 als multifunktionaler Nahversorger sowohl Lebensmittel, Getränke, Pflanzen und Frischblumen wie auch Dienstleistungen an, er ist zuweilen Agentur für Versandhandel, Annahmestelle für Lotto, Schuhreparaturen und Wäsche. Mit der Einrichtung von Getränkestützpunkten hat sich eine neue stationäre Form der Teilversorgung herausgebildet. Davon gab es in den untersuchten Gemeinden vor 1989 lediglich einen, Ende 1995 waren es 20. Die Läden sind oft in Garagen, Schuppen oder Kellern untergebracht und werden nebengewerblich betrieben (JÜRGENS u. EGLITIS 1997). Als Konsequenz aus dem Rückgang stationärer Handelseinrichtungen werden gegenwärtig nahezu alle Dörfer von ▶ mobilem Handel bedient. Das Angebot an Lebensmitteln erfolgt vor allem über ein westdeutsches Unternehmen, das einen regionalen Stützpunkt mit ca. 25 Verkaufswagen aufgebaut hat. Im Verlauf eines Tages werden acht bis 12 Dörfer angefahren. Im Angebot befinden sich 300 bis 350 Artikel, deren Preisniveau deutlich über dem eines Supermarktes liegt.

In Westdeutschland gibt es ähnliche Beispiele ❷. Der früheren flächigen (Eigen-) Versorgung des ländlichen Raumes steht oft die Ausbildung ländlicher Kleinzentren mit Supermarkt, Sparkasse, Postagentur und Lottoannahmestelle oder Dienstleistungszentren gegenüber.◆

❷ Gemeinde Heiligenstadt i. OFr. (Bayern)
Mobile Versorgung mit Backwaren eines Heiligenstadter Betriebes

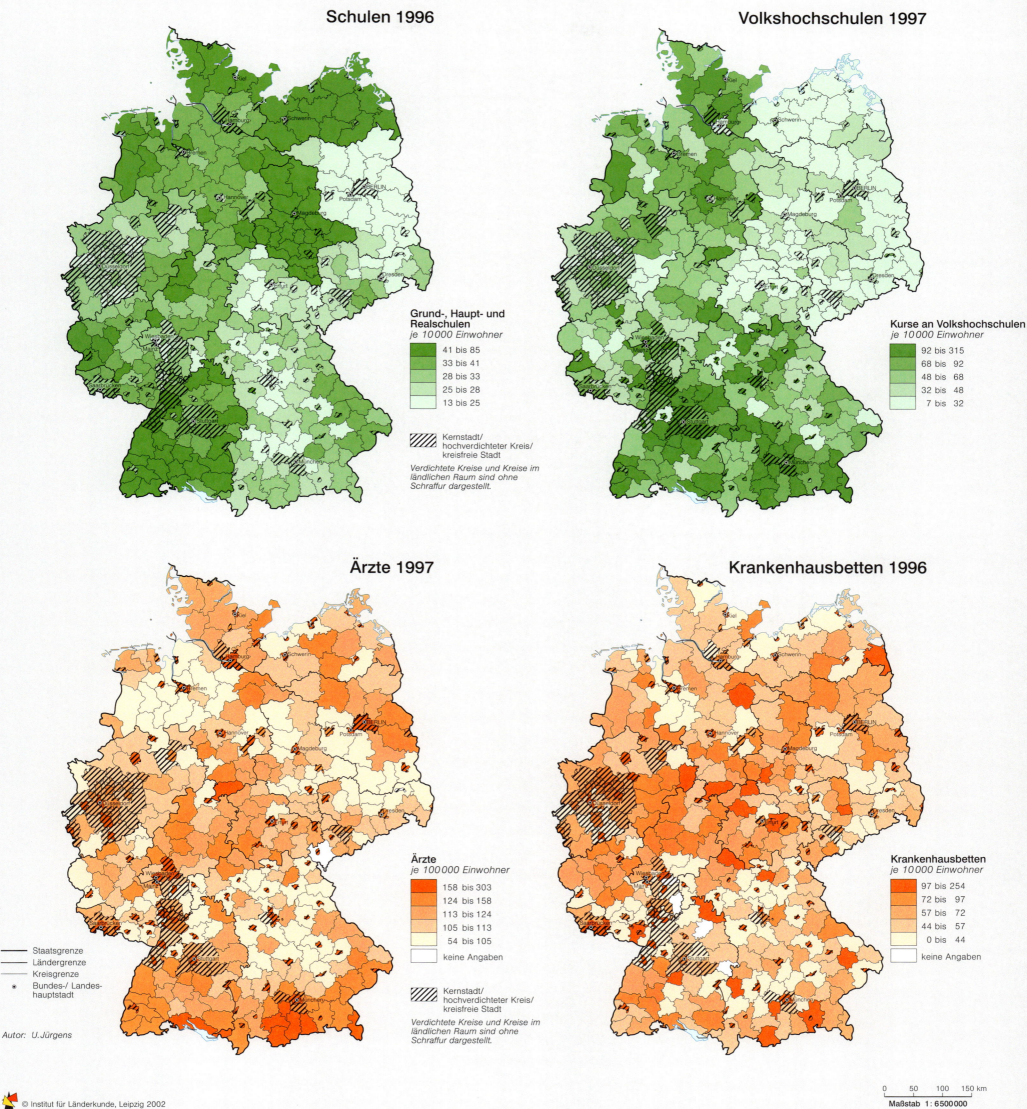

Entleerung des ländlichen Raumes – Rückzug des ÖPNV aus der Fläche

Peter Pez

Der ländliche Raum ist geprägt durch eine Vielzahl kleiner Orte. Ihre Entstehung reicht meist bis ins Mittelalter oder die frühe Neuzeit zurück und ist eng verbunden mit arbeitsintensiver Landwirtschaft: die Dörfer als Wohn- und Arbeitsorte bäuerlicher Bevölkerung (▶▶ Beiträge Haversath/Ratusny, S. 48 ff.), die kleinen Städte als Marktflecken und Standorte unterer Verwaltungsstufen (▶▶ Karte 9, S. 19). Die Industrialisierung bewirkte eine tief greifende Umwälzung der über Jahrhunderte gewachsenen Sozial- und Raumstrukturen. Die Mechanisierung der Landwirtschaft ersetzte Arbeitskräfte, die in der aufkeimenden Industrie Erwerbsalternativen fanden. Die Folge war eine jahrzehntelange Land-Stadt-Wanderung. Dass diese bis zur Mitte des 20. Jh. noch keine Entleerung des ländlichen Raumes auslöste, lag einerseits am hohen natürlichen Bevölkerungswachstum, andererseits am nur langsam sinkenden Arbeitskräftebedarf der traditionellen Mischlandwirtschaft von Ackerbau und Viehzucht. Mit intensiviertem ▶ Strukturwandel der Landwirtschaft seit den 1950er Jahren wurden jedoch bäuerliche Lohnarbeiter in großer Zahl freigesetzt und viele, insbesondere kleine Höfe aufgegeben. Dies und die sinkende Geburtenzahl ließen die ländliche Bevölkerungsbilanz endgültig defizitär werden (▶▶ Abb. 1, S. 12). Die Abwanderung hat aber seit den 1980er Jahren dort eine Mäßigung erfahren, wo ländliche Bereiche in Pendeldistanz zu größeren Städten von der Suburbanisierung profitieren oder als Fremdenverkehrsregionen eine Zuwanderung von Altersruhesitzwanderern erleben.

Abbau öffentlicher Verkehrsangebote – Ursache oder Folge?

Damit ist der in den 1960er Jahren einsetzende Rückzug des öffentlichen Verkehrs aus der Fläche primär die Folge von rückläufiger Nachfrage durch Abwanderung gewesen. Sekundär spielt auch die Verbreitung des privaten Kraftfahrzeuges als attraktive Alternative zum ▶ ÖPNV eine bedeutende Rolle. Besonders traf dies die Bahn, deren betriebliche Streckenkosten deutlich über denen des Straßenverkehrs liegen und die deshalb ihr Netz erheblich ausdünnte ❹. Der Schienenersatzverkehr mit Bussen konnte fahrzeit- und komfortmäßig die Bahn nur unzureichend ersetzen, zumal sich die Rationalisierung im Landbusverkehr fortsetzte ❸. Viele Ortschaften werden deshalb nur noch von Schulbussen angefahren. Diese Entwicklung droht die Abwanderung zu forcieren. Ohne Arbeitsplatz und Versor-

ÖPNV – Öffentlicher Personennahverkehr. Er umfasst den SPNV und den Öffentlichen Personenstraßenverkehr mit Bussen und Taxen.

SPNV – Schienenpersonennahverkehr

Strukturwandel der Landwirtschaft – Industrielle Lohnkonkurrenz und der Abbau der Zollgrenzen im europäischen Agrarmarkt zwangen die Landwirte zu Kostensenkungen und Ertragssteigerungen, um am Markt bestehen und ausreichende Einkommen erzielen zu können. Mittel dazu waren u.a. Spezialisierung auf Ackerbau oder Viehwirtschaft sowie der Ersatz menschlicher und tierischer Arbeitskraft durch Maschinen.

❶ Anteil der Schienenstrecken mit ausschließlichem Güterverkehr 1950-1998

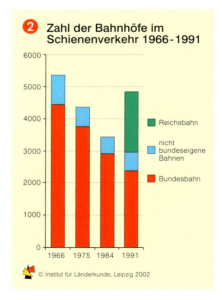

❷ Zahl der Bahnhöfe im Schienenverkehr 1966-1991

❸ Betriebslängen des Schienenverkehrs 1950-1997

Betriebslängen des Busverkehrs 1950-1997

gungsmöglichkeiten im Dorf bzw. ohne Erreichbarkeit städtischer Angebote mit öffentlichen Verkehrsmitteln ist die Wohnortattraktivität gering. Vor allem junge Leute wandern ab, und es bleiben „Seniorendörfer" übrig, deren Erhalt auf Dauer fraglich ist. Drohen moderne Wüstungen – nicht nur, aber auch durch den Rückzug des ÖPNV aus der Fläche?

Sprakebüll – Bahnstilllegung als „Salamitaktik"

Sprakebüll liegt nahe der deutsch-dänischen Grenze, etwa in der Mitte der Bahnstrecke Flensburg – Niebüll. Letztere wurde 1981 stillgelegt, nachdem die eingesetzten Schienenbusse aus den 1950er Jahren ohnehin nur mäßigen Komfort boten. Hier wie vielerorts wurde der Abbau des ▸SPNV nicht abrupt, sondern schrittweise angestrebt, um die Unruhe unter der Betroffenen zu begrenzen: Ausdünnung des Fahrplanes, Abbau von Diensten auf Streckenbahnhöfen (z.B. Reisegepäckannahme, Fahrkartenverkauf), Vernachlässigung der Gleisanlagen und als Folge Herabsetzung der Fahrgeschwindigkeit, Busparallelverkehr zu günstigeren Zeiten bis hin zur Einstellung des Personen- und schließlich Güterverkehrs. Auch die Ortsentwicklung gleicht jener vieler Dörfer. Nach einem Einwohnermaximum von fast 400 in Folge der Flüchtlingswelle des Zweiten Weltkrieges sank die Einwohnerzahl kontinuierlich. In den 1960er/70er Jahren schlossen das Lebensmittelgeschäft, der Schmied, der Maler und die Schule. Nur Gaststätte und Feuerwehr sind geblieben und bilden heute das soziale Rückgrat der 214 Einwohner, die sich mit dem Abbau zentraler Funktionen arrangiert haben. Zwar musste der Zweit-Pkw in der Familie zum Regelfall werden, aber die Erschwernisse der peripheren Lage lassen die Dorfgemeinschaft auch enger zusammenrücken – hier hilft jeder jedem zu jeder Zeit.

Putlitz – Privatinitiative belebt das Geschäft

Verstädterung und Konzentration des ÖPNV verliefen in der ehemaligen DDR nicht so intensiv wie in den alten Ländern, da die Arbeitsintensität der sozialistischen Landwirtschaft höher war und der Wohnungsbau den Zuzugswünschen in die Städte stets hinterherhinkte. Nach der Wiedervereinigung erfolgten dafür Abwanderung und Aufgabe von Nahverkehrsstrecken in den neuen Ländern umso rascher. Der Nordwesten Brandenburgs bildet eine Ausnahme. Ein ehemaliger Lokführer der Bahn kaufte ausgemusterte Schienenbusse, wie sie früher auch Sprakebüll

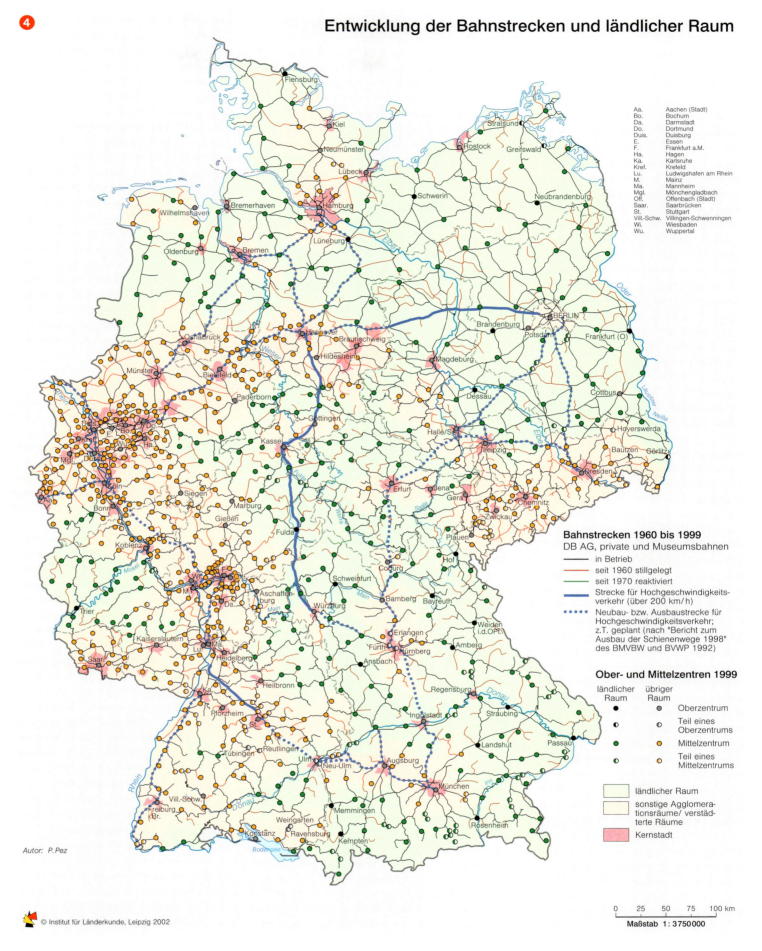

Entwicklung der Bahnstrecken und ländlicher Raum

bedienten, gründete die Prignitzer Eisenbahn GmbH (PEG) und befährt seit 1996 Strecken, die ansonsten schon stillgelegt worden wären. Davon profitiert auch das Grundzentrum Putlitz mit seinen 1900 Einwohnern. Vor 1990 waren es zwar 400 Bewohner mehr, aber die Abwanderung gilt als gestoppt. Dies wird, wie auch der Erhalt von Kleingewerbe und Handwerk, Gesamtschule und Amtsverwaltung, der PEG mit inzwischen 120 Beschäftigten gutgeschrieben, die ein Pendeln z.B. nach Pritzwalk erleichtert und ganz nebenbei auch der kränkelnden Landwirtschaft neue Nachfrageimpulse verleiht: Alle Triebwagen und Lokomotiven fahren mit Pflanzenöl.◆

Der Trend zum Freizeitwohnen im ländlichen Raum

Walter Kuhn

Freizeitwohnungen – Wohnungen/sonstige Wohneinheiten, die vom Eigentümer oder Mieter als Zweitwohnung primär für Erholungszwecke oder über das Wochenende bzw. im Urlaub (Ferien) bewohnt werden

Freizeitunterkünfte – Gebäude mit ein oder zwei Freizeitwohneinheiten, die weniger als 50 m² Gesamtwohnfläche ausweisen

Korrelationskoeffizient – statistische Rechengröße, mit der der Zusammenhang zwischen den Verteilungen von zwei unabhängigen Variablen ausgedrückt wird; Werte um 0 bedeuten, dass kein Zusammenhang besteht, Werte bis +1 bedeuten einen positiven, Werte bis –1 einen negativen Zusammenhang.

Parahotellerie – kurzfristig an verschiedene Nutzer vermietete Wohneinheiten (Ferienwohnungen), die nicht als Freizeitwohneinheiten zählen, aber – bei weniger als 8 Zimmern – auch nicht zu Hotels und Pensionen gerechnet werden

Zweitwohneinheiten bzw. Zweitwohnungen – Wohneinheiten, die von keinem Haushaltsmitglied als Hauptwohnung benutzt werden und nicht Freizeitwohneinheiten sind

Trotz einer nur noch geringfügig steigenden Bevölkerungszahl hat sich die Anzahl der Wohnungen in Deutschland in den letzten Jahrzehnten deutlich vergrößert (1990: knapp 34 Mio.; 1998: 37 Mio.). Dies liegt zum einen daran, dass sich in der Bevölkerungsverteilung erhebliche Verschiebungen ergaben, so dass in bestimmten Abwanderungsgebieten Wohnungen leer zurückblieben, während andernorts zusätzlicher Wohnraumbedarf entstand. Auch die Verkleinerung der Haushalte sowie gestiegene Wohnansprüche führten zu zusätzlichem Wohnungsbedarf.

Schließlich haben mit wachsendem Wohlstand auch solche Lebensstile weitere Verbreitung gefunden, die mit einer Aufspaltung des Wohnstandorts verbunden sind, d.h. bei denen zusätzlich zur Hauptwohnung noch eine oder mehrere weitere Wohnungen unterhalten werden, sei es aus beruflichen Gründen oder – wie in der Mehrzahl der Fälle – aus Freizeitmotiven (▶▶ Beitrag Newig, Bd. 10, S. 68ff.).

Über den tatsächlichen Umfang des Zweitwohnungswesens in Deutschland gibt es leider keinerlei verlässliche Daten. Während über die Entwicklung des gesamten Wohnungsbestandes regelmäßige Fortschreibungen der Gebäude- und Wohnungszählungen von 1987 (alte Länder) bzw. 1995 (neue Länder) durchgeführt werden, lassen sich weder aus der Wohnungsstatistik noch aus der Einwohnerstatistik Angaben über die Entwicklung der Zweitwohnungszahlen als Sonderform des Wohnens bzw. entnehmen.

Auch in den erwähnten Großzählungen von 1987 und 1995 wurden lediglich Freizeitwohnungen und sonstige Freizeitwohngelegenheiten als Teilmenge aller Zweitwohnungen nachgewiesen, Fortschreibungen dazu gab es keine. Aber selbst die Angaben der Gebäude- und Wohnungszählungen können kaum mehr als einen groben Anhaltspunkt liefern. So wurden dort 1987 für die alten Länder insgesamt nicht einmal eine viertel Million Freizeitwohnungen und -unterkünfte nachgewiesen. Nach der Zählung für die neuen Länder von 1995 existieren dort lediglich 24.000 solche Wohnungen. Insgesamt betrüge die Zahl der Freizeitwohnungen also lediglich 1,2% des Gesamtwohnungsbestandes. Es besteht allerdings Grund zu der Annahme, dass die in den erwähnten Statistiken ausgewiesenen Zahlen durchschnittlich um mindestens den Faktor 5 bis 10 zu niedrig liegen. So ergab eine Telefonumfrage in München bereits 1984, dass von 1247 angerufenen Haushalten 9,7% Besitzer eines Freizeitwohnsitzes waren (KOCH u.a. 1984, S. 35). GRIMM und ALBRECHT schätzen in einem Aufsatz von 1990 „private Kapazitäten des Freizeitwohnens in der DDR" auf ca. 250.000 Wochenendhäuser mit ca. 1 Mio. Bettplätzen. Hinzu kämen noch 120.000 bis 150.000 Gartenlauben mit Übernachtungsmöglichkeiten und 50.000 Einheiten auf Dauercampingplätzen (GRIMM und ALBRECHT 1990, S. 91). Auch RÖCK (1987, S. 178) zitiert Schätzungen, nach denen in der alten Bundesrepublik bereits 1981 mehr als 2 Mio. Freizeitwohnungen existierten und jährlich mit einem Zuwachs von ca. 50.000 gerechnet wurde.

In Anbetracht der geschilderten Probleme sind die aus den Großzählungen zitierten Daten also höchstens dazu geeignet, Relationen in der räumlichen Verteilung von Freizeitwohnungen anzudeuten. Bei aller gebotenen Vorsicht lassen sich zumindest einige markante Raummuster in der Verteilung von Freizeitwohnungen erkennen ❸.

Nur ein sehr geringer Teil der Bevölkerung hält sich als Freizeitwohnsitz eine Stadtwohnung (z.B. als Ausgangspunkt für Theaterbesuche etc.); in den meisten Fällen liegen Freizeitwohnungen eher außerhalb von Verdichtungsräumen, vorwiegend in landschaftlich besonders reizvollen und relativ dünn besiedelten Gebieten ❶.

Betrachtet man die Verteilung von Freizeitwohnungen auf einzelne Kreise, so nimmt der Landkreis Wittmund (Niedersachsen) mit einem statistisch ausgewiesenen Anteil der Freizeitwohnungen an der Gesamtzahl aller Wohnungen in Höhe von fast 15% den absoluten Spitzenwert ein. Auf den weiteren Plätzen rangieren das Oberallgäu (13%) und Ostholstein (10%). Bei Betrachtung auf Gemeindeebene würden dabei teilweise noch wesentlich höhere Werte erreicht werden. So betrug der Anteil der Freizeitwohnungen in Hindelang

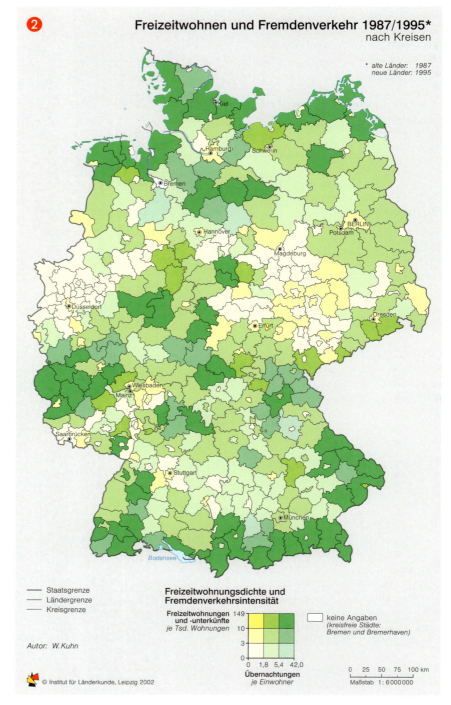

1979 bereits ca. 30% (RÖCK 1987, S. 177).

Ganz allgemein konzentriert sich hoher Freizeitwohnungsbesatz vor allem auf die Küstenregionen von Nord- und Ostsee, den bayerischen Alpenraum, die Lüneburger Heide und Teile der Mittelgebirge. Landschaftliche Schönheit spielt hierbei für die Standortwahl ebenso eine Rolle wie auch die Erreichbarkeit der großstädtischen Ballungsräume. Die schon erwähnte Studienarbeit über die Wochenend- und Ferienwohnungen von Münchnern hat ermittelt, dass sich knapp zwei Fünftel von ihnen in einer Entfernung von 100 km oder weniger befinden und rund ein Fünftel mehr als 200 km (einfache Fahrtstrecke) entfernt ist, weshalb von der Nutzung dieser Freizeitwohnungen auch eine erhebliche Verkehrsbelastung ausgeht (KOCH 1984, S. 76). In den neuen Ländern ist die Verbreitung von Freizeitwohnsitzen – zumindest nach der amtlichen Statistik – derzeit noch relativ gering. Dennoch lässt sich in Ansätzen bereits erkennen, dass auch dort vor allem entlang der Ostseeküste, im Umland von Berlin und im Erzgebirge in absehbarer Zeit mit verstärkter Nachfrage zu rechnen sein dürfte.

Nutzungskonflikte durch Freizeitwohnen

Oft decken sich die Standorte hohen Tourismusaufkommens mit jenen überdurchschnittlicher Freizeitwohnbebauung ❷. Zwischen den Kenngrößen Gästeübernachtungen pro 1000 Einwohner und Freizeitwohngelegenheiten pro 1000 Wohnungen errechnet sich insgesamt ein sehr hoher ▶Korrelationskoeffizient von 0,855. Aus dieser Überlagerung ergeben sich vielfach erhebliche Nutzungskonflikte, nicht nur wegen des Phänomens der ▶Parahotellerie als Konkurrenz zum Beherbergungsgewerbe, sondern auch durch die Nachfrage Ortsfremder, die die Preise auf dem heimischen Immobilien- und Mietwohnungsmarkt in die Höhe treiben. Darüber hinaus sind mit einem hohen Besatz temporär genutzter Wohnungen oft auch noch spezifische Probleme der Siedlungsentwicklung sowie soziale Probleme verbunden. Durch die Instrumente der Regionalplanung wird deshalb gelegentlich versucht, lenkend und steuernd auf die Nachfrage nach Freizeitwohnsitzen einzuwirken.

Auch wenn nicht immer zu verhindern ist, dass auf dem freien Mietwohnungs- und Kaufimmobilienmarkt auswärtige Interessenten zum Zuge kommen, so kann mit einer behutsamen Ausweisung von Bauland – evtl. gekoppelt an so genannte Einheimischenprogramme – oftmals doch der „Ausverkauf der Landschaft" an auswärtige Interessenten erheblich erschwert werden. Im Übrigen bemühen sich viele Gemeinden auch, aus den Besitzern von Zweitwohnsitzen eines Tages Bürger mit erstem Wohnsitz zu machen bzw. diese dazu zu bewegen, den ständigen Altersruhesitz auf ihr Territorium zu verlegen. Hiermit sind nicht zuletzt auch finanzielle Vorteile verbunden, die manchen Gemeindepolitiker andere Probleme mit den Neubürgern bzw. ihren Behausungen leichter vergessen lassen.◆

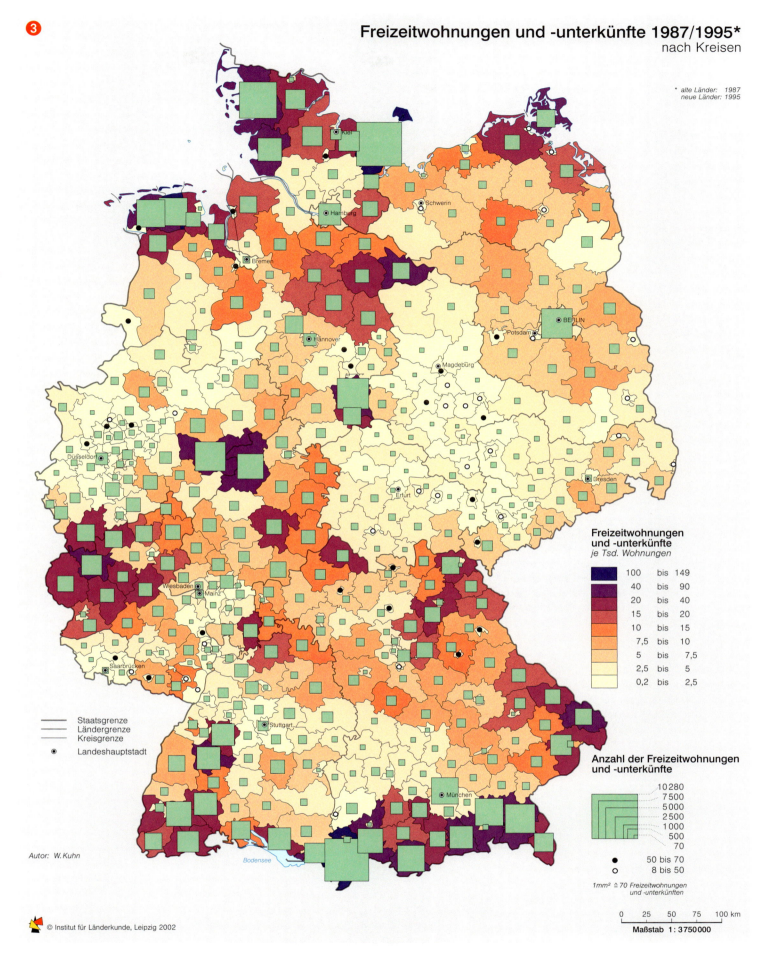

❸ Freizeitwohnungen und -unterkünfte 1987/1995*
nach Kreisen

* alte Länder: 1987
neue Länder: 1995

Freizeitwohnungen und -unterkünfte
je Tsd. Wohnungen

100 bis 149
40 bis 90
20 bis 40
15 bis 20
10 bis 15
7,5 bis 10
5 bis 7,5
2,5 bis 5
0,2 bis 2,5

Anzahl der Freizeitwohnungen und -unterkünfte

10280
7500
5000
2500
1000
500
70

● 50 bis 70
○ 8 bis 50

1mm² ≙ 70 Freizeitwohnungen und -unterkünften

Maßstab 1:3750000

Autor: W. Kuhn

© Institut für Länderkunde, Leipzig 2002

Der Trend zum Freizeitwohnen im ländlichen Raum

Ältere Menschen im ländlichen Raum

Birgit Glorius

altersselektiv – nicht alle Altersgruppen gleichermaßen betreffend

demographische Alterung – Verlagerung der Bevölkerungsstruktur eines Landes hin zu den älteren Jahrgängen durch Geburtenrückgang oder/und Anstieg der Lebenserwartung.

Geburtenrate – Anzahl der Geburten auf Frauen im gebärfähigen Alter. Bei Werten unter 2,1 kommt es zu einem Bevölkerungsrückgang

Wanderungssaldo – Differenz zwischen Zu- und Fortzügen

Wanderungsverluste – höhere Zahl von Fortzügen als von Zuzügen

Deutschland ist eine alternde Gesellschaft, und der Trend zur ▶ demographischen Alterung wird auch weiterhin anhalten (▶▶ Bd. 1, S. 92 und Bd. 4, S. 46). Davon sind die Städte mit ihrem Umland und der ländliche Raum in unterschiedlicher Weise betroffen. Gerade die dünn besiedelten ländlichen Regionen stehen angesichts der demographischen Alterung vor einer besonderen Herausforderung hinsichtlich des Ausbaus bzw. der Aufrechterhaltung von Hilfs- und Versorgungsinfrastruktur.

West-Ost-Gegensatz

Die Bevölkerungsentwicklung im ländlichen Raum weist einen starken West-Ost-Gegensatz auf ❷. Während die ländlichen Regionen der alten Länder in den letzten Jahren eine Bevölkerungszunahme verzeichnen konnten, ist die Entwicklung in den neuen Ländern negativ. Dafür ist zum einen der Geburtenknick nach der Wende verantwortlich, vor allem aber ist der ländliche Raum in Ostdeutschland von Abwanderung betroffen, die stark ▶ altersselektiv ist: am größten sind die ▶ Wanderungsverluste bei den 18 bis 25-Jährigen, den sog. Bildungswanderern ❶.

In der räumlichen Differenzierung ❷ sind Zuwanderungsregionen im Norden und Süden der Bundesrepublik sowie im Umland großer Städte auszumachen. Wanderungsverluste betreffen besonders das nördliche Brandenburg, Mecklenburg-Vorpommern, Teile Sachsen-Anhalts sowie einige Kreise beiderseits der ehemaligen deutsch-deutschen Grenze. Die natürliche Bevölkerungsentwicklung zeigt eine stark negative Entwicklung der neuen Länder und positive Salden im Süden der BRD, im westlichen Niedersachsen sowie in Westfalen.

Der Bevölkerungsanteil der ab 65-Jährigen beträgt zur Zeit knapp 16%. In den alten Ländern sind die höchsten Altenanteile in den Kernstädten und den dünn besiedelten ländlichen Kreisen anzutreffen ❸. In den neuen Ländern haben dagegen die Kernstädte und die ländlichen Kreise die jüngste Bevölkerung, die höchsten Altenanteile finden sich in den Verdichtungsräumen. Regional differenziert ❺ befinden sich die höchsten Altenanteile im altindustrialisierten Süden der neuen Länder sowie in Teilen von Rheinland-Pfalz und Niedersachsen. Daneben fallen hohe Anteile älterer Menschen in einigen Kreisen an den Küsten, im Mittelgebirgsraum und im Voralpenland auf, die aufgrund ihrer landschaftlichen Attraktivität als Ziele von Ruhesitzwanderungen gelten.

Die weitere demographische Entwicklung der ländlichen Regionen wird neben dem aktuellen Altenanteil und der Entwicklung der Lebenserwartung vor allem durch die ▶ Geburtenraten und ▶ Wanderungssalden bestimmt. Regionen, die sowohl von Geburtenrückgang als auch von Abwanderung betroffen sind, werden in der Zukunft am stärksten altern. Dies trifft auf viele ländliche Regionen Ostdeutschlands zu, die nach einer Prognose in den Jahren 1992-2010 einen Zuwachs der Hochaltrigen (75 Jahre und älter) um 46% erleben werden (BUCHER 1996).

Versorgung alter Menschen

Die wachsende Gruppe der alten und sehr alten Menschen wirft die Frage nach deren Versorgung auf, denn der Bedarf an Hilfe- und Pflegeleistungen entsteht vor allem im hohen Alter ❺. Gegenwärtig werden hilfsbedürftige alte Menschen zum Großteil durch Ehepartner und Kinder versorgt. Etwa ein Drittel der privat lebenden Pflegebedürftigen nimmt ambulante Hilfsdienste in Anspruch (SCHNEEKLOTH / POTTHOFF 1993). Rund 580.000 alte Menschen, knapp 5% der ab 65-Jährigen, leben in einem Alten- oder Pflegeheim. Für die

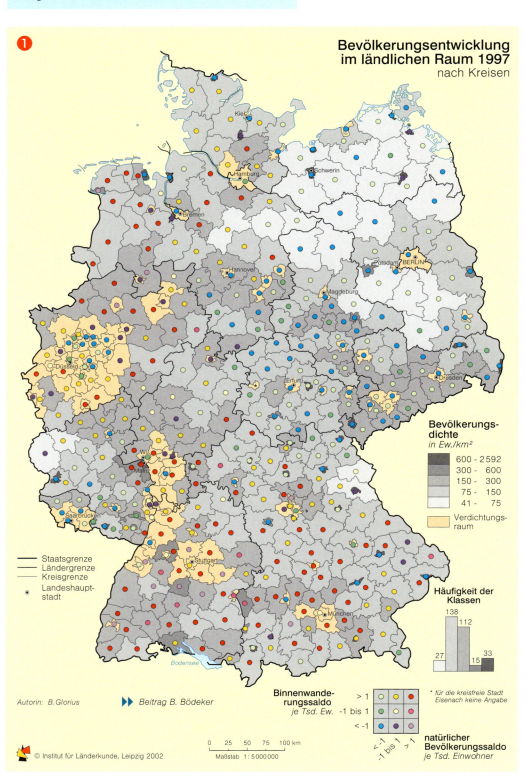

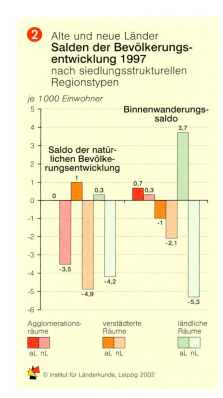

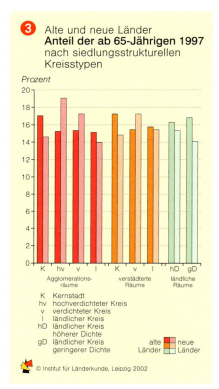

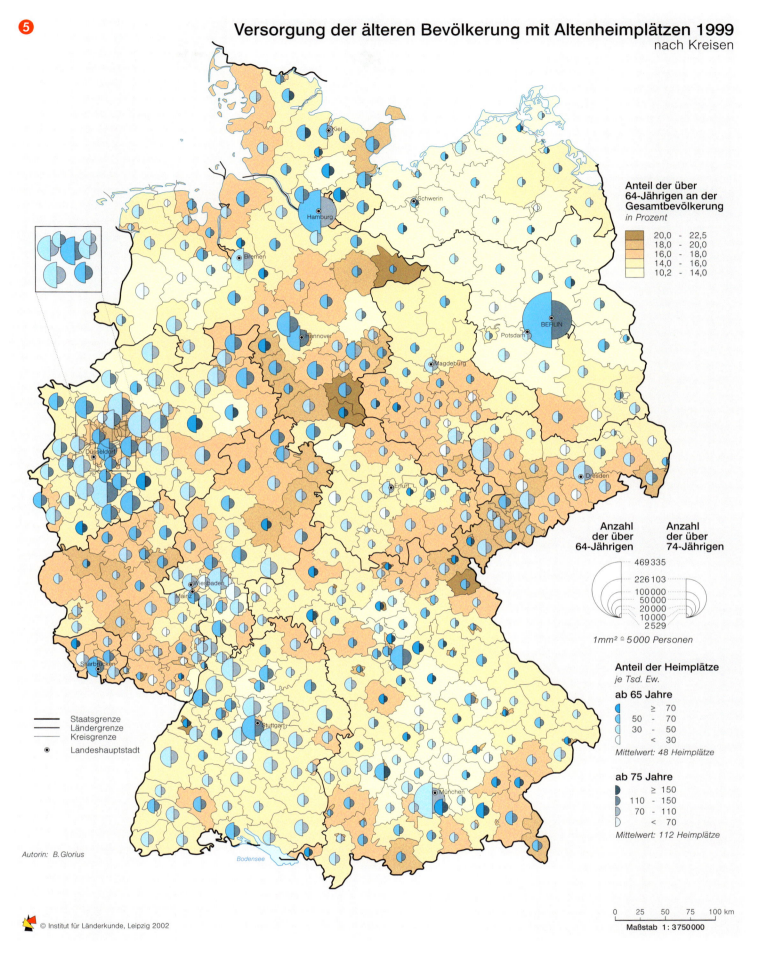

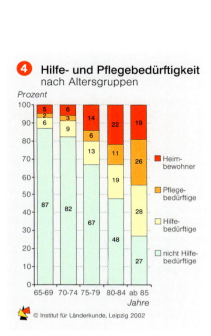

zukünftige Versorgung älterer Menschen sind mehrere Faktoren von Bedeutung:
- Durch den Anstieg der Lebenserwartung wird der Anteil der Hochaltrigen von rund 3 Mio. im Jahr 1995 auf über 5 Mio. im Jahr 2040 zunehmen (DEUTSCHER BUNDESTAG 1998). Dadurch erhöht sich auch der Bedarf an ambulanter und stationärer Versorgung und Pflege.
- Die sinkenden Heirats- und steigenden Scheidungsraten verstärken die Vereinzelung im Alter. Bereits heute lebt jeder dritte alte Mensch allein, unter den Hochaltrigen ist es sogar jeder zweite. Dieser Anteil wird besonders in den ländlichen Regionen noch ansteigen (DEUTSCHER BUNDESTAG 1998).
- Durch abnehmende Kinderzahlen und die berufsbedingte Mobilität der erwerbstätigen Generation greift das Familienpflegemodell, welches derzeit die Hauptlast in der Versorgung alter Menschen trägt, immer weniger.

Die gegenwärtige Versorgung alter Menschen mit Altenheim- und Altenpflegeheimplätzen 5 ergibt ein uneinheitliches Gesamtbild und lässt nur bedingt Schlüsse auf Unter- bzw. Überversorgung zu. Großräumig weisen der Norden der Bundesrepublik sowie Teile Bayerns einen überdurchschnittlichen Versorgungsgrad auf; die neuen Länder sind weniger gut ausgestattet. Auffällig ist der Stadt-Land-Unterschied. Während in den geringer verdichteten Regionen das schlecht ausgestattete Umland von den Kernstädten mit versorgt wird, gibt es in den großen Agglomerationen eine Trendumkehr. Hier werden Pflegebedürftige aus den Kernstädten mangels Versorgungskapazitäten in Heime des weiteren Umlandes „exportiert". Die ländlichen Kreise der alten Länder weisen überdurchschnittliche Versorgungsraten auf, in den neuen Ländern sind vor allem die dünn besiedelten ländlichen Kreise gut ausgestattet. Bei den stark unterversorgten Kreisen handelt es sich vielfach um Kreise mit vergleichsweise junger Bevölkerungsstruktur, in denen ein geringer Anteil von pflegebedürftigen Hochaltrigen mit einem hohen Familienpflegepotenzial einhergeht.

Der mit der demographischen Alterung zunehmende Bedarf an sozialen Diensten und stationären Versorgungsmöglichkeiten wird in den nächsten Jahrzehnten vor allem die ländlichen Entleerungsräume stark treffen. In den ländlichen Kreisen der Agglomerationsräume könnte sich die Konkurrenz zwischen einheimischer Bevölkerung und Stadtbevölkerung um Altenheimplätze noch verstärken. Für die Anpassung der Versorgungsinfrastruktur an die Bevölkerungsentwicklung sind ein weiterer Ausbau kleinräumiger und flexibler Versorgungsangebote in der Fläche sowie die differenzierte Betrachtung von Ausstattungs- und Bedarfszahlen erforderlich.◆

Stadtgründungsphasen und Stadtgröße

Herbert Popp

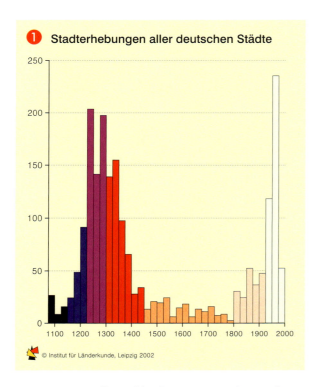

① Stadterhebungen aller deutschen Städte

Deutschland ist ausgesprochen städtereich. Der Siedlungstyp der Stadt ist vor allem im Mittelalter in großer Zahl durch die Verleihung von Privilegien seitens der Landesherren als Rechtstitel, aber auch als siedlungsstrukturelles Phänomen entstanden. Doch gibt es auch jüngere Siedlungen, die den Titel Stadt tragen – insbesondere solche, denen erst in der zweiten Hälfte des 20. Jhs. diese Bezeichnung verliehen wurde. Gegenwärtig (Stand: Ende 1999) gibt es in Deutschland 2061 Gemeinden mit dem Titel "Stadt".

In zeitlicher Differenzierung ① erkennt man sehr deutlich die beiden Hauptphasen, in denen Orte zu Städten ernannt wurden: das Hoch- und Spätmittelalter (1200-1400) sowie die zweite Hälfte des 20. Jhs. Stellt die Stadttitelverleihung in letzterer Phase heute nur noch einen weitgehend funktionslosen Verwaltungsakt dar, da das Gemeinderecht für alle Arten von Kommunen gleiches Recht garantiert, steht der Diffusionsprozess der Stadtgründungen im Mittelalter in Zusammenhang mit territorialpolitischen Zielsetzungen der Landesherren, die sich des Instruments "Verleihung von Stadtrechten" für ihre macht- und wirtschaftspolitischen Ziele bedienen konnten.

Zusammenhang Stadtalter – Stadtgröße?

Gibt es Zusammenhänge zwischen dem Alter und der Größe einer Stadt, die es ermöglichen, Ordnung in dieses komplexe Muster zu bringen? Für die Zeit um 1930 und für das durch die Industrialisierung in seinem Siedlungsbestand weniger stark als etwa die Ruhrregion veränderte Süddeutschland stellt Robert GRADMANN, der Altmeister der Siedlungsgeographie, eine interessante Hypothese auf: "Die ältesten Städte sind durchschnittlich, wenn auch nicht ausnahmslos, die größten; die meisten und die kleinsten Zwergstädte finden sich unter den späteren Gründungen des 14. und 15. Jhs. Das liegt nicht bloß daran, dass die besseren Städtelagen in früheren Jahrhunderten vorweggenommen worden sind; das höhere Alter gibt im Wettbewerb schon an sich einen Vorsprung." (1931, S. 168)

Berechnet man zur Überprüfung dieser Hypothese den ▶ Korrelationskoeffizienten für die beiden Dimensionen "Jahr der Stadtgründung" und "Einwohnerzahl 1999", lässt sich die Aussage bei einem erzielten Wert von -0,096 kaum belegen. Irrt Robert Gradmann oder haben sich seit 1930 mehrere Rahmenbedingungen so geändert, dass die von ihm behauptete Regel heute nicht mehr stimmt?

Einige verkomplizierende Rahmenbedingungen

Eine Reihe von Faktoren hat den postulierten Zusammenhang verkompliziert und beeinflusst: Das betrifft differenzierende Politiken der Landesherren im Mittelalter, die entweder restriktiv oder sehr großzügig mit der Verleihung von Stadtrechten umgingen. In der Tat zeigt sich, dass vor allem kleinere Territorialherren in besonders starkem Maße Stadtgründungen vornahmen. So finden wir heute z.B. in Südniedersachsen und Nordhessen, im Neckarraum und in Franken zahlreiche, aber durchweg sehr kleine Städte. Bauliche Überbleibsel jener spätmittelalterlichen Gründungen sind mitunter malerische Zwergstädte ohne jegliche Stadtfunktion. Will man die Vermutung, dass die im Mittelalter am spätesten zur Stadt erhobenen Siedlungen heute am kleinsten sind, als Korrelationskoeffizienten wiedergeben (bezogen auf alle Städte, die vor 1451 ihren Stadttitel erhielten), beträgt dieser -0,22.

GRADMANN hat zudem nicht berücksichtigt, dass die Städtelandschaft in Deutschland durch die Industrialisierung stark verändert wurde. Im 19. Jh. entstanden neue Städte ③ und überlagerten das alte mittelalterlich vererbte Städtenetz. Sie sind dynamischer als die bisherigen, so dass ihre Einwohnerzahl oft die der mittelalterlichen Siedlungen deutlich überholte.

Schließlich erfolgten seit den 60er und 70er Jahren des 20. Jh. in fast allen Ländern der Bundesrepublik Gemeindegebietsreformen, die in der Regel eine Zusammenlegung mehrerer Gemeinden zu einer neuen Großgemeinde bedeuteten. Dabei erlangte die neue Gemeinde stets den Stadttitel, wenn auch nur eine der bisherigen Gemeinden diesen einbrachte. Die heutigen Städte und vor allem ihre Einwohnerzahlen haben deshalb wenig zu tun mit den historisch gewachsenen, die nur einen oder wenige Ortsteile der jetzigen Gebilde darstellen.

Die Stadtgründungen des Mittelalters

Zu den Stadtgründungen vor 1150 gehören bedeutende und einwohnerstarke Städte wie Köln, Frankfurt am Main, Bremen oder Halle. Und die meisten der heutigen Städte unter 5000 Einwohner sind tatsächlich erst zwischen 1300 und 1451 entstanden. Doch lassen sich ebenso gut auch Beispiele anführen, die den vermuteten Zusammenhang eher widerlegen: Berlin und München als erst nach 1230 gegründete Städte. "Uraltstädte" (vor 1150), deren Entwicklung eher stecken geblieben ist, wie z.B. Eichstätt, Goslar, Emden, Soest, Eilenburg, Köthen oder Quedlinburg, müssten heute deutlich größer sein, als sie es tatsächlich sind, würde die Gradmannsche Hypothese zutreffen. Auf der Ebene einzelner Länder ist dagegen der korrelative Zusammenhang in einigen Fällen relativ hoch, so z.B. -0,73 für Rheinland-Pfalz, -0,56 für Nordrhein-Westfalen, -0,45 für Schleswig-Holstein und -0,4 für Mecklenburg-Vorpommern und Hessen (Basis: alle Städte mit Stadttitelverleihung vor 1451).

Stadttitel im 20. Jh.

Wenn eine Gemeinde im 20. Jh. mit dem Titel Stadt ausgezeichnet wurde, war dies nur noch eine Bezeichnung mit Image-Trächtigkeit, aber ohne Funktion. Um so überraschender ist es, wie viele Gemeinden diese Bezeichnung angestrebt und auch erhalten haben. Besonders deutlich konzentrieren sich diese Stadtprestige-Städte in Niedersachsen, Nordrhein-Westfalen, im Umkreis der Verdichtungsräume Hamburg, Rhein-Main, Rhein-Neckar, Mittlerer Neckar sowie in Bayern, wo eine deutliche Häufung im östlichen Landesteil entlang der Grenze zu Tschechien auffällt. Mag man in den Verdichtungsräumen die Verleihung des Stadttitels mit einem besonders dynamischen Bevölkerungswachstum parallelisieren und rechtfertigen, gilt dies im östlichen Bayern keineswegs. Die Verleihung des Stadttitels ist dort zu einem Titel ohne Mittel degradiert. ◆

Korrelationskoeffizient – statistische Maßzahl, von Pearson entwickelt, die den Zusammenhang zwischen den Verteilungen von zwei voneinander unabhängigen Variablen wiedergibt; der Wert kann zwischen −1 und +1 schwanken, wobei 0 bedeutet, dass kein Zusammenhang zwischen den beiden Verteilungen besteht, -1 bedeutet, dass ein hoher gegensätzlicher Zusammenhang besteht und +1, dass ein hoher positiver Zusammenhang besteht.

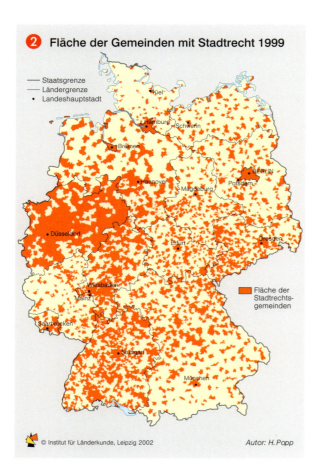

② Fläche der Gemeinden mit Stadtrecht 1999

Wangen im Allgäu (Stadtrecht 1217)

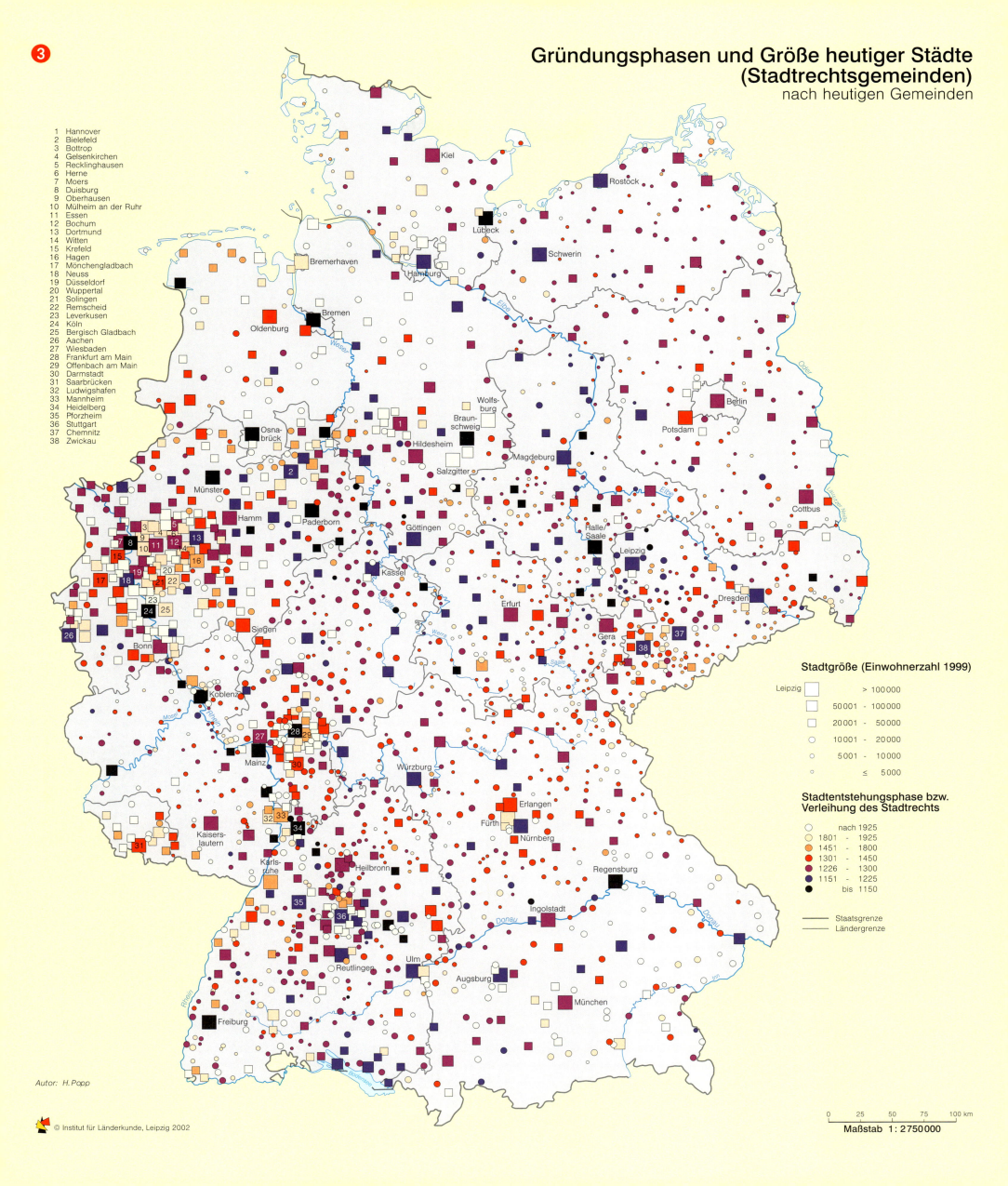

Historische Stadttypen und ihr heutiges Erscheinungsbild

Barbara Hahn

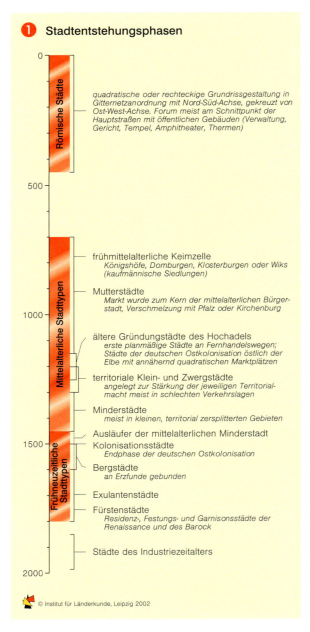

Wir leben heute in Städten, die nicht selten bereits vor mehr als 800, 900 oder 1000 Jahren von unseren Vorfahren gegründet worden sind ❶. Die römischen Städte sind sogar vor fast 2000 Jahren angelegt worden. In Abhängigkeit vom Zeitpunkt der Gründung und von der Region sind in Deutschland eine Reihe von Stadttypen entstanden, die sich durch Grund- und Aufriss voneinander unterscheiden. Die mittelalterliche Stadt spiegelte das Spannungsfeld zwischen Burg und Marktsiedlung, Stift und Gewerbesiedlung oder Dom und Rathaus wider. Im Laufe der Jahrhunderte durchliefen die Städte Phasen von Aufstieg und Reichtum sowie von Stagnation und Verfall. Häuser, die durch wohlhabende Kaufleute errichtet worden waren, verfielen und wurden durch neue Häuser ersetzt. Die Städte waren immer wieder Veränderungen unterworfen, bestehende Strukturen wurden überformt oder neue Teile angegliedert. Verschiedene Altersschichten legten sich übereinander und veränderten das Bild der Stadt.

Bis zum 19. Jh. waren die deutschen Städte von Stadtmauern umgeben. Wenn auch schon im Mittelalter üblich, so waren Stadterweiterungen im großen Stil erst nach deren Schleifung möglich. Es wurden Vorstädte angegliedert oder in der Nähe gelegene Dörfer eingemeindet. Ist die Stadt innerhalb des früheren Mauerrings noch gut erhalten, wird sie heute als Altstadt bezeichnet. Dieses ist insbesondere bei zahlreichen Klein- und Mittelstädten, seltener bei Großstädten der Fall, die meist nach den umfangreichen Zerstörungen des Zweiten Weltkriegs wenig originalgetreu wieder aufgebaut worden sind. Die räumliche Geschlossenheit der mittelalterlichen Stadt, ihre Straßenführung und Platzgestaltung, ihre Baukörper und Grundstücksgrößen können in vielen Städten noch heute nachvollzogen werden.

Römische Stadtgründungen

In den Jahren um Christi Geburt war Germanien zwischen Rhein und Elbe in römischer Hand. Nach der Aufgabe der Pläne eines östlich des Rheins gelegenen römischen Germaniens 16 n.Chr. wurde der Niederrhein zur Grenze (Niedergermanischer Limes). 84 n.Chr. begann der Bau des Obergermanischen Limes, der über den Taunus bis zum Main durch das heutige Baden-Württemberg und entlang der Donau verlief ❷. Insbesondere entlang des Limes, aber auch in dessen westlichem und südlichem Hinterland legten die Römer militärische Kastelle an, aus denen sich städtische Siedlungen entwickelten. Die ersten Städte auf deutschem Boden

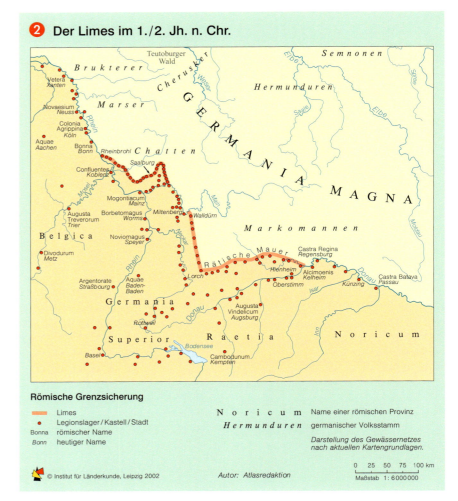

wurden somit von den Römern gegründet, die 260 n.Chr. das Limesgebiet wieder aufgeben mussten. Ob es eine Siedlungskontinuität gab, ist für die meisten der römischen Stadtgründungen umstritten. Ausgrabungen haben aber eindeutig erwiesen, dass in einigen Fällen wie z.B. in Koblenz, Regensburg und Trier die römische Siedlung und die frühmittelalterliche Stadt nahezu deckungsgleich sind, während in Kempten und Xanten die mittelalterlichen Städte außerhalb der römischen Siedlung entstanden.

Römerstädte – das Beispiel Regensburg

Auf dem vermutlich bereits von den Kelten genutzten und als *Ratisbona* bezeichneten Siedlungsplatz ca. 1 km südlich der heutigen Altstadt legte Vespasian um 75 n.Chr. ein Auxiliarkastell (Hilfslager) an. Weit bedeutender war allerdings die Errichtung des Kastells *Castra Regina* durch den römischen Kaiser Marc Aurel auf der hochwassersicheren Hochterrasse gegenüber der Regenmündung. Eine steinerne Inschrift des östlichen Lagertores vom 25.8.179 n.Chr. ist die älteste Gründungsurkunde einer deutschen Stadt. Das Lager hatte bei einer Länge von 540 m und einer Breite von 450 m eine Fläche von 24,3 ha. Es wurde als Standquartier für die 3. Italienische Legion mit ca. 6000 Mann errichtet. Westlich davon ließen sich etwa dreimal soviel Zivilisten nieder. Hier liegt die Keimzelle der Stadt. Der mittelalterliche Verlauf der Straßen zeichnet grob den Schachbrettgrundriss der römischen Siedlung nach und ist noch heute im Luftbild nachzuvollziehen ❶ (▶ Foto). Aufgelockert wird der Grundriss durch eine im Mittelalter entstandene Abfolge von Platzanlagen ähnlicher Größenordnung. 1251 erhielt Regensburg die reichsstädtische →

Regensburg

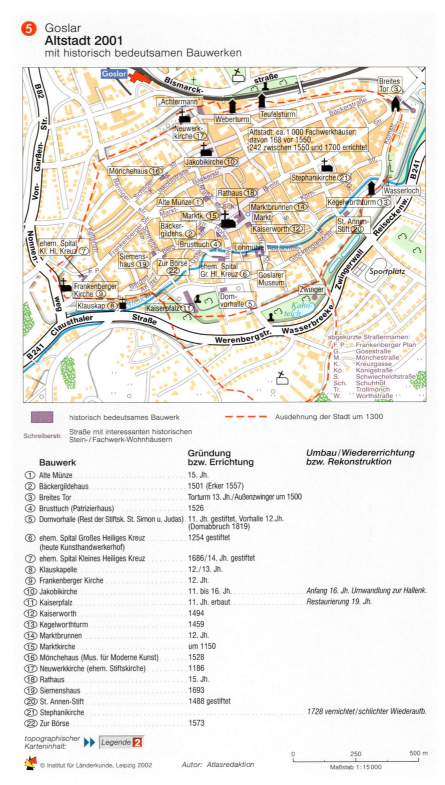

Historische Stadttypen und ihr heutiges Erscheinungsbild 83

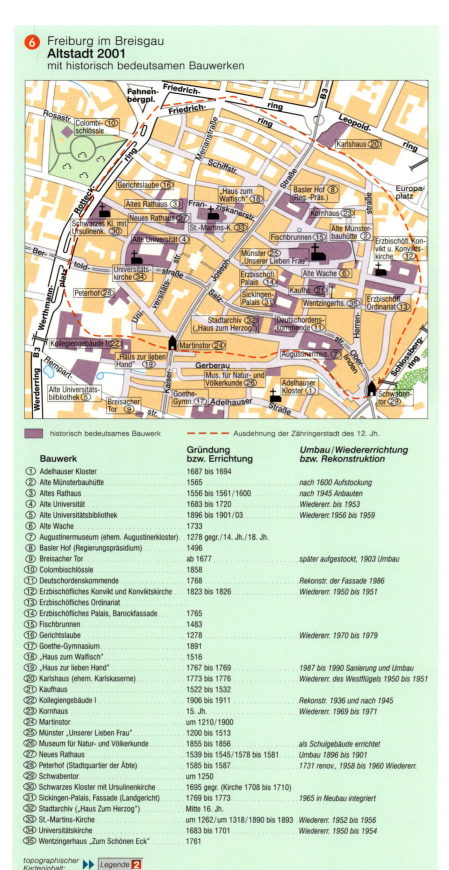

**⑥ Freiburg im Breisgau
Altstadt 2001
mit historisch bedeutsamen Bauwerken**

■ historisch bedeutsames Bauwerk   - - - Ausdehnung der Zähringerstadt des 12. Jh.

Bauwerk	Gründung bzw. Errichtung	Umbau/Wiedererrichtung bzw. Rekonstruktion
① Adelhauser Kloster	1687 bis 1694	
② Alte Münsterbauhütte	1565	nach 1600 Aufstockung
③ Altes Rathaus	1556 bis 1561/1600	nach 1945 Anbauten
④ Alte Universität	1683 bis 1720	Wiedererr. bis 1953
⑤ Alte Universitätsbibliothek	1896 bis 1901/03	Wiedererr. 1956 bis 1959
⑥ Alte Wache	1733	
⑦ Augustinermuseum (ehem. Augustinerkloster)	1278 gegr./14. Jh./18. Jh.	
⑧ Basler Hof (Regierungspräsidium)	1496	
⑨ Breisacher Tor	ab 1677	später aufgestockt, 1903 Umbau
⑩ Colombischlössle	1858	
⑪ Deutschordenskommende	1768	Rekonstr. der Fassade 1986
⑫ Erzbischöfliches Konvikt und Konviktskirche	1823 bis 1826	Wiedererr. 1950 bis 1951
⑬ Erzbischöfliches Ordinariat		
⑭ Erzbischöfliches Palais, Barockfassade	1765	
⑮ Fischbrunnen	1483	
⑯ Gerichtslaube	1278	Wiedererr. 1970 bis 1979
⑰ Goethe-Gymnasium	1891	
⑱ „Haus zum Walfisch"	1516	
⑲ „Haus zur lieben Hand"	1767 bis 1769	1987 bis 1990 Sanierung und Umbau
⑳ Karlshaus (ehem. Karlskaserne)	1773 bis 1776	Wiedererr. des Westflügels 1950 bis 1951
㉑ Kaufhaus	1522 bis 1532	
㉒ Kollegiengebäude I	1906 bis 1911	Rekonstr. 1936 und nach 1945
㉓ Kornhaus	15. Jh.	Wiedererr. 1969 bis 1971
㉔ Martinstor	um 1210/1900	
㉕ Münster „Unserer Lieben Frau"	1200 bis 1513	
㉖ Museum für Natur- und Völkerkunde	1855 bis 1856	als Schulgebäude errichtet
㉗ Neues Rathaus	1539 bis 1545/1578 bis 1581	Umbau 1896 bis 1901
㉘ Peterhof (Stadtquartier der Äbte)	1585 bis 1587	1731 renov., 1958 bis 1960 Wiedererr.
㉙ Schwabentor	um 1250	
㉚ Schwarzes Kloster mit Ursulinenkirche	1695 gegr. (Kirche 1708 bis 1710)	
㉛ Sickingen-Palais, Fassade (Landgericht)	1769 bis 1773	1965 in Neubau integriert
㉜ Stadtarchiv („Haus Zum Herzog")	Mitte 16. Jh.	
㉝ St.-Martins-Kirche	um 1262/um 1318/1890 bis 1893	Wiedererr. 1952 bis 1956
㉞ Universitätskirche	1683 bis 1701	Wiedererr. 1950 bis 1954
㉟ Wentzingerhaus „Zum Schönen Eck"	1761	

topographischer Karteninhalt: ▶▶ Legende 2

© Institut für Länderkunde, Leipzig 2002   Autor: Atlasredaktion   0 100 200 m   Maßstab 1:7500

Stralsund – Marktplatz 1838

Unabhängigkeit. Der blühende Handelsplatz soll mit 70.000 Menschen Deutschlands bevölkerungsreichste Stadt gewesen sein. Die Ausdehnung, die Regensburg im 14. Jh. erreichte, wurde erst im 19. Jh. überschritten. 1519 schuf die Niederlegung des Judenviertels Platz für den Neupfarrplatz, 1779 wurde die mittelalterliche Stadtmauer geschleift. Ihr Verlauf ist noch heute an den vorgelagerten Parkanlagen zu erkennen. Weitere Änderungen des Grundrisses erfolgten 1809 nach Zerstörungen im südöstlichen Bereich des Kastells durch Napoleon. Dort wurde mit der Maximilianstraße eine breite Durchgangsstraße geschaffen.

Bergbaustädte: das Beispiel Goslar

Viele deutsche Städte verdanken ihre Entwicklung und wirtschaftliche Blüte dem Vorkommen von Bodenschätzen: Gloslar und Freiberg im Erzgebirge z.B. den Silberminen und Lüneburg dem Salz. Am Rammelsberg, nahe einer kleinen an der Gose gelegenen Siedlung am Nordrand des Oberharzes, wurde spätestens seit 968 Bergbau betrieben. Zwischen 1005 und 1015 ließ Kaiser Heinrich II. die ersten Pfalzbauten in Goslar errichten. Während der Salierzeit hatte Goslar große Bedeutung als Königspfalz und war Ort vieler Reichstage. Im 11. Jh. entwickelte sich der Marktbezirk, dem sich bald das Handwerkerviertel mit der Kirche St. Jakobi (1151) und die Unterstadt mit der St. Stephanskirche (1142) anschlossen ④ ⑤. Der Mauerring dürfte bereits um 1100 bestanden haben. Das genaue Datum der Stadtrechtsverleihung ist nicht bekannt, ist aber auf jeden Fall vor 1330 zu datieren. In dem reichlich bemessenen Gebiet innerhalb der Stadtmauer ist trotz der schematischen Aufteilung in Längs- und Querstraßen kein eintöniges Gitternetz entstanden. Die Blütezeit der Stadt endete 1552, als Goslar die Rechte am Rammelsberg verlor. Die Gewinne aus dem Bergbau flossen fortan nach Braunschweig.

**⑦ Freiburg im Breisgau
Historischer Grundriss der Zähringerstadt, gegr. 1120**

■ bedeutendes Bauwerk
▨ angenommene Bebauung
▨ Normal-Grundstück 50x100 Fuß (beispielhaft)
— Mauerring der Gründungsstadt des 12. Jh.
- - - verschwundener Straßenverlauf
Salzstraße heutiger Straßenname eines historisch bedeutsamen Verkehrsweges

topographischer Karteninhalt: ▶▶ Legende 2

© Institut für Länderkunde, Leipzig 2002   Autor: Atlasredaktion (nach K. Gruber)   0 100 200 m   Maßstab 1:7500

Planmäßige Stadtgründungen – das Beispiel Freiburg im Breisgau

Das 1120 von den Zähringern gegründete Freiburg gilt als die erste planmäßige Stadtanlage Deutschlands. Die Zähringer sichern „als Herzöge ohne Land" ihre Macht durch Stadtgründungen. Die Stadt ist am Schnittpunkt des Austritts der Dreisam aus dem Schwarzwald in die Oberrheinebene und der nord-südlichen Verkehrsleitlinie von Frankfurt nach Basel gelegen. In der Nähe einer bereits bestehenden Burganlage wies Konrad von Zähringen einen Straßenmarkt aus, der auch die Funktion der Hauptstraße erfüllte. Eine zweite, aber weniger bedeutende Hauptstraße kreuzte diese nicht in der Mitte der Stadt, sondern südlich davon. So entstand eine viertorige Anlage mit einer breiten Mittelstraße, von der zu beiden Seiten Nebengassen abzweigten, die die Funktion von Wohn- und Gewerbegassen erfüllten. Die streng nach Osten ausgerichtete Pfarrkirche wurde abseits der Hauptstraßen inmitten ihres Kirchhofs angelegt, und auch mehrere Klöster entstanden in Randlagen. Siedler konnten gegen einen Jahreszins von 1 Schilling ein Grundstück von 50 x 100 Fuß (ca. 16 x 32 m) erwerben. Auf den Grundstücken war binnen Jahresfrist ein Haus zu bauen.

In den ersten Jahrzehnten nach der Gründung bot die Stadt noch ein anderes Bild als im ausgehenden Mittelalter. Die meisten Straßen waren zunächst nur auf einer Seite bebaut, und die mit der Traufe zur Straße errichteten Wohnhäuser dürften einstöckige Fachwerkbauten gewesen sein. Doch gab es schon um 1200 einige steinerne Gebäude. Die Wohnweise mit Haus und Hof, Garten und Scheune beanspruchte viel Platz, so dass bereits Mitte des 13. Jhs. mit der Schneckenvorstadt die erste Erweiterung entstand, die bald in die Ummauerung und 1300 in die Stadtrechte einbezogen wurde. Um 1300 hatte die Stadt ihre größte Ausdehnung im Mittelalter erreicht ❼. Nach ihrem Gründer wird Freiburg als Zähringerstadt bezeichnet, wie auch das im östlichen Schwarzwald gelegene Villingen und das am Neckar gelegene Rottweil. In allen diesen Städten ist der planmäßig angelegte Grundriss noch heute weitgehend erhalten ❻.

Hansestädte – das Beispiel Stralsund

Im Zuge der Kolonisierung slawischer Siedlungsgebiete und der deutschen Ostkolonisation wurde östlich der Elbe eine Vielzahl neuer Städte gegründet, die weitgehend geplant angelegt wurden. 1143 erhielt Lübeck als erste ostelbische Siedlung Stadtrecht. Es folgten Rostock 1218 und 1234 Stralsund. Fürst Witzlaw II. von Rügen siedelte deutsche Kaufleute an und stattete sie mit Zollfreiheit und Fischrecht auf dem Sund aus. Den Mittelpunkt des ältesten Stadtkerns bildete der etwa 10,5 m über dem Meeresspiegel gelegene Alte Markt mit Rathaus und Nikolaikirche. Sehr bald entstand eine Neustadt mit der Pfarrkirche St. Marien. Ab 1256 wurde eine Stadtmauer errichtet, die beide Stadtteile umschloss. Um die Wende vom 13. zum 14. Jh. erreichte die mittelalterliche Stadt ihre größte Ausdehnung.

Stralsund war Seehandelsstadt und wohlhabende Hansestadt. Die Straßenführung ❽ zeigt mit der betonten Ost-West-Richtung eine Orientierung auf die Hafenfront, ohne dass sich eine klar erkennbare Hauptstraße herausgebildet hat. Im Gründungsjahrhundert wurden zunächst Fachwerkhäuser errichtet, die ab dem 14. und 15. Jh. jedoch nahezu vollständig durch massive Backsteinbauten abgelöst wurden. Das begrenzte Stadtgebiet zwang dazu, die Ware in drei-, vier-, fünf-, zuweilen sogar sechs- und siebenfach übereinander gelagerten Böden in den oberen Teilen des mit der Giebelseite zur Straße gekehrten Hauses zu speichern. Im 16. Jh. verlor die Stadt mit dem Niedergang der Hanse ihre hervorragende Bedeutung. ♦

Stralsund — Denkmalbestand von Altstadt und Hafeninsel 2002

Neuzeitliche Planstädte

Barbara Hahn

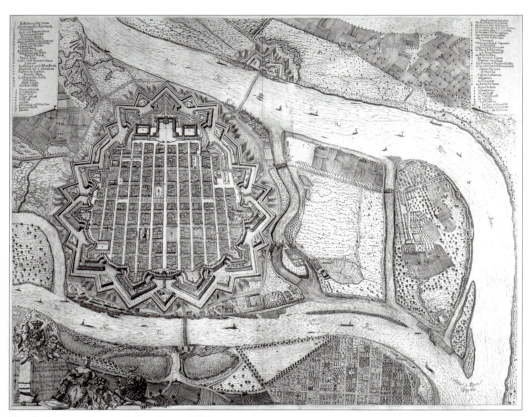

Vogelschauansicht von Mannheim 1758

❶ Neustrelitz
Luftbild 1999

Neustrelitz
Bautypen der denkmalpflegerischen Zielplanung 1996

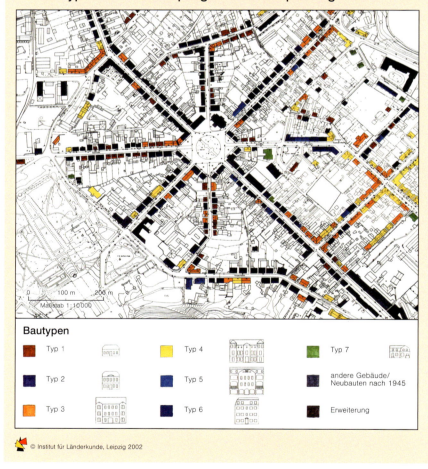

Nach dem Vorbild der 1516 von Thomas Morus verfassten Schrift *Utopia* und dem 1527 von Albrecht Dürer vorgelegten Entwurf einer ▶ Idealstadt ist bis zum frühen 18. Jh. in Deutschland eine Reihe von Städten gegründet oder in idealtypischer Weise erweitert worden. Der von Dürer entwickelten ▶ Vierungsstadt, deren Straßen durch die mehrfache Wiederholung des Zentralquadrats streng rechtwinklig ausgerichtet sind ❷, stehen der Kreis und die aus diesem entwickelte ▶ Radialstadt als geometrisches Grundprinzip gegenüber. Radialstädte oder Vierungsstädte wurden selten in der Reinform errichtet. Häufig kam es zu Verschmelzungen der fortifikatorischen Überlegenheit der Radialstadt mit der optimalen Baugrundnutzung der Vierungsstadt.

Bei den frühen Planstädten dominierte der Festungscharakter (▶ Bastion). Die Festungen wurden häufig nach dem Vorbild des französischen Festungsbaumeisters Vauban (1633-1707) angelegt. Nicht selten war das Schloss gegen die Bürgerstadt mit einer eigenen Befestigung abgesichert. Im Barock rückte die Funktion der Residenzstadt in den Vordergrund. Die Stadt wurde als Kunstwerk betrachtet, in dem alle Teile dem Ganzen untergeordnet sind. Da der absolutistische Herrscher als Verkörperung der Staatsmacht verstanden wurde, war die bauliche Nähe oder Ferne zu seiner Residenz gleichbedeutend mit der gesellschaftlichen Position und der Würde eines Menschen. Gleichzeitig gewann die Gestaltung der Straßen und Plätze durch Reglementierung des Hausbaus immer mehr an Bedeutung. Viele der Neugründungen wurden mit Glaubensflüchtlingen, denen Privilegien gewährt wurden, besiedelt. Während die historischen Grundrisse der Planstädte noch heute weitgehend erhalten sind, lassen sich gerade in den größeren Städten wie z.B. Karlsruhe oder Mannheim nur noch sehr wenige Wohnhäuser aus der Zeit der Stadtgründung finden.

Freudenstadt

Der erste von Heinrich Schickhardt entworfene Plan für die 1599 von Herzog Friedrich I. von Württemberg gegründete Stadt sah eine Blockbebauung für die Wohnhäuser vor und orientierte sich eindeutig an Dürer. Das Schloss sollte in ein Eckquadrat gerückt werden. Der überarbeitete Plan sah für die zentrale Platzanlage eine übereck gestellte vierflügelige Schlossanlage vor. Von den geplanten fünf parallel um den Platz laufenden Häuserzeilen ❷ wurden nur drei realisiert. Aus Österreich wurden protestantische Siedler ange-

---

Bastion – bei Verteidigungsanlagen ein im Grundriss halbrunder, später fünfeckiger Festungsbau, der meist im künstlich ausgehobenen oder vertieften Graben dem Wall vorgeschoben wurde

Festungsstadt – im 16. und 17. Jh. als Sternsysteme mit mehreren Ringen hintereinander liegender und sich überhöhender dreieckiger Schanzen und Bastionen angelegt

Idealstadt – Stadt, der eine Staats- oder Sozialutopie zugrunde liegt, die von einem Einzelnen oder einer Gemeinschaft entwickelt worden ist

Radialstadt – durch ein strahlenförmig-konzentrisches Straßensystem innerhalb eines Polygons geprägt

Vierungsstadt – eine aus der Grundform des Quadrats gewonnene Stadtanlage. Die Straßen sind durch die mehrfache Wiederholung des Zentralquadrats streng rechtwinklig ausgerichtet.

Zitadelle – besonders wehrhafter Bauteil innerhalb einer größeren Verteidigungsanlage

worben. 1659 plante Herzog Eberhard III. den Ausbau der bis dato unbefestigten Stadt zu einer großen Festung, der jedoch nur in Ansätzen verwirklicht wurde. Das Schloss wurde nie gebaut. Die mit Arkaden versehenen Häuser, die den Marktplatz einfassen, wurden

② Freudenstadt
Zweiter Entwurf

giebelständig errichtet. Nach der fast völligen Zerstörung der Stadt im Zweiten Weltkrieg wurden die Häuser in traufseitiger Stellung neu aufgebaut, aber wieder mit Arkaden (▶▶ Beitrag Denzer, S. 54).

Mannheim

An der Stelle eines 766 erstmals erwähnten Dorfes ließ Kurfürst Friedrich IV. von der Pfalz 1606 die ▶ Zitadelle Friedrichsburg am Rheinufer errichten, die 1907 städtische Privilegien erhielt. Innerhalb der Zitadelle wurde die Bebauung radial angelegt (▶ Foto). Eine vorgelagerte Siedlung für Hugenotten entstand mit gleichförmigem Rastergrundriss und eigener Bastion. Nach Zerstörungen 1622 und 1689 wurde die Zitadelle geschleift. Der Wiederaufbau der Stadt erfolgte wiederum mit rasterförmigem Grundriss ab 1698 nach Plänen Minno von Coehorns. Die breite Hauptachse läuft auf das Schloss zu, das ab 1720 auf dem Gelände der ehemaligen Zitadelle entstand. Nach der Verlegung des kurfürstlichen Hofes von Heidelberg nach Mannheim war die Stadt von 1720 bis 1778 Residenz der Kurfürsten von der Pfalz. Seit Mitte des 19. Jhs. entwickelte sich Mannheim zu einer wichtigen Industrie- und Handelsstadt. Im Zweiten Weltkrieg wurde es fast völlig zerstört; Schloss, Kirchen, Zeug- und Rathaus wurden wieder aufgebaut.

Neustrelitz

Die 1733 von Herzog Adolf Friedrich III. von Mecklenburg-Strelitz gegründete und von Julius Löwe geplante Stadt wurde in unmittelbarer Nähe eines wenige Jahre zuvor gebauten Residenzschlosses als ▶ Radialstadt errichtet. Vor der Stadtkirche befindet sich der quadratische Marktplatz mit einer Seitenlänge von ca. 120 m als Mittelpunkt, von dem aus acht Straßen sternförmig in alle Himmelsrichtungen führen ②

Mit der Eröffnung der Eisenbahnverbindung von Berlin nach Stralsund (1877/78) und Rostock-Warnemünde (1886) entwickelte sich die am Zirker See gelegene Stadt zum Fremdenverkehrsort. Die herzogliche Kontrolle des Bauwesens, spätere amtliche Beratung und die Tatsache, dass Neustrelitz nie zerstört wurde, haben ein einheitliches Stadtbild entstehen lassen, das noch gut erhalten ist. In der DDR fand eine Erweiterung der Stadt in östlicher Richtung durch eine Siedlung im typischen Plattenbaustil statt, die sich außerhalb des Kartenausschnitts befindet ①. ◆

③ Planstädte 1550-1800

Kriegszerstörung und Wiederaufbau deutscher Städte nach 1945

Volker Bode

Mit der Kapitulation Deutschlands endete in Europa am 8. Mai 1945 nach fast 6-jähriger Dauer der Zweite Weltkrieg. Bilder von Kriegshandlungen, Konzentrationslagern, Vertreibungen sowie von verwüsteten Städten mit ihren Trümmerlandschaften sind einprägsame Zeitzeugnisse dieser unermesslichen Ereignisse und stehen zugleich als Mahnung vor Faschismus, Krieg und Völkermord.

Bei Kriegsende waren von 18,8 Mio. Wohnungen des Deutschen Reiches 4,8 Mio. zerstört bzw. beschädigt, 400 Mio. m³ Trümmer fielen an, und 13 Mio. Menschen waren obdachlos. „Hätte der Putsch vom 20. Juli 1944 Erfolg gehabt und zu einem Friedensschluß geführt, wären Deutschlands Städten 72 Prozent aller Bomben, die bis 1945 fielen, erspart geblieben" (VON BEYME 1987, S. 29). Noch in den letzten Kriegsmonaten gingen beispielsweise die bis dahin verschont gebliebenen Großstädte Magdeburg, Dresden, Chemnitz, Dessau und Plauen sowie die Mittelstädte Hanau und Pforzheim in den Feuerstürmen der alliierten Luftangriffe unter.

Die räumliche Verteilung der Kriegsschäden war – bedingt durch den Verlauf des Luftkrieges und die in der Endphase durchgeführten Bodenkämpfe zur Eroberung des Ruhrgebietes und der Hauptstadt Berlin – sehr heterogen. So waren auf dem Gebiet der späteren DDR 9,4% des Wohnungsbestandes von 1939 total zerstört, während auf dem Territorium der Bundesrepublik Deutschland ein Wohnungsverlust von 18,5% zu beklagen war.

Zerstörungen in Städten aller Größen

Der Luftkrieg der Alliierten gegen das Deutsche Reich traf Städte aller Grössenordnungen ❷. Von den 54 Großstädten (1939) auf dem heutigen Gebiet Deutschlands überstanden lediglich Lübeck, Wiesbaden, Halle und Erfurt den Zweiten Weltkrieg mit relativ geringen Schäden. In der Rangfolge der prozentualen Wohnungsverluste steht Würzburg mit 75% in der Schadensstatistik an der Spitze, gefolgt von Dessau, Kassel, Mainz und Hamburg. Von den 151 Mittelstädten wies etwa ein Drittel einen Totalzerstörungsgrad am Wohnungsbestand von mehr als 20% auf. Am stärksten betroffen waren Prenzlau in Brandenburg und Düren in Nordrhein-Westfalen mit über 80%, gefolgt von Pforzheim in Baden-Württemberg, Hanau in Hessen, Zweibrücken in Rheinland-Pfalz und Emden in Niedersachsen. Von den Kleinstädten erlitten 93 beträchtliche Kriegsschäden. Gerade in den letzten Kriegsmonaten wurden in Nordrhein-Westfalen, Mecklenburg-Vorpommern und Brandenburg viele von ihnen durch das Vorrücken alliierter Bodenstreitkräfte verwüstet.

Besonders starke Zerstörungen verzeichneten die Innenstädte, die seit 1942 ganz entscheidende Angriffsziele darstellten. Von den Großstädten waren 30 Innenstädte zu über 70% zerstört, in Dresden, Köln, Essen, Dortmund, Hannover, Nürnberg, Chemnitz, Hagen, Münster, Solingen, Darmstadt und Bremerhaven nahezu vollständig. Ebenso erging es den damaligen Mittelstädten Heilbronn, Pforzheim, Hanau, Gießen, Hildesheim, Paderborn, Rathenow, Emden, Neubrandenburg, Offenbach, Nordhausen, Ulm, Koblenz und Halberstadt.

Der Wiederaufbau

Für viele deutsche Städte stellten die gewaltigen Kriegsschäden einen einschneidenden Bruch in ihrer Geschichte dar. Es begann eine neue Stadtentwicklungsphase. Aus den trostlosen Trümmerlandschaften nahezu total zerstörter Innenstädte musste wieder städtisches Leben entwickelt werden. Der Wiederaufbau war zunächst durch die Rekonstruktion zerstörter Wohnungen und Arbeitsstätten gekennzeichnet. Dabei ging es primär darum, die dramatische Wohnungsnot der Stadtbevölkerung, die z.T. auf dem Lande untergebracht worden war, sowie die der zahlreichen Flüchtlinge und Vertriebenen schnellstmöglichst zu beseitigen.

Wiederaufbau in der Bundesrepublik

Der rasche Wiederaufbau in den westlichen Besatzungszonen bzw. in der Bundesrepublik Deutschland orientierte sich i.d.R. am historischen Siedlungsgefüge, da die im Untergrund befindliche technische Infrastruktur zur Ver- und Entsorgung häufig intakt geblieben war. Weitere Persistenzfaktoren waren die bestehenden Grundstücksgrenzen und Eigentumsverhältnisse. Andererseits bestanden zahlreiche städtebauliche Visionen, die zerstörten Altstadtquartiere, die durch klein parzellierte Bebauung und enge Straßen gekennzeichnet waren, neu und großzügig zu gestalten. Aus dieser Perspektive wurde die Zerstörung überwiegend als Chance zum Neuanfang und zur Realisierung von Leitbildern des „modernen Städtebaus" gesehen. Die Finanzierung des Wiederaufbaus wurde ganz wesentlich mit Mitteln des ▶▶ Marshallplans (das 1947 nach dem amerikanischen Außenminister G. C. Marshall benannte, für 16 europäische Staaten in Gang gesetzte European Recovery Program) ermöglicht.

Die Konzeptionen reichten vom rekonstruktiven Wiederaufbau mit konservativem und die Tradition betonendem Tenor bis zum Neubau, der alte Strukturen und Funktionen negierte, den Bruch mit der Vergangenheit auch baulich vollziehen wollte und moderne, innovative Vorstellungen verfolgte. Beispiele für die Wiederherstellung des historischen Grundrisses und entsprechender Ensembles waren die Altstadt von Münster mit dem Prinzipalmarkt sowie die historischen Zentren von Freudenstadt und Nürnberg. Im Unterschied dazu setzte sich beispielsweise in Kassel eine zeitgemäße aufgelockerte Bauweise durch, und die zerstörte Unterneustadt wurde autogerecht überplant.

Die Phase des Wiederaufbaus war in der Bundesrepublik Deutschland bereits in den 1960er Jahren abgeschlossen. Ein ganz entscheidender Faktor für die vielfältige Neugestaltung einzelner Städte waren die verfassungsmäßige Gewährleistung der kommunalen Selbstverwaltung und das entsprechende Recht, die Stadtentwicklung und den Wiederaufbau in eigener Verantwortung selbst zu gestalten. →

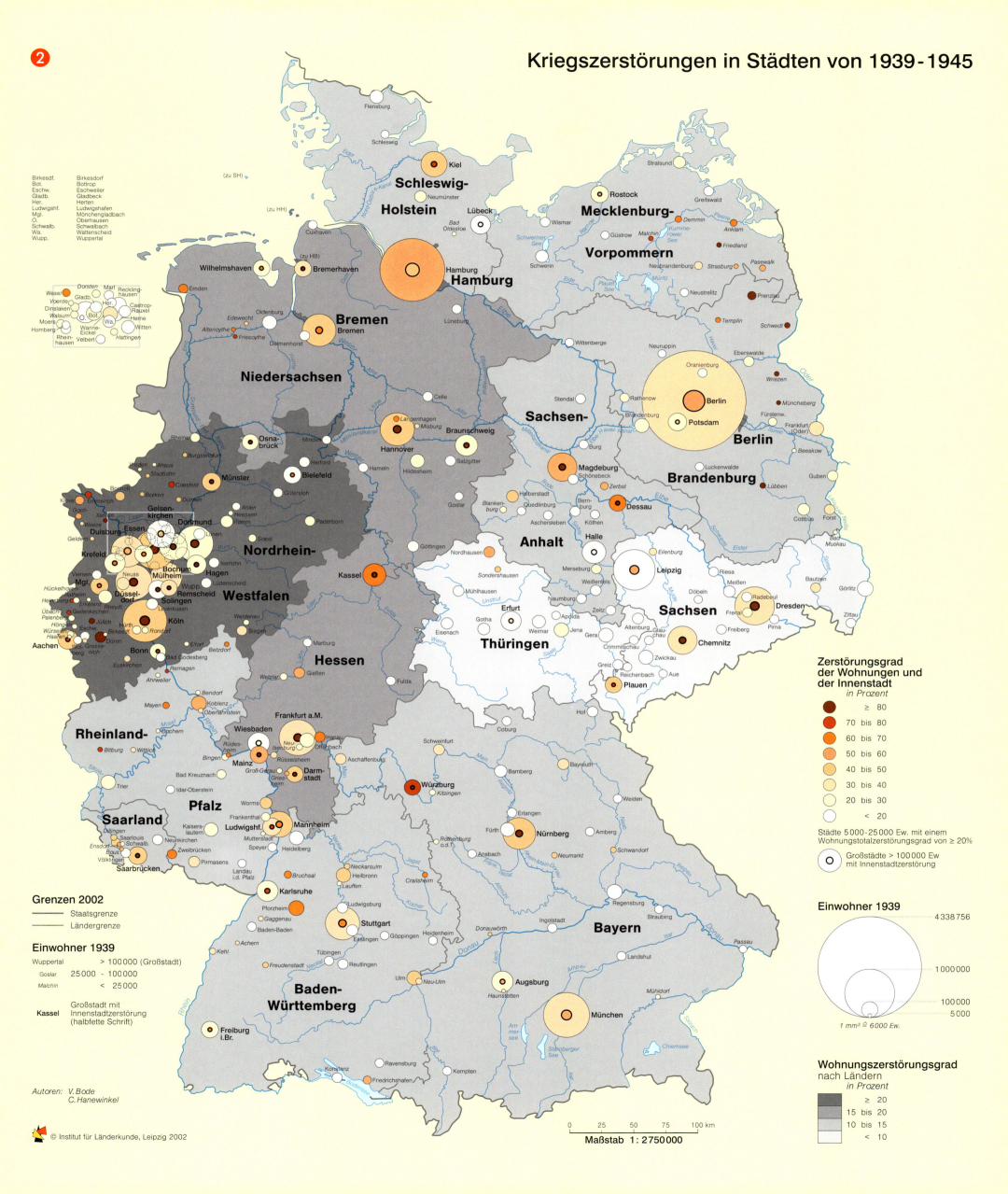

③ Hannover
Innenstadt von 1939 - 2002

Altstadt vor dem Zweiten Weltkrieg

Kriegszerstörungen 1945

Aufbauplanung 1949

Zustand 2002

© Institut für Länderkunde

Der Wiederaufbau Hannovers

Nach einer Bilanz aus dem Jahr 1945 waren in Hannover von den 1939 vorhandenen 147.222 Wohnungen rd. 50% völlig zerstört, 45% beschädigt und lediglich 5% unbeschädigt geblieben. Retrospektiv gilt die Stadt als Prototyp für einen schnellen und weitsichtigen Wiederaufbau, der in den 1950er und frühen 1960er Jahren weitgehend realisiert wurde. Bis Mai 1956 entstanden bereits rd. 64.000 neue Wohnungen. Die Neugestaltung der fast völlig zerstörten Innenstadt ③ orientierte sich im Wesentlichen an den Wiederaufbauplanungen von HILLEBRECHT (1948 bis 1975 Stadtbaurat in Hannover): „Die Innenstädte unserer Großstädte sind in jeder Hinsicht ein ‚Herzstück' des Stadtorganismus. In ihnen finden wir das Zentrum des wirtschaftlichen, sozialen und kulturellen Lebens der Stadt. Dieses ‚Herzstück' lebenskräftig und entwicklungsfähig auszubilden, war eine besondere Aufgabe der Neuplanung"

(HILLEBRECHT 1956, S. 68). Städtebaulich war neben einer verkehrsgünstigen Verbreiterung der Straßen und Plätze eine Auflockerung der Baustruktur vorgesehen. Die einzelnen Gebäudekomplexe sollten hinsichtlich der Höhe und Form relativ einheitlich gestaltet werden. Innenstadtring, Tangenten und Kreisverkehrsregelungen gaben Anlass zur Titulierung Hannovers als autogerechte Stadt.

Parallel zur Umsetzung dieser Leitvorstellungen wurde in den 1950er Jahren damit begonnen, die wenigen erhalten gebliebenen Fachwerkgebäude der historischen Altstadt umzusetzen. Sie wurden abgebrochen und in unmittelbarer Nachbarschaft zur Marktkirche rekonstruiert und zu einem Ensemble zusammengefügt. Damit ist ein kleiner, in sich geschlossener historischer Altstadtkern erhalten geblieben, der im Bewusstsein der Bürgerinnen und Bürger – neben der völlig neu gestalteten City – ganz wesentlich das heutige Stadtbild der Innenstadt prägt.

Wiederaufbau in der DDR

In der sowjetischen Besatzungszone konzentrierten sich die Ressourcen des Bauwesens zunächst auf die Trümmerbeseitigung, provisorische Instandsetzungen und den kleinräumigen Wiederaufbau zerstörter Wohnungen. Infolge der gewaltigen Reparationsleistungen an die Sowjetunion erfolgten umfassende Wiederaufbaumaßnahmen in der DDR erst zwischen 1955 und 1970. Bereits 1950 waren 53 besonders förderungswürdige Städte bzw. Gebiete ausgewiesen worden ①.

Individuelle Ansätze zum Wiederaufbau waren aufgrund der Aufhebung der kommunalen Eigenständigkeit nicht möglich. Die Übernahme sowjetischer Architekturkonzeptionen und die Verabschiedung der „Sechzehn Grundsätze des Städtebaus" (GDS 1950) legten den Grundstein für umfassende Neugestaltungen und die Errichtung größerer Ensembles, insbesondere in den Städten der ersten Kategorie. Das Leitbild betonte die Bedeutung des Stadtzentrums: „Das Zentrum bildet den bestimmenden Kern der Stadt. Das Zentrum der Stadt ist der politische Mittelpunkt für das Leben seiner Bevölkerung. Im Zentrum der Stadt liegen die wichtigsten politischen, administrativen und kulturellen Stätten. Auf den Plätzen im Stadtzentrum finden die politischen Demonstrationen, die Aufmärsche und die Volksfeiern an Festtagen statt. Das Zentrum der Stadt wird mit den wichtigsten und monumentalsten Gebäuden bebaut, beherrscht die architektonische Komposition des Stadtplanes und bestimmt die architektonische Silhouette der Stadt" (GDS Nr. 6). Die zerstörten Stadtzentren wurden, unabhängig von ursprünglichen Flurstücksgrenzen, überwiegend völlig neu gestaltet, da die in Anspruch genommenen Grundstücke in der Regel in Volkseigentum übergingen. Typische Ensembles der 1950er Jahre sind die Stalinallee in Ost-Berlin, die das erste Großprojekt der DDR nach dem Krieg darstellte, der Rossplatz als Teil des Promenadenrings in Leipzig, die Lange Straße in Rostock und der Dresdener Altmarkt. Sie stellen heute Relikte des sog. Zuckerbäckerstils dar.

Der Wiederaufbau von Leipzig

Trotz umfangreicher Zerstörungen sollte nach den Vorstellungen der ersten Wiederaufbaukonzepte die städtebauliche Struktur der inneren Altstadt von Leipzig im Wesentlichen in ihrer ursprünglichen Form wiederhergestellt werden ❹. Beschädigte Gebäudekomplexe wurden dementsprechend wieder aufgebaut und einzelne Straßen verbreitert, um den Anforderungen des Verkehrs und den „Forderungen nach Licht und Luft" gerecht zu werden, „ohne die kulturellen Interessen des Denkmalschutzes zu vernachlässigen und somit die aus ihrer Eigenschaft als Messestadt entstandene Eigenart des inneren Stadtbildes zu erhalten" (RAT DER STADT LEIPZIG; B-Plan Nr. 56). Später wurde von Seiten der Staats- und Parteimacht dieser „übertriebene Denkmalschutz" zunehmend kritisiert und veranlasst, „die konsequente Festlegung der übergeordneten Partei- und Staatsorgane [umzusetzen], das Stadtzentrum so zu planen und zu projektieren, dass die Entwicklung Leipzigs zur sozialistischen Großstadt, als politisches Zentrum des Bezirks und entsprechend seiner Bedeutung als internationale Messestadt zur Geltung kommen" (Ratsbeschluss vom 6.9.1967, nach GORMSEN 1996, S.13).

In diesem Sinne wurden ohne Rücksicht auf traditionelle Strukturen intakte Gebäude zur Neuerrichtung geschlossener Ensembles abgebrochen und u.a. drei Hochhauswohnblöcke, ein Hotel, das Messeamtsgebäude am Markt sowie das 142 m hohe Universitätshochhaus als städtebauliche Dominante errichtet. Zahlreiche kriegsbedingte Brachflächen der Innenstadt wurden nicht wieder bebaut und als Parkplätze und Grünflächen genutzt. Diese Baulücken sind nach der deutschen Vereinigung teilweise wieder bebaut worden bzw. in aktuellen Planungen für die Bebauung vorgesehen.◆

❹ Leipzig
Innenstadt von 1939 - 2000

Altstadt vor dem Zweiten Weltkrieg

Sanierungsplan 1949

Perspektivplan des Endzustandes 1959

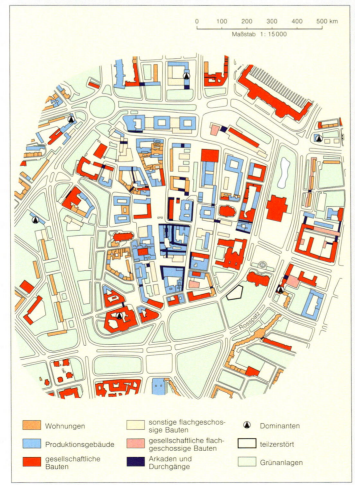

Zustand 2000

Hochschulstädte

Ulrike Sailer

Hochschulen haben vielfältige Auswirkungen auf ihren Standort und die Region. Besonders hervorzuheben sind die positiven Effekte auf Einkommen, Beschäftigung und Infrastruktur sowie die deutlichen Impulse für Kultur, Bildungsbeteiligung und städtische Atmosphäre. Zudem werden Struktur und Dynamik der Bevölkerung und die städtebauliche Entwicklung durch Hochschulen erheblich geprägt. Insbesondere Städte mit hohem studentischen Bevölkerungsanteil und wenig differenzierter Wirtschaftsstruktur sind in ihrer Gesamtentwicklung eng mit ihren Hochschulen verflochten. Neben traditionsreichen Universitätsstandorten wie Marburg, Tübingen oder Münster gehören hierzu auch Städte wie Konstanz, Passau oder Trier, in denen erst in den letzten Jahrzehnten Hochschulen eingerichtet worden sind. Aber auch multifunktionale Großstädte mit hohen Studentenzahlen wie München, Frankfurt a.M., Köln oder Dresden profitieren nachhaltig von den positiven Standortwirkungen ihrer Hochschulen.

Die räumlichen Ungleichverteilung der Hochschulstädte ❸ hat mehrere Ursachen. Bei Gründungen vor 1800 pausen sich deutlich historische Territorialstrukturen durch, Haupt- und Residenzstädte wurden bevorzugt als Hochschulstandorte gewählt. In den nachfolgenden 150 Jahren waren Aspekte der Nachfrageorientierung und Regionalversorgung für Neugründungen von besonderer Bedeutung. Vor allem Technische Hochschulen sowie Fachhochschulen und deren Vorläuferinstitutionen wurden in durch die Industrialisierung dynamisch wachsenden Wirtschaftsräumen errichtet. Diese Aspekte fanden auch in den westdeutschen Neugründungswellen nach 1945 Berücksichtigung. Darüber hinaus wurden seit den 1970er Jahren Hochschulneugründungen als regionalpolitisches Instrument zur Entwicklung von peripheren Gebieten und von Wirtschaftsräumen mit erheblichen Umstrukturierungsproblemen eingesetzt, wie z.B. im Ruhrgebiet. Solche Überlegungen flossen auch in den 1990er Jahren in Standortentscheidungen für Neu- und Wiedergründungen von Hochschulen in Ostdeutschland ein.

Hochschulen und städtebauliche Entwicklung

Die städtebauliche Entwicklung von Hochschulstandorten ist durch eine erhebliche Inanspruchnahme von Flächen für Hochschulnutzungen und Folgeeinrichtungen sowie auch für Wohnraum, Infrastruktur und Verkehr geprägt. Als Resultat der über längere Zeiträume erfolgten Expansion sind für die älteren Hochschulstädte Standortspaltungen und kleinräumige Konzentrationen von Hochschulnutzungen in verschiedenen Stadtgebieten charakteristisch. Die Neubauten haben häufig als Kristallisationskerne für die spätere gesamtstädtische Ausdehnung gewirkt. Nach 1945 gegründete Hochschulen weisen dagegen oft Campuslagen und somit eine rationale räumliche Konzentration aller Hochschuleinrichtungen auf, entweder auf großen durch Umnutzung freigewordenen Flächen – wie z.B. in Mainz auf ehemaligem Militärgelände – oder in städtebaulich nicht integrierter Lage außerhalb des bisher bebauten Gebietes. Das Beispiel der 1527 gegründeten Universität Marburg ❷ zeigt, dass die Universität noch bis zum 19. Jh. vorrangig einige säkularisierte Klöster in Altstadtlage nutzte. Spezialisierungen sowie die grundsätzliche Umorientierung von Medizin und Naturwissenschaften zu experimentellen Disziplinen seit Mitte des 19. Jhs. erforderten wegen des Flächenbedarfs für Labors und Klinikmedizin eine umfangreiche Neubautätigkeit der Universität, die in damals noch randstädtischer Lage schwerpunktmäßig zwischen Altstadt und Bahnhof realisiert wurde. Die Bildungsexpansion nach dem Zweiten Weltkrieg hat auch in Marburg die Studierendenzahl erheblich ansteigen lassen (1946: 2.986, 1993: 19.095). Nachverdichtungen und wenig angepasste Neubauten für geisteswissenschaftliche Fachbereiche und die Universitätsbibliothek in städtebaulich integrierter Lage waren die Folge. Wie auch in anderen Hochschulstädten konnte dagegen der erforderliche Ausbau der Naturwissenschaften und der Medizin nur in großen Neubaukomplexen in Campuslage auf den Lahnbergen umgesetzt werden.

Hochschulen und Wirtschaftsentwicklung

Hochschulen wirken stabilisierend und stimulierend auf die Wirtschaftsentwicklung von Stadt und Region. Auf der Leistungserstellungsseite wird durch Sach-, Bau- und Personalausgaben der Hochschulen sowie durch die Ausgaben der Studierenden die Nachfrage nach Gütern und Dienstleistungen deutlich erhöht. Über Multiplikatoreffekte werden zusätzliche Einkommens- und Beschäftigungseffekte induziert. Die Größenordnung der Hochschulgesamtausgaben insbesondere in Städten mit Universitätskliniken wird durch den Vergleich mit den kommunalen Gesamtausgaben dokumentiert ❶. Zwar verbleiben nicht alle Ausgaben in der Hochschulregion, aber selbst in kleineren Hochschulstädten mit schwächerem regionalen Güterangebot sind Verbleibsquoten von 40-50% nachgewiesen. Bei den Personalausgaben und insbesondere bei den studentischen Ausgaben werden deutlich höhere Verbleibsquoten erreicht.

Auch über die Leistungsabgabeseite von Hochschulen werden regionalwirtschaftlich positive Effekte erzielt. Neben Verbesserungen von Humankapital und Arbeitsmarkt ist besonders der außeruniversitäre Wissenstransfer hervorzuheben. Dieser erfolgt über Unternehmensgründungen durch Hochschulabsolventen, über Personaltransfer in bestehende Betriebe, über Kooperationen sowie auch über Beratung und Weiterbildung. Gerade wegen der weiter stark zunehmenden Bedeutung von Wissen für die wirtschaftliche Wettbewerbsfähigkeit ist es dringend erforderlich, den Wissenstransfer und damit die Bedeutung von Hochschulen als regionale Innovationszentren auszubauen.♦

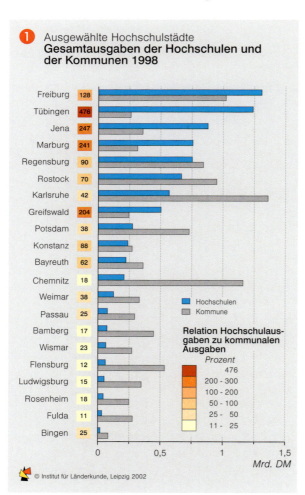

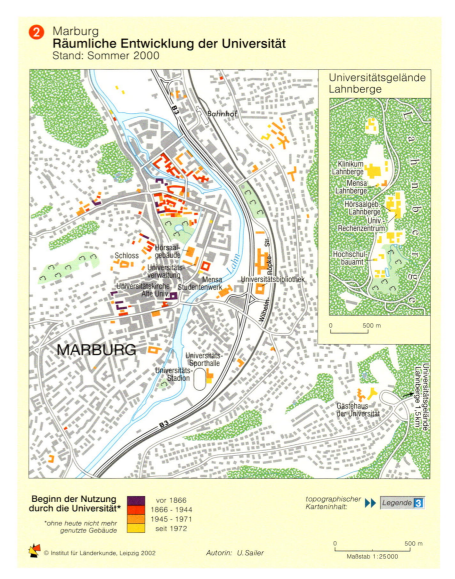

Hafenstädte

Helmut Nuhn und Martin Pries

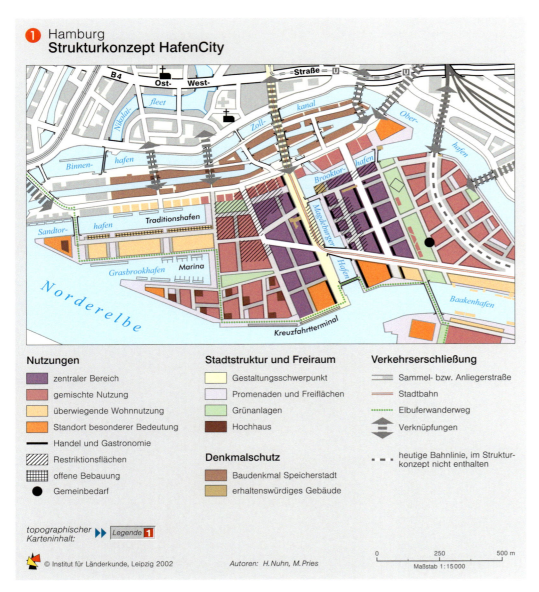

① Hamburg
Strukturkonzept HafenCity

Hafenstädte gehören zu den traditionsreichen Handels- und Kaufmannssiedlungen, die vorwiegend auf Fernbeziehungen ausgerichtet sind. Als *Gateways* für den Austausch von Gütern, Personen und Nachrichten bieten sie auch Standortvorteile für das verarbeitende Gewerbe. Der Hafen ist Teil des Siedlungsraumes, Land- und Wasserflächen durchdringen sich und bilden eine auf Umschlag, Transport, Verarbeitung, Lagerung und Handel ausgerichtete Einheit. Nicht nur die wirtschaftlichen, sondern auch die sozialen, kulturellen und politischen Strukturen der Stadt werden durch die Hafenfunktion geprägt. Die typische Verzahnung von Gewerbe- und Wohnflächen wird durch den Rückzug der Hafenwirtschaft aus den traditionellen Kerngebieten gelockert. Technologische und organisatorische Innovationen bewirken, dass die großen Spezialschiffe nicht mehr an traditionellen Mehrzweckkais, sondern an neuen Terminals mit ausgedehnten Lagerflächen außerhalb der Stadt abgefertigt werden. Funktionslos gewordene Hafenbecken werden zugeschüttet und Lagerschuppen für neue Nutzungen ausgebaut. Bei reduzierten Schiffsbesatzungen und stark verkürzten Liegezeiten verlieren hafenbezogene Dienstleistungen ihre Kunden. Die ökonomische Basis und die soziale Differenzierung der Hafenstädte verändert sich.

Hafenstadt Hamburg

Das Schrägluftbild ② zeigt den historischen Siedlungskern der Hansestadt an der Norderelbe. Binnenalster und Alsterfleet trennen die Altstadt im Osten von der nach 1600 entstandenen Neustadt im Westen. Im Bereich des Binnenhafens wurden im Mittelalter die Schiffe geleichtert und die Güter über Kanäle zu den Speichern im Stadtgebiet gebracht. Mit der Vergrößerung der Segel- und Dampfschiffe verlagerte sich der Umschlag im 19. Jh. flussabwärts nach St. Pauli, bevor ab 1860 auf dem Grasbrook neue Hafenbecken mit Kaispeichern und Eisenbahnanschluss gebaut wurden. Mit dem Zollanschluss entstand ab 1883 im Freihafen die Speicherstadt. Hierfür mussten dicht besiedelte Quartiere mit ca. 24.000 Bewohnern weichen. Das mit einer Linie umgrenzte Hafengebiet hat in den letzten Jahren durch die Verlagerung des Umschlags elbabwärts an Bedeutung verloren und soll als HafenCity umstrukturiert werden ①. In einem Zeitraum von 20 bis 25 Jahren ist auf 155 ha die Entwicklung eines neuen Viertels vorgesehen, von dem Impulse zur Stärkung der Metropolitanfunktion erwartet werden. In Etappen sollen 20.000 neue Arbeitsplätze im Dienstleistungssektor und 5500 Wohnungen für 12.000 Einwohner entstehen. Auch im westlich anschließenden Bereich der Norderelbe ist die Hafenfunktion bereits weitgehend urbanen Nutzungen gewichen.

Wismar ③

Die Stadt Wismar, 1229 erstmals urkundlich erwähnt, erlebte als Mitglied der Hanse eine 300 Jahre dauernde Blüte, von der noch heute Kontor- und Speicherhäuser zeugen. Nach dem 30-jährigen Krieg gehörte sie zu Schweden und wuchs auch im Zeitalter der Industrialisierung nur verhalten. Die Periode nach 1945 war charakterisiert durch die Stationierung sowjetischer Streitkräfte, die Erweiterung der Hafenfunktion durch den Kali-Export und die Verlegung der Stettiner Oderwerft nach Wismar. Hierdurch erhöhte sich die Einwohnerzahl auf 58.000, und neue Großwohnsiedlungen entstanden im Westen der Altstadt. Der Rückzug der Hafenwirtschaft aus dem innerstädtischen Kerngebiet und die Deindustrialisierung sind nach 1989 besonders dramatisch verlaufen. Lediglich die modernisierte Kompaktwerft blieb als Großbetrieb erhalten. Die Hafenfunktion konzentriert sich im Nordosten mit Schwerpunkten beim Holz- und Greifergutumschlag. Damit konnte die Abhängigkeit von nur einem Exportgut überwunden werden. Der Umbau innenstadtnaher Hafengebiete für Wohn-, Gewerbe- und Büronutzungen sowie für touristische Einrichtungen (Aufnahme in die UNESCO-Welterbeliste im Juni 2002) zeigt, dass sich auch in Wismar ein

③ Wismar
Strukturwandel der Hafenstadt 2001

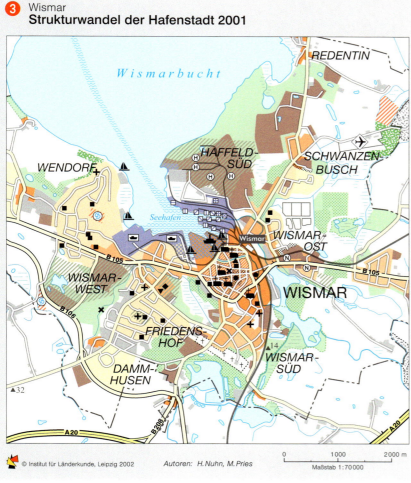

Legende für ③ und ④

Wohngebiete
- alter Dorfkern

Bebauungsphasen
- bis 1870
- 1871–1914
- 1915–1945
- 1946–1990
- seit 1990
- Sanierungsgebiet

Geschäftsgebiete
- Mischgebiet (Wohn- und Geschäftsbereich)
- Kerngebiet (Geschäfts- und Einkaufszentrum)

Industrie- und Gewerbegebiete
- Industrie- und Gewerbegebiet
- Werft
- Holzindustrie
- Chemie-, Kunststoffindustrie
- Erdölraffinerie
- Molkerei, Fischindustrie, Nahrungsmittelindustrie

Gemeinbedarf
- Behörde, Verwaltung
- Schule; Hochschule
- Museum; Theater
- kulturelle Einrichtung; Krankenhaus
- Kirche

Ver- und Entsorgung
- Klärwerk, ehemaliges Klärwerk
- Deponie, ehemalige Deponie

Hafengebiet
- Hafenflächen
- Hafengelände
- ehemaliges Hafengelände
- geplante Hafenerweiterung
- Umnutzung ehemaligen Hafengeländes

Güterumschlag, Lagerung
- RoRo-Anlage
- Kali
- Stückgut / Container
- Schütt-, Sauggut (Silo, Getreide, Düngemittel)
- Greifergut (Erz, Kohle, Kies, Torf u.a.)
- Flüssiggut, Tanklager (Erdöl, Chemie)

Schifffahrt
- Fähranleger, Fahrgastschifffahrt
- Yacht-, Sportbootliegeplätze
- Fahrrinne für See- und Binnenschiffe

Militär
- Militärgelände
- ehemaliges Militärgelände

Landschaft
- Wald
- Park, Grünfläche der Stadt, Sportanlage
- Garten, Kleingartenanlage
- Naturschutzgebiet
- landwirtschaftliche Nutzfläche, Offenland
- Bebauung, thematisch nicht berücksichtigt

topographischer Karteninhalt: ▶▶ Legende ③

Strukturwandel von einer Hafenstadt zu einer Stadt mit Hafen vollzieht.

Wilhelmshaven ④

Die Marinestadt Wilhelmshaven wurde 1853 als Kriegshafen gegründet. Bis 1918 entstanden Anlagen der Marine, ein Dockhafen mit Werft und eine Wohnsiedlung mit quadratischem Straßengrundriss. Nach einer schweren Krise durch den Verlust der Flotte brachte die Wiederaufrüstung 1939 einen erneuten Aufschwung, und die Stadt wuchs auf 125.000 Einwohner. Nach 1945 mussten die zerstörten Hafenanlagen und große Teile der Innenstadt neu aufgebaut werden. Seit 1956 ist Wilhelmshaven wieder Marinestandort, allerdings ohne die frühere einseitige Abhängigkeit. Alte Kasernenflächen wurden zivilen Nutzungen zugeführt, und bis auf das Arsenal stehen die Häfen heute zivilen Unternehmen zur Verfügung. Die innerstädtischen Hafenbereiche sind für Wohnen, Freizeit und Erholung umgestaltet worden. Attraktive Promenaden, Museen und Yachtliegeplätze sollen den Tourismus fördern. Im Nordosten wurden in den 1960er Jahren ausgedehnte Gewerbeflächen aufgespült. Durch den Bau großer Umschlagsanlagen für Massengüter sowie die Vertiefung des Jadefahrwassers hoffte man, Industriebetriebe anzuziehen. Neueste Pläne sehen vor, die nicht belegten Flächen für den Containerhafen Jade-Weser-Port zu nutzen. Wilhelmshaven ist bis heute der einzige Tiefwasserhafen Deutschlands, den Megaschiffe problemlos anlaufen könnten.◆

④ Wilhelmshaven
Hafen- und Marinestadt 2001

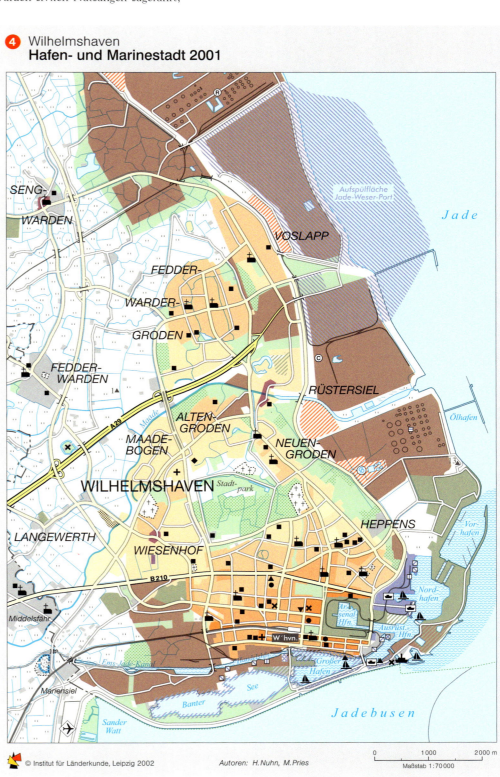

Hafenstädte

Messestädte

Volker Bode und Joachim Burdack

Messen von überregionaler und internationaler Bedeutung konzentrieren sich in Deutschland auf 12 Städte ❺. Diese können aufgrund quantitativer Merkmale wie z.B. Besucherzahlen, Ausstellerzahlen und Einzugsbereich der Messen als Messestädte im weiteren Sinn bezeichnet werden. Zur Charakterisierung einer Stadt als Messestadt im engeren Sinne muss jedoch neben den quantitativen Merkmalen auch das qualitative Kriterium der Prägung der Stadt durch die Messe bzw. die Identifikation der Stadt als Messeplatz in der Eigen- und Fremdwahrnehmung herangezogen werden ❶. Danach reduziert sich die Zahl der Messestädte, denn z. B. Hamburg und Stuttgart haben weder aus der Sicht der Einheimischen noch in der Fremdwahrnehmung das Image einer Messestadt, während die „Imagesymbiose zwischen den Messen in Leipzig und Hannover und den jeweiligen Städten" eindeutig ist (HENCKEL, D. u.a. 1993, S. 185).

Das moderne, international ausgerichtete Ausstellungs- und Messewesen stellt hohe Anforderungen an die verkehrliche Infrastruktur, das Hotel- und Gaststättenwesen wie auch an weiche Standortfaktoren. Die nötigen Infrastrukturvorleistungen übersteigen in der Regel die Finanzkraft kleinerer Städte. In den letzten Jahrzehnten ist deshalb eine Tendenz zur Konzentration von Messeaktivitäten in Metropolen zu beobachten. Regionalökonomische Effekte der Messen resultieren vor allem aus den Ausgaben von auswärtigen Ausstellern und Besuchern, die zusätzliche Kaufkraft in die Region bringen. Durch die direkten und indirekten Effekte der messebezogenen Ausgaben wird in Deutschland ein Beschäftigungseffekt von rund 230.000 Arbeitsplätzen erzielt, von dem hauptsächlich die großen Messestädte profitieren (▶▶ Beitrag Bode/Burdack, Bd. 8).

Messestadt Leipzig

Die Leipziger Messe kann auf eine mehr als 800-jährige Tradition zurückblicken. Ende des 19. Jhs. vollzog die Stadt als erste den Übergang von der Warenmesse zum modernen Typ der Mustermesse, der sich im 20. Jh. international durchsetzte. Für die Präsentation der Warenmuster entstand ein neuer Typ von Geschäftshaus: der „Messepalast". Keine andere deutsche Stadt ist in ihrem Stadtbild so stark von messebezogenen Bauten geprägt wie Leipzig. Um 1920 gab es 62 Messehäuser oder -paläste in der Innenstadt, von denen viele noch heute erhalten sind. Eine erste Randverlagerung der Messeaktivitäten erfolgte wegen zunehmenden Flächenbedarfs 1920 durch die Eröffnung des Geländes der Technischen Messe im Südosten. Leipzig stieg bis zum Zweiten Weltkrieg durch die Ausweitung des Spektrums von Konsumgütern auf Investitionsgüter als „Reichsmessestadt" zur überragenden Messestadt in Deutschland auf ❸. Nach der deutschen Teilung blieb es der einzige Messeplatz in Ostdeutschland, und die Leipziger Frühjahrs- und Herbstmessen wurden zum „Schaufenster der DDR".

Die Wende bedeutete für die Messestadt Leipzig einen tiefen Einschnitt. Unter marktwirtschaftlichen Bedingungen waren weder das Konzept der Leipziger Universalmesse noch die bauliche und technische Infrastruktur der Einrichtungen international konkurrenzfähig. Ein Neuanfang setzte auf kleinere Fachmessen und auf die Errichtung eines modernen, neuen Messegeländes. Das neue Messegelände am nördlichen Rand der Stadt wurde 1996 in Betrieb genommen. Heute sind hier alle Messeaktivitäten konzentriert. Leipzig konnte sich als überregionaler Messestandort neu etablieren ❺. Eine Rückkehr in die erste Reihe der führenden Messestädte

Die Messe in Hannover – mit einer Gesamtfläche von 1.000.000 m² das weltweit größte Messegelände.

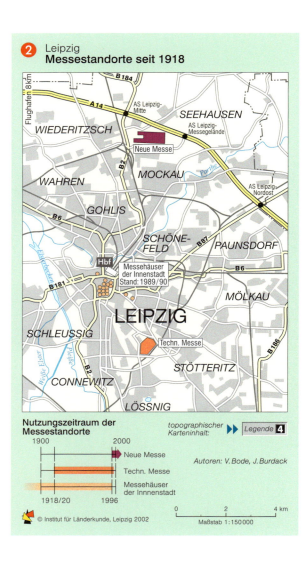

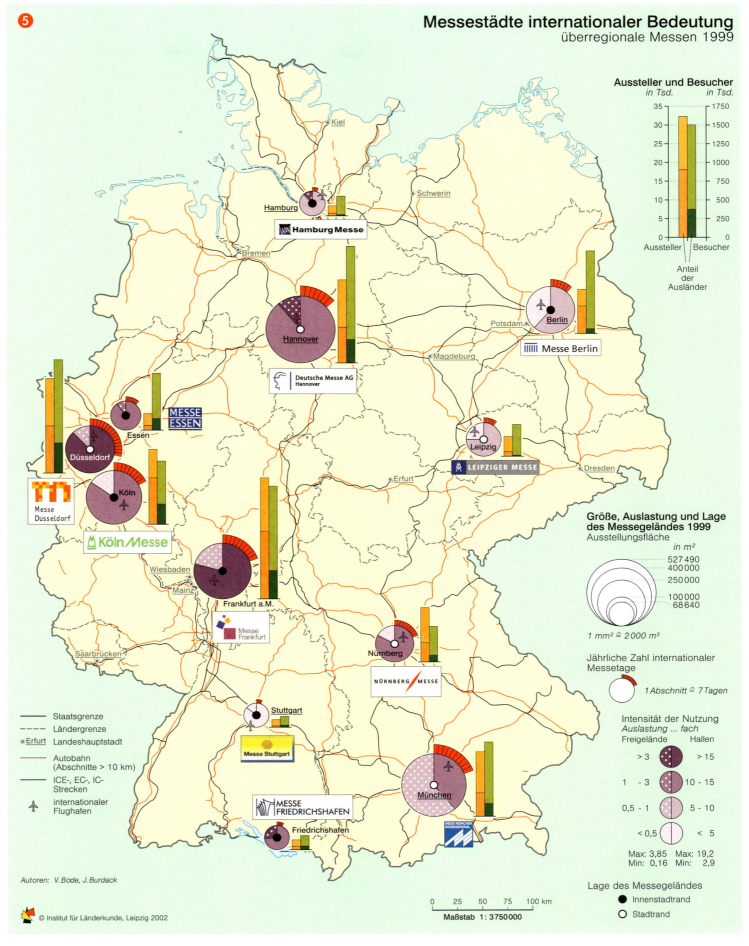

wird jedoch höchstens langfristig möglich sein.

Die Leipziger Messe hat die Turbulenzen der Wende nicht zuletzt dank der Identifikation der Bürger und politischer Entscheidungsträger mit „ihrer" Messe überstanden. Auch in diesem Sinne ist Leipzig eine Messestadt.

Messestadt Hannover

Vor dem Zweiten Weltkrieg spielte Hannover im Messe- und Ausstellungswesen als Standort regionaler Fachmessen eine eher untergeordnete Rolle und verfügte über keine speziellen Messe- und Ausstellungsräume.

Diese Situation änderte sich schlagartig nach dem Zweiten Weltkrieg, denn die britische Besatzungsmacht war daran interessiert, in ihrer Besatzungszone die Exportwirtschaft wieder zu beleben, und wählte zu diesem Zweck Hannover als zentralen Messestandort. Innerhalb kurzer Zeit wurde am nördlichen Stadtrand ein eigenes Ausstellungsgelände errichtet, dass rechtzeitig zur Exportmesse im Jahre 1947 in Betrieb genommen wurde. Das neue Messegelände verfügte über mehr Ausstellungskapazitäten als die großen traditionellen Messestandorte Leipzig, Frankfurt und Köln. In den folgenden Jahren entwickelte sich die jährliche Exportmesse zur deutschen Industrie-Messe. Damit stieg die niedersächsische Landeshauptstadt Hannover zum „führenden Messeplatz für Investitionsgüter und ausgewählte, in starkem Maße exportorientierte Konsumgüter auf" (Möller, H. 1989, S. 118). Die INDUSTRIE-Messe etablierte sich zunehmend als internationale Leitmesse, und 1986 gingen aus ihr die beiden eigenständigen Fachmessen Hannover Messe-Industrie (Hannover Messe - Weltmesse der Industrie, Automation, Innovation) und die Bürotechnikmesse CeBIT (CeBIT - World Business Fair Office Automation, Information Technology, Telecommunications) hervor, die beide ihre Stellung als Leitmessen ausbauen konnten und sich als internationale „Mega-Messen" etablierten. So stieg bei der CeBIT die Zahl der Aussteller seit ihrer Selbstständigkeit von rd. 1300 auf ca. 7200 im Jahre 1998, während die Besucherzahlen von etwa 295.000 auf ca. 670.000 anwuchsen. Beide Großmessen tragen aufgrund ihrer Internationalität und der Medienpräsenz ganz wesentlich zur weltweiten Bedeutung und zum Image Hannovers als Messestadt bei.

Hinsichtlich der Ausstellungsfläche ist das Messegelände in Hannover der größte Messeplatz der Welt. In Hannover finden im Jahr rd. 10 Großmessen und zahlreiche nationale bzw. regionale verbraucherorientierte Fach-, Informations- und Verkaufsausstellungen statt. Darüber hinaus ist das Messegelände seit vielen Jahren Veranstaltungsort von Kongressen, Tagungen sowie Konzerten. Im Jahr 2000 fand hier die Weltausstellung Expo statt.

Kurorte und Bäderstädte

Christoph Jentsch und Steffen Schürle

Das sächsische Staatsbad Bad Elster
Die von den sächsischen Kurfürsten bereits im 18. Jh. besuchten Heilquellen bildeten den Anlass, das königliche Bad 1848 in Staatsregie zu übernehmen und um die Wende zum 20. Jh. mit Kureinrichtungen wie dem Kurhaus auszubauen. Das 1935 ausschließlich auf Grund seiner Kurfunktion zur Stadt erhobene Staatsbad war auch zu DDR-Zeit ein Kurort und gehört seitdem zum sächsisch-böhmischen Bäderdreieck.

Heilbäder und Kurorte (▶▶ Beitrag Brittner, Bd. 10, S. 32) bilden einen besonderen Siedlungstyp, der funktional von den Kurinfrastruktureinrichtungen wie auch von entsprechenden Zweckbauten und ihrer Architektur vorgegeben wird. Als Zentren des gesundheitlich orientierten Reiseverhaltens dienen sie der Prävention und Rehabilitation von Zivilisationskrankheiten. Dies setzt die Prädikatisierung als Heilbad oder Kurort nach den Richtlinien des Deutschen Heilbäderverbandes und die staatliche Anerkennung voraus. Die zumeist auf Grundlage natürlicher Heilmittel basierenden Heilanzeigen der Kurorte und die entsprechende kurmedizinische, aber zunehmend auch die allgemeine touristische Attraktivität der unterschiedlichen Angebotsformen bestimmen dabei wesentlich das Volumen und die Struktur der kurörtlichen Raum- und Nachfragemuster. Da die Kurmittelanwendung eine Dienstleistung von größerer regionaler Reichweite darstellt, erhielten die Kurbäder auch im ländlichen Raum sehr häufig einen städtischen Charakter, der vielfach die Stadtrechtsverleihung für das jeweilige Bad zur Folge hatte ❷. Außerdem setzt die Prädikatisierung als Heilbad oder Kurort Mindeststandards im Bereich der kurörtlichen Infrastruktur wie Verkehrsanbindung, angesiedelte Heilberufe, Gastronomie und Hotellerie sowie Versorgungseinrichtungen des Handels voraus, so dass sich diese Siedlungen rasch zu zentralen Orten für ihre weitere Umgebung entwickeln konnten.

Historisch-genetische Entwicklung

Trotz einer lebhaften antiken Badetradition erlebte die Nutzung der natürlichen Heilmittel erst im 17. Jh. in Deutschland wieder eine gewisse Blüte. Nach einer ersten breiteren merkantilistisch motivierten Inwertsetzung folgte allerdings eine rasche Differenzierung der absolutistischen Heilbäderlandschaften. Während sich einige wenige Kurstädte wie Aachen, Baden-Baden, Karlsbad, Pyrmont oder Wiesbaden bald zu führenden Luxus- und Modebädern einer engen europäischen Oberschicht entwickeln konnten, stagnierte der weitere infrastrukturelle Ausbau bei der Mehrzahl der neu begründeten Kurorte bzw. geriet bald wieder in Vergessenheit. Erst mit der zunehmenden Öffnung und Attraktivität des Kuraufenthaltes auch für breitere bürgerliche Schichten im 19. Jh. erhielt das Kur- und Badewesen die entscheidenden Impulse, die besonders ab der zweiten Hälfte des 19. Jhs. zur großen Blüte der deutschen Heilbäder und Kurorte führten. Die nach 1920 in den Kurorten zunehmend raumwirksam werdenden Sozialversicherungsträger und die stark verbesserte Kurmitteltherapie bewirkten nach 1957 einen neuerlichen Aufschwung, wobei im Gegensatz zur Badereise im 19. Jh. nicht das gesellschaftliche Motiv im Vordergrund stand, sondern der sozialstaatlich demokratisierte Zugang zu kurmedizinischen Leistungen.

Funktionales Erscheinungsbild von Kurstädten

Kurorte mit einer langen und intensiven Kurtradition zeigen sich von ihrer heutigen Gestalt in Grundriss und Aufriss von den jeweils vorherrschenden Strömungen des architektonischen bzw. städtebaulichen Zeitgeistes wesentlich beeinflusst. Entsprechend den Hauptinvestitionsphasen weisen sie oft eine neoklassizistische bzw. gründerzeitliche Ausgestaltung zahlreicher Gebäude der Kurfunktion sowie umfangreiche Grünanlagen auf. Die Kureinrichtungen konzentrieren sich meist um den Quellstandort, aber es ist auch eine deutliche und regelhafte Durchdringung des gesamten alten Siedlungskerns mit Einrichtungen der Kurfunktion zu verzeichnen. Im Gegensatz dazu sind die zahlreichen Heilbadbegründungen des 20. Jhs. vor allem durch eine streng funktionalistisch ausgerichtete Viertelsbildung gekennzeichnet. Kurzentren und Zweckbauten der Sozialkur mit einer deutlichen Klinikatmosphäre prägen das Erscheinungsbild dieser wenig gewachsen erscheinenden jungen Kurorte.

Das traditionelle Modebad Baden-Baden

Baden-Baden ❶ verdankt seine Entwicklung zum zeitweise mondänen Badeort seinen leicht radioaktiven Kochsalzthermen an der Thermenlinie des Schwarzwaldes, die unter den Römern Anlass für eine Siedlungsgründung mit dem Namen Aquae Aureliae boten. Im 15. und 16. Jh. wurden die Thermalquellen mit 400 Badekästen in Badehäusern wiederholt beschrieben. In der Blütezeit des Heilbades im 19. Jh. dehnte sich die städtische Bebauung weiter aus, und die Einwohnerzahl wuchs auf 7000 an. Die Schleifung der Stadtmauern um 1820 schuf weiteren Raum für die Kurinfrastruktur am linken Ufer der Oos. Eine angemessene Verkehrserschließung erfolgte 1845 mit dem Stadtbahnhof (heute Festspielhaus). An den Talhängen wurde die Stadt durch Errichtung zahlreicher Adelspalais erweitert. Um die Jahrhundertwende entstanden neue Badehäuser wie das Friedrichsbad, Landesbad, Augustabad, Inhalatorium und Fangohaus. Vom Zweiten Weltkrieg blieb die Stadt verschont und wurde 1945 wichtigster Stützpunkt der französischen Besatzungsmacht. In der Gegenwart stützt sich der Kurbetrieb überwiegend auf Sozialkurgäste und Tagesbesucher im Wellnessbereich der 1985 eröffneten Caracalla-Therme. Der Gesellschaftsbereich ist durch ein Kongresszentrum (1965, mit Erweiterung 1994), den jahrzehntealten Standort des Südwestfunks (seit 1946) und ein Festspielhaus (1997/98) stark aufgewertet worden. ◆

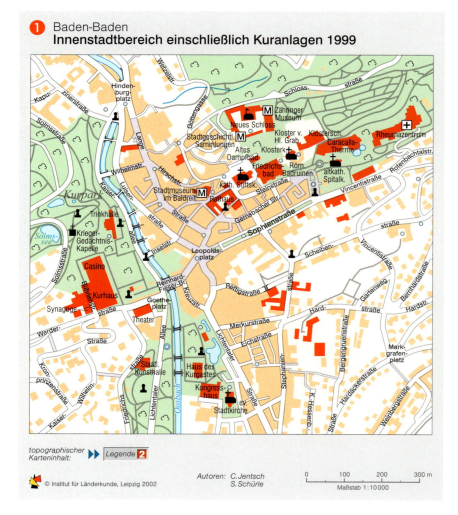

Kurorte sind alle Orte, bei denen die Durchführung von kurmedizinischen Heilbehandlungen auf Grundlage des Vorkommens und der Nutzung eines ortsgebundenen natürlichen Heilmittels und kurörtlicher Infrastruktureinrichtungen (u.a. Kurkliniken, Kurpark und Kurmittelhaus) eine raumprägende Wirksamkeit erlangen kann. Die staatliche Anerkennung unterscheidet nach dem örtlich vorgefundenen natürlichen Heilmittel die Bädersparten der Mineral- und Moorheilbäder, der Heilklimatischen Kurorte, der Kneippheilbäder und der Seeheilbäder.

Kurstädte besitzen zusätzlich neben der Prädikatisierung als Kurort das Stadtrecht; in Abhängigkeit von der jeweiligen Zentralitätszuweisung einer Kurstadt sind neben der Kurfunktion oft auch allgemeine städtische Funktionsbereiche zu beobachten.

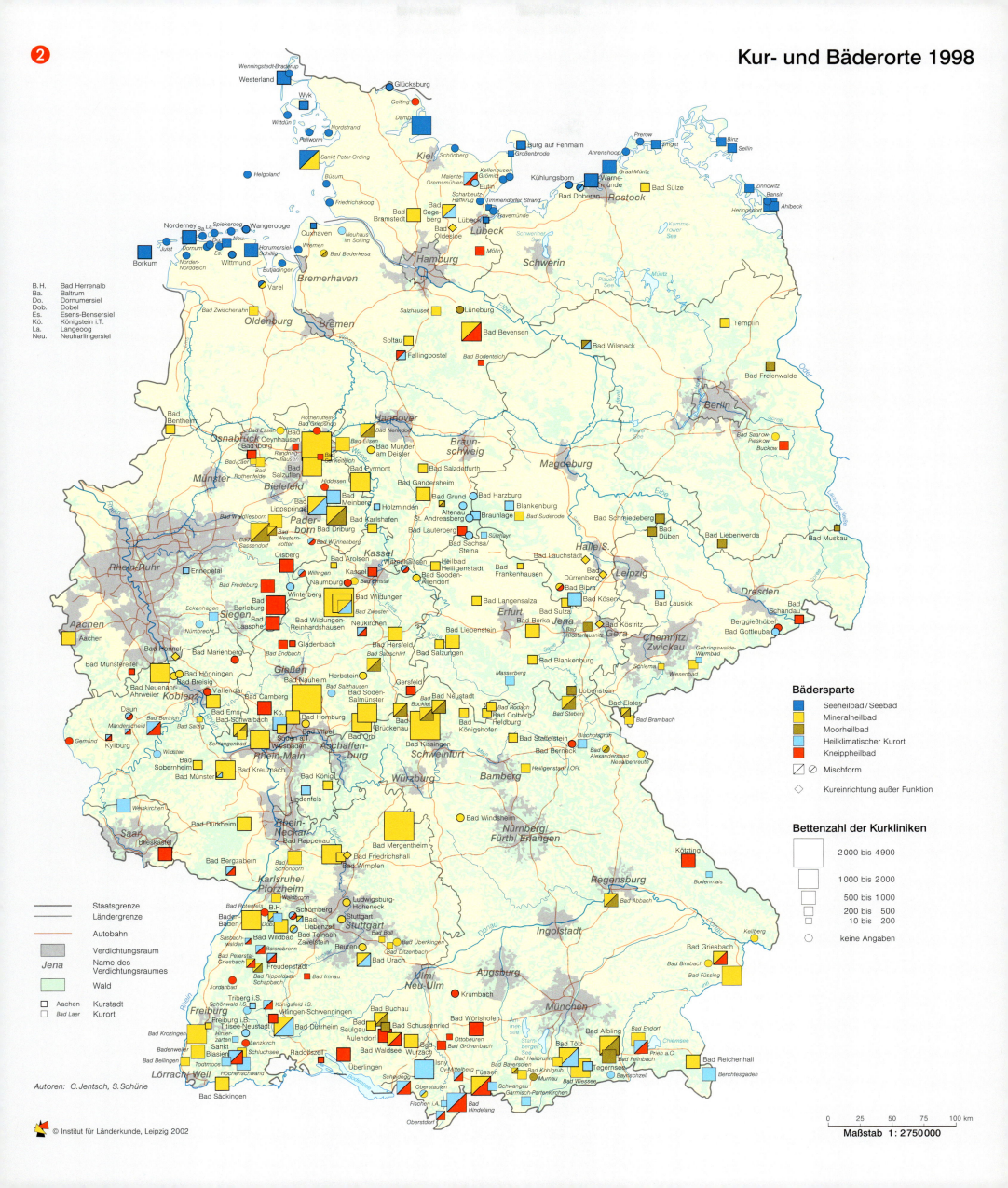

Städtetourismus – Touristenstädte

Peter Pez

Von Touristen belebter Marktplatz in Quedlinburg

Alle Städte ziehen Besucher an. Die begriffliche Trennung zwischen einer touristischen und einer in der zentralörtlichen Bedeutung gründenden Reisemotivation ist deshalb problematisch. Wo liegt zum Beispiel die Grenze zwischen notwendigem Versorgungsverkehr und Einkaufstourismus? Sind Geschäftsreisen und Verwandten-/Bekanntenbesuche Teile des Städtetourismus? So schwierig wie die Definition des Städtetourismus ist auch jene von Touristenstädten. Dabei erscheint diese Bezeichnung besonders sinnvoll für zwei Gruppen: Die erste besteht aus meist kleineren Städten in touristisch geprägten Regionen der Küsten und Gebirge. Sie konzentrieren Unterkunfts-, Versorgungs- und Freizeitangebote sowie – häufig im Übergang zu Kurstädten – auch eine medizinische Betreuung. Manchmal sind diese Orte erst durch die wirtschaftlichen Impulse des Tourismus zur Stadt im statistischen, rechtlichen und geographischen Sinne angewachsen. In jedem Falle ist ihre bauliche und funktionale Prägung durch den Fremdenverkehr am stärksten ausgeprägt.

Die zweite Gruppe bilden kleine bis mittelgroße Städte mit überregional bedeutsamen Kulturangeboten und vor allem historisch wertvollem Baubestand wie großen, gut erhaltenen Altstadtvierteln oder Befestigungsanlagen. Im Gegensatz zu den Orten der ersten Gruppe, die ihre touristische Anziehungskraft aus der landschaftlichen Attraktivität der Region beziehen, schätzen Reisende an der zweiten Kategorie kulturelle Werte der Städte selbst. Während jedoch in den Küsten- und Gebirgsorten Aufenthalte von Urlaubern mit ein- bis mehrwöchigen Aufenthalten dominieren, überwiegen im stadtbezogenen Tourismus Kurzreisen und Ausflüge, so dass für diese Städte der Fremdenverkehr nicht das alleinige wirtschaftliche Standbein sein kann. Das gilt noch mehr für Großstädte. Auch sie ziehen mit Monumentalbauten (Kirchen, Rathäuser, Parlamentsgebäude etc.), periodischen oder episodischen Kulturveranstaltungen (Festspiele, Musicals, Ausstellungen u.a.) oder ihrem Freizeitangebot (Restaurants, Bäder, Theater, Museen, Kinos etc.) Reisende an. Zudem sind sie Hauptzielpunkte des Einkaufs- und Geschäftsreiseverkehrs. Dennoch ist ihre ▶ touristische Intensität im Vergleich zu Städten der ersten beiden Gruppen eher gering ausgeprägt – der Tourismus ist für sie nur eine Branche unter vielen aus Industrie und Dienstleistung.

Westerland – vom Bauern- und Seefahrerdorf zum mondänen Bad

Westerland auf Sylt ist ein typischer Vertreter der ersten Gruppe von Touristenstädten. Seine Entwicklung zur Stadt

Touristenstädte – Städte, die Reisende aus größeren (über den normalen zentralörtlichen Einzugsbereich hinausgehenden) Entfernungen anziehen. Anlass hierfür ist nicht immer die Attraktivität der Städte selbst, sondern vielfach auch der landschaftliche Reiz des Umlandes. Insofern gibt es keine einheitliche Form der baulichen Prägung. Während in Touristenstädten der Küsten und Gebirge Hotels, Kureinrichtungen, Restaurants/Cafés etc. ortsbildprägend sind, verlieren sich diese in Mittel- und Großstädten zwischen anderen Zweckbauten. Dort sind deshalb eher die Touristenkonzentrationen im Bereich von Altstädten, Kultur- und Freizeiteinrichtungen ein Merkmal für die Prägung durch den Fremdenverkehr.

touristische Intensität – Zahl der Gäste oder der Übernachtungen pro Einwohner; Messgröße für die touristische Prägung eines Ortes oder einer Region

ist unmittelbar verknüpft mit dem Badetourismus, der 1855 mit dem Aufstellen der ersten Badekarren begann und trotz einer zunächst noch beschwerlichen Anreise per Zug und Schiff einen raschen Aufschwung nahm. 1855 hatte Westerland erst 466 Einwohner – Bauern, Seefahrer und ihre Familien. Nach seinem Aufstieg zum wilhelminischen Badeort waren es fast dreimal so viele Einwohner und über 7000 Gäste. Weitere zwanzig Jahre später zählte man 2397 Bewohner und 23.887 Urlauber. Dank des Tourismus baute Westerland sukzessiv seine Versorgungseinrichtungen aus, erhielt 1905 das Stadtrecht und

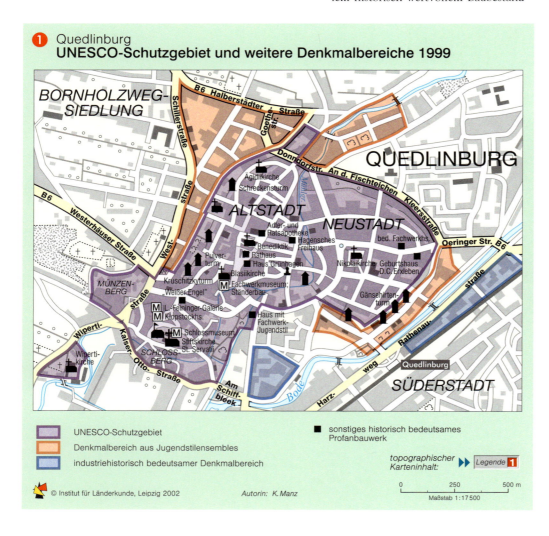

Gründerzeit und Moderne in Symbiose an der Strandpromenade von Westerland

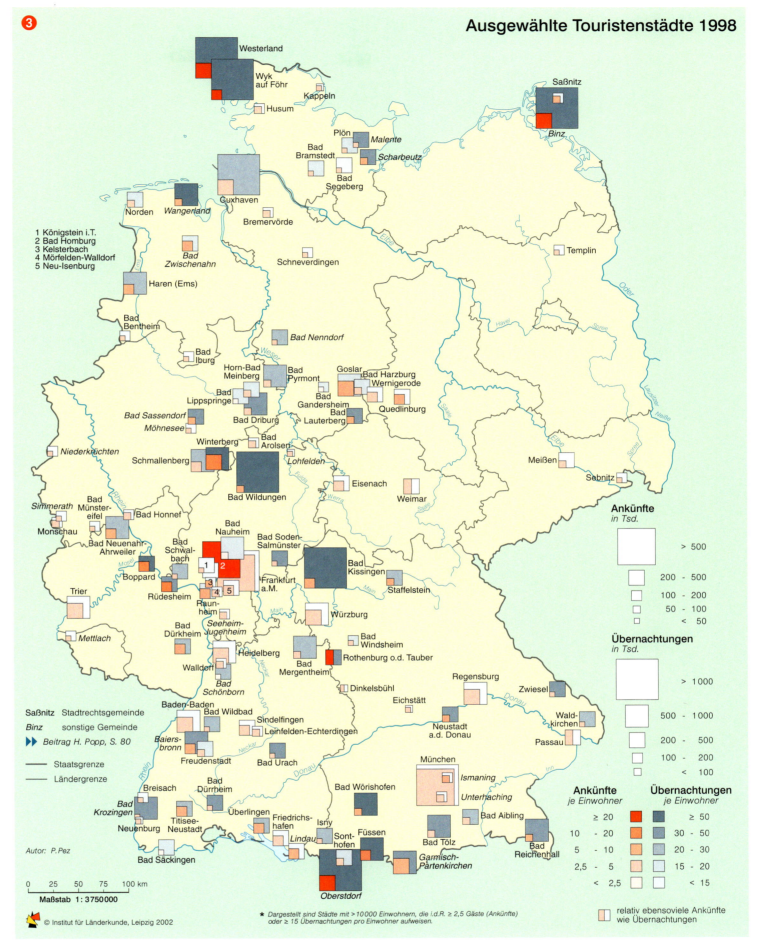

überflügelte in der zentralörtlichen Bedeutung den ursprünglichen Inselhauptort Keitum. Die Zeit der Weltkriege und der Weltwirtschaftskrise brachte zwar Einbrüche, seit den 1950er Jahren konnte sich Westerland aber wieder zu einer touristischen Metropole mit mehr als 250.000 Gästen pro Jahr entwickeln. Seine Anziehungskraft ist so groß, dass viele Urlauber einen Zweitwohnsitz erwerben: Von 13.915 Einwohnern waren nach Auskunft des Einwohnermeldeamtes 1999 32,4 % mit Nebenwohnsitz gemeldet, so dass vielleicht nicht nur von einer Touristen-, sondern von einer Freizeitstadt zu sprechen ist (▶▶ Beitrag Faust/Kreisel, Bd. 10, S. 130).

Quedlinburg – Weltkulturerbe im nördlichen Harzvorland

Quedlinburg ❶ ist ein Vertreter der zweiten Gruppe, also des Städtetourismus im engeren Sinne. Die 922 erstmals erwähnte und heute 27.000 Einwohner zählende Stadt in Sachsen-Anhalt war im frühen Mittelalter eine bedeutende europäische Metropole mit zahlreichen Aufenthalten deutscher Kaiser und Könige. Trotz des politischen Bedeutungsverlustes im 16. Jh. ging es der Stadt wirtschaftlich zunächst noch gut. So entstand in der mit 93 ha sehr großen Altstadt mit über 1200 heute noch erhaltenen Fachwerkhäusern ein beeindruckendes Ensemble frühneuzeitlicher Baukunst. Die Weltkriege, vor allem aber die wirtschaftliche Schwäche des sozialistischen Systems hätten ihm fast den völligen Zerfall gebracht. Fäulnis, Holzschädlinge und Hausschwamm verursachten gravierende Schäden; der Abriss der nördlichen Altstadt war schon geplant. Bürgerproteste 1989 und die anschließende Wiedervereinigung verhinderten dies. Die Sanierungsmaßnahmen sind zwar noch lange nicht abgeschlossen, aber das bauliche Erbe ist bereits jetzt so imposant, dass die Altstadt Quedlinburgs sowie die romanische Stiftskirche St. Servatius am 24.3.1995 von der UNESCO zum Weltkulturerbe erklärt wurden. Die finanziellen Lasten der Sanierung drücken die Stadt trotz einer Förderung durch Land und Bund zwar sehr, dafür aber bringt der aufkeimende Kulturtourismus als Ergänzung zur landschaftlich geprägten Urlaubsregion des Harzes schon jetzt neue Chancen des wirtschaftlichen Aufschwunges: 1992 übernachteten erst 1212 Gäste in Quedlinburg, 1998 waren es 132.000 ❷.

Bischofs- und Wallfahrtsstädte

Markus Hummel, Gisbert Rinschede und Philipp Sprongl

Bischofs- und Wallfahrtsstädte sind Städte mit zentralen kultischen Funktionen, zu denen heute überwiegend kirchliche Verwaltungs- bzw. religiöse Betreuungsaufgaben zählen. Bischofsstädte sind durch den Sitz eines Bischofs sowie seine Aufgaben für die Diözese geprägt. Wallfahrtsstädte sind mit religiösen Stätten ausgestattet, die von Gläubigen aufgesucht werden, um dort bestimmte Riten durchzuführen. In zahlreichen kultisch geprägten Städten vereinigen sich beide Funktionen, so dass viele Bischofsstädte zugleich auch Wallfahrtsstädte sind.

Bischofsstädte

Im Frühmittelalter gab es noch keine Trennung zwischen weltlicher und geistlicher Macht, so dass ein Bischofssitz fast immer zugleich auch Regierungssitz war. Die machtpolitische Bedeutung der Bischofsstädte erforderte eine entsprechende geographische Lage, wie z.B. eine günstige Verkehrslage oder eine exponierte Berglage.

Der Immunitätsbereich im Zentrum der Bischofsstadt stellte einen geschlossenen Sonderbezirk dar. Im Kern befand sich der Dom, die Kathedrale, in der die Kathedra, der Sitz des Bischofs, steht. Angrenzend lagen Gebäude des Domstifts für die niedere Geistlichkeit, in denen die Domherren wohnten, und der Bischofshof mit dem Palas des Bischofs und der Palastkapelle, Gästehäusern, Küchen und Stallungen. Um den Dom erstreckte sich der Klosterbezirk.

Die Bischofsstadt wurde darüber hinaus durch eine Häufung klösterlicher Hofgüter geprägt, die jeweils von landwirtschaftlichen Gebäuden und Wohnhäusern der Hörigen umgeben waren, zu denen neben Handwerkern z.T. auch fahrende Kaufleute zählten. Das freie Bürgertum hatte als dritte politische Kraft – neben dem Bischof und der Grundherrschaft – maßgeblichen Einfluss auf die mittelalterliche Stadt. In direkter Nachbarschaft zum Immunitätsbezirk des Bischofs bildete sich meist eine Bürgersiedlung mit eigener Pfarrkirche und eigenem Rathaus. Der Dualismus zwischen Domstadt und Kaufmannsstadt des Mittelalters findet bis heute seinen Niederschlag im Stadtgefüge.

Die kulturelle Funktion der Bischofsstadt blieb im Laufe ihrer mittelalterlichen Entwicklung nicht nur auf die kirchliche Verwaltung und die Errichtung von geistlichen Schulen beschränkt, sondern richtete sich auch auf das Wallfahrtswesen. Ein reicher Reliquienschatz, berühmte Heiligtümer oder die Kathedrale wurden häufig Ziel von Wallfahrten vor allem aus dem jeweiligen Bistum.

Wallfahrtsstädte

Unter den 861 Wallfahrtsstätten in Deutschland (▶▶ Beitrag Rinschede, Bd. 10, S. 50ff.) gibt es acht, die nicht nur von einer großen Anzahl religiös motivierter Besucher aufgesucht werden, sondern auch über städtische Funktionen verfügen. Altötting, Werl und Walldürn erhielten die Stadtrechte schon vor Beginn der Wallfahrten, weil sie als Residenzen schon früh Regierungs- oder auch wichtige Handelsfunktionen besaßen. Kevelaer, Telgte, Neviges, Weingarten und Vallendar dagegen können ihre Entstehung als Stadt fast ausschließlich auf das Wallfahrtswesen zurückführen.

Anlass der Wallfahrten nach Walldürn und Vallendar ist die Verehrung des Hl. Blutes, die übrigen Wallfahrtsstätten dienen der Marienverehrung. Heute werden die internationalen Wallfahrtsstädte Altötting und Kevelaer alljährlich von 500.000-1 Mio., Werl und Walldürn von 100-500.000, Telgte, Weingarten und Vallendar von 50-100.000 und Neviges von ca. 10.000 Wallfahrern aufgesucht.

In der Physiognomie und funktionalen Struktur der Wallfahrtsstädte sind die räumlichen Auswirkungen des religiös motivierten Tourismus deutlich sichtbar: Kirchen und Kapellen, Bildstöcke, Kreuzwege, Gedenkstätten sowie Klöster prägen das Stadtbild zusammen mit einer großen Zahl von Versorgungseinrichtungen wie Devotionalienläden, Buchhandlungen, Museen, Hotels und Gasthäuser oder Restaurants.

Bischofsstadt Eichstätt

Eichstätt ❸ ist die kleinste der aus dem Frühmittelalter stammenden deutschen Bischofsstädte und wird bis heute durch seine kirchlichen Funktionen geprägt. Der Hl. Willibald, der hier von 740-787 wirkte, hatte zunächst ein Kloster und dann das Bistum Eichstätt gegründet. Im 11. Jh. erhielt die Bischofsstadt Eichstätt durch den Bau der Residenz (Bischofshof) das Erscheinungsbild eines Herrschaftssitzes.

Obwohl der Stadt Eichstätt schon 908 die Münz-, Zoll- und Marktrechte verliehen wurden, entwickelte sich die Bürgerstadt erst im letzten Viertel des 12. Jhs. Vor dem Nordtor der Domburg lag der Mittelpunkt der entstehenden Marktsiedlung, und hier befand sich auch das Zentrum der späteren Bürgerstadt, der Marktplatz. Noch heute besteht dieser Bereich aus schlichten Bürgerhäusern mit einer starken Konzentration von Einzelhandel und Handwerksbetrieben.

Wie die zu Territorialherren aufgestiegenen Bischöfe im gesamten Land,

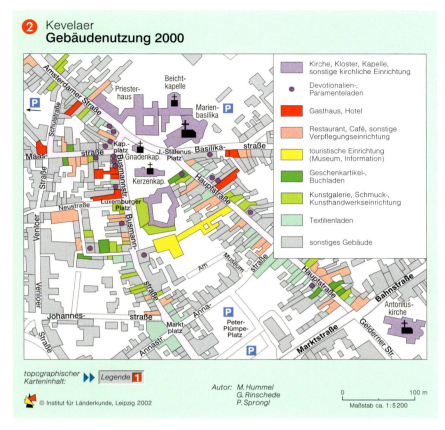

② Kevelaer Gebäudenutzung 2000

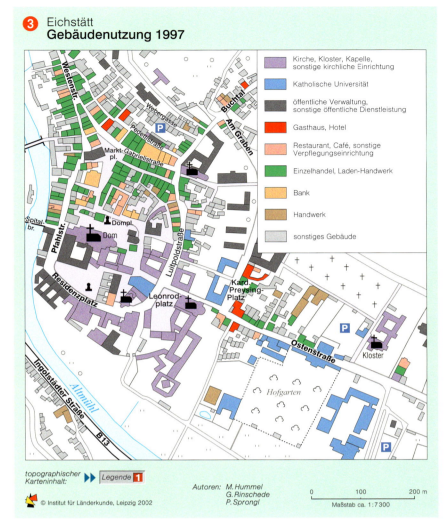

③ Eichstätt Gebäudenutzung 1997

so errichteten auch die Bischöfe in Eichstätt im 14. Jh. eine feste Burg am Rande der Stadt, die umgebaut in ein fürstbischöfliches Schloss bis 1725 als Residenz diente.

Heute lässt sich die Bischofsstadt Eichstätt als eine durch Kirche und Verwaltung sowie durch Schulen und die Katholische Universität geprägte Kleinstadt kennzeichnen. Zugleich ist es eine Wallfahrtsstadt mit Wallfahrten zur Hl. Walburga in der Abtei St. Walburg und zum Grab des Hl. Willibald im Dom. Besonders an Fest- und Jubiläumstagen (z.B. Diözesanfesten) treffen sich religiös motivierte Besucher, die überwiegend aus der Diözese kommen ⑤.

Die Wallfahrtsstadt Kevelaer

Die Wallfahrtsstadt Kevelaer ② im Bistum Münster ist heute neben Altötting der größte Wallfahrtsort Deutschlands mit über 500.000 Pilgern pro Jahr aus der Region, den benachbarten Bundesländern wie auch aus Belgien und den Niederlanden (20%) ④. Kevelaer gehört zum Typus der frühneuzeitlichen Wallfahrtsstädte. Es entstand 1642/43 als Zentrum der katholischen Gegenreformation an der Grenze zu den protestantischen Niederlanden.

Aufgrund des Pilgerstroms zum Marienbild (Trösterin der Betrübten) begann man schon 1643 mit dem Bau der Wallfahrtskirche. Es folgte 1646 ein Kloster für die geistlichen Betreuer der Stätte, die Oratorianer. Später entstanden auch noch zahlreiche Kapellen, die Marienbasilika, ein Priesterhaus und ein Zentrum der Wallfahrtsleitung. Aus einer Siedlung mit ca. 10 Bauernhäusern und 200 Einwohnern um 1626 entwickelte sich ein Wallfahrtsort, der 1945 die Stadtrechte erhielt und heute über 15.000 Einwohner zählt.

Zur Versorgung der Pilger stehen über 20 Hotels mit 450 Betten sowie 40 Restaurants und Cafés zur Verfügung. Hinzu kommen 18 Devotionalienläden, die sich innerhalb eines Radius von ca. 200 m um das Wallfahrtszentrum gruppieren.◆

④ Kevelaer Einzugsbereich der organisierten Wallfahrergruppen 1995

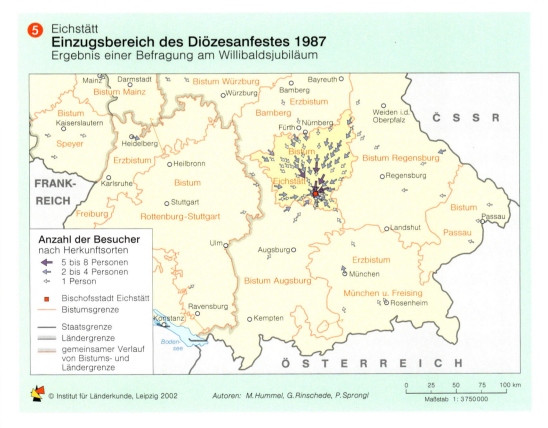

⑤ Eichstätt Einzugsbereich des Diözesanfestes 1987
Ergebnis einer Befragung am Willibaldsjubiläum

Bischofs- und Wallfahrtsstädte

Garnisonsstädte und Konversionsfolgen

Peter Pez und Klaus Sachs

Lüneburg – von der Kaserne zum Campus

Mit dem Zerfall des sozialistischen Staatengefüges kam es in Mitteleuropa zu einer umfassenden Reduzierung der Streitkräfte. Für Deutschland gilt das in besonderem Maße. Die Nationale Volksarmee der DDR mit 175.000 Soldaten und 32.000 Zivilbeschäftigten wurde aufgelöst, die Truppenstärke der Bundeswehr bis 1994 von 495.000 auf 370.000 verringert. Die Einsparungspolitik der Bundesregierung führte zu einer weiteren Reduktion auf 320.000 Soldaten im Jahr 2000, und ein weiterer Abbau auf 255.000 ist geplant. Hinzu kamen die komplette Räumung von Militäranlagen durch die Westgruppe der sowjetischen Armee in den östlichen sowie zahlreiche Standortfreigaben durch NATO-Staaten in den westlichen Bundesländern. Insgesamt wurden in Deutschland flächenmäßig 48% aller militärischen Liegenschaften aufgegeben oder befinden sich im Freigabeverfahren – mit großen regionalen Unterschieden: Während die Flächenreduzierung in Niedersachsen bei 5,3% liegt und im Gesamtdurchschnitt der alten Länder 20% beträgt, wurden in den neuen Ländern 78% aller Militärflächen aufgegeben. Spitzenreiter unter den Flächenländern ist Brandenburg mit 92,5%.

Belastung oder Chance auf lokaler Ebene?

In die Freude über die politische Entspannung mischten sich wirtschaftliche Sorgen. Truppenreduzierungen bedeuten Verluste an Arbeitsplätzen und lokaler Nachfrage. Neben den ländlichen Räumen sind Garnisonsstädte davon besonders betroffen. Andererseits bietet sich die Chance, die nicht militärgebundenen, wirtschaftlichen Funktionen durch Nachfolgenutzungen zu stärken. Die Möglichkeiten hierzu sind vielfältig. In Städten ist die häufigste Variante die Wohnraumschaffung (Um- und Neubauten), darüber hinaus entstehen Sportstätten, Heime für Studierende, Pflegekräfte, ältere Menschen oder Aussiedler/Asylsuchende, ferner Gewerbeparks, Umschlagterminals, Behördenstandorte und Bildungsinstitutionen. In eher peripheren Lagen finden sich Flugplätze, Freizeitparks, Golfplätze, Forst- und Naturschutzflächen. Je näher die Areale an Stadtzentren liegen, desto höher ist ihr Wert für die städtische Entwicklung. Einerseits ist hier der Raumbedarf für andere Nutzungszwecke besonders groß, andererseits entwickelten die Militärbereiche in innenstadtnahen Lagen besonders nachteilige Barriereeffekte für Verkehr und Stadtentwicklung.

Lüneburg – von der Kaserne zum Campus

Niedersachsen ist zwar das Bundesland mit dem geringsten Anteil an militärischen Flächenfreigaben, aber dennoch war die Stadt Lüneburg (66.000 Ew.) besonders betroffen. Sie verlor in wenigen Jahren 4500 von 6500 Soldaten und 293 von 711 Zivilbeschäftigten. Hinzu kam die Auflösung des Bundesgrenzschutzstandortes mit 550 Beamten. Aber schon früh zeichneten sich attraktive Nachfolgenutzungen ab. Die wichtigste betraf die im südlichen Stadtbereich gelegene und mit 29 ha größte Bundeswehrliegenschaft, die Scharnhorst-Kaserne. Auf deren südlicher Hälfte entstand ein neues innenstadtnahes Wohngebiet; in den Nordteil wurde die von Raumnöten geplagte Universität verlagert. Statt asphaltierter Exerzierplätze, breit betonierter Straßen und trister Gebäude findet man dort heute moderne Institutsräume, neue Hörsäle und weitläufige Grünanlagen, die sich harmonisch ineinander fügen.

Magdeburg – Stadt der BUGA ´99

Kaum ein Besucher der von April bis Oktober 1999 in Magdeburg realisierten Bundesgartenschau dürfte geahnt haben, dass er sich auf einem großen ehemaligen Kasernen- und Truppenübungsgelände bewegte. Die militärische Tradition des Kleinen und Großen Cracauer Angers, wie das Areal östlich der Elbe heißt, reicht dabei bis in die Zeit Magdeburgs als größter Festung Preußens zurück, erfuhr aber seine intensivste Prägung erst Ende der 1930er Jahre und nach dem Zweiten Weltkrieg. Ab 1945 wurde das Gelände von sowjetischen Einheiten genutzt, die es 1991-93 räumten. Dort, wo sich heute Blumenrabatten, Kunstobjekte, Wasserflächen, Hecken und Wälle ausbreiten, ein Abenteuerspielplatz und ein Freizeitbad einladen sowie ein 60 m hoher Wissenschaftsturm mit historischen und naturwissenschaftlichen Elementen zum Schauen, Anfassen und Ausprobieren reizt, befanden sich noch bis vor kurzem verfallende Kasernen, ein von Panzern zerfurchtes Gelände und wilde Müllhalden. Der neu entstandene Elbauenpark wird nun nicht nur als touristischer Anziehungspunkt erhalten bleiben, sondern mit den ebenfalls auf dem Konversionsgelände entstandenen wirtschaftlichen Einheiten (Messegelände, Behördenzentrum, Fachhochschule, Sportzentrum, Golfplatz) die Wirtschaftskraft der 239.000 Einwohner zählenden Landeshauptstadt Sachsen-Anhalts nachhaltig stärken.◆

Elbauenpark in Magdeburg (BUGA), ehemals Kasernen- und Truppenübungsgelände

---

Garnisonsstadt – durch bedeutende Militäransiedlung in Bevölkerungs- und Wirtschaftsstruktur bzw. Flächennutzung geprägte Stadt. Die extremste Ausprägung dieser Kategorie ist schon lange Vergangenheit: die durch einen Militärstandort begründete und nahezu ausschließlich auf diesen fixierte Siedlung (Wohnen für Familien, Versorgerberufe), wie im Falle europäischer Grenzfestungen des 17. und 18. Jhs. Heutige Garnisonsstädte sind nicht (mehr) monofunktional strukturiert. Selbst durch einen Totalabzug des Militärs werden sie nicht in ihrer Existenz bedroht, weil andere Funktionen in Industrie und Dienstleistungen dominieren. Die Einstufung als Garnisonsstadt kann historisch genetisch erfolgen, aber auch als Ausdruck einer bestimmten Größenordnung stationierter Truppen (absolut) wie auch als Prozentsatz an der Bevölkerung.

Konversion – *lat.* Übergang, Umwandlung; hier: Aufgabe der militärischen Nutzung von Liegenschaften und, falls möglich, zivile Umnutzung. Von Konversion wird im wissenschaftlichen und politisch-planerischen Bereich erst seit Beginn der 1990er Jahre gesprochen, weil im Zuge der Auflösung des militärischen Blockes der Warschauer-Pakt-Staaten besonders umfangreiche Truppenreduzierungen vereinbart und umgesetzt worden sind. Die Freigabe und zivile Umnutzung militärischen Geländes hat es aber auch schon vorher gegeben.

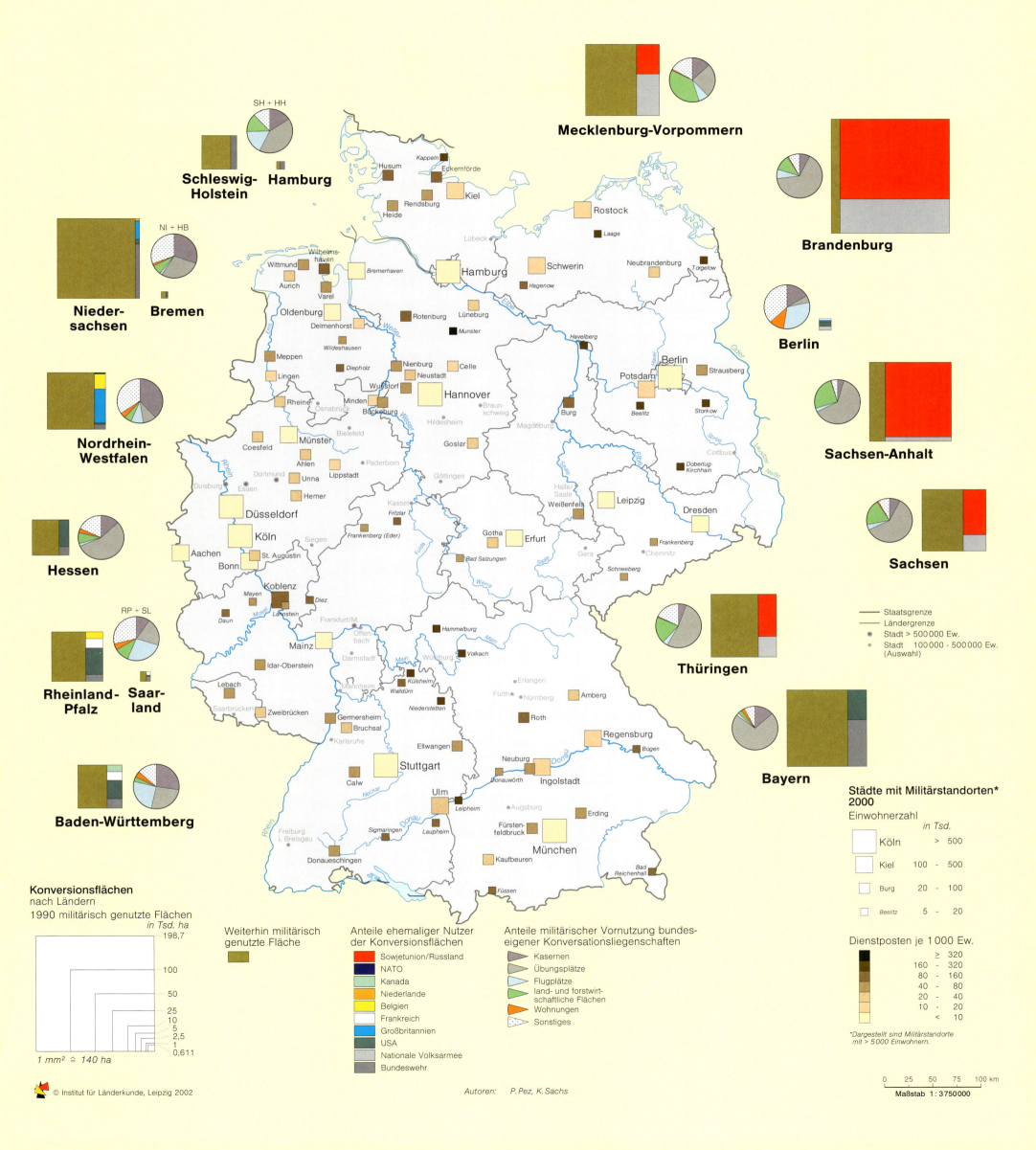

Industriestädte

Petra Pudemat

Die Industrialisierung des 19. und 20. Jhs. bewirkte nicht nur einen tief greifenden Wandel der Wirtschafts- und Sozialstruktur, sondern prägte auch den Prozess der Verstädterung in Deutschland (▶▶ Beitrag Stiens, S. 36). SCHÖLLER (1967) unterschied drei Formen städtischer Strukturveränderungen durch die Industrialisierung: 1. den Ausbau und die Erweiterung von bestehenden Städten, 2. die Industrialisierung am Rande verkehrsgünstig gelegener Orte, häufig als Ortsteil mit konzentrierten Fabriksiedlungen und dicht bebauten Wohnvierteln, die später eingemeindet wurden, sowie 3. neue Ortsbildungen und Siedlungsansätze durch industrielle Betriebe. Authentische Stadtneubildungen durch industrielle Großbetriebe waren selten. Beispiele hierfür sind die Montanstadt Oberhausen (1861) sowie die Chemiestädte Ludwigshafen (1863) und Leverkusen (1860/1930). Davon zu unterscheiden sind jene Städte, denen ein staatlicher Beschluss zur Schaffung eines neuen Industriekomplexes vorausging. Sowohl der Nationalsozialismus als auch der DDR-Städtebau liefern dafür Beispiele: Wolfsburg (1938), Salzgitter (1942, Eisen- und Stahlindustrie), Eisenhüttenstadt (1950), Neu-Hoyerswerda (1957, Braunkohlenveredelungswerk Schwarze Pumpe), Schwedt/Oder (1959, Petrochemisches Kombinat) und Halle-Neustadt (1964, Chemiebetriebe Leuna und Buna) sind Städte mit geplanter industrieller Basis, die zeitweise mehr als 50.000 Einwohner aufwiesen.

In Abbildung ❶ definieren zwei statistische Merkmale Städte über 50.000 Ew. als ▶ Industriestädte. Erstens beträgt der Anteil der Beschäftigten im verarbeitenden Gewerbe an allen Beschäftigten über 45%, und zweitens ist der Industriebesatz (Industriebeschäftigte pro 1000 Ew.) größer als 200. Deutlich treten hier die Städte Sindelfingen (DaimlerChrysler AG), Wolfsburg (VW), Rüsselsheim (Opel), Ingolstadt (Audi), Emden (VW) und Ludwigshafen (BASF) hervor.

Als die zwei „wohl bedeutendsten deutschen Stadtgründungen im zwanzigsten Jahrhundert" (BEIER 1997) gelten Wolfsburg und Eisenhüttenstadt. Die beiden Retortenstädte sind beispielhaft für die Besonderheiten von industriell monostrukturierten Räumen und die Stadtplanung des 20. Jhs. in den beiden deutschen Teilstaaten.

> Unter **Industriestädten** sind jene Städte zu verstehen, die
> 1. einen nennenswert hohen Anteil an Beschäftigten im verarbeitenden Gewerbe an allen Beschäftigten aufweisen (z.B. über 45% aller Beschäftigten der Stadt sind im industriellen Sektor tätig) oder/und
> 2. ihre Entstehung ausschließlich oder im Wesentlichen einem (oder mehreren) Industriebetrieb(en) verdanken.
>
> **KdF** – Kraft durch Freude, Freizeitprogramm des Nationalsozialismus
>
> **global player** – Akteur im weltweit vernetzten Wirtschaftsgeschehen

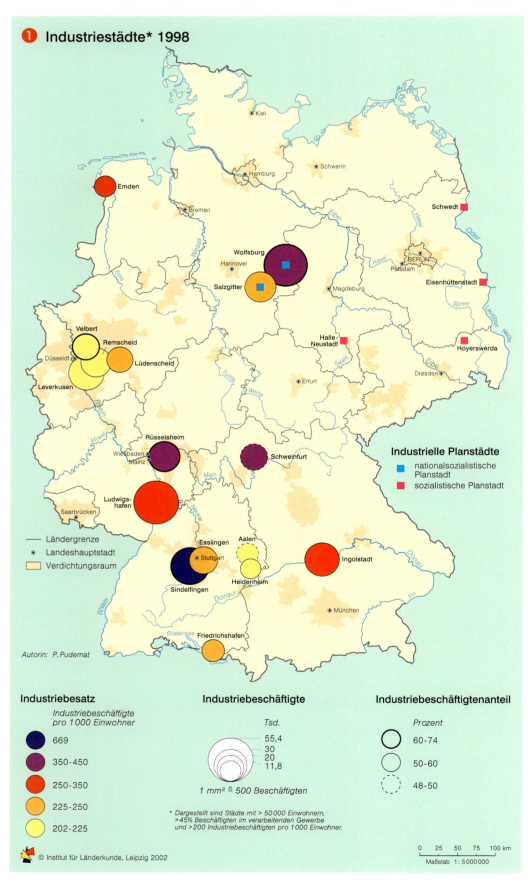

Wolfsburg ❸

Die Stadt Wolfsburg wurde am 1. Juli 1938 als „Stadt des ▶ KdF-Wagens" gegründet. Zur Verwirklichung der Pläne von Hitler, einen Kleinwagen für breite Bevölkerungsschichten herzustellen, wurde Peter Koller mit den Planungen einer Werksstadt betraut. Sein Verdienst ist die Verankerung des landschaftlichen Städtebaus (angelehnt an die Gartenstadtbewegung) im Erscheinungsbild der neu gegründeten Stadt. Anfang der 1960er Jahre wurde dieses städtebauliche Konzept als Zersiedlung der Landschaft gebrandmarkt und durch die neue Ideologie „Urbanität durch Dichte" ersetzt (Stadtteile: Detmerode und Westhagen). Die Prosperität der Stadt war stets auf Gedeih und Verderb mit der Volkswagen AG verbunden. Neben den Wirtschaftswunderjahren, in denen VW zum ▶ global player aufstieg, gab es Entlassungs- und Krisenjahre, die die hohe Abhängigkeit von dem Industriebetrieb verdeutlichten ❺. Zuletzt wurden zwischen 1991 und 1996 16.000 Arbeitsplätze bei VW in Wolfsburg (und damit 20% aller in Wolfsburg vorhanden Arbeitsplätze) abgebaut. Die zukunftsweisenden Projekte „Autostadt" (Erlebnismuseen und Fahrzeug-Auslieferung) und „Autovision" (u.a. Zulieferpark und Innovationscampus) haben dennoch eine positive Aufbruchstimmung in der Region bewirkt.

Eisenhüttenstadt ❷

Eisenhüttenstadt war als „erste sozialistische Stadt Deutschlands" (bis 1961 Stalinstadt) beispielgebend für den gesamten DDR-Städtebau. Grundlage für die Entstehung der Stadt waren die kriegs- und teilungsbedingten Defizite in der Grundstoffindustrie. Im Juli 1950 beschloss die SED daher den Aufbau des Eisenhüttenkombinates Ost (EKO) und der dazugehörigen Stadt an der Ostgrenze der DDR. Kurt W. Leucht entwarf eine den Grundsätzen des sozialistischen Städtebaus entsprechende kompakte Stadt ❷. Ab Ende der 1960er Jahre war der industrielle Wohnungsbau die Maxime: Großblock- und Großplattenbauweise dominierten die neu entstehenden Stadtviertel. „Deutlich ist zu sehen, dass die geforderte strikte Einhaltung wirtschaftlicher Parameter – Senkung der Baukosten und der Bauzeiten bei einer weiteren Erhöhung der Einwohnerdichte pro Hektar – jeglichen Anspruch stadträumlicher und architektonischer Gestaltung auf ein Minimum beschränkt hatte" (TOPFSTEDT 1997). Eine einschneidende Veränderung der Stadtstruktur stellten die Eingemeindungen von Fürstenberg/Oder und Schönfließ dar. Die hervorgerufene neue bandartige Hauptstruktur erstreckte sich entgegen den Planungen von West nach Ost. Auch das Wachstum Eisenhüttenstadts ist untrennbar mit der Entwicklung des industriellen Großbetriebs verbunden. In den 1950er Jahren galt die Stadt bereits als Musterstadt der DDR mit guten Lebensbedingungen, hohen Löhnen und ohne Wohnungsprobleme. Nach der Wiedervereinigung hat die Privatisierung von EKO Stahl die Stadt sozial erschüttert ❹. Trotz der schließlich 1995 geglückten, hoch subventionierten Übernahme durch den belgischen Konzern Cockerill Sambre (seit 1999 USINOR) sind nur ca. 3000 der planwirtschaftlichen 12.000 Arbeitsplätze erhalten geblieben. Dies spiegelt sich im Migrationssaldo von Eisenhüttenstadt wider. Seit 1988 haben 10.000 Einwohner (20%) die Stadt verlassen.

Wolfsburg und Eisenhüttenstadt gelten als Musterbeispiele und Experimentierfelder komplexer Stadtplanung. Beide Städte werden trotz vieler Grünflächen eher als nüchtern empfunden. Ähnlichkeiten ergeben sich durch ihre einseitige Ausrichtung auf nur einen Industriebetrieb und die städtebauliche Besonderheit als Planstädte. Gemein ist beiden 1. eine enorme Leistung bei der Umwandlung von werksnahen Barackensiedlungen in eigendynamische Städte, 2. eine starke Einheitlichkeit der Sozialstruktur in den zeitgleich entstandenen Stadtvierteln sowie 3. eine nur rudimentäre Citybildung.◆

Wolfsburg

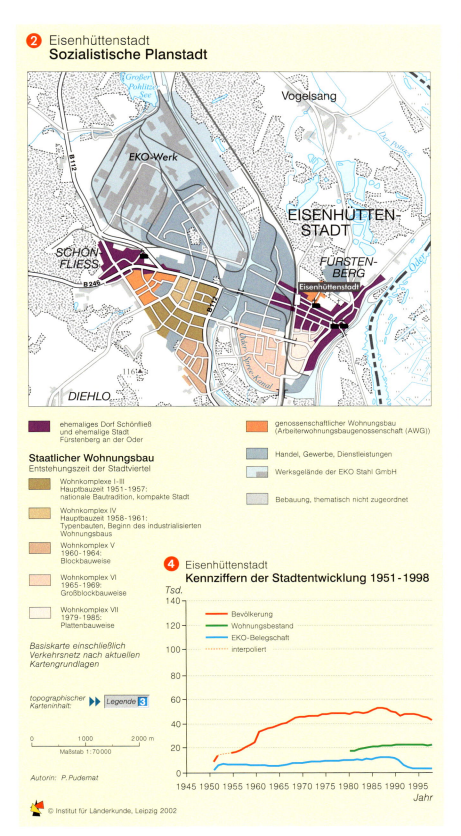

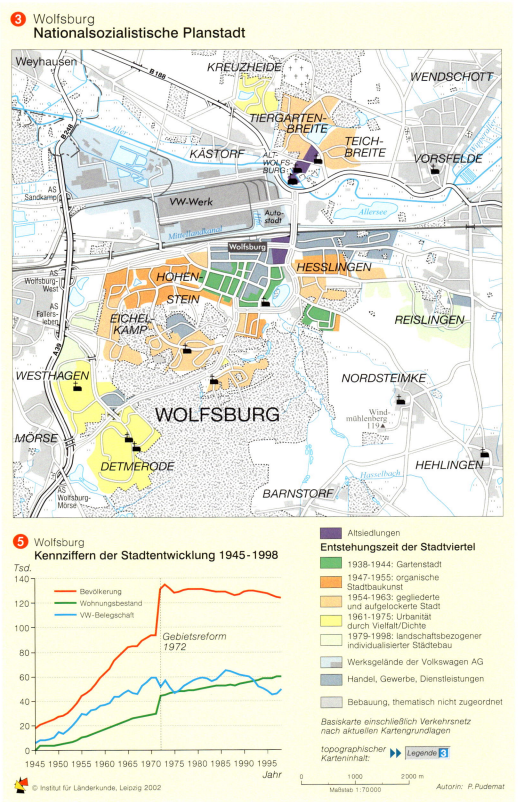

Industriestädte 107

Industriestädte im Wandel

Hans-Werner Wehling

Vom Beginn des 19. Jhs. bis zum Zweiten Weltkrieg führte die Nachfrage nach Arbeitskräften an den sich entwickelnden Industriestandorten zu einem Anstieg der Bevölkerung. Die unterschiedlichen Standortanforderungen der Basisindustrien – Textilindustrie, Bergbau, Eisen- und Stahlindustrie – haben dabei unterschiedliche städtische Strukturen hervorgebracht. Während die Textilindustrie vergesellschaftet in ländlichen und städtischen Gebieten der vorindustriellen Zeit auftrat, war die Eisen- und Stahlindustrie für den Antransport der Rohstoffe und den Abtransport der Halb- und Fertigprodukte auf gute Verkehrsverhältnisse angewiesen. Deutlich rohstofforientiert war der Bergbau; in Anpassung an die geologischen Verhältnisse schuf er Industriedörfer, aus denen häufig Städte im administrativen, selten im funktionalen Sinne wurden.

Auf- und Ausbau des Ruhrgebietes

Die Entwicklung des Ruhrgebietes ❷ ❸ ❹ wurde weitgehend von der Süd-Nord-Wanderung des bergbaulichen Produktionsschwerpunktes durch die verschiedenen Zonen bestimmt. Bereits seit Jahrhunderten war entlang der Ruhr Mager- und Anthrazitkohle im Stollenbergbau abgebaut und über die Ruhr zu den großen Verbrauchszentren entlang des Rheins transportiert worden. Nachdem 1837 weiter nördlich die den Kohleschichten aufliegende Mergeldecke durchstoßen war, begann mit dem Übergang zum Tiefbergbau die Aufbauphase des Ruhrgebietes und die Wanderung des Ruhrbergbaus in den Bereich der vorindustriellen Städte entlang der mittelalterlichen Handelsstraße des Hellweges. Industrielle Unternehmen begannen, die alten Hellwegstädte wie z.B. Essen und Mülheim zu umzingeln, die weder politisch noch planerisch dem neuen Aufschwung gewachsen waren. Die Montanunternehmer nahmen bereits in jenen frühen Jahren durch Grunderwerb Einfluss auf die Entwicklung und die Struktur der industriellen Kulturlandschaft.

Das Desinteresse der meisten Unternehmer an einer Stadt- und Regionalentwicklung, die über die Bedürfnisse

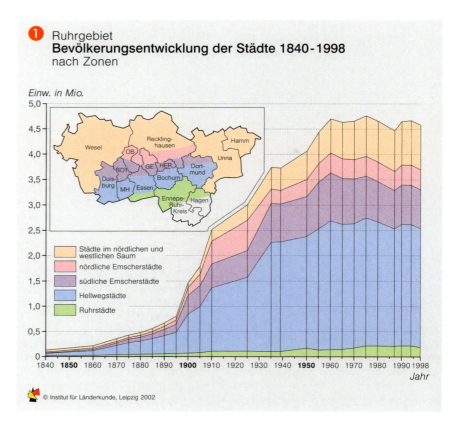

❶ Ruhrgebiet
Bevölkerungsentwicklung der Städte 1840-1998 nach Zonen

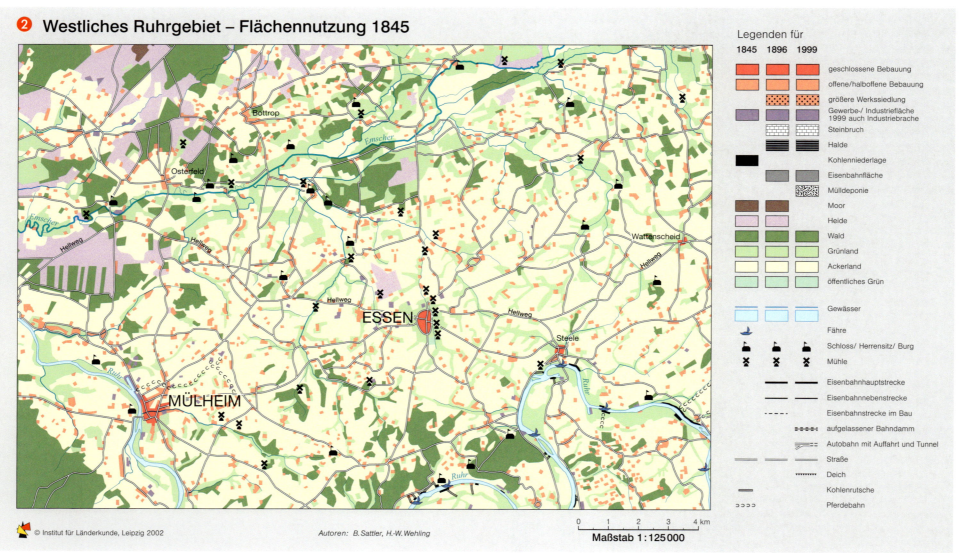

❷ Westliches Ruhrgebiet – Flächennutzung 1845

ihrer Werke hinausging, traf sich mit dem des preußischen Staates. So wurde 1845/47 die Köln-Mindener Eisenbahnstrecke gegen die Proteste der Kommunalverwaltungen weit nördlich der vorhandenen Städte angelegt, weil sie nicht dazu gedacht war, die Region von diesen Städten aus zu entwickeln, sondern neue Produktionsgebiete erschließen sollte. Sie schuf die verkehrliche Grundlage für die nächste Entwicklungsphase des Ruhrgebietes.

Diese Expansionsphase begann nach der Reichsgründung. Entlang des Hellweges expandierten die Unternehmen. Es entstanden Bergbaugesellschaften mit umfangreichem Felderbesitz, Eisen- und Stahlunternehmen wuchsen zu Großunternehmen von Weltgeltung. Die Hellwegstädte wurden Standorte ihrer Verwaltungszentralen. Von hier aus leiteten diese die Verflechtung der Ruhrwirtschaft und die technische Weiterentwicklung der Produktionsverfahren sowie die Ausdehnung in den Raum beiderseits der Emscher, in dem es kaum städtische Siedlungen und Menschen gab. Es entstanden Großzechen und Eisen- und Stahlwerke an verstreuten Standorten inmitten von landwirtschaftlichen Flächen mit Streusiedlungen, durchschnitten von den Eisenbahntrassen der Regionalstrecken und Werksbahnen.

Gerade im Bergbau war eine Produktionssteigerung angesichts des geringen technischen Ausbaus untertage nur durch eine ständige Steigerung der Belegschaft möglich ❺. Konnte das Ruhrgebiet bis 1870 seine Arbeitskräfte noch im Rheinland und in Westfalen rekrutieren, so begann danach die Masseneinwanderung aus den deutschen Ostgebieten. Die Bevölkerung stieg von 655.000 im Jahre 1871 auf über 2,5 Mio. im Jahre 1913 ❶. Der Mangel an Wohnraum machte die Erstellung werkseigener Wohnungen, die insbesondere in den Emscherzonen zu prägenden Bestandteilen der industriellen Kulturlandschaft wurden, zu einer betriebswirtschaftlichen Notwendigkeit. Die entstehenden Industriedörfer wuchsen zusammen und wurden bei einer gewissen Bevölkerungszahl zu Städten erhoben. Eine städtebauliche Mitte erhielten sie aber meist erst in den 1930er Jahren, blieben jedoch auch danach Industrie- und Arbeiterstädte.

In den 1930er Jahren erreichte die Ruhrgebietswirtschaft den Vorkriegshöhepunkt ihres produktionstechnischen Ausbaus und ihrer räumlichen und unternehmerischen Verflechtung. Es war ein fein abgestimmter Industriekomplex entstanden (Verbundwirtschaft), der sich logistisch auf ein Eisenbahnnetz stützen konnte, dessen Auslegung →

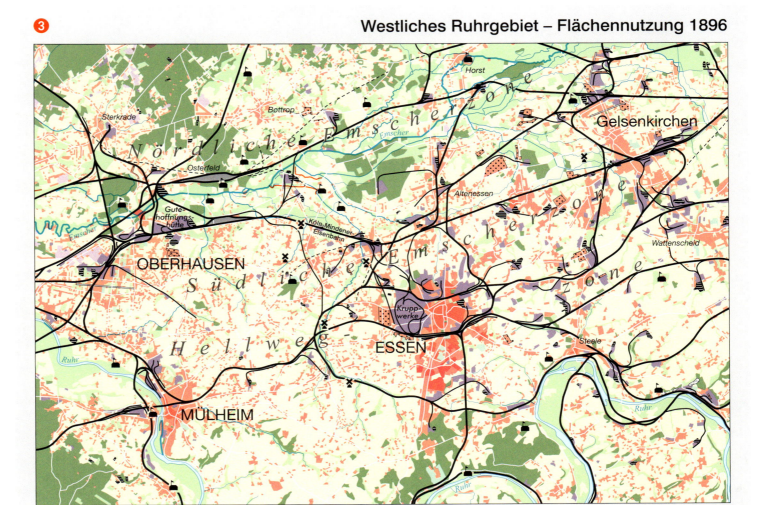

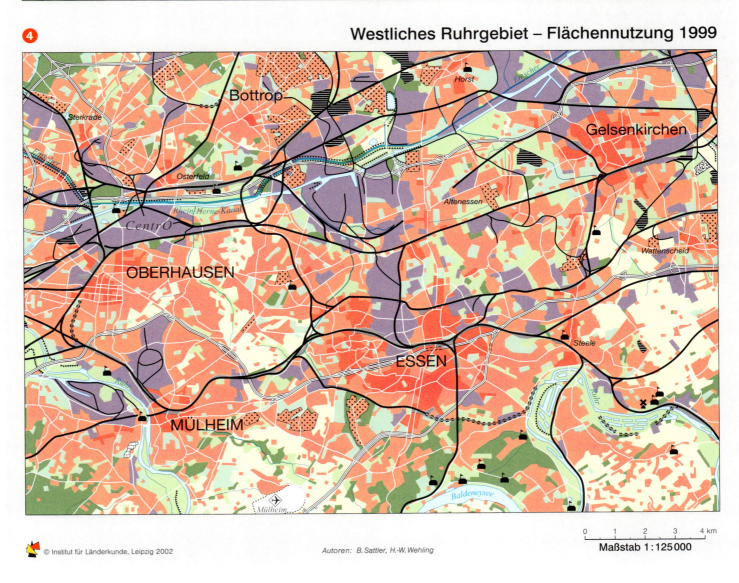

Blick vom Gasometer aufs CentrO Oberhausen

primär seinen Interessen diente. Gleichzeitig verminderte sich der montanindustrielle Raumanspruch. In einigen Städten der Emscherzone entstanden Ansätze städtischer Zentren, in der Hellwegzone, vor allem in Essen, wandelten sich die Innenstädte zu Konzentrationen des Einzelhandels. Jenseits des Stadtkerns und der angrenzenden Viertel entstand durch Genossenschaften und Baugesellschaften ein äußerer Siedlungsring in aufgelockerter Bebauung.

Der Zweite Weltkrieg brachte dem Ruhrgebiet, national und international als die Waffenschmiede des Reiches betrachtet, zahlreiche Zerstörungen. Flächenhaft bombardiert wurden vor allem die Standorte der Eisen- und Stahlindustrie (▶▶ Beitrag Bode, S. 88).

Chemnitz – das sächsische Manchester

Am Schnittpunkt von zwei Überlandstraßen entwickelte sich das vorindustrielle Chemnitz. Fernhandel, Tuchmacherei, vor allem aber Leineweberei und -handel brachten der Stadt in der frühen Neuzeit wirtschaftliche Prosperität. Durch erste Versuche fabrikmäßiger Produktion und den Einsatz von Maschinen nahm die Leineweberei im Verlauf des 18. Jhs. einen großen Aufschwung. Mit dem für deutsche Verhältnisse frühen Einsetzen der industriellen Entwicklung um 1800 war Chemnitz eines der bedeutendsten gewerblichen Zentren und zur ersten Fabrik- und zweiten Handelsstadt im Königreich Sachsen geworden. Seit etwa 1830 kam, getragen von der Nachfrage der Textilindustrie, die Werkzeug- und Maschinenbauindustrie hinzu, die bereits in den 1860er Jahren zu einer ernsthaften Konkurrenz für englische Fabriken wurde. 1847 wurde die einzige Lokomotivfabrik Sachsens eröffnet, und mit der Königlichen Gewerbeschule entstand 1836 auch eine Ausbildungsstätte für qualifizierten Nachwuchs.

Die Bevölkerung wuchs von rund 11.000 (1801) über 68.229 (1871) auf 103.000 Einwohner im Jahre 1883. Nach Eingemeindungen von 16 Vororten (1844-1929) lebten 331.665 Menschen in Chemnitz (1925). Entlang von Überlandstraßen und Eisenbahntrassen siedelten sich Industriebetriebe an und rückten Vororte und Vorstädte näher an die Stadt. Auf dem Kassberg westlich der Stadt entstand in exponierter Lage ein gründerzeitliches Viertel für die gehobenen Schichten; im Brühlviertel wurden seit Beginn des 19. Jhs., auf dem Sonnenberg seit 1860 und in der Südvorstadt seit dem Ende des 19. Jhs. Arbeiterwohnviertel mit den für die Gründerzeit typischen Mietskasernen gebaut. Die älteste Arbeitersiedlung, die Hartmannsiedlung, entstand 1884-1911 in Schlosschemnitz. Altchemnitz und Kappel, aufgrund ihrer günstigen Lage am Fluss bzw. an der Bahnstrecke nach Zwickau von den Industriebetrieben bevorzugt, wandelten sich von Bauerndörfern zu Industriestandorten.

Verlängerte der Erste Weltkrieg zunächst den seit den Gründerjahren anhaltenden Aufschwung, so brachen in der Zwischenkriegszeit zahlreiche Unternehmen zusammen, die Arbeitslosenzahlen waren im Verhältnis zu anderen deutschen Industriestädten am höchsten. Um 1930 erreichte Chemnitz mit 360.000 Einwohnern den Höchststand seiner Bevölkerungsentwicklung und wurde 1936 mit der Ansiedlung der Auto-Union auch Standort der Automobilproduktion ❼.

Die Luftangriffe im Frühjahr 1945 zerstörten das Zentrum von Chemnitz zu 80% und große Teile der angrenzenden Wohngebiete auf über sechs Quadratkilometern.

Industriezentrum vor und nach der Wende

Nach dem Zweiten Weltkrieg wurde 1953 die in Karl-Marx-Stadt umbenannte Stadt mit erweiterten Kapazitäten im Fahrzeug-, Werkzeug- und Textilmaschinenbau zu einer der größten Industriestädte der DDR. 1989 konzentrierte der Bezirk Karl-Marx-Stadt fast die Hälfte aller sächsischen Industriebetriebe und rund ein Drittel aller Industriebeschäftigten auf sich. Hier wurde fast ein Fünftel des DDR-Sozialproduktes erwirtschaftet, rund 50% davon für den Export in die Sowjetunion.

War der Wiederaufbau von Chemnitz noch am Vorkriegsstand orientiert, so wurde dies Ende der 1950er Jahre zugunsten einer neuen weiten Innenstadt aufgegeben. Jenseits der alten innenstadtnahen Gründerzeitquartiere, deren Altbausubstanz zunehmend vernachlässigt wurde, entstanden in den 1970er Jahren große Wohngebiete, darunter ab 1974 vor allem das Fritz-Heckert-Gebiet mit über 32.000 Wohneinheiten (▶▶ Beitrag Breuer/Müller, S. 130).

Die Wiedervereinigung brachte für die Stadt die Rückbenennung in Chemnitz und eine durchgreifende Deindustrialisierung, der bis 1998 72,7 % der industriellen Arbeitsplätze zum Opfer fielen. Als Indiz für einen erfolgreichen Konsolidierungsprozess wird angesehen, dass gleichzeitig der Umsatz der verbliebenen örtlichen Industrien um 57,4% stieg. Chemnitz ist mit seinen traditionellen Schwerpunkten im Maschinen- und Fahrzeugbau das wichtigste Industriezentrum Sachsens geblieben ❽. Als Folge der Schließung zahlreicher unrentabler Unternehmen fielen im Stadtgebiet rund 880 ha Industriebrachen an, die teilweise für Neuansiedlungen genutzt werden. Laufende Stadterneuerungsmaßnahmen zur Aufwertung der Innenstadt sowie zur überfälligen Sanierung der alten Arbeiterwohnviertel wie auch der Großsiedlungen aus der DDR-Zeit verändern zwar punktuell die städtische Physiognomie, nicht aber die typischen industriellen Grundstrukturen im Stadtaufbau (2000: 259.000 Ew.).

Deindustrialisierung und Strukturwandel im Ruhrgebiet

Nach dem Zweiten Weltkrieg hatte sich die Montanindustrie im Ruhrgebiet bis Mitte der 1950er Jahre wieder weitgehend reorganisiert. Die Flächennutzungsstrukturen waren in weiten Teilen eine Reproduktion der Raumstrukturen der Zwischenkriegszeit. Wieder wurde das Ruhrgebiet zum Zielgebiet von Zuwanderern, Flüchtlingen und Vertriebenen. 1960 wurde mit 5,6 Mio. Einwohnern der Höchststand in der Bevölkerungsentwicklung erreicht.

1957 begann jedoch der bis heute andauernde Prozess des Zerfalls der industriellen Grundlagen. Mit dem Vordringen des Erdöls auf die europäischen Märkte fiel der Absatz der Ruhrkohle steil ab. Dieser zunächst als Absatzkrise begriffenen Deindustrialisierung suchte man anfangs mit traditionellen Mitteln zu begegnen. Bis 1969 gingen im Bergbau mehr als 200.000 Arbeitsplätze ver-

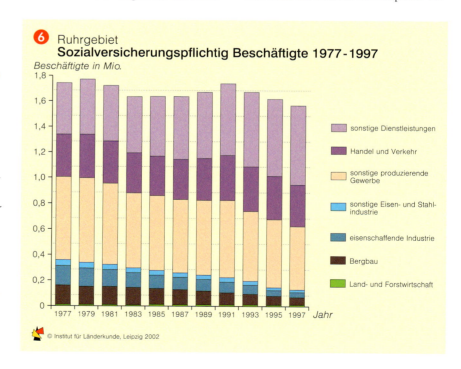

❺ Ruhrgebiet
Beschäftigte 1895-1939

❻ Ruhrgebiet
Sozialversicherungspflichtig Beschäftigte 1977-1997

loren; 133 aufgegebene Zechen- und Kokereistandorte leiteten den kulturlandschaftlichen Wandel der Region ein. Nach Gründung der Ruhrkohle AG im Jahre 1969 folgte ein verlangsamter, aber stetiger Prozess betrieblicher Konzentration und Stilllegung, der heute die nördliche Emscherzone und den linken Niederrhein erreicht hat. Die Eisen- und Stahlindustrie erlebte bis Anfang der 1970er Jahre noch einen Aufschwung als die Aufgabe ehemaliger Zechenstandorte.

Fast unmittelbar mit Beginn der Krise begann auf allen Planungsebenen die Entwicklung und Durchführung von Programmen zu einem wirtschaftlichen Strukturwandel. Ab Mitte der 1960er Jahre wurden sie begleitet von einer Serie von Programmen, die die schlechten Wohnverhältnisse verbessern und die infrastrukturellen Defizite beseitigen sollten.

In einigen Emscherstädten wie Oberhausen und Gelsenkirchen war die Produktivität der Schachtanlagen so hoch, dass sie die Auswirkungen der ersten Bergbaukrise überstanden. Zudem war der größte Teil der Gewerbe- und Industrieflächen im Besitz der Montanindustrie, die eine restriktive Bodenvorratspolitik betrieb. Diese erschwerte nicht nur die Ansiedlung neuer Unternehmen, sondern auch eine großflächige städtebauliche Erneuerung. Anfang der 1980er Jahre änderten sich die Rahmenbedingungen jedoch grundlegend, als die Zechenstilllegungen auch die großen Schachtanlagen beiderseits der Emscher erfassten, als die Eisen- und Stahlindustrie in größerem Umfang Produktionsanlagen schloss und die Deutsche Bundesbahn im Gefolge Güterstrecken stilllegte. Städte, die über mehr als zehn Jahre unter einem Gewerbeflächenmangel gelitten hatten, weisen nun einen Überschuss an Industriebrachen auf und kämpfen mit strukturellen Problemen, die sie angesichts eingeschränkter kommunaler Haushalte aus eigener finanzieller Kraft nicht bewältigen können ❻.

Daher wurde für diesen Problemraum 1989 als neue Planungskonzeption die Internationale Bauausstellung Emscher-Park (IBA) entwickelt. Diese setzte sich zum Ziel, das Potenzial an Frei- und Brachflächen zukunftsorientiert zu nutzen und den Umbau der Industrielandschaft zu fördern. Zum räumlichen Kernstück entwickelte sich der Emscher-Landschaftspark. Durch die Integration von Brachflächen und bestehenden regionalen Grünzügen wird seitdem der gestalterische Rahmen für einen neuen attraktiven Städtebau geschaffen.

Wenngleich viele Ziele der IBA noch nicht erreicht sind, hat dieses neue Planungs- und Vermarktungsinstrument im letzten Jahrzehnt eine investive Aufbruchsstimmung im Ruhrgebiet geschaffen, die sich auch außerhalb des IBA-Planungsgebietes positiv ausgewirkt hat und einen nationalen, europäischen wie auch z.T. internationalen Kapitalfluss in die Region erzeugt, der zahlreiche neue Business-Center sowie Freizeit- und Kultureinrichtungen mit überregionalem Einzugsbereich hat entstehen lassen. Spektakulärstes Beispiel ist die Umwandlung der riesigen Thyssen-Brache zur Neuen Mitte Oberhausen, die sich um das größte Einkaufszentrum des Ruhrgebiets CentrO gruppiert (▶ Foto).

Mehr noch als der Standort Chemnitz wird die mehrkernige Stadtregion Ruhrgebiet ihren industriellen Charakter behalten. Zum industriellen Erbe gehören zum einen ausgedehnte Altlastenflächen, die völlig zu revitalisieren nicht finanzierbar ist und die daher als Zäsuren in der Stadtlandschaft erhalten bleiben werden, zum anderen aber auch eine Fülle von Industriedenkmälern, die in dieser Weise in Europa sonst nicht vorhanden sind und den Grundstein bilden sollen für einen Industrietourismus der Zukunft.◆

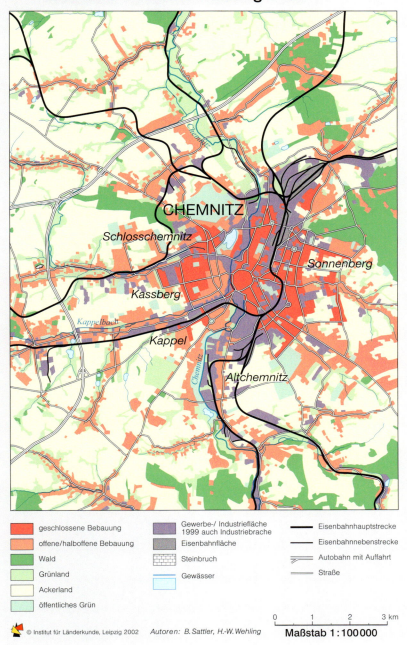

❼ Chemnitz – Flächennutzung 1940

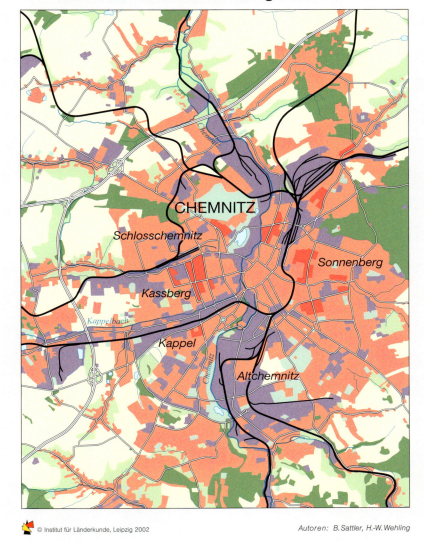

❽ Chemnitz – Flächennutzung 1999

schwung. Weltweite Überkapazitäten machten danach jedoch Anpassungen und Rationalisierungen notwendig. Die Stilllegung ganzer Stahlstandorte hatte wegen ihrer Größenordnung viel stärkere Auswirkungen auf die Kulturland-

Industriestädte im Wandel | 111

Kommunale Finanzen – Struktur und regionale Disparitäten

Claudia Kaiser

Seit einigen Jahren befinden sich die öffentlichen Haushalte vieler Städte und Gemeinden in Deutschland in einer Krise. Rekorddefizite, eine zunehmende Pro-Kopf-Verschuldung und ein kontinuierliches Abschmelzen von Rücklagen sind Zeichen zunehmender Finanzprobleme. Zum einen sanken in den 1990er Jahren die in hohem Maße konjunkturabhängigen Einnahmen aus Gewerbesteuern und der Einkommensteuer, an deren Aufkommen die Kommunen mit 15% beteiligt sind. Zum anderen stiegen im gleichen Zeitraum die kommunalen Sozialhilfeausgaben in Folge der schlechten Lage auf dem Arbeitsmarkt. Der desolaten Finanzsituation entsprechend sanken die Ausgaben für Sachinvestitionen deutlich.

Die Gemeinden haben gemäß der in Artikel 28 Abs. 2 des Grundgesetzes festgeschriebenen Selbstverwaltungsgarantie alle Angelegenheiten der örtlichen Gemeinschaft in eigener Verantwortung zu erledigen. Hierzu zählen die öffentliche Daseinsvorsorge (Wasser- und Energieversorgung, Müll- und Abwasserentsorgung), das Straßen- und Verkehrswesen, das Wohnungswesen und die soziale Sicherung sowie freiwillige Angelegenheiten v.a. im Bereich von Kultur, Sozialem, Sport und Erholung. Darüber hinaus werden den Gemeinden von Bund und Ländern hoheitliche Aufgaben übertragen, wie zum Beispiel die Unterhaltung von Bundesstraßen und das Meldewesen.

Zur Wahrnehmung aller ihnen obliegenden Aufgaben benötigen sie ausreichende finanzielle Mittel. Die Einnahmequellen sind im Wesentlichen Realsteuern (Gewerbe- und Einkommensteuer), kommunale Entgelte und Erträge sowie Finanzzuweisungen von Bund und Land. Letztere haben v.a. die Umverteilung zwischen finanziell unterschiedlich gut ausgestatteten Bundesländern und Kommunen zum Ziel. Des Weiteren sind die Gemeinden befugt, zur Finanzierung von Investitionen und Investitionsfördermaßnahmen Kredite aufzunehmen, wobei sich daraus resultierende Zinsbelastungen negativ auf der Ausgabenseite niederschlagen.

Das allgemein vorherrschende Bild der kommunalen Finanznot bedeutet jedoch nicht, dass es nicht auch Gemeinden mit hervorragend guter Finanzlage gibt ❷. Die regionalen Disparitäten zeigen sich besonders deutlich zwischen den west- und den ostdeutschen Kommunen. Letztere sind wegen ihrer anhaltenden Steuerschwäche weiterhin von staatlichen Zuweisungen abhängig, die – bezogen auf die Einwohnerzahl – mehr als doppelt so hoch sind wie in Westdeutschland (▶▶ Beitrag Geppert/Postlep, Bd. 1, S. 56). Die Pro-Kopf-Verschuldung der ostdeutschen Gemeinden hat nach nur zehnjährigem Infrastrukturaufbau bereits 80% des Westniveaus erreicht.

Spitzenreiter bei der Einkommensteuer mit Werten von 700 bis 900 DM je EW sind Bad Soden a.T., Kelkheim, Bad Homburg und Oberursel im Umland von Frankfurt a.M., Ahrensburg, Reinbek und Norderstedt im Umland von Hamburg sowie Starnberg und Dachau bei München. Die Gemeinden mit weniger als 200 DM je EW liegen ausschließlich in Ostdeutschland, hier v.a. in Sachsen und Thüringen. Die Sozialhilfeausgaben sind dagegen mit über 1000 DM je EW in den Großstädten Hannover, Kiel, Offenbach/M., Frankfurt a.M. und Wiesbaden am höchsten, in den Gemeinden mit weniger als 50.000 EW außerhalb von Ballungsgebieten mit unter 10 DM je EW am geringsten ❸. Die Verschuldung liegt in den nordrhein-westfälischen Großstädten (Düsseldorf, Bonn, Köln, Aachen) sowie in Frankfurt a.M. und Hanau bei bis zu 8000 DM je EW; weniger als 400 DM je EW werden nur von Klein- und Mittelstädten in Brandenburg und in Westdeutschland erreicht ❹.

Dies zeigt, dass die Finanzkrise für Großstädte und Kernstädte in Agglomerationsräumen und verstädterten Räumen am größten ist. Als Folge der Suburbanisierung von Industrie und Dienstleistungen büßen sie Gewerbesteuereinnahmen ein (▶▶ Beitrag Heß/Scharrer, Bd. 1, S. 124), aufgrund von selektiven Wanderungsprozessen verlieren sie einkommensstärkere Bevölkerungsgruppen und damit Einkommensteuereinnahmen an das Umland. Gleichzeitig verbleiben sozial schwächere Bevölkerungsgruppen in den Kernstädten, die eher auf Sozialhilfeleistungen angewiesen sind (▶▶ Beitrag Miggelbrink, Bd. 1, S. 98). Zudem werden in den Kernstädten hochrangige Infrastrukturangebote nicht zuletzt auch für die Umlandbevölkerung bereitgehalten.

Deutlich wird diese Polarisierung von Kernstadt und ihrem Umland am Beispiel der Stadt Frankfurt a.M. (660.000 EW), die als internationales Finanz- und Dienstleistungszentrum Arbeitsplätze für Pendler aus der gesamten Rhein-Main-Region und darüber hinaus bietet ❶. Allein jeder fünfte Arbeitnehmer aus den anliegenden Landkreisen arbeitet hier. Während die einkommensstärksten Gemeinden überwiegend im Taunus liegen, sind die Verschuldung und die Sozialhilfeausgaben in Frankfurt deutlich höher als in allen anderen Gemeinden.

Um die finanzielle Kluft zwischen ärmeren Ballungszentren und reicheren Umlandgemeinden zu schließen, erscheint eine Neugestaltung des kommunalen Finanzausgleichs bei stärkerer Berücksichtigung der Zentralität der Kernstädte dringend notwendig. Außerdem müssen Formen einer intensiveren Stadt-Umland-Kooperation mit dem Ziel eines finanziellen Ausgleichs zwischen Stadt und Umland diskutiert werden.◆

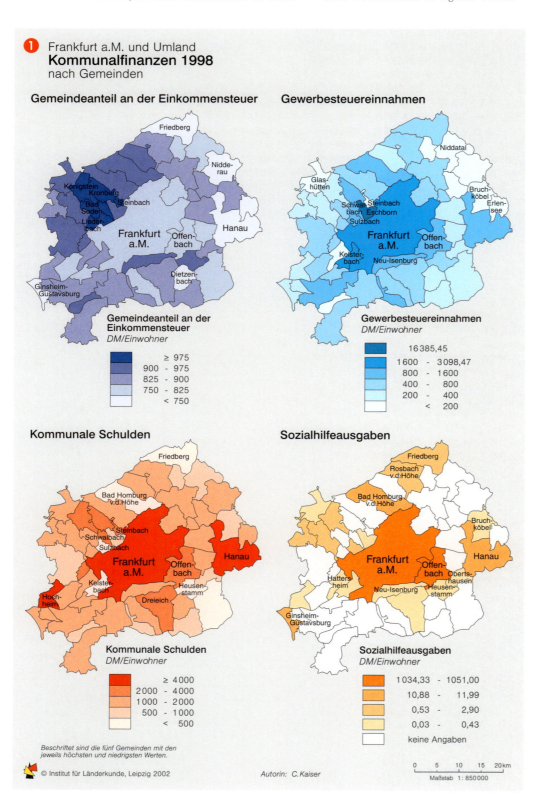

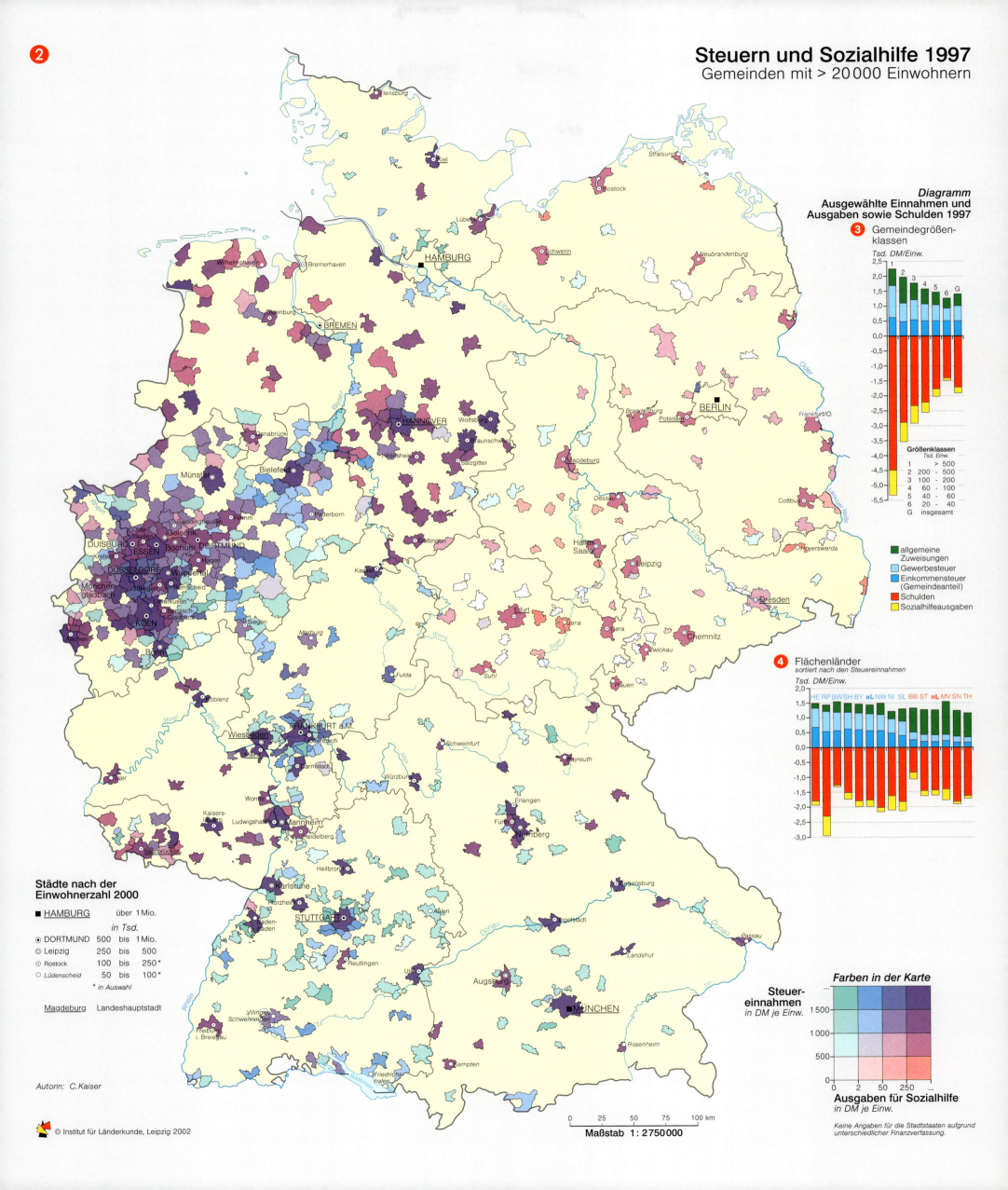

Nachhaltige Stadtentwicklung

Claus-Christian Wiegandt

Siedlungsdispersion

Räumliche Entmischung

Verkehrswachstum

Nachhaltige Entwicklung – *Sustainable Development* – ist seit der Weltkonferenz der Vereinten Nationen für Umwelt und Entwicklung im Juni 1992 in Rio de Janeiro weltweit zu einem Schlüsselbegriff in der gesellschaftspolitischen Debatte geworden. Nachhaltige Entwicklung umschreibt ein gesellschaftliches Leitbild, nach dem wir unsere Lebens- und Wirtschaftsweisen so zu organisieren haben, dass wir die weltweite Umweltzerstörung stoppen und die natürlichen Lebensgrundlagen erhalten, um sie damit auch für die nachfolgenden Generationen zu sichern. Gleichzeitig gilt es, den Nord-Süd-Konflikt zu lösen und die Armut in der Welt zu überwinden. Nachhaltigkeit bedeutet also, dass wir heute nicht auf Kosten der nachfolgenden Generationen bzw. nicht auf Kosten der Entwicklungsländer leben. Sie erfordert gleichzeitig die Lösung der ökologischen Probleme und den gerechten Ausgleich mit den Ländern der Dritten Welt.

Auf internationaler Ebene wurde der Begriff der Nachhaltigkeit während der Zweiten Weltsiedlungskonferenz ▶ Habitat II im Juni 1996 in Istanbul weiterentwickelt (DÖHNE U. KRAUTZBERGER 1997). Hier wurde deutlich, dass das Ziel der nachhaltigen Entwicklung vor allem auch in der Stadt- und Siedlungspolitik verfolgt werden muss.

Die nationale Ebene

Auch in Deutschland hat sich die nachhaltige Stadtentwicklung in den 1990er Jahren zu einem zentralen Leitbild entwickelt. Mit der Novellierung des Baurechts hat das Gebot einer nachhaltigen Stadtentwicklung Eingang in die generellen Planungsziele des Baugesetzbuchs gefunden. Damit wird verdeutlicht, dass nachhaltige Entwicklung für alle Lebensbereiche als ein Leitbild gilt, dem auch die städtebauliche Planung verpflichtet ist.

Die Städte in Deutschland sind in ihrem heutigen Zustand wie auch in ihrer zukünftigen Entwicklung noch weit davon entfernt, nachhaltig zu sein. Drei räumliche Trends widersprechen diesem Ziel (vgl. BfLR 1996):
- der anhaltende Flächenverbrauch für Siedlungs- und Verkehrszwecke (▶ Foto)
- die funktionale und soziale Entmischung in unseren Städten (▶ Foto)
- der Anstieg des motorisierten Individualverkehrs (▶ Foto)

Diese Trends sind je nach Lage, Größe und wirtschaftlicher Leistungskraft in den einzelnen Städten unterschiedlich wirksam. Disperse und entmischte Stadtstrukturen fördern das Wachstum des motorisierten Straßenverkehrs. Je disperser und entmischter die Siedlungsstrukturen, um so länger werden auch die Entfernungen zwischen den einzelnen Aktivitäten und um so höher sind die Belastungen durch den Verkehr. Damit verbundene Verschlechterungen im Wohnumfeld verursachen wiederum neue Wanderungen an den Stadtrand und verstärken so die Entwicklung von dispersen und entmischten Siedlungsstrukturen.

Ein Ansatz, den räumlichen Trends gegen eine nachhaltige Stadtentwicklung zu begegnen, sind räumliche Leitbilder, wobei diese nur in Kombination mit finanziellen, organisatorischen und weiteren planerischen Instrumenten wirken können. Zentrale Kategorien sind dabei Dichte, Mischung und Polyzentralität:

Dichte zielt auf kompaktere, aber dennoch qualitativ hochwertige bauliche Strukturen und soll eine weitere Dispersion in die Fläche verhindern. Vor allem an den Stadträndern und im suburbanen Raum können kompaktere Stadtstrukturen die Flächeninanspruchnahme reduzieren.

Mischung umfasst das kleinräumige Nebeneinander unterschiedlicher Nutzungen, aber auch die soziale Mischung nach Einkommensgruppen, Haushaltstypen oder Lebensstilgruppen. Gemischte Stadtstrukturen sind die Voraussetzung für eine Minderung des Verkehrs, für die Schaffung von Urbanität und den Abbau von Segregation.

Polyzentralität – auch als dezentrale Konzentration bezeichnet – ist der Versuch, die Entwicklung im städtischen Umland zu ordnen. Der anhaltende Siedlungsdruck im Umland soll in ausgewählten Siedlungsschwerpunkten konzentriert und gebündelt werden, um einer Zersiedlung des Landschaftsraums entgegenzuwirken und den Einsatz des ÖPNV zu ermöglichen.

Ein wichtiges Ziel ist es, kleinräumige Vernetzungen und Verflechtungen wieder zu ermöglichen ❶, wenn dies in einer globalisierten und arbeitsteiligen Weltgesellschaft auch nicht in allen Lebens- und Wirtschaftsbereichen möglich ist. Aber gerade für den städtischen Alltag lassen sich mit lokalen Netzwerken bessere Voraussetzungen für eine umweltverträgliche und ressourcenschonende Stadtentwicklung schaffen.

Die kommunale Ebene

Die rund 14.000 Städte und Gemeinden in Deutschland spielen bei der Umsetzung des Leitbildes einer nachhaltigen Entwicklung eine wesentliche Rolle (ICLEI 1998, AT-NRW 1997). Hier treten die gesellschaftlichen und ökologischen Probleme in besonderer Weise auf und sind für den Bürger direkt zu erfahren, weshalb im Kapitel 28 der Agenda 21 die Erstellung lokaler Agenden explizit gefordert wurde.

Auf der kommunalen Ebene haben sich inzwischen zahlreiche Aktivitäten entfaltet. Wie Karte ❷ verdeutlicht, haben bis Mitte 2000 rund 1400 Gemeinden in Deutschland einen Beschluss zur Erstellung einer lokalen Agenda gefasst. Außerdem gibt es rund 110 Landkreise, die sich über einen Beschluss zur Agenda 21 dem Prinzip der Nachhaltigkeit verpflichtet haben. Damit wird nicht nur in zahlreichen Städten, sondern auch in vielen ländlichen Räumen das Leitbild der nachhaltigen Entwicklung verfolgt.

Grundlage für einen erfolgreichen Agenda-Prozess ist eine neue Kommunikationskultur zwischen Verwaltung, Rat, Bürgern, Verbänden, Handel und Wirtschaft, Initiativen, Kirchen usw. Verpflichtende Ziele sind die Entwicklung eines gemeinsamen Weges sowie konkrete Handlungskonzepte für die weitere Kommunalentwicklung. Die Aktivitäten der kommunalen Verwaltungen reichen von eigenen Agenda-Büros, die als Stabsstellen bei den Bürgermeistern angesiedelt sein können, bis zu ressortübergreifenden Arbeitsgruppen in den Verwaltungen. Der Rat wird über einen Grundsatzbeschluss zur Erarbeitung einer lokalen Agenda eingebunden.

Die Erarbeitung der lokalen Agenda erfolgt in der Regel in moderierten Arbeitskreisen. Wichtige Themen der Stadtentwicklung werden aufgegriffen und zwischen lokalen Organisationen und nicht organisierten Bürgern diskutiert. Fragen des Flächenverbrauchs, des Klimaschutzes und der Energie, der Mobilität, des nachhaltigen Konsums, der kommunalen Entwicklungszusammenarbeit oder der regionalen und nachhaltigen Wirtschaft kommen u.a. zur Spra-

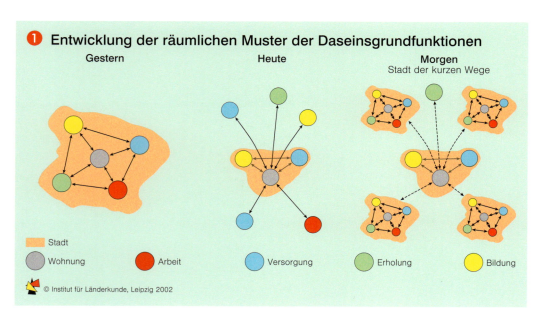

❶ Entwicklung der räumlichen Muster der Daseinsgrundfunktionen
Gestern — Heute — Morgen: Stadt der kurzen Wege

Stadt · Wohnung · Arbeit · Versorgung · Erholung · Bildung

© Institut für Länderkunde, Leipzig 2002

Dokumente zur nachhaltigen Stadtentwicklung

Agenda 21
Die Agenda 21 ist ein Aktionsprogramm für die weltweite Entwicklung im 21. Jahrhundert. Auf der Konferenz der Vereinten Nationen für Umwelt und Entwicklung haben sich 1992 in Rio de Janeiro über 170 Staats- und Regierungschefs gemeinsam auf ein neues Leitbild verpflichtet, das Wege zu einer zukunftsbeständigen Entwicklung skizziert. In Kapitel 7 der Agenda 21 wird ausdrücklich die Förderung einer zukunftsbeständigen Siedlungsentwicklung angesprochen, in Kap. 28 werden die Lokalbehörden aufgefordert, die dargelegten globalen Ziele bis zum Jahr 1996 in Lokale Agenden zu übertragen.

Charta von Aalborg
Die „Charta der Europäischen Städte und Gemeinden auf dem Weg zur Zukunftsbeständigkeit" war das Abschlussdokument der Ersten Europäischen Konferenz zukunftsbeständiger Städte und Gemeinden im Jahr 1994 in Aalborg/Dänemark. In dem Dokument werden die Grundprinzipien der Zukunftsbeständigkeit erläutert, Kommunen zur Aufstellung einer Lokalen Agenda 21 aufgefordert sowie Schritte hierfür vorgeschlagen. Mit der Unterzeichnung der Charta von Aalborg erkennt eine Kommune die darin niedergelegten Grundsätze an.

Nationaler Aktionsplan zur nachhaltigen Siedlungsentwicklung
Der Nationale Aktionsplan zur nachhaltigen Siedlungsentwicklung ist ein Ergebnis des deutschen Vorbereitungsprozesses für die 2. Konferenz über menschliche Siedlungen – Habitat II in Istanbul. Der Nationale Aktionsplan wurde vom Deutschen Nationalkomitee Habitat II am 5. März 1996 beschlossen, in dem Vertreter aus Bund, Ländern und Gemeinden, aus Wissenschaft und Praxis sowie aus den verschiedensten gesellschaftlichen Gruppen vereint waren. Er stellt die Ziele und Prioritäten für eine nachhaltige Stadt- und Regionalentwicklung in Deutschland dar.

Habitat Agenda
Die Habitat Agenda ist das zentrale Dokument für **Habitat II**, die 2. UN-Konferenz über menschliche Siedlungen, die 1996 in Istanbul stattgefunden hat. Die Habitat Agenda beinhaltet als Kernstück den so genannten Globalen Aktionsplan. Mit ihm werden internationale Strategien für die Schaffung angemessenen Wohnraums für alle und für eine nachhaltige Siedlungsentwicklung genannt.

Istanbul-Erklärung über menschliche Siedlungen
Neben der Habitat Agenda wurde während der 2. UN-Konferenz über menschliche Siedlungen Habitat II 1996 eine so genannte Istanbul-Erklärung verabschiedet, die die wichtigsten Forderungen der Habitat Agenda noch einmal kurz und prägnant wiedergibt. Die Erklärung betont die neuen Partnerschaften der Staatengemeinschaften mit den Kommunen und den Nichtregierungsorganisationen, sie hebt das Recht auf Wohnen nochmals hervor und weist auf die nicht nachhaltigen Produktions- und Konsummuster in den Industrieländern hin.

Berliner Erklärung zur Zukunft der Städte
Die Berliner Erklärung zur Zukunft der Städte wurde von den über 3000 Teilnehmern von **URBAN 21**, der Weltkonferenz zur Zukunft der Städte, im Juli 2000 verabschiedet. In dem Dokument verpflichten sich die Teilnehmer, die nachhaltige Entwicklung in den Städten zu fördern.

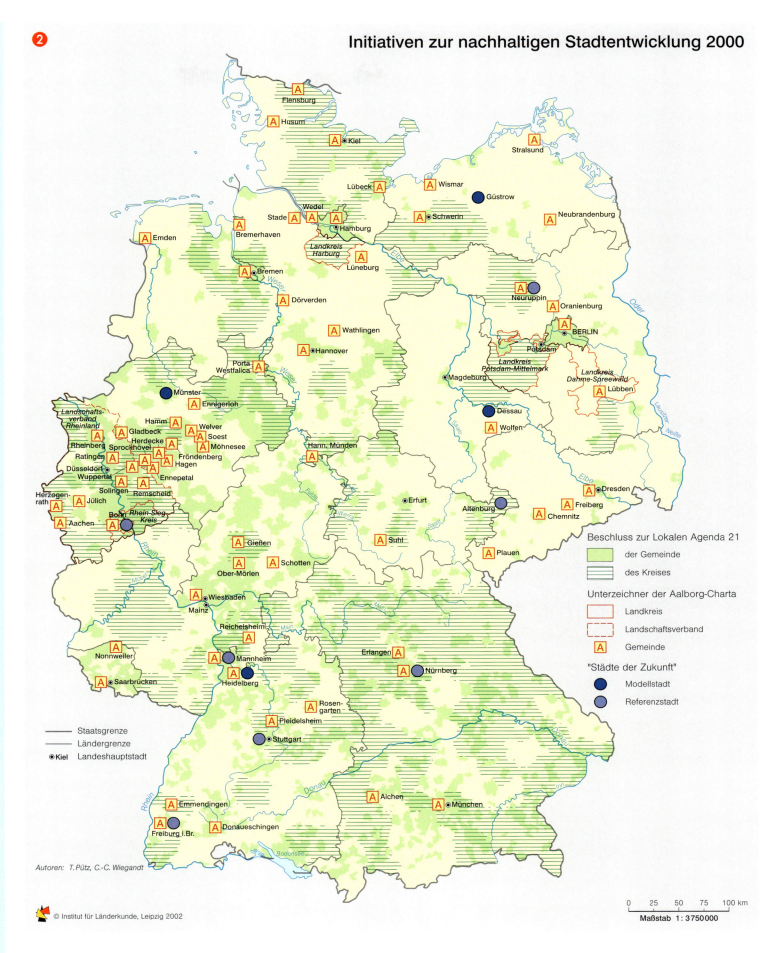

Initiativen zur nachhaltigen Stadtentwicklung 2000

che. Neue Formen der Bürgerbeteiligung werden hierbei erprobt. Die lokale Agenda 21 ist somit eine interessante Neuerung für ein bürgerschaftliches Engagement.

In Karte ❷ finden sich zudem die rund 60 Städte und Gemeinden, die die ▶ Aalborg-Charta von 1994 unterzeichnet und sich damit verpflichtet haben, in lokale Agenda 21-Prozesse einzutreten und langfristige Handlungsprogramme mit dem Ziel der Zukunftsbeständigkeit aufzustellen.

Weitere zukunftsweisende Strategien entwickeln die vier Modellstädte sowie die sieben Referenzstädte eines Forschungsprogramms des BMVBW, die sich als Städte der Zukunft in so genannten Qualitätsvereinbarungen mit dem Bund auf die Einlösung konkreter Ziele verpflichtet haben (BBR 1999). Konkrete Orientierungswerte gibt es in den fünf Handlungsfeldern Haushälterisches Bodenmanagement, Vorsorgender Umweltschutz, Stadtverträgliche Mobilitätssteuerung, Sozialverantwortliche Mobilitätssteuerung und Standortsichernde Wirtschaftsförderung.◆

Nachhaltige Stadtentwicklung

Stadterneuerung

Andreas Hohn und Uta Hohn

Gemeinsam mit dem Stadtumbau zählt die ▶▶Stadterneuerung zu den Kernaufgaben einer die Innenentwicklung fördernden nachhaltigen Stadtentwicklungspolitik. Dem ganzheitlich-integrativen Leitbild der Nachhaltigkeit gemäß (▶▶ Beitrag Wiegandt, S. 114) werden die Zielkategorien und Aufgabenfelder der Stadterneuerung zunehmend komplexer, da ökonomische, soziale, ökologische und kulturelle Aspekte zu berücksichtigen sind und da baulich-gestalterische und sozialpolitische Aufgaben zu integrieren sowie Erneuerungsstrategien für lokal und regional sehr unterschiedliche Gebietskategorien zu entwickeln sind.

Stadterneuerung in den alten Ländern

Aufgabenfelder und räumliche Fokussierungen der Stadterneuerung haben sich ebenso wie Leitbilder und Strategien seit den 1960er Jahren phasenhaft verändert. In den 1950er Jahren noch auf den Wiederaufbau der kriegszerstörten Innenstädte und den Wohnungsneubau konzentriert, wandte sich die Stadtplanung in der BRD in den 1960er Jahren neben Stadterweiterungs- und Verkehrsinfrastrukturprojekten der städtebaulichen und funktionalen Erneuerung der Innenstadtrandzonen von Großstädten mit noch vorhandener gründerzeitlicher Bausubstanz zu. Eingriffsintensive Flächensanierungen im technokratischen Top-down-Verfahren ohne nennenswerte soziale Komponente waren verknüpft mit Forderungen nach Funktionalität, Modernität und autogerechten Stadtstrukturen (z.B. Berlin-Wedding, Karlsruhe-Dörfle).

Da gegen Ende der 1960er Jahre die Proteste gegen die als „zweite Zerstörung" der Städte empfundenen Kahlschlagsanierungen und die damit einhergehende Verdrängung der bisherigen Bewohner lauter wurden, blieb vielen Mittel- und Kleinstädten eine häufig bereits planerisch fixierte Flächensanierung (z.B. Hameln, Lemgo) ganz oder in Teilen erspart. In Folge eines allgemeinen Wertewandels in der Gesellschaft vollzog sich bis Mitte der 1970er Jahre ein Leitbildwechsel hin zu behutsamen, bewahrenden Formen der Stadterneuerung unter Einschluss einer institutionalisierten Bürgerpartizipation bei gleichzeitig stärkerer Berücksichtigung sozialer und ökologischer Belange.

Die in erster Linie auf Objektsanierungen, angepassten Neubau, Ensembleschutz und Denkmalpflege, Wohnumfeldverbesserungen und die Anlage von Fußgängerzonen konzentrierte klassische Stadterneuerung der 1970er und 80er Jahre ❺ erwies sich zugleich als ein wirkungsvolles Wirtschaftsförderungsprogramm, von dem nicht nur die Bauwirtschaft profitierte, sondern das auch zur funktionalen Revitalisierung und Stärkung der Innenstädte gegenüber nicht-integrierten Standorten des großflächigen Einzelhandels beitrug. Mancherorts schlug diese Stadtbildpflege Anfang der 1980er Jahre allerdings in eine durchaus umstrittene nostalgische Inszenierung von Stadt unter Integration von Imitaten längst verlorener historischer Gebäude um (z.B. Römerberg in Frankfurt a.M., Knochenhaueramtshaus in Hildesheim), während sich auf dem Gebiet der steuerlich geförderten Modernisierung von innerstädtischem Wohnraum neue Problemfelder im Zusammenhang mit Prozessen der Gentrifizierung (▶▶ Beitrag Friedrichs/Kecskes, S. 140), denen z.B. mit Milieuschutzsatzungen begegnet wurde. In den förmlich festgelegten Sanierungsgebieten sollten Sozialpläne einer Verdrängung der angestammten Bevölkerung entgegenwirken ❷ ❸.

Mitte der 1980er Jahre entwickelte sich angesichts von z.T. dramatischen Leerstandsraten die Nachbesserung von Großwohnsiedlungen zu einem neuen Aufgabenfeld der Stadterneuerung. Zwar standen auch hier zunächst wieder die bauliche Aufwertung und Wohnumfeldverbesserungsmaßnahmen im Mittelpunkt, doch zeichnete sich schon bald die Notwendigkeit einer Erweiterung der Erneuerungsstrategien auf den sozialpolitischen Bereich ab.

Stadterneuerung in den neuen Ländern

„Rettet die Altstädte" lautete eine der wichtigsten Forderungen der Bürgerbewegungen Ende der 1980er Jahre, denn Anspruch und Wirklichkeit der Stadterneuerung klafften im letzten Jahrzehnt der DDR besonders weit auseinander. Zwar enthielt das Denkmalschutzgesetz von 1975 als Beitrag zum Europäischen Jahr des Denkmalschutzes eine Liste von 22 Stadtkernen, die es als baugeschichtliches Erbe zu erhalten galt, und spätestens seit 1982 wurde die „Einheit von Wohnungsneubau, Modernisierung und Erhaltung" als baupolitisches Credo postuliert – doch hatte man der Industrialisierung des staatlich gelenkten Bauwesens und der Ideologie hoher Wohnungsbauleistungen insbesondere durch den Bau von Großwohn- →

❶ Bundesfinanzhilfen zur Förderung städtebaulicher Sanierungs- und Entwicklungsmaßnahmen 1971-2001

(Balkendiagramm: Mio. DM, Jahre 1971–2001; Neue Länder: Thüringen, Sachsen-Anhalt, Sachsen, Mecklenburg-Vorpommern, Brandenburg, Berlin (Ost); Alte Länder: Schleswig-Holstein, Rheinland-Pfalz, Nordrhein-Westfalen, Niedersachsen, Hessen, Bremen, Hamburg, Saarland, Berlin (West), Bayern, Baden-Württemberg)

© Institut für Länderkunde, Leipzig 2002

❷ Ablauf einer städtebaulichen Sanierungsmaßnahme

Städtebauliche Sanierungsmaßnahmen sind gekennzeichnet durch
- den Gebietsbezug der Maßnahme (förmlich festgelegtes Sanierungsgebiet)
- das Vorliegen städtebaulicher Missstände (einschließlich Funktionsschwäche)
- ein öffentliches Interesse an einer einheitlichen Vorbereitung und zügigen Realisierung der Maßnahme

Vorbereitung (Aufgabe der Gemeinde*)
- ggf. Beauftragung eines Sanierungsträgers durch die Gemeinde
- vorbereitende Untersuchungen (unter Beteiligung der Betroffenen)
- Aufstellung eines Sozialplans (laufende Fortschreibung)
- Beteiligung der Träger öffentlicher Belange
- förmliche Festlegung des Sanierungsgebiets; dabei Wahl zwischen:
  1. der Sanierung im Normalverfahren (Erhebung von Ausgleichsbeträgen von den Grundstückseigentümern möglich)
  2. der Sanierung im vereinfachten Verfahren (keine Erhebung von Ausgleichsbeträgen; Ausschluss der besonderen Genehmigungspflichten für bauliche Maßnahmen, Abriss, Verkauf, etc. möglich)
- Bekanntmachung der Sanierungssatzung
- ggf. städtebauliche Planung (Bauleitplanung oder Rahmenplanung)

Durchführung
- fortlaufende Aufgaben aus der Vorbereitungsphase
- Ordnungs- und Baumaßnahmen

Ordnungsmaßnahmen (Aufgabe der Gemeinde*)
- Bodenordnung (einschließlich Grundstückserwerb)
- Umzug von Bewohnern und Betrieben
- Freilegung von Grundstücken
- Herstellung/Änderung von Erschließungsanlagen
- sonstige Maßnahmen zur Vorbereitung der Baumaßnahmen (z.B. Bereitstellung von naturschutzrechtlichen Ausgleichsflächen)

Baumaßnahmen (Aufgabe der Eigentümer bzw. bei Gemeinbedarfs- und Folgeeinrichtungen Aufgabe der Gemeinde*)
- Modernisierung und Instandsetzung von Gebäuden
- Neubebauung / Ersatzbauten
- Einrichtung und Änderung von Gemeinbedarfs- und Folgeeinrichtungen
- Verlagerung oder Veränderung von Betrieben

Abschluss
- Aufhebung der Sanierungssatzung
- Bilanzierung der Einnahmen und Ausgaben
- ggf. Erhebung von Ausgleichsbeträgen (nur im Normalverfahren)

* Die als Aufgabe der Gemeinde definierten Leistungen können auch einem Sanierungsträger oder (bei einigen Ordnungsmaßnahmen sowie bei den Gemeinbedarfs- und Folgeeinrichtungen) im Rahmen von städtebaulichen Verträgen den Grundstückseigentümern übertragen werden.

© Institut für Länderkunde, Leipzig 2002

Stadterneuerung – Stadtumbau

Stadterneuerung beinhaltet die durch die kommunale Planung gelenkte bauliche, strukturelle und funktionale Erneuerung auf der städtischen Mikro- und Mesoebene vom Baublock bis zum Stadtteil unter weitgehender Beibehaltung der prägenden Funktionen bei durchaus möglichen Ergänzungen. Die Spannbreite reicht von der Sanierung historischer Stadtkerne über die Erneuerung von Arbeitersiedlungen und Gründerzeitvierteln bis hin zur Neubauerneuerung und Nachbesserung in Großwohnsiedlungen. In Abhängigkeit von der jeweiligen Ausgangssituation und den normativen Zielsetzungen der Entscheidungsträger kann es im Zuge einer Erneuerung sowohl zum kompletten Abriss der alten Bausubstanz mit nachfolgender Neubebauung (Flächensanierung) als auch zu Teilabrissen und ergänzenden Neubauten oder zu erhaltenden Objektsanierungen kommen. Das Überwiegen funktionaler Persistenz unterscheidet die Stadterneuerung bei fließenden Grenzen vom Stadtumbau, bei dem durch grundlegende Flächenumnutzung ein tiefgreifender Funktions- und Strukturwandel im Innenbereich herbeigeführt wird.

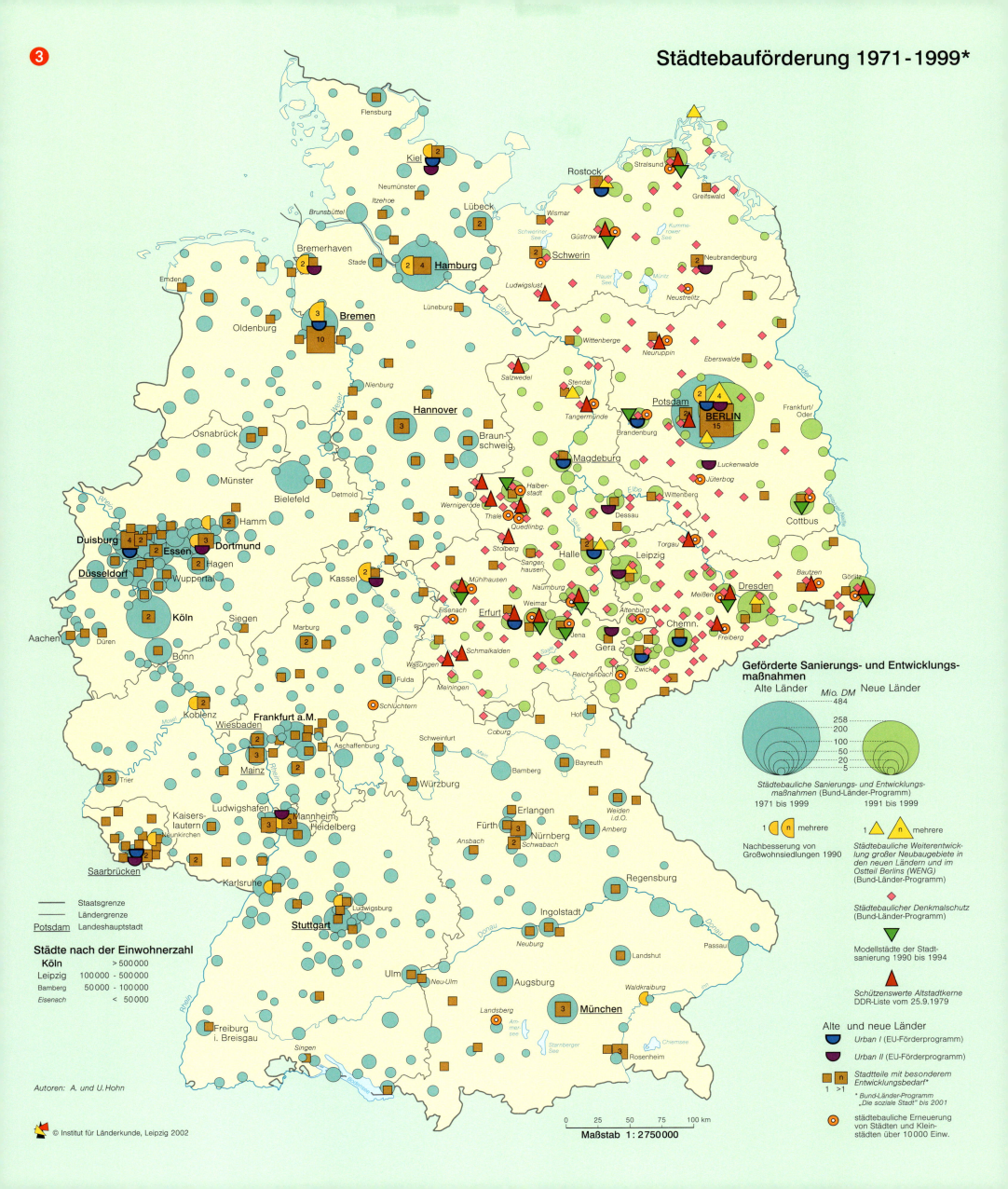

siedlungen am Stadtrand zu lange Priorität eingeräumt. Daher fehlten sowohl die finanziellen und materiellen Ressourcen als auch das Fachpersonal für umfassende Strategien einer behutsamen Sanierung. Nur punktuell wurden Straßenzüge und Plätze (z.B. Husemannstraße/ Arkonaplatz in Berlin) oder größere Teile von historischen Stadtkernen (z.B. Wernigerode, Torgau, Freiberg/Sachsen) umfassend rekonstruiert – so der DDR-Fachbegriff für Sanierung. Um dennoch die Innenentwicklung der Städte zu forcieren, entwickelte man in den 1980er Jahren verstärkt Formen eines innenstadtverträglichen Plattenbaus mit Reminiszenzen an regionale Bautraditionen. Erste Pilotprojekte wurden im Zuge von Flächensanierungen z.B. in Greifswald, Bernau und Rostock ❻ realisiert und legen Zeugnis davon ab, welche Form der Stadterneuerung der Mehrzahl der ostdeutschen Innenstädte bei Fortbestand der DDR beschieden gewesen wäre.

Nach der politischen Wende 1989/90 sah sich die Stadterneuerung mit akutem Handlungsbedarf in unterschiedlich strukturierten Stadträumen konfrontiert, wobei Sicherung und Erhalt der Bausubstanz in den historischen Stadtkernen sowie die behutsame Modernisierung von Wohnquartieren aus der Vorkriegszeit nur einen Schwerpunkt bildeten. Daneben forderten die Großwohnsiedlungen zur Umsetzung integrativer, mehrdimensionaler Handlungsstrategien heraus, sollten eine hohe Fluktuation und soziale Segregationsprozesse vermieden werden.

Ungeklärte Eigentumsfragen, Spekulation, geringe Eigenkapitalquoten und Abschreibungsmöglichkeiten der ortsansässigen Bevölkerung, Finanzschwäche der Kommunen, eine übermächtig scheinende Konkurrenz um die ohnehin relativ geringe Kaufkraft durch neue Einkaufszentren am Stadtrand, das Vordringen von Kettenläden in die Geschäftszonen der Innenstädte – der Probleme gab es viele im ersten Jahrzehnt der Stadterneuerung in Ostdeutschland nach der deutschen Einheit. Dennoch konnten bislang beachtliche bauliche und funktionale Fortschritte erzielt werden, zu denen eine Vielzahl von Förderprogrammen beigetragen haben ❹. Dieser baulichen Erneuerung wird im Rahmen integrierter Strategien weiterhin ein hoher Stellenwert zukommen, doch müssen vielerorts angesichts hoher Wohnungsleerstände auch Konzepte entwickelt werden für einen selektiven Rückbau bei gleichzeitiger Unterbindung weiterer Siedlungsexpansion im Außenbereich.

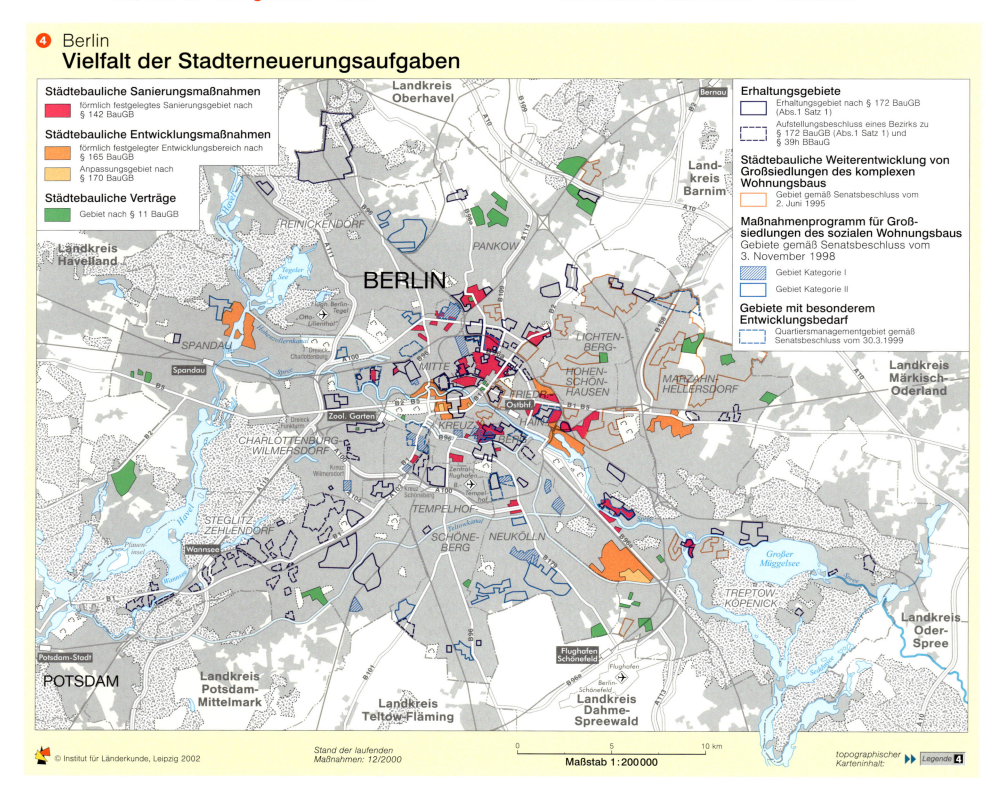

Perspektiven der Stadterneuerung

In den 1990er Jahren wurde Stadterneuerung vor allem in den Großstädten und in den vom wirtschaftlichen Strukturwandel besonders hart getroffenen Regionen zu einem Instrument der Bekämpfung von sozialräumlicher Polarisierung und der Ausbildung von Armutsinseln in der Stadt. An die Pilotmaßnahmen auf Länderebene knüpft seit 1999 das Bund-Länder-Programm „Stadtteile mit besonderem Entwicklungsbedarf – Die soziale Stadt" (▶ Karte S. 25) an. Auf europäischer Ebene fokussiert das EU-Förderprogramm URBAN seit 1994 ebenfalls auf eine integrierte Förderung von Stadtquartieren mit multipler Benachteiligung ❸.

Stadterneuerung ist zu Beginn des 21. Jhs. vor allem in Westdeutschland nicht mehr nur ein bauliches und ökonomisches Programm, sondern darüber hinaus ein soziales, ökologisches, kulturelles und emanzipatorisches Projekt. Angesichts dieser Aufgabenfülle wird es mittelfristig notwendig sein, die vor allem seit 1993 deutlich ungleiche Verteilung der Städtebauförderungsmittel des Bundes zwischen alten und neuen Ländern wieder ausgewogener zu gestalten ❶.◆

Finanzierung

Bezogen auf die Langfristigkeit der finanziellen Förderung kommt bundesweit den Städtebauförderungsmitteln die größte Bedeutung zu, die von Bund, Land und Gemeinden aufgebracht werden. Schwerpunkte der Finanzierung sind:
1. Stärkung von Innenstädten und Ortsteilzentren in ihrer städtebaulichen Funktion (unter Berücksichtigung von Wohnungsbau und Denkmalpflege)
2. Wiedernutzung von Flächen (insbesondere der in Innenstädten brachliegenden Industrie-, Konversions- oder Eisenbahnflächen)
3. Städtebauliche Maßnahmen zur Behebung sozialer Missstände

Nahezu alle Bundesländer fördern die behutsame Stadterneuerung zudem durch eigene Landesprogramme. Zu den Rechtlichen Grundlagen ▶ Anhang.

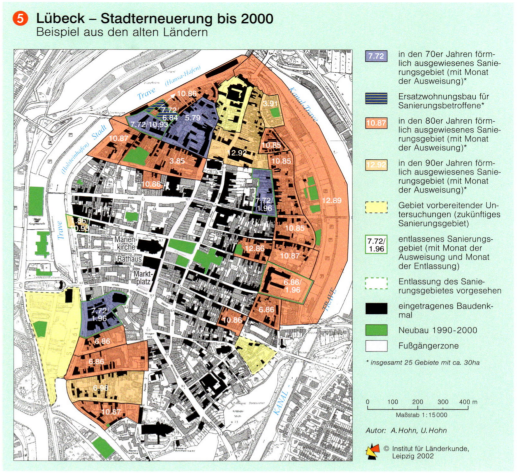

❺ Lübeck – Stadterneuerung bis 2000
Beispiel aus den alten Ländern

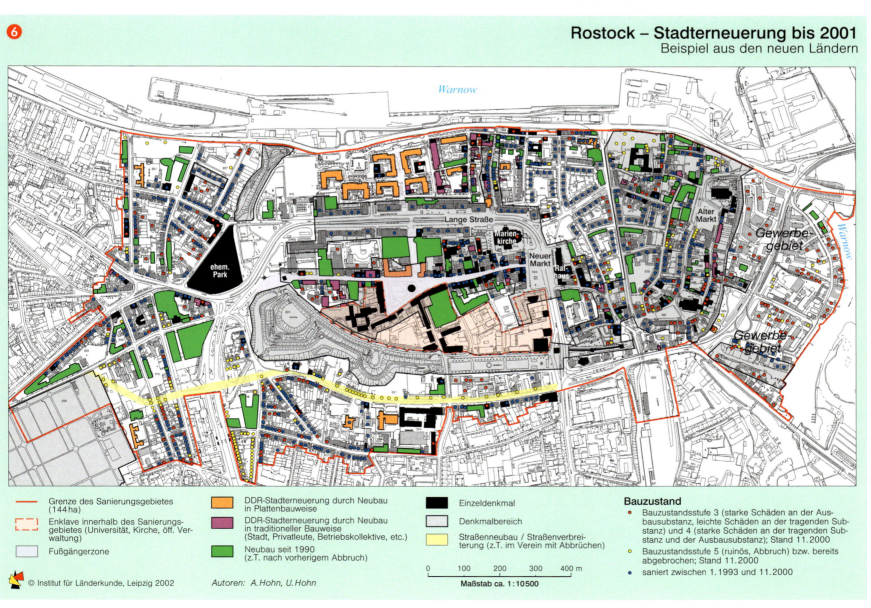

❻ Rostock – Stadterneuerung bis 2001
Beispiel aus den neuen Ländern

Die innere Struktur von Verdichtungsräumen

Christian Langhagen-Rohrbach, Jens Peter Scheller und Klaus Wolf

Frankfurt am Main

① Übersicht

Verdichtungsräume oder Verdichtungsregionen sind durch eine hohe Siedlungsdichte und einen hohen Siedlungsflächenanteil sowie eine Arbeitsplatzdifferenzierung mit überdurchschnittlichen Dienstleistungsanteilen gekennzeichnet. Im Jahr 1997 wohnte beinahe die Hälfte der deutschen Bevölkerung in Verdichtungsräumen (▶▶ Beitrag Stiens, S. 36). Auf Grund ihrer inneren Struktur lassen sich in der Regel zwei Typen von Verdichtungsregionen unterscheiden: Bei einem Kern, um den sich ein eng mit dem Kern verflochtenes Umland ausgebildet hat, spricht man von ▶ monozentrischen, bei mehreren Kernen von ▶ polyzentrischen Regionen. Als exemplarisch für monozentrische Regionen können die Regionen München, Leipzig oder Hannover bezeichnet werden. Polyzentrische Regionen sind zum Beispiel das Ruhrgebiet oder die Region Rhein-Main (vgl. BBR 2000, S. 48-49).

In den letzten Jahrzehnten haben die Kernstädte bzw. Oberzentren deutlich zugunsten des jeweiligen Umlands an Bevölkerung und Arbeitsplätzen verloren. Diese Suburbanisierung wird in den neuen Ländern seit der Wende vielerorts nachvollzogen. Der dabei zu beobachtende erhebliche Flächenverbrauch führt insbesondere im Kernbereich der Verdichtungsräume zunehmend zu Konflikten.

Einwohner-Arbeitsplatz-Dichte

Zur Beschreibung eines Verdichtungsraums als Gebiet hoher Dichte menschlicher Siedlungstätigkeit eignen sich am besten Indikatoren der Bevölkerungsdichte, der Erwerbstätigenbesatz, der Zuwachs an Wohnungen u.Ä. Die beiden ersteren setzen die Zahl der Bewohner bzw. der Erwerbstätigen in einem Gebiet in Beziehung zur Fläche. Zusammengefasst bilden beide Einzelindikatoren die sog. ▶ Einwohner-Arbeitsplatz-Dichte (EAD), die als Maß den maximalen Besatz an Einwohnern und Arbeitsplätzen pro Quadratkilometer angibt. Als Beispielraum für die EAD wurde der Verdichtungsraum Leipzig gewählt ③. In der Karte ist deutlich zu sehen, dass sich ein ▶ Kern-Rand-Gefälle ergibt: Im Zentrum ist aufgrund der hohen Einwohnerzahl und der im Vergleich zum Umland hohen Zahl an Arbeitsplätzen die Dichte am größten. Lediglich die Mittelzentren Borna und Wurzen stechen deutlich aus den Umlandgemeinden hervor. Die EAD weist auf diese Art nach, dass den beiden genannten Mittelzentren im Umland von Leipzig nicht nur regionalplanerisch ein Stellenwert zukommt, sondern dass diese beiden Gemeinden auch tatsächlich als Wohn- und Arbeitsorte Bedeutung haben.

Zusammensetzung der Wohnbevölkerung

Am Beispiel der Region Rhein-Main wird gezeigt, wie die Bevölkerungsstruktur als Indikator für die innere Differenzierung von Verdichtungsräumen dienen kann ④. Zwischen der Bevölkerungsdichte und der Zusammensetzung der Wohnbevölkerung besteht ein direkter Zusammenhang. Die Karte weist beispielhaft den Anteil der Ausländer an der Bevölkerung aus. Auch hier ergibt sich ein Kern-Rand-Gefälle, bei dem der höchste Anteil in den Kernstädten der Region konzentriert ist. Die Ursachen finden sich in der zweiten Hälfte des 20. Jhs., als bis in die 1970er Jahre hinein vor allem aus den Anrainerstaaten des Mittelmeeres Gastarbeiter für die deutsche Industrie angeworben wurden. Im Lauf der Zeit konnten Familien nachziehen, bzw. es wurden Kinder in Deutschland geboren. Häufig ergaben sich höhere Konzentrationen an ausländischer Bevölkerung in einigen wenigen Stadtteilen, die nach und nach begannen, eine spezifische Infrastruktur auszubilden. Diese zog spätere Nachzügler an (▶▶ Beitrag Glebe/Thieme, Bd. 4, S. 72ff.).

Einwohner-Arbeitsplatz-Dichte (EAD) – Summe aus Einwohnern und Erwerbstätigen bezogen auf die Fläche; gibt den maximalen Besatz an Personen je Quadratkilometer an (Touristen u.Ä. ausgenommen) und ist somit das am besten geeignete Maß, um hohe Konzentrationen von Wohn- und Erwerbsbevölkerung nachzuweisen.

Kern-Rand-Gefälle – strukturelle Veränderung mit abnehmender Tendenz von einer Kernstadt zum Umland hin, darstellbar mit Hilfe von Indikatoren (z.B. der EAD)

Rand-Kern-Gefälle – Strukturelle Veränderung mit abnehmender Tendenz vom Umland zur Kernstadt hin, darstellbar mit Hilfe von Indikatoren (z.B Steuereinnahmen je Steuerpflichtigem)

monozentrische Region – Region mit starken Verflechtungen der Kernstadt mit ihrem Umland (z.B. München, Hamburg, Hannover, Leipzig)

polyzentrische Region – Region mit mehreren Kernstädten und einem entsprechend verflochtenen Umland (z.B. Region Rhein-Main oder Rhein-Ruhr)

Verflechtung von Stadt und Umland – wechselseitige Beziehung und funktionale Arbeitsteilung zwischen Stadt und Umland (z.B. Arbeiten – Stadt, Wohnen – Umland, Einkaufen – Stadt), die sich besonders in intensiven Verkehrsverflechtungen ausdrückt.

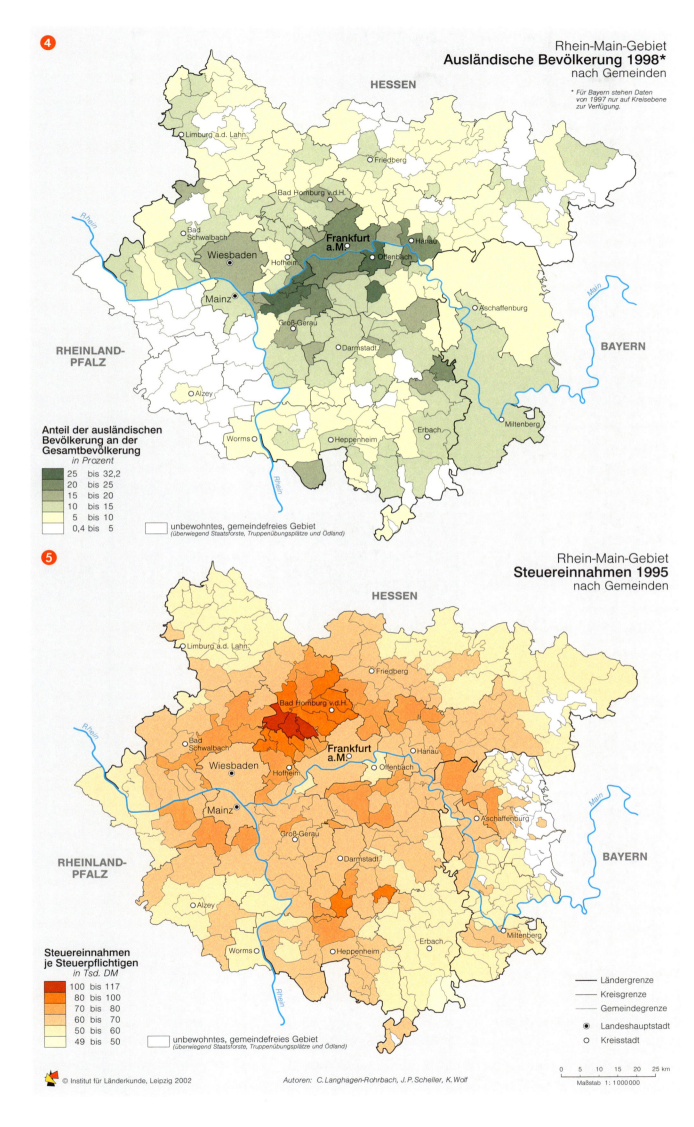

Wohnungszuwachs

Die strukturellen Veränderungen der inneren Differenzierung von Verdichtungsräumen lassen sich gut mit dem Indikator Wohnungszuwachs abbilden. Karte ❷ setzt den Zuwachs neu fertig gestellter Wohnungen in Beziehung zur Bevölkerung. Am Beispiel Leipzig zeigt sich, dass in der Kernstadt der Region, in Leipzig, nicht die meisten Wohnungen gebaut wurden: Vielmehr weisen Kommunen am Stadtrand von Leipzig einen viel höheren Wohnungszuwachs auf. Über den Zuwachs an Wohnungen lässt sich der Prozess der Suburbanisierung (Vervorstädterung) nachweisen. Mit steigenden Einkommen zieht es die Stadtbevölkerung in das „Häuschen im Grünen" (▶▶ Beitrag Herfert/Schulz, S. 124).

Steuereinnahmen

Steuereinnahmen sind nicht nur ein Indikator wirtschaftlicher Prosperität, sondern eignen sich in kleinräumlicher Darstellung ebenso gut als strukturierender Differenzierungsindikator für Verdichtungsregionen. Karte ❺ zeigt die Steuereinnahmen je Steuerpflichtigen aus der Lohn- und Einkommensteuer für die Region Rhein-Main. Die Kernstädte der Region (Aschaffenburg, Darmstadt, Frankfurt, Hanau, Mainz, Offenbach, Wiesbaden) fallen hier nicht durch besonders hohe Einnahmen auf. Stattdessen konzentrieren sich die Gemeinden mit besonders hohen Steuereinnahmen westlich von Frankfurt am Rand des Mittelgebirges Taunus sowie im Süden im Landkreis Offenbach. Die Ursache dafür ist ebenfalls in der Suburbanisierung der letzten ca. 35 Jahre zu sehen. Für die Kernstadt sind mit den verhältnismäßig niedrigen Einnahmen zahlreiche Probleme verbunden. So müssen zum Beispiel kulturelle Einrichtungen für die Umlandbewohner vorgehalten werden, für die aber seitens der Umlandgemeinden keine finanzielle Ausgleichszahlungen geleistet werden. Auch die Ausgaben im Bereich Wohngeld und Sozialhilfe sind in den Kernstädten höher, da die finanzkräftige Klientel der Stadt den Rücken gekehrt hat.

Diese oder ähnliche innere Strukturen lassen sich in allen bundesdeutschen Verdichtungsräumen ausfindig machen. Dies liegt nicht zuletzt daran, dass die grundlegenden Prozesse der Ausbildung von Verdichtungsräumen in Deutschland überall gleich sind, wobei es aber durch historische Besonderheiten und die spezifischen Wachstumsimpulse während der Industrialisierung regional zur Stärkung mehrerer Zentren oder zur besonderen Stärkung nur eines dominanten Zentrums gekommen ist.◆

Die innere Struktur von Verdichtungsräumen

Städtebauliche Strukturen in den kreisfreien Städten

Günter Arlt, Bernd Heber, Iris Lehmann und Ulrich Schumacher

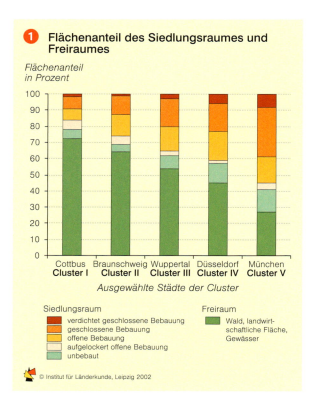

① Flächenanteil des Siedlungsraumes und Freiraumes

Vor dem Hintergrund der fortdauernden Flächeninanspruchnahme für Siedlungs- und Verkehrszwecke erlangt die Beantwortung der Frage nach einer nachhaltigen, d.h. ökologisch, sozial und wirtschaftlich ausgewogenen Stadtentwicklung gesellschaftliche Bedeutung. Die Flächeninanspruchnahme wird von einem Verdrängungsprozess der Naturfunktionen zugunsten der Kulturfunktionen begleitet, der sich in den Flächennutzungsstrukturen, insbesondere in den städtebaulichen Strukturen widerspiegelt.

Kreisfreie Städte bilden die größte Gemeindeeinheit in Deutschland und nehmen in ihrer Verwaltung alle jene Aufgaben wahr, die sonst auf Landkreise und Gemeinden aufgeteilt sind. Der daraus hervorgehende erweiterte Handlungsspielraum ermöglicht den Städten, Entwicklungsprozesse relativ souverän zu beeinflussen. So können Erkenntnisse über Auswirkungen ▶ städtebaulicher Strukturen auf kurzem Wege in kommunale Entscheidungen einfließen. Zwischen den städtebaulichen Strukturen und der Erfüllung von ökologischen, sozialen und wirtschaftlichen Funktionen existieren Wirkungsbeziehungen, die den städtischen Flächen im Rahmen der Flächennutzung übertragen werden (Flächenleistungen). Die ökologischen und wirtschaftlichen Leistungen städtischer Flächen können mit Hilfe der Indikatoren ▶ Flächenversiegelung und ▶ Flächenproduktivität beurteilt werden.

Eine Differenzierung der kreisfreien Städte nach charakteristischen städtebaulichen Strukturen mit ähnlicher Flächenversiegelung und Flächenproduktivität ergibt ▶ Cluster ①, die den grundlegenden Einfluss des Verhältnisses von Siedlungsraum zu Freiraum auf das Leistungsvermögen der Städte erkennen lassen ②. Es besteht eine signifikante Beziehung von zunehmender Flächenproduktivität und zunehmendem Flächenversiegelungsgrad ③.

Regionale Unterschiede

Die Häufigkeitsverteilung der kreisfreien Städte weist die Mehrzahl der Städte mit einer Flächenversiegelung zwischen 10 und 20% und einer Flächenproduktivität unter 100 DM/m² ④ ⑤ aus. Die kreisfreien Städte der altindustrialisierten Regionen Sachsens und Nordrhein-Westfalens haben hohe bis sehr hohe Versiegelungsgrade. Im Vergleich dazu

② Kreisfreie Städte
Flächenproduktivität und -versiegelungsgrad

Bruttowertschöpfung – Gesamtwert der im Inland in einer Periode erzeugten Endprodukte, d.h. Waren und Dienstleistungen nach Abzug des Wertes der im Produktionsprozess verbrauchten und als Vorleistungen erbrachten Güter, der nichtabziehbaren Umsatzsteuer sowie der Einfuhrabgaben (BRÜMMERHOFF 1995, S. 47)

Cluster – Gruppe von Objekten mit weitgehend homogener Merkmalsausprägung

Flächenintensität – in Anspruch genommene Flächeneinheiten je Nutzungseinheit

Flächenproduktivität – Ausdruck der Wirtschaftskraft als raumspezifische Bruttowertschöpfung (BWS) insgesamt pro Bezugsjahr in Währungseinheiten je m² Stadtfläche

Flächenversiegelung – Bedecken bis Abdichten von Böden mit teilweise durchlässigen bis undurchlässigen Materialien, beispielsweise mit Asphalt, Beton, Pflaster, Rasengittersteinen, wassergebundenen Materialien. Auf versiegelten Flächen sind die Austauschvorgänge zwischen Atmosphäre und Boden in unterschiedlichem Maße eingeschränkt bzw. unterbunden. Folgen sind u.a. Veränderung der Lebensräume von Mensch, Flora und Fauna, die Beeinflussung des Klimas sowie des natürlichen Wasserhaushaltes. Eine Kenngröße der Flächenversiegelung ist der Versiegelungsgrad als Verhältnis von überbauten, teilversiegelten und versiegelten Flächen zur Stadtfläche in Prozent.

Nutzungsintensität – funktionsfähige Nutzungseinheiten je Flächeneinheit

Städtebauliche Struktur – das Ergebnis der räumlichen, insbesondere baulichen Entwicklung im gemeindlichen Bereich. Sie ist das räumliche Ordnungsgefüge natürlicher Gegebenheiten und baulicher Anlagen. Prägende Strukturmerkmale sind Form, Dichte, Lage, Erschließung, Nutzung, Geschosshöhen und Alter der Bebauung. Die weitgehend gleichartigen Strukturmerkmale von städtischen Teilflächen ermöglichen deren Typisierung und weitergehend Rückschlüsse auf ausgewählte Nutzungsbedingungen und charakteristische Flächenmerkmale (z.B. Art und Maß der Versiegelung, Abfluss und Versickerung des Oberflächenwassers).

sind die kreisfreien Städte in den agrarisch geprägten Regionen Thüringens, Brandenburgs, Mecklenburg-Vorpommerns, aber auch in Rheinland-Pfalz und Niedersachsen durch deutlich niedrigere Versiegelungsgrade gekennzeichnet.

Die Flächenproduktivität in Form der flächenspezifischen ▶ Bruttowertschöpfung weist neben dem Süd-Nord-Gefälle der kreisfreien Städte Westdeutschlands ein deutlich niedrigeres Niveau in den ostdeutschen kreisfreien Städten auf ①. Die Ursachen sind neben der niedrigeren Arbeitsproduktivität auch in den nach dem Strukturbruch von 1989 einsetzenden Suburbanisierungsprozessen zu sehen, die einer höheren ▶ Flächenintensität und geringeren ▶ Nutzungsintensität der Standorte Vorschub leisten. Bei der Reduzierung der Flächenintensität und Erhöhung der Nutzungsintensität spielt der sich langsam konsolidierende Bodenmarkt in Ostdeutschland eine wichtige Rolle. Ostdeutsche Städte erzielen auf Grund der geringeren wirtschaftlichen Leistungsfähigkeit generell eine geringere Flächenproduktivität als westdeutsche Städte mit vergleichbarer Flächenversiegelung.◆

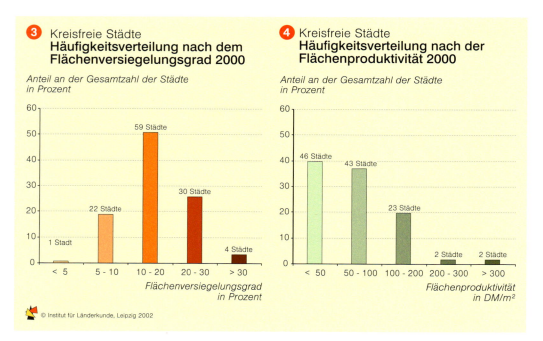

③ Kreisfreie Städte – Häufigkeitsverteilung nach dem Flächenversiegelungsgrad 2000

④ Kreisfreie Städte – Häufigkeitsverteilung nach der Flächenproduktivität 2000

⑤ Typische städtebauliche Strukturen kreisfreier Städte 1997

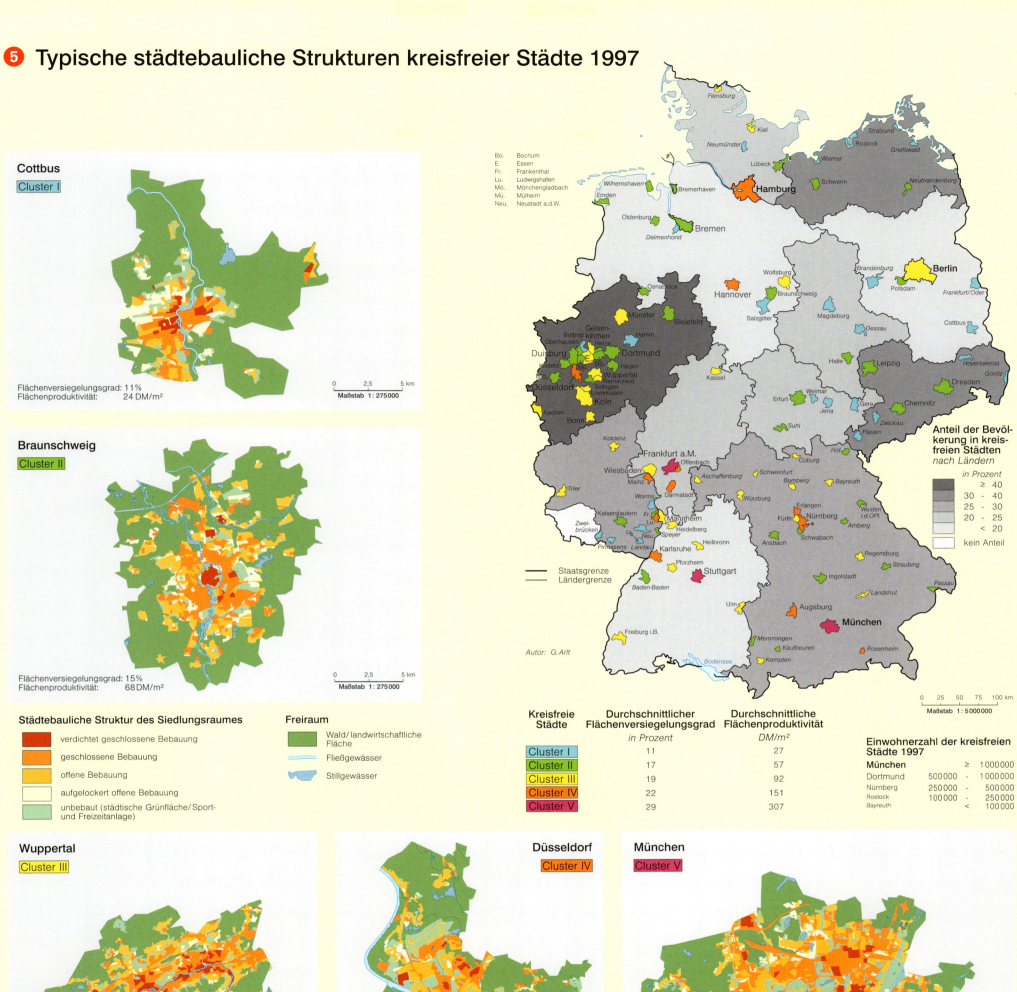
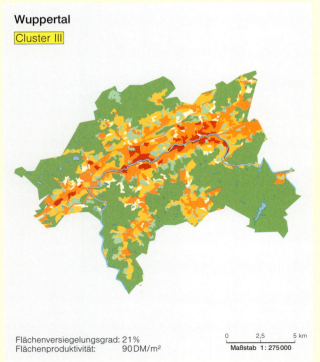
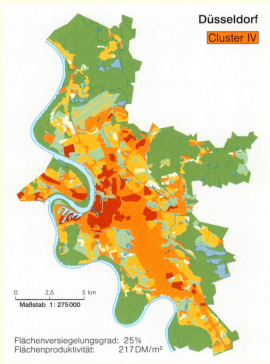
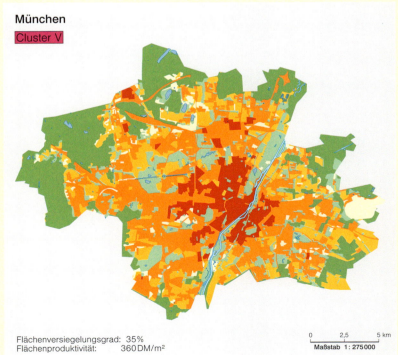

Wohnsuburbanisierung in Verdichtungsräumen

Günter Herfert und Marlies Schulz

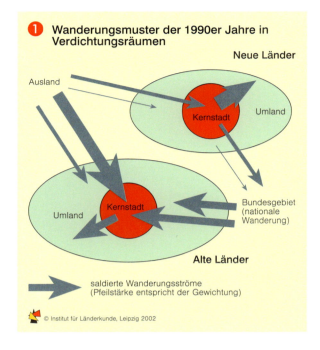

Die ▸ Wohnsuburbanisierung hat in Deutschland mit der politischen Wende eine zunehmende Dynamik erhalten, sowohl durch zunehmende Stadt-Umland-Wanderungen als auch durch ▸ interregionale Zuzüge ins Umland der Kernstädte ❶ ❺.

In den westdeutschen Verdichtungsräumen ist die Wohnsuburbanisierung seit Jahrzehnten ein konstant anhaltender Prozess ❷. Er setzte verstärkt mit Beginn der 1960er Jahre ein – wenngleich schon in der Vorkriegszeit eine Randwanderung der Bevölkerung aus den Kernstädten in das Umland zu beobachten war. Zunehmender Wohlstand in den Jahren des Wirtschaftswunders hatte eine stark wachsende Stadt-Umland-Wanderung zur Folge. Es war die klassische Suburbanisierungsphase der 1960er und 1970er Jahre, die eng verbunden war mit dem Ideal von neuen Einfamilienhaussiedlungen und dem Wegzug von besser verdienenden Familien mit Kindern ins Umland der Städte. Gleichzeitig war diese Phase jedoch auch – wenngleich in geringerem Umfang – mit sozialem Mietwohnungsbau im Umland und somit dem Zuzug sozial schwächerer Bevölkerungsgruppen verbunden. Seit Beginn der 90er Jahre zeigen sich in den westdeutschen Verdichtungsräumen neue sozialräumliche Muster der Wohnsuburbanisierung.

In den neuen Ländern setzten räumliche Dekonzentration und Siedlungsdispersion – nach 40 Jahren kompakter Stadtentwicklung in der DDR – erst wieder nach der Wende ein ❺. Da diese Prozesse in einem vorwiegend ländlich geprägten Umland stattfanden, zudem ein hoher Nachfragestau der Haushalte nach Wohnraum bestand und zusätzlich Sonderabschreibungen (Fördergebietsgesetz Ost), Wohneigentumsförderung des Bundes und der Länder, ungeklärte Restitutionsansprüche im Bestand und Planungsvereinfachungen das Bauen auf der grünen Wiese begünstigten, übertraf die Dynamik der Wohnsuburbanisierung sogar jene der 1960/70er Jahre in den alten Ländern.

Der aktuelle Prozess der Wohnsuburbanisierung im Osten und Westen Deutschlands ist teilweise durch ähnliche Erscheinungsformen geprägt, er ist jedoch unterschiedlichen ökonomischen und demographischen Rahmenbedingungen unterworfen. Davon ausgehend sind in den neuen Ländern zunehmend eigenständige Pfade der Wohnsuburbanisierung – abweichend von westlichen Entwicklungsmustern – zu beobachten.

Muster der Wohnsuburbanisierung

Quelle der Wohnsuburbanisierung in den Verdichtungsräumen waren in den 1990er Jahren allein die Migrationsströme in die Umlandregionen ❸. Ein zusätzliches Bevölkerungswachstum durch hohe Geburtenüberschüsse wie in den 1960/70er Jahren gab es infolge der zunehmend negativen natürlichen Bevölkerungsentwicklung in den Verdichtungsräumen nicht.

Grundlage der dynamischen Wohnsuburbanisierung im Osten wie auch im Westen Deutschlands war ein signifikant ansteigender Wohnungsneubau ❼. Jedoch nicht die für die 1960er Jahre typischen Einfamilienhäuser, sondern vorwiegend Mehrfamilienhäuser prägten das neue Bild des suburbanen Raumes, speziell in den großen Agglomerationen ❽ – eine Folge der zeitlich begrenzten steuerlichen Vergünstigungen

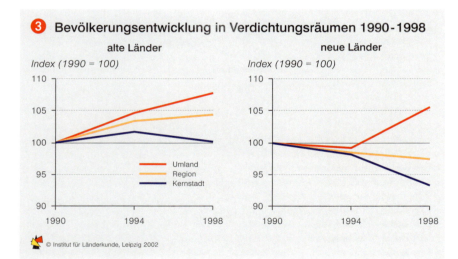

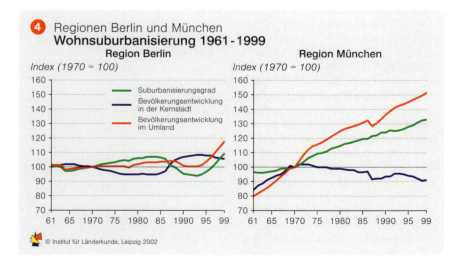

Wohnsuburbanisierung – relativer Bedeutungsgewinn der Wohnfunktion des Umlandes gegenüber der Kernstadt, bedingt durch eine positive Wanderungsbilanz wie auch durch natürliches Bevölkerungswachstum (Geburtenüberschüsse). Die Wohnsuburbanisierung ist Teil des Suburbanisierungsprozesses, der auch mit der Verlagerung von Dienstleistungen und Gewerbe ins Umland verbunden ist. (▸▸ Beitrag Franz, S. 128)

Suburbanisierungsgrad – Anteil der Umlandbevölkerung an der Bevölkerung der gesamten Region

interregional – zwischen Regionen

intraregional – innerhalb einer Region

des Mietwohnungsbaus für Kapitalanleger, im Osten mit einer extrem hohen Sonderabschreibung von 50% der Baukosten verbunden. In den alten Ländern konnte damit der durch die Zuwanderung entstandene Siedlungsdruck wesentlich verringert werden, in den neuen Ländern kam es aufgrund des Wohnungsüberangebotes sogar zu Leerständen im neuen Wohnungsbestand.

Im Osten Suburbanisierung trotz Bevölkerungsabnahme

Die Wohnsuburbanisierung in den neuen Ländern, die 1992/1993 einsetzte, kurzzeitig boomte und sich bereits 1998 wieder deutlich verlangsamte, resultierte fast ausschließlich aus den sehr dynamisch wachsenden Stadt-Umland-Wanderungen, insbesondere in das nahe Umland (ca. 15 km Radius) der Kernstädte ❻. Interregionale Wanderungen in den suburbanen Raum hatten infolge des schrumpfenden ostdeutschen Arbeitsmarktes keinen nennenswerten Einfluss auf die Wohnsuburbanisierung. In den Verdichtungsräumen, deren Kernstädte nach der Abwanderungswelle Richtung Westen (1989-1992) ein zweites Mal hohe Bevölkerungsverluste hinnehmen mussten, setzte ein ▸ intraregionaler Dekonzentrationsprozess ein. Dieser erfolgte zeitgleich →

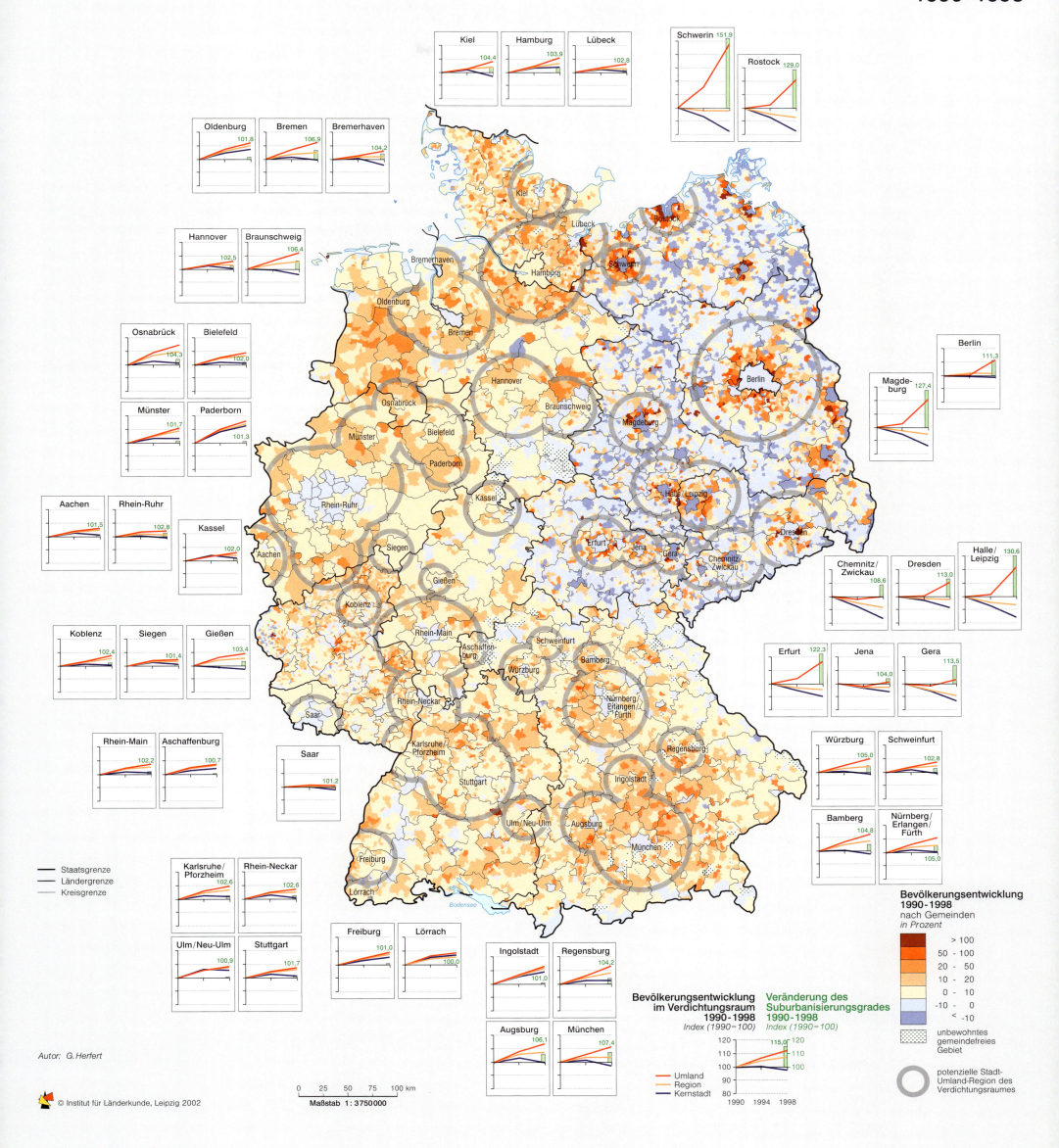

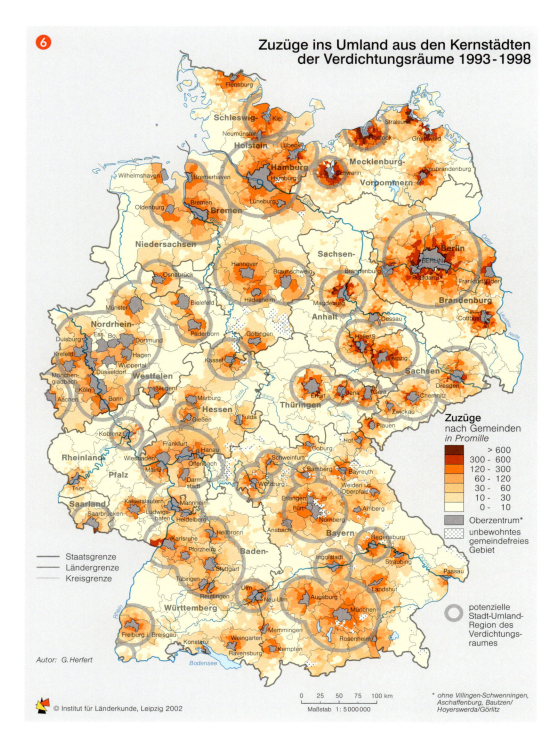

❻ Zuzüge ins Umland aus den Kernstädten der Verdichtungsräume 1993-1998

Zuzüge nach Gemeinden in Promille
- > 600
- 300 - 600
- 120 - 300
- 60 - 120
- 30 - 60
- 10 - 30
- 0 - 10

Oberzentrum*
unbewohntes gemeindefreies Gebiet

Staatsgrenze
Ländergrenze
Kreisgrenze

potenzielle Stadt-Umland-Region des Verdichtungsraumes

Autor: G. Herfert

© Institut für Länderkunde, Leipzig 2002
Maßstab 1:5000000

* ohne Villingen-Schwenningen, Aschaffenburg, Bautzen/Hoyerswerda/Görlitz

Suburbanisierung im Umland von Leipzig

mit dem seit der Wende anhaltenden demographischen Schrumpfungsprozess. Die positive Entwicklung im Berliner Verdichtungsraum blieb die Ausnahme. Die bis Mitte der 1990er Jahre fehlenden Alternativen auf dem Wohnungsmarkt der Kernstädte einerseits und der politisch induzierte Bauboom auf der grünen Wiese andererseits verursachten einen Suburbanisierungsschub, dessen negative Auswirkungen sich heute in den hohen Leerstandsquoten im kernstädtischen wie auch im suburbanen Wohnungsmarkt zeigen. Zudem kam es durch die Umverteilung der Bevölkerung zu der paradoxen Situation, dass die Umlandgemeinden infolge gestiege-

❼ Regionen Berlin und München Fertiggestellte Wohnungen 1992-1998

Anzahl je Tsd. Einwohner

© Institut für Länderkunde, Leipzig 2002

ner Nachfrage ihre soziale Infrastruktur ausbauen, während die Kernstädte identische Einrichtungen wegen Unterauslastung schließen mussten.

Im Westen Ausdehnung der suburbanen Zone

In den westdeutschen Verdichtungsräumen führte die seit den 1960er Jahren anhaltende Wohnsuburbanisierung zu einer weiteren Expansion wie auch zu einer Verdichtung des Umlandes. Ende der 1980er, Anfang der 1990er Jahre kam es durch die extrem ansteigenden Wanderungsströme aus den neuen Ländern und dem Ausland zu einer Radiuserweiterung der Stadt-Umland-Regionen. In dieser Phase wurde die interregionale Zuwanderung zur entscheidenden Komponente der Wohnsuburbanisierung. Davon profitierte insbesondere das weitere Umland der Kernstädte, d.h. dass sich die höchste Dynamik der Bevölkerungsentwicklung in die periphere Zone der Verdichtungsräume verlagerte. Aufgrund der zunehmenden ökonomischen Aufwertung – der Verlagerung von Arbeitsstätten – wird diese nicht nur als Wohn-, sondern auch als Arbeitsort für Zuwanderer attraktiv.

Qualitative Strukturen

Die Wohnsuburbanisierung ist in ihrer klassischen Form ein selektiver Prozess. Bezeichnend dafür ist der sogenannte Speckgürtel um die Kernstädte, d.h. die Konzentration höher qualifizierter und jüngerer Bevölkerungsgruppen mit überdurchschnittlichen Pro-Kopf-Einkommensteuern in suburbanen Gemeinden. Auch heute findet man noch die klassischen Strukturen unter der neuen suburbanen Bevölkerung – besser verdienende Familien mit vorwiegend 2 Kindern im frei stehenden Einfamilienhaus: im Osten Deutschlands im engeren Umland, im Westen eher in der preis-

❽ Regionen Berlin und München Wohnungen in Ein- und Zweifamilienhäusern 1995-1999

Anteil an fertiggestellten Wohnungen in %

© Institut für Länderkunde, Leipzig 2002

günstigeren Peripherie der Verdichtungsräume.

Differenzierte Sozialstrukturen im Westen

In den hochpreisigen westdeutschen Verdichtungsräumen können sich jedoch nur noch ein Viertel der Stadt-Umland-Wanderer den Traum vom Eigenheim leisten ❿. Die soziodemographischen Strukturen im suburbanen Umland differenzieren sich zunehmend und haben sich in den alten Ländern längst von den klassischen Mustern der 1960/70er Jahre verabschiedet. Bei den Stadt-Umland-Wanderern dominieren heute nicht mehr die Familien mit Kindern, sondern die kinderlosen Haushalte, insbesondere jüngere (25-35 Jahre) Zweipersonenhaushalte ⓫. Infolge des Generationenwechsels im suburbanen Umland erfolgt der Umzug in der Mehrzahl nicht ins neue Einfamilienhaus, sondern innerhalb des Mietwohnungsmarktes, zumeist aus der Mietwohnung eines städtischen Mehrfamilienhauses in eine gemietete Gebrauchtimmobilie. Das soziale Spektrum reicht von besser verdienenden Zweipersonenhaushalten

126 Nationalatlas Bundesrepublik Deutschland – Dörfer und Städte

9 Regionen Berlin und München
Veränderung des Bevölkerungsanteils mit höherem Ausbildungsabschluss* 1993-1999

* Meister, Fachschule/Fachhochschule/Hochschule
© Institut für Länderkunde, Leipzig 2002

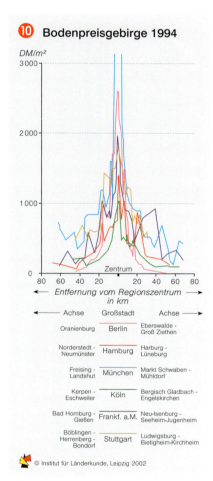

10 Bodenpreisgebirge 1994

© Institut für Länderkunde, Leipzig 2002

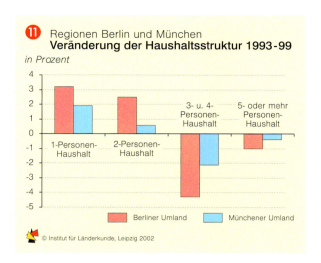

11 Regionen Berlin und München
Veränderung der Haushaltsstruktur 1993-99
in Prozent

© Institut für Länderkunde, Leipzig 2002

Kinderarmes Umland im Osten

Auch in den neuen Ländern weicht der Prozess der Wohnsuburbanisierung wesentlich von bekannten klassischen Strukturen ab. Insbesondere in den höher verdichteten Agglomerationen, in denen vorrangig neue mehrgeschossige Wohnanlagen auf der grünen Wiese entstanden, sind es überwiegend kinderlose Haushalte, die ins Umland gezogen sind. Das Altersspektrum reicht hier von jung bis alt, darunter Singles, jüngere und ältere Paare mit und ohne Kind sowie Rentner. In die neuen Eigenheimsiedlungen – typisch für die stärker ländlich geprägten Regionen – sind zwar fast ausschließlich Familien mit Kindern gezogen. Diese Familien sind aber eher in der Konsolidierungsphase (35-55 Jahre), teilweise auch schon an der Schwelle zur Schrumpfungsphase. Folglich führte die Wohnsuburbanisierung in den neuen Ländern zu keiner Verjüngung der Umlandbevölkerung. Der Anteil der Bevölkerung im erwerbstätigen Alter erhöhte sich dagegen wesentlich. Da mehr als drei Viertel der neuen suburbanen Erwerbsbevölkerung ihren Arbeitsplatz in der Kernstadt hat, nahm die Verkehrsbelastung in den ostdeutschen Verdichtungsräumen deutlich zu.

Generell ist im Osten Deutschlands die soziale Selektivität der suburbanen Zuzüge, die weitestgehend in den neuen, relativ hochpreisigen Wohnungsmarkt erfolgten, höher als im Westen, sowohl hinsichtlich der Qualifikationsstruktur **9** als auch nach dem Haushaltseinkommen. Der höhere Anteil besser verdienender Haushalte brachte den suburbanen Kommunen zwar höhere Einkommensteuern und eine geringere Arbeitslosenquote, jedoch nicht immer Reichtum. Viele sind durch notwendige Infrastrukturmaßnahmen infolge des Bevölkerungswachstums heute hoch verschuldet.

Resümee und Ausblick

Um die Jahrtausendwende ist die Dynamik der Wohnsuburbanisierung in Deutschland deutlich abgeflacht. Es ist „Normalität" eingezogen:

In den neuen Ländern haben sich die Stadt-Umland-Wanderungen nach dem Wegfall der hohen Steuerabschreibungen drastisch abgeschwächt. Seit Anfang des neuen Jahrhunderts ist die Welle der Wohnsuburbanisierung fast ausgelaufen, vielerorts ist bereits ein Trend zur Reurbanisierung erkennbar **12**. Auf dem suburbanen Wohnungsmarkt erfolgte eine rasante Trendwende vom mehrgeschossigen Mietwohnungsbau zum Eigenheim, insbesondere zum preisgünstigen Reihenhaus. Aber selbst der Eigenheimbau im suburbanen Umland ist rückläufig. Deutlich zunehmende Alternativen für Wohnungssuchende auf dem kernstädtischen Wohnungsmarkt, fallende und sich angleichende Miet- und Quadratmeterpreise zwischen Kernstadt und Umland sowie eine weiterhin relativ hohe Arbeitslosigkeit sind weitere Faktoren für einen vorerst stagnierenden Verlauf der Wohnsuburbanisierung. Infolge der dynamisch wachsenden Wohnungsleerstände gibt es erste Überlegungen auf bundespolitischer Ebene über eine Änderung der Eigentumsförderung in den neuen Ländern im Sinne einer erhöhten Bestandsförderung. Ansonsten könnten, auch infolge der geburtenschwachen Jahrgänge seit 1990, die Wohnungsleerstände in den nächsten 20 Jahren bis auf 2 Millionen ansteigen.

In den alten Ländern ist infolge der stark rückläufigen interregionalen Wanderungen ebenfalls mit einer Abschwächung der Suburbanisierungswelle zu rechnen. Durch die zunehmende Zahl der Haushalte und den immer noch steigenden Wohnflächenbedarf besteht jedoch weiterhin ein anhaltender demographischer Siedlungsdruck. Das suburbane Wachstum wird sich durch kaskadenartige Wanderungen von der inneren zur äußeren Peripherie auf die Achsenzwischenräume und das weitere Umland der Kernstädte konzentrieren (▶▶ Beitrag Kagermeier, Abb. 9, S. 151). Da ab 2015 angesichts der dann veränderten demographischen Verhältnisse (▶▶ Beitrag Bucher, Bd. 4, S. 142) auch in den alten Ländern Leerstandsprobleme auf dem Wohnungsmarkt auftreten werden, stellt sich die Aufgabe, frühzeitig über Aufwertungsstrategien des Wohnungsbestandes nachzudenken. Der Versuch vieler Städte, die Stadt-Umland-Wanderung durch Förderung des Einfamilienhausbaues innerhalb der Stadtgrenzen zu bremsen, läuft bereits heute weitestgehend ins Leere, da gegenwärtig nicht der neue Eigenheimmarkt, sondern der Gebrauchtimmobilienmarkt im suburbanen Umland zum Hauptkonkurrenten der Kernstädte geworden ist.♦

in gemieteten Einfamilienhäusern bis zu einkommensschwächeren Haushalten ohne Kinder wie auch jungen Familien in preisgünstigen mehrgeschossigen Wohnanlagen. Inwieweit sich in den Umlandregionen – auch hinsichtlich der zeitweiligen Dominanz interregionaler Zuzüge – bereits räumliche Konzentrationen sozial schwächerer Gruppen entwickelt haben, ist fraglich. Stagnierende Pro-Kopf-Einkommensteuern in den 1990er Jahren sind zumindest ein Anzeichen dafür, dass die Sozialstruktur der Bevölkerung im suburbanen Raum der alten Länder heterogener geworden ist.

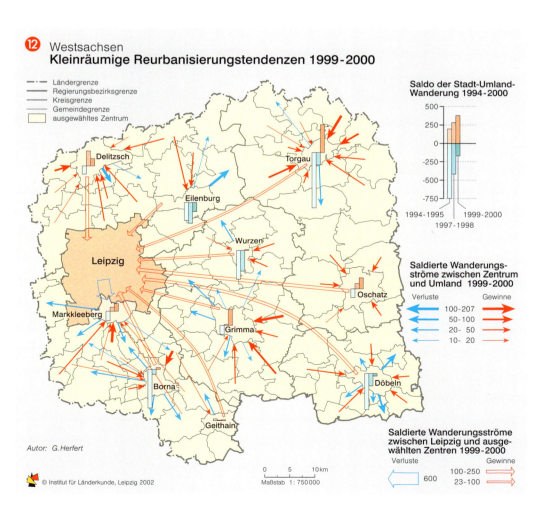

12 Westsachsen
Kleinräumige Reurbanisierungstendenzen 1999-2000

Autor: G. Herfert
© Institut für Länderkunde, Leipzig 2002

Wohnsuburbanisierung in Verdichtungsräumen

Suburbanisierung von Industrie und Dienstleistungen

Peter Franz

Gewerbesuburbanisierung im Umland von Stuttgart

Die in den deutschen Städten seit Ende der 1960er Jahre zu beobachtende Suburbanisierung der Industrie und später der Dienstleistungen basiert auf Mikroprozessen unternehmerischer Standortwahl und der unterschiedlichen wirtschaftlichen Dynamik von Stadt und Stadtumland.

Die unternehmerische Standortwahl betrifft Entscheidungen, einen innerhalb des Stadtgebiets ansässigen Betrieb ins Umland zu verlagern, einen außerhalb der Stadtregion ansässigen Betrieb in das Stadtumland zu verlagern, ein inner- oder außerhalb der Stadtregion bestehendes Unternehmen durch eine zusätzliche Betriebseinheit mit Standort im Umland zu erweitern oder ein Unternehmen im Stadtumland neu zu gründen.

Der Makroeffekt Suburbanisierung mit der Entstehung neuer Arbeitsplätze im Umland tritt also nicht nur als Folge der Stadt-Umland-Wanderung von Betrieben auf, sondern auch, sobald die Unternehmen im Stadtumland dynamischer wachsen bzw. weniger stark stagnieren oder schrumpfen als die in der Stadt angesiedelten.

Suburbanisierung der Industrie

Die Kartenserie ❸ zeigt für ausgewählte Agglomerationsräume, wie sich die Arbeitsplatzrelation zwischen Kernstadt und Umland im Zeitraum von 1994 bis 1999 verändert hat. Dieses relativ kurze Zeitintervall wurde gewählt, um Aussagen für Gesamtdeutschland treffen zu können.

Seit Mitte der 1970er Jahre lässt sich für die größeren westdeutschen Stadtregionen beobachten, dass die Kernstädte Beschäftigtenanteile in der Industrie verlieren, während die Umlandgemeinden Beschäftigtenanteile hinzugewinnen. Dieser Prozess der Industrie-Suburbanisierung stellt einen der stabilsten Trends im wirtschaftlichen und räumlichen Strukturwandel dar (BADE u. NIEBUHR 1999, S. 139). Dabei ist in allen Kernstädten wie auch im Umland die Industriebeschäftigung zwischen 1994 und 1999 absolut gesehen deutlich zurückgegangen, mit Ausnahme von Dresden und Rostock, wo die Zahl der Industriebeschäftigten im Umland anstieg. Nicht zufällig liegen die beiden Ausnahmefälle in Ostdeutschland: Nach der transformationsbedingten radikalen Deindustrialisierung in der Periode 1990-92 fand die Neuansiedlung von Industrieunternehmen dort häufig in den Umlandgemeinden der größeren Städte statt. Allein die Stadtregion Leipzig weist ein hiervon abweichendes Muster auf. Dort kann das Umland zwar zahlreiche Ansiedlungen von Unternehmen vorweisen, aber nur wenige von ihnen zählen zum industriellen Sektor.

Suburbanisierung der Dienstleistungen

Dienstleistungsunternehmen konzentrieren sich traditionell in den Städten. Dieser Sektor gewinnt gesamtwirtschaftlich nach wie vor an Bedeutung. Auf der vierten Teilkarte bilden die roten Säulen die Entwicklung der Dienstleistungsbeschäftigten von 1994 bis 1999 ab. Es zeigt sich, dass nur noch bei wenigen Städten (Frankfurt, Köln, Bonn) von einem nennenswerten Wachstum des Dienstleistungssektors in den Kernstädten die Rede sein kann. Der eigentliche Dienstleistungsboom findet seit Mitte der 1990er Jahre im Umland der Städte statt, was sowohl für west- wie auch für ostdeutsche Großstadtregionen gilt ❶ ❷. Auch hier bildet die Stadtregion Leipzig eine Ausnahme, was dafür sprechen könnte, dass die Kernstadt an ihre Tradition als Dienstleistungsmetropole anknüpfen kann.

Suburbanisierung des Handels

Unter dem Stichwort der Einkaufszentren auf der grünen Wiese hat in den letzten Jahren besonders der Suburbanisierungstrend des Einzelhandels Beachtung gefunden. Da der traditionelle Standort für den Einzelhandel das Stadtzentrum ist und dieser als zentraler Faktor für eine belebte Innenstadt gilt, werden die Herausbildung außerstädtischer Einkaufszentren sowie räumlich konzentrierter Möbel-, Bau- und anderer Fachmärkte von einer lebhaften und kritischen Diskussion begleitet (▶▶ Bd. 9, S. 75).

Die gelben Säulen der Karte zeigen, dass die Zahl der Einzelhandelsbeschäftigten in den Städten stark rückgängig ist, während sie im Umland weniger abgenommen hat oder stärker gewachsen ist: Selbst in der Städteregion Köln-Bonn mit ihrem hohen innerstädtischen Einzelhandelsbesatz ist eine Suburbanisierung des Einzelhandels zu verzeichnen. Bemerkenswerterweise hat sich für die beiden benachbarten Stadtregionen Halle und Leipzig der enorme Verkaufsflächenzuwachs im Umland nicht in einem Zuwachs der Beschäftigtenzahlen niedergeschlagen; in Leipzig hat sich sogar – als einzige Stadtregion – die Relation zugunsten der städtischen Beschäftigten im Einzelhandel verschoben. Für die Zukunft wird es interessant sein zu verfolgen, ob die in einigen ostdeutschen Großstädten beobachtbaren Erfolgsschritte zur Wiederbelebung der Innenstädte eine Abkehr vom Suburbanisierungstrend mit sich bringen werden.◆

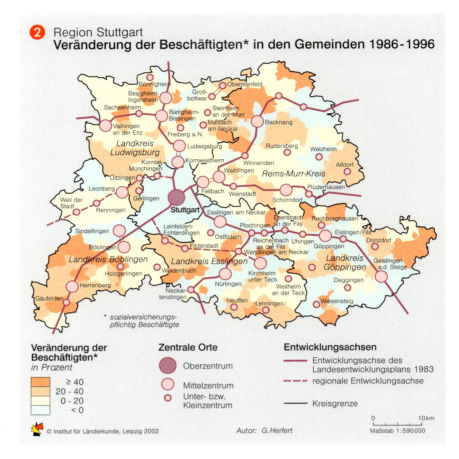

❷ Region Stuttgart
Veränderung der Beschäftigten* in den Gemeinden 1986-1996

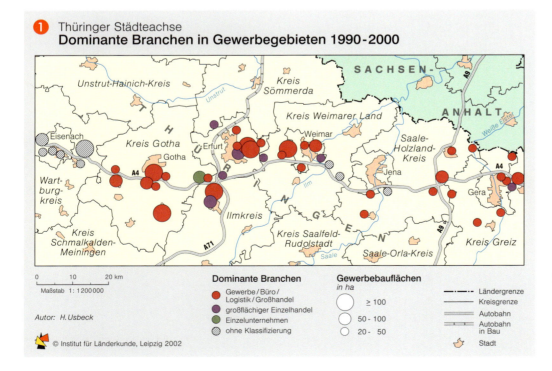

❶ Thüringer Städteachse
Dominante Branchen in Gewerbegebieten 1990-2000

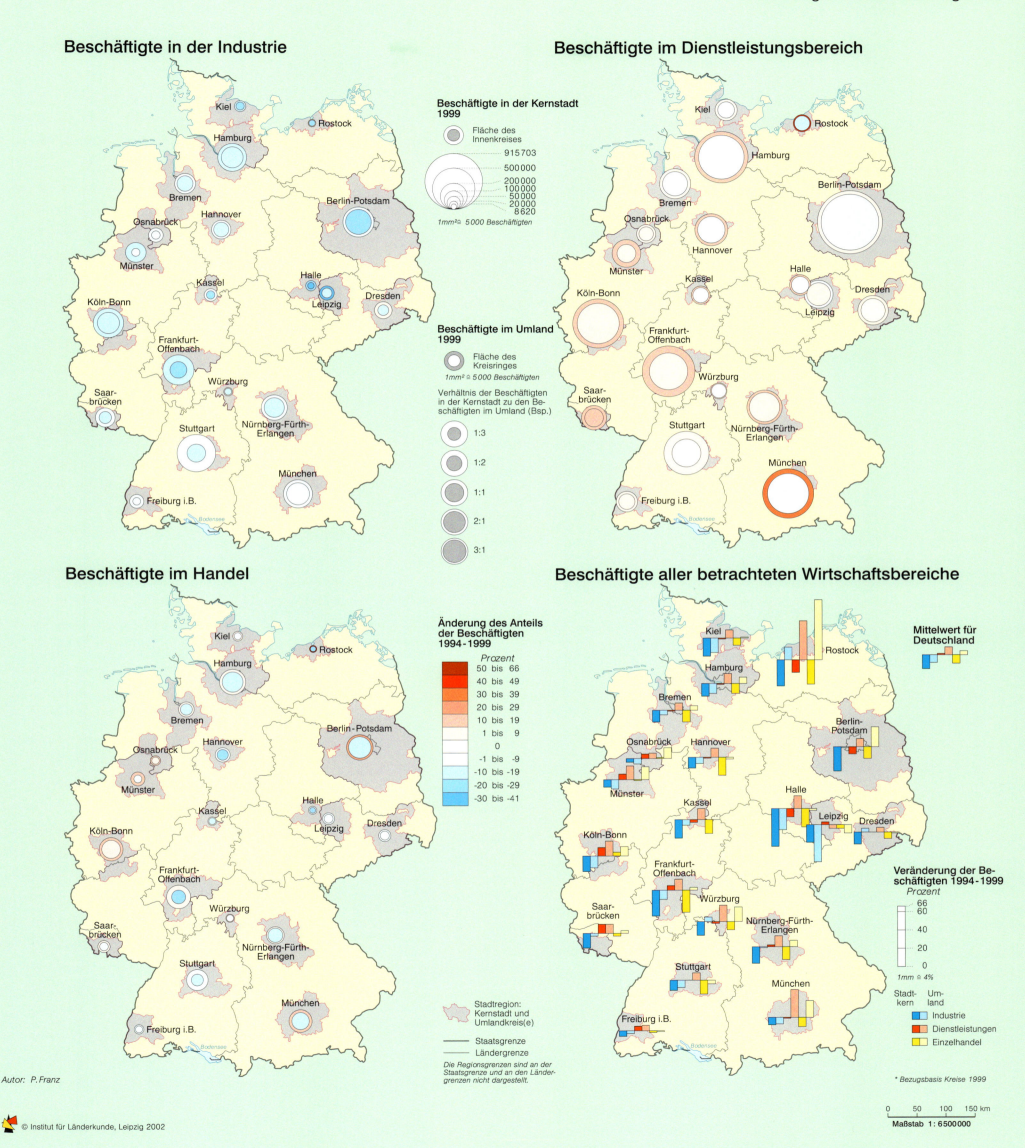

Großwohngebiete

Bernd Breuer und Evelin Müller

Berlin-Hellersdorf: ökologisch orientierte Freiraumgestaltung im Schweriner Hof

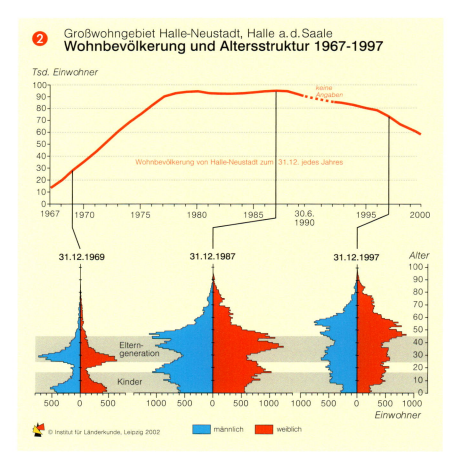

Großwohngebiete stellen einen bedeutenden Typ städtischer Wohnformen dar. Sie sind das Zuhause von vielen Millionen Bundesbürgern und prägen das Erscheinungsbild zahlreicher Städte. Diese Gebiete sind nach dem Zweiten Weltkrieg auf der Grundlage einheitlicher Städtebaukonzepte als Großprojekte mit mehr als 1000 Wohnungen entstanden. Ihre Ursprünge gehen auf Ideale der Wohnungsbaureformbewegung der Zwischenkriegszeit zurück, die die Wohn- und Lebensbedingungen großer Bevölkerungskreise zu verbessern suchte: Licht, Luft und Sonne, Durchgrünung, Mobilität, bau- und stadttechnische Optimierung sowie Funktionstrennung waren angestrebte Ziele.

Die Industrialisierung im Bauwesen bot Voraussetzungen für eine schnelle Überwindung der Wohnungsnot der Nachkriegszeit. In Westdeutschland erreichte der Bau von Großwohngebieten seine Blütezeit Mitte der 1960er bis Mitte der 1970er Jahre. In der DDR wurde er bis Ende der 1980er Jahre auf hohem Niveau fortgesetzt. Charakteristisch für die Einwohnerschaft ostdeutscher Großwohngebiete ist derzeit noch eine weitgehende soziale Mischung.

In den ostdeutschen Großwohngebieten lassen sich so genannte ▶ demographische Wellen beobachten, die in engem Zusammenhang mit dem Zeitpunkt der Besiedlung der Gebiete stehen ❷. Des Weiteren sinken die Einwohnerzahlen wie überall in den neuen Ländern mehr oder weniger stark. Innerhalb der Großwohngebiete finden zugleich Prozesse kleinräumiger sozialer Differenzierung statt. Dabei spielen Wohnkomfort und Wohnumfeldqualität eine herausragende Rolle.

Heute lebt in Deutschland etwa jeder 15. Privathaushalt in einem Großwohngebiet, in den neuen Ländern jeder fünfte. Angesichts der Bedeutung der Großwohngebiete für die Wohnungsversorgung und die Stadtentwicklung haben Bund, Länder, Gemeinden und Wohnungsunternehmen bereits einen enormen Aufwand für den Erhalt und die Erneuerung betrieben. Seit der deutschen Vereinigung sind im Rahmen eines ▶ Bund-Länder-Förderprogramms über 1 Mrd. DM an öffentlichen Finanzhilfen für städtebauliche Maßnahmen eingesetzt worden. Außerdem sind über 40% der betreffenden Wohnungsbestände inzwischen modernisiert.

Räumliche Verteilung

In Deutschland gibt es über 720 Großwohngebiete mit mehr als 2,3 Mio. Wohnungen; das sind 6% des gesamten Wohnungsbestands ❸. Etwa 19% der ostdeutschen Wohnungen liegen in Großwohngebieten, in den alten Ländern sind es nur knapp 3% ❶. Die westdeutschen Großwohngebiete konzentrieren sich bis auf wenige Ausnahmen in Agglomerationsräumen, während die ostdeutschen häufig auch in ländlich geprägten Regionen liegen.

In den Großstädten haben die sehr großen Wohnsiedlungen an den Stadträndern die Stadtentwicklung geprägt. Beispielsweise erreichen Marzahn und das Märkische Viertel in Berlin mit ca. 58.000 bzw. 17.000 Wohneinheiten (WE), Leipzig-Grünau (38.500 WE) oder München-Neuperlach (20.000 WE) die Größenordnung eigenständiger Städte. In vielen ostdeutschen Klein- und Mittelstädten haben große Wohnsiedlungen oft höhere Anteile an den Siedlungsflächen und Wohnungsbeständen als Eigenheimgebiete und Altbauquartiere. Extrem hohe Anteile weisen Schwedt mit über 90% und Hoyerswerda mit rund 80% des Wohnungsbestandes in Großwohngebieten auf.

Entwicklungsperspektiven

Der anhaltende Bevölkerungsrückgang in den neuen Ländern zieht auch Wohnungsleerstände in den Großwohngebieten nach sich. Die Stadtteile geraten zunehmend unter Konkurrenzdruck gegenüber modernisierten Altbauquartieren und neuen Eigenheimgebieten. Durch Stadtumbaumaßnahmen sollen die Großwohngebiete attraktiver werden. Zu den Entwicklungspotenzialen gehören ausgedehnte Grünflächen und eine naturnahe Umgebung, die meist sehr gute Erschließung durch den ÖPNV sowie eine solide Ausstattung mit Bildungs- und Sozialeinrichtungen. Diese Potenziale gilt es, im Rahmen konzertierter Aktionen von Bewohnern, Wohnungseigentümern und öffentlicher Hand – wie beispielsweise im ▶ Planspiel Leipzig-Grünau – auszuschöpfen und so die Großwohngebiete zu eigenständigen und multifunktionalen Stadtteilen zu entwickeln.◆

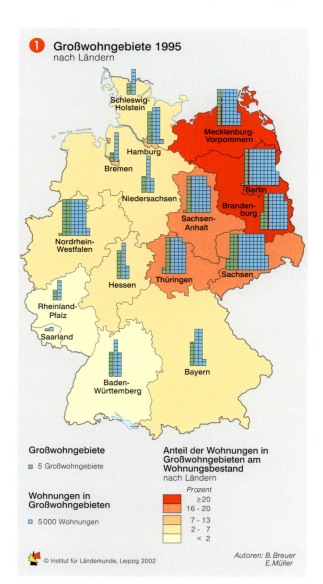

Bund-Länder-Förderprogramm „Städtebauliche Weiterentwicklung großer Neubaugebiete in den neuen Ländern und im Ostteil Berlins": Seit 1993 bestehendes Förderprogramm, mit dem in Großwohngebieten von Bund, Land und Kommune Maßnahmen vorwiegend zur Wohnumfeldverbesserung durchgeführt werden.

Demographische Wellen – als Folge des relativ gleichzeitigen Bezugs eines Wohngebietes durch eine vorwiegend junge Bevölkerung mit Kindern, die etwa zeitgleich die Lebensphasen durchläuft, entsteht periodisch ein überdurchschnittlich hoher Bedarf an altersabhängiger sozialer Infrastruktur.

Planspiel Leipzig-Grünau – 1997 vom Bundesbauministerium, dem Sächsischen Staatsministerium des Innern und der Stadt Leipzig initiiert, um innovative Wege für eine zukunftsfähige Entwicklung der Großwohngebiete im Rahmen der Gesamtstadt zu suchen und zu erproben, wobei lokale und externe Potenziale einfließen, Ressourcen gebündelt und die Stadtteilakteure gemeinsam aktiv werden.

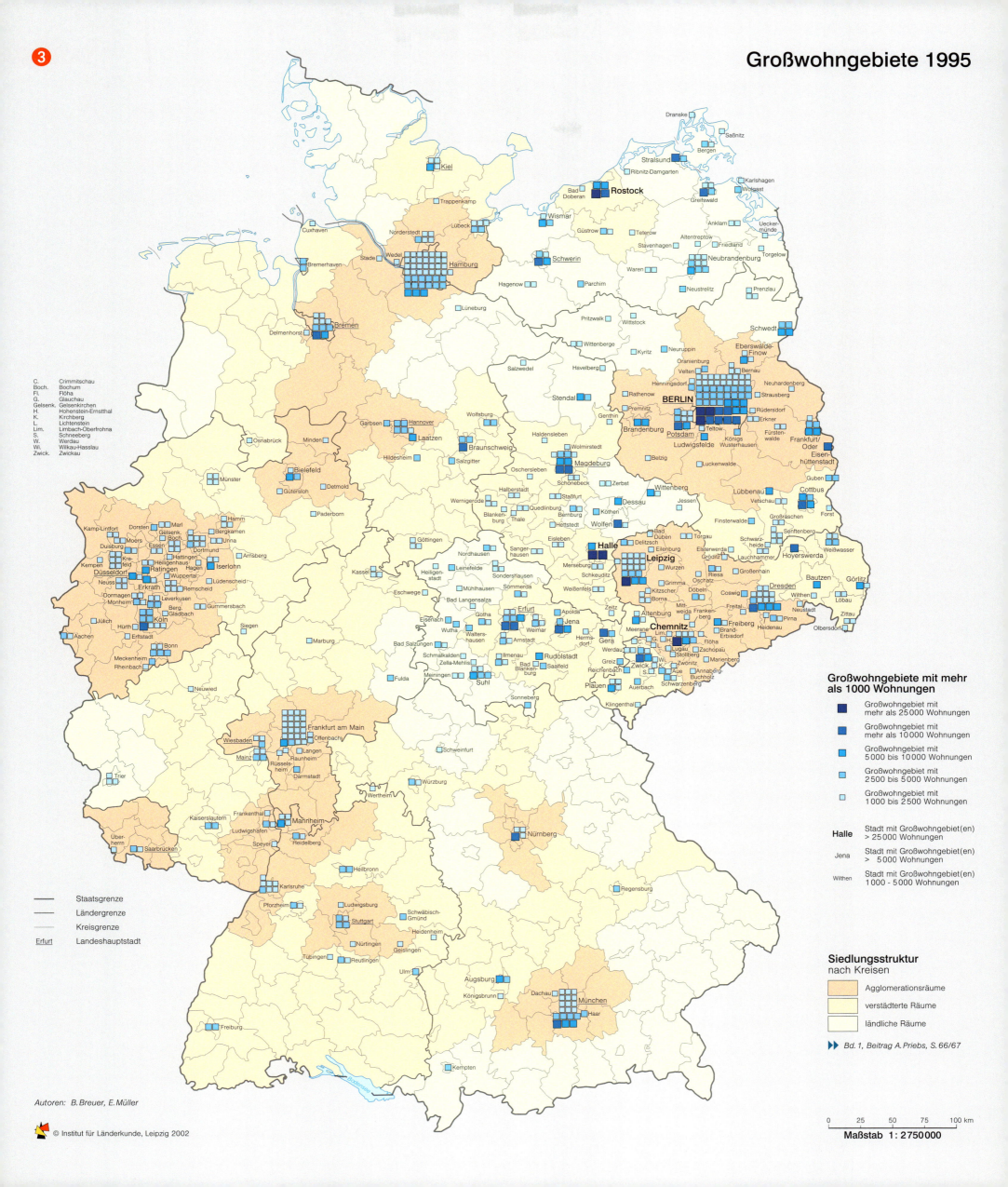

Nutzung und Verkehrserschließung von Innenstädten

Rolf Monheim

❶ Innenstadt Frankfurt a.M. – Nutzung und Verkehrserschließung 2001

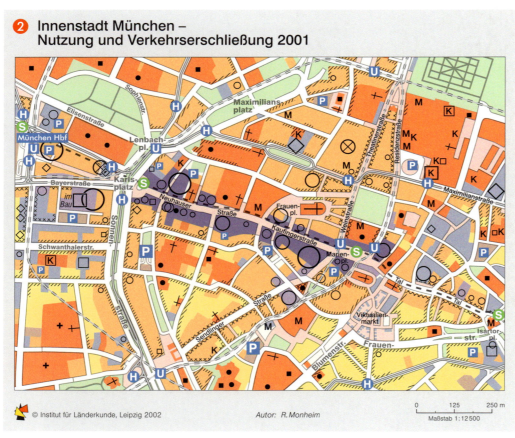

❷ Innenstadt München – Nutzung und Verkehrserschließung 2001

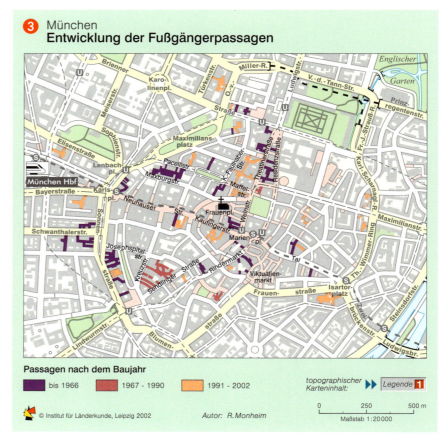

❸ München – Entwicklung der Fußgängerpassagen

Die wichtigste Herausforderung für die Innenstadt ist deren qualitative Anpassung an sich ändernde Anforderungen, ohne ihre Identität aufzugeben. Statt musealer Konservierung erfordert dies einen kontinuierlichen Umbau, der allerdings nicht dem freien Markt überlassen, sondern an demokratisch legitimierten Leitbildern ausgerichtet werden sollte. Dabei bestehen enge Wechselwirkungen zwischen ökonomischem und gesetzlichem Rahmen, kommunalen Strategien und gesellschaftlichen Strömungen.

Die Karten der Nutzung und Verkehrserschließung sollen die Komplexität der Innenstädte veranschaulichen. Ihre Auswahl konzentriert sich auf Beispiele mit weitgehender Verkehrsberuhigung. Der Text bezieht sich überwiegend auf die dargestellten Städte. Passantenbefragungen veranschaulichen die Innenstadtnutzung ergänzend aus der Besuchersicht.

Das Stadtbild

Die Karten erfassen die vorindustriellen Stadtkerne. Die meisten wurden im Zweiten Weltkrieg stark zerstört (Dresden nahezu vollständig, Freiburg und Nürnberg zu gut 80%; ▶▶ Beitrag Bode, S. 88). Ihr Wiederaufbau erfolgte nur in Dresden als radikale Neuordnung, während in den anderen Beispielstädten nach kontroversen Diskussionen die Wahrung der Identität Vorrang erhielt.

Erreichbarkeit der Innenstadt
äußere Erreichbarkeit – vom Ausgangspunkt des Weges (Wohnung, Erledigung außerhalb der Innenstadt) bis zum Eintreffen in der Innenstadt (ÖV-Haltestelle, Parkgelegenheit, Fußgänger-Eingang)

innere Erreichbarkeit – vom Eintreffen in der Innenstadt zu allen Zielen bis zum Verlassen der Innenstadt. In der Regel werden 3-5 verschiedene Ziele aufgesucht und 1-2 km gelaufen.

Dennoch legte man in einigen Innenstädten breite Verkehrsachsen an (s. MONHEIM 1975). Teilweise wurden diese später autofrei (z.B. Zeil in Frankfurt). Überwiegend erwecken jedoch die Innenstädte trotz Maßstabsvergrößerung den Eindruck des Historischen, ohne dass es, abgesehen von Sonderfällen (Kirchen, Rathaus, der Römer in Frankfurt a.M.), zu Rekonstruktionen gekommen wäre. Dazu tragen Höhenbegrenzungen und einzelne unzerstörte Bauten bei. Sie fördern oft auch spezifische Altstadtmilieus. Als einzige deutsche Stadt hat Frankfurt eine Hochhaus-City entwickelt (▶▶ Beitrag Freund, S. 136).

Seit den 1970er Jahren werden Innenstädte, die stärker Identität als funktionalistische Modernität ausstrahlen, von den Besuchern positiv bewertet. Dies steht im Einklang mit einer allgemeinen Rückbesinnung auf die Werte überlieferter Kulturlandschaften.

In den Debatten um den **Wiederaufbau** kriegszerstörter Innenstädte gab es vielfach radikale Neuordnungsvorschläge entsprechend der in den 1930er Jahren entwickelten Reformarchitektur. Diese konnten sich überwiegend nicht durchsetzen. Das neue Leitbild der aufgelockerten Stadt wurde am konsequentesten in dem am stärksten zerstörten **Dresden** verwirklicht. Die Auflösung von Dichte und kleinteiliger Mischung behindert heute die Entwicklung einer lebendigen Stadtmitte. Nach der Wende führten erneut kontroverse Diskussionen zu einem Leitbild für weitgehende Nachverdichtungen. Diese werden allerdings durch große Einkaufszentren außerhalb der Innenstadt, allgemeine Investitionsschwäche und Abwanderung erschwert.

Blick in die Prager Straße in Dresden

Auch in der DDR setzte sich diese Strömung gegen die offizielle Parteiideologie durch (ANDRÄ ET AL. 1981; LEHMANN 1998).

Flächennutzung

Wichtigstes Kennzeichen deutscher Innenstädte ist ihre Multifunktionalität. Zwar wird über eine zunehmende Verödung geklagt, doch ist dies eine Frage des Maßstabs und subjektiver Werthaltungen. Die Haupteinkaufsbereiche bilden kompakte Achsen mit Großbetrieben des Einzelhandels. Einkaufszentren mit zentralem Management können sie ergänzen oder erweitern. Für den unkoordiniert handelnden örtlichen Einzelhandel bedeuten sie eine starke Konkurrenz, eröffnen aber auch Chancen. Zum Teil entstanden sie in U-Bahn-Stationen (Frankfurt, München) oder bei Bahnhofsumbauten (Leipzig, Nürnberg). (▶▶ Beitrag Gerhard/Jürgens, S. 144 sowie z.B. MASSKS 1999a; POPP 2002).

Viele Innenstädte werden durch Passagen bereichert. Diese ermöglichen wichtige Angebotsergänzungen bei meist geringeren Betriebsgrößen und Ladenmieten. Teils beruhen sie auf langen Traditionen (z.B. als Durchgangshöfe in Leipzig), teils entstanden sie beim Wiederaufbau nach dem Krieg oder in neueren Investitionsprojekten (z.B. in Hamburg und München). Dabei gibt es fließende Übergänge zu Einkaufszentren. Die Passagen sind in den Karten – mit Ausnahme des besonders durch sie geprägten Leipzig ❺ – im Interesse der Lesbarkeit nicht dargestellt. Exemplarisch werden sie in München gezeigt ❸ (MONHEIM 1975 gibt eine kartographische Übersicht der damals existierenden Passagen in Deutschland; s. RODEMERS/BANNWART 2001).

Nebengeschäftslagen ermöglichen durch geringere Ladenmieten eine für die Innenstadt wichtige Erweiterung des Angebotsspektrums. Die Betriebe sind meist kleiner, in den Obergeschossen befinden sich Büros und vielfach Wohnungen. Insgesamt erreicht die Wohnfunktion in den Innenstädten einen meist unterschätzten Umfang. Teilweise wurde sie durch Wiederaufbaukonzepte und Stadterneuerung gefördert (Dresden ❹, Frankfurt a.M. ❶, Nürnberg ⓭).

Einen großen Raum nehmen die traditionell in der Innenstadt ansässigen öffentlichen Funktionen ein. Neben der Stadtverwaltung sind es Bildungs- und Sozialeinrichtungen sowie Museen. Neue Multiplex-Kinos beweisen, dass Einrichtungen des Freizeitsektors nicht nur auf der grünen Wiese erfolgreich sind (ISENBERG 1999, MASSKS 1999b). Auch die Zahl der gastronomischen Betriebe nimmt zu. Durch Veranstaltungen und die sog. Festivalisierung, die von professionellen Stadtmarketinggesellschaften betrieben wird, wird die emotionale Orientierung auf die Innenstadt gefördert.

Während Geschäfts- und Freizeitfunktionen meist auf die historischen Innenstädte konzentriert sind, expandieren die Büro- und Dienst- →

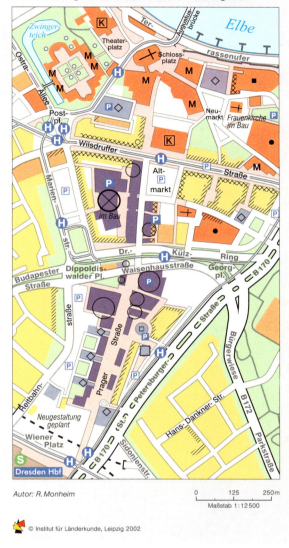

❹ **Innenstadt Dresden – Nutzung und Verkehrserschließung 2001**

Autor: R. Monheim — Maßstab 1:12 500
© Institut für Länderkunde, Leipzig 2002

Legende für ❶ und ❷, ❹ bis ❼, ⓭

Einzelhandel, Unterhaltung, Gastronomie und Beherbergung

Hauptgeschäftslage
- in den Obergeschossen überwiegend Handel, Büros (1a-/1b-Lage)
- ××××× Nutzung nur im Erdgeschoss (1b-Lage)

Nebengeschäftslage (2 u. 3)
- überwiegende Gebäudenutzung
- ///// Nutzung nur im Erdgeschoss

Einzelhandelsgroßbetrieb und Einkaufszentrum; Verkaufsfläche in m²
- ◯ 15 000 – 32 700
- ◯ 5 000 – 15 000
- ◯ 3 000 – 5 000
- ○ 1 500 – 3 000
- ○ 1 000 – 1 500
- ⊗ Einkaufszentrum (Darstellung erfolgt ebenfalls größenabgestuft nach der Verkaufsfläche in m²)

Kino / Kultur-Großeinrichtung; Anzahl der Sitzplätze
- ☐ 2 000 – 5 000
- ☐ 1 000 – 2 000
- ☐ 700 – 1 000
- ▫ 400 – 700

Großhotel; Anzahl der Betten
- ◇ 500 – 1 280
- ◇ 300 – 500
- ◇ 150 – 300

Gemeinbedarf (z.T. privat)
- öffentliche Einrichtung
- • städtische Einrichtung
- ■ Hochschule, Schule, VHS, Bibliothek
- † Kirche
- + Krankenhaus
- M Museum
- K Theater, Oper oder vergleichbare kulturelle Einrichtung
- S Sport

Sonstige Nutzungen
- produzierendes Gewerbe, Verkehrseinrichtung
- Büro der Privatwirtschaft
- Wohnen
- Leerstand / ungenutzt
- öffentliche Grünfläche, Friedhof
- Hochhaus (ab 19 Geschossen)
- Stadtmauer

Verkehr
- Fußgängerzone/-bereich, verkehrsberuhigte Straße, Platz, überbreiter Gehbereich an Fahrstraße
- Fußgängerpassage (nur Leipzig)
- Bhf Bahnhof
- H Ⓗ Straßenbahnhaltestelle beidseitig / einseitig
- ZOB zentrale Omnibushaltestelle
- U U-Bahn-Haltestelle
- S S-Bahn-Haltestelle

Parkhaus, Tiefgarage; Anzahl der Stellplätze
- P ≥ 700
- P 300 – 700
- P 150 – 300

Parkplatz
- P ≥ 150 Stellplätze

topographischer Karteninhalt: ▶▶ Legende ❷

© Institut für Länderkunde, Leipzig 2002

❺ **Innenstadt Leipzig – Nutzung und Verkehrserschließung 2001**

Autor: R. Monheim — Maßstab 1:12 500
© Institut für Länderkunde, Leipzig 2002

Nutzung und Verkehrserschließung von Innenstädten

leistungsfunktionen wegen ihre Flächen- und Erschließungsansprüche eher an deren Rändern, oft in Richtung Bahnhof (z.B. Frankfurt) oder in Nebenzentren (z.B. Frankfurt, Hamburg, München).

Verkehrserschließung

Kennzeichen der Verkehrserschließung deutscher Innenstädte sind Ring- und Zubringerstraßen, ein radial zulaufendes öffentliches Transportsystem mehrerer Verkehrsmittel (Bus, Straßenbahn, U- und S-Bahn) sowie ausgedehnte Fußgängerbereiche. Nach Vorläufern in den 1930er Jahren (Essen, Köln) und beim Wiederaufbau breiten letztere sich seit Ende der 1960er Jahre aus und werden meist schrittweise erweitert. Die größeren umfassen 5 bis 9 km Länge, wobei es große Städte mit kleinen (z.B. Berlin, Lübeck) und kleinere Städte (z.B. Freiburg ❼, Bayreuth ❻) mit größeren Fußgängerbereichen gibt. Nur in Sonderfällen wurden einzelne Straßen wieder für den Autoverkehr geöffnet, meist mit Schritttempo (z.B. Kehlheim, Ludwigshafen). Neben dem reinen Fußgängerbereich gibt es Übergangs- und Mischformen (FGSV 2000; MONHEIM 2000; PEZ 2000).

Die Vorteile der Fußgängerbereiche liegen sowohl in der besseren inneren Erschließung, d.h. in der Erleichterung komplexer Erledigungsketten, sowie in der höheren Aufenthaltsqualität, die für die Freizeit- und Identifikationsfunktion der Innenstadt wichtig ist. Plante man ursprünglich in Übertragung des Shopping-Mall-Konzeptes Fußgängerstraßen nur für höchstfrequentierte Einkaufslagen, so haben sie sich inzwischen auch in vielen anderen Situationen bewährt.

Fußgängerbereiche sind eine sehr beliebte Planungsmaßnahme (70-80% Zustimmung). Auch bei großen Fußgängerbereichen wünschen mehr Besucher eine Erweiterung als eine Reduzierung. Die Einzelhändler dagegen wehrten sich oft schon gegen die Einführung und sind weiterhin gegen die Vergrößerung, weil sie die Bedeutung der Zufahrt mit dem Auto überschätzen und die der inneren Erreichbarkeit und Aufenthaltsqualität unterschätzen. Regelmäßig fordern sie mehrheitlich, die Zufahrtsmöglichkeiten für Autofahrer zu verbessern, und vermuten diese Einstellung auch bei den Innenstadtbesuchern, die jedoch meist weniger Autoverkehr wünschen (MONHEIM 1999, S. 120). Die Kritik der Einzelhändler wird oft von den Medien aufgegriffen. Dies führt zu einer falschen Einschätzung des Bürgerwillens und zu einem negativen Standortmarketing, das nachteiliger für die Innenstadt ist als eine eventuell erschwerte Autoerreichbarkeit (z.B. in Lüneburg, PEZ 2000). Im Gegensatz zur veröffentlichten Meinung wurde die Autoerreichbarkeit bei der Einführung von Fußgängerbereichen fast immer durch Straßen- und Parkhausbau verbessert. Der Parkraum im öffentlichen Straßenraum wird zunehmend bewirtschaftet. Etwa die Hälfte der innerstädtischen Parkkapazität ist nicht öffentlich zugänglich.

Innenstadtbesuche

In der Innenstadt kulminiert die Anziehungskraft einer Stadt. Über die Hälfte der Passanten stammt meist aus der eigenen Stadt ❾, mit den zunehmend enträumlichten Lebensstilen kommen jedoch auch immer mehr Besucher von außerhalb. Werktags hat die Tagbevölkerung der in Innenstadtnähe Beschäftigten und Auszubildenden erhebliche Bedeutung.

Wenn man bei den Zwecken des Innenstadtbesuches Haupt- und Nebentätigkeit erfasst, ergeben sich durchschnittlich etwa zwei Tätigkeitsarten je Besucher. Zwar stehen Einkäufe mit 80-90% an der Spitze der Zwecke, doch folgen die Freizeittätigkeiten mit geringem Abstand. Samstags werden beide meist häufiger genannt, während die übrigen Tätigkeitsarten zurückgehen. Die häufigsten Freizeittätigkeiten sind Stadt- bzw. Schaufensterbummel, samstags auch der Gastronomiebesuch. Einkaufen wird zunehmend der Freizeitbeschäftigung zugerechnet. Fußgängerbereiche und Stadtsanierung fördern dies ebenso wie Stadtmarketing (z.B. die Aktion „Ab in die Mitte", INITIATOREN 2000).

In den Tätigkeiten zeigen sich auch Stärken und Schwächen einer Innenstadt. So kann Lübeck mit einem kleinen Fußgängerbereich sein historisches Potenzial nicht voll in Wert setzen, was sich insbesondere an den samstags abnehmenden Einkäufen und Freizeittätigkeiten und dem geringen Anteil des Stadtbummels zeigt. Sonderformen der Nutzung stellen der Tourismus und der Einkaufsausflugsverkehr dar, bei dem Besucher von außerhalb des üblichen zentralörtlichen Einzugsbereichs Einkaufen und Freizeit verbinden.

Ausblick

Die deutschen Innenstädte behaupten sich durch komplexe Nutzungsstrukturen, großzügige Fußgängerbereiche und eine gute Erreichbarkeit als herausragende Orientierungspunkte von Stadt und Region. Trotz breiter Zustimmung der Bevölkerung führt die Einführung bzw. Erweiterung von Fußgängerbereichen auch heute noch zu Kontroversen, da einflussreiche Gruppen dem Auto Vorrang gegenüber Stadtkultur, Aufenthalts- und Erlebnisqualität einräumen (s. die Fallstudien von SEEWER 2000). Der Übergang von funktionalistischen Leitbildern zur Innenstadt als „inszeniertem Event" erfolgt in einem widersprüchlichen Prozess, der unterschiedlich weit fortgeschritten ist.◆

❼ Innenstadt Freiburg – Nutzung und Verkehrserschließung 2001

❻ Innenstadt Bayreuth – Nutzung und Verkehrserschließung 2001

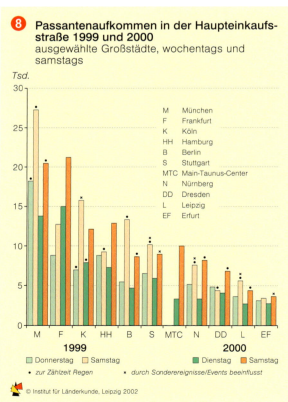

❽ Passantenaufkommen in der Haupteinkaufsstraße 1999 und 2000
ausgewählte Großstädte, wochentags und samstags

❾ **Wohnort und Besuchszwecke (Haupt- und Nebentätigkeiten) in Beispielstädten 1996-2000** (in Prozent)

	München		Bremen		Nürnberg		Lübeck		Regensburg		Bayreuth	
	Wt	Sa	Wt	Sa	Wt	Sa	Wt	Sa	Wt	Sa	Wt	Sa
Wohnort												
Stadtgebiet	45	38	70	52	56	48	68	70	56	51	57	67
suburbaner Raum	24	16	14	15	21	17	10	16	29	29	30	20
Region (z.B. Reg.Bez)	8	7	5	9	5	5	4	4	5	6	8	4
entferntere Orte	22	39	11	24	17	30	18	10	10	14	5	10
Besuchszwecke[4]												
Einkauf[1]	78	84	82	93	77	87	80	78	78	84	78	84
Arbeit/Ausbildung	22	7	17	1	19	6	18	12	22	7	22	7
dienstl. Erledigung	7	4	7	2	9	2	3	9	7	4	7	4
priv. Erledigung	19	7	24	5	25	7	21	10	19	7	19	7
wohne hier[2]	3	4	2	3	7	6	17	15	3	4	3	4
mind. 1x Freizeit[3]	68	81	58	70	66	72	55	50	68	81	68	81
Zwecke insgesamt	**197**	**187**	**190**	**174**	**203**	**180**	**194**	**174**	**201**	**179**	**192**	**201**
Freizeittätigkeiten[4]												
- Bummel	47	63	40	53	50	59	43	35	46	62	34	53
- Café, Restaurant	37	46	27	24	36	43	16	14	31	35	27	29
- Sport, Kultur, Treffen	23	33	9	9	19	17	11	9	14	12	12	10
- touristischer Besuch	11	22	5	11	8	12	12	12	6	7	2	7
Freizeittätigk. insges.	**118**	**164**	**81**	**97**	**113**	**131**	**82**	**65**	**97**	**116**	**75**	**99**

[1] einschließlich Angebotsvergleich und Besucher, die Einkauf nicht nennen, aber Geschäfte aufsuchen
[2] Innenstadtbesucher wurden nicht befragt, wenn kein sonstiger Besuchszweck
[3] Nennung mehrerer Freizeitaktivitäten nur einfach berücksichtigt
[4] Mehrfachnennungen möglich

Wt Werktag
Sa Samstag

Innenstadt von Nürnberg

⑪ Nürnberg
Verkehrsentwicklung der Altstadt 1971 – 1992/96

⑩ Nürnberg
Logos

Ausgehend von der traditionellen Spielwaren- und Bleistiftherstellung (Spielwarenmesse, Spielzeugmuseum) wird die Altstadt zum Festplatz für Kinder und Familien.

Einzelhändler der Altstadt werben mit diesem Motto für ihren Standort. Es beginnt sich als Markenzeichen zu verselbstständigen.

Kneipen-Festivals gehören inzwischen zum Standard verschiedener Innenstädte auf dem Weg zum Urban Entertainment Center. Sonderbusse verbinden die Veranstaltungsorte (im Eintritt enthalten).

© Institut für Länderkunde, Leipzig 2002

Das Fallbeispiel Nürnberg

Der Ausbau des Nürnberger Fußgängerbereichs auf ca. 9 km Netzlänge ⑪ hat der nach fast vollständiger Zerstörung im historischen Maßstab wieder aufgebauten Altstadt eine Mischung von Tradition und Moderne ermöglicht, die heutigen Lebensstilen entspricht.

Der Handel reagiert auf das attraktive Umfeld und die hervorragende Erreichbarkeit sowohl mit dem ÖV wie auch mit dem Pkw mit umfangreichen Investitionen. Zu den von Karstadt (24.100 m²) angeführten zahlreichen Großbetrieben kamen 1999-2002 zwei Einkaufszentren (ECE mit 12.200 m², Bahnhof mit 10.000 m²) und Brenninger (15.000 m²); Wöhrl erweitert um 3000 auf 15.000 m², und am Hauptbahnhof entsteht ein Intersport-Megastore (5500 m²). Die Großbetriebe werden durch vielfältige Mittel- und Kleinbetriebe ergänzt, die sich auf untereinander gut vernetzte Haupteinkaufsstraßen verteilen.

Der lebensstilorientierte Handel wird durch ein vielfältiges Freizeitangebot ergänzt: die Historische Meile und die Kulturmeile mit u.a. einem Multiplexkino (4980 Kinoplätze) und 1200 Plätzen in der Innen- sowie 600 Plätzen in der Außengastronomie, zahlreiche weitere Gastronomiebetriebe, Feste und Märkte. Steigende Passantenströme belegen den Erfolg. Die Besuchsspitzen liegen mittags, abends wirkt der spätere Ladenschluss belebend – z.T. zu Lasten des Nachmittags.

Befragungen der Passanten ergaben eine positive Bewertung der Planungspolitik, die durch eine regelmäßige Überarbeitung das Entwicklungskonzept Altstadt fortschreibt.

Den Besuchern gefällt besonders das Stadtbild (samstags 56%). Jeder Fünfte lobt den Fußgängerbereich, das Einkaufsangebot und das Flair bzw. die Menschen. Trotz des ohnehin schon ausgedehnten Fußgängerbereichs sind 39% mehr für als gegen dessen Erweiterung.

Zum Stadtmarketing gehören neben der Vermarktung traditioneller Handwerke und angestammter Geschäfte auch Kneipen-Festivals ⑩ und andere Events sowie die Inwertsetzung historischer Sehenswürdigkeiten. Die Historische Meile mit 35 Stationen ist Teil des vom Freistaat Bayern geförderten Milleniumsprogramms „Bayern 2000 – Erbe und Auftrag". Die Kulturmeile verbindet 17 benachbart liegende Einrichtungen (u.a. die Straße der Menschenrechte, 6 Museen, die Bibliothek und das Kulturrathaus). Über die Altstadt verteilt liegen zahlreiche weitere Kultureinrichtungen. Während Einkaufszentren gezielt durch Gastronomie Attraktivität und Aufenthaltsdauer erhöhen, scheitert dies in vielen Großstädten an hohen Mieten. In Nürnberg durchdringt dagegen ein breites gastronomisches Angebot den Haupteinkaufsbereich ⑫. Die Freiluftgastronomie belebt mit mehreren tausend Sitzplätzen das Straßenbild.

⑬ Innenstadt Nürnberg – Nutzung und Verkehrserschließung 2001

⑫ Nürnberg
Gastronomie im Haupteinkaufsbereich der Altstadt 2001

© Institut für Länderkunde, Leipzig 2002 — Autor: R. Monheim

Die City – Entwicklung und Trends

Bodo Freund

Die Entwicklung eines zentralen Geschäftsbezirks, der von konkurrierenden und interagierenden Unternehmen bestimmt wird, begann in deutschen Großstädten schon in den siebziger Jahren des 19. Jhs. Während die Städte damals flächenmäßig und demographisch stark wuchsen, zeichnete sich in ihrer Mitte schon eine Abnahme der Wohnbevölkerung ab ❷.

Die europäische City dehnte sich horizontal aus und entwickelte dabei früh Tendenzen zur funktionalen Differenzierung ❶. Denn zum Schutz des Stadtbildes wurden Bauordnungen beibehalten, welche keine Hochhäuser zuließen, die seit Ende des 19. Jhs. für nordamerikanische und bald auch sonstige Wirtschaftszentren der Welt typisch wurden. Bezogen auf die Altstadt expandierte der Geschäftsbezirk nicht einfach zentral-peripher, sondern von einem Segment der historischen Neu- oder Innenstadt ausgehend zumeist in Richtung des anfangs noch randlich gelegenen (Fern-)Bahnhofs und in hochwertige Wohngebiete. Diese früh angelegte Asymmetrie erwies sich in der Regel trotz geschichtlicher Zäsuren als langfristig persistent.

Die Entwicklung nach dem Zweiten Weltkrieg

Nach den großflächigen Zerstörungen des Zweiten Weltkriegs veränderte der Wiederaufbau die deutschen Städte grundlegend (▶▶ Beitrag Bode, S. 88). In Westdeutschland setzte bald nach der Währungsreform 1948 unter marktwirtschaftlichen Prinzipien ein unerwarteter Aufschwung ein (Wirtschaftswunder). Kommunalpolitiker konzipierten den Umbau der Innenstädte im Hinblick auf eine zukünftige Autofahrer-Gesellschaft (▶▶ Beitrag Kagermeier, S. 148). Dazu wurden neue breite Trassen durchgelegt und alte Geschäftsstraßen erweitert ❹. Ab Mitte der 1950er Jahre errichteten die Städte auch kommunale Parkhäuser, in der Frankfurter City z.B. mit über 7500 Stellplätzen.

Während auf Flächen der öffentlichen Hand kleinere Ensembles des sozialen Wohnungsbaues entstanden, setzten private Grundeigentümer möglichst den Bau reiner Büro- und Geschäftshäuser durch. Bei Abschluss des Wiederaufbaus Anfang der 1960er Jahre wiesen die westdeutschen Innenstädte eine stark veränderte Nutzungsstruktur auf: Es gab deutlich weniger Wohnungen, Geschäfte des kurzfristigen Bedarfs, Gaststätten und (klein-)gewerbliche Betriebe, dagegen mehr Bürobauten sowie größere Waren- und Bekleidungshäuser, oft mit rückseitigen Parkhäusern. Die Kriegszerstörungen hatten also einen Schub in der Citybildung ermöglicht.

Die Einkaufs-City: Gefährdet und gefördert

Die Eröffnung des ersten deutschen Einkaufszentrums im Frühjahr 1964 in Sulzbach direkt vor der Frankfurter Stadtgrenze markiert das Datum, von dem an der Einzelhandel der City kräftige Konkurrenz auf der grünen Wiese erhielt (▶▶ Beitrag Gerhard/Jürgens, S. 144). Bald danach entstanden in suburbanen Gemeinden auch Fachmärkte, zuerst für Bau und Garten, dann auch für innerstädtische Leitsortimente (Teppichböden, Bekleidung, Unterhaltungselektronik, Spielwaren, Möbel und Hausrat).

Die Kommunalpolitiker sahen im Auszug von Betrieben und im Abzug von Kaufkraft eine Schädigung der Stadtökonomie, auf höherer Ebene sprach man sogar von der Gefährdung der europäischen Stadt. Deshalb gilt seit nunmehr fast vierzig Jahren die Stärkung der Einkaufs-City als überaus wichtiges Planungsziel.

Als erstes verbesserte man die Erreichbarkeit im öffentlichen Personennahverkehr, wofür die größten Städte ab 1967 finanzielle Hilfe des Bundes für den Bau von U- und S-Bahnen erhielten. Nach

❶ **Frankfurt am Main – Gebäudefunktionen der Innenstadt** – Stand Anfang 2001

Maßstab 1:17500

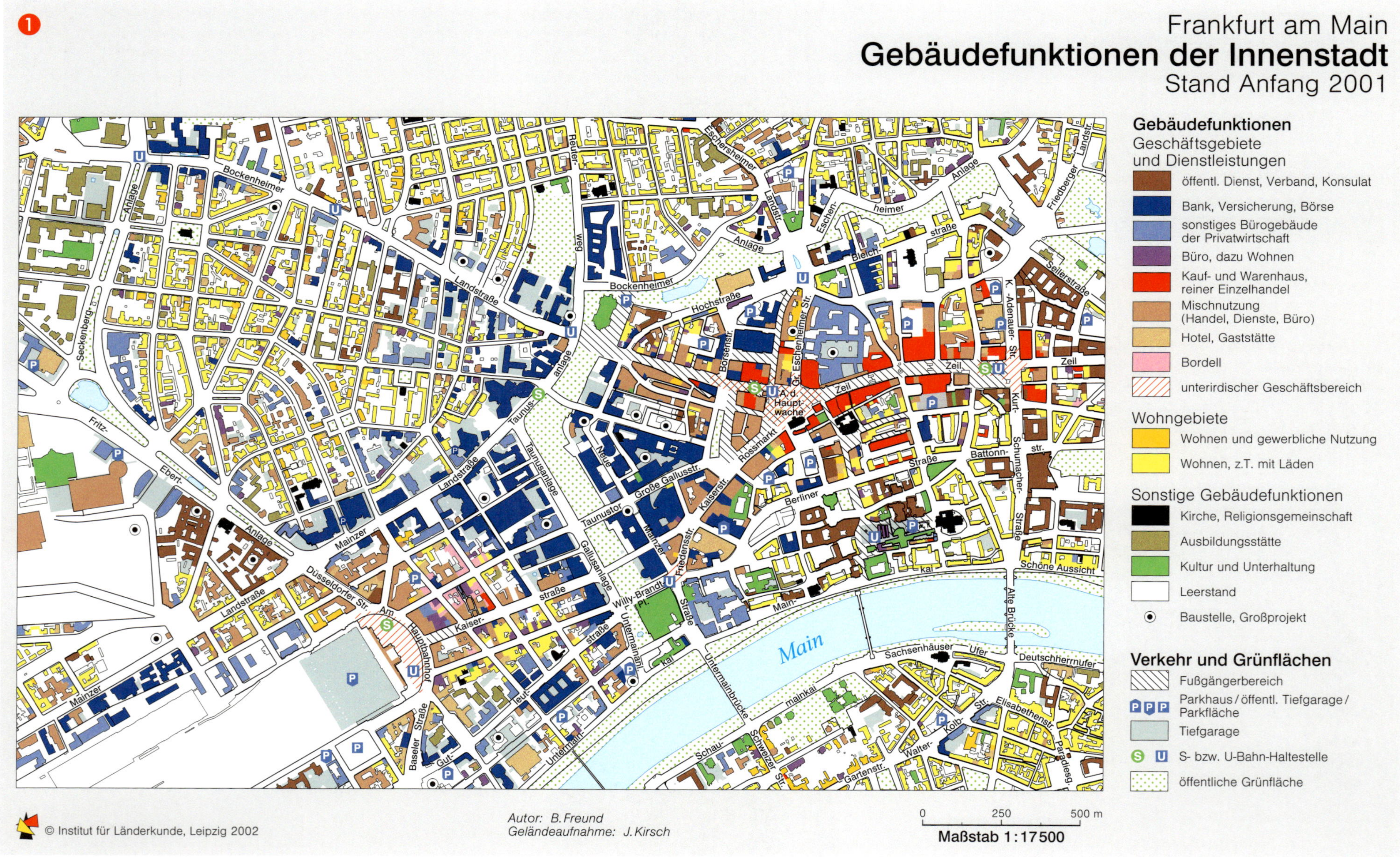

bahnhof 1978); von manchen Stationen kann man direkt in die Untergeschosse der Kaufhäuser gelangen.

Gleichzeitig versuchten die Stadtplanungsämter ab 1970, mit Fußgängerzonen eine ähnliche Atmosphäre wie in den Einkaufszentren zu erzielen. In Frankfurt a.M. ❶ wurde 1971 die wichtigste Verkehrsader der Nachkriegszeit für den Autoverkehr gesperrt und nach dem Bau einer U-Bahn als Flanier- und Einkaufsmeile den Fußgängern vorbehalten (Fressgass 1977, Zeil 1983). Pflastergestaltung, Baumbestand, Ruheplätze, Kunstwerke, Straßenverkäufer, Musikanten, inszenierte Märkte und Aktionswochen sollen helfen, die seit 1960 verstärkt geforderte Urbanität zu erhalten oder wieder herzustellen.

Anfang der 1970er Jahre regte sich Unzufriedenheit mit den durchweg neuen funktional und schlicht gehaltenen Innenstädten. Nach dem Denkmalschutzjahr 1975 setzten sich konservierende und postmodern-historisierende Tendenzen durch (Wiedereröffnung der Alten Oper 1981; Collage rekonstruierter Häuser am Römerberg 1983). Nun sollte die City zum integrierenden Erlebnisraum für alle Bevölkerungsschichten werden. Kontrapunktisch zur Kommerzialisierung und zugleich als weicher Standortfaktor wurde allenthalben auch Kultur gefördert. Als thematische Ergänzung der City geschah dies oft in städtebaulich konzentrierter Form (Museumsufer).

In der anhaltenden Diskussion um die Zukunft der City wird stets fast ganz auf die Belange des Einzelhandels abgehoben (Ladenöffnungszeiten, Gestaltung des öffentlichen Raumes, Sicherheit, City-Marketing). Auch die Themen Multiplex-Kinos, Events und Urban Entertainment Center lassen die City vorrangig als Gebiet des Konsums erscheinen. Ein Blick auf die Struktur der Ar-

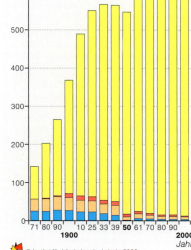

❷ Frankfurt am Main
Bevölkerungsentwicklung in der City und im übrigen Stadtgebiet 1871-2000
nach aktuellem Gebietsstand

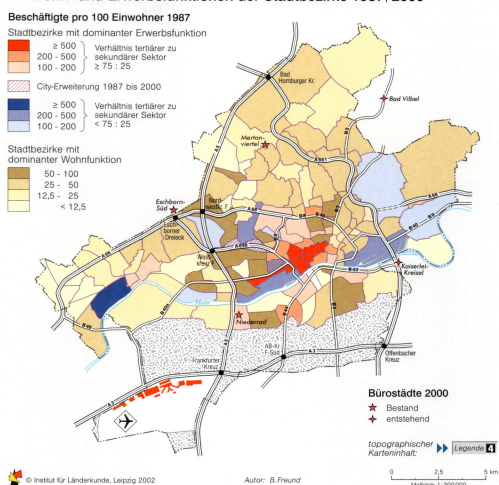

❸ Frankfurt am Main
Wohn- und Erwerbsfunktionen der Stadtbezirke 1987/2000

Fertigstellung der ersten Neubaustrecke (U-Bahn Frankfurt 1968) folgten bis 1972 Stuttgart, Nürnberg, München und Köln. An Kreuzungspunkten der City entstanden ausgedehnte unterirdische B-Ebenen mit relativ viel unauffälliger Verkaufsfläche für den kurzfristigen Bedarf (Frankfurt Hauptwache 1968, Haupt-

beitsplätze lehrt jedoch, dass der Handel nur einen erstaunlich kleinen Teil der Arbeitsplätze bietet.

Dezentralisierung von Bürobetrieben

Quantitativ und nach der Wertschöpfung dominieren ganz klar die Büroarbeitsplätze der verschiedenen Wirtschaftszweige ❺. Allerdings hatte sich schon Ende der 1950er Jahre in den westdeutschen Metropolen abgezeichnet, dass bei baulicher Höhenbeschränkung der Raum für Büroflächen in der Innenstadt knapp würde. Doch die Kommunalpolitiker wollten →

❹ Frankfurt am Main
Veränderungen im zentralen Bereich – Bebauungsstrukturen 1943 und 1996

Die City – Entwicklung und Trends **137**

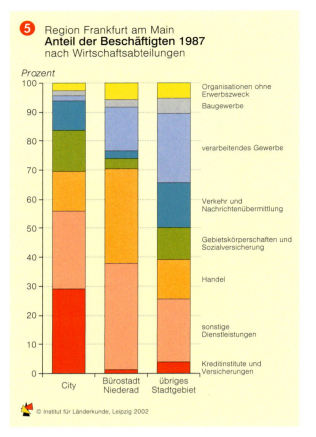

5 Region Frankfurt am Main
Anteil der Beschäftigten 1987
nach Wirtschaftsabteilungen

6 Region Frankfurt am Main
Spitzenmieten in Bürolagen 1988-2001

7 Ausgewählte Großstädte
Bürospitzenmieten 1988-2001

Standort weder aus Gründen des Kundenverkehrs noch der Repräsentativität nötig erschien. Dort werden Leistungen für einen großen Wirkungsraum (Regionaldirektionen, Zentralverwaltungen) oder für Hauptverwaltungen in der City erbracht (*back offices*). Sehr bald allerdings kritisierten die Beschäftigten die Monofunktionalität, vor allem den Mangel an Geschäften und Betrieben für persönliche Dienstleistungen. Deshalb wiesen die Kommunalpolitiker seit den 1970er Jahren keine derartigen Sondergebiete mehr aus, aber die bestehenden füllten sich weiter auf, wobei das Mietniveau stets weit unter dem der City blieb **6**. Die Randverlagerungen von Bürobetrieben richteten sich zunehmend auf kleinere Areale in Umlandgemeinden sowie auf neue Gewerbe- und Büroparks, von denen es derzeit im Frankfurter Raum etwa 45 gibt. Erst seit den 1990er Jahren werden wieder große dezentrale Bürostandorte gebaut, nach der Devise der Funktionsmischung nunmehr in Kombination mit Wohnhäusern. Dabei wird offiziell der Ausdruck Bürostadt vermieden, auch wenn schon in der Planung die Zahl der Arbeitsplätze die der Einwohner weit übersteigt, wie beispielsweise im Frankfurter Merton-Viertel **9**.

Durch die anhaltende Deindustrialisierung und das in den 1980er Jahren einsetzende Immobilien-Management der Großunternehmen wurden innerhalb der Großstädte, aber außerhalb der City zahlreiche Fabrikbauten funktionslos. Bürobetriebe, für die im zentralen Geschäftsbezirk und in dessen bisherigen Erweiterungsgebieten die Mieten zu hoch wurden, konnten dorthin verlagert werden. Kennzeichnend hierfür ist der radikale Strukturwandel des Frankfurter Gewerbegebietes Bockenheim-Süd, das an der Achse vom zentralen Geschäftsbezirk zum Autobahn-Westkreuz und damit auch zum Flughafen liegt. Durch Abriss und Neubau, besonders für Versicherungen und Finanzdienstleister, mutierte es zur City West. Im Osten der Stadt hingegen

expandierende Unternehmen als Steuerzahler behalten, Flächen für ansiedlungswillige neue Firmen bereitstellen, den Anstieg der Bodenpreise dämpfen und Einpendler schon vor der City abfangen. Die Lösung der Probleme suchte man in der dezentralen Einrichtung sogenannter Bürostädte (z.B. City-Nord/Hamburg, Seestern/Düsseldorf, Arabella-Center/München).

In solche Entlastungszentren wie die Frankfurter Bürostadt Niederrad **8** zogen Bürobetriebe, für die ein zentraler

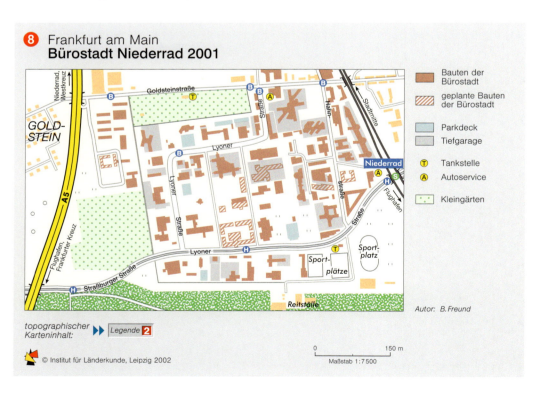

8 Frankfurt am Main
Bürostadt Niederrad 2001

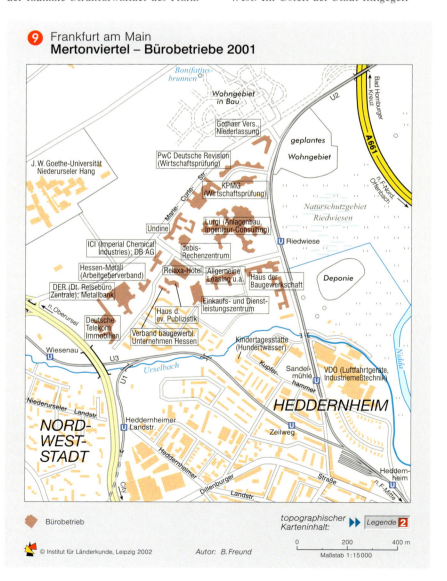

9 Frankfurt am Main
Mertonviertel – Bürobetriebe 2001

138 Nationalatlas Bundesrepublik Deutschland – Dörfer und Städte

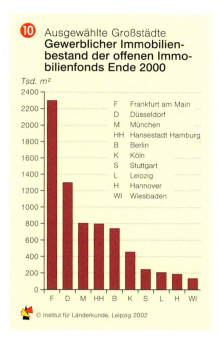

10 Ausgewählte Großstädte
Gewerblicher Immobilienbestand der offenen Immobilienfonds Ende 2000

F Frankfurt am Main
D Düsseldorf
M München
HH Hansestadt Hamburg
B Berlin
K Köln
S Stuttgart
L Leipzig
H Hannover
WI Wiesbaden

© Institut für Länderkunde, Leipzig 2002

12 Frankfurt am Main, Umlandkreise und Wiesbaden
Nutzflächen der 1986–1999 fertiggestellten Büro- und Verwaltungsgebäude

Frankfurt und Umlandkreise 5 820 600 m²
Frankfurt 2 766 000 m²
Wiesbaden 554 200 m²
8 Hochhäuser (Bankenviertel) 372 000 m²

© Institut für Länderkunde, Leipzig 2002

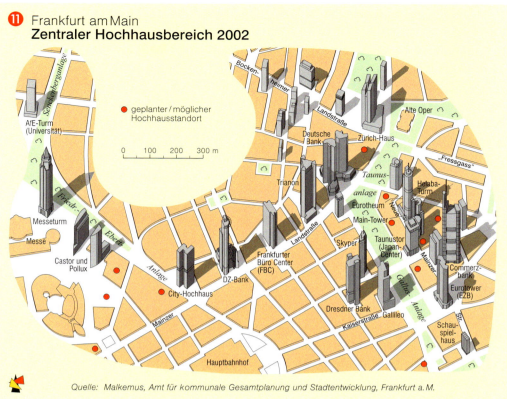

11 Frankfurt am Main
Zentraler Hochhausbereich 2002

● geplanter / möglicher Hochhausstandort

Quelle: Malkemus, Amt für kommunale Gesamtplanung und Stadtentwicklung, Frankfurt a. M.

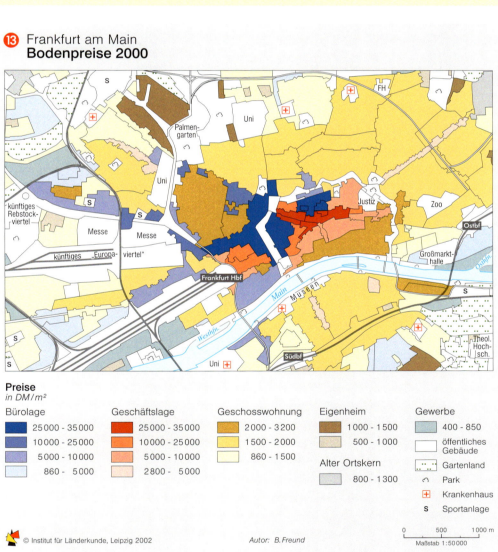

13 Frankfurt am Main
Bodenpreise 2000

Preise in DM/m²

Bürolage: 25000–35000 / 10000–25000 / 5000–10000 / 860–5000
Geschäftslage: 25000–35000 / 10000–25000 / 5000–10000 / 2800–5000
Geschosswohnung: 2000–3200 / 1500–2000 / 860–1500
Eigenheim: 1000–1500 / 500–1000
Alter Ortskern: 800–1300
Gewerbe: 400–850
öffentliches Gebäude
Gartenland
Park
Krankenhaus
S Sportanlage

© Institut für Länderkunde, Leipzig 2002   Autor: B. Freund   Maßstab 1:50000

---

burg: Außen- und Großhandel, Versicherungen, Zeitschriftenverlage).

In Frankfurt konzentrieren sich Betriebe für Finanzdienstleistungen, Rechtsberatung und Immobilienwirtschaft und zeigen in der City eine besondere Verdrängungsenergie. Dadurch verdichtet sich das alte Bankenviertel und expandiert bis in jüngste Zeit. Frühe personenbezogene Ausnahmen von der Bauordnung und danach erst die finanzielle Potenz der Kreditinstitute ermöglichten es, dass das Quartier seit den 1970er Jahren immer deutlicher von Hochhäusern geprägt wurde, was der Stadt inzwischen eine urbanistische Sonderstellung verleiht **11**. Wo Türme aus Gründen des Denkmal- oder Ensembleschutzes nicht zugelassen wurden, wird die maximale Grundstücksausnutzung durch kompakte Bauten mit großen Tiefgaragen, Atrien und Passagen angestrebt. Die starke Nachfrage nach Büroflächen und die Möglichkeiten einer nicht nur vielgeschossigen, sondern auch teuren Bebauung machen die Mainmetropole zur Stadt der höchsten Büromieten **7**. Dies wie auch die vermutete Wertbeständigkeit bewirken, dass die Finanzmetropole auch Investitionsschwerpunkt von Immobilienfonds ist **10**. Im Bankenviertel liegt allerdings nur die optische und preisliche Spitze einer ausgedehnten Bürolandschaft, wobei in den eindrucksvollen Türmen nur ein kleiner Teil der gesamten Bürofläche gestapelt ist **12**. Die nutzungsrechtliche Gliederung der Städte durch Bauleitplanung und der besondere Schutz der Wohnfunktion seit 1973 (Häuserkampf) haben ein scharfes Bodenwertgefälle von Büro- und Geschäftsarealen zu den Wohngebieten bewirkt **13**.

Im Vergleich zu anderen europäischen Ländern (besonders Italien) erscheint die Verbreitung von City-Einrichtungen in angrenzende Gebiete sehr erschwert, und kleinere Sozialbaubestände blieben der Umwidmung entzogen, so dass sie innerhalb hochwertiger zentral gelegener Gebiete wie „erratische" stille Gebiete erscheinen.

(Hanauer Landstraße) zogen Büros für Architektur, Design, Internet und Werbung in die erneuerten alten Geschossbauten mit hallenartigen Innern und großflächiger Verglasung, die als Lofts in diesen Branchen geschätzt werden. Da gleichzeitig in den Büros der City die durchschnittliche Flächenausstattung der Arbeitsplätze stieg, kam es – trotz höherer baulicher Ausnutzung des Areals – zu einer Dekonzentration der Arbeitsplätze. Erkennbar wird dieser Prozess darin, dass von 1970 bis 1987 die Zahl der Arbeitsplätze im zentralen Geschäftsbezirk um fast 10% sank, während sie in der Bürostadt Niederrad um 240% und im übrigen Stadtgebiet um 3,5% zunahm.

Das Bankenviertel

In den deutschen Metropolen verteilen sich die Beschäftigten unterschiedlich auf Wirtschaftsabteilungen und Branchen, wobei eine komplementäre Spezialisierung erkennbar wird (z.B. Ham-

Privatisierung und Recycling der City

Seit etwa 1990 zieht sich die öffentliche Hand schnell, aber wenig beachtet aus der City zurück. Nicht nur die früheren Staatsunternehmen Bahn, Post und Telekom verkaufen Liegenschaften, sondern auch Stadt, Land und Bund veräußern Amtsgebäude und andere Einrichtungen (Frankfurt: Hallenbad, Volkshochschule, Finanzämter, Polizeipräsidium, Flugsicherung, Bundesrechnungshof). Zu dieser Entwicklung gehört der Abriss kommunaler Parkhäuser, deren große Grundstücke sich gut für lukrative Bürobauten eignen. Außerdem werden Geschäfts- und Bürogebäude der ersten dreißig Nachkriegsjahre schon wieder durch Neubauten ersetzt, die nach Konstruktion und Material den Ansprüchen der (neuen) Eigentümer und aktuellen betriebstechnischen Erfordernissen entsprechen. Das geringe bauliche Alter der deutschen City erleichtert also ein Recycling der Gebäudesubstanz.◆

Die City – Entwicklung und Trends

Gentrifizierung

Jürgen Friedrichs und Robert Kecskes

Der Begriff *Gentrification*, der sich von dem englischen Wort gentry, vornehme Bürgerschaft, ableitet, wurde schon 1964 von der Geographin Ruth Glass zur Beschreibung von Prozessen der Aufwertung innenstadtnaher Wohnquartiere in London gewählt. Doch erst mit der Beobachtung des Prozesses in vielen nordamerikanischen Großstädten am Ende der 1970er Jahre fand der Begriff in der Stadtsoziologie seine Verbreitung. Obwohl er eine Reihe unterschiedlicher Prozesse umfasst, wird er in der Literatur relativ einheitlich als „Aufwertung eines Wohngebietes in sozialer und physischer Hinsicht" (FRIEDRICHS 2000, S. 59) definiert. Davon zu unterscheiden ist der von CLAY (1979) als „incumbent upgrading" bezeichnete Prozess der Aufwertung von innen heraus, bei dem es zu keiner Veränderung der Bewohnerstruktur kommt.

Die Lage der Wohnviertel

Das Auftreten von Prozessen der Gentrifizierung ist nicht zufällig über Stadtgebiete verteilt, sondern betrifft innenstadtnahe Wohnviertel mit einer architektonisch reizvollen Gebäudestruktur, in der Regel mit hohen Anteilen an Altbauten, die u.U. zwar heruntergekommen, von der Substanz her aber noch intakt sind (DEUTSCHER STÄDTETAG 1986, S. 27; DANGSCHAT u. FRIEDRICHS 1988, S. 10). Die innenstadtnahe Lage der 1985-1995 aufgewerteten Wohnviertel in Köln ❶ auf der Rheinseite des Dienstleistungs- und kulturellen Zentrums der Stadt verdeutlicht dies. Nimmt man den Ausländeranteil als einen Indikator für die Entwicklung des sozialen Status, zeigt sich, dass er – obwohl er sich in der Gesamtstadt im gleichen Zeitraum erhöhte – zwischen 1990 und 1998 in diesen Stadtteilen nicht mehr gestiegen, teilweise sogar gesunken ist. Parallel zur Gentrifizierung innenstadtnaher Wohnviertel ist eine Verlagerung der sozial schwachen Wohnviertel an die städtische Peripherie feststellbar – ein Trend, der sich auch in anderen westdeutschen Großstädten zeigt.

Phasen des Prozesses

Der Aufwertungsprozess selbst verläuft in mehreren Phasen. Zunächst zieht eine kleine Anzahl junger risikobereiter Personen in eine Nachbarschaft ein. Sie zeichnen sich durch ein relativ geringes Einkommen und eine hohe Schulbildung aus (Künstler, Studenten, Alternative). Nimmt die Anzahl dieser Gruppe zu, verändert sich auch die Infrastruktur. Es bildet sich eine auf die Bedürfnisse der neuen Bewohner bezogene Szene mit Läden, Kneipen und Restaurants, was zu Konflikten mit den alten Bewohnern führen kann (ZUKIN 1987, S. 133) ❹. Da diese als erste einziehende Bevölkerungsgruppe das Gebiet für eine zweite Gruppe attraktiv macht, also die Vorarbeit leistet, werden sie als Pioniere bezeichnet (HUDSON 1980, S. 404).

Die zweite Bevölkerungsgruppe, die in das Wohngebiet einzieht, wird als *Gentrifier* bezeichnet. Sie sind etwas älter als die Pioniere, leben zunächst ohne Kinder in Ein- oder Zweipersonenhaushalten und haben ein relativ hohes Einkommen. Dieser hier in seiner idealtypischen Form skizzierte Bevölkerungsaustausch wird auch als doppelter Invasions-Sukzessions-Zyklus bezeichnet ❷. Ein empirischer Nachweis klar aufeinander folgender und voneinander abgrenzbarer Phasen steht allerdings bis heute aus.

In ostdeutschen Städten begann der Prozess erst nach der Wiedervereinigung. Er ist dort relativ weit fortgeschritten, wo genügend Pioniere und *Gentrifier* Wohnungen nachfragen, besonders Bevölkerungsgruppen aus den alten Ländern wie z.B. in einigen Vierteln Leipzigs (vgl. FRIEDRICH 2000, S. 36). In Städten mit nur sehr begrenzter Anzahl von Pionieren und *Gentrifiern*, wie z.B. Magdeburg (vgl. HARTH, HERLYN und SCHELLER 1996), ist der Prozess durch eine bauliche Aufwertung von Wohnquartieren zwar vorbereitet, eine Veränderung der Bewohnerstruktur hat jedoch (bisher) nicht stattgefunden.

Hand in Hand mit dem Bevölkerungsaustausch geht die Veränderung der Miet- und Wohnungspreise. Durch den erhöhten Nachfragedruck einkommensstarker Bevölkerungsgruppen wird es für Grund- und Wohnungsbesitzer rentabel zu investieren. Die Folge ist ein starker Anstieg der Mieten und Wohnungspreise bzw. eine verstärkte Umwandlung von Miet- in Eigentumswohnungen. Da weder die alteingesessene Bevölkerung noch die Pioniere die erhöhten Kosten tragen können, sind beide Gruppen ab diesem Zeitpunkt von einer Verdrängung bedroht (BEAUREGARD 1986, S. 45), die entweder direkt – durch einen erzwungenen Auszug als Folge von Mieterhöhungen oder Umwandlung von Miet- in Eigentumswohnungen – oder indirekt – durch das Anheben des Preisniveaus bei Mieterwechsel – erfolgen kann.

Gründe der Gentrifizierung

Die ersten Erklärungsansätze der Gentrifizierung unterschieden sich darin, ob eine veränderte Nachfrage nach Wohnraum (LEY 1980; 1981; 1986) oder ein verändertes Angebot an Wohnraum (SMITH 1979; 1985; 1987; 1991) den Prozess ursächlich initiiert. Beide Ansätze sind jedoch nicht ausreichend, solange nicht die Dynamik des Zusammenspiels von Nachfrage und Angebot in den Mittelpunkt der Erklärung gestellt wird (HAMNETT 1991; KECSKES 1997). Beginnen könnte man mit der Erklärung einer veränderten Zusammensetzung der Wohnungsnachfrager. Mit dem Zugang größerer Bevölkerungsgruppen zu den höheren Bildungsinstitutionen und der Tertiärisierung des Arbeitsmarktes gewinnt seit Ende der 1970er Jahre auf dem Wohnungsmarkt eine Nachfragergruppe an Gewicht, die sich durch eine individualistische Konsum- und Karriereorientierung auszeichnet sowie – als Folge davon – ein steigendes Heiratsalter, eine abnehmende Geburtenrate und die spätere Geburt des ersten Kindes. Verstärkt wird der Druck auf die innenstadtnahen Wohngebiete noch durch die zunehmende Berufstätigkeit von Frauen und den damit

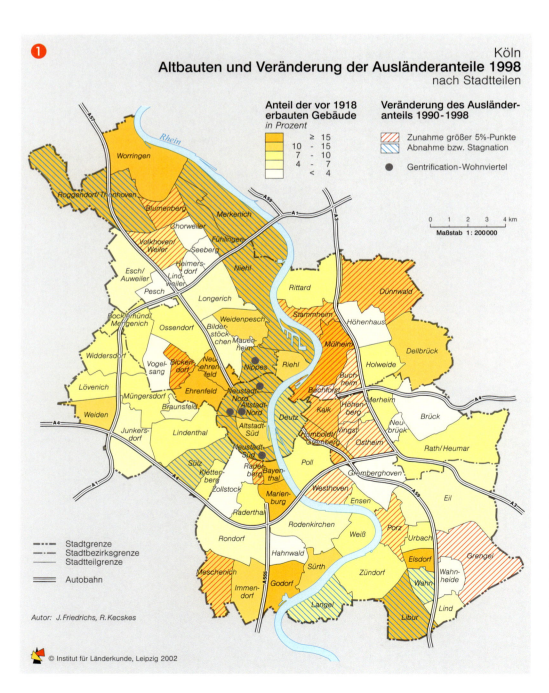

❶ Köln – Altbauten und Veränderung der Ausländeranteile 1998 nach Stadtteilen

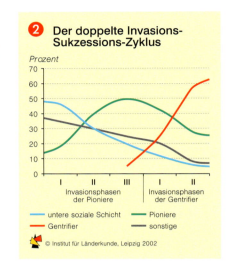

❷ Der doppelte Invasions-Sukzessions-Zyklus

verbundenen Anstieg von Haushalten mit mindestens zwei Berufstätigen, die auf zentral gelegene Wohnquartiere angewiesen sind und sich relativ teuren Wohnraum leisten können.

Die Daten der Allgemeinen Bevölkerungsumfragen der Sozialwissenschaften von 1980 bis 1996 (ALLBUS 1980-1996) belegen diesen Wandel. Betrachtet man die Altersgruppen der 18-35-Jährigen und der 36-45-Jährigen, wird die Zunahme der Haushaltstypen „ledig, alleinlebend" und „unverheiratet zusammenlebend, ohne Kinder" innerhalb dieser Gruppen sehr deutlich ❸. Der durch diese Entwicklung erklärbare zunehmende Nachfragedruck auf innenstadtnahe Wohnquartiere gibt den Anbietern von Wohnungen die Möglichkeit, durch teurere Vermietungen oder Verkäufe der Wohnungen ihre Rendite zu erhöhen, wodurch sich wiederum die Nachfragerstruktur verändert.

Eine besondere Rolle im Prozess der Gentrifizierung spielen schließlich der Gesetzgeber und die öffentlichen Wohnungsinstitutionen von Bund, Ländern und Gemeinden. Der hohe Anteil öffentlich geförderter Wohnungen mit Mietpreisbindungen und die Mieterschutzgesetze haben beispielsweise bewirkt, dass sich Aufwertungsprozesse auf relativ kleine Raumeinheiten begrenzten. Die Ausweitung der Eigentumsförderung auf Gebrauchtimmobilien und damit die steuerliche Begünstigung des Erwerbs bestehender Wohnbauten im Jahr 1977 wird als entscheidendes Datum einer Forcierung an Umwandlungen von Miet- in Eigentumswohnungen genannt. Die Einstellung der Subventionen für den sozialen Wohnungsbau durch den Bund in den Jahren 1986 bis 1989 beschleunigte den Verlust preisgünstigen Wohnraums (vgl. hierzu KECSKES 1997). Mit dem verstärkten Auslaufen der Sozialbindungen seit Beginn der 1990er Jahre forcierte sich der Aufwertungsdruck dann nochmals, wie Untersuchungen in Köln (KREIBICH 1990; KECSKES 1997), München (KRONAWITTER 1994) und Nürnberg (GÜTTER/KILLISCH 1992; KILLISCH/GÜTTER/RUF 1990) zeigen konnten.

Diese veränderten Rahmenbedingungen beziehen sich ausschließlich auf die Städte der alten Länder. In den neuen Ländern führen vor allem die Modernisierungen und Sanierungen von zentrumsnahen Wohnquartieren zu einer Aufwertungsdynamik. So werde in Leipzig „die Aufwertung nahezu ausschließlich durch die Anbieterseite bestimmt". Ähnliche Entwicklungen sind im Halleschen Paulusviertel zu beobachten (FRIEDRICH 2000, S. 36-37).◆

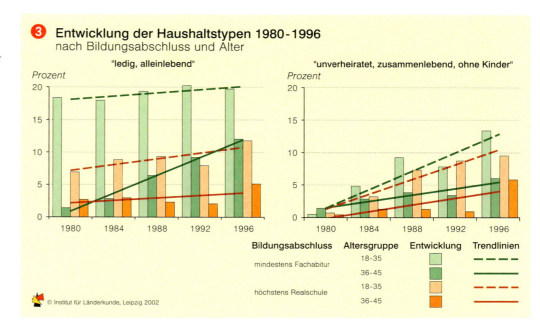

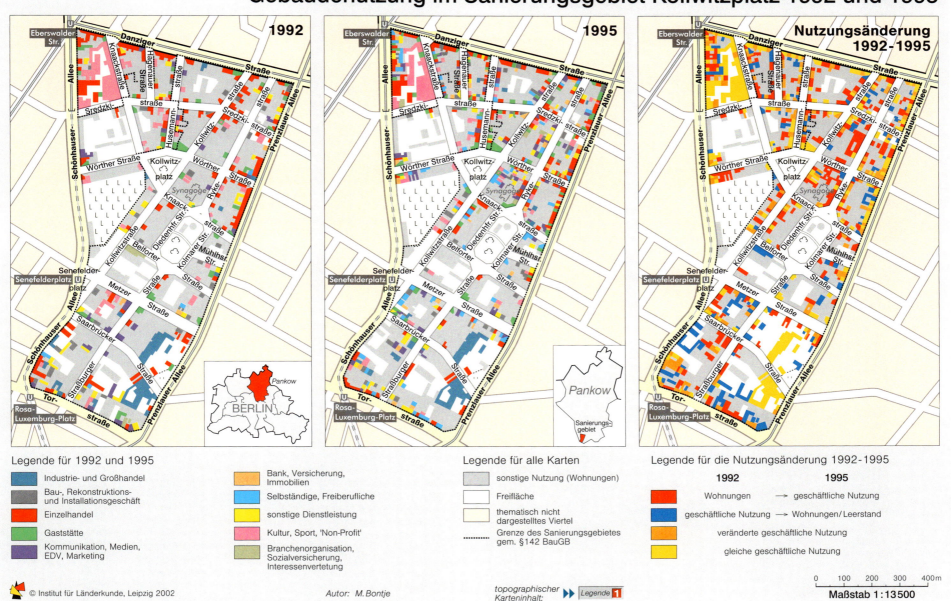

Innerstädtische Segregation in deutschen Großstädten

Günther Glebe

Städte sind seit ihrer Entstehung in der räumlichen Zusammensetzung ihrer Bevölkerung keine homogenen Gebilde, sondern werden von sozial oder auch ethnisch differenzierten Gesellschaftsgruppen bewohnt. Das Phänomen der ▶ Segregation beschreibt die ungleiche Verteilung einzelner Bevölkerungsgruppen im städtischen Raum und gehört zu den Grunddimensionen urbaner sozialräumlicher Differenzierung. Die ▶ residentielle Segregation spiegelt aber auch die ungleiche Ausstattung und Bewertung städtischer Wohngebiete wider und ist Ausdruck unterschiedlicher Zugangsmöglichkeiten der Bewohner zu den Ressourcen des städtischen Raumes. Bei ethnischen Minderheiten sind die Stärke sowie die Zu- oder Abnahme der Segregation auch ein Indikator für den Grad und Ablauf der Integration in die deutsche Mehrheitsgesellschaft.

Soziale Segregation – Armutssegregation

Soziale Segregation in deutschen Großstädten wird in den letzten Jahrzehnten weniger durch berufsbezogene sozialstrukturelle Unterschiede, sondern zunehmend durch das Phänomen Armutssegregation als Folge ökonomischer Umstrukturierungsprozesse geprägt. Sie trifft besonders jene Gruppen, die sich den veränderten Arbeitsmarktbedingungen der postindustriellen Wirtschaft nicht oder nur schwer anpassen können.

Sozialhilfeempfänger – ihre Zahl gilt als Indikator für Armut – weisen in Düsseldorf eine auffällig ungleiche Verteilung über das Stadtgebiet mit einem sektoralen Raummuster auf ❶. Wohngebiete mit überproportionalen Anteilen von Sozialhilfeempfängern (▶ Lokationsqotient größer 1) treten verstärkt in älteren Arbeiterwohnvierteln sowie in Wohngebieten aus der Nachkriegszeit mit hohen Sozialwohnungs- und Ausländeranteilen auf. Alleinerziehende, deren wachsender Anteil in allen Großstädten als ein charakteristisches Phänomen der postindustriellen Gesellschaft angesehen wird, verteilen sich dagegen wesentlich gleichmäßiger über das Stadtgebiet.

Die relativ hohen ▶ Segregationsindizes zwischen 35 und 42 für verschiedene Gruppen von Sozialhilfeempfängern deuten auf Ansätze zu einer innerstädtischen Armutspolarisierung hin. Alleinerziehende sind dagegen mit einem sehr niedrigen SI-Wert von 14 nur sehr schwach segregiert. Vergleicht man die Verteilungswerte von Sozialhilfeempfängern und Alleinerziehenden, lässt sich dagegen erkennen, dass letztere nicht nur als ein charakteristisches Phänomen von Armutsgebieten angesehen werden können.

Demographische Segregation

Eine weitere Determinante sozialräumlicher Differenzierung der Großstädte ist die ▶ demographische Segregation der Wohnbevölkerung nach Altersklassen und Haushaltstypen. Ihre räumliche Verteilung ist u.a. eine Folge der unterschiedlichen Wohnraumansprüche im Laufe des Lebenszyklus. Daneben hat der jüngere postindustrielle Wandel in der Gesellschaft zu strukturverändernden Prozessen mit räumlichen Auswirkungen in der Haushaltsstruktur der Großstädte geführt.

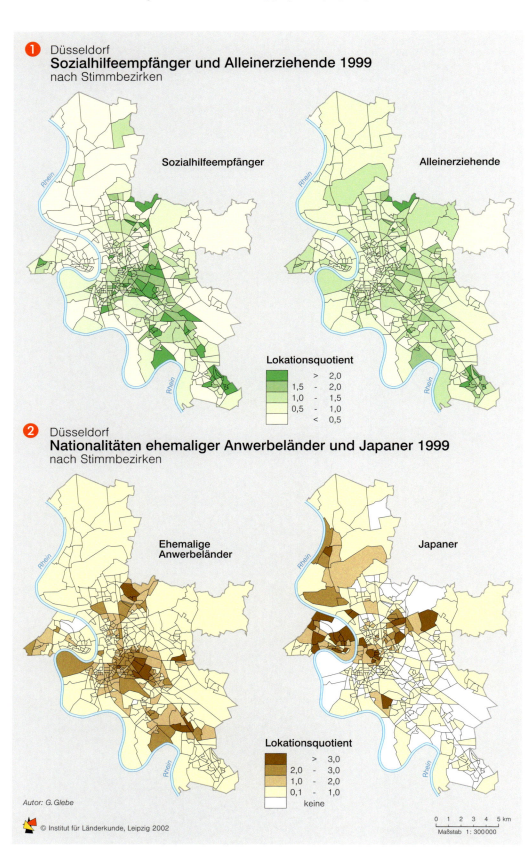

❶ Düsseldorf
Sozialhilfeempfänger und Alleinerziehende 1999
nach Stimmbezirken

❷ Düsseldorf
Nationalitäten ehemaliger Anwerbeländer und Japaner 1999
nach Stimmbezirken

demographisch – die Bevölkerung beschreibend

Gentrifikation, gentrifizieren – Aufwertung, Verdrängung angestammter Wohnbevölkerung durch zahlungskräftigere Schichten

residentiell – das Wohnen betreffend

Segregation, segregieren – Entmischung, räumliche Konzentration von Bevölkerungsgruppen

Messung der Segregation

Segregationsindizes drücken das Ausmaß der ungleichen Verteilung von sozialen, demographischen oder ethnischen Bevölkerungsgruppen in Bezug auf einzelne räumliche Einheiten einer Stadt, z.B. Baublöcke, Stimmbezirke, Stadtviertel oder Stadtteile, aus.

Der **Segregationsindex (SI)** misst den Unterschied in der räumlichen Verteilung einer Bevölkerungsgruppe über eine gegebene Zahl von Teilgebieten zur Verteilung der Gesamtbevölkerung. Der Wert 0 besagt, dass die Bevölkerungsgruppe identisch wie die Gesamtbevölkerung verteilt ist, der Wert 100 dass die Gruppe vollständig segregiert ist.

Der **Lokationsquotient** vergleicht den Anteil einer Bevölkerungsgruppe in einem Teilgebiet an der Gesamtbevölkerung des Teilgebietes mit dem entsprechenden Anteil der Bevölkerungsgruppe im Gesamtraum an der Gesamtbevölkerung. Werte kleiner als 1 belegen eine unter-, Werte größer als 1 eine überdurchschnittliche Konzentration der Gruppe im jeweiligen Teilraum.

Die räumlichen Verteilungsmuster der drei Altersgruppen lassen in München eine schwach ausgeprägte zonale Anordnung erkennen ❹. Die Altersgruppe der Kinder ist in den Innenstadtwohnvierteln leicht unterrepräsentiert und steigt zum Stadtrand mit bereits stärker suburban geprägten Wohngebieten und Wohnvierteln mit hohem Anteil von Sozialwohnungen an. Umgekehrt liegen die Verhältnisse bei der Altersgruppe der 20- bis 35-Jährigen, die mit hohen Anteilen an den Einpersonen-Haushalten vertreten ist. Sie treten in den Innenstadtvierteln deutlich überrepräsentiert in Erscheinung. Weniger eindeutig ist das räumliche Verteilungsmuster der Altersgruppe über 60 Jahre, wenngleich auch bei ihnen ein gewisser Kern-Peripherie-Gegensatz erkennbar ist.

Niedrige SI-Werte zwischen 15 und 19 dokumentieren für alle Altersgruppen eine nur schwach ausgeprägte demographische Segregation. Im Vergleich der Verteilung der Altersgruppen zeigt sich eine seit den 1980er Jahren leicht ansteigende Segregation der 20- bis 35-Jährigen zu den übrigen Altersgruppen, was als Ausdruck des postindustriellen Wandels in der soziodemo-

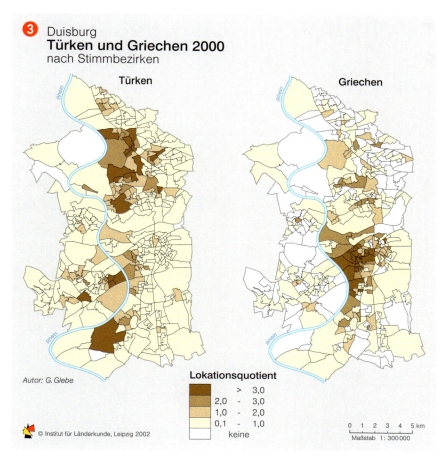

③ Duisburg
Türken und Griechen 2000
nach Stimmbezirken

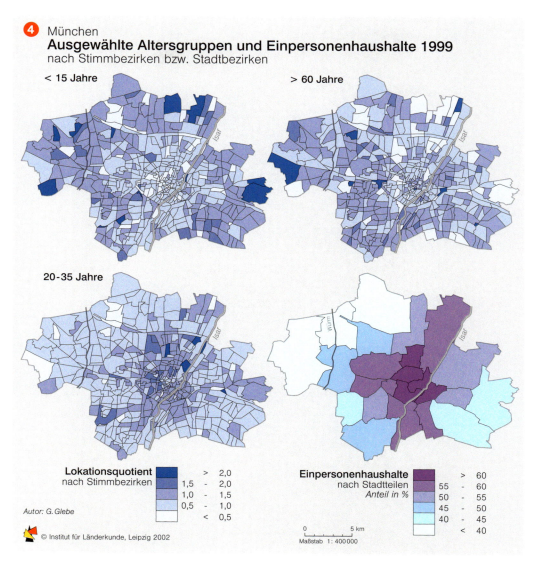

④ München
Ausgewählte Altersgruppen und Einpersonenhaushalte 1999
nach Stimmbezirken bzw. Stadtbezirken

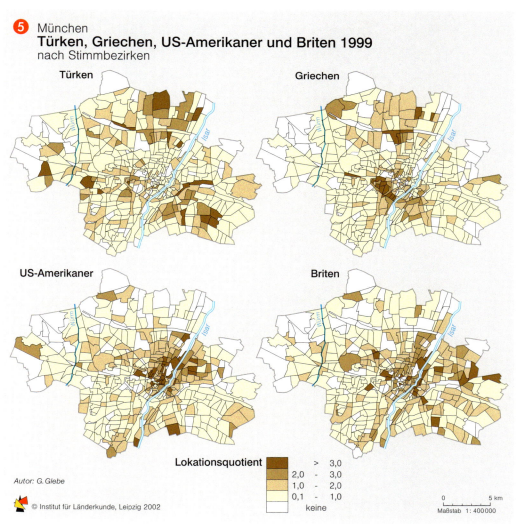

⑤ München
Türken, Griechen, US-Amerikaner und Briten 1999
nach Stimmbezirken

graphischen Raumstruktur gilt und auch für andere deutsche Großstädte kennzeichnend ist.

Die Segregation ethnischer Minoritäten

In deutschen Großstädten tritt die ethnische Segregation als ein Phänomen sozialräumlicher Differenzierung im Wesentlichen erst seit den 1960er Jahren mit der Zuwanderung angeworbener ausländischer Arbeitsmigranten, der sog. Gastarbeiter, in Erscheinung (▶▶ Bd. 4, S. 72ff.). In allen Großstädten zeigen sich deutliche räumliche Schwerpunkte mit teilweise ausgeprägten nationalitätenspezifischen Differenzierungen. Vereinzelt haben sich bereits Ansätze ethnischer Viertel entwickelt. Eine solche Tendenz ist vor allem in Wohngebieten von Minderheiten aus dem islamischen Kulturkreis zu beobachten, so u.a. auch in Duisburg ③.

Die räumlichen Verteilungsmuster der ethnischen Bevölkerungsgruppen spiegeln die sozialräumlichen Strukturen und die segmentierten Wohnungsmärkte der Städte mit ihren unterschiedlichen einkommensbedingten Zugangsmöglichkeiten wider. Bemerkenswert ist, dass auch relativ einkommensstarke Ausländergruppen aus Westeuropa, den USA und Japan, bei denen es sich vielfach um temporäre hochqualifizierte Migranten handelt, häufig auffällig segregiert wohnen ② ⑤, obwohl sie kaum Einschränkungen in ihren residentiellen Wahlmöglichkeiten unterliegen. Sie bevorzugen aus Statusgründen vor allem Mittel- und Oberschichtviertel bzw. – soweit es sich um Singles handelt – auch citynahe, ▶ gentrifizierte Wohnviertel.

Die Wohngebiete der Migranten aus den ehemaligen Anwerbeländern liegen dagegen vornehmlich in Wohnvierteln um Industriegebiete oder in nach dem Krieg entstandenen Großwohnanlagen (z.B. München Neuperlach) mit hohem Sozialwohnungsanteil sowie in älteren Wohnvierteln des City- und Innenstadtrandes, die bisher nicht in den Gentrifikationsprozess einbezogen wurden.

Duisburg ist in der Zusammensetzung seiner Ausländerbevölkerung durch einen besonders hohen Anteil an Türken (59,3%) gekennzeichnet. Ihre Wohngebiete konzentrieren sich vor allem in älteren Arbeitervierteln nahe noch bestehenden oder ehemaligen Schwerindustriegebieten ③.

In allen drei Städten treten teilweise recht hohe Segregationswerte auf, ohne dass man jedoch – amerikanischen Städten vergleichbar – bereits von ghettoähnlichen Verhältnissen sprechen könnte.

Ausblick

Die unterschiedlichen Segregationserscheinungen können als weitgehend repräsentativ für andere deutsche Großstädte ähnlicher Struktur angesehen werden. Segregationswerte zwischen den einzelnen Nationalitäten zeigen, dass die sozialräumliche Struktur der deutschen Großstädte heute durch ein komplexes ethnisch-kulturelles Mosaik geprägt wird. Eine Ausnahme bilden die ostdeutschen Großstädte aufgrund ihrer unterschiedlichen städtebaulichen und sozialräumlichen Entwicklungsgeschichte während der DDR-Zeit. Erst seit ihrer Einbindung in die marktwirtschaftlichen Strukturen lassen sich auch hier Ansätze segregativer Prozesse beobachten.◆

Einkaufszentren – Konkurrenz für die Innenstädte

Ulrike Gerhard und Ulrich Jürgens

Ähnlich wie die Entwicklung neuer Betriebsformen im Einzelhandel war auch deren planmäßige Vergesellschaftung eine Innovation aus den USA. Einkaufszentren wurden zu Symbolen einer neuen randstädtischen Konsumwelt. Die zunehmende Wohnsuburbanisierung und die Ausbreitung des motorisierten Individualverkehrs dezentralisierten das ursprünglich auf die Innenstädte bezogene Versorgungssystem. Öffentliches Leben spiegelt sich seitdem „unter den Kuppeln der Freude" wider (CRAWFORD 1995, S. 44f.), ein Zitat, das den Versuch von Einkaufszentren, Urbanität nachzuahmen, charakterisiert.

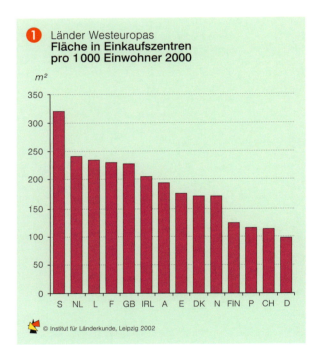

① Länder Westeuropas
Fläche in Einkaufszentren pro 1000 Einwohner 2000

② Ausgewählte Metropolen Europas
Gesamtfläche und Pro-Kopf-Fläche von Einkaufszentren 2000

Entwicklungsphasen

Zu Beginn der 1960er Jahre wurde in der Bundesrepublik Deutschland erstmals ein ▶ Shopping-Center amerikanischer Dimension in nicht integrierter Lage gebaut. Seitdem hat die strukturelle und funktionale Entwicklung sowie die räumliche Verbreitung von Einkaufszentren verschiedene Phasen durchlaufen (MAYR 1980; DHI 1991) ④:

1964 bis Anfang der 1970er Jahre

Zu den Einkaufszentren der ersten Phase zählten sog. Regionalzentren auf der grünen Wiese, d.h. auf unbebauten und für den Dienstleistungsbereich ursprünglich funktionslosen Flächen, sowie Zentren an der Stadtperipherie, bei denen es sich um besonders große Objekte mit einem weiten Kundeneinzugsbereich handelte. Es dominierte der Trend zur offenen eingeschossigen Bauweise. Kauf- und Warenhäuser dienten als Magnetbetriebe. Räumlich konzentrierten sich die Einkaufszentren vornehmlich in den großen

> **Branchenmix** – Zusammensetzung verschiedener Warengruppen in einem Geschäft bzw. in einem Einkaufszentrum
> **Einkaufszentrum** – Gruppe von Geschäften, die als Einheit geplant und gemanagt wird
> **Entertainment-Center** – vielfältige Einrichtungen für den Freizeit- und Unterhaltungssektor unter einem Dach
> **Factory-Outlet-Center** – Zusammenschluss mehrerer Läden, in denen ein Direktverkauf vom Fabrikanten an den Konsumenten stattfindet
> **Food Court** – verschiedenartige Einrichtungen des Gastronomie- und Fast-Food-Sektors unter einem Dach
> **integrierte Lage** – Standort innerhalb des geschlossenen Siedlungsgefüges
> **Shopping-Center** – Einkaufszentrum
> **Shopping-Mall** – überdachter Einkaufsboulevard, der – über die reine Notwendigkeit einer Ladenstraße hinaus – ästhetisch reizvoll gestaltet ist und Annehmlichkeiten für den Passanten anbietet

Ballungsgebieten Rhein-Ruhr, Rhein-Main, Stuttgart, Nürnberg, Hamburg und West-Berlin.

Erste Hälfte der 1970er Jahre

Zu Beginn der 1970er Jahre entstanden in sehr viel kürzerer Zeit mehr Einkaufszentren als in den gesamten 1960er Jahren zusammen. Sie breiteten sich auch außerhalb großer Verdichtungsräume aus. Innerstädtische und somit ▶ integrierte Standorte, die vor allem als Sanierungsmaßnahmen für die Citys forciert wurden, überflügelten die randstädtischen um ein Mehrfaches.

Lifestyle-Kaufhaus Sevens in Düsseldorf

Mitte der 1970er bis Mitte der 1980er Jahre

Anfang der 1980er Jahre kam die Expansion kurzzeitig zum Stillstand. Ein schwaches Verkaufswachstum im Einzelhandel und restriktivere Vorgaben der Baunutzungsverordnung ab Ende der 1970er Jahre, die die Planung großflächiger Einzelhandelsbetriebe erschwerten, erklären das abnehmende Investitionsinteresse.

Zweite Hälfte der 1980er Jahre

Sowohl Neueröffnungen als auch ältere Einkaufszentren, die revitalisiert wurden, reflektierten in ihrer Innen- und Außenarchitektur den postmodernen Zeitgeist. Das Einkaufszentrum wurde zum Konsumtempel, in dem neben dem rationalen Einkauf das Promenieren und Bummeln sowie Freizeiteinrichtungen an Bedeutung gewannen.

Seit Anfang der 1990er Jahre Innerstädtische und stadtteilbezogene Einkaufszentren haben in Westdeutschland zahlenmäßig stark zugenommen und werden von den Kommunen planerisch favorisiert, um die eigene Zentralörtlichkeit gegenüber Standorten auf der grünen Wiese zu stärken. Alle Shopping-Center-Standorte zielen darauf, neben Verkaufseinrichtungen großflächige Freizeitanlagen zu integrieren. Die Umwandlung von Bahnhöfen und Flughäfen zu Einkaufszentren und die Entstehung von ▶ Factory-Outlet-Centern zeigen an, dass immer noch neue Formen von Einkaufszentren entstehen. Im Zeitraffer durchlaufen die neuen Länder in einem Jahrzehnt alle aus dem Westen bekannten Bauphasen. Der Ausbau der Zentren auf der grünen Wiese profitierte besonders in den ersten Nachwendejahren vom zunächst unzureichenden Planungsrecht und von der mangelnden Konkurrenz maroder Innenstädte ③.

③ Ausgewählte Städte, alte und neue Länder
Verkaufsfläche in großen* Einkaufszentren je 1000 Einwohner 1998/99

RO Rostock
HH Hamburg
M München
B Berlin
F Frankfurt
K Köln
D Düsseldorf
aL alte Länder
Dtl. Deutschland
nL neue Länder

* > 5000 m²

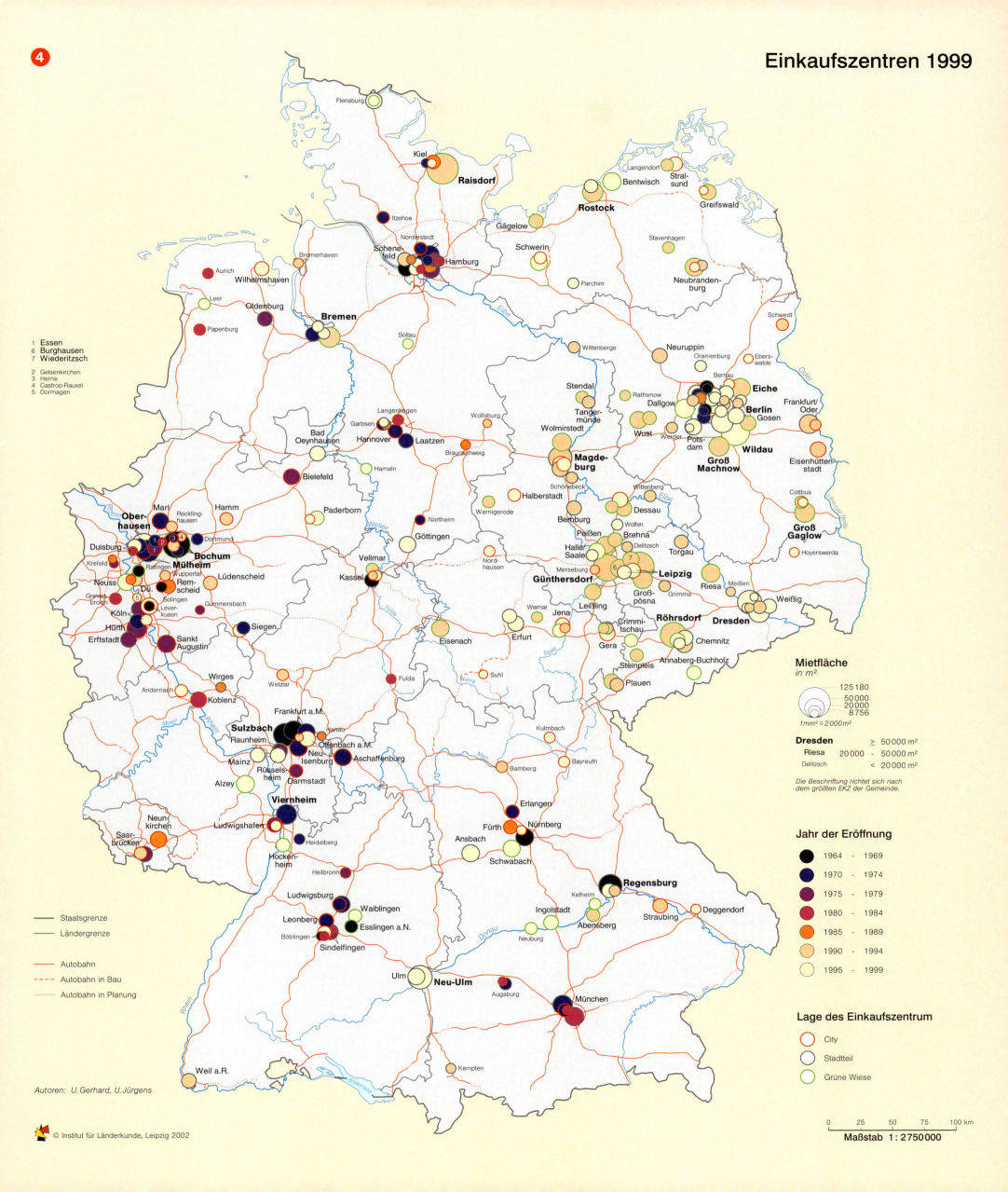

⑤ Rostock und Umgebung – Einkaufszentren 2000

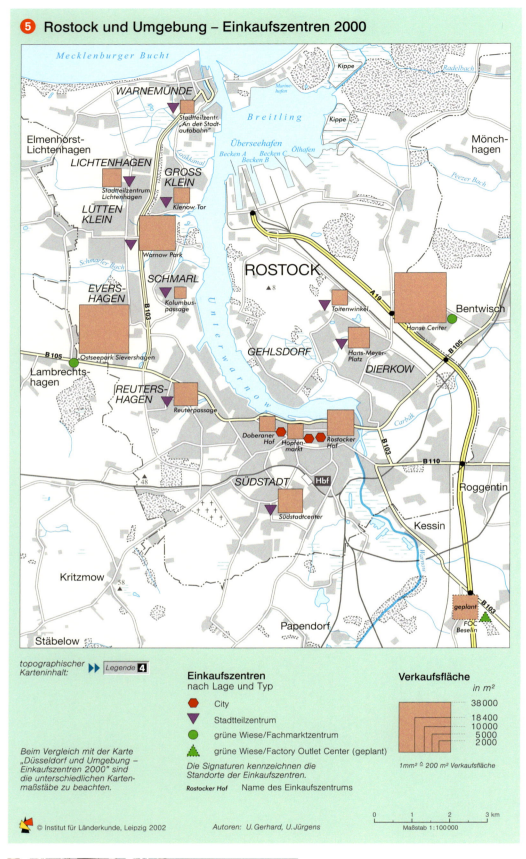

gleichenden Einkaufens eröffnen. Um die Funktionalität zu steigern, werden Post-, Bank- und Ärzteeinrichtungen integriert.

Typisierung
Eine Typologie der Einkaufszentren macht deutlich, dass Shopping-Center als Standortgemeinschaften (HEINEBERG/MAYR 1988, S. 28) unterschiedlicher Betriebstypen und Angebotsformen keine homogene Erscheinungsform und auch keine einheitliche räumliche Wirkung zeigen:

1. **Größe und Einzugsgebiet**
   Mega-Einkaufszentren von bis zu 100.000 m² Verkaufsfläche und überregionaler oder gar internationaler Bedeutung (z.B. das CentrO Oberhausen, ▶ Foto, S. 110) stehen Zentren regionalen oder nur lokalen Interesses gegenüber.
2. **Wohnräumliche Integration**
   Einkaufszentren haben sich nicht nur auf der grünen Wiese als zwischengemeindliche oder stadtperiphere Shopping-Center entwickelt, sondern auch in der City und in Wohnvierteln. Im Wettbewerb einer Stadt mit den Stadtrandgemeinden ist der öffentliche Eindruck entstanden, dass Zentren in integrierter Lage gut und erwünscht sind, während in nicht integrierter Lage ausschließlich planerisch schädliche Entwicklungen stattfinden.
3. **Bauliche Gestalt**
   Die individuelle architektonische Ausgestaltung von Einkaufszentren ist für deren Kundenattraktivität von entscheidender Bedeutung.

Konsequenzen der Standortkonkurrenz
Der Gegensatz zwischen der gewachsenen Kernstadt und den geplanten Einkaufszentren auf der grünen Wiese führt zu weitreichenden Konsequenzen:
- Zentralität und soziale Verantwortung der Stadt nehmen ab, weil kommunale Steuereinnahmen aufgrund von Umsatzrückgängen des Einzelhandels sinken
- Entwicklungen im Umland führen zu neuen Kosten für die Städte bei der Instandsetzung und dem Ausbau verkehrlich überbelasteter Infrastruktur
- Städte ahmen bauliche, ästhetische und organisatorische Elemente von Einkaufszentren nach
- analog zur grünen Wiese wird auch die Innenstadt immer mehr von privat kontrollierten Räumen dominiert
- Ziel beider Standorte ist eine ultimative Multifunktionalität von Einkaufen, Freizeit und Unterhaltung (JÜRGENS 1998)

Im europäischen Vergleich der Ausstattung mit Einkaufszentrenflächen belegt Deutschland einen der hinteren Plätze

Straßenszene in Rostock (1998)

Der Erfolg des Einkaufszentrums basiert darauf, dass es einem zentralen Management obliegt, einen für die Gesamtheit der integrierten Läden und für den Eigentümer des Shopping-Centers optimalen ▶ Branchenmix zu entwickeln. Es werden Einzelhandelsangebote eingebunden, die sowohl die Möglichkeiten des Vielzweckeinkaufs als auch des ver-

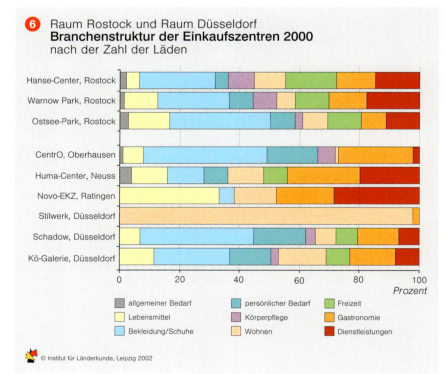

⑥ Raum Rostock und Raum Düsseldorf
Branchenstruktur der Einkaufszentren 2000
nach der Zahl der Läden

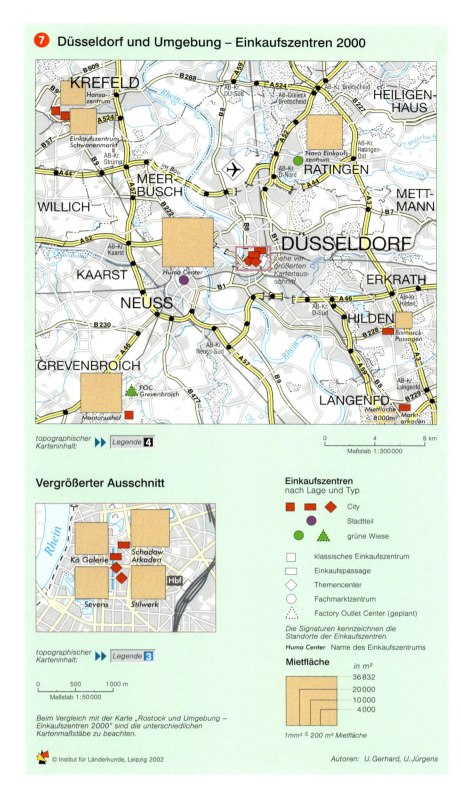

Portcenter in Rostock (1998)

Im Frühjahr 1994 eröffnete der Ostseepark mit seinen 34.000 m² Verkaufsraumfläche direkt vor der Stadtgrenze. Die Besonderheit dieser Entwicklung war, dass die Stadt Rostock selbst im Rahmen einer Stadt-Umland-Beratung der Ansiedlung dieses Einkaufszentrums zugestimmt hatte, nachdem eine Planung für ein Zentrum an der Rostocker Stadtperipherie vom September 1990 nicht realisiert wurde. Im August 1995 eröffnete ein weiteres Einkaufszentrum am östlichen Standrand in der Gemeinde Bentwisch. Die Stadt reagierte mit der Baugenehmigung eigener Einkaufszentren, die als Stadtteilzentren in den großen Plattenbausiedlungen konzipiert waren.

In der City entstanden seit Mitte der 1990er Jahre mehrere kleine Einkaufszentren. Bis zur Eröffnung des Rostocker Hofes im Herbst 1995 gab es keine exklusiveren Ladengeschäfte oder sog. ▶ Food Courts in der City, die zum längerfristigen Verweilen hätten einladen können. Inzwischen versuchen auch die Einzelhändler der restlichen Innenstadt außerhalb der Einkaufszentren, sich in einem Interessenverband zu organisieren. Verlierer dieser Umstrukturierung ist das Portcenter, das im Frühjahr 2000 schließen musste. Der Umbau zu einem ▶ Entertainment-Center oder zu einem Factory-Outlet-Center wurde von der Stadt verhindert, weil sie die zwischenzeitliche Aufwertung der City gefährdet sah.

Das Beispiel Düsseldorf

Das Einzelhandelssystem Düsseldorfs wird von einer Zentrenhierarchie geprägt, die nur geringfügig von Einrichtungen auf der grünen Wiese beeinträchtigt wird. Dies steht im deutlichen Gegensatz zu Rostock. Neben der City, in der rund 36% des gesamtstädtischen Umsatzes erzielt werden (GWH 2000a, S. 66), verteilt sich das Angebot auf 22 Nebenzentren, in denen vornehmlich Waren des periodischen Bedarfs angeboten werden. Fünf weitere Standortbereiche sind als Fachmarktagglomerationen gekennzeichnet. Insgesamt gibt es in Düsseldorf vier Einkaufszentren, die ausschließlich in der Innenstadt liegen. Die Einrichtungen sind jüngeren Entstehungsdatums und eher kleinflächig. Nennenswert sind außerdem zwei Fachmarktzentren in Umlandgemeinden sowie zwei kleinere Innenstadtpassagen in Hilden und Langenfeld, die bereits außerhalb des Kreises liegen ❼.

Grund für diese auf zentrale Standorte ausgerichtete Einzelhandelsstruktur ist eine zum Teil stringent durchgeführte Ansiedlungspolitik der Landeshauptstadt Düsseldorf. Aktuell hat sich jedoch ein Versorgungsengpass im Bereich neuerer Betriebsformen ausgebildet, der sich in einer geringen Ausstattung an Verkaufsfläche innerhalb von Shopping-Centern und einer lediglich durchschnittlichen Verkaufsflächenausstattung der Stadt von ca. 1275 m²/1000 Einw. bei überdurchschnittlicher Zentralität (123%) und Kaufkraft (116,9%) widerspiegelt (GWH 2000a, S. 73f.).

Rückläufige Besucherzahlen in der Düsseldorfer Innenstadt (BAG 1996) sowie überregionale Shopping-Center-Entwicklungen in der Region erforderten weitere Attraktivitätssteigerungen. Dabei wurde auf ▶ Shopping-Mall-Konzepte zurückgegriffen. Beispiele sind das im Jahr 2000 eröffnete Einrichtungs-Themenzentrum Stilwerk und das Lifestyle-Kaufhaus Sevens (▶ Foto) sowie die 1994 eröffneten Schadow Arkaden ❽, die eine typische Innenstadt-Entwicklung darstellen, in der Einkaufspassagen einen Schwerpunkt im Bekleidungs- und Erlebnissegment setzen, um sich im Konkurrenzkampf mit dem Stadtrand zu behaupten. ◆

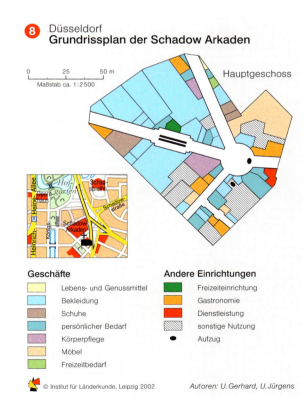

❶ ❷, doch ist dabei der Flächenanteil zwischen alten und neuen Ländern stark ungleichgewichtig: Auf weniger als 20% der Bevölkerung (neue Länder einschl. West-Berlin) entfallen 47% der Shopping-Center-Flächen.

Das Beispiel Rostock

Wie viele andere Städte der neuen Länder leidet auch Rostock seit den ersten Jahren nach der Wiedervereinigung an einer Überausstattung mit großflächigem Einzelhandel besonders am Stadtrand ❺ ❻. Damit hat sich binnen weniger Jahre das altbekannte räumliche Muster der Städte in der DDR umgedreht, wo sich – mit Ausnahme von dezentralen Kaufhallen – die wenigen Kauf- und Warenhäuser sowie die Geschäfte mit speziellen Angeboten auf die Innenstadt konzentrierten. Die Privatisierung des Einzelhandels seit 1990, eine zunächst unzureichende Regionalplanung und die rasant ansteigende Pkw-Motorisierung der Kunden haben die Entwicklung peripherer Angebotsstandorte gefördert (JÜRGENS 1994).

Als bahnbrechendes Konzept entstand mit dem Portcenter (▶ Foto) im November 1991 auf einem ständig verankerten Schiff in Citynähe das erste Center der neuen Länder, das 11.000 m² handelsrelevanter Fläche auswies. Als schwimmendes Büro- und Kaufhaus entwickelte es sich zu einer Stadtattraktion. Der Anfangserfolg ist um so eher zu verstehen, als die Innenstadt Ende 1990/Anfang 1991 fast vollständig im Umbau begriffen war. Restitutionsforderungen und Gebäudeverfall verhinderten, dass die City ihre frühere Magnetwirkung schnell zurückerobern konnte.

Stadttypen, Mobilitätsleitbilder und Stadtverkehr

Andreas Kagermeier

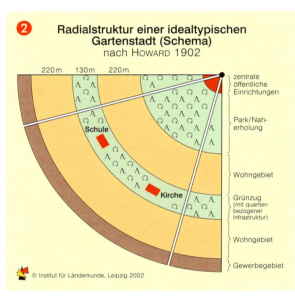

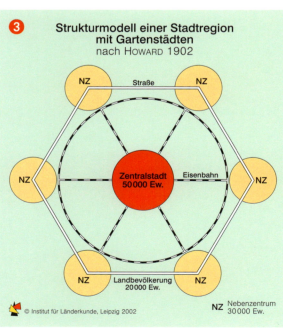

Die Gestalt von Städten in ihrer ganzen Bandbreite von kompakten historischen Stadtanlagen, die nie über den mittelalterlichen Mauerring hinausgewachsen sind, bis hin zum grenzen- und strukturlosen Siedlungsbrei von amerikanischen Verdichtungsräumen reflektiert nicht nur historische und funktionale Einflüsse, sondern auch die Möglichkeiten der jeweiligen Bevölkerung, sich innerhalb ihrer Stadt zu bewegen.

LEHNER hat bereits in den 1960er Jahren auf den Zusammenhang zwischen der technischen Entwicklung von Verkehrsmitteln (sowie deren Verfügbarkeit) und den damit möglichen Größen von Stadtgebieten hingewiesen ❶. Grundgedanke war, dass der limitierende Faktor für die Größe eines funktional verflochtenen Stadtgebietes die Zeit ist, die zur Erreichung von Zielen aufzuwenden ist. Ausgehend von der Beobachtung, dass der Zeitaufwand, der zur Erreichung von Standorten akzeptiert wird, im Wesentlichen konstant bleibt (30 Min. für täglich zurückzulegende Wege), hängt die Größe eines funktional verflochtenen Raums davon ab, mit welcher Geschwindigkeit Bewegungen im Stadtraum möglich sind.

Siedlungsgröße und Verkehrserschließung

Bis zum Beginn der Neuzeit waren Stadtanlagen zumeist gekennzeichnet durch eine kompakte Form mit Befestigungseinrichtungen, die wie eine Art Korsett wirkten und zu einer dichten Bebauung innerhalb eines begrenzten Radius (1-2 km) führten. Die Bebauungsdichte, die Multifunktionalität und die begrenzte Distanz waren entscheidende Parameter dafür, dass die mittelalterliche Stadt (▶▶ Beitrag Hahn, S. 82) als klassische „Fußgängerstadt" funktionieren konnte. Die seit der Renaissance oftmals als Residenzstädte gegründeten Planstädte der Neuzeit (▶▶ Hahn, S. 86) zeichnen sich dagegen oftmals schon durch einen weiteren Umgriff und eine weniger dichte Bebauung aus. Damit zielen sie implizit auf ein anderes Verkehrsmittel ab, nämlich die Kutsche.

Als im 19. Jh. die Befestigungsringe militärtechnisch überholt waren und somit ihre Schutzfunktion verloren, wurden Entwicklungen möglich, die diese Grenze überschritten. Die gründerzeitlichen Stadterweiterungen erforderten die Einrichtung von innerstädtischen Verkehrsmitteln, die Verbindungen im gesamten Stadtgebiet in einer vertretbaren Zeit gewährleisteten. Entsprechend dem damaligen Stand der Technik wurden in vielen wachsenden Städten Pferdebahnen eingerichtet. Das Wachstum der Großstädte erzeugte zu Beginn des 20. Jhs. einen Innovationsdruck, der mit der elektrischen Straßenbahn und der damit verbundenen erneuten Geschwindigkeitserhöhung beantwortet wurde.

Das weitere Wachstum der Großstädte in der ersten Hälfte des 20. Jhs. korrespondiert mit der Einführung von teilweise unterirdischen Schnellbahnsystemen. Um die hohen Transportgeschwindigkeiten zu gewährleisten, dünnen dabei die Haltestellenabstände so weit aus, dass keine linearen Siedlungsbänder mehr entstehen, sondern nur einzelne Siedlungsinseln entlang der Verkehrsachsen (sog. punkt-axiale Erschließung) ❷ links.

Die zunehmende Verfügbarkeit von privaten Pkws in der zweiten Hälfte des 20. Jhs. ermöglichte eine weitere Ausdehnung über die zusammenhängend bebauten Stadtgebiete hinaus zu funktional verflochtenen Regionen. Anders als bei der ÖPNV-orientierten Erschließung, die an den Haltestellen ein ausreichendes Nachfragepotenzial und damit ein Mindestmaß an städtebaulicher Dichte erfordert, spielt dieses Kriterium beim Städtebau, der die Benutzung des privaten Pkws voraussetzt, keine zentrale Rolle mehr, so dass niedrige Dichten realisiert werden können, die sich im Leitbild des Eigenheims im Grünen niederschlugen und eine Auffüllung der Räume zwischen Siedlungsknoten und -achsen zur Folge haben ❷ rechts.

Die Gartenstadt als Idealtyp

An der Wende des 19. zum 20. Jh. entwickelte HOWARD die Idee der Gartenstadt. Er schlug eine Radialstruktur vor, die innerhalb der einzelnen Gartenstädte eine fußläufige Erreichbarkeit aller Ziele gewährleisten sollte. Die Einwohnerzahl begrenzte er deshalb auf 20-50.000 Ew., für größere Einwohnerzahlen schlug er eine Art stadtregionales Grundprinzip vor, bei dem mehrere Städte zu einem Netz einer (Garten-) Stadtregion zusammengefasst werden ❸. Die Verbindung zwischen den Städten sollte über Schienenverbindungen erfolgen, was dem Prinzip der punktaxialen Erschließung entsprach. Damit hatte HOWARD ein stadtregionales Konzept entwickelt, das die Vorteile einer fußgängerorientierten Einzelstadt mit einer punkt-axial ausgerichteten ÖPNV-Stadtregionsstruktur kombiniert, wobei es essentiell ist, dass bestimmte Mindestdichten gewährleistet sind.

Die Grundprinzipien der Naherschließung für Fußgänger und Radfahrer und der gesamtstädtischen Erschließung mit ÖPNV-Systemen wurden in späteren städtebaulichen Entwürfen wieder aufgenommen. Im siedlungs-

Charta von Athen – Abschlussdokument des IV. Internationalen Kongresses der Architektur der Moderne (CIAM) 1933 in Athen zur Verbesserung der Struktur von Städten. Die Charta empfiehlt – auf Grundlage der ungesunden Lebensverhältnisse in Industriestädten – eine strenge Trennung durch Grüngürtel zwischen den Funktionsräumen von Gewerbe, Industrie, Versorgung, Wohnen, Erholung, Verkehr etc. Als Wohnform wird zwar weiter eine hohe Wohndichte angestrebt, jedoch sollen große, weit auseinander liegende Appartementhäuser eine ausreichende Besonnung und Versorgung mit Grünflächen gewährleisten.

Korrelationskoeffizient – statistisches Maß, das den rechnerischen Zusammenhang zwischen den Verteilungen von zwei unabhängigen Variablen angibt. Der Wert kann zwischen -1 (hoher negativer Zusammenhang), 0 (kein Zusammenhang) und +1 (hoher positiver Zusammenhang) liegen.

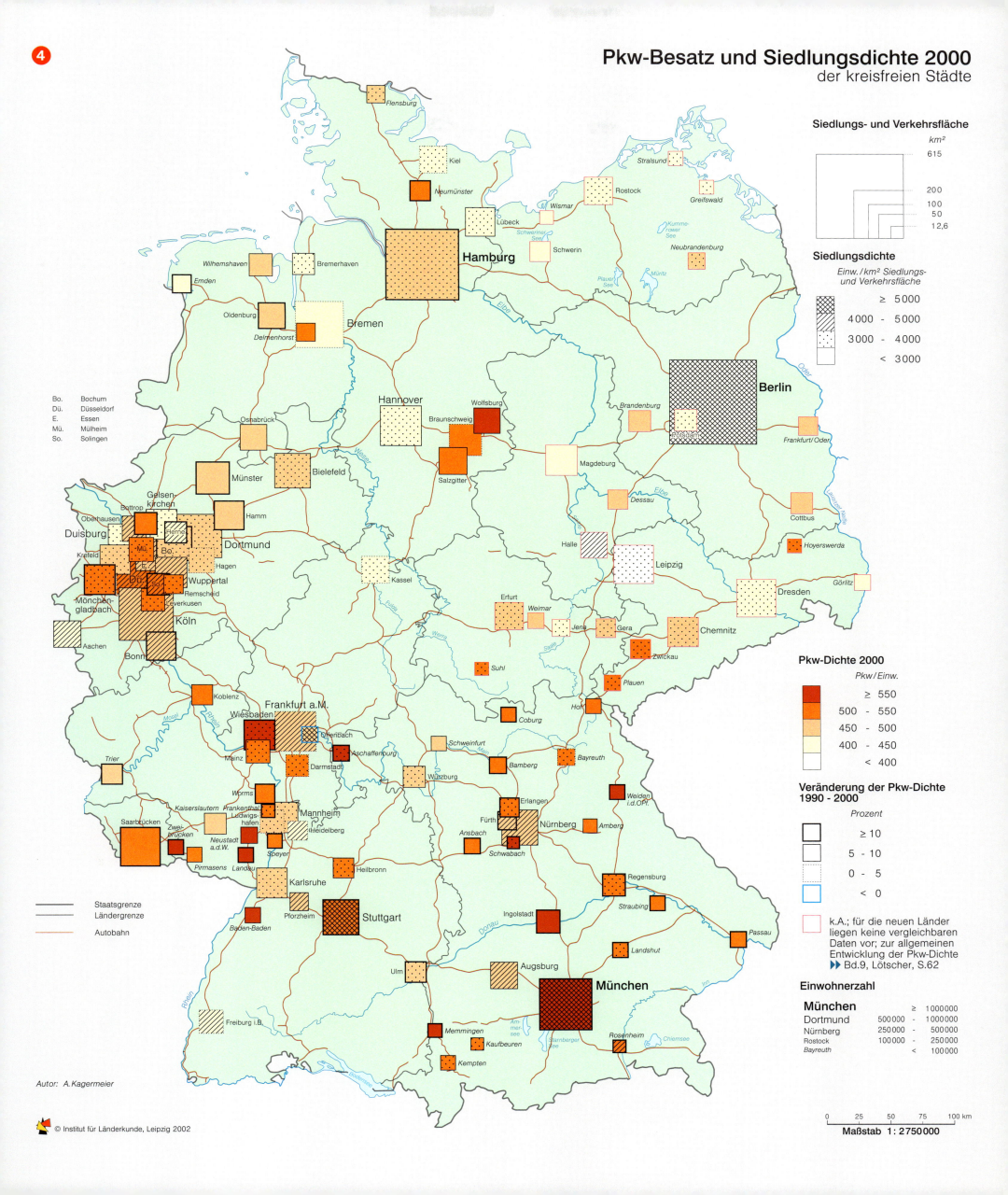

strukturellen Leitbild für eine Großstadtregion von HILLEBRECHT ❺ treten an die Stelle von isolierten Gartenstädten die Stadtviertel bzw. nachrangige suburbane Siedlungsschwerpunkte, die wie bei HOWARD durch leistungsfähige ÖPNV-Achsen miteinander verbunden werden.

Die Wende zur autogerechten Stadt

Den Städtebau der zweiten Hälfte des 20. Jhs. prägte der Entwurf von GÖDERITZ, RAINER und HOFMANN ❻, der dem von HOWARD und HILLEBRECHT auf den ersten Blick ähnelt. Auch dieser Vorschlag einer „gegliederten und aufgelockerten Stadt" enthält einzelne Wohnviertel, denen entsprechende Einrichtungen der Quartiersversorgung zugewiesen sind. Die vorgesehene aufgelockerte Bauweise führt allerdings dazu, dass für die Wege innerhalb der Stadtviertel teilweise bereits Distanzen zurückzulegen sind, die oberhalb einer akzeptierten Fußwegeentfernung liegen. Auch die den Grundideen der ▶ Charta von Athen folgende ausgeprägte räumliche Trennung des Wohnbereichs von anderen städtischen Funktionen setzt die Benutzung motorisierter Verkehrsmittel voraus. Da bei geringen Dichten eine qualitativ hochwertige ÖPNV-Anbindung zu teuer käme, steht hinter diesem siedlungsstrukturellen Leitbild die Vorstellung einer weit verbreiteten Pkw-Benutzung, der mit entsprechenden leistungsfähigen Straßenverbindungen Rechnung getragen wird.

Siedlungsdichte und Bedeutung des Pkw

Unterschiedliche Mobilitätsleitbilder korrespondieren auf der Ebene von städtebaulichen Entwürfen mit unterschiedlichen Parametern hinsichtlich Größe, Dichte und Körnigkeit der Mischung von Funktionen. In Karte ❹ ist ein für alle kreisfreien Städte Deutschlands verfügbarer Indikator dargestellt, der – trotz aller Unschärfen und methodischen Schwächen – Rückschlüsse auf die Siedlungsstruktur erlaubt: die Einwohnerdichte im Stadtgebiet bezogen auf die Siedlungs- und Verkehrsfläche. Unter der Annahme, dass dichte Stadtstrukturen die Benutzung von Verkehrsmitteln des Umweltverbundes (Fuß, Rad, ÖPNV) begünstigen, müsste in Städten mit einer überdurchschnittlichen Einwohnerdichte die Bedeutung des privaten Pkw geringer sein. Als Indikator wurde die Zahl der zugelassenen Pkw pro Einwohner verwendet. In der Tat zeigt der ▶ Korrelationskoeffizient (K) von -0,38 für alle kreisfreien Städte in Deutschland, dass tendenziell höhere Einwohnerdichten mit niedrigeren Pkw-Zahlen korrespondieren und umgekehrt. Dabei gilt gleichzeitig, dass Städte mit höheren Einwohnerzahlen tendenziell eine höhere Siedlungsdichte aufweisen (K = 0,48). Dass es sich dabei nicht um einen festen und keineswegs um einen monokausalen Zusammenhang handelt, zeigt das Beispiel der Stadt München, die mit knapp 5600 Einwohnern je km² Siedlungs- und Verkehrsfläche einen der höchsten Dichtewerte der kreisfreien Städte aufweist, gleichzeitig jedoch mit fast 580 Pkw/1000 Einw. an 4. Stelle beim Pkw-Besatz steht (Durchschnitt für alle kreisfreien Städte: 477 Pkw/1000 Ew.).

Der Vergleich der absoluten Werte des Pkw-Besatzes mit den relativen Zuwachszahlen zwischen 1991 und 1999 zeigt, dass dort, wo die Pkw-Affinität bereits stark ausgeprägt ist, auch die Zuwächse am höchsten ausfallen. Für diese beiden Werte errechnet sich ein extrem hoher Korrelationskoeffizient von 0,68.

Innerstädtische Differenzierung der Verkehrsteilnahme

In Deutschland gibt es keine Stadt, die in ihrer Gesamtheit als reine Fußgänger-, Radfahrer-, ÖPNV- oder Auto-Stadt zu charakterisieren wäre. Auch in Städten, die in den letzten Jahrzehnten relativ stark auf die Erschließung für den motorisierten Individualverkehr (MIV) gesetzt haben und überwiegend aufgelockerte Siedlungsstrukturen mit geringen Dichten aufweisen, gibt es innerstädtische gemischt genutzte Quartiere mit höheren Dichten. Umgekehrt gibt es keine Stadt in Deutschland, die nur aus verdichteten gemischten Vierteln besteht. Darüber hinaus führen auch in Großstädten die meisten Wege nicht durch das gesamte Stadtgebiet, d.h. über Distanzen, die motorisiert zurückgelegt werden müssten, sondern eine Vielzahl aller Wege spielt sich als Binnenverkehr innerhalb eines Viertels ab.

Die Stadt Münster weist fast idealtypisch die Wachstumsringe einer deutschen Großstadt auf. Sie verfügt über einen ausgeprägten mittelalterlichen Stadtkern, an den sich ringartig gründerzeitliche bzw. aus der ersten Hälfte des 20. Jhs. stammende Stadterweite-

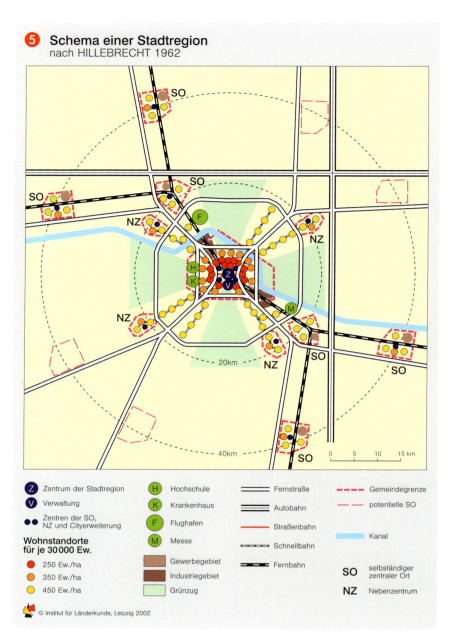

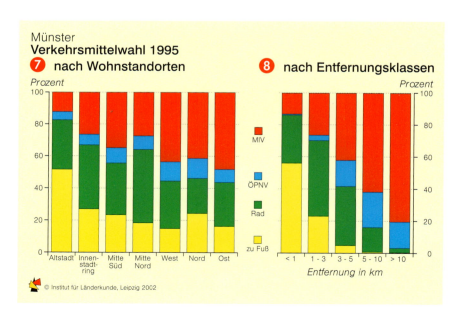

rungen anschließen sowie Siedlungsgebiete mit suburbanem Charakter, die im Wesentlichen in der zweiten Hälfte des 20. Jhs. bebaut wurden. Anhand von diesem Beispiel ❼ kann aufgezeigt werden, dass die Verkehrsmittelwahl je nach Wohnstandort innerhalb des Stadtgebietes erhebliche Unterschiede aufweist. Die Bewohner der Altstadt gehen in Münster zum überwiegenden Teil zu Fuß, während in den Stadterweiterungen bis zur Mitte des 20. Jhs. dem Fahrrad eine sehr viel größere Bedeutung zukommt. Demgegenüber dominiert in den Siedlungsgebieten aus der 2. Hälfte des 20. Jhs. die Benutzung des Pkws. Die Verkehrsmittelwahl ist dabei vor allem vor dem Hintergrund der bei den einzelnen Wegen zurückgelegten Entfernungen zu sehen.

Verkehrsmittelwahl und Entfernungen

Idealtypisch wird angenommen, dass für Entfernungen bis 1 km zu Fuß gegangen wird, bis 3 km das Fahrrad benutzt wird und für größere Entfernungen – je nach Dichte der Bebauung – das Auto oder der ÖPNV zum Einsatz kommen. In Abbildung ❽ ist für die Bewohner der Stadt Münster die Verkehrsmittelwahl nach der Länge der zurückgelegten Wege dargestellt. Zwar dominiert bei Wegen unter 1 km das Zu-Fuß-Gehen, und in der Entfernungsklasse 1-3 km werden die Mehrzahl der Wege mit dem Fahrrad zurückgelegt. Umgekehrt zeigt sich aber, dass bereits kurze Wege zu einem erheblichen Anteil auch mit dem Pkw zurückgelegt werden.

Nur in der Zusammenschau von stadtstruktureller Wohnsituation, Länge der Wege und Verkehrsmittelwahl kann das Verhältnis von Stadt(teil)typen, von zum Zeitpunkt ihrer Planung gültigen Mobilitätsleitbildern und von aktuellem Stadtverkehrsgeschehen gedeutet werden. Peripher gelegene suburbane Standorte, die zu Zeiten von am Individualverkehr orientierten Leitbildern geschaffen wurden, zeichnen sich durch geringe Dichten und einen hohen Grad der Funktionstrennung aus. Ihre Bewohner nutzen dementsprechend zu großen Anteilen den Pkw und legen größere Wegedistanzen zurück. Siedlungsstrukturell gibt es für sie kaum Alternativen zu den praktizierten Mobilitätsmustern, da im Nahraum (d.h. in fußläufigen oder mit dem Rad erreichbaren Entfernungen) nur eine geringe Dichte von Angeboten aus den Bereichen Arbeiten, Versorgen und Freizeit besteht. Umgekehrt orientieren sich Bewohner von gemischt genutzten innerstädtischen Quartieren zwar zum Teil auch auf weiter entfernt liegende Funktionsstandorte, nutzen aber gleichzeitig stark das im Nahraum vorhandene Angebot.

Während unter früheren Rahmenbedingungen entstandene Stadtstrukturen mehrere Optionen für aktionsräumliche Orientierungen und die Verkehrsmittelwahl bieten, weisen die unter dem Leitmotiv der autogerechten Stadt geschaffenen städtischen und stadtregionalen Strukturen (vgl. die Gemeinden im Verflechtungsraum München ❾) eine fast als irreversibel zu bezeichnende Fixierung auf den motorisierten Individualverkehr aus. Unter dem Blickwinkel einer anzustrebenden Verkehrsreduzierung kann festgehalten werden, dass Ansätze zur Nachverdichtung und Schaffung von stärker nutzungsgemischten Strukturen zwar als notwendige, nicht aber als hinreichende Bedingungen anzusehen sind.◆

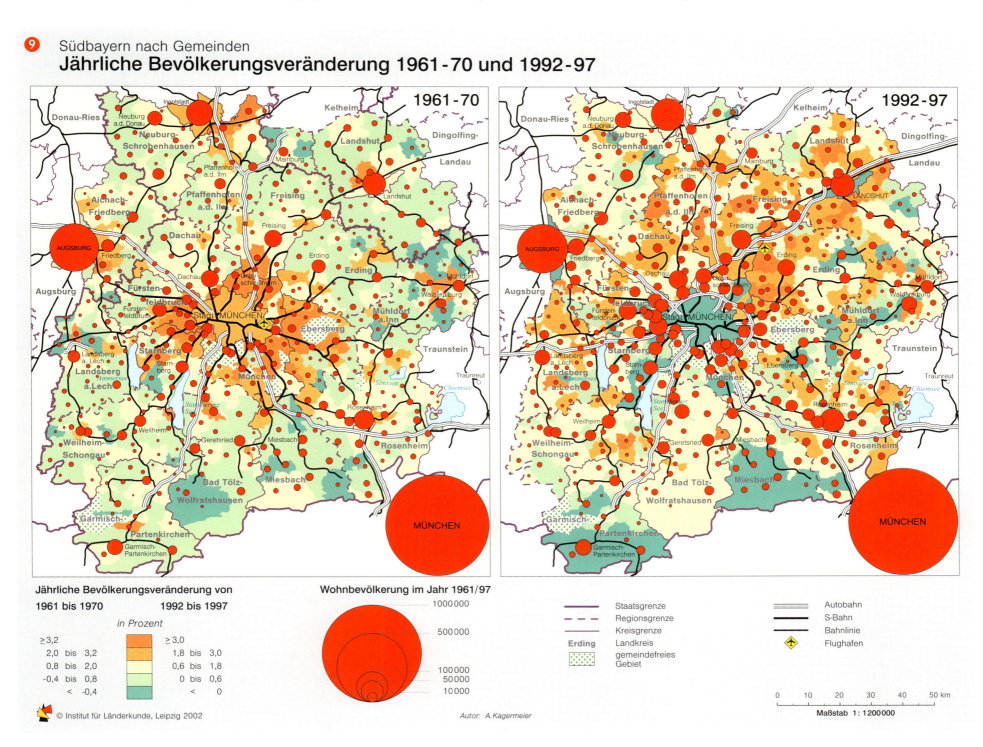

❾ Südbayern nach Gemeinden
Jährliche Bevölkerungsveränderung 1961-70 und 1992-97

Autor: A. Kagermeier

Maßstab 1 : 1 200 000

Leitlinien der Stadtentwicklung – die Beispiele Frankfurt und Leipzig

Johann Jessen

Frankfurt am Main

Seit der deutschen Wiedervereinigung haben fast alle Großstädte in der Bundesrepublik neue Stadtentwicklungspläne aufgestellt, in denen die sozialen, ökonomischen, baulich-räumlichen und verkehrlichen Schwerpunkte zukünftiger kommunaler Planung und Politik zusammengefasst sind. Während jedoch in Westdeutschland einigungsbedingt Wirtschaftsboom und Zuwanderung dominierten, fand in Ostdeutschland ein radikaler ökonomischer, rechtlicher und kultureller Umbruch statt. In den Stadtentwicklungsplänen legen die Kommunen so genannte Leitbilder für Einzelentscheidungen fest (BECKER/JESSEN/SANDER 1998). In den 1990er Jahren war dies meist das Leitbild der kompakten und durchmischten Stadt, welche das soziale und kulturelle Ziel der Urbanität mit dem ökologischen Ziel der Nachhaltigkeit verknüpft. Der Vergleich der Entwicklungsstrategien für die Innenstädte von Frankfurt am Main und Leipzig zeigt zum einen den hohen Konsens in den übergreifenden Leitlinien, zum anderen die großen Unterschiede bei ihrer Umsetzung in Programme und Projekte.

Frankfurt am Main und Leipzig

Seit dem Mittelalter waren Frankfurt am Main und Leipzig Wirtschaftszentren, Handelsmetropolen und Messeplätze von überragender Bedeutung. Während sich jedoch die Einwohnerzahl Frankfurts von 553.000 vor dem Krieg auf 615.000 (1987) erhöhte, sank sie in Leipzig von 700.000 Ew. auf ca. 500 000 Ew. (1989). Obwohl Leipzig in der DDR Messestadt geblieben war, verlor es seine herausgehobene Position als einer der wichtigsten Handelsplätze Mitteleuropas. Frankfurt stieg dagegen nach dem Zweiten Weltkrieg neben London und Paris zum dominierenden Banken- und Finanzstandort Europas auf und gilt heute als die wichtigste deutsche Dienstleistungsmetropole und Verkehrsdrehscheibe.

So konnten die Ausgangsbedingungen der Stadtentwicklung in Leipzig und Frankfurt am Main nach der Wiedervereinigung kaum unterschiedlicher sein. Trotz des anfänglichen Investitionsschubs, der Leipzig den Ruf als „Boomtown des Ostens" einbrachte, erfuhr die Stadt einen enormen ökonomischen Einbruch durch den fast vollständigen Niedergang der veralteten Industriestruktur mit dem entsprechenden Verlust an Arbeitsplätzen. Binnen kurzer Zeit verlor die Stadt weitere 90.000 Einwohner. Für Frankfurt bedeutete die Wiedervereinigung dagegen einen zusätzlichen Entwicklungsschub in einer andauernden Phase wirtschaftlicher Prosperität. Aktuelle Strukturdaten verdeutlichen die gravierenden Unterschiede in der Wirtschaftskraft und in der Sozialstruktur beider Städte ❶.

Leitbilder und Programme für die Innenstadt

Beide Städte haben in den 1990er Jahren der Stadtentwicklungsplanung großes Gewicht beigemessen. So war Leipzig die erste Großstadt der neuen Länder mit einem rechtskräftigen Flächennutzungsplan (STADT LEIPZIG 1994), der seitdem durch Stadtentwicklungsteilpläne konkretisiert wird. Mitte der 1990er Jahre legte der Magistrat der Stadt Frankfurt einen Bericht zur Stadtentwicklung vor, der die umfassenden Planungen der Vorjahre für die Schwerpunkte Wohnen, Arbeiten, Verkehr,

Leipzig (1999)

❶ Frankfurt a.M. und Leipzig
Strukturdaten Ende der 1990er Jahre

Strukturdaten	Frankfurt a.M.	Leipzig
Regionstyp	hochverdichteter Agglomerationsraum Region Rhein-Main (3,1 Mio Ew.)	Agglomerationsraum mit herausragenden Zentren Region Leipzig/Halle (1,4 Mio Ew.)
Fläche in km² (1998)	248	180
Wohnbevölkerung (1998)	643 900	437 100
Bevölkerungsdichte in Einwohner/km² (1998)	2592	2432
Beschäftigte (1999)	457 400	191 400
Beschäftigtendichte in Beschäftigte/km² (1999)	71,0	47,2
Einwohner- und Arbeitsplatzdichte in Ew.+Besch./km² (1998)	4411	3496
Anteil der Ausländer in Prozent (1998)	24,6	5,0
Durchschnittl. Haushaltsgröße (1997)	1,77	1,78
Binnenwanderungssaldo der Bevölkerungsgruppe 25-30 J. insgesamt je Tsd. Ew. (1998)	+31,7	+3,0
Anteil der Einpendler an den Gesamtbeschäftigten in Prozent (1999)	63,1	35,3
Realsteuerkraft in DM/Ew. (1998)	1969	356
Steuereinnahmen in DM/Ew. (1998)	4268	878
Gewerbesteuer in DM/Ew. (1998)	3032	450
Einkommensteuer in DM/Ew. (1998)	705	235
Arbeitslosenquote in Prozent (1999)	10,0	17,7
Pkw-Besitz je Tsd. Ew. (2000)	478	424

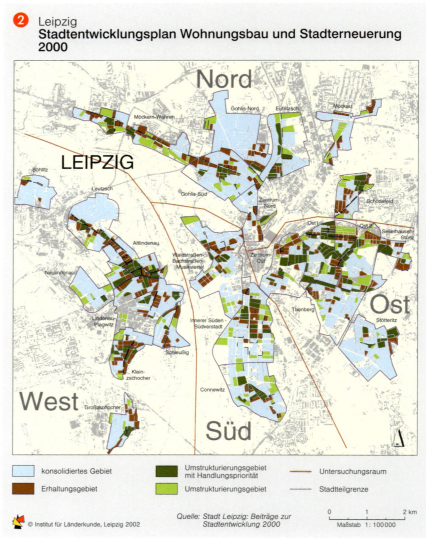

❷ Leipzig
Stadtentwicklungsplan Wohnungsbau und Stadterneuerung 2000

Grün- und Freiflächen und Stadtgestalt zusammenfasst (MAGFFM 1995) und die wesentlichen Grundzüge zukünftiger Entwicklung formuliert.

Beiden Entwicklungskonzepten ❷ ❸ liegt das gleiche Leitbild der kompakten und durchmischten Stadt zugrunde (LÜTKE-DALDRUP 1999, S. 13-16; WENTZ 1996, S. 12-20). Der dispersen Siedlungsentwicklung und ungesteuerten Suburbanisierung soll entgegengewirkt werden, der Innenentwicklung und Nachverdichtung soll Vorrang eingeräumt und dadurch auch ein Beitrag zur Nachhaltigkeit geleistet werden. Die Umsetzung dieser Ziele in Programme und Projekte stellt sich in den beiden Städten allerdings sehr unterschiedlich dar.

In den Frankfurter Gründerzeitquartieren drohte das Wohnen seit je durch die rasche Expansion des Dienstleistungsgewerbes verdrängt zu werden. Entsprechend sind diese Quartiere in den vergangenen 30 Jahren mit dem Ziel saniert worden, die Wohnnutzung und kleinteilige Nutzungsmischung zu erhalten. Wesentliche Voraussetzung für den Sanierungserfolg war und ist die gezielte Konzentration des enormen Büroflächenzuwachses in Hochhauszonen (u.a. Hochhausrahmenplan 1999).

In den ausgedehnten Leipziger Gründerzeitquartieren stehen heute 2500 Gebäude leer und drohen zu verfallen. Infolge des immensen Bevölkerungsverlusts und des in den vergangenen Jahren außerhalb der Stadtgrenzen geschaffenen neuen Wohnraums geht die Stadt langfristig von einem Wohnungsüberhang von 60.000 Wohnungen aus. In den vergangenen 10 Jahren ist über die Hälfte des gründerzeitlichen Wohnungsbestandes bereits modernisiert worden. Um den Kollaps des Wohnungsmarkts und einen weiteren Verfall der Bauten zu verhindern, verfolgt die Stadt inzwischen für ihre Gründerzeitviertel ein differenziertes Modernisierungs- und Umbauprogramm (STADT LEIPZIG 2000). Während einerseits unter massivem Einsatz öffentlicher Mittel Wohnungen modernisiert und durch Blockentkernungen und -begrünungen aufgewertet werden, verfolgt man in Umstrukturierungsgebieten Strategien des kontrollierten Rückbaus mit gezieltem Abriss alter Wohnbauten. An deren Stelle sind Grünflächen, Stellplätze und sogar Einfamilienhäuser geplant.

Ähnlich konträr sind die Ausgangslagen für die Weiterentwicklung der City in den beiden Städten. In den achtziger Jahren hat es die Stadt Frankfurt durch umfassende Investitionen in städtische Kultur (Museumsmeile, Römerzeile) geschafft, das bis dahin dominante Image eines gesichtslosen Banken- und Dienstleistungszentrums abzulegen. Derzeit soll auf Initiative der Anlieger die Haupteinkaufsstraße Zeil neu gestaltet werden, und annähernd 100 Einzelprojekte zur Aufwertung und Neugestaltung des öffentlichen Raums werden vorbereitet.

Die Leipziger Planung für den Citybereich stand nach der Wiedervereinigung zunächst vor der Aufgabe, eine funktionierende City mit einem breit und tief gestaffelten Waren- und Dienstleistungsangebot zu schaffen. Hierzu wurden Zentrenkonzepte entwickelt und fortgeschrieben (STADT LEIPZIG 1994 u. 2000), ein Rahmenplan für die Innenstadt (STADT LEIPZIG 1992) aufgestellt und durch einen Bebauungsplan rechtsverbindlich gemacht. Allerdings wurde die Revitalisierung der City unmittelbar durch die Ansiedlung großflächiger Einzelhandelszentren im weiteren Umland (▶▶ Beitrag Gerhard/Jürgens, S. 144) sowie durch ungeklärte Eigentumsverhältnisse stark erschwert. Zwar sind inzwischen in der Leipziger Innenstadt zahlreiche Geschäftshäuser, ein neues Warenhaus, Bürobauten, eine in den Hauptbahnhof integrierte Shopping-Mall sowie eine Reihe der für die Stadt so charakteristischen Passagen entstanden bzw. restauriert worden (▶▶ Beitrag Monheim, S. 132), aber dennoch ist der Einzelhandelsbesatz in der City noch schwach.

Schließlich sind die Chancen für die zügige Umstrukturierung innerstädtischer Industrie- Verkehrs- und Militärbrachen in beiden Städten in unterschiedlichem Maß gegeben. Beide Städte verfügen über ein umfassendes innerstädtisches Flächenpotenzial in Gestalt von Brachen, doch während für die untergenutzten Hafen- und Industrieflächen in Frankfurt beiderseits des Mains städtebauliche Konzepte entwickelt wurden, die das Mainufer als verbindendes Element betonen, gibt es für die im Übermaß zur Verfügung stehenden innerstädtischen Brachflächen in Leipzig keine Nachfrage.

Frankfurt am Main und Leipzig haben sich in den 1990er Jahren an den gleichen Leitlinien für die Stadtentwicklung orientiert. Bei der konkreten Umsetzung waren sie jedoch mit gänzlich unterschiedlichen Ausgangslagen konfrontiert. In Frankfurt stand und steht die Stadtplanung stets vor dem Problem, vorhandenen Entwicklungsdruck aufzufangen, ihn räumlich zu steuern und ökonomisch schwache, aber sozial, ökologisch oder kulturell wichtige Nutzungen zu schützen, um städtische Vielfalt zu erhalten und zu stärken. In Leipzig dagegen bedeutet Stadtentwicklung im innerstädtischen Bereich derzeit, für einen Überschuss an Gebäuden und Flächen tragfähige Nutzungen zu suchen oder zu erfinden, die Stadt für Investitionen attraktiv zu machen und teilweise auch den Rückbau bzw. die Ausdünnung der Stadtstruktur so zu gestalten, dass die Elemente der kompakten und nutzungsgemischten Stadt, also die Essenz des Urbanen, nicht verloren geht.◆

❸ Frankfurt am Main
Entwicklungvorhaben in der Innenstadt 1995

Quelle: Magistrat der Stadt Frankfurt am Main: Bericht zur Stadtentwicklung Frankfurt a.M. 1995
© Institut für Länderkunde, Leipzig 2002
Maßstab 1 : 150000

Leitlinien der Stadtentwicklung – die Beispiele Frankfurt und Leipzig

Moscheen als stadtbildprägende Elemente

Thomas Schmitt

Moschee in Lauingen an der Donau

Islamische Organisationen und Moscheedachverbände

In Deutschland wurden seit den 1970er Jahren mehrere Moscheedachverbände gegründet, die das islamische Leben nach außen repräsentieren und nach innen organisieren:
Den mit Abstand größten Moscheedachverband stellt die *DiTiB* dar, der deutsche Ableger der staatlichen türkischen Religionsbehörde *Diyanet*. Die Imame der DITIB-Moscheen sind in der Regel ausgebildete Theologen und Beamte der türkischen Republik. Der *Verband der Islamischen Kulturzentren (VIKZ)* verfügt über rund 340 Moscheevereine. Andere Moscheedachverbände, die in der Karte unter „sonstige" subsumiert wurden, stehen islamischen/islamistischen oder nationalistischen türkischen Parteien nahe. Daneben finden sich Moscheen, die durch andere Ethnien geprägt sind (arabische, bosnische, albanische Moscheen etc.). Ein Teil der Moscheen ist unabhängig und gehört keinem Dachverband an. Die aus Anatolien stammenden *Aleviten*, die teilweise als dem Islam zugehörig, teilweise als eigene religiöse Gruppierung gewertet werden, beten nicht in Moscheen, sondern vollziehen ihre Gottesdienste in sogenannten Cem-Häusern. Die *Ahmadiyya* gehen auf den pakistanisch-indischen Theologen Mirzâ Ghulâm Ahmad (1835-1908) zurück; sie werden von orthodoxen Muslimen meist als häretisch betrachtet.

Der Islam als zweitgrößte Religion in Deutschland wird zunehmend über seine Institutionen in den Städten sichtbar. Neben den äußerlich meist unauffälligen Laden- und Hinterhofmoscheen werden vor allem seit Beginn der 1990er Jahre sogenannte sichtbare Moscheen in Deutschland errichtet. Sie sind durch ihre Bauform als islamische Gotteshäuser ausgewiesen und verfügen in der Regel über Kuppel und Minarett als klassische Merkmale islamischer Architektur ❷.

Die Moschee (von arabisch *masdjid*: der Ort, an dem man sich zum Gebet niederwirft) ist in Deutschland nicht nur ein religiöser Ort, sondern für viele Muslime auch ein soziales Zentrum. Um 1970 begannen die von der (west-)deutschen Industrie angeworbenen muslimischen Gastarbeiter, erste Gebeträume anzumieten. Die zunächst schlichten Gebeträume wurden mit der Zeit ausgebaut. Meist kamen Teestuben hinzu, teilweise auch Frauen-, Jugend- und Unterrichtsräume oder eine Bibliothek.

Die älteste sichtbare Moschee in Deutschland wurde bereits 1924, also lange vor Beginn der Arbeitsmigration, von der pakistanisch-indischen Ahmadiyya-Bewegung in Berlin errichtet. Die islamischen Zentren in München und Aachen aus den 1960er Jahren gehen auf die Initiativen arabischer Studenten an den damaligen Technischen Hochschulen in beiden Städten zurück.

Beispiel Duisburg

Die meisten Moscheen in Deutschland sind durch den türkischen sunnitischen Islam geprägt. Das gilt auch für die Laden- und Hinterhofmoscheen, deren Gesamtzahl in der Bundesrepublik auf etwa 2200 geschätzt wird. Dies wird am Beispiel der Stadt Duisburg deutlich ❶. Im Stadtgebiet von Duisburg befanden sich im Jahr 2000 rund vierzig Moscheen – eine im bundesdeutschen Vergleich ungewöhnlich hohe Zahl, die nur von wenigen Städten übertroffen wird. Die Moscheen konzentrieren sich in industrienahen Stadtteilen mit hohem Ausländeranteil, insbesondere in gründerzeitlichen Altbauquartieren, die als besonders benachteiligt gelten (Marxloh und Bruckhausen im Duisburger Norden, Hochfeld südwestlich des Stadtzentrums). In diesen Stadtteilen herrscht für sunnitische Muslime auf engem Raum ein plurales Angebot mit Moscheen unterschiedlicher religiöser, politischer und ethnischer Orientierung. Häufig befinden sich die Moscheen in ehemals gewerblich genutzten Räumen (Läden, Gaststätten, Gewerbebetriebe, umfunktionierte Kinosäle). Im Stadtzentrum selbst gibt es keine Moscheen.

Sichtbare Moscheen in Deutschland

Seit Beginn der 1990er Jahre werden zunehmend repräsentative, sichtbare Moscheen in Deutschland errichtet (▶ Foto). Sie sind damit ein Ausdruck der sich damals durchsetzenden Bleibeorientierung der ausländischen Arbeitnehmer und ihrer Familien, die ihre Lebensperspektiven in Deutschland und nicht mehr in ihren Herkunftsländern sahen. Die in Deutschland errichteten Moscheen orientieren sich in der Regel am osmanischen Stil mit seinen runden, spitz zulaufenden Minaretten und einer Zentralkuppel über dem Gebets-

❷ Schnittdarstellung einer Moschee

Türkiye-Moschee Gladbeck; Architekt: Mustafa Erkal, Ratingen

raum. Gelegentlich werden an bestehende Gebetsräume, die in umfunktionierten Gebäuden untergebracht sind, einfach Minarette angebaut.

Tatsächlich stadtbildprägend sind die neuen repräsentativen Moscheen aber nur in einem sehr eingeschränkten Sinne. Sie befinden sich meist nicht in den eigentlichen Stadtzentren oder Cities, sondern in eher peripher gelegenen Wohn-, Misch- und zum Teil auch in Gewerbegebieten. Auch in ihrem Bauvolumen können sie sich nicht mit zentralen christlichen Sakralbauten früherer Jahrhunderte messen. Inwiefern sich islamische Architektur in Mitteleuropa weitgehend an traditionellen (osmanischen) Formen orientieren wird oder Architekten und Moscheevereine als Bauträger neue Formen zu finden versuchen, bleibt abzuwarten.

Repräsentative Moscheen finden sich, abgesehen von den Stadtstaaten, vor allem in den Industrie- und Ballungsräumen in Nordrhein-Westfalen, Hessen und Baden-Württemberg ❸. In Ostdeutschland gibt es mit Ausnahme Berlins bislang keine Moschee im klassischen Stil.

Konflikte um Moscheebauten

Nicht selten manifestieren sich innerstädtische Konflikte um Bauvorhaben von Moscheegemeinden. Anwohner und Nachbarn können zum Beispiel Belästigungen (Lärm, Verkehr) durch einen Neubau befürchten. Neben diesen städtebaulich-nachbarschaftlichen Aspekten treten bei Konflikten um Moscheen auch ethnisch-kulturelle und religionsbezogene Konfliktdimensionen auf. Von der Sorge um die Veränderung der vertrauten Lebenswelt durch ein als fremd empfundenes Bauwerk zu einer offenen Fremdenfeindlichkeit ist es dabei manchmal nur ein kleiner Schritt. Ethnisch-kulturelle (beziehungsweise fremdenfeindliche) und islambezogene Motive für die Ablehnung einer Moschee werden teilweise mit städtebaulichen Einwänden kaschiert oder gehen mit ihnen ein diffuses Gemenge an Gegengründen ein. Dabei wird die Weltreligion Islam nicht selten auf die zweifellos in ihr vorhandenen fundamentalistischen Strömungen reduziert – in Verkennung der Breite des Islams und der auch in ihm vorhandenen Pluralität. Häufig wurden im Nachhinein Moscheebauten als ein Gewinn für die städtische Gesellschaft und die Integration der muslimischen Bevölkerung gewertet, so in Lauingen a.d. Donau (▶ Foto) und im nordrhein-westfälischen Gladbeck ❷, wo sich die Stadtpolitik zunächst nur zögernd mit den Neubauplänen der Muslime auseinandersetzen wollte. ◆

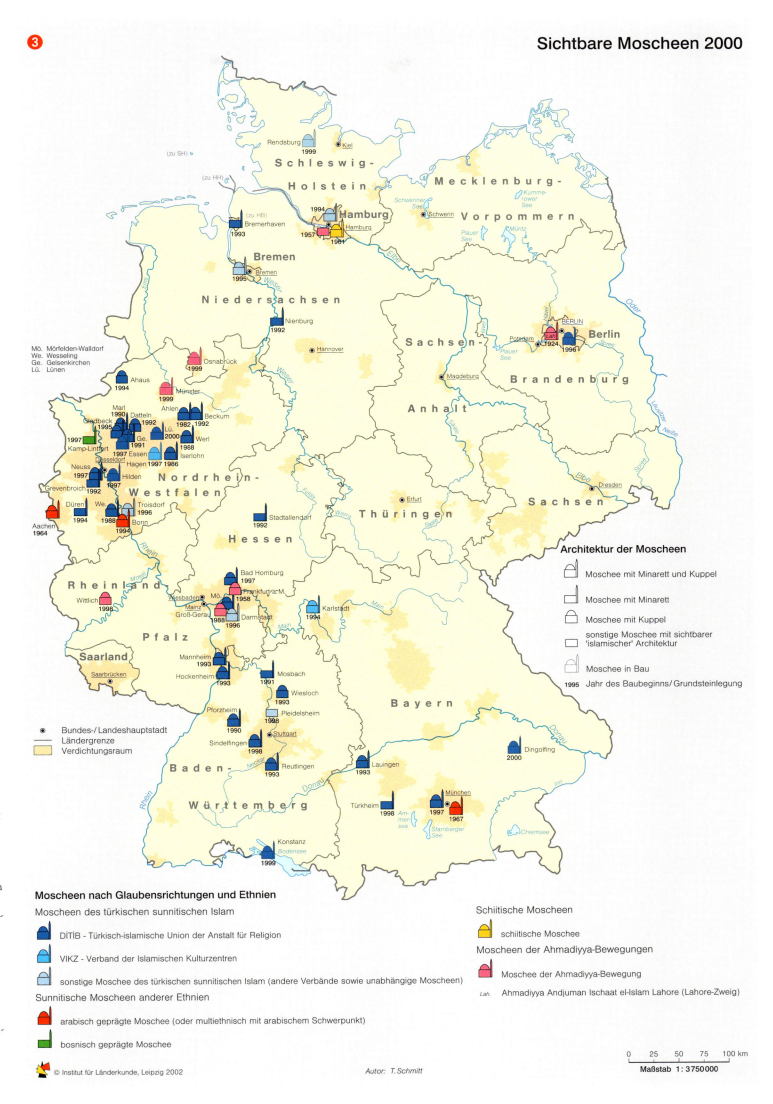

Sichtbare Moscheen 2000

Landeshauptstädte

Cornelia Gotterbarm

Das heutige Gebiet der Bundesrepublik Deutschland ist geprägt durch eine jahrhundertelange Zergliederung in eine Vielzahl souveräner Territorien. Auch während Zeiten unterschiedlichster Zusammenschlüsse, wie dem Heiligen Römischen Reich Deutscher Nation, dem Deutschen Bund oder dem Deutschen Reich, standen die Königreiche, Herzog- und Fürstentümer in Konkurrenz um politische wie wirtschaftliche Macht. Es entstand ein dichtes Netz von bedeutenden Städten, die als Keimzellen für eine dezentrale Entwicklung wirkten. Die Ausprägung territorialer Gewalten ist Ursache für den heute noch starken Regionalismus in Deutschland, der sich in der föderativen Staatsform der Bundesrepublik widerspiegelt. Nicht nur auf Bundesebene, sondern auch innerhalb der Länder findet bei der Festlegung von Regierungssitz sowie regionaler Verteilung hoheitlicher Einrichtungen diese historische Kleinteiligkeit Berücksichtigung.

Die Entstehung der Länder

Nach Ende des Zweiten Weltkrieges wurde Deutschland von den vier Siegermächten in Länder mit teilsouveränen Regierungen aufgeteilt. Die Grenzen wurden teils nach historischen Gesichtspunkten, teils neu gezogen.

Auf dem Gebiet der Bundesrepublik Deutschland (von 1949) gab es bis in die 1950er Jahre noch Korrekturen im Ländergefüge, und zwar den Zusammenschluss von Baden, Württemberg-Hohenzollern und Württemberg-Baden zum Land Baden-Württemberg (1952) sowie die Eingliederung des Saarlandes (1957).

In der DDR wurden 1952 die Länder aufgelöst und 14 Bezirke gebildet. Mit der Wiedervereinigung 1990 erfolgte die Umbildung der Bezirke in fünf Länder. Berlin, das bis dahin eine Sonderstellung innehatte, erhielt nach der Vereinigung ebenfalls den Status eines Landes. In jedem Bundesland musste die Entscheidung für eine Landeshauptstadt getroffen werden, in der die zentralen Regierungsaufgaben wahrgenommen werden konnten.

Auswahl der Landeshauptstädte

Bei der Auswahl der jeweiligen Landeshauptstädte ❸ gab es keine einheitliche Vorgehensweise: In den Stadtstaaten (Berlin, Bremen, Hamburg) standen die Landeshauptstädte originär fest. In den Flächenstaaten Westdeutschlands wurden die Landeshauptstädte zum Teil von den Besatzungsmächten festgelegt (Hannover, Kiel, Düsseldorf), zum Großteil erfolgte die Entscheidung durch die politischen Vertreter der Länder. In den neuen Ländern wurden die Landeshauptstädte entweder gewählt oder durch Entscheidung der Regierungsbeauftragten festgelegt ❶. Bei der Auswahl fanden im Wesentlichen folgende Standortfaktoren Berücksichtigung:

- geschichtliche Bedeutung der Stadt, deren Tradition als Residenz-, Regierungs- oder Verwaltungsstadt
- wirtschaftliche Stärke
- wissenschaftliches und kulturelles Format
- Infrastruktur (Verkehrsanbindung, ausreichende Gebäudekapazitäten für die Regierungseinrichtungen etc.)
- Größe und Einwohnerzahl

Die größte und bedeutendste Stadt des Landes Hessen, Frankfurt am Main, zeigte 1945 kein Interesse, Landeshauptstadt zu werden, da sie sich um den Sitz der neuen Hauptstadt bewarb. Die alte Residenz- und Kurstadt Wiesbaden wurde Landeshauptstadt. Ein Antrag im Jahr 1946, wonach Frankfurt nach der verlorenen Abstimmung über den Sitz der Bundeshauptstadt nun Landeshauptstadt werden sollte, wurde abgelehnt.

Bedeutung für Stadt und Region

Der Standort der Landeshauptstadt ist für die Stadt und das Umland von großer Bedeutung (▶ Kasten). In den meisten der 13 Flächenländer befindet sie sich zentral gelegen bzw. nahe dem Bevölkerungsschwerpunkt des Landes ❷. Bei der Auswahl einer Landeshauptstadt werden neben der Entscheidung für den Regierungssitz auch regionalentwicklungspolitische Weichen gestellt (vgl. Schwerin). Durch eine Verteilung oberer Landeseinrichtungen auf weitere Städte des Bundeslandes werden regionale Strukturunterschiede verringert (u.a. durch Arbeitsplätze und Steuereinnahmen).

Auch die Konkurrenzsituation innerhalb des Landes beeinflusst die Auswahl der Landeshauptstadt: fehlende Konkurrenz (z.B. im Saarland mit Saar- →

> **Bedeutung der Landeshauptstadtfunktion für eine Stadt**
> - zusätzliche Arbeitsplätze bei den Landesbehörden
> - Förderung und Sicherung kultureller Einrichtungen (Theater, Museen, historische Bauten)
> - verbesserte Stadtbildpflege (höheres Budget)
> - national und international höherer Bekanntheitsgrad und größere Bedeutung (Städtetourismus)

❷ Abweichung der Lage der Landeshauptstädte vom Landesmittelpunkt und vom Bevölkerungsschwerpunkt

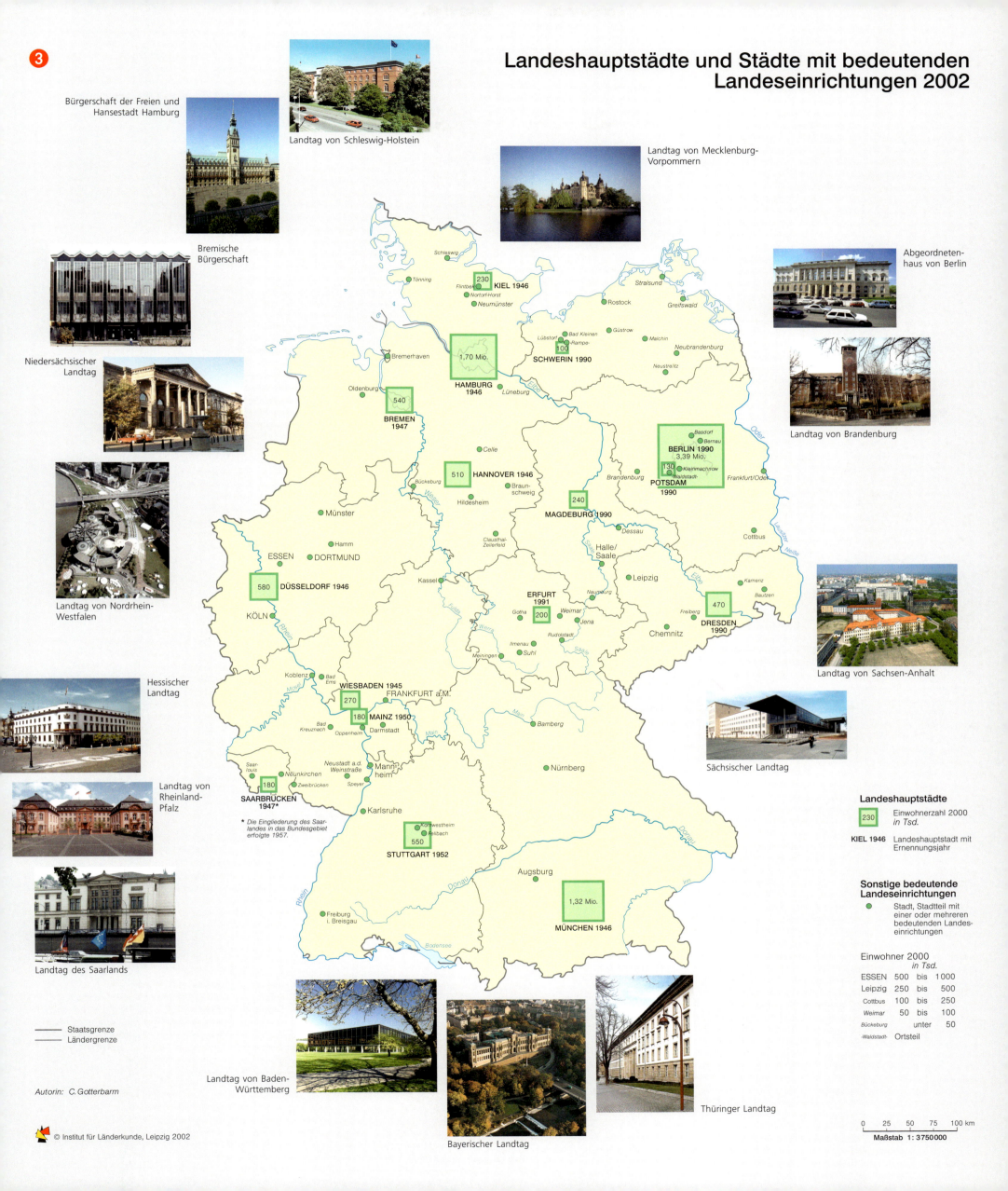

brücken als einziger Stadt von wirtschaftlicher und politischer Bedeutung) oder Nichtbewerbung weiterer potenzieller Kandidaten (z.B. in Hessen) erleichtern die Entscheidung. Bei vergleichbaren Kandidaten (z.B. in Thüringen) erfolgt mitunter eine Kampfabstimmung.

Wie oft in der Politik sind nicht nur die objektiven Bewertungen letztendlich ausschlaggebend für die jeweilige Ernennung einer Landeshauptstadt. Persönliche Beweggründe der Entscheidungsträger, Kompromisse und Kompensationen für die nicht ausgewählten Städte sowie letztlich geheime Abstimmungen sind nicht kalkulierbare Faktoren.

Die Landeshauptstadt ist nicht notwendigerweise auch die größte und bedeutendste Stadt eines Bundeslandes. Es gibt in den meisten Ländern weitere Städte, die bezüglich ihrer Größe, ihrer wirtschaftlichen oder kulturellen Bedeutung der jeweiligen Landeshauptstadt gleichwertig sind oder sie sogar übertreffen: z.B. in Mecklenburg-Vorpommern Rostock gegenüber Schwerin, in Hessen Frankfurt am Main gegenüber Wiesbaden oder in Nordrhein-Westfalen Köln gegenüber Düsseldorf.

Ausgewählte Beispiele

München ❹
Bereits seit 1255 ist München Residenzstadt. Bei der Kaiserkrönung von Ludwig dem Bayern wird München 1328 quasi zur Hauptstadt des gesamten Heiligen Römischen Reiches Deutscher Nation. 1806 wird München unter Max Joseph zur Hauptstadt des Königreiches Bayern. Zahlreiche Behörden wie auch der Sitz des Erzbistums (Freising) und der Universität (Landshut) verlagern sich nach München. Unter Ludwig I. (1825-1848) wird die Stadt massiv ausgebaut. In dieser Zeit entsteht eine Vielzahl der Gebäude, die heute von der Landesregierung genutzt werden (Maximilianeum: Sitz des Landtages (▶ Foto), Konzertsaal Odeon: Innenministerium, Leuchtenbergpalais: Finanzministerium). 1918 wird Bayern in eine parlamentarische Demokratie umgewandelt, die seit 1255 andauernde Herrschaft der Wittelsbacher geht zu Ende. Während der Weimarer Republik und des Dritten Reiches ist München Landeshauptstadt und Verwaltungszentrum. 1946 finden die ersten freien Wahlen des Bayerischen Landtages statt. München bleibt in der bayerischen Tradition Hauptstadt.

1993 zieht der Ministerpräsident in den Neubau der Staatskanzlei am Hofgarten ein. München hat heute ca. 1,3 Mio. Einwohner, ist Sitz zweier großer Universitäten und beherbergt zahl-

7 Wiesbaden
Landeshauptstadt von Hessen

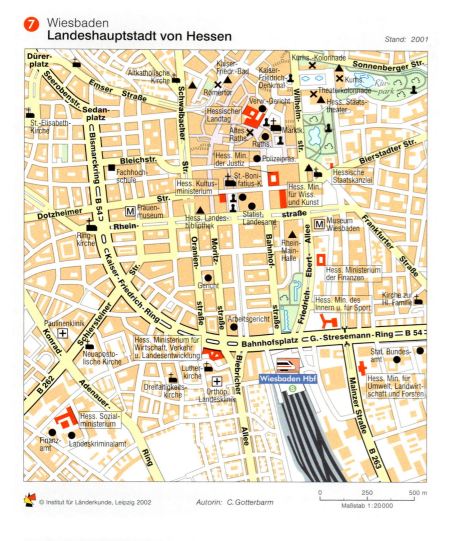

Stand: 2001
Maßstab 1:20 000
Autorin: C. Gotterbarm
© Institut für Länderkunde, Leipzig 2002

Legende für 4 bis 8

Bedeutende Einrichtungen der Landeshauptstädte

- oberste Landeseinrichtung

Weitere bedeutende Einrichtungen
- ● Landesamt, sonstige Einrichtung der öffentlichen Verwaltung bzw. von überregionaler Bedeutung
- ■ Universität, Hochschule, Fachhochschule, Akademie, Forschungseinrichtung
- ▲ Bibliothek, Archiv, Oper, Theater, Kino, sonstige kulturelle Einrichtung
- × historisch bedeutsames Bauwerk oder bekannte Sehenswürdigkeit
- Markt bedeutsame(r) Straße / Platz

Nebenkarte
- Lage des Hauptkartenausschnitts
- Standort einer obersten Landeseinrichtung
- Stadt-, Gemeindegrenze

topographischer Karteninhalt: Legende 2

© Institut für Länderkunde, Leipzig 2002

lose kulturelle und wissenschaftliche Einrichtungen.

Potsdam 5

1660 wird Potsdam neben Berlin die zweite Residenz der Kurfürsten von Brandenburg und späteren Könige von Preußen. Im 18. Jh. wird es zur Garnisonsstadt ausgebaut. 1945 ist Potsdam als Verhandlungsort der Siegermächte, die hier über das weitere Schicksal des besiegten Deutschlands entscheiden, von besonderer historischer Bedeutung: Am 2. August wird auf Schloss Cecilienhof das Potsdamer Abkommen unterzeichnet.

1952 wird die Stadt Verwaltungssitz des DDR-Bezirks Potsdam, 1990 Landeshauptstadt von Brandenburg. Die Nähe und Übermacht von Berlin beeinträchtigt bis heute die Entwicklung der ehemaligen Residenzstadt Potsdam, insbesondere als Berlin Ende des 19. Jhs. Reichshauptstadt wird. Auch nach dem Mauerbau 1961 und der Schwächung Berlins durch die Teilung kann es seine Stellung als zentraler Ort nicht in dem Rahmen ausbauen, wie es dem Rang einer Bezirkshauptstadt entsprochen hätte.

1996 lehnen die Bürger Brandenburgs in einer Volksabstimmung die Länderfusion mit Berlin ab. Potsdam war als Hauptstadt des neuen Landes Berlin-Brandenburg vorgesehen und hatte sich von der Fusionierung einen deutlichen Bedeutungszuwachs erhofft.

In Potsdam sind mehrere wissenschaftliche Institute, eine Universität und eine Fachhochschule ansässig. Die Stadt hat ihre Position als Film- und Medienstandort weiter behaupten können. Im Jahr 2000 hat sie 128.000 Einwohner. Der Landtag befindet sich in dem zur Jahrhundertwende erbauten Gebäude der ehemaligen Königlichen Kriegsschule von Wilhelm II. auf dem Brauhausberg (▶ Foto).

Schwerin 6

Schwerin ist mit Unterbrechungen seit dem Ende des 15. Jhs. Residenzstadt des Herzogtums Mecklenburg bzw. Mecklenburg-Schwerin. 1918 wird es Hauptstadt des Freistaats Mecklenburg-Schwerin und ab 1934 des nun vereinigten Landes Mecklenburg. Von 1952 bis 1990 ist Schwerin Verwaltungssitz des DDR-Bezirks Schwerin und wird 1990 Landeshauptstadt von Mecklenburg-Vorpommern, das die ehemaligen DDR-Bezirke Schwerin, Rostock und Neubrandenburg umfasst.

Schwerin kann auf eine lange Tradition als Verwaltungs- und Beamtenstadt zurückblicken. Da größere Arbeitgeber nicht vorhanden sind, ist die Übernahme der Landeshauptstadtfunktion von essenzieller Bedeutung für den Arbeitsmarkt der Region. Schwerin hat seit der Wende einen starken Bevölkerungsrückgang zu verzeichnen und liegt im Jahr 2000 an der 100.000-Einwohner-Grenze. Eine Ursache für das Abwandern gerade junger Bevölkerungsschichten ist das Fehlen weiterführender Bildungseinrichtungen wie einer Fachhochschule oder einer Universität.

Sitz des Landtages ist das auf einer Insel im Schweriner See gelegene Schloss (erbaut 1845-57) (▶ Foto). Die Ministerien sind größtenteils in historischen Gebäuden untergebracht, unter anderem an der Schlossstraße und im Marstall, in unmittelbarer Nähe zum Landtag.

Wiesbaden 7

Bereits im 9. Jh. befindet sich auf dem Gebiet des heutigen Wiesbaden ein karolingischer Königshof. 1744 wird die Stadt Regierungssitz des Fürstentums Nassau-Usingen. Als 1806 das Herzogtum Nassau geschaffen wird, bleibt Wiesbaden deren Residenzstadt. Nach 1866 wird es Verwaltungssitz des preußischen Regierungsbezirkes Wiesbaden in der Provinz Hessen-Nassau. Im 19. Jh. entwickelt sich die Stadt zu einem international bedeutsamen Kurort.

Nach dem Ende des Zweiten Weltkrieges wird Wiesbaden bereits am 12. Oktober 1945 zum Sitz der Landesregierung bestimmt. Von Vorteil für eine schnelle Aufnahme der Regierungsarbeit ist der vergleichsweise geringe Zerstörungsgrad der Stadt (▶▶ Beitrag Bode, S. 88). Das Mitte des 19. Jhs. für Herzog Wilhelm von Nassau erbaute Stadtschloss dient seit 1946 als Sitz des Hessischen Landtages (▶ Foto).

Wiesbaden hat 267.000 Einwohner und ist Sitz von Bundesbehörden, des Statistischen Bundesamtes und des Bundeskriminalamtes. In der Stadt gibt es mehrere Fachhochschulen und eine Vielzahl von Landeseinrichtungen.

Mainz 8

Bereits zur Zeit der Römerherrschaft besitzt Mainz die Funktion einer Hauptstadt in der Provinz Germania Superior. Im 8. Jh. wird die Stadt zum Sitz eines Erzbistums. Als Knotenpunkt wichtiger Land- und Wasserstraßen wird sie im Mittelalter eines der wirtschaftlichen Zentren des Deutschen Reiches. Im 13./14. Jh. erlebt sie als Residenz des Kurfürstentums Mainz eine Blütezeit, mehrere Reichstage werden dort abgehalten. 1254 wird Mainz Haupt des Rheinischen Städtebundes. 1792/93 und 1798-1814 wird es von Frankreich besetzt und verliert seine Funktion als Residenz des Kurfürsten und des Erzbischofs.

Nach Ende des Zweiten Weltkrieges muss Mainz seine rechtsrheinischen Stadtteile, die 52% des Stadtgebietes ausmachen, an das Land Hessen abgeben. Die Stadt wird bereits 1945 durch den französischen Oberkommandierenden zur Landeshauptstadt bestimmt. Ein jahrelanges Tauziehen mit Koblenz, dem provisorischen Standort von Landtag und Regierung, beginnt. Erst 1950 wird Mainz endgültig in einer Landtagsabstimmung zur Hauptstadt von Rheinland-Pfalz gewählt.

In Mainz leben heute 183.000 Einwohner. Eine Universität und eine Fachhochschule sowie mehrere Fernsehsender (ZDF, SWR, 3-sat) haben hier ihren Standort. Der Landtag hat seinen Sitz im Deutschhaus (▶ Foto), einem in der ersten Hälfte des 18. Jhs. erbauten Gebäude des Deutschen Ritterordens. Das zuerst vorgesehene Kurfürstliche Schloss wird von der Stadt Mainz nicht an das Land abgetreten. Der Großteil der Ministerien konzentriert sich direkt in der Nähe des Landtages.

Mainz und Wiesbaden sind zwei Landeshauptstädte, die – nur durch den Rhein getrennt – direkt aneinander angrenzen. Eine Zusammenarbeit „auf kurzem Wege" erfolgt zwischen den beiden Städten in den Bereichen Verkehr, Energieversorgung und Kultur sowie bei Feuerwehr- und Katastropheneinsätzen. Auf Regierungsebene findet trotz der geographischen Nähe keine spezielle Zusammenarbeit statt. ◆

8 Mainz
Landeshauptstadt von Rheinland-Pfalz

Autorin: C. Gotterbarm
Stand: 2001
Maßstab 1:20 000
© Institut für Länderkunde, Leipzig 2002

Landeshauptstädte

Berlin – von der geteilten Stadt zur Bundeshauptstadt

Bärbel Leupolt

Nach den Londoner Abkommen von 1944/45 und dem Potsdamer Abkommen von 1945 wurde Groß-Berlin zu einem besonderen Besatzungsgebiet innerhalb Deutschlands erklärt, das in vier Sektoren aufgeteilt von den Siegermächten des Zweiten Weltkrieges gemeinsam verwaltet werden sollte ❶. In der Realität fand eine zunehmende Spaltung der Stadt entlang der Grenze des sowjetischen Sektors zu den drei Sektoren der Westalliierten USA, Großbritannien und Frankreich statt. Sie war Ausdruck der zwischen den Siegermächten schnell zutage tretenden unüberbrückbaren politischen, ökonomischen und militärischen Differenzen über die weitere Entwicklung Berlins. Dies zeigte sich u.a. in der Auslegung der Statusfrage. Der Sonderstatus Berlins schloss seine Zugehörigkeit zur im Mai 1949 gegründeten Bundesrepublik Deutschland ebenso aus wie zur im Oktober 1949 ausgerufenen Deutschen Demokratischen Republik. Der Westteil Berlins war bis 1990 Bundesland der Bundesrepublik Deutschland mit alliierten Vorbehalten, die Hauptstadt wurde Bonn. Der Ostteil dagegen übte – trotz Widerstands und Nichtanerkennung durch die Westalliierten und die BRD – bereits seit 1949 de facto die Hauptstadtfunktion für die DDR aus.

Bau der Mauer 1961

Der Bau der ▶ Berliner Mauer durch die DDR ab dem 13. August 1961 bildete den Kulminationspunkt der Auseinandersetzung um die Zukunft der Stadt. Er bedeutete einen ungeheuerlichen Eingriff in den Stadtkörper. Entlang der Sektorengrenze zwischen dem sowjetischen Sektor und den westalliierten Sektoren entstanden abrupt und unüberwindbar umfangreiche Grenzanlagen, die Berlin in zwei Teile brachen und den Westteil zur „ummauerten Insel" in der DDR machten. Konnte vorher die Sektorengrenze an 81 Stellen überquert werden, blieben jetzt insgesamt 12 Grenzübergangsstellen von Berlin (West) nach Berlin (Ost) bzw. in die DDR, inkl. der drei Transitkorridore ❶. Die so geteilte Stadt, in der sich auf der Ostseite 1,07 Mio. Einwohner auf einer Fläche von 403 km² wiederfanden und auf der Westseite 2,2 Mio. Menschen auf 481 km² „eingesperrt" wurden (STAT. LA BERLIN 1999, S.31), avancierte endgültig zum Brennpunkt der Auseinandersetzungen der beiden weltpolitischen und militärischen Machtblöcke. Berlin erlebte in den nächsten fast drei Jahrzehnten eine bewusst getrennte Entwicklung in zwei unterschiedlichen Gesellschaftssystemen – mit erheblichen sachlichen und räumlichen Folgen für beide Teile und die Gesamtstadt. Besonders betroffen war die ▶ Innenstadt.

Der Verlust der historischen Mitte

Nach Ende des Zweiten Weltkrieges war die Innenstadt Berlins, in der sich hochrangige City- und Hauptstadtfunktionen konzentriert hatten, weitgehend flächenhaft zerstört ❷ (oben). Infolge der Festlegung der Sektorengrenzen befand sich der Stadtbezirk Mitte im sowjetisch kontrollierten Sektor, während Tiergarten und Charlottenburg zum britischen, Kreuzberg zum amerikanischen und Wedding zum französischen Einflussgebiet gehörten ❶. Mit dem Mauerbau 1961 entstand eine dominante innerstädtische Grenze, die noch vorhandene urbane Strukturen und Vernetzungen zerriss und umfangreiche Flächen beanspruchte. Im Westteil wurde an die Mauer angrenzender Raum für eine Inwertsetzung zumeist uninteressant, was umfangreiche Strukturschwächen bewirkte. Im Ostteil entstanden zusätzliche Brachflächen entlang der Mauer, da ein unstillbarer staatlicher Sicherheitsbedarf dies vorgab. Die sich herausbildende innerstädtische Peripherie hinterließ einen weiteren tiefen Einschnitt in der Struktur der Innenstadt: den unwiederbringlichen Verlust der gewachsenen Mitte ❷ (mitte) ❸.

Entstehung eigener Zentren in Ost und West

Durch die Teilung entstanden zwei autonome Zentrenbereiche im Osten und im Westen der Stadt, die in der jeweiligen Stadthälfte identitätsstiftend wirkten. Das Zentrum-Ost entwickelte sich im Stadtbezirk Mitte auf dem Gebiet der historischen Altstadt bzw. der früheren Citybereiche der Gesamtstadt. Es wurde nach erheblichen Kriegszerstörungen und umfangreichen Abrissmaßnahmen (z.B. Schloss, mittelalterlicher Kern) entsprechend den gesellschaftlich vorgegebenen Prinzipien des Sozialismus zur Hauptstadt der DDR umgestaltet. Hierbei fanden großräumige Neubauungen mit überbreiten Magistralen und undefinierten Freiräumen statt, z.B. um den Alexanderplatz und die Spreeinsel, wobei die Funktionsvielfalt mit Verwaltung, Kultur, Wissenschaft, Verkehr und Handel durch die Komponente Wohnen beträchtlich erhöht wurde ❷ (mitte).

Im Westteil der Stadt entwickelte sich nach 1961 ein eigenes Zentrum. Das in den 1920er Jahren herausgehobene Vergnügungs-, Gastronomie- und Hotelleriearal um den Breitscheid-Platz mit angrenzenden Straßenzügen mehrerer Berliner Bezirke (Charlottenburg, Schöneberg, Tiergarten, Wilmersdorf) wurde zur City-West. Hier konzentrierten sich in der Folgezeit hochrangige Verkehrs-, Handels-, Kultur- und Wissenschaftseinrichtungen. Im Krieg stark zerstört und danach vom Abriss betroffen, nahm die Neubauung zwar historische Grundzüge auf, folgte im Aufriss jedoch Gestaltungsmustern der europäischen Moderne.

Im Grundmuster der Innenstadt zeigten sich am Ende der Teilung der Stadt 1989 nicht nur die innerstädtische Peripherie beiderseits der Mauer, der Verlust der Stadtmitte und die Etablierung zweier autonomer Zentrenbereiche, sondern auch die durch die Systemkonkurrenz bedingten massiven Eingriffe in die Teilstadtstrukturen in Gestalt z.T. flächenhafter Abrisse historischer Areale, der Zerstörung des alten Straßen- und Platzgefüges, der Doppelausprägung von Elementen (z.B. Opern, Universitäten, Tiergärten etc.) sowie der oft bruchstückhaft wirkenden Neubauung vieler Bereiche mit wenig Bezug auf den historischen Stadtgrundriss, aber deutlicher Orientierung an den unterschiedlichen gesellschaftlichen Leitbildern ❷ (oben u. mitte).

Der Fall der Mauer 1989

So abrupt wie die Berliner Mauer geschaffen wurde, fiel sie in der Nacht vom 9. zum 10. November 1989 nach mehr als einem Vierteljahrhundert. Das Brandenburger Tor wurde am 22.12.1989 wieder geöffnet. Am 1.7.1990 wurden sämtliche Personen- und Zollkontrollen in Berlin eingestellt. Am 5.7.1990 wurde der Abriss der innerstädtischen Mauer bis zum 31.12.1990 und der Grenzanlagen zum westlichen Umland bis zum 31.12.1991 beschlossen.

❶ Berlin 1945 und nach dem Bau der Mauer 1961

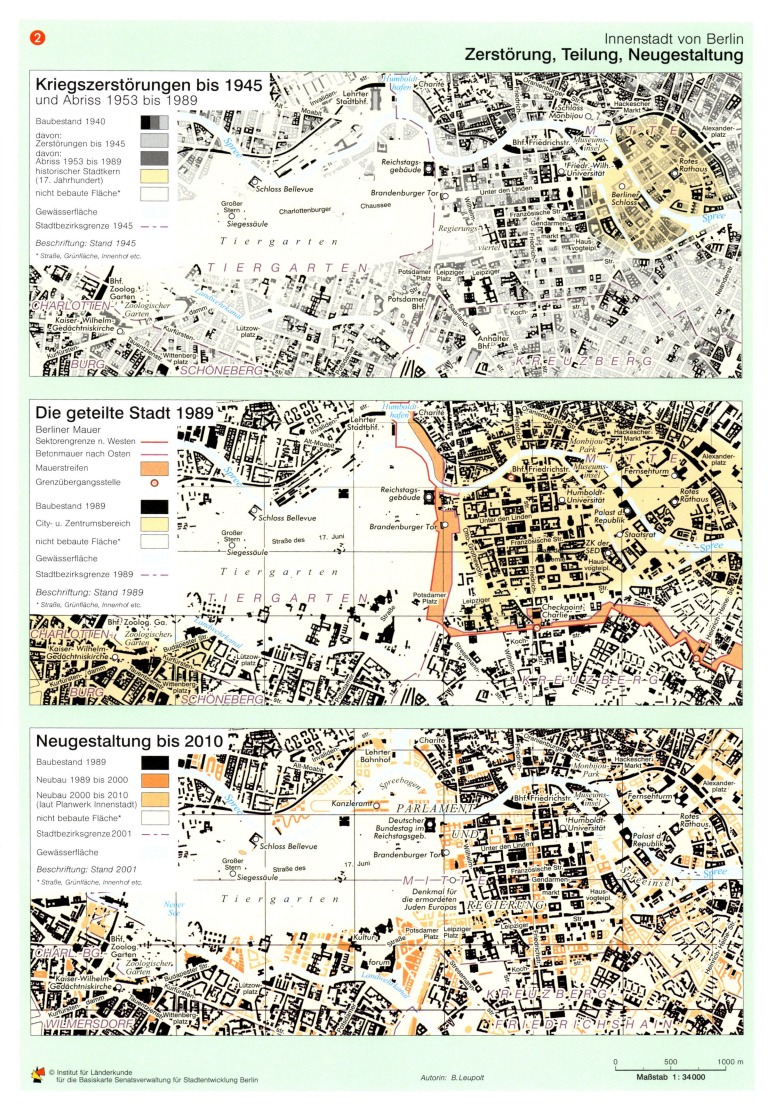

Berliner Mauer

Massive Grenzanlage, die von der DDR ab dem 13. August 1961 in einer Gesamtlänge von 155 km entlang der Grenze zu den Westsektoren Berlins (43,1 km) und zur DDR (111,9 km) errichtet wurde. Sie bestand aus einer ca. 4 m hohen Betonplattenwand (106 km) bzw. einem 3-4 m hohen Metallgitterzaun (67 km) an der Sektorensektorgrenze zu Berlin (West) und einem Kontaktzaun (127 km) bzw. einer Betonmauer auf Seiten der DDR bzw. von Berlin (Ost). Dazwischen befanden sich Kontrollstreifen, Kfz-Gräben (105 km), 6-7 m breite Kolonnenwege (124 km), Hundelaufanlagen (260), Beobachtungstürme und Signalgeräteareale. Von der Grenze wurden Wohngebiete (37 km), Industrieareale (17 km), Waldgebiete (30 km) sowie Wasserflächen (24 km) durchtrennt. Acht S- und vier U-Bahnlinien wurden unterbrochen. Alle 48 über den sowjetischen Sektor hinausgehenden S-Bahn- und 33 U-Bahnstationen wurden gesperrt bzw. 13 völlig geschlossen. Allein auf dem Bahnhof Friedrichstraße blieb für Ausländer und Bundesbürger ein Sonderbahnsteig. An der Grenze wurden 193 Haupt- und Nebenstraßen aus Berlin (West) funktionslos (PRESSE- UND INFORMATIONSAMT DES LANDES BERLIN 1996).

Innenstadt

Als Innenstadt Berlins gilt das dicht besiedelte Gebiet innerhalb des S-Bahnringes. In diesem Atlasbeitrag wird lediglich ein zentraler Ausschnitt der Innenstadt zwischen der City-West und dem Zentrum-Ost betrachtet.

Historisches Zentrum

In aktuellen Arbeiten der Senatsverwaltung für Stadtentwicklung Berlin wird nicht das Zentrum-Ost als Raumkategorie genutzt, sondern das historische Zentrum, das das Areal innerhalb der letzten Berliner Stadtmauer (bis 1868) umfasst.

Berlin wird neue Hauptstadt

Die Wiedervereinigung Deutschlands am 3. Oktober 1990 war für Berlin in zweifacher Hinsicht bedeutsam: Nach mehr als 40 Jahren konnte es wieder zu *einer* Stadt werden, und es bekam mit dem Einigungsvertrag eine neue Chance als Hauptstadt. Durch die Abstimmungsentscheidung im Deutschen Bundestag am 20.6.1991 erhielt es zugleich den Auftrag als Regierungssitz (▶▶ Beitrag Bode, Bd. 1, S. 21).

Im Bonn/Berlin-Gesetz von 1994 wurde festgelegt, dass 11 Bundesministerien bzw. Ämter bis 2000 von Bonn nach Berlin verlagert werden und die in Bonn verbleibenden 6 Ministerien einen zweiten Dienstsitz in der Bundeshauptstadt erhalten sollten (gleiches gilt umgekehrt für Bonn). Seitdem haben viele der Ministerien und Ämter sowie der Bundespräsident, das Bundespräsidialamt, der Deutsche Bundestag, der Deutsche Bundesrat, der →

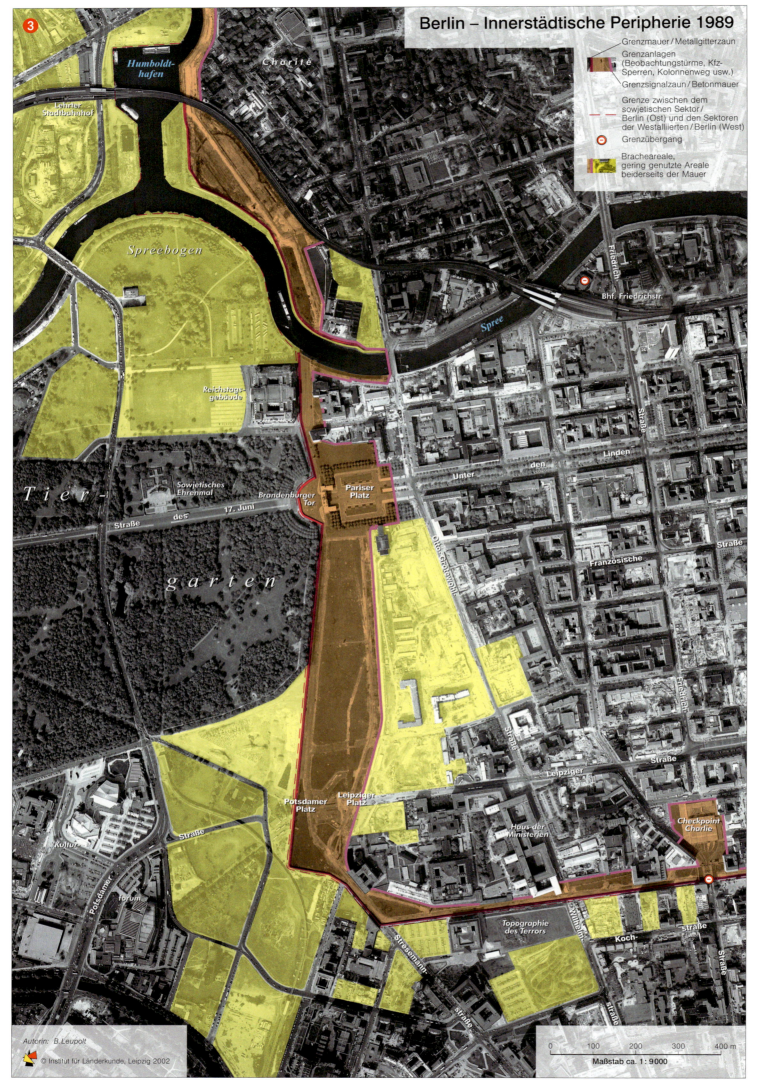

Bundeskanzler und das Bundeskanzleramt, die Vertretungen der Bundesländer und die Parteizentralen ihre Standorte in Berlin eingenommen ④. Der Stadt ist dadurch ein interessantes Zukunftspotenzial zugewachsen, das gewinnbringend in einen Neubeginn investiert wurde und in einen rasanten Strukturwandel in allen Daseinsbereichen der mit fast 3,4 Mio. Einwohnern auf 89.022 ha Fläche größten Stadt der Bundesrepublik mündet (STAT. LA BERLIN 1999).

Die Gestaltung einer neuen Stadtmitte

Die Hauptstadt kann und muss um die Wende vom 20. zum 21. Jh. ihre Stadtmitte neu gestalten. Vor diesem Hintergrund wurde ein zusammenhängendes Innenstadtkonzept erarbeitet, „das die beiden über Jahrzehnte getrennten Stadtzentren in ihrer Entwicklung zueinander in Beziehung setzt und verbindet, ihre Anlagen und Identitäten unterstützt und weiterentwickelt sowie ihre gemeinsame Geschichte und Zukunft wieder erlebbar werden lässt" (SENATSVERWALTUNG 1999, S.17). Die aufgenommenen städtebaulichen Leitbilder, mit denen innerstädtische Reintegration und Reurbanisierung gelingen sollen, sind: die „kritische Rekonstruktion" (Grundsatz: Ausbildung einer differenzierten, zeitgenössischen Stadtstruktur, die sich an historischen Schichten und Maßstäblichkeiten sowie am Prinzip der Nutzungsvielfalt orientiert, z.B. Areale der barocken Friedrich- und Dorotheenstadt) und die „europäische Stadt" (Grundsatz: strikte Trennung der öffentlichen Straßen, Plätze und Parkanlagen von privaten Flächen, z.B. bei neu zu bebauenden, weitgehend freigeräumten Arealen im Bereich der früheren Mauer am Potsdamer Platz, im Spreebogen, aber auch am Alexanderplatz, auf der Spreeinsel u.a.) (SÜSS/RYTLEWSKI 1999). Die Vision einer neuen Stadtmitte verwirklicht sich über eine die innerstädtische Peripherie überwindende Struktur – ein Cityband – das das Zentrum-Ost bzw. das ▶historische Zentrum und die City-West verbindet. Zwei integrierende Areale sind deutlich erkennbar: der Potsdamer Platz/Leipziger Platz als ein neues Zentrum in der polyzentrischen Stadtstruktur und das Parlaments- und Regierungsviertel im Spreebogen mit den angrenzenden Bereichen ② (unten) ④.

Die Integration der Hauptstadtfunktionen

Für die Einordnung der Hauptstadtfunktionen in den Stadtkörper wurde von Beginn an die Innenstadt bevorzugt – traditionsverpflichtet, aber auch symbolträchtig vermittelt durch zwei Bauwerke mit wechselvoller Geschichte und emotionaler Ansprache: das Brandenburger Tor und das Reichstagsgebäude. Die prekäre Ausgangslage der geteilten Mitte ③ macht die historisch einmalige Situation und die Größe der Herausforderung für die Stadt – besonders in dem gegebenen zeitlich und finanziell engen Rahmen – deutlich.

Den neuen städtebaulichen Leitbildern für die gesamte Innenstadt bzw. die Gesamtstadt folgend wurden drei Schwerpunkträume für die Neuerrichtung und den Um- bzw. Ausbau von Parlaments- und Regierungsbauten ausgewiesen: das Gebiet des Spreebogens um den Reichstag, die Spreeinsel mit angrenzenden Arealen in der historischen Mitte und der Bereich um Wilhelmstraße und Leipziger Straße ❷ (unten). Damit soll ein Kompromiss zwischen historisch Gegebenem und Identitätsstiftendem einerseits und auf die Zukunft Orientiertem andererseits gefunden werden, der der Maßgabe der Entwicklung von Funktionsvielfalt und -mischung entspricht. Die Wahl historischer Standorte im Zentrum bzw. am Rande des historischen Zentrums garantiert die Einbettung in die vielfältig existierenden oder entwicklungsfähigen Funktionsbereiche von Bildung, Kultur, Information, Versorgung, Arbeit, Wohnen, Erholung etc.

Mit den Grundoptionen von kurzen Wegen, Überschaubarkeit des Areals, guter Infrastrukturanbindung etc. bieten sich komfortable Bedingungen für eine zukunftsorientierte Ausübung hauptstädtischer Funktionen vor allem im völlig neu gestalteten Bereich des Spreebogens um den Reichstag. Die Symbolik der hier errichteten Regierungs- und Parlamentsbauten liegt in ihrer beide frühere Teile Berlins integrierenden Anlage. Ein 100 m breites und 1,5 km langes „Band des Bundes" verbindet – über den ehemaligen Grenzstreifen hinweg – diesen zentralen innerstädtischen Raum vom Bundeskanzleramt im Westen bis zu den Parlamentsbauten im Osten ❹. Das nach Entwürfen von Sir Norman Foster umgebaute und mit einer Glaskuppel versehene Reichstagsgebäude, der im Aufbau befindliche neue Hauptbahnhof am Lehrter Bahnhof, die Wohnanlage Moabiter Werder sowie die Park- und die nahen Hafenanlagen an der Spree runden den beachtenswerten Gesamteindruck ab. Mit der Etablierung politischer Entscheidungskompetenzen in der neuen Hauptstadt zeigen sich deutliche Anzeichen einer Sogwirkung auf Diplomatie, Verbände, Medienpräsenz, Wirtschaft und Kultur, deren bevorzugter Standort die Innenstadt ist.

Ausblick

Das Entwicklungsszenario der Innenstadt Berlins deutet die schrittweise Gestaltung des Zentrums einer neuen Metropole Berlin an, die auf dem Weg ist, auf regionaler, nationaler und internationaler Ebene ihre Position neu zu bestimmen, auszugestalten und nach innovativen Vernetzungen zu suchen.◆

Berlin – Überwindung der innerstädtischen Peripherie 2000
Gestaltung der neuen Mitte

Kulturstadt Berlin

Ulrich Freitag

Schloss Charlottenburg

Gendarmenmarkt

Kulturforum

Reichstag-Verhüllung 1995

Kultur war nach den Zerstörungen des Dreißigjährigen Krieges in der Residenzstadt Berlin zunächst höfische Kultur. Das barocke Stadtschloss mit seinen Kunstkammern, Bibliotheken und Festspielplätzen (heute zerstört) war ihr Zentrum. Der benachbarte Marstall (heute Stadtbibliothek) war seit 1696 Sitz der Akademien der Künste und der Wissenschaften (seit 1700). Mit den planmäßigen Erweiterungen der Stadt entstanden um das Schloss zahlreiche neue Kulturstätten wie die Königliche Oper (1742, heute Deutsche Staatsoper). Auf dem Gendarmenmarkt wurden 1780-85 der Französische und der Deutsche Dom sowie zwischen ihnen 1821 das Schauspielhaus (heute Konzerthaus) erbaut. Damit waren die Grundlagen für den Kulturbezirk Mitte gelegt.

Die ▶ Peuplierungspolitik der preußischen Könige führte in Berlin jedoch früh zur Entwicklung einer eigenständigen bürgerlichen Kultur. Standorte waren die Salons repräsentativer Bürgerhäuser, königliche Bauten (Universität 1810 im Prinz-Heinrich-Palais) oder neue Gebäude (Singakademie 1821, heute Maxim-Gorki-Theater). Eine zweite Blüte erlebte die bürgerliche Kultur mit der Industrialisierung und der Expansion der Stadt am Ende des 19. Jhs. Am Rande der alten Stadtmitte entstanden Bühnen für die darstellenden Künste mit heiter-populären oder ernst-sozialkritischen Schwerpunkten, z.B. die Kroll-Oper 1851 und das Lessing-Theater 1886 (beide zerstört), das Deutsche Theater 1883 sowie das Neue Theater am Schiffbauerdamm 1892 (heute Berliner Ensemble). Auch für die rasch wachsenden Sammlungen wurden neue repräsentative Bauten geschaffen (Kunstgewerbemuseum 1882, heute Martin-Gropius-Bau; Märkisches Museum 1908).

Ein weiterer Kulturbezirk entstand im bürgerlichen Wohngebiet von Charlottenburg mit dem Theater des Westens (1896), dem Schillertheater (1907), der Deutschen Oper (1912), der Tribüne (1919) u.a. Gleichzeitig wurden überall Filmtheater gebaut. Durch ihre markante Architektur zeichnen sich das Kino Universum (heute Schaubühne am Lehniner Platz) und der Titania-Palast aus (beide 1928).

Die Weltwirtschaftskrise setzte der euphorischen Dynamik der goldenen oder auch wilden 20er Jahre ein Ende. Vernichtet wurde die Kulturmetropole Berlin jedoch durch die Diktatur der Nationalsozialisten. Ihre Gesetze vertrieben Künstler, Wissenschaftler und Mäzene, ihre Kriege und Lager brachten Schriftsteller und Maler, Schauspieler und Sänger um. Zensur und Zwangsmaßnahmen beraubten das Kulturleben seiner Vielseitigkeit und Kreativität; an die Stelle von Kultur trat Propaganda.

Kultur im geteilten Berlin

Nach dem Zweiten Weltkrieg hat die Konfrontation zwischen den Siegermächten zur Zweiteilung Deutschlands und der Vier-Sektoren-Stadt Berlin geführt. Die Regierungen beider deutschen Teilstaaten nutzten die kulturelle Förderung ihrer Stadthälften, um ihre politischen Führungsansprüche zu begründen: Berlin entwickelte sich zu zwei Städten mit unterschiedlicher Kultur und doppelten Kulturangeboten.

Da der alte Kulturbezirk Mitte zu Ost-Berlin gehörte, konzentrierte sich die dirigistische staatliche Kulturpolitik der DDR vorrangig auf die Wiederherstellung dieses Bezirkes und seine Stärkung durch Neugründungen (Komische Oper 1947, Berliner Ensemble 1949, Museum für Deutsche Geschichte im Zeughaus 1952). Nur an wenigen anderen Stellen entstanden größere Kulturstätten wie das Theater der Freundschaft in Lichtenberg 1950 oder das Sowjetische Armeemuseum 1967 (heute Museum Berlin-Karlshorst).

In West-Berlin wurde der Kulturbezirk Charlottenburg durch moderne Neubauten (Deutsche Oper 1961) und andere Förderungsmaßnahmen wiederhergestellt. An mehreren Stellen, z.B. in Kreuzberg und Charlottenburg, entwickelte sich eine innovative ▶ Kiezkultur. Das kulturelle Stadtbild prägten aber vor allem die Museen: In Dahlem entstand ein Museumskomplex für völkerkundliche Sammlungen, das Schloss Charlottenburg wurde für europäische und weitere Kunstsammlungen wieder aufgebaut.

Seit 1962 verfolgte man in West-Berlin Pläne zur Zusammenführung der verstreuten Kultureinrichtungen. Die schwungvolle Philharmonie (1963), die strenge Neue Nationalgalerie (1968) für die Kunst des 20. Jhs. und die Staatsbibliothek (1978) bilden den eindrucksvollen Rahmen des „Kulturforums". Die ständigen Kulturangebote an festen Standorten fanden eine Ergänzung durch zeitlich begrenzte, oft vielseitige und außergewöhnliche Veranstaltungen wie die Internationalen Filmfestspiele, die Berliner Festwochen, das Jazzfest Berlin und die Musik-Biennale, die Festivals der Weltkulturen sowie zahlreiche Sonderausstellungen.

Kultur im wiedervereinten Berlin

Die Wiedervereinigung der zwei Stadthälften 1990 führte auch im Kulturleben zu ungewöhnlichen Herausforderungen. Der Verlust der großzügigen staatlichen Fördermittel zwang zu einer Inventur der Berliner Kulturpolitik, zur Prüfung der Mehrfachangebote, zur Schließung von Bühnen (Freie Volksbühne 1992, Schillertheater 1993), zur Zusammenführung der bisher getrennten Bestände der Stiftung Preußischer Kulturbesitz wie auch zu einer Neugliederung der Sammlungen auf der Museumsinsel.

Gefördert vor allem durch die Ansiedlung von Regierung und Botschaften sind neue Strukturen der Kulturstadt Berlin zu erkennen. Mit den Regierungsbauten um den Bundestag, aber auch durch die Finanzierung von Holocaust-Mahnmal, Jüdischem Museum, Martin-Gropius-Bau und den Berliner Festspielen hat die Bundesregierung wichtige Plätze in der Mitte der Stadt besetzt. Der Schlossplatz soll wieder bebaut werden; der Rahmen der Kulturbauten um ihn ist fast wiederhergestellt worden. Neben dem Kulturforum haben am Potsdamer Platz Großinvestoren mit Musical-Theater, Filmmuseum, Kinemathek und mehreren Großkinos ein neues Zentrum moderner Medien entwickelt. In den Altbauten von Prenzlauer Berg und Friedrichshain entstanden zahlreiche neue Stätten der Szenekultur. Die Strassen Berlins sind Schauplätze der jährlich stattfindenden Love-Parade und des Karnevals der Weltkulturen geworden. Und dazwischen gibt es die wechselnden Treffpunkte der unzähligen Theater- und Tanzgruppen, Schriftsteller und Maler, Chöre und Orchester, Journalisten und Designer, die so wesentlich sind für die Faszination der dynamischen Kulturstadt Berlin.◆

Kiez – slawische Siedlungen in Brandenburg im frühen Mittelalter; später für populäre Unterschicht-Stadtviertel verwendet, besonders in Berlin

Peuplierungspolitik – im 17. Jh. gezielte Ansiedlung von Bevölkerung, überwiegend französischen Glaubensflüchtlingen (Hugenotten), zur Besiedlung und landwirtschaftlichen Bewirtschaftung von nach dem Dreißigjährigen Krieg entvölkerten Landstrichen Preußens

Innenstadt von Berlin
Veranstaltungs- und Sammlungsorte 2001

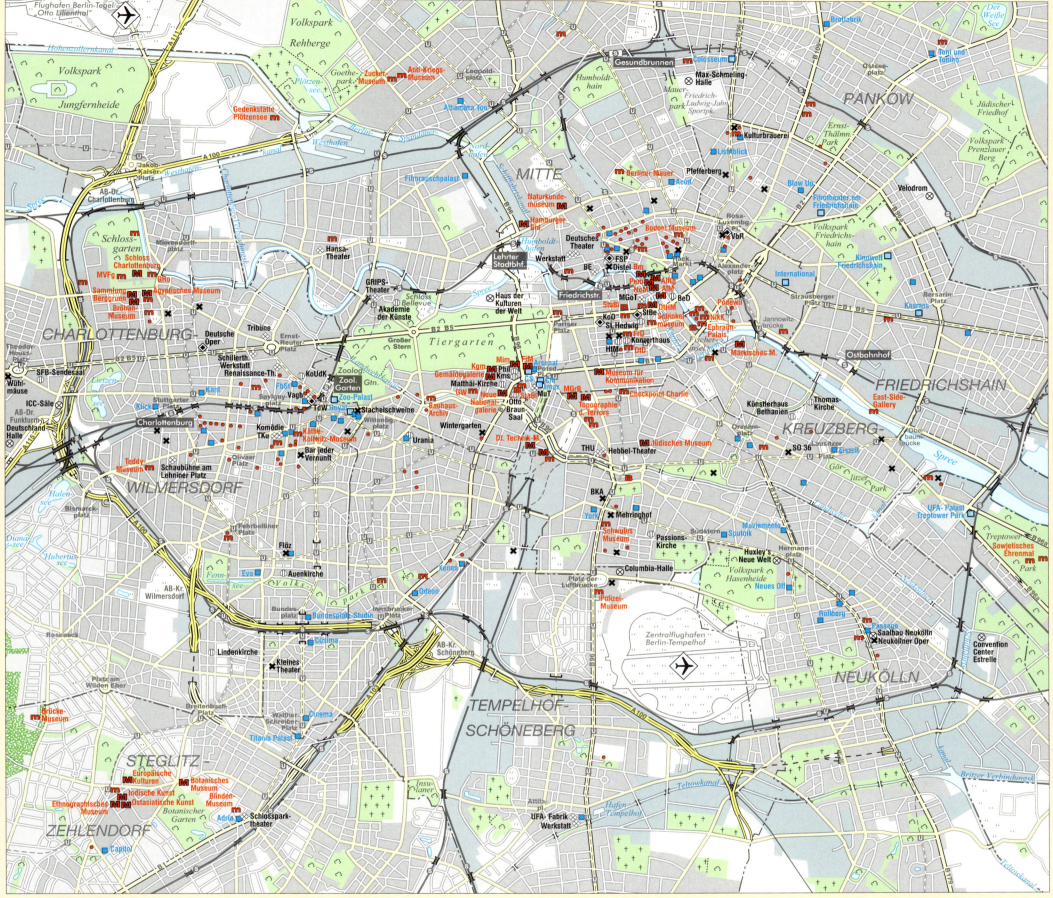

Veranstaltungsorte
- ◇ große Opern- oder Theaterbühne
- ■ mittlere oder kleine Bühne
- ✗ Kleinkunstbühne, Varieté
- ◆ große Filmbühne, Multiplexkino
- ■ mittlere oder kleine Filmbühne
- ⊗ Halle für Großveranstaltungen
- ● Konzertsaal, Kirchenraum

Sammlungsorte
- M großes Museum
- m mittleres oder kleines Museum
- • Kunstgalerie
- B große öffentliche Bibliothek

Abkürzungsverzeichnis

AlM	Altes Museum
ANg	Alte Nationalgalerie
BE	Berliner Ensemble
BeD	Berliner Dom
Bm	Bodemuseum
Cm	CinemaxX
CS	CineStar
DtD	Deutscher Dom
DtHM	Deutsches Historisches Museum
FbSt	Filmbühne am Steinplatz
FiM	Film-Museum
FrD	Französischer Dom
FSP	Friedrich-Stadt-Palast
GW	Gedenkstätte deutscher Widerstand
GRo	Galerie der Romantik
HfM	Saal der Hochschule für Musik "Hanns Eisler"
ICC	Internationales Congress Centrum
Kms	Kammermusiksaal
Kgm	Kunstgewerbemuseum
KoUdK	Konzertsaal der Universität der Künste
KoO	Komische Oper
MGoT	Maxim-Gorki-Theater
MGrB	Martin-Gropius-Bau
Mim	Musikinstrumentenmuseum
MuT	Musical-Theater
MVFg	Museum für Vor- und Frühgeschichte
NeM	Neues Museum
NiKK	Nikolai-Kirche
Pem	Pergamonmuseum
Phil	Philharmonie
RoyP	Royal-Palast
StaBi	Staatsbibliothek
StBe	Staats-Oper Berlin
TdW	Theater des Westens
THU	Theater am Halleschen Ufer
TKu	Theater am Kurfürstendamm
Vagb	Vagantenbühne
VbR	Volksbühne am Rosa-Luxemburg-Platz

② Besucherzahlen 1998/99

Kulturelle Einrichtungen	Anzahl der Besucher
Filmtheater	11,2 Mio
Museen	7,7 Mio
Bühnen	2,9 Mio

davon:

Friedrichstadtpalast	399700
Deutsche Oper	244400
Deutsche Staatsoper	224700
Komische Oper	215900
Theater des Westens	210600
Theater am Kurfürstendamm	175800
Komödie	159800
Deutsches Theater	100700
Renaissancetheater	92300
Schlossparktheater	92100
Maxim-Gorki-Theater	82500
Berliner Ensemble	75300

© Institut für Länderkunde, Leipzig 2002

Autor: U. Freitag

topographischer Karteninhalt: Legende ③

Maßstab 1 : 50000

Die Metropolregion Berlin-Brandenburg

Wolf Beyer, Stefan Krappweis, Torsten Maciuga, Jörg Räder und Manfred Sinz

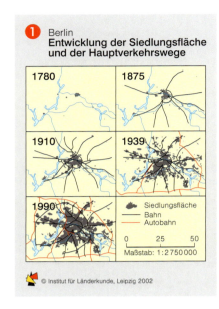

1 Berlin – Entwicklung der Siedlungsfläche und der Hauptverkehrswege

Wie viele andere Städte Europas entwickelte sich die Doppelstadt Berlin-Coelln im Mittelalter am Flussübergang einer Handelsstraße. Unter der Ansiedlungspolitik ihrer Landesherrn wuchs die Handels- und spätere Residenzstadt bis 1800 auf 170.000 Einwohner und rückte damit an die siebte Stelle der europäischen Städte. Im Zuge der Industrialisierung setze eine starke Zuwanderung ein. Ab 1862 wurde auf der Grundlage des Hobrecht'schen Bebauungsplans mit dem Bau von hochverdichteten fünfgeschossigen Mietskasernen begonnen. Den größten Entwicklungsschub erfuhr Berlin ab 1871 ❶. Die Einheit des Reiches mit seiner Wirkung auf den Handel, die aus den französischen Reparationen finanzierte Gründerzeit, die weitere Industrialisierung und der Ausbau der Regierungsfunktionen führten zu einem rasant steigenden Arbeitskräftebedarf. Aus der 825.000-Einwohner-Stadt wurde innerhalb von 60 Jahren die drittgrößte Welt-Metropole mit 4,3 Mio. Einwohnern und zugleich Europas größte Industriestadt. Wichtige Motoren des Wachstums waren die Elektroindustrie und der Bau von Eisenbahnlinien in alle Richtungen des deutschen Reiches. Die Einführung des verbilligten Vororttarifes der Bahn 1891 trug zur Entwicklung der Stadtregion bei. Siedlungsgesellschaften parzellierten Bauflächen in den Vororten bis zu einem Umkreis von etwa 40 km zur Berliner Innenstadt entlang der Bahnstrecken, der Berliner „Siedlungsstern" bildete sich. 1920 wurden die Städte Berlin und Charlottenburg sowie zahlreiche Vororte zu Groß-Berlin zusammengeschlossen. Die Stadtfläche vergrößerte sich auf die heute noch gültige Größe um das 13-fache.

Der Zweite Weltkrieg, die Zweistaatlichkeit und schließlich der Mauerbau trugen zum wirtschaftlichen Bedeutungsschwund der Region bei. Die Bevölkerungszahl sank in den Nachkriegsjahren auf 3,3 Mio. und nahm nach dem Mauerbau 1961 – trotz Zuwanderung nach Ostberlin als Hauptstadt der DDR – bedingt durch Abwanderungen aus dem Westteil der Stadt, auf 3 Mio. Einwohner (1978) ab. Gleichzeitig wurden weite Teile der Stadtrandbezirke besiedelt, was im Zusammenhang mit großflächigen Kriegszerstörungen und der Sanierung der Mietskasernenviertel zur Senkung der Bevölkerungsdichte der Innenstadtbezirke führte. Durch Vollendung des Eisenbahn- und Autobahnrings wurden die nach dem Mauerbau um West-Berlin herum abgeschnittenen Vororte und Vorstädte mit Ost-Berlin verbunden. Die in den westlichen Großstadtregionen mit wachsender Motorisierung einsetzende Stadt-Umland-Wanderung (Suburbanisierung) ab Mitte der 1960er Jahre blieb in Berlin weitgehend aus und wurde in beiden Teilen der Stadt mit Hochhaussiedlungen am Stadtrand, in West-Berlin auch durch Einfamilienhäuser, ergänzt. Seit der Herstellung der staatlichen Einheit Deutschlands und verstärkt seit dem Umzug von Parlament und Bundesregierung ist Berlin wieder im Begriff, seine Rolle als deutsche Hauptstadt und zunehmend auch als europäische Metropole auszufüllen.

Aktuelle Trends

Nach dem Fall der Mauer 1989 wuchs die Region und holte einen Teil der verhinderten Suburbanisierung nach. Der Einwohnerverlust Berlins an das Umland betrug im Zeitraum 1990-2000 netto 150.000 Einwohner, was etwa der Einwohnerzahl der Brandenburger Landeshauptstadt Potsdam entspricht. Nutznießer dieses Trends sind die direkt an Berlin angrenzenden Gemeinden sowie jene, welche durch Autobahn bzw. Straße oder durch die stark verbesserte ÖPNV-Infrastruktur zeitlich nahe an Berlin angebunden sind. Deutlich niedrigere Baulandpreise begünstigten diese Entwicklung, wobei das Preisgefälle zwischen Kernstadt und Umland am östlichen Rand Berlins schwächer ist als am westlichen.

Die Pendlerbeziehungen richten sich nach wie vor überwiegend auf das Zentrum Berlin ❷. Nur wenige Gemeinden wie Potsdam, Dahlewitz (Rolls Royce) oder Schönefeld (Flughafen) haben Pendlerüberschüsse (▶▶ Beitrag Herfert, S. 124). Seit 1999 zogen erstmals weniger Menschen aus Berlin in die Neubaugebiete des Umlandes als im Vorjahr. Bis 2006 wird mit einem Rückgang des jährlichen Verlustes auf netto unter 10.000 Personen gerechnet.

Seit 1990 wuchs die Bevölkerung der Stadtregion von 4,2 Mio. auf 4,33 Mio. Einwohner (2001). Das Einwohner-Verhältnis Kernstadt/Umland lag 1998 bei 80:20 und wird sich voraussichtlich bis 2010 nicht über 75:25 hinaus verschieben. In Hamburg und München betragen die Relationen etwa 50:50.

Gemeinsame Landesplanung

Berlin und Brandenburg betreiben seit 1996 eine gemeinsame und verbindliche Landesplanung für die Gesamtfläche ihrer beiden Länder. Diese ist unabhängig von einer möglichen Länderfusion vereinbart worden. Bei allen Entscheidungen gilt das Prinzip des länderübergreifenden Einvernehmens. Oberstes Gremium der Abstimmung ist die gemeinsame Landesplanungskonferenz, die unter dem Vorsitz der Regierungschefs beider Länder steht. Die Aufgaben der gemeinsamen Landesplanung bestehen vor allem in der Aufstellung von Landesentwicklungsplänen sowie in der Anpassung der kommunalen Bauleitpläne an die Ziele einer gemeinsamen Raumordnung. Für bedeutsame Projekte führt sie Raumordnungsverfahren durch und erarbeitet im Turnus von vier Jahren einen Raumordnungsbericht. Darüber hinaus ist sie an zahlreichen informellen Planungen beteiligt, so z.B. an den Regionalpark-Konzepten und an Projekten der transnationalen Zusammenarbeit in der europäischen Raumentwicklung.

Das gemeinsame Landesentwicklungsprogramm enthält als Grundkonsens für die räumliche Entwicklung beider Länder das raumordnerische Leitbild der dezentralen Konzentration ❸

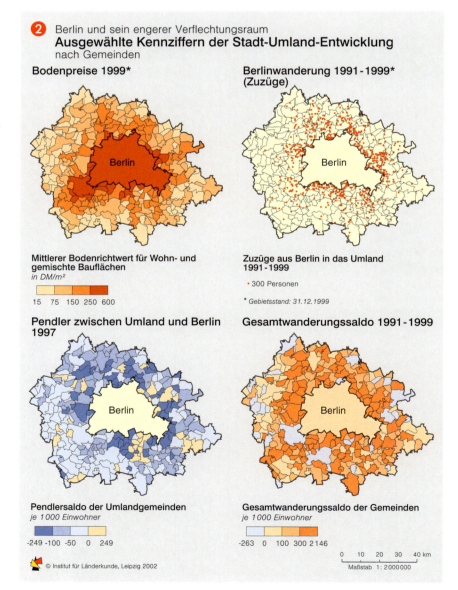

2 Berlin und sein engerer Verflechtungsraum – Ausgewählte Kennziffern der Stadt-Umland-Entwicklung nach Gemeinden

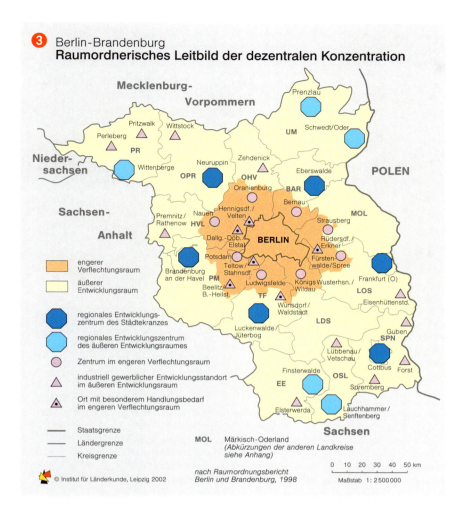

③ Berlin-Brandenburg
Raumordnerisches Leitbild der dezentralen Konzentration

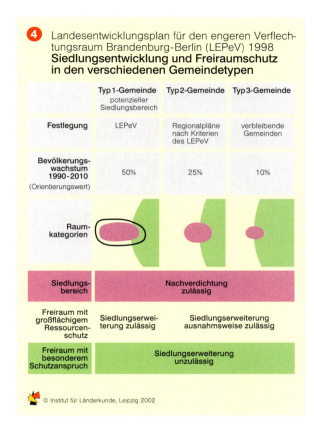

④ Landesentwicklungsplan für den engeren Verflechtungsraum Brandenburg-Berlin (LEPeV) 1998
Siedlungsentwicklung und Freiraumschutz in den verschiedenen Gemeindetypen

(▶▶ Beitrag Wiegandt, S. 114). Mit seiner Hilfe sollen langfristig die Voraussetzungen für eine ausgewogene Verteilung der Entwicklungschancen und -potenziale geschaffen werden, damit in allen Teilen des gemeinsamen Planungsraumes gleichwertige Lebensverhältnisse erreicht werden: in Berlin und seinem Umland wie auch in den peripheren und strukturschwachen Räumen, dem so genannten äußeren Entwicklungsraum Brandenburgs.

Die deutsche Hauptstadt Berlin als europäische Metropole wird umgeben von einem Ring von sechs regionalen Entwicklungszentren, dem „Brandenburger Städtekranz". Diese liegen in einer Distanz von 60 bis 100 km zu Berlin, weit genug entfernt, um eine eigenständige Entwicklung zu erfahren und gleichzeitig nahe genug, um die Nachbarschaft zu Berlin als Vorteil zu nutzen.

Der Landesentwicklungsplan

Der Landesentwicklungsplan für den engeren Verflechtungsraum (LEP eV) Brandenburg-Berlin hat eine raumverträgliche Siedlungsentwicklung und einen großflächigen Ressourcenschutz in Berlin und seinem Umland zum Ziel. Deshalb verfolgt er den Grundsatz des Vorranges der Innenentwicklung der Städte und Gemeinden vor deren Außenentwicklung. Die künftige Siedlungsentwicklung ⑤ soll sich auf 26 potenzielle Siedlungsbereiche konzentrieren. Neben zwei Berliner Bereichen und Potsdam handelt es sich dabei um die größeren Gemeinden des Umlandes, die über eine günstige Bahnverbindung mit der Hauptstadt verfügen. Daneben werden alle Gemeinden hinsichtlich ihrer Eignung für künftige Siedlungsentwicklungen in drei Siedlungstypen eingeteilt. Während in Gemeinden der Siedlungstypen 1 und 2 (Siedlungsschwerpunkte) als Orientierung für die Bevölkerungsentwicklung von 1990 bis 2010 Zuwachswerte von 50% bzw. 25% ausgewiesen sind, soll sich aus Sicht der Landesplanung die Entwicklung der Gemeinden vom Typ 3 auf die Eigenentwicklung (max. 10%) beschränken ④.

Flughafen Berlin-Brandenburg International

Der Flughafen Berlin-Brandenburg International ist das wichtigste Infrastrukturprojekt der Region. Dazu soll der Flughafen Schönefeld bis zum Jahr 2007 als alleiniger internationaler Verkehrsflughafen der Hauptstadtregion ausgebaut werden. Der gemeinsame Landesentwicklungsplan sichert die dazu notwendigen Flächen und hält die für die verkehrliche Erschließung benötigten Korridore für Schiene und Straße frei. Im Interesse der Flugsicherheit werden in der Einflugschneise die Bauhöhen begrenzt, und aus Gründen des Lärmschutzes ist die Planung neuer Wohnsiedlungen in Flughafennähe untersagt. Der Flughafen ist auf eine jährliche Kapazität von 30 Mio. Passagieren ausgelegt. Dennoch werden von ihm weniger Umweltbeeinträchtigungen ausgehen als von dem gegenwärtigen Berliner Flughafensystem. Vor allem wird sich die Anzahl der vom Fluglärm betroffenen Bürger des Ballungsraumes deutlich reduzieren.

Informelle Planungen

Informelle räumliche Planungen spielen im Stadt-Umland-Verhältnis eine wichtige Rolle. Besonders interkommunale Kooperationen zwischen der Großstadt Berlin und ihren Nachbarn sind dazu angelegt, gemeinsam akzeptable Entwicklungsziele zu formulieren. Sie können dazu beitragen, Fehlentwicklungen zu vermeiden und gegenseitig ruinöse Konkurrenz zu umgehen. Das Konzept einer Kette von Regionalparks, die rings um Berlin entstehen ⑥, ist inhaltlich breiter und weiträumiger angelegt als die Planung von grünen Keilen oder grünen Ringen anderer Ballungsräume. Die Regionalparks sind ausdrücklich Entwicklungsräume, ihre Gesamtfläche wird weit über 2000 km² umfassen. Es soll versucht werden, den unterschiedlichen Interessen der Großstadtbewohner nach Naherholung wie auch den wirtschaftlichen Interessen der im Regionalpark ansässigen Bevölkerung gleichermaßen gerecht zu werden. ◆

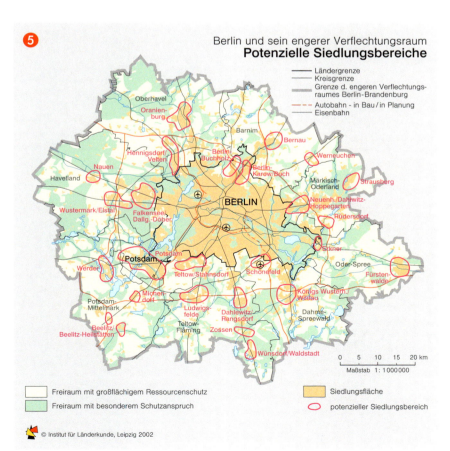

⑤ Berlin und sein engerer Verflechtungsraum
Potenzielle Siedlungsbereiche

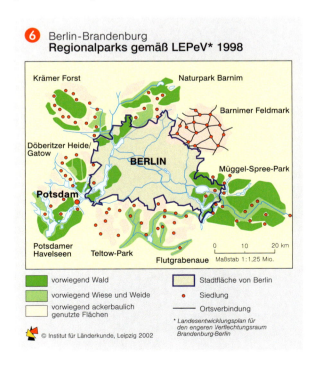

⑥ Berlin-Brandenburg
Regionalparks gemäß LEPeV* 1998

Die Metropolregion Berlin-Brandenburg 167

Anhang

Nationalatlas Bundesrepublik Deutschland
Zeichenerklärung für die Kartengrundlage thematischer Stadtkarten
Band 5 „Dörfer und Städte"

1 Thematische Stadt- und Ortspläne
Maßstäbe
1:7500 und größer ◆ 1:13 500 ◆ 1:15 000
1:17 500 ◆ 1:20 000

Hinweis in den Karten auf diese Legende:
topographischer Karteninhalt: ▶▶ Legende 1

Siedlungen
Siedlungsnamen

STRALSUND — Stadt unter 100 Tsd. Einwohnern

BAALSDORF — Stadtteil

MÜNZENBERG — Wohnplatz einer Stadt

Kramerschlag — Gemeindeteil

Bebauung

- öffentliche Einrichtung
- bebaute Fläche

Ausgewählte Flächennutzungen
- Friedhof
- jüdischer Friedhof
- Park
- Grenze eines flächenhaften topographischen Objektes

Einzelobjekte

- Museum
- bedeutende Kirche; Kirche (*in 1:20000)
- Kapelle
- Schloss
- Stadttor, Torturm
- Turm (historisch)
- Stadtmauer
- Denkmal, Gedenktafel
- Brunnen

Verkehrsnetz
Straßenverkehr

- Bundesstraße mit Nummer
- Bundesstraße mit getrennten Fahrbahnen
- Haupt-, Durchgangsstraße mit Straßennamen
- Nebenstraße mit Straßennamen
- sonstige Straße
- Weg
- Fußgängerzone
- Straßen und Gassen (im Altstadtbereich)
- Brücke
- Tunnel
- Parkplatz, Tiefgarage

Schienenverkehr
- Bahnlinie, Personenverkehr
- Anschlussgleis, nur Güterverkehr
- Bahnhof; Fernverkehr
- S-Bahn mit Haltestelle (unterirdisch)
- Straßenbahn
- U-Bahn mit Haltestelle
- Brücke

1 Fortsetzung

Schiffsverkehr
- Kanal
- Hafen

Landschaft
Bodenbedeckung
- Wald
- Wiese, Weide
- einzelne Bäume, Gebüsch, kleines Wäldchen

Gewässer
- Fluss
- Gewässerlauf; Bach
- See
- Weiher, Teich

Namen der Landschaftselemente
Hohenwand — kleinräumige Landschaftsbezeichnung
Hofgarten — Name einer Parkanlage
Hafeninsel — Inselname

2 Thematische Stadtpläne
Maßstäbe
1:7500 ◆ 1:10 000 ◆ 1:12 500 ◆ 1:15 000
1:20 000

Hinweis in den Karten auf diese Legende:
topographischer Karteninhalt: ▶▶ Legende 2

Siedlungen
Siedlungsnamen

HEDDERNHEIM — Stadtteil

Bebauung

- öffentliche Einrichtung
- bebaute Fläche
- überbaute Straße

Ausgewählte Flächennutzungen

- Friedhof
- jüdischer Friedhof
- Park
- Bahngelände
- Grenze eines flächenhaften topographischen Objektes

Einzelobjekte

- Krankenhaus; Museum
- bedeutende Kirche; Kirche (*in 1:20000)
- Kirchenruine
- Kapelle
- Schloss

2 Fortsetzung

Einzelobjekte (Fortsetzung)
- Stadttor, Torturm
- Turm (auch historisch)
- Stadtmauer
- Denkmal
- Brunnen

Verkehrsnetz
Straßenverkehr
- Autobahn mit Nummer
- Schnellstraße
- Bundesstraße mit Nummer
- Bundesstraße mit getrennten Fahrbahnen
- Haupt-, Durchgangsstraße mit Straßennamen
- Nebenstraße mit Straßennamen
- sonstige Straße
- Brücke
- Tunnel
- Weg
- Fußgängerzone (z.T. auch mit Treppenbereichen)
- Fußgängerpassage
- Fußgängerbrücke, schmale Überführung
- Fußgängerunterführung
- Straßen und Gassen (in historischen Karten)
- Bushaltestelle

Schienenverkehr

- Bahnlinie, Personenverkehr
- Anschlussgleis
- Bahnhof; Fernverkehr
- S-Bahn mit Haltestelle (oberirdisch / unterirdisch)
- Straßenbahn mit Haltestelle
- U-Bahn mit Haltestelle
- Brücke
- Tunnel

Schiffsverkehr
- Schiffsanlegestelle

Grenzen
- Ländergrenze

Landschaft
Bodenbedeckung

- Wald
- Wiese, Weide
- einzelne Bäume, Gebüsch, kleines Wäldchen
- Moor, nasser Boden

Gewässer
- Fluss
- Gewässerlauf; Bach
- See
- Weiher, Teich

Namen der Landschaftselemente
Brauhausberg — Berg
Potsdamer Heide — kleinräumige Landschaftsbezeichnung
Englischer Garten — Name einer Parkanlage
Freundschaftsinsel — Inselname

© Institut für Länderkunde, Leipzig 2002

Nationalatlas Bundesrepublik Deutschland
Zeichenerklärung für die Kartengrundlage thematischer Stadtkarten
Band 5 „Dörfer und Städte"

3 Thematische Stadt- und Ortsübersichten
Maßstäbe
1:25 000 ♦ 1:30 000 ♦ 1:50 000 ♦ 1:70 000

Hinweis in den Karten auf diese Legende:
topographischer Karteninhalt: ▶▶ Legende 3

Siedlungen
Siedlungsnamen

WOLFSBURG Stadt mit 100 Tsd. bis 500 Tsd. Einwohnern

FREUDENSTADT Stadt unter 100 Tsd. Einwohnern

CHRISTOPHSTAL Stadtteil

Mustin Gemeinde

Schlossberg Gemeindeteil

HOBEN
Großsermuth — Wohnplatz einer Stadt / Gemeinde

PANKOW Stadtbezirk (Berlin)

Bebauung
bebaute Fläche

geschlossen bebaute; offen bebaute Fläche

Ausgewählte Flächennutzungen
Friedhof

jüdischer Friedhof

islamischer Friedhof

Park

Bahngelände, Industrie- oder Gewerbegebiet

Grenze eines flächenhaften topographischen Objektes

Einzelobjekte
bedeutende Kirche; Kirche

Schloss

Schlossruine

Turm

hervorragender Baum, Naturdenkmal

Verkehrsnetz
Straßenverkehr

A3 — A29 Autobahn mit Nummer

B49 — B1 Schnellstraße (als Bundesstraße mit Nummer)

B28 — B210 Bundesstraße mit Nummer

Haupt-, Durchgangsstraße

sonstige Straße

Brücke

Tunnel

Schienenverkehr

Bahnlinie, Personenverkehr

Anschlussgleis, nur Güterverkehr

Bahnhof; Haltepunkt

S-Bahn mit Haltestelle

U-Bahn mit Haltestelle

Brücke

Tunnel

Luftverkehr

Flughafen

Flugplatz

3 Fortsetzung

Schiffsverkehr

Kanal

Hafen

Grenzen
Staatsgrenze

Ländergrenze

Kreisgrenze, Grenze einer kreisfreien Stadt, Stadtbezirksgrenze (Berlin)

Landschaft
Bodenbedeckung

Wald

Wiese, Weide

einzelne Bäume, Gebüsch, kleines Wäldchen

Moor, nasser Boden

Gewässer
Fluss

Gewässerlauf, Bach

See

Weiher, Teich

Stausee

schmaler Kanal

Namen der Landschaftselemente

Kienberg
▲
799 — Berg mit Höhenangabe

Finkenberg — Höhenzug

Langenwald
Kreuzchen — kleinräumige Landschaftsbezeichnung

Tiergarten — Name einer Parkanlage

4 Thematische Stadtübersichten
Maßstäbe
1:100 000 ♦ 1:150 000 ♦ 1:200 000
1:300 000 ♦ 1:375 000

Hinweis in den Karten auf diese Legende:
topographischer Karteninhalt: ▶▶ Legende 4

Siedlungen
Siedlungsnamen

BERLIN Stadt über 1 Mio. Einwohner

DUISBURG Stadt mit 500 Tsd. bis 1 Mio. Einwohnern

ROSTOCK Stadt mit 100 Tsd. bis 500 Tsd. Einwohnern

ERKRATH Stadt unter 100 Tsd. Einwohnern

STÖTTERITZ
Meiderich — Stadtteil

PANKOW Stadtbezirk (Berlin)

Papendorf — Gemeinde

Bebauung
bebaute Fläche

4 Fortsetzung

Ausgewählte Flächennutzungen
Friedhof

Park

Grenze eines flächenhaften topographischen Objektes

Verkehrsnetz
Straßenverkehr

A3 — A14
A100 — A5 — Autobahn mit Nummer

B103 Schnellstraße

B6
B158 — B3 — Bundesstraße mit Nummer

sonstige wichtige Straße

Autobahnkreuz, -dreieck oder -anschlussstelle

Tunnel

Schienenverkehr

Bahnlinie, Personenverkehr

Anschlussgleis, nur Güterverkehr

bedeutender Bahnhof

Luftverkehr

Flughafen

Schiffsverkehr

Kanal

Hafen

Grenzen
Ländergrenze

Kreisgrenze, Grenze einer kreisfreien Stadt, Stadtbezirksgrenze (Hamburg)

Stadtbezirksgrenze (Berlin)

Stadtteilgrenze

Landschaft
Bodenbedeckung

Wald

Moor, nasser Boden

Gewässer
Fluss

Gewässerlauf, Bach

See

Weiher, Teich

Sonstige Landschaftselemente
▲8 Höhenangabe

Hinweis:
Die Bezugsgrundlage (Basiskarte) der thematischen Stadtkarten wird jeweils von einer Auswahl der hier erklärten topographischen Elemente gebildet.

© Institut für Länderkunde, Leipzig 2002

Abkürzungen für Kreise, kreisfreie Städte und Länder

Länder der Bundesrepublik Deutschland

BB	Brandenburg	BY	Bayern	MV	Mecklenburg-Vorpommern	NRW	Westfalen
BE	Berlin	HB	Bremen			RP	Rheinland-Pfalz
BW	Baden-Württemberg	HE	Hessen	NI	Niedersachsen	SH	Schleswig-Holstein
		HH	Hamburg	NW/ NRW	Nordrhein-	SL	Saarland
SN	Sachsen						
ST	Sachsen-Anhalt						
TH	Thüringen						

Kreis / kreisfreie Stadt / Landkreis

A	Augsburg (Stadt und Land)		(Büsingen am Hochrhein)	ES	Esslingen am Neckar	HE	Helmstedt	KIB	Donnersbergkreis (Kirchheimbolanden)	MM	Memmingen
AA	Ostalbkreis (Aalen)	BZ	Bautzen	ESW	Werra – Meißner – Kreis (Eschwege)	HEF	Hersfeld – Rotenburg (Bad Hersfeld)	KL	Kaiserslautern (Stadt und Land)	MN	Unterallgäu (Mindelheim)
AB	Aschaffenburg (Stadt und Land)	C	Chemnitz	EU	Euskirchen	HEI	Dithmarschen (Heide)	KLE	Kleve	MOL	Märkisch – Oderland (Seelow)
ABG	Altenburger Land (Altenburg)	CB	Cottbus	F	Frankfurt/M.	HER	Herne	KM	Kamenz	MOS	Neckar – Odenwald – Kreis (Mosbach)
AC	Aachen (Stadt und Land)	CE	Celle	FB	Wetteraukreis (Friedberg/ Hessen)	HF	Herford	KN	Konstanz	MQ	Merseburg – Querfurt
AIC	Aichach-Friedberg	CHA	Cham	FD	Fulda	HG	Hochtaunuskreis (Bad Homburg v.d. Höhe)	KO	Koblenz	MR	Marburg – Biedenkopf
AK	Altenkirchen/ Westerwald	CLP	Cloppenburg	FDS	Freudenstadt			KÖT	Köthen	MS	Münster
AM	Amberg	CO	Coburg (Stadt und Land)	FF	Frankfurt/O.	HGW	Hansestadt Greifswald	KR	Krefeld	MSP	Main – Spessart – Kreis (Karlstadt)
AN	Ansbach (Stadt und Land)	COC	Cochem – Zell	FFB	Fürstenfeldbruck	HH	Hansestadt Hamburg	KS	Kassel (Stadt und Land)	MST	Mecklenburg-Strelitz (Neustrelitz)
ANA	Annaberg (Annaberg-Buchholz)	COE	Coesfeld	FG	Freiberg	HI	Hildesheim	KT	Kitzingen	MTK	Main –Taunus – Kreis (Hofheim am Taunus)
AÖ	Altötting	CUX	Cuxhaven	FL	Flensburg	HL	Hansestadt Lübeck	KU	Kulmbach	
AP	Weimarer Land (Apolda)	CW	Calw	FN	Bodenseekreis (Friedrichshafen)	HM	Hameln – Pyrmont	KÜN	Hohenlohekreis (Künzelsau)	MTL	Muldentalkreis (Grimma)
AS	Amberg-Sulzbach	D	Düsseldorf	FO	Forchheim	HN	Heilbronn (Stadt und Land)	KUS	Kusel	MÜ	Mühldorf am Inn
ASL	Aschersleben-Staßfurt	DA	Darmstadt, Darmstadt-Dieburg	FR	Freiburg im Breisgau, Breisgau-Hochschwarzwald	HO	Hof (Stadt und Land)	KYF	Kyffhäuserkreis (Sondershausen)	MÜR	Müritz (Waren)
ASZ	Aue – Schwarzenberg	DAH	Dachau	FRG	Freyung – Grafenau	HOL	Holzminden	L	Leipzig, Leipziger Land	MW	Mittweida
AUR	Aurich	DAN	Lüchow – Dannenberg	FRI	Friesland (Jever)	HOM	Saarpfalz-Kreis (Homburg/Saar)	LA	Landshut (Stadt und Land)	MYK	Mayen – Koblenz
AW	Ahrweiler (Bad Neuenahr-Ahrweiler)	DAU	Daun	FS	Freising	HP	Bergstraße (Heppenheim an der Bergstraße)	LAU	Nürnberger Land (Lauf an der Pegnitz)	MZ	Mainz – Bingen
AZ	Alzey – Worms	DBR	Bad Doberan	FT	Frankenthal/ Pfalz			LB	Ludwigsburg	MZG	Merzig – Wadern
AZE	Anhalt – Zerbst	DD	Dresden, Dresden-Land	FÜ	Fürth (Stadt und Land)	HR	Schwalm-Eder-Kreis (Homberg/Efze)	LD	Landau in der Pfalz.	N	Nürnberg
B	Berlin	DE	Dessau	G	Gera	HRO	Hansestadt Rostock	LDK	Lahn-Dill-Kreis (Wetzlar)	NB	Neubrandenburg
BA	Bamberg (Stadt und Land)	DEG	Deggendorf	GAP	Garmisch – Partenkirchen	HS	Heinsberg	LDS	Dahme-Spreewald (Lübben)	ND	Neuburg-Schrobenhausen
BAD	Baden-Baden	DEL	Delmenhorst	GC	Chemnitzer Land (Glauchau)	HSK	Hochsauerlandkreis (Meschede)	LER	Leer/ Ostfriesland	NDH	Nordhausen
BAR	Barnim (Eberswalde)	DGF	Dingolfing – Landau	GE	Gelsenkirchen	HST	Hansestadt Stralsund	LEV	Leverkusen	NE	Neuss
BB	Böblingen	DH	Diepholz	GER	Germersheim	HU	Main-Kinzig-Kreis (Hanau)	LG	Lüneburg	NEA	Neustadt an der Aisch – Bad Windsheim
BBG	Bernburg	DL	Döbeln	GF	Gifhorn	HVL	Havelland (Rathenow)	LI	Lindau/ Bodensee	NES	Rhön – Grabfeld (Bad Neustadt an der Saale)
BC	Biberach an der Riss	DLG	Dillingen an der Donau	GG	Groß-Gerau	HWI	Hansestadt Wismar	LIF	Lichtenfels	
BGL	Berchtesgadener Land (Bad Reichenhall)	DM	Demmin	GI	Gießen	HX	Höxter	LIP	Lippe (Detmold)	NEW	Neustadt an der Waldnaab
		DN	Düren	GL	Rheinisch-Bergischer Kreis (Bergisch Gladbach)	HY	Hoyerswerda	LL	Landsberg am Lech	NF	Nordfriesland (Husum)
BI	Bielefeld	DO	Dortmund	GM	Oberbergischer Kreis (Gummersbach)			LM	Limburg – Weilburg	
BIR	Birkenfeld, Idar-Oberstein	DON	Donau – Ries (Donauwörth)	GÖ	Göttingen	IGB	St. Ingbert (zugehörig zu Saarpfalz-Kreis)	LÖ	Lörrach	NI	Nienburg/ Weser
BIT	Bitburg – Prüm	DU	Duisburg	GP	Göppingen	IK	Ilm-Kreis (Arnstadt)	LOS	Oder –Spree (Beeskow)	NK	Neunkirchen/ Saar
BL	Zollernalbkreis (Balingen)	DÜW	Bad Dürkheim, Weinstraße	GR	Görlitz	IN	Ingolstadt	LU	Ludwigshafen am Rhein (Stadt und Land)	NM	Neumarkt in der Oberpfalz
BLK	Burgenlandkreis (Naumburg)	DW	Weißeritzkreis (Dippoldiswalde)	GRZ	Greiz	IZ	Steinburg (Itzehoe)	LWL	Ludwigslust	NMS	Neumünster
BM	Erftkreis (Bergheim)	DZ	Delitzsch	GS	Goslar	J	Jena	M	München (Stadt und Land)	NOH	Grafschaft Bentheim (Nordhorn)
BN	Bonn	E	Essen	GT	Gütersloh	JL	Jerichower Land (Burg bei Magdeburg)	MA	Mannheim	
BO	Bochum	EA	Eisenach	GTH	Gotha			MB	Miesbach	NOL	Niederschlesischer Oberlausitzkreis (Niesky)
BÖ	Bördekreis	EBE	Ebersberg	GÜ	Güstrow			MD	Magdeburg	
BOR	Borken	ED	Erding	GZ	Günzburg			ME	Mettmann	NOM	Northeim
BOT	Bottrop	EE	Elbe – Elster (Herzberg)	H	Hannover (Stadt und Land)	K	Köln	MEI	Meißen	NR	Neuwied/ Rhein
BRA	Wesermarsch (Brake/Unterweser)	EF	Erfurt	HA	Hagen	KA	Karlsruhe (Stadt und Land)	MEK	Mittlerer Erzgebirgskreis (Marienberg)	NU	Neu – Ulm
BRB	Brandenburg	EI	Eichstätt	HAL	Halle/ Saale	KB	Waldeck-Frankenberg (Korbach)	MG	Mönchengladbach	NVP	Nordvorpommern (Grimmen)
BS	Braunschweig	EIC	Eichsfeld (Heiligenstadt)	HAM	Hamm	KC	Kronach	MH	Mülheim (Ruhr)	NW	Neustadt an der Weinstraße
BT	Bayreuth (Stadt und Land)	EL	Emsland (Meppen)	HAS	Haßberge (Haßfurt)	KE	Kempten/ Allgäu	MI	Minden – Lübbecke	NWM	Nordwestmecklenburg (Grevesmühlen)
BTF	Bitterfeld	EM	Emmendingen	HB	Bremen/Bremerhaven	KEH	Kelheim	MIL	Miltenberg	
BÜS	Kreis Konstanz	EMD	Emden	HBN	Hildburghausen	KF	Kaufbeuren	MK	Märkischer Kreis (Lüdenscheid)	
		EMS	Rhein – Lahn –Kreis (Bad Ems)	HBS	Halberstadt	KG	Bad Kissingen	ML	Mansfelder Land (Eisleben)	
		EN	Ennepe-Ruhr-Kreis (Schwelm)	HD	Heidelberg	KH	Bad Kreuznach			
		ER	Erlangen	HDH	Heidenheim an der Brenz	KI	Kiel			OA	Oberallgäu
		ERB	Odenwaldkreis (Erbach)								
		ERH	Erlangen-Höchstadt								

Nationalatlas Bundesrepublik Deutschland – Dörfer und Städte

	(Sonthofen)		(Pfarrkirchen)		Lauenburg	SN	Schwerin	UER	Uecker – Randow	WHV	Wilhelmshaven
OAL	Ostallgäu (Markt-oberdorf)	PB	Paderborn		(Ratzeburg)	SO	Soest		(Pasewalk)	WI	Wiesbaden
		PCH	Parchim			SÖM	Sömmerda	UH	Unstrut – Hainich –	WIL	Bernkastel –
OB	Oberhausen	PE	Peine	S	Stuttgart	SOK	Saale – Orla –Kreis		Kreis (Mühlhausen/		Wittlich
OD	Stormarn (Bad Oldersloe)	PF	Pforzheim, Enzkreis	SAD	Schwandorf		(Schleiz)		Thüriingen)	WL	Harburg (Winsen/ Luhe)
		PI	Pinneberg	SAW	Altmarkkreis	SON	Sonneberg	UL	Ulm, Alb – Donau –		
OE	Olpe	PIR	Sächsische Schweiz (Pirna)		Salzwedel	SP	Speyer		Kreis	WM	Weilheim – Schongau
OF	Offenbach am Main (Stadt und Land)			SB	Stadtverband Saarbrücken	SPN	Spree – Neiße (Forst)	UM	Uckermark (Prenzlau)	WN	Rems – Murr – Kreis (Waiblingen)
		PL	Plauen			SR	Straubing,				
OG	Ortenaukreis (Offenburg)	PLÖ	Plön/ Holstein	SBK	Schönebeck		Straubing-Boden	UN	Unna	WND	Sankt Wendel
		PM	Potsdam – Mittelmark (Belzig)	SC	Schwabach	ST	Steinfurt			WO	Worms
OH	Ostholstein (Eutin)			SDL	Stendal	STA	Stamberg	V	Vogtlandkreis (Plauen)	WOB	Wolfsburg
OHA	Osterode am Harz	PR	Prignitz (Perleberg)	SE	Segeberg (Bad Segeberg)	STD	Stade			WR	Wernigerode
OHV	Oberhavel (Oranienburg)	PS	Pirmasens			STL	Stollberg	VB	Vogelsbergkreis (Lauterbach/ Hessen)	WSF	Weißenfels
				SFA	Soltau – Fallingbostel	SU	Rhein – Sieg Kreis (Siegburg)			WST	Ammerland (Westerstede)
OHZ	Osterholz (Oster-holz – Schwarmbeck)	QLB	Quedlinburg	SG	Solingen	SÜW	Südliche Wein-straße	VEC	Vechta	WT	Waldshut (Waldshut – Tiengen)
		R	Regensburg (Stadt und Land)	SGH	Sangerhausen			VER	Verden (Verden/ Aller)		
OK	Ohrekreis (Haldens-leben)			SHA	Schwäbisch Hall	SW	Schweinfurt (Stadt und Land)			WTM	Wittmund
		RA	Rastatt	SHG	Schaumburg (Stadthagen)			VIE	Viersen	WÜ	Würzburg (Stadt und Land)
OL	Oldenburg (Stadt und Land)	RD	Rendsburg – Eckernförde			VK	Völklingen (zugehörig zu Stadtverband Saarbrücken)		
				SHK	Saale-Holzland-Kreis (Eisenberg)	SZ	Salzgitter			WUG	Weißenburg – Gunzenhausen
OPR	Ostprignitz – Ruppin (Neuruppin)	RE	Recklinghausen			TBB	Main – Tauber – Kreis (Tauber-bischofsheim)			
		REG	Regen	SHL	Suhl			VS	Schwarzwald – Baar – Kreis (Villingen – Schwenningen)	WUN	Wunsiedel i. Fichtelgebirge
OS	Osnabrück (Stadt und Land)	RG	Riesa – Großenhain	SI	Siegen – Wittgen-stein					
		RH	Roth			TF	Teltow – Fläming (Luckenwalde)			WW	Westerwaldkreis (Montabaur)
OSL	Oberspreewald – Lausitz (Senftenberg)	RO	Rosenheim	SIG	Sigmaringen					
		ROW	Rotenburg/ Wümme	SIM	Rhein – Hunsrück – Kreis (Simmern)	TIR	Tirschenreuth				
OVP	Ostvorpommern (Anklam)	RS	Remscheid	SK	Saalkreis (Halle/ Saale)	TO	Torgau – Oschatz	W	Wuppertal	Z	Zwickau, Zwickauer Land
		RT	Reutlingen			TÖL	Bad Tölz – Wolfratshausen	WAF	Warendorf		
		RÜD	Rheingau – Taunus – Kreis (Bad Schwalbach)	SL	Schleswig – Flensburg			WAK	Wartburgkreis (Bad Salzungen)	ZI	Löbau – Zittau
P	Potsdam					TR	Trier			ZW	Zweibrücken
PA	Passau (Stadt und Land)			SLF	Saalfeld – Rudolstadt	TS	Traunstein	WB	Wittenberg		
		RÜG	Rügen (Bergen)			TÜ	Tübingen	WE	Weimar		
PAF	Pfaffenhofen an der Ilm	RV	Ravensburg	SLS	Saarlouis	TUT	Tuttlingen	WEN	Weiden i.d. Opf.		
		RW	Rottweil	SM	Schmalkalden – Meiningen			WES	Wesel		
PAN	Rottal – Inn	RZ	Herzogtum			UE	Uelzen	WF	Wolfenbüttel		

Länder

A	Österreich	CR	Costa Rica	GCA	Guatemala	KN	St. Kitts und Nevis	PL	Polen	TR	Türkei
AFG	Afghanistan	CY	Zypern	GE	Georgien	KS	Kirgisistan	Q	Katar	UA	Ukraine
AL	Albanien	CZ	Tschechische Republik	GH	Ghana	KWT	Kuwait	RG	Guinea	UAE	Vereinigte Arabi-sche Emirate
AND	Andorra			GR	Griechenland	L	Luxemburg	RH	Haiti		
ARM	Armenien	D	Deutschland	GUY	Guyana	LS	Lesotho	RL	Libanon	USA	Vereinigte Staaten von Amerika
AZ	Aserbaidschan	DK	Dänemark	H	Ungarn	LT	Litauen	RO	Rumänien		
B	Belgien	DOM	Dominikanische Republik	HN	Honduras	LV	Lettland	RSM	San Marino	UZB	Usbekistan
BF	Burkina Faso			HR	Kroatien	M	Malta	RT	Togo	VN	Vietnam
BG	Bulgarien	DY	Benin	I	Italien	MC	Monaco	RUS	Russische Föderation	WL	St. Lucia
BH	Belize	E	Spanien	IL	Israel	MD	Rep. Moldau			WV	St. Vincent und die Grenadinen
BIH	Bosnien und Herzegowina	ES	El Salvador	IND	Indien	MK	Mazedonien	RWA	Ruanda		
		EST	Estland	IR	Iran	MW	Malawi	S	Schweden	YU	Jugoslawien
BRN	Bahrein	F	Frankreich	IRL	Irland	N	Norwegen	SK	Slowakei	ZRE	Kongo, ehemaliges Zaire
BU	Burundi	FIN	Finnland	IRQ	Irak	NIC	Nicaragua	SLO	Slowenien		
BY	Weißrussland	FL	Liechtenstein	IS	Island	NL	Niederlande	SME	Suriname		
CH	Schweiz	GB	Großbritannien, Vereinigtes Königreich	J	Japan	P	Portugal	SYR	Syrien		
CI	Côte d'Ivoire			JA	Jamaika	PA	Panama	TJ	Tadschikistan		
COR	Süd-Korea			JOR	Jordanien	PK	Pakistan	TM	Turkmenistan		

Abkürzungen für Kreise, kreisfreie Städte und Länder

Quellenverzeichnis

Verwendete Abkürzungen

ARL	Akademie für Raumforschung und Landesplanung
Aufl.	Auflage
aktual.	aktualisiert(e) (Auflage)
BA	Bundesanstalt für Arbeit
BBR	Bundesamt für Bauwesen und Raumordnung
Bearb.	bearbeitet, Bearbeitung
BfLR	Publikationen des BBR vor 1998, Bundesforschungsanstalt für Landeskunde und Raumordnung
BKG	Bundesamt für Kartographie und Geodäsie (ehem. IfAG)
BMVBW	Bundesministerium für Verkehr, Bau- und Wohnungswesen
Difu	Deutsches Institut für Urbanistik
durchges.	durchgesehene (Auflage)
erweit.	erweiterte (Auflage)
Eurostat	Statistisches Amt der Europäischen Union
IfL	Institut für Länderkunde
Konstr.	Konstruktion, Kartenentwurf, Kartographische Datenaufbereitung bzw. -verarbeitung
mithrsg.	Mitherausgegeben
neubearb.	neubearbeitete (Auflage)
o.J.	ohne Jahr
red.	redaktionell, Redaktion
StÄdBL	Statistische Ämter des Bundes und der Länder
StÄdL	Statistische Ämter der Länder
StBA	Statistisches Bundesamt
StLA	Statistisches Landesamt
StLÄ	Statistische Landesämter
überarb.	überarbeitete (Auflage)
unveränd.	unveränderte (Auflage)
unveröff.	unveröffentlicht(e)
versch.	verschiedene
zgl.	zugleich

Nationalatlas Bundesrepublik Deutschland

Herausgeber: Institut für Länderkunde, Schongauerstr. 9, 04329 Leipzig
Projektleitung: Prof. Dr. A. Mayr, Dr. S. Tzschaschel
Verantwortliche
für Redaktion: Dr. S. Tzschaschel
für Kartenredaktion: Dr. K. Großer
Mitarbeiter
Redaktion: Dipl.-Geogr. V. Bode, D. Hänsgen (M.A.), Dr. S. Tzschaschel unter Mitarbeit von: C. Fölber, F. Gränitz (M. A.), G. Mayr
Kartenredaktion: Dr. K. Großer, Dipl.-Ing. f. Kart. B. Hantzsch, Dipl.-Ing. (FH) W. Kraus (Stadtkarten), Dipl.-Ing. (FH) S. Dutzmann
Kartographie: Dipl.-Ing. (FH) K. Baum, Dipl.-Ing. (FH) J. Blauhut, Kart. R. Bräuer, Dipl.-Ing. (FH) S. Dutzmann, Dipl.-Ing. f. Kart. B. Hantzsch, S. Kanters, Dipl.-Ing. (FH) A. Müller, Kart. P. Mund, Kart. R. Richter, K. Ronniger, M. Schmiedel, Dipl.-Ing. (FH) S. Specht
Generallegende: Red. Dipl.-Ing. (FH) W. Kraus, Bearb. Dipl.-Ing. (FH) K. Baum
Elektr. Ausgabe: Dipl.-Geogr. C. Hanewinkel, Dipl.-Geogr. E. Losang
Layout, Gesamtgestaltung und Technik: Dipl.-Ing. J. Rohland
Bildauswahl: Dipl.-Geogr. V. Bode
Repro.-Fotographie: K. Ronniger

Allgemeine Anmerkung zu den Quellen der Stadtkarten
Als Grundlage der Stadtkarten dienten aktuelle Stadtpläne des ADAC Verlags, München und des Falk Verlags, Ostfildern. Neben den Stadtplänen wurden für die Erstellung der Basiskarten u.a. topographische Karten der Maßstäbe 1:25.000, 1:50.000 und 1:100.000 genutzt. Aus Platzgründen erfolgt zu diesen einzelnen Blätter bei den Quellenangaben jedoch kein gesonderter Nachweis von Blattname und -nummer. Als Nachweis sei auf die Blattübersichten zu den Kartenwerken der jeweiligen Landesvermessungsverwaltungen verwiesen, die auch über die Homepage der Arbeitsgemeinschaft der Vermessungsverwaltungen der Länder der Bundesrepublik Deutschland (AdV) unter http://www.adv-online.de abgerufen werden können. In diesem Zusammenhang sei der AdV für die großzügige Bereitstellung der entsprechenden Kartenmaterialien ausdrücklich gedankt.

S. 10-11: Deutschland auf einen Blick
Autoren: Dirk Hänsgen, M.A. (Text) und Dipl.-Ing. f. Kart. Birgit Hantzsch (Karte), Institut für Länderkunde, Schongauerstr. 9, 04329 Leipzig
Kartographische Bearbeiter
Abb. 1: Red: B. Hantzsch; Bearb: B. Hantzsch, R. Bräuer
Abb. 2: Konstr: J. Blauhut; Red: K. Großer; Bearb: P. Mund
Literatur
BREITFELD, K. u.a. (1992): Das vereinte Deutschland. Eine kleine Geographie. Leipzig.
FRIEDLEIN, G. u. F.-D. GRIMM (1995): Deutschland und seine Nachbarn. Spuren räumlicher Beziehungen. Leipzig.
SPERLING, W. (1997): Germany in the Nineties. In: HECHT, A. u. A. PLETSCH (Hrsg.): Geographies of Germany and Canada. Paradigms, Concepts, Stereotypes, Images. Hannover (= Studien zur internationalen Schulbuchforschung. Band 92), S. 35-49.
STBA (Hrsg.) (2001): Gemeindeverzeichnis GV 2000. Wiesbaden.
STBA (2002): Bodenfläche nach Art der tatsächlichen Nutzung [Auszug]. Methodische Erläuterungen und Eckzahlen 2001. Wiesbaden (= Fachserie 3: Land- und Forstwirtschaft, Fischerei. Reihe 5.1). Online im Internet unter: http://www.destatis.de/download/veroe/eckzahlen01.pdf
STBA (2002): Zunahme der Siedlungs- und Verkehrsfläche: 129 ha/Tag. Wiesbaden (= Pressemitteilung 29. April 2002). Auch online im Internet unter: http://www.destatis.de/presse/deutsch/pm2002/p1490112.htm
STBA (jährlich): Statistisches Jahrbuch für die Bundesrepublik Deutschland. Wiesbaden.

StBA: Basisdaten Geographie online im Internet unter: http://www.destatis.de
Quellen von Karten und Abbildungen
Abb. 1: Geographische Übersicht: DLM 1000 des BKG.
Abb. 2: Siedlungsflächen und Flächennutzung der Kreise: STÄdBL (2002): Tabelle 449-01: Flächenerhebung nach Art der tatsächlichen Nutzung. Berichtszeitraum 2001. Unveröff. Ausgabe auf Datenträger. Wiesbaden. STBA (Hrsg.) (1997): [CD-ROM] Daten zur Bodenbedeckung für die Bundesrepublik Deutschland. Wiesbaden.
Methodische Anmerkung zu Abb. 2
Für die Darstellung und Typisierung der Flächennutzung in einem Strukturdreieck mussten die Hauptnutzungsarten (Siedlung und Verkehr, Landwirtschaft, Wald) auf 100 Prozent normiert werden, obwohl Abbauland, Übungsgelände, Wasser- und Schutzflächen weitere Formen der Flächennutzung mit meist sehr geringen Prozentwerten bilden. Die im Diagramm ablesbaren Werte beziehen sich somit nur auf die Gesamtheit der drei Hauptnutzungsarten und ihre Verhältnisse untereinander. Aus rechnerischen Gründen können diese Werte daher geringfügig von der tatsächlichen Flächennutzung abweichen. Bezogen auf die jeweilige Fläche der Landkreise/Kreise und kreisfreien Städte/Stadtkreise bedeutet dies, dass durchschnittlich 3,8% der Fläche methodisch bedingt unberücksichtigt bleiben. In den 20 Fällen, in denen die nicht berücksichtigte Restfläche mit über 10% der tatsächlichen Flächennutzung eine signifikante Größe überschreitet, sind die Gebiete zur Verdeutlichung in der Karte mit einer Kontur versehen. Die Kreisgebiete, in denen ein höherer Anteil an Wasserfläche zum Überschreiten der 10%-

Grenze führt, sind nicht gesondert gekennzeichnet, da Gewässernetz und -fläche bereits Bestandteil der Basiskarte sind. Weiterhin muss erwähnt werden, dass die Flächenkategorie Siedlungs- und Verkehrsfläche sehr heterogene Nutzungsarten in sich vereint, welche durch eine überwiegend siedlungswirtschaftliche Nutzung bzw. durch eine unmittelbar siedlungswirtschaftlichen Zwecken dienende Ergänzungsfunktion gekennzeichnet sind, z.B Erholungsflächen. Siedlungs- und Verkehrsfläche darf daher nicht mit versiegelter Fläche gleichgesetzt werden, da sie auch einen erheblichen Anteil an unbebauter und nicht versiegelter Fläche umfassen kann, die beispielsweise zum Ausgleich für den Eingriff in Natur und Landschaft bereitgestellt wurde.

S. 12-25: Dörfer und Städte – eine Einführung
Autoren: Prof. Dr. Klaus Friedrich, Institut für Geographie der Martin-Luther-Universität Halle-Wittenberg, August-Bebel-Str. 13c, 06108 Halle (Saale)
Prof. Dr. Barbara Hahn, Institut für Geographie der Bayerischen Julius-Maximilians-Universität Würzburg, Am Hubland, 97074 Würzburg
Prof. Dr. Herbert Popp, Fachgruppe Geowissenschaften der Universität Bayreuth, Universitätsstr. 30, 95447 Bayreuth
Kartographische Bearbeiter
Abb. 1: Konstr: P. Pez; Red: K. Großer; Bearb: R. Bräuer, B. Hantzsch
Abb. 2: Red: K. Großer; Bearb: J. Blauhut
Abb. 3: Konstr: N.U.R.E.C., W. Kraus; Red: W. Kraus; Bearb: W. Kraus, K. Baum
Abb. 4: Red: K. Großer; Bearb: S. Kanters
Abb. 5, 7: Red: S. Dutzmann; Bearb: S. Dutzmann

Abb. 6: Konstr: K. Friedrich; Red: K. Großer; Bearb: R. Richter
Abb. 8: Konstr: T. Schwarze, K. Großer; Red: K. Großer; Bearb: R. Richter
Abb. 9: Konstr: S. Specht; Red: S. Dutzmann; Bearb: S. Kanters
Abb. 10: Konstr: D. Klingbeil; Red: K. Großer; Bearb: J. Blauhut
Abb. 11: Konstr: M. Wollkopf; Red: W. Kraus; Bearb: A. Müller
Abb. 12: Konstr: S. Dutzmann; Red: S. Dutzmann; Bearb: P. Mund
Literatur
BBR (Hrsg.) (2000): Stadtentwicklung und Städtebau in Deutschland. Ein Überblick. Bonn (= Berichte. Band 5).
BBR (Hrsg.) (2000): Raumordnungsbericht 2000. Bonn (= Berichte. Band 7).
BENEVOLO, L. (1993): Die Geschichte der Stadt. 7. Aufl. Frankfurt a.M., New York.
BfLR (Hrsg.) (1996): [Themenheft] Nachhaltige Stadtentwicklung. In: Informationen zur Raumentwicklung. Heft 2/3.
BLOTEVOGEL, H. H. (1982): Zur Entwicklung und Struktur des Systems der höchstrangigen Zentren in der Bundesrepublik Deutschland. In: BRAUN, G. (Hrsg.): Entwicklungsprobleme der Agglomerationsräume. Referate zum 43. Deutschen Geographentag in Mannheim 1981. Bonn (= BfLR: Seminare, Symposien, Arbeitspapiere. Heft 5), S. 3-34.
BLOTEVOGEL, H. H. (1996): Zentrale Orte: Zur Karriere und Krise eines Konzepts in Geographie und Raumplanung. In: Erdkunde. Heft 1, S. 9-25.
BLOTEVOGEL, H. H. u. M. HOMMEL (1980): Struktur und Entwicklung des Städtesystems. In: Geographische Rundschau. Heft 4, S. 155-164.
BRAKE, K., J. S. DANGSCHAT u. G. HERFERT

(Hrsg.) (2001): Suburbanisierung in Deutschland. Aktuelle Tendenzen. Opladen.

BUNDESMINISTERIUM FÜR RAUMORDNUNG, BAUWESEN UND STÄDTEBAU (Hrsg.) (1993): Zukunft Stadt 2000. Abschlußbericht. Bericht der Kommission Zukunft Stadt 2000. Bonn.

BUNDESMINISTERIUM FÜR RAUMORDNUNG, BAUWESEN UND STÄDTEBAU (Hrsg.) (1996): Raumordnung in Deutschland. Bonn.

CHRISTALLER, W. (1933): Die zentralen Orte in Süddeutschland. Eine ökonomisch-geographische Untersuchung über die Gesetzmäßigkeit der Verbreitung und Entwicklung der Siedlungen mit städtischen Funktionen. Jena.

DEUTSCHER BUNDESTAG (Hrsg.) (2001): Das Programm „Die soziale Stadt" in der Bewährungsphase uns seine Zukunftsperspektiven für die Städte und Gemeinden. Antwort der Bundesregierung auf die Große Anfrage der Abgeordneten Peter Götz, Dr.-Ing. Dietmar Kansy, Dirk Fischer (Hamburg), weiterer Abgeordneter und der Fraktion der CDU/CSU – Drucksache 14/6085 –. Berlin (= Bundestags-Drucksache 14/7459 vom 14.11.2001).

DURTH, W. (1988): Die Inszenierung der Alltagswelt. Zur Kritik der Stadtgestaltung. 2. Aufl. Braunschweig, Wiesbaden (= Bauwelt-Fundamente. Nr. 47).

FRIEDRICHS, J. (1995): Stadtsoziologie. Opladen.

FRIEDRICHS, J. (Hrsg.) (1997): Die Städte in den 90er Jahren. Demographische, ökonomische und soziale Entwicklungen. Opladen.

GAEBE, W. (1987): Verdichtungsräume. Strukturen und Prozesse im weltweiten Vergleichen. Stuttgart (= Teubner Studienbücher der Geographie).

GATZWEILER, H.-P. (1996): Siedlungsentwicklung und Siedlungspolitik in Deutschland. Nationalbericht Deutschland zur Konferenz Habitat II. In: Raumforschung und Raumordnung. Heft 2/3, S. 129-136.

GEISLER, W. (1924): Die deutsche Stadt. Ein Beitrag zur Morphologie der Kulturlandschaft. Stuttgart (= Forschungen zur deutschen Landes- und Volkskunde. Band 22,5).

GÖDERITZ, J., R. RAINER u. H. HOFFMANN (1957): Die gegliederte und aufgelockerte Stadt. Tübingen (= Archiv für Städtebau und Landesplanung. Heft 4).

GRADMANN, R. (1931): Süddeutschland. Band 1: Allgemeiner Teil. Band 2: Die einzelnen Landschaften. Stuttgart (= Bibliothek Länderkundlicher Handbücher).

GÜSSEFELDT, J. (1997): Zentrale Orte – ein Zukunftskonzept für die Raumplanung! In Raumforschung und Raumordnung. Heft 4/5, S. 327-336.

HÄUSSERMANN, H. (Hrsg.) (1992): Stadt und Raum. Soziologische Analysen. 2. Aufl. Pfaffenweiler (= Stadt, Raum und Gesellschaft 1).

HÄUSSERMANN, H. (1997): Stadtentwicklung in Ostdeutschland. In: FRIEDRICHS, J. (Hrsg.) (1997), S. 91-108.

HÄUSSERMANN, H. u. W. SIEBEL (1987): Neue Urbanität. Frankfurt a. M. (= Edition Suhrkamp 1432. N.F. 432).

HALL, P. (1998): Urban Geography. London (= Routledge contemporary human geography series).

HALL, P. u. U. PFEIFFER (2000): URBAN 21: der Expertenbericht zur Zukunft der Städte. Stuttgart, München.

HEINEBERG, H. (1988): Stadtgeographie. Entwicklung und Forschungsschwerpunkte. In: Geographische Rundschau. Heft 11, S. 6-12.

HEINEBERG, H. (2001): Grundriß Allgemeine Geographie: Stadtgeographie. 2. aktual. Aufl. Paderborn (= UTB für Wissenschaft: Uni-Taschenbücher 2166).

HELBRECHT, I. u. J. POHL (1995): Pluralisierung der Lebensstile: Neue Herausforderungen für die sozialgeographische Stadtforschung. In: Geographische Zeitschrift. Heft 2, S. 222-237.

HENKEL, G. (Hrsg.) (1999): 20 Jahre Dorferneuerung – Bilanzen und Perspektiven für die Zukunft. Vorträge und Ergebnisse des 11. Essener Dorfsymposiums in Bleiwäsche (Kreis Paderborn) am 25. und 26. Mai 1998. Essen (= Essener Geographische Arbeiten. Heft 30).

HOFMEISTER, B. (1969): Stadtgeographie. Braunschweig (= Das Geographische Seminar).

HOFMEISTER, B. (1984): Der Stadtbegriff des 20. Jahrhunderts aus der Sicht der Geographie. In: Die alte Stadt. Heft 3, S. 197-213.

HOTZAN, J. (1997): dtv-Atlas zur Stadt. Von den ersten Gründungen bis zur modernen Stadtplanung. 2. Aufl. München (= dtv-Atlas 3231).

HUTTENLOCHER, F. (1963): Städtetypen und ihre Gesellschaften an Hand südwestdeutscher Beispiele. In: Geographische Zeitschrift. Heft 3, S. 161-182.

KLINGBEIL, D. (1987): Epochen der Stadtgeschichte und der Stadtstrukturentwicklung. In: GEIPEL, R. u. G. HEINRITZ (Hrsg.): München – Ein sozialgeographischer Exkursionsführer. Kallmünz (= Münchener Geographische Hefte. Nr. 55/56), S. 67-100.

KNIEVEL, M. u. C. TÄUBE (1999): Strategien der ganzheitlichen und geistigen Dorferneuerung. Erfahrungen aus Bayern und Sachsen. In: Geographische Rundschau. Heft 6, S. 313-317.

LÄNDERRAT DES AMERIKANISCHEN BESATZUNGSGEBIETS (Hrsg.) [1949]: Statistisches Handbuch von Deutschland 1928-1944. München.

LANDZETTEL, W. (Hrsg.) (1982): Deutsche Dörfer. Braunschweig.

LICHTENBERGER, E. (1998): Stadtgeographie. Band 1: Begriffe, Konzepte, Modelle, Prozesse. 3. neubearb. u. erweit. Aufl. Stuttgart (= Teubner Studienbücher der Geographie).

LICHTENBERGER, E. (2002): Die Stadt. Von der Polis zur Metropolis. Darmstadt 2002.

LIENAU, C. (1995): Die Siedlungen des ländlichen Raumes. 2. neubearb. Aufl. Braunschweig (= Das Geographische Seminar).

POPP, H. (1977): Die Kleinstadt. Ausgewählte Problemstellungen und Arbeitsmaterialien für den Erdkundeunterricht in der Sekundarstufe. Stuttgart (= Der Erdkundeunterricht. Band 25).

POPP, H. (1977): Kleinstädte als zentrale Orte im ländlichen Raum. In: GANSER, K. u.a.: Beiträge zur Zentralitätsforschung. Kallmünz (= Münchener Geographische Hefte. Nr. 39), S. 163-189.

RIEHL, W. H. (1899): Die Naturgeschichte des Volkes als Grundlage einer deutschen Sozial-Politik. Band 1: Land und Leute. 10. Aufl. [1. Aufl. 1853]. Stuttgart.

SCHLÜTER, O. (1899): Über den Grundriß der Städte. In: Zeitschrift der Gesellschaft für Erdkunde zu Berlin. Band 34, S. 446-462.

SCHÖLLER, P. (1967): Die deutschen Städte. Wiesbaden (= Erdkundliches Wissen. Heft 17).

SCHÖLLER, P. (1985): Die Großstadt des 19. Jahrhunderts – ein Umbruch der Stadtgeschichte. In: STOOB, H. (Hrsg.): Die Stadt. Gestalt und Wandel bis zum industriellen Zeitalter. Köln, Wien (= Städtewesen 1), S. 275-313.

SIEVERTS, T. (1998): Zwischenstadt. Zwischen Ort und Welt, Raum und Zeit, Stadt und Land. Braunschweig, Wiesbaden (= Bauwelt-Fundamente. Nr. 118).

SOJA, E. W. (1995): Postmoderne Urbanisierung. In: FUCHS, G., B. MOLTMANN u. W. PRIGGE (Hrsg.): Mythos Metropole. Frankfurt a.M. (= Edition Suhrkamp 1912. N.F. 912), S. 143-164.

STBA (Hrsg.) (1999): Statistisches Jahrbuch 1999 für die Bundesrepublik Deutschland. Wiesbaden.

STRUBELT, W. u.a. (1996): Städte und Regionen. Räumliche Folgen des Transformationsprozesses. Opladen (= Berichte der Kommission für die Erforschung des Sozialen und Politischen Wandels in den Neuen Bundesländern e.V. Bericht 5).

Quellen von Karten und Abbildungen

Abb. 1: Entwicklung der Bevölkerung insgesamt und in Gemeinden < 5000 Einw. 1870-1997: STATISTISCHES REICHSAMT (Hrsg.) (Jahrgänge 1933 u.1938): Statistisches Jahrbuch für das Deutsche Reich. Berlin. STAATLICHE ZENTRALVERWALTUNG FÜR STATISTIK (Hrsg.) (Jahrgänge 1972 u. 1990): Statistisches Jahrbuch der Deutschen Demokratischen Republik. Berlin. STBA (Hrsg.) (Jahrgänge 1952-1999): Statistisches Jahrbuch für die Bundesrepublik Deutschland. Wiesbaden.

Abb. 2: Faksimile-Ausschnitt aus der Originalkarte von W. Christaller zu den zentralen Orten in Süddeutschland: CHRISTALLER (1933), Karte 4.

Abb. 3: Agglomerationen über 500 Tsd. Einwohner in der Europäischen Union 1994: N.U.R.E.C. (Network on Urban Research in the European Union, Hrsg.) (1994): Atlas of Agglomerations in the European Union. Part of an Integrated Observation System. 3 Bände. Duisburg.

Abb. 4: Haupt- und Residenzstädte um 1770-1790: SCHÖLLER, P. (1987): Die Spannung zwischen Zentralismus, Föderalismus und Regionalismus als Grundzug der politisch-geographischen Entwicklung Deutschlands bis zur Gegenwart. In: Erdkunde. Heft 2, S. 84, Abb. 3 [verändert].

Abb. 5: Einwohnerzahl ausgewählter Großstädte 1960-2000: STBA (versch. Jahrgänge): Statistisches Jahrbuch für die Bundesrepublik Deutschland. Wiesbaden. Autorenvorlage.

Abb. 6: Modell der Gliederung der deutschen Stadt: Entwurf K. Friedrich.

Abb. 7: Zunahme der städtischen Bevölkerung 1871-1925: LÄNDERRAT DES AMERIKANISCHEN BESATZUNGSGEBIETS (Hrsg.) [1949].

Abb. 8: Anteil der Gemeindegrößenklassen 1970-1999: DEUTSCHER STÄDTETAG (Hrsg.) (versch. Jahrgänge): Statistisches Jahrbuch Deutscher Gemeinden. Köln, Berlin. Staatliche Zentralverwaltung für Statistik (Hrsg.) (versch. Jahrgänge): Statistisches Jahrbuch der Deutschen Demokratischen Republik. Berlin.

Abb. 9: Kleinstädte 2001: DEUTSCHER LANDKREISTAG: Kreisnavigator. Der direkte Weg zu allen Kreisen: online im Internet unter: http://www.kreisnavigator.de/ DEUTSCHER STÄDTETAG (Hrsg.) (2001): Statistisches Jahrbuch Deutscher Gemeinden. Köln, Berlin, S. 58-98. DINAG - DEUTSCHE INTERNET ARBEITSGEMEINSCHAFT: Amtsgerichte.de: online im Internet unter: http://www.amtsgerichte.de/ FICKERMANN, D., U. SCHULZECK u. H. WEISHAUPT (2002): Private allgemein bildende Schulen. In: IfL (Hrsg.): Nationalatlas Bundesrepublik Deutschland. Band 6: Bildung und Kultur. Mithrsg. v. MAYR, A. u. M. NUTZ. Heidelberg, Berlin, S. 30-31, Abb.1. Fickermann, D., U. SCHULZECK u. H. WEISHAUPT (2002): Unterschiede im Schulbesuch. In: IfL (Hrsg.): Nationalatlas Bundesrepublik Deutschland. Band 6: Bildung und Kultur. Mithrsg. v. MAYR, A. u. M. NUTZ. Heidelberg, Berlin, S. 40-41, Abb.4. STBA (Hrsg.) (2001): Gemeindeverzeichnis GV 2000. Wiesbaden. VHS METZINGEN-ERMSTAL: vhs.de – Hauptseite: online im Internet unter: http://www.vhs.de VIVAI SOFTWARE AG: www.Kliniken.de – World Wide Web Service für den Gesundheitsbereich: online im Internet unter: http://www.kliniken.de

Abb. 10: München (Innenstadt) – Geplante und tatsächliche nationalsozialistische Umgestaltung: KLINGBEIL, D. (1987), Karte 3.4.

Abb. 11: Unser Dorf soll schöner werden – unser Dorf hat Zukunft: BUNDESMINISTERIUM FÜR ERNÄHRUNG, LANDWIRTSCHAFT UND FORSTEN (Hrsg.) (1996): Unsere Dörfer 1995. Bonn. BUNDESMINISTERIUM FÜR ERNÄHRUNG, LANDWIRTSCHAFT UND FORSTEN (Hrsg.) (1999): Unsere Dörfer 1998. Bonn. BUNDESMINISTERIUM FÜR VERBRAUCHERSCHUTZ, ERNÄHRUNG UND LANDWIRTSCHAFT (Hrsg.) (2002): Unsere Dörfer 2001.Bonn.

Abb. 12: Benachteiligte Stadtquartiere: DEUTSCHER BUNDESTAG (Hrsg.) (2001). DIFU: Bund-Länder-Programm „Stadtteile mit besonderem Entwicklungsbedarf – die soziale Stadt". Im Auftrag des BMVBW vertreten durch das BBR: online im Internet unter: http://www.soziale-stadt.de DIFU (Hrsg.): Die Soziale Stadt. Eine erste Bilanz des Bund-Länder-Programms „Stadtteile mit besonderem Entwicklungsbedarf – die Soziale Stadt". Im Auftrag des BMVBW.Berlin. DIFU: Programmgebiete: online im Internet unter: http://www.soziale-stadt.de/gebiete/ DIFU (o.J.): Übersicht der am Bund-Länder-Programm „Stadtteile mit besonderem Entwicklungsbedarf – die soziale Stadt" teilnehmenden Gebiete. Stand: 30. Dezember 1999: online im Internet unter: http://www.soziale-stadt.de/gebiete/programmgebiete99-tabelle.pdf Unveröff. Daten des BBR, Referat I 4 „Regionale Strukturpolitik, Städtebauförderung (Stand 2002).

Bildnachweis

S. 12: Köln im 17. Jh.: copyright Stadtmuseum Köln, Graphische Sammlung

S. 13: Emden um 1600: copyright Deutsches Schifffahrtsmuseum

S. 13: Güstrow: copyright BIG-Städtebau M-V GmbH

S. 15: Heidelberg: copyright Verkehrsverein Heidelberg

S. 16: Gartenstadt Margarethenhöhe, Essen: copyright Jörn Steinmann, Hannover

S. 17: Prichsenstadt in Franken: copyright WFL-GmbH

S. 18: Wasserburg am Inn: copyright Stadt Wasserburg

S. 21: Entwurf für eine Neugestaltung des Festspielhügels in Bayreuth durch die Nationalsozialisten: copyright Archiv Bernd Mayer

S. 21: Berlin: Blick vom Fernsehturm am Alexanderplatz in die Karl-Marx-Allee: copyright WBM Wohnungsbaugesellschaft Berlin-Mitte mbH

S. 22: Dorf im Oberallgäu: copyright B. Tischer

S. 24: Baumaßnahmen auf militärischem Konversionsgebiet in Tübingen nach Maßgaben der Nachhaltigkeit: copyright C.-C. Wiegand

S. 24: Der Leipziger Osten – sächsisches Modellgebiet des Bund-Länder-Programms „Soziale Stadt": copyright D. Hänsgen

S. 26-29: Die Stadt als sozialer Raum
Autor: Prof. Dr. Hartmut Häußermann, Stadt- und Regionalsoziologie, Institut für Sozialwissenschaften der Humboldt-Universität zu Berlin, Universitätsstr. 3b, 10117 Berlin

Kartographische Bearbeiter
Abb. 1, 3, 5, 6: Konstr: V. Bode, W. Kraus; Red: W. Kraus; Bearb: R. Bräuer, M. Schmiedel
Abb. 2: Konstr: V. Bode, W. Kraus; Red: W. Kraus; Bearb: R. Bräuer, R. Richter
Abb. 4: Konstr: V. Bode, W. Kraus; Red: W. Kraus; Bearb: W. Kraus

Quellen von Karten und Abbildungen
Abb. 1: Hamburg – Wohnungen 1999,
Abb. 2: Hamburg – Durchschnittseinkommen 1995,
Abb. 3: Hamburg – Wohngebiete 1999,
Abb. 4: Abkürzungen der Hamburger Stadtteilnamen,
Abb. 5: Hamburg – Ausländische Bevölkerung 1999,
Abb. 6: Hamburg – Sozialwohnungen und Sozialhilfe 1999: IMMOBILIEN INFORMATIONSVERLAG RUDOLF MÜLLER GMBH & CO. KG: Stadtteilprofile Hamburg. Bewertung der Wohnlage: online im Internet unter: http://www.immobilienmanager.de. STATISTISCHES LANDESAMT HAMBURG: Stadtteil-Profile: online im Internet unter: http://www.hamburg.de/Behoerden/StaLa/profile/profileka.htm VERMESSUNGSAMT DER FREIEN UND HANSESTADT HAMBURG (Hrsg.) (1996): Regionalkarte Hamburg. Maßstab 1:150.000. Hamburg.

S. 30-31: Siedlungsstruktur und Gebietskategorien
Autoren: Dr. Ferdinand Böltken, Referat I 6 Raum- und Stadtbeobachtung und Prof. Dr. Gerhard Stiens, Referat I 1 Raumentwicklung, Bundesamt für Bauwesen und Raumordnung, Deichmanns Aue 31-37, 53179 Bonn

Kartographische Bearbeiter
Abb. 1, 2, 3: Konstr: BBR; Red: B. Hantzsch; Bearb: B. Hantzsch

Literatur
BBR (Hrsg.) (1999): Aktuelle Daten zur Entwicklung der Städte, Kreise und Gemeinden. Ausgabe 1999. Bonn (= Berichte. Band 3).
BBR (Hrsg.) (2000): Raumordnungsbericht 2000. Bonn (= Berichte. Band 7).
BLACH, A. u. E. IRMEN (1994): Verdichtungsräume in der Bundesrepublik Deutschland. In: frankfurter statistische berichte. Heft 3, S. 147-154.
GRUBER, R. (1995): Gebietskategorien. In: ARL (Hrsg.): Handwörterbuch der Raumordnung. Hannover, S. 357-365.
IRMEN, E. (1995): Strukturschwäche in ländlichen Räumen. Ein Abgrenzungsvorschlag. Bonn (= BfLR: Arbeitspapiere 15/1995).
Raumordnungsgesetz (ROG) (1.1.1998). In: BBR (Hrsg.) (2000), S. 299-308.

Quellen von Karten und Abbildungen
Abb. 1: Fördergebiete der Gemeinschaftsaufgabe „Verbesserung der regionalen Wirtschaftsstruktur" 2000: BBR (Hrsg.) (2000), S. 247. Datenerhebung Bundesministerium für Wirtschaft und Technologie.
Abb. 2: Siedlungsstrukturelle Regionstypen 2002: BBR (Hrsg.) (1999), Karte II [verändert]. Laufende Raumbeobachtung des BBR.
Abb. 3: Verdichtungsräume und ländliche Räume: BBR (Hrsg.) (2000), S. 49 u. 65 [verändert]. Laufende Raumbeobachtung des BBR.

S. 32-33: Gemeinde- und Kreisreformen seit den 1970er Jahren
Autor: Dr. Thomas Schwarze, Institut für Geographie der Westfälischen Wilhelms-Universität Münster, Robert-Koch-Str. 26, 48149 Münster

Kartographische Bearbeiter
Abb. 1: Konstr: T. Schwarze; Red: K. Großer; Bearb: R. Richter
Abb. 2: Red: K. Großer, D. Hänsgen; Bearb: R. Richter, M. Schmiedel

Literatur
ARL (Hrsg.) (1991): Zur geschichtlichen Entwicklung der Raumordnung, Landes- und Regionalplanung in der Bundesrepublik Deutschland. Hannover (= ARL: Forschungs- und Sitzungsberichte. Band 182).
BLACH, A. u. J. JONETZKO (1999): Die Gebietsreform der neuen Länder. Folgen für die laufende Raumbeobachtung des BBR. Bonn (= BBR: Arbeitspapiere 5/1999).
HAUS, U. (1989): Zur Entwicklung lokaler Identität nach der Gemeindereform in Bayern – Fallstudien aus Oberfranken. Passau (= Passauer Schriften zur Geographie. Heft 6).
KEVENHÖRSTER, P. (1980): Politik in einer neuen Großstadt. Entscheidungen im Spannungsfeld von City und Stadtbezirken. Opladen.
MATZ, K.-J. (1997): Länderneugliederung. Zur Genese einer deutschen Obsession seit dem Ausgang des Alten Reiches. Idstein.
PÜTTNER, G. u. A. RÖSLER (1997): Gemeinden und Gemeindereform in der ehemaligen DDR. Zur staatsrechtlichen Stellung und Aufgabenstruktur der DDR-Gemeinden seit Beginn der siebziger Jahre. Zugleich ein Beitrag zu den Territorialen Veränderungen der Gemeinde- und Kreisgrenzen in der DDR. Baden-Baden.
REUBER, P. (1999): Raumbezogene Politische Konflikte. Geographische Konfliktforschung am Beispiel von Gemeindegebietsreformen. Stuttgart (= Erdkundliches Wissen. Heft 131).
RUTZ, W., K. SCHERF u. W. STRENZ (1993): Die fünf neuen Bundesländer. Historisch begründet, politisch gewollt und künftig vernünftig? Darmstadt.
STAATSMINISTERIUM BADEN-WÜRTTEMBERG (Hrsg.) (1972): Dokumentation über die Verwaltungsreform in Baden-Württemberg. Stuttgart.

Quellen von Karten und Abbildungen
Abb. 1: Historische Binnengrenzen und Gebietsreform: Autorenvorlage. STAATSMINISTERIUM BADEN-WÜRTTEMBERG (Hrsg.) (1972)
Abb. 2: Kreisreformen der 60er/70er und der 90er Jahre: Blatt 1212: Verwaltungsgrenzen 1961. In: StBA, INSTITUT FÜR LÄNDERKUNDE u. INSTITUT FÜR RAUMFORSCHUNG (Hrsg.) (1965-1969): Die Bundesrepublik Deutschland in Karten. Mainz. [Karte:] Deutsche Demokratische Republik. Bezirke und Kreise. In: STAATLICHE ZENTRALVERWALTUNG FÜR STATISTIK (Hrsg.) (1989): Statistisches Jahrbuch der Deutschen Demokratischen Republik 1989. Berlin. LINDER, E. D. u. G. OLZOG (Hrsg.) (1996): Die deutschen Landkreise. Wappen, Geschichte, Struktur. 2. Aufl. Augsburg (= Battenberg-Länderkunde). SEELE, G. (Red.) (1982): Karte 0.05: Kreise und kreisfreie Städte – Gebietsreform. In: BfLR (Hrsg.): Atlas zur Raumentwicklung. [Band] 0: Verwaltungsgrenzen. Bonn.

S. 34-35: Zentrale Orte und Entwicklungsachsen
Autor: Dr. Klaus Sachs, Geographisches Institut der Ruprecht-Karls-Universität Heidelberg, Berliner Str. 48, 69120 Heidelberg

Kartographische Bearbeiter
Abb. 1: Konstr: K. Sachs; Red: K. Großer; Bearb: R. Richter, P. Mund
Abb. 2, 3: Konstr: K. Sachs; Red: K. Großer; Bearb: P. Mund
Abb. 4: Konstr: BBR, J. Blauhut; Red: K. Großer; Bearb: R. Richter

Literatur
BBR (Hrsg.) (2000): Raumordnungsbericht 2000. Bonn (= Berichte. Band 7).
BLOTEVOGEL, H. H. (1996): Zentrale Orte: Zur Karriere und Krise eines Konzepts in Geographie und Raumplanung. In: Erdkunde. Heft 1, S. 9-25.
BLOTEVOGEL, H. H. (1999): Verhältnis des Zentrale-Orte-Konzepts zu aktuellen gesellschaftspolitischen Grundsätzen und Zielsetzungen. In: Bestandsaufnahme des wissenschaftlichen Kenntnisstandes über das Zentrale-Orte-Konzept. Vorabdruck des Manuskripts zum 1. Teil des Arbeitsprogrammes des Ad-Hoc-Arbeitskreises der ARL „Fortentwicklung des Zentrale-Orte-Systems". Hannover, S. 16-21.
BUNDESMINISTERIUM FÜR RAUMORDNUNG, BAUWESEN UND STÄDTEBAU (Hrsg.) (1994): Raumordnungsbericht 1993. Bonn.
BUNDESMINISTERIUM FÜR RAUMORDNUNG, BAUWESEN UND STÄDTEBAU (Hrsg.) (1996): Raumordnung in Deutschland. Bonn.
FÜRST, D. (1996): Region in der Regionalpolitik – eine wirtschaftspolitische Sicht. In: BRUNN, G. (Hrsg.): Region und Regionsbildung in Europa. Konzeptionen der Forschung und empirische Befunde. Baden-Baden (= Schriftenreihe des Instituts für Europäische Regionalforschungen. Band 1), S. 69-83.
GEBHARDT, H. (1995): „Einkaufsattraktivität und Konsumentenverhalten bei Zentralen Orten im nördlichen Regierungsbezirk Tübingen". Unveröff. Abschlußbericht zum Forschungsprojekt, Juli 1995. Universität Tübingen. Tübingen.
GEBHARDT, H. (1996): Zentralitätsforschung – ein „alter Hut" für die Regionalforschung und Raumordnung heute? In: Erdkunde. Heft 1, S. 1-8.
STIENS, G. u. D. PICK (1999): Strukturen und Instrumentfunktionen der Zentrale-Orte-Systeme. Die Bundesländer im Vergleich. Bonn (= BBR: Arbeitspapiere 1/1999).

Quellen von Karten und Abbildungen
Abb. 1: Die Bedeutung der Zentrale-Orte-Systems in Planung und Politik seit den 1960er Jahren: nach BLOTEVOGEL, H. H. (1996), S. 11 u. STIENS, G. u. D. PICK (1999). Eigener Entwurf.
Abb. 2: Zentrale Orte,
Abb. 3: Entwicklungsachsen: nach BLOTEVOGEL, H. H. (1996) u. STIENS, G. u. D. PICK (1999). BUNDESMINISTERIUM FÜR RAUMORDNUNG, BAUWESEN UND STÄDTEBAU (Hrsg.) (1996), S. 50 u. 51.
Abb. 4: Zentrale Orte 2002: BBR (Hrsg.) (2000), S. 203 [verändert]. Landesentwicklungspläne und -programme der Länder. Laufende Raumbeobachtung des BBR.

S. 36-39: Vom Stadt-Land-Gegensatz zum Stadt-Land-Kontinuum
Autor: Prof. Dr. Gerhard Stiens, Referat I 1 Raumentwicklung, Bundesamt für Bauwesen und Raumordnung, Deichmanns Aue 31-37, 53179 Bonn

Kartographische Bearbeiter
Abb. 1, 2, 6, 9: Konstr: G. Stiens; Red: B. Hantzsch; Bearb: P. Mund, M. Zimmermann
Abb. 3: Konstr: G. Stiens; Red: K. Großer; Bearb: R. Bräuer
Abb. 4: Konstr: BBR, M. Spangenberg; Red: B. Hantzsch; Bearb: B. Hantzsch
Abb. 5, 7, 8: Konstr: G. Stiens; Red: B. Hantzsch; Bearb: P. Mund

Literatur
BBR (Hrsg.) (2000): Raumordnungsbericht 2000. Bonn (= Berichte. Band 7).
FRIEDRICHS, J. (1995): Stadtentwicklung. In: ARL (Hrsg.): Handwörterbuch der Raumordnung. Hannover, S. 877-881.
FRIEDRICHS, J. (Hrsg.) (1997): Die Städte in den 90er Jahren. Demographische, ökonomische und soziale Entwicklungen. Opladen, Wiesbaden.
HESSE, M. u. S. SCHMITZ (1998): Stadtentwicklung im Zeichen von „Auflösung" und Nachhaltigkeit. In: Informationen zur Raumentwicklung. Heft 7/8, S. 435-453.
MACKENSEN, R. (1970): Verstädterung. In: ARL (Hrsg.): Handwörterbuch der Raumforschung und Raumordnung. 2. Aufl. Hannover, Sp. 3589-3600.
SCHÄFERS, B. (1996): Die Stadt in Deutschland. Etappen ihrer Kultur- und Sozialgeschichte. In: SCHÄFERS, B. u. G. WEWER (Hrsg.): Die Stadt in Deutschland. Aktuelle Entwicklung und Probleme. Opladen (= Gegenwartskunde. Sonderheft 9), S. 19-29.
SPIEGEL, E. (1995): Städtische Lebensform. In: ARL (Hrsg.): Handwörterbuch der Raumordnung. Hannover, S. 896-897.

Quellen von Karten und Abbildungen
Abb. 1: Verstädterungsstruktur europäischer Länder: BBR (Hrsg.) (2000), S. 45. Europäische Raumbeobachtung des BBR. Harenberg Länderlexikon 1993/94.
Abb. 2: Phasen der Verstädterung/Urbanisierung: HESSE, M. u. S. SCHMITZ (1998), S. 452 [verändert].
Abb. 3: Indikatoren des Verstädterungsgrades: Siedlungsfläche, Baulandpreis, Ausländeranteil: Laufende Raumbeobachtung des BBR.
Abb. 4: Verstädterte Räume: Laufende Raumbeobachtung des BBR. StBA (Hrsg.) (1997): [CD-ROM] Daten zur Bodenbedeckung für die Bundesrepublik Deutschland. Wiesbaden.
Abb. 5: Oberzentren und Verdichtungsräume 1998: BBR (Hrsg.) (2000), S. 49 [verändert]. Laufende Raumbeobachtung des BBR. StÄdL.
Abb. 6: Radiuserweiterung der Bevölkerungszunahmen: BBR (Hrsg.) (2000), S. 53 [verändert]. Laufende Raumbeobachtung des BBR.
Abb. 7: Siedlungs- und Verkehrsfläche 1997: BBR (Hrsg.) (2000), S. 38 [verändert]. Laufende Raumbeobachtung des BBR.
Abb. 8: Ausländeranteil 1997: BBR (Hrsg.) (2000), S. 103 [verändert]. Laufende Raumbeobachtung des BBR.
Abb. 9: Entwicklung der Siedlungsfläche 1960-1996: BBR (Hrsg.) (2000), S. 37 [verändert]. Laufende Raumbeobachtung des BBR.

S. 40-43: Städtesystem und Metropolregionen
Autor: Prof. Dr. Hans Heinrich Blotevogel, Institut für Geographie der Gerhard-Mercator-Universität Gesamthochschule Duisburg, Lotharstr. 1, 47048 Duisburg

Kartographische Bearbeiter
Abb. 1, 2, 3, 6, 7, 8, 9: Konstr: H. Krähe; Red: H. Krähe, B. Hantzsch; Bearb: P. Mund
Abb. 4: Konstr: H. Krähe; Red: H. Krähe, B. Hantzsch; Bearb: R. Richter

Abb. 5: Konstr: B. Hantzsch; Red: H. Krähe, B. Hantzsch; Bearb: R. Bräuer
Literatur
BLOTEVOGEL, H. H. (1982): Zur Entwicklung und Struktur des Systems der höchstrangigen Zentren in der Bundesrepublik Deutschland. In: BRAUN, G. (Hrsg.): Entwicklungsprobleme der Agglomerationsräume. Referate zum 43. Deutschen Geographentag in Mannheim 1981. Bonn (= BfLR: Seminare, Symposien, Arbeitspapiere. Heft 5), S. 3-34.
BLOTEVOGEL, H. H. (1983): Kulturelle Stadtfunktionen und Urbanisierung. Interdependente Beziehungen im Rahmen der Entwicklung des deutschen Städtesystems im Industriezeitalter. In: TEUTEBERG, H. J. (Hrsg.): Urbanisierung im 19. und 20. Jahrhundert. Historische und geographische Aspekte. Köln (= Städteforschung. Reihe A: Darstellungen. Band 16), S. 143-185.
BLOTEVOGEL, H. H. (1998): Europäische Metropolregion Rhein-Ruhr. Theoretische, empirische und politische Perspektiven eines neuen raumordnungspolitischen Konzepts. Dortmund (= ILS-Schriften. Band 135).
BLOTEVOGEL, H. H. u. H. MÜLLER (1992): Regionale und nationale Städtesysteme. In: KÖCK, H. (Hrsg.): Städte und Städtesysteme. Köln (= Handbuch des Geographieunterrichts. Band 4), S. 114-122.
CATTAN, N. u.a. (1994): Le système des villes européennes. Paris (= Collection Villes).
HENCKEL, D. u.a. (1993): Entwicklungschancen deutscher Städte – die Folgen der Vereinigung. Stuttgart, Berlin, Köln (= Schriften des Difu. Band 86).
KRÄTKE, S. (1991): Strukturwandel der Städte. Städtesystem und Grundstücksmarkt in der „post-fordistischen" Ära. Frankfurt a.M., New York.
REBITZER, D. W. (1995): Internationale Steuerungszentralen. Die führenden Städte im System der Weltwirtschaft. Nürnberg (= Nürnberger wirtschafts- u. sozialgeographische Arbeiten. Band 49).
SCHÖN, K.-P. (1996): Agglomerationsräume, Metropolen und Metropolregionen Deutschlands im statistischen Vergleich. In: ARL (Hrsg.): Agglomerationsräume in Deutschland. Ansichten, Einsichten, Aussichten. Hannover (= ARL: Forschungs- u. Sitzungsberichte. Band 199), S. 360-401.
Quellen von Karten und Abbildungen
Abb. 1: Höhere Zentren 1895: Statistik des Deutschen Reichs, Bände 104-106.
Abb. 2: Höhere Zentren 1939: Statistik des Deutschen Reichs, Band 568.
Abb. 3: Sektorale Teilzentralitäten 1939: Autorenvorlage. Literatur s.o.
Abb. 4: Hierarchieprofil des Städtesystems 1939, 1970 und 1995: Autorenvorlage. Literatur s.o.
Abb. 5: Zentrentypen nach ihrer Umlandbedeutung 1980: LÜDEMANN, H. u.a. (Hrsg.) (1979): Stadt und Umland in der Deutschen Demokratischen Republik. Gotha, Leipzig (= Petermanns Geographische Mitteilungen. Ergänzungsheft 279).
Abb. 6: Höhere Zentren 1970,
Abb. 7: Höhere Zentren 1995,
Abb. 8: Sektorale Teilzentralitäten 1970,
Abb. 9: Sektorale Teilzentralitäten 1995: Autorenvorlage. Literatur s.o.
Bildnachweis
S. 40: Münchner Marienplatz: copyright S. Tzschaschel.

S. 44-45: Wohnimmobilienmärkte
Autorin: Prof. Dr. Ulrike Sailer, FB VI – Geographie/Geowissenschaften der Universität Trier, Universitätsring 15, 54286 Trier
Kartographische Bearbeiter
Abb. 1, 3: Konstr: C. Enderle; Red: B. Hantzsch; Bearb: C. Enderle, B. Hantzsch
Abb. 2: Konstr: C. Enderle; Red: K. Großer; Bearb: C. Enderle, R. Richter
Literatur
BBR (Hrsg.) (1999): Bauland- und Immobilienmärkte. Ausgabe 1998. Bonn (= Berichte. Band 2).
HEUSENER, K. u. J. LÜSCHOW (1999): Das Wohnungsmarktbeobachtungssystem in Nordrhein-Westfalen. Entwicklung, Struktur und aktuelle Trends. In: Informationen zur Raumentwicklung. Heft 2, S. 71-82.
KREIBICH, V. (1999): Der Wohnungsmarkt in der Stadtregion – ein weißer Fleck der Wohnungsmarktbeobachtung und Wohnungspolitik. In: Informationen zur Raumentwicklung. Heft 2, S. 133-139.
METZMACHER, M. u. M. WALTERSBACHER (1999): Wohnungsbestand und Wohnungsversorgung im Transformationsprozeß der neuen Länder. Bonn (= BBR: Arbeitspapiere 8/1999).
RACH, D. u. R. MÜLLER-KLEISSLER (1999): Strukturen und Trends auf regionalen Wohnbaulandmärkten. In: METZMACHER, M. u. M. WALTERSBACHER (1999), S. 75-82.
WALTERSBACHER, M. (1999): Mietwohnungsmärkte und Mietenniveau Ende 1998 in Deutschland. Bonn (= BBR: Arbeitspapiere 6/1999).
Quellen von Karten und Abbildungen
Abb. 1: Preise für Wohnimmobilien in ausgewählten Städten 1999: RING DEUTSCHER MAKLER (o.J.): RDM-Immobilien-Preisspiegel 1999.
Abb. 2: Miethöhen 1991/1992 und 1997/1998: Daten des BBR.
Abb. 3: Wohnbaulandpreise und Wohnungsneubau: Erhebungen des BBR.

S. 46-47: Wohnungsbestand
Autorin: Prof. Dr. Ulrike Sailer, FB VI – Geographie/Geowissenschaften der Universität Trier, Universitätsring 15, 54286 Trier
Kartographische Bearbeiter
Abb. 1: Konstr: C. Mann, B. Hantzsch; Red: B. Hantzsch; Bearb: C. Mann, R. Richter
Abb. 2, 3: Konstr: C. Mann; Red: B. Hantzsch; Bearb: C. Mann, B. Hantzsch
Abb. 4, 5, 6, 7: Konstr: C. Mann; Red: B. Hantzsch; Bearb: C. Mann, R. Bräuer
Literatur
AEHNELT, R. u. I. SCHMIDT (Bearb.) (2000): Marktchancen des jüngeren Geschoßwohnungsbestandes der neuen Länder. Bonn (= BBR: Forschungen. Heft 95).
BARTHOLMAI, B., M. MELZER u. E. SCHULZ (1991): Aktuelle Tendenzen der Wohnungsmarktentwicklung in Deutschland. In: Informationen zur Raumentwicklung. Heft 5/6, S. 301-314.
BÖLTKEN, F., N. SCHNEIDER u. A. SPELLERBERG (1999): Wohnen – Wunsch und Wirklichkeit. Subjektive Prioritäten und subjektive Defizite als Beitrag zur Wohnungsmarktbeobachtung. In: Informationen zur Raumentwicklung. Heft 2, S. 141-156.
DRESDEN, KOMMUNALE STATISTIKSTELLE (Hrsg.) (2000): Gebäude mit Wohnungen 1999. Dresden (= Statistische Mitteilung Mai 2000).
EICHLER, K. u. I. IWANOW (1999): Regionale Wohnungsmarktentwicklung und Ansätze zur Wohnungsmarktbeobachtung in den neuen Ländern. In: Informationen zur Raumentwicklung. Heft 2, S. 111-116.
HEUSENER, K. u. J. LÜSCHOW (1999): Das Wohnungsmarktbeobachtungssystem in Nordrhein-Westfalen. Entwicklung, Struktur und aktuelle Trends. In: Informationen zur Raumentwicklung. Heft 2, S. 71-82.
METZMACHER, M. u. M. WALTERSBACHER (1999): Wohnungsbestand und Wohnungsversorgung im Transformationsprozeß der neuen Länder. Bonn (= BBR: Arbeitspapiere 8/1999).
SAILER-FLIEGE, U. (1991): Der Wohnungsmarkt der Sozialmietwohnungen. Angebots- und Nutzerstrukturen dargestellt an Beispielen aus Nordrhein-Westfalen. Stuttgart (= Erdkundliches Wissen. Heft 104).
SAILER-FLIEGE, U. (1999): Wohnungsmärkte in der Transformation: Das Beispiel Ostmitteleuropa. In: PÜTZ, R. (Hrsg.): Ostmitteleuropa im Umbruch. Wirtschafts- und sozialgeographische Aspekte der Transformation. Mainz (= Mainzer Kontaktstudium Geographie. Band 5), S. 69-83.
ULBRICH, R. (1993): Wohnungsversorgung in der Bundesrepublik Deutschland. In: Aus Politik und Zeitgeschichte. Beilage zur Wochenzeitung „Das Parlament". B 8-9/93, S. 16-31.
WALTERSBACHER, M. (1999): Mietwohnungsmärkte und Mietenniveau Ende 1998 in Deutschland. Bonn (= BBR: Arbeitspapiere 6/1999).
Quellen von Karten und Abbildungen
*Abb.*1: Bestand an Wohnungen in Montagebauweise 1995: StBA (1997-1998): Gebäude- und Wohnungszählung vom 30. September 1995 in den neuen Ländern und Berlin-Ost. Wiesbaden (= Fachserie 5: Bautätigkeit und Wohnungen, 9 Hefte). Ausgabe auch als Diskettenversion GWZ 95. Berechnungen des BBR.
Abb. 2: Dresden – Wohnungsleerstand 1999: Dresden, Kommunale Statistikstelle.
Abb. 3: Sozialmietwohnungen 1998: Wohnungsbauförderungsanstalt Nordrhein-Westfalen.
Abb. 4: Wohnungsbestand 1998 – Wohnungen in Ein- und Zwei-Familienhäusern: Laufende Raumbeobachtung des BBR.
Abb. 5: Wohnungsbestand 1998 – Eigentümer- und Mieterhaushalte: STBA (1999): Bestand und Struktur der Wohneinheiten. Bundes- und Länderergebnisse. Wiesbaden (= Fachserie 5: Bautätigkeit und Wohnungen: Mikrozensus-Zusatzerhebung 1998 – Wohnsituation der Haushalte. Heft 1). Berechnungen des BBR.
Abb. 6: Wohnungsbestand 1998 – Wohnungsgröße: BBR (Hrsg.) (2000): Raumordnungsbericht 2000. Bonn (= Berichte. Band 7), S. 146. STBA (1999). Berechnungen des BBR.
Abb. 7: Wohnungsbestand 1998 – Wohnungsbaualter: STBA (1999). Berechnungen des BBR.

S. 48-49: Bauernhaustypen
Autoren: Prof. Dr. Johann-Bernhard Haversath, Institut für Didaktik der Geographie der Justus-Liebig-Universität Gießen, Karl-Glöckner-Str. 21/G, 35394 Gießen
PD Dr. Armin Ratusny, Fach Geographie der Universität Passau, Schustergasse 21, 94032 Passau
Kartographische Bearbeiter
Abb. 1, 2: Red: K. Großer; Bearb: R. Richter, M. Zimmermann
Literatur
ALTEKAMP, G. (1986) Alte Bauernhäuser im Taschenmuseum. Eine Sammlung altbäuerlicher Hofanlagen, wie sie um 1850 noch überall in Deutschland bewohnt und bewirtschaftet wurden. Münster.
BERNERT, K. (1988): Umgebindehäuser. Berlin.
ELLENBERG, H. (1990): Bauernhaus und Landschaft in ökologischer und historischer Sicht. Stuttgart.
GEBHARD, T. (1982): Alte Bauernhäuser. Von den Halligen bis zu den Alpen. 3. unveränd. Aufl. München.
GREES, H. (Hrsg.) (1994): Wege geographischer Hausforschung. Gesammelte Beiträge von Karl Heinz Schröder zu seinem 80. Geburtstag am 17. Juni 1994. Tübingen (= Tübinger Geographische Studien. Heft 113).
HENKEL, G. (1993): Der ländliche Raum. Gegenwart und Wandlungsprozesse in Deutschland seit dem 19. Jahrhundert. Stuttgart (= Teubner Studienbücher der Geographie).
RADIG, W. (1958): Frühformen der Hausentwicklung in Deutschland. Die frühgeschichtlichen Wurzeln des deutschen Hauses. Berlin (= Deutsche Bauakademie: Schriften des Instituts für Theorie und Geschichte der Baukunst).
SCHEPERS, J. (1994): Haus und Hof westfälischer Bauern. 7. neubearb. Aufl. Münster.
Quellen von Karten und Abbildungen
Abb. 1: Bauernhausformen im Schwarzwald: ELLENBERG, H. (1990), S. 471. SCHILLI, H. (1980): Hausformen des Schwarzwaldes. In: LIEHL, E. u. W.D. SICK (Hrsg.): Der Schwarzwald. Beiträge zur Landeskunde. Bühl (= Veröffentlichung des Alemannischen Instituts Freiburg i.Br. Nr. 47), S. 320.
Abb. 2: Bauernhaustypen: ALTEKAMP, G. (1986), S. 117 u. 123. ELLENBERG, H. (1990), S. 246, 286, 364 u. 404. Gebhard, T. (1982), vorderer u. hinterer Innendeckel. GREES, H. (1994), S. 134. HENKEL, G. (1993), S. 187. Mitteleuropa – Haus und Dorf / Mitteleuropäische Bauernhausformen – Grundrisse und Ansichten. In: LAUTENSACH, H. (Bearb.) (1958): Atlas zur Erdkunde. Große Ausgabe. 4. Aufl. Heidelberg, München, S. 61-62. NIEWODNICZANSKA, M.-L. (1988): Ländliche Siedlungen und Bauformen in der Region Saar-Lothringen-Luxemburg-Westliches Rheinland-Pfalz. Ein Beitrag zur Europäischen Kampagne für den ländlichen Raum. Begleitheft zur Diareihe 10 46 877. In Zusammenarbeit mit K.-H. WEICHERT. Koblenz, Heidelberg, S. 14. SCHEPERS, J. (1994), S. 292.
Bildnachweis
S. 48: Umgebindehaus im Lausitzer Bergland: copyright D. Hänsgen.

S. 50-53: Traditionelle Ortsgrundrissformen und neuere Dorfentwicklung
Autoren: Prof. Dr. Johann-Bernhard Haversath, Institut für Didaktik der Geographie der Justus-Liebig-Universität Gießen, Karl-Glöckner-Str. 21/G, 35394 Gießen
PD Dr. Armin Ratusny, Fach Geographie der Universität Passau, Schustergasse 21, 94032 Passau
Kartographische Bearbeiter
Abb. 1, 2, 3, 4, 5, 6, 7, 8: Konstr: V. Bode, D. Hänsgen; Red: W. Kraus; Bearb: K. Baum, B. Hantzsch
Abb. 9: Red: K. Großer; Bearb: R. Richter
Abb. 10, 11, 12: Konstr: J.-B. Haversath, A. Ratusny; Red: W. Kraus; Bearb: K. Baum

Literatur
BATZ, E. (1990): Neuordnung des ländlichen Raumes. Stuttgart (= Vermessungswesen bei Konrad Wittwer. Band 19).
ELLENBERG, H. (1990): Bauernhaus und Landschaft in ökologischer und historischer Sicht. Stuttgart.
HENKEL, G. (1993): Der ländliche Raum. Gegenwart und Wandlungsprozesse in Deutschland seit dem 19. Jahrhundert. Stuttgart (= Teubner Studienbücher der Geographie).
LIENAU, C. (1995): Die Siedlungen des ländlichen Raumes. 2. neubearb. Aufl. Braunschweig (= Das Geographische Seminar).
SCHRÖDER, K. H. u. G. SCHWARZ (1969): Die ländlichen Siedlungsformen in Mitteleuropa. Grundzüge und Probleme ihrer Entwicklung. Bad Godesberg (= Forschungen zur deutschen Landeskunde. Band 175).
WIESE, B. u. N. ZILS (1987): Deutsche Kulturgeographie. Werden, Wandel und Bewahrung deutscher Kulturlandschaften. Unter Mitarbeit von G. Knoll. Herford.
WIESSNER, R. (1999): Ländliche Räume in Deutschland. Strukturen und Probleme im Wandel. In: Geographische Rundschau. Heft 6, S. 300-304.

Quellen von Karten und Abbildungen
Abb. 1: Ländliche Ortsformen – Einzelhöfe: PLANKAMMER DER KÖNIGLICH PREUSSISCHEN LANDES-AUFNAHME (Hrsg.) (1894): Blatt Kempen. Nr. 2646 [4604]. Maßstab 1:25.000.
Abb. 2: Ländliche Ortsformen – Weiler: PLANKAMMER DER KÖNIGLICH PREUSSISCHEN LANDES-AUFNAHME (Hrsg.) (1901): Blatt Altenkirchen im Westerwald. Nr. 3100 [5311]. Maßstab 1:25.000.
Abb. 3: Ländliche Ortsformen – Haufendorf: KÖNIGLICH WÜRTTEMBERGISCHES STATISTISCHES LANDESAMT (Hrsg.) (1901): Blatt Grossbottwar. Nr. 33 [6921]. Maßstab 1:25.000.
Abb. 4: Ländliche Ortsformen – Waldhufendorf: KÖNIGLICH SÄCHSISCHES FINANZMINISTERIUM (Hrsg.) (1893): Section Glauchau. Nr. 94 [5141]. Maßstab 1:25.000.
Abb. 5: Ländliche Ortsformen – Straßendorf: REICHSAMT FÜR LANDESAUFNAHME (Hrsg.) (1924): Blatt Borna. Nr. 42. (2813) [4840]. Auf der Basis der sächsischen Landesaufnahme von 1906. Maßstab 1:25.000.
Abb. 6: Ländliche Ortsformen – Angerdorf: KARTHOGRAPHISCHE ABTHEILUNG DER KÖNIGLICH PREUSSISCHEN LANDES-AUFNAHME (Hrsg.) (1883): Section Werneuchen. Nr. 12 [3348]. Maßstab 1:25.000.
Abb. 7: Ländliche Ortsformen – Rundling: KÖNIGLICH PREUSSISCHE LANDESAUFNAHME (Hrsg.) (1892): Blatt Lüchow. Nr. 1538 [3032]. Maßstab 1:25.000.
Abb. 8: Ländliche Ortsformen – Gutssiedlung: KÖNIGLICH PREUSSISCHE LANDESAUFNAHME (Hrsg.) (1886): Blatt Walkendorf. Nr. 672 [2041]. Maßstab 1:25.000.
Abb. 9: Typen ländlicher Siedlungen: ELLENBERG, H. (1990), S. 189.
Abb. 10: Leipzig-Baalsdorf – Ehemaliges bäuerliches Angerdorf zwischen Suburbanisierung und Tertiärisierung: LEIPZIG, STÄDTISCHES VERMESSUNGSAMT (2000): Stadtkarte Leipzig. Maßstab 1:5000. Eigene Erhebungen.
Abb. 11: Hüttenberg-Reiskirchen (bei Wetzlar) – Vom ehemaligen bäuerlichen Haufendorf zum attraktiven Wohnort: WETZLAR, VERMESSUNGSAMT (o.J.): Reiskirchen. Maßstab 1:5000. Eigene Erhebungen.
Abb. 12: Wegscheid-Kramerschlag (bei Passau) – Mittelalterliche Reihensiedlung in peripherer Lage: PASSAU, VERMESSUNGSAMT (o.J.): Kramerschlag. Maßstab 1:5000. Eigene Erhebungen.

Bildnachweis
S. 52: Angerdorf Baalsdorf: copyright C. Hanewinkel
S. 52: Kramerschlag: copyright A. Ratusny

S. 54-57: Geschichte und Entwicklung der Städte im ländlichen Raum
Autorin: Dr. Vera Denzer, Institut für Didaktik der Geographie der Johann Wolfgang Goethe-Universität Frankfurt am Main, Schumannstr. 58, 60054 Frankfurt am Main

Kartographische Bearbeiter
Abb. 1, 3: Konstr. V. Denzer; Red: W. Kraus; Bearb: K. Baum, A. Müller
Abb. 2, 4: Konstr. V. Denzer; Red: W. Kraus; Bearb: K. Baum

Literatur
BÜCHNER, H.-J. (1989): Europäische Stadtentwicklung. Die Ausprägung von Epochen und Leitideen in Grundrissmustern rheinland-pfälzischer Städte. In: Praxis Geographie. Heft 10, S. 31-35.
BURKHARDT, H.-G. u.a. (Hrsg.) (1988): Stadtgestalt und Heimatgefühl. Der Wiederaufbau von Freudenstadt 1945-1954. Analysen, Vergleiche und Dokumente. Hamburg.
DENECKE, D. (1989): Stadtgeographie als geographische Gesamtdarstellung und komplexe geographische Analyse einer Stadt. In: Die Alte Stadt. Heft 1, S. 3-23.
DOLLEN, B. V. D. (1982): Forschungsschwerpunkte und Zukunftsaufgaben der Historischen Geographie: Städtische Siedlungen. In: Erdkunde. Heft 2, S. 96-102.
GEHRCKE, W. (1969): Lüchow. In: BRÜNING, K. (Hrsg.): Niedersachsen und Bremen. Stuttgart (= Handbuch der historischen Stätten Deutschlands. Band II), S. 306-307.
GRUNDMANN, L. (Hrsg.) (1999): Weimar und seine Umgebung. Ergebnisse der landeskundlichen Bestandsaufnahme im Raum Weimar und Bad Berka. Weimar (= Werte der deutschen Heimat. Band 61).
HANSESTADT WISMAR, BAUAMT, ABTEILUNG STADTPLANUNG (2000): Rahmeninformationen zur Hansestadt Wismar. Bearb. von W. PEIKERT. Unveröff. Manuskript. Wismar.
HEINEBERG, H. (2001): Grundriß Allgemeine Geographie: Stadtgeographie. 2. aktual. Aufl. Paderborn (= UTB für Wissenschaft: Uni-Taschenbücher 2166).
HOFFMANN-AXTHELM, D. (1988): Die Identität der Stadt. Moralische, historische und ästhetische Gesichtspunkte des Wiederaufbaus von Freudenstadt. In: BURKHARDT, H.-G. u.a., S. 104-122.
HOPPE, K.-D. (1990): Aufgaben und erste Ergebnisse der Stadtarchäologie in Wismar. In: Wismarer Studien zur Archäologie und Geschichte. Band 1, S. 20-48.
KINDLER, CH. u. K. WELDT (1995): Wismar. Stadt an der Bucht, ein illustriertes Reisehandbuch. 3. überarb. Aufl. Bremen.
KNABE, L. (1966): Das zweite Wismarsche Stadtbuch 1272-1297. 2 Bände. Weimar (= Quellen und Darstellungen zur hansischen Geschichte. N.F. Band 14, T. 1 u. 2).
KOMMISSION FÜR GESCHICHTLICHE LANDESKUNDE IN BADEN-WÜRTTEMBERG (Hrsg.) (1972-1988): Historischer Atlas von Baden-Württemberg. Kartenteil, Blatt IV.11. Stuttgart.
KOWALEWSKI, K. (1980): Lüchow. Vom Mittelalter bis zur Gegenwart. Beiträge zur Geschichte der Jeetzel-Stadt. Stade.
LAFRENZ, J. (2000): Weimar. In: EHBRECHT, W., P. JOHANEK u. J. LAFRENZ (Hrsg.): Deutscher Städteatlas. Lieferung VI-1. Altenbeken.
LICHTENBERGER, E. (1998): Stadtgeographie. Band 1: Begriffe, Konzepte, Modelle, Prozesse. 3. neubearb. u. erweit. Aufl. Stuttgart (= Teubner Studienbücher der Geographie).
MESSERSCHMIDT, H. (Hrsg.) (1983): Lüchow. Städtebauliche Entwicklung in jüngster Zeit. Uelzen (= Schriftenreihe des Heimatkundlichen Arbeitskreises Lüchow-Dannenberg. Heft 4).
PISCHKE, G. (1984): Die Entstehung der niedersächsischen Städte. Stadtrechtsfiliationen in Niedersachsen. Hildesheim (= Veröffentlichungen der Historischen Kommission für Niedersachsen und Bremen. Zgl. Studien und Vorarbeiten zum Historischen Atlas Niedersachsens. Heft 28).
POPP, H. (1977): Die Kleinstadt. Ausgewählte Problemstellungen und Arbeitsmaterialien für den Erdkundeunterricht in der Sekundarstufe. Stuttgart (= Der Erdkundeunterricht. Band 25).
SCHLÜTER, G. (1999): Die Gebietsstruktur seit 1945. In: GRUNDMANN, L., S. 34-38 u. 108.
STOOB, H. (1986): Über Wachstumsvorgänge und Hafenbau bei Hansischen See- und Flußhäfen im Mittelalter. In: STOOB, H. (Hrsg.): See- und Flusshäfen vom Hochmittelalter bis zur Industrialisierung. Köln, Wien (= Städteforschung. Reihe A: Darstellungen. Band 24), S. 1-65.

Quellen von Karten und Abbildungen
Abb. 1: Wismar – Städtebauliche Erweiterungen bis 1998: GUTSCHOW, K. (1937): Seestadt Wismar. Grundbesitz. Maßstab 1:10.000. HANSESTADT WISMAR, STADTBAUAMT (1924): Übersichtsplan von der Seestadt Wismar. Wismar. HANSESTADT WISMAR, STADTPLANUNGSAMT (1990): Flächennutzungsplan der Hansestadt Wismar und Aktualisierung. Stand März 1999. Wismar. KNABE, L. (1966), T. 2, S. 409. TECHEN, F. (1993): Geschichte der Seestadt Wismar. Nachdruck d. Ausgabe v. 1929. Schwerin. WILLGEROTH, G. (1997): Bilder aus Wismars Vergangenheit. Gesammelte Beiträge zur Geschichte der Stadt Wismar. Nachdruck d. Ausgabe v. 1903. Schwerin. Hansestadt Wismar, Archiv des Bauordnungs- und Denkmalamtes, Abt. Denkmalpflege: Abriß der Stadt und Festung Wismar 1716. Hansestadt Wismar, Archiv des Bauordnungs- und Denkmalamtes, Abt. Denkmalpflege: Stadtplan nach 1945/ vor 1953: Ehemalige Wehrmachtsobjekte und Rüstungsbetriebe. Maßstab 1:10.000. Hansestadt Wismar, Stadtarchiv: Plan der Stadt Wismar 1857 (Crull-Sammlung I,E,4). Kreisverwaltung Wismar, Bauplanungsamt: Wismar Stadt und Umgebung 1970.
Abb. 2: Weimar – Städtebauliche Erweiterungen bis 1998: SCHLÜTER, G. (1999), S. 108. TIETZSCH, I. (1949): Stadtgeographie von Weimar. Sonderausgabe. Weimar, Karte 3. WEIMAR, RAT DER STADT (Hrsg.) (o.J.): Generalbebauungsplan der Stadt Weimar 1990. Weimar. Sowie Fortschreibung durch die Stadt Weimar.
Abb. 3: Lüchow – Städtebauliche Erweiterungen bis 1998: ARCHITEKTUR UND PLANUNG IN ALTER UMGEBUNG (1998): Stadt Lüchow. Städtebauliche Studie. II. Teil: Strukturplan. Schöppenstedt. MESSERSCHMIDT, H. (Hrsg.) (1983), S. 52. REICHSKARTENSTELLE DES REICHSAMTES FÜR LANDESAUFNAHME BERLIN (Hrsg.) (1925): Lüchow. Maßstab 1:10.000. Berlin. STADT LÜCHOW (Hrsg.) (1965): Stadt Lüchow Bebauungsflächen in der zeitlichen Entwicklung nach 1768-1965. Lüchow. STADT LÜCHOW (Hrsg.) [1983 u. 2000]: Flächennutzungspläne. Lüchow. Lüchow, Stadtarchiv: Karte der Stadt Lüchow vor dem Brande 1811.
Abb. 4: Freudenstadt – Städtebauliche Erweiterungen bis 1998: FREUDENSTADT, STÄDTISCHES VERMESSUNGSAMT (1922): Stadt Plan von Freudenstadt. Stuttgart. MENZE, A. (1991): Funktionale und städtebauliche Entwicklung Freudenstadts nach dem Zweiten Weltkrieg. Unveröff. Zulassungsarbeit. Universität Freiburg. Freiburg, S. 21. STADT FREUDENSTADT (Hrsg.) [1970]: Freudenstadt und seine Umgebung. Maßstab 1:25.000. Freudenstadt. WAGNER, E. v. u. J. MITTERHUBER (Hrsg.) (1998): Stadtplan Freudenstadt. Maßstab 1:17.000. Fellbach. Wiederaufbauplan von L. Schweitzer (1953). In: STIEGHORST, K. (1988): Die neue Stadt. Bürgerbeteiligung und patriarchalischer Städtebau. In: BURKHARDT, H.-G. u.a., S. 79. WOERL'S REISEHANDBÜCHER (1886): Freudenstadt. Maßstab 1:7500. Würzburg. Freudenstadt, Stadtarchiv: Plan H. Schickhardts vom Herzog genehmigt (1599, kopiert v. Pfarrer Lutz 1924). Freudenstadt, Stadtarchiv: Stadtplan Freudenstadt um 1935/39.

Bildnachweis
S. 54: Wismar: Foto Volster, Wismar
S. 56: Weimar: J. Hucke
S: 57: Lüchow: WFL-GmbH

Danksagung
Für konstruktive Anmerkungen zum Text und zur Kartierung gilt mein besonderer Dank:
Herrn PD Dr. A. Dix (Geographisches Institut Bonn), Frau R. Gralow (Abt. Denkmalpflege, Hansestadt Wismar), Frau G. Günther (Stadtarchivarin a.D. Weimar), Frau Dr. L. Grundmann (IfL Leipzig), Herrn G. Hertel (Stadthistoriker Freudenstadt), Herrn Dr. C. Kieser (Landesdenkmalpflegeamt Baden-Württemberg, Außenstelle Karlsruhe), Herrn Dr. K. Kowalewski (Stadtarchivar Lüchow), Herrn Dr. A. Lucke (Kreisarchäologe Lüchow), Frau Dr. J. Miggelbrink (IfL Leipzig), Herrn W. Peikert (Abt. Stadtplanung Hansestadt Wismar), Herrn O. Piontek (Archiv der Hansestadt Wismar), Prof. Dr. E. Reinhard (Abt. Landesforschung und -beschreibung Baden-Württemberg, Stuttgart), Frau A. Reyes Loredo (Abt. Stadtplanung Stadt Weimar), Frau C. Schubert (Stadtgeschichtliches Museum Wismar), Frau E. Steinhardt (Stadtverwaltung Freudenstadt), Herrn J. Zöllner (Stadt Lüchow).

S. 58-61: Klein- und Mittelstädte – ihre Funktion und Struktur
Autorin: Dr. Kerstin Meyer-Kriesten, Geographisches Institut der Christian-Albrechts-Universität zu Kiel, Ludewig-Meyn-Str. 14, 24098 Kiel

Kartographische Bearbeiter
Abb. 1, 2, 3, 4, 5: Konstr. K. Meyer-Kriesten; Red: W. Kraus; Bearb: K. Baum

Literatur
GENOSKO, J. (1996): Gutachten „Wirtschaftsraum Rosenheim". Endbericht. April 1996. Ingolstadt.
GRÖTZBACH, E. (1963): Geographische Untersuchung über die Kleinstadt der Gegenwart in Süddeutschland. Kallmünz, Regensburg (= Münchner Geographische Hefte. Nr. 24).
PECHER, F. K. u. W. JUNG (1999): Die Ent-

wicklung von Stadt- und Umlandbereichen in der Raumordnung. Dargestellt am Beispiel des Stadt- und Umlandbereichs Rosenheim. In: AKADEMIE FÜR RAUMFORSCHUNG UND LANDESPLANUNG, LANDESARBEITSGEMEINSCHAFT BAYERN (Hrsg.): Ein altes und doch höchst aktuelles Thema der Raumordnung: Das Stadt-Umland-Problem. Bayreuth, München, S. 49-55.
POPP, H. (1977): Die Kleinstadt. Ausgewählte Problemstellungen und Arbeitsmaterialien für den Erdkundeunterricht in der Sekundarstufe. Stuttgart (= Der Erdkundeunterricht. Heft 25).
STADT ARNSTADT (Hrsg.) (1998): Erläuterungsbericht zum Flächennutzungsplan. Oktober 1998. Arnstadt.
STADT ARNSTADT (Hrsg.) (2000): Entwurf des Flächennutzungsplanes. Juni 2000. Arnstadt.
STADT EUTIN (Hrsg.) (1999): Haushaltssatzung 2000. Eutin.
STADT EUTIN (Hrsg.) (2000): Entwurf des Flächennutzungsplanes. Juni 2000. Eutin.
STADT LIMBURG (Hrsg.) (1999): Limburg 2000+, Entwicklungskonzeption für den Dienstleistungsbereich am ICE-Bahnhof Limburg-Süd auf dem Prüfstand. Limburg.
STADT LIMBURG (Hrsg.) (2000): Entwurf des Flächennutzungsplanes. Juni 2000. Limburg.
STADT ROSENHEIM (Hrsg.) (1995a): Flächennutzungsplan von 1995. Rosenheim.
STADT ROSENHEIM (Hrsg.) (1995b): Erläuterungsbericht zum Flächennutzungsplan von 1995. Rosenheim.

Quellen von Karten und Abbildungen
Abb. 1: Rosenheim – Funktionale Gliederung 2000: STADT ROSENHEIM (Hrsg.) (1995a).
Abb. 2: Limburg a.d. Lahn – Funktionale Gliederung 2000: STADT LIMBURG (Hrsg.) (2000).
Abb. 3: Arnstadt – Funktionale Gliederung 2000: STADT ARNSTADT (Hrsg.) (2000).
Abb. 4: Funktionalen Gliederung der deutschen Klein- und Mittelstadt: Eigener Entwurf.
Abb. 5: Eutin – Funktionale Gliederung 2000: STADT EUTIN (Hrsg.) (2000).

Bildnachweis
S. 58: Rosenheim: copyright K. Meyer-Kriesten
S. 59: Limburg a.d. Lahn: copyright K. Meyer-Kriesten
S. 60: Arnstadt: copyright K. Meyer-Kriesten
S. 61: Eutin: copyright WFL-GmbH

Methodische Anmerkungen
Mit folgenden Experten wurden Gespräche geführt: Herr Böttcher, Baudezernent (Arnstadt), Herr Lamp, Bauamtsleiter (Eutin), Frau Bopp-Simon, Leiterin des Stadtplanungsamtes (Limburg), Herr Gartner, Sachgebietsleiter Stadtentwicklung (Rosenheim).
In den genannten Städten wurden im Sommer 2000 Nutzungskartierungen durchgeführt.

S. 62-63: Mittel- und Großstädte im ländlichen Raum
Autor: Dipl.-Geogr. Bert Bödeker, Fachgruppe Geowissenschaften der Universität Bayreuth, Universitätsstr. 30, 95447 Bayreuth
Kartographische Bearbeiter
Abb. 1, 2, 3, 4: Konstr: B. Bödeker; Red: S. Dutzmann; Bearb: R. Bräuer
Literatur
BBR (Hrsg.) (2000): Raumordnungsbericht 2000. Bonn (= Berichte. Band 7).
DORBRITZ, J. (1997): Der demographische Wandel in Ostdeutschland. Verlauf und Erklärungsansätze. In: Zeitschrift für Bevölkerungswissenschaft. Heft 2/3, S. 239-268.
GANS, P. u. F.-J. KEMPER (2000): Bevölkerung. In: IfL (Hrsg.): Nationalatlas Bundesrepublik Deutschland. Band 1: Gesellschaft und Staat. Mithrsg. von HEINRITZ, G., S. TZSCHASCHEL u. K. WOLF. Heidelberg, Berlin, S. 78-81.
GATZWEILER, H.-P. u. E. IRMEN (1997): Die Entwicklung der Regionen in der Bundesrepublik Deutschland. In: FRIEDRICHS, J. (Hrsg.): Die Städte in den 90er Jahren. Demographische, ökonomische und soziale Entwicklungen. Opladen, S. 37-66.
GRUNDMANN, S. (1998): Bevölkerungsentwicklung in Ostdeutschland. Demographische Strukturen und räumliche Wandlungsprozesse auf dem Gebiet der neuen Bundesländer (1945 bis zur Gegenwart). Opladen.
HÄUSSERMANN, H. u. R. NEEF (Hrsg.) (1996): Stadtentwicklung in Ostdeutschland. Soziale und räumliche Tendenzen. Opladen.
HENCKEL, D. u.a. (1993): Entwicklungschancen deutscher Städte – die Folgen der Vereinigung. Stuttgart, Berlin, Köln (= Schriften des Difu. Band 86).

Quellen von Karten und Abbildungen
Abb. 1, Abb. 2: Bevölkerungsentwicklung 1980-1997,
Abb. 3: Bevölkerungsentwicklung 1980-1997,
Abb. 4: Bevölkerungsentwicklung von Städten im ländlichen Raum 1980-2000: STAATLICHE ZENTRALVERWALTUNG FÜR STATISTIK/STATISTISCHES AMT DER DDR (Hrsg.) (versch. Jahrgänge): Statistisches Jahrbuch der Deutschen Demokratischen Republik. Berlin. StBA (Hrsg.) (versch. Jahrgänge): Statistisches Jahrbuch für die Bundesrepublik Deutschland. Wiesbaden. DEUTSCHER STÄDTETAG (Hrsg.) (versch. Jahrgänge): Statistisches Jahrbuch Deutscher Gemeinden. Berlin, Köln.

Bildnachweis
S. 62: Hameln: copyright S. Tzschaschel

S. 64-65: Ehemalige Kreisstädte
Autorin: Dr. Ulrike Sandmeyer-Haus, Kirschenallee 6, 96152 Burghaslach
Kartographische Bearbeiter
Abb. 1, 2, 3, 4: Konstr: U. Sandmeyer-Haus; Red: K. Großer; Bearb: M. Schmiedel
Abb. 5: Konstr: T. Schwarze; Red: K. Großer, D. Hänsgen; Bearb: J. Blauhut, T. Schwarze
Literatur
BAYERISCHES LANDESAMT FÜR STATISTIK UND DATENVERARBEITUNG (Hrsg.) (1991): Die Gemeinden Bayerns nach dem Gebietsstand 25. Mai 1987. Die Einwohnerzahlen der Gemeinden Bayerns und die Änderungen im Bestand und Gebiet von 1840 bis 1987. München (= Beiträge zur Statistik Bayerns. Heft 451).
DASCHER, K. (2000): Warum sind Hauptstädte so groß? Eine ökonomische Interpretation und ein Beitrag zur Geographie der Politik. Berlin (= Volkswirtschaftliche Schriften. Heft 502).
HOLTMANN, E. u.a. (1998): Die Kreisstadt als Standortfaktor. Auswirkungen der Kreisgebietsreform von 1994 in Sachsen-Anhalt. Eine vergleichende Untersuchung in 10 ehemaligen bzw. bleibenden Kreisstädten. Baden-Baden.
KRIPPNER, J. (1999): Folgen des Verlustes von verordneter Zentralität in kleineren Versorgungsorten des ländlichen Raumes. Eine Bilanz der Kreisgebietsreform in Bayern an Beispielen aus Franken. Bamberg (= Bamberger Geographische Schriften: Sonderfolge. Nr. 4).

Quellen von Karten und Abbildungen
Abb. 1: Reduktion der Anzahl der Landkreise durch die Kreisgebietsreform der Länder: StÄdL.
Abb. 2: Ehemalige Kreisstadt Scheinfeld – Veränderung des Gewerbesteueraufkommens 1972-1997: BAYERISCHES STATISTISCHES LANDESAMT (Hrsg.) (Jahrgänge 1973/1980/1990/1998): Gemeindedaten. München.
Abb. 3: Ehemalige Kreisstadt Staffelstein – Entwicklung der Gästeübernachtungen 1978-1997: BAYERISCHES STATISTISCHES LANDESAMT (Hrsg.) (Jahrgänge 1980/1990/1998): Gemeindedaten. München.
Abb. 4: Ehemalige Kreisstadt Zeitz – Beschäftigungsentwicklung im verarbeitenden Gewerbe 1993-1999: StLA ST.
Abb. 5: Ehemalige und neue Kreisstädte 2002: Autorenvorlage T. Schwarze [verändert].

S. 66-67: Industrialisierung und Deindustrialisierung im ländlichen Raum
Autor: Prof. Dr. Reinhard Wießner, Institut für Geographie der Universität Leipzig, Johannisallee 19a, 04103 Leipzig
Kartographische Bearbeiter
Abb. 1: Konstr: T. Lohwasser, R. Wießner, A. Zapke, J. Blauhut; Red: K. Großer; Bearb: J. Blauhut, R. Richter
Abb. 2, 3, 4: Konstr: C. Ullrich, R. Wießner; Red: K. Großer; Bearb: R. Bräuer
Literatur
BADE, F.-J. (1997): Zu den wirtschaftlichen Chancen und Risiken der ländlichen Räume. In: Raumforschung und Raumordnung. Heft 4/5, S. 247-259.
BBR (Hrsg.) (1999): Aktuelle Daten zur Entwicklung der Städte, Kreise und Gemeinden. Ausgabe 1999. Bonn (= Berichte. Band 3).
DANIELZYK, R. u. C.-C. WIEGANDT (1999): Das Emsland – „Auffangraum" für problematische Großprojekte oder „Erfolgsstory" im ländlich-peripheren Raum? In: Berichte zur deutschen Landeskunde. Heft 2/3, S. 217-244.
ECKART, K. (1989): DDR. Neubearbeitung. 3. überarb. Aufl. Stuttgart (= Klett: Länderprofile).
HENKEL, G. (1995): Der ländliche Raum. Gegenwart und Wandlungsprozesse seit dem 19. Jahrhundert in Deutschland. 2. Aufl. Stuttgart (= Teubner Studienbücher der Geographie).
REUBER, P. u. P. KÖSTER (1995): Eisenhüttenstadt – Anpassungsprobleme einer Stahlregion nach der Wiedervereinigung Deutschlands. In: Europa Regional. Heft 3, S. 1-8.
ROTHER, K. (1997): Deutschland – Die östliche Mitte. Braunschweig (= Das Geographische Seminar).
SIEBER, S. (1967): Studien zur Industriegeschichte des Erzgebirges. Köln, Graz (= Mitteldeutsche Forschungen 49).
WIESSNER, R. (1999a): Arbeitsmärkte in Altindustrierevieren des Ländlichen Raums. In: INSTITUT FÜR ENTWICKLUNGSFORSCHUNG IM LÄNDLICHEN RAUM OBER- UND MITTELFRANKENS E.V. (Hrsg.): 10 Jahre Institut für Entwicklungsforschung. Ländlicher Raum wohin? Kronach, München, Bonn (= Kommunal- und Regionalstudien. Band 30), S.63-82.
WIESSNER, R. (1999b): Ländliche Räume in Deutschland. Strukturen und Probleme im Wandel. In: Geographische Rundschau. Heft 6, S. 300-304.

Quellen von Karten und Abbildungen
Abb. 1: Beschäftigte im sekundären Sektor 1989 und Dezentralisierung der Industrie: ECKART, K. (1989). STATISTISCHES AMT DER DDR (Hrsg.) (1990): Statistisches Jahrbuch '90 der Deutschen Demokratischen Republik. Berlin. Eigene Berechnungen.
Abb. 2: Anteil der Beschäftigten im sekundären Sektor 1998,
Abb. 3: Veränderung des Anteils der Beschäftigten im sekundären Sektor von 1990 bis 1998: BBR (Hrsg.) (1999). Eigene Berechnungen.
Abb. 4: Beschäftigte im sekundären Sektor 1989 und ihre Entwicklung von 1990-1998: BBR (Hrsg.) (1999).

S. 68-69: LPG-Zentralsiedlungen und ihre Veränderungen seit 1990
Autoren: Dr. Dieter Brunner, Institut für Geographie der Ernst-Moritz-Arndt-Universität Greifswald, Friedrich-Ludwig-Jahnstr. 16, 17487 Greifswald
Dr. Meike Wollkopf, Institut für Länderkunde, Schongauerstr. 9, 04329 Leipzig
Kartographische Bearbeiter
Abb. 1: Konstr: D. Brunner, M. Wollkopf; Red: K. Großer; Bearb: P. Mund
Abb. 2: Konstr: D. Brunner, M. Wollkopf; Red: K. Großer; Bearb: R. Richter
Abb. 3, 4: Konstr: D. Brunner, M. Wollkopf; Red: W. Kraus; Bearb: R. Bräuer
Literatur
DEUTSCHER BUNDESTAG (Hrsg.) (1999): Agrarbericht 1999. Agrar- und ernährungspolitischer Bericht der Bundesregierung. Unterrichtung durch die Bundesregierung. Bonn (= Bundestags-Drucksache 14/347 vom 09.02.99).
FLEISCHER, E. (1996): Aufbau eines Innovations-, Kommunikations- und Dienstleistungszentrums in der Lommatzscher Pflege – Schloss und Rittergut Schleinitz (Sachsen) In: BUNDESMINISTERIUM FÜR ERNÄHRUNG, LANDWIRTSCHAFT UND FORSTEN (Hrsg.): Aktionen zur ländlichen Entwicklung. Bundesweites LEADER-II-Seminar. 16.-18. April 1996, Netzeband/Brandenburg. Bonn, S. 61-63.
FORSTNER, B. u. F. ISERMEYER (1998): Zwischenergebnisse zur Umstrukturierung der Landwirtschaft in den neuen Ländern. In: Berichte über Landwirtschaft. Heft 2, S. 161-190.
GRUBE, J. u. D. ROST (1995): Alternative Siedlungsentwicklung. Dorferneuerung in Sachsen-Anhalt. Untersucht und dargestellt an Fallbeispielen der Dorferneuerung in Sachsen-Anhalt unter besonderer Berücksichtigung der LPG-VEG-Altbausubstanz. Schönebeck (Elbe).
HENKEL, G. (1999): Der ländliche Raum. Gegenwart und Wandlungsprozesse seit dem 19. Jahrhundert in Deutschland. 3. völlig neu bearb. Aufl. Stuttgart, Leipzig (= Teubner Studienbücher der Geographie).
StBA (Hrsg.) (1995): Die Arbeitskräfte in der Landwirtschaft 1949 bis 1989. Wiesbaden (= Sonderreihe mit Beiträgen für das Gebiet der ehemaligen DDR. Heft 26).
StBA (Hrsg.) (1993): Klassifikation der Wirtschaftszweige mit Erläuterungen. Ausgabe 1993. Wiesbaden. Ausgabe auch als Diskettenversion WZ 93.
STOLTE, H. (1996): Entwicklung ländlicher Wirtschaftsstrukturen (Sachsen-Anhalt). In: BUNDESMINISTERIUM FÜR ERNÄHRUNG, LANDWIRTSCHAFT UND FORSTEN (Hrsg.): Aktionen zur ländlichen Entwicklung. Bundesweites LEADER-II-Seminar. 16.-18. April 1996. Netzeband/Brandenburg. Bonn, S. 105-107.
WEBER, W. (1997): Die Bedeutung weicher Standortfaktoren für die räumliche

Entwicklung unter Betonung der Relevanz für kleine und mittlere Betriebe in Nordbayern. In: ARL (Hrsg.): Sicherung des Wirtschaftsstandortes Bayern durch Landesentwicklung. Hannover (= ARL: Arbeitsmaterial. Nr. 237), S. 90-102.
WELTER, F. (1996): Gründungsprofile im ost- und westdeutschen Handwerk. Eine vergleichende Untersuchung in den Kammerbezirken Düsseldorf und Leipzig. Bochum (= RUFIS – Ruhr-Forschungsinstitut für Innovations- und Strukturpolitik. Nr.1/1996).

Quellen von Karten und Abbildungen
Abb. 1: Siedlungen pro LPG 1988: STAATLICHE ZENTRALVERWALTUNG FÜR STATISTIK (Hrsg.) (1989): Statistisches Jahrbuch der Deutschen Demokratischen Republik 1989. Berlin, S. 181. Karte 1.1.1. Bevölkerungsverteilung nach Siedlungen 1974. In: ZENTRALVERWALTUNG FÜR STATISTIK, STAATLICHE PLANKOMMISSION, FORSCHUNGSLEITSTELLE FÜR TERRITORIALPLANUNG: Karten für Volks-, Berufs-, Wohnraum- und Gebäudezählung vom 1.1.1971. Deutsche Demokratische Republik. Berlin.
Abb. 2: Berufstätige in der Land-, Forst- und Fischwirtschaft 1989: RUDOLPH, H. (1990): Beschäftigungsstrukturen in der DDR vor der Wende. Eine Typisierung von Kreisen und Arbeitsämtern. In: Mitteilungen aus der Arbeitsmarkt- und Berufsforschung. Heft 4 (=Thema: Gesamtdeutscher Arbeitsmarkt), S. 474-503. StBA (Hrsg.) (1995).
Abb. 3: Großbothen (Sachsen) – Wirtschaftlicher Strukturwandel 1989/2000: DETEMEDIEN (Hrsg.) (1999): Das Telefonbuch für den Bereich Leipzig 1999/2000. Nr. 123. Frankfurt a:m:, Stuttgart. DEUTSCHE POST DER DDR (Hrsg.) (1987): Fernsprechbuch Bezirk Leipzig. Leipzig. Daten der Gemeinde Großbothen.
Abb. 4: Mustin/Witzin (Mecklenburg-Vorpommern) – Wirtschaftlicher Strukturwandel 1989/2000: Vermögens- und Verwaltungs-AG Mustin, Mecklenburg-Vorpommern (Juli 2000).

Bildnachweis
S. 69: Dreiskau-Muckern (Sachsen), beide: copyright Staatliches Amt für Ländliche Neuordnung Wurzen

S. 70-71: Arbeitsplätze und Lebensqualität im ländlichen Raum
Autorin: PD Dr. Carmella Pfaffenbach, Fachgruppe Geowissenschaften der Universität Bayreuth, Universitätsstr. 30, 95447 Bayreuth
Kartographische Bearbeiter
Abb. 1, 2: Red: K. Großer; Bearb: R. Richter
Abb. 3: Konstr: C. Pfaffenbach, J. Blauhut; Red: K. Großer; Bearb: J. Blauhut, R. Richter
Literatur
FASSMANN, H. u. P. MEUSBURGER (1997): Arbeitsmarktgeographie. Erwerbstätigkeit und Arbeitslosigkeit im räumlichen Kontext. Stuttgart (= Teubner Studienbücher der Geographie).
SCHÄTZL, L. (2001): Wirtschaftsgeographie 1. Theorie. 8. überarb. Aufl. Paderborn u.a. (= UTB für Wissenschaft 782).
Quellen von Karten und Abbildungen
Abb. 1: Anteil der Stadttypen im ländlichen Raum,
Abb. 2: Arbeitsplätze und Beschäftigte 2000,
Abb. 3: Arbeitsplätze und Pendler in Städten des ländlichen Raumes 1998: BA (Hrsg.) (1999): Pendlerstatistik sozialversicherungspflichtig Beschäftigter nach Gemeinden, Dienststellenbezirken und Landkreisen. Juni 1998. Nürnberg. BA (Hrsg.) (2000): Arbeitsmarkt in Zahlen. [Arbeitslose nach Stadt- und Landkreisen]. März 2000. Nürnberg.

Bildnachweis
S. 70: Wolfsburg: copyright Volkswagen AG
S. 70: Münchner Flughafen bei Freising: copyright Münchner Flughafen GmbH

S. 72-73: Versorgung im ländlichen Raum
Autor: PD Dr. Ulrich Jürgens, Geographisches Institut der Christian-Albrechts-Universität zu Kiel, Ludwig-Meyn-Str. 14, 24098 Kiel
Kartographische Bearbeiter
Abb. 1: Konstr: A. Eglitis; Red: B. Hantzsch; Bearb: H. Becker; Red: B. Hantzsch; Bearb: B. Hantzsch
Abb. 2: Konstr: H. Becker; Red: B. Hantzsch; Bearb: B. Hantzsch
Abb. 3: Konstr: U. Jürgens; Red: B. Hantzsch; Bearb: B. Hantzsch
Literatur
BBR (Hrsg.) (1999): Aktuelle Daten zur Entwicklung der Städte, Kreise und Gemeinden. Ausgabe 1999. Bonn (= Berichte. Band 3).
CZECH, D. (1995): Notwendige Maßnahmen zur Sicherung der Versorgung mit Gütern des täglichen Bedarfs in ländlichen Räumen des Freistaates Sachsen. Unter Mitarbeit von U. Scheibe. Hrsg. von der Agrarsozialen Gesellschaft e.V. im Auftrag des Sächsischen Staatsministeriums für Landwirtschaft, Ernährung und Forsten. Göttingen.
EGLITIS, A. (1999): Grundversorgung mit Gütern und Dienstleistungen in ländlichen Räumen der neuen Bundesländer. Persistenz und Wandel der dezentralen Versorgungsstrukturen seit der deutschen Einheit. Kiel (= Kieler Geographische Schriften.
INSTITUT FÜR ENTWICKLUNGSFORSCHUNG IM LÄNDLICHEN RAUM OBER- UND MITTELFRANKENS E.V. (Hrsg.) (1996): Versorgung im ländlichen Raum – Probleme des Einzelhandels im dörflichen Umfeld. Ergebnisse des Siebten Heiligenstadter Gesprächs. Kronach, Bonn (= Kommunal- und Regionalstudien. Heft 24).
JÜRGENS, U. u. A. EGLITIS (1997): Einzelhandel im ländlichen Raum der neuen Bundesländer. In: Geographische Rundschau. Heft 9, S. 484-490.
KAPPHAN, A. (1996): Wandel der Lebensverhältnisse im ländlichen Raum. In: STRUBELT, W. u.a.: Städte und Regionen. Räumliche Folgen des Transformationsprozesses. Opladen (= Berichte der Kommission für die Erforschung des Sozialen und Politischen Wandels in den Neuen Bundesländern e.V. Bericht 5), S. 217-253.
KORCZAK, D. (1995): Lebensqualität-Atlas. Umwelt, Kultur, Wohlstand, Versorgung, Sicherheit und Gesundheit in Deutschland. Opladen.
PAULIG, H. (2000): Auswirkungen demographischer Prozesse auf das sächsische Schulwesen. In: ECKART, K. U. S. TZSCHASCHEL (Hrsg.): Räumliche Konsequenzen der sozialökonomischen Wandlungsprozesse in Sachsen (seit 1990). Berlin (= Schriftenreihe der Gesellschaft für Deutschlandforschung. Band 74), S. 71-79.
SEIFERT, V. (1986): Regionalplanung. Braunschweig (= Das Geographische Seminar).
Quellen von Karten und Abbildungen
Abb. 1: Einzelhandelsnetz 1995: JÜRGENS, U. u. A. EGLITIS (1997), S. 489.
Abb. 2: Mobile Versorgung mit Backwaren eines Heiligenstadter Betriebes: BECKER, H., R. BEYER u. D. GÖLER (1996): Versorgung im ländlichen Raum – ausgewählte geographische Probleme des Einzelhandels im dörflichen Umfeld. In: INSTITUT FÜR ENTWICKLUNGSFORSCHUNG IM LÄNDLICHEN RAUM OBER- UND MITTELFRANKENS E.V. (Hrsg.) (1996), S.44.
Abb. 3: Ausgewählte Kennziffern der Versorgung 1996/97: BBR (Hrsg.) (1999), S. 197-203.

S. 74-75: Entleerung des ländlichen Raumes – Rückzug des ÖPNV aus der Fläche
Autor: PD Dr. Peter Pez, Kulturgeographie im Fachbereich III der Universität Lüneburg, Scharnhorststr. 1, 21335 Lüneburg
Kartographische Bearbeiter
Abb. 1, 2, 3: Konstr: P. Pez, K. Großer; Red: K. Großer; Bearb: R. Bräuer
Abb. 4: Konstr: T. Schenk; Red: B. Hantzsch; Bearb: B. Hantzsch
Literatur
BÄHR, J. (1997): Bevölkerungsgeographie. Verteilung und Dynamik der Bevölkerung in globaler, nationaler und regionaler Sicht. 3. aktual. u. überarb. Aufl. Stuttgart (= UTB für Wissenschaft 1249).
BMVBW (1999): Bericht der Bundesregierung über den Öffentlichen Personennahverkehr in Deutschland nach Vollendung der deutschen Einheit. Berlin. Auch online im Internet unter: http://www.bmvbw.de
BMVBW (Hrsg.) (2000): Verkehr in Zahlen 2000. Hamburg.
BUNDESMINISTER FÜR VERKEHR (Hrsg.) (1991): Verkehr in Zahlen 1991. Bonn.
Die Modell-Bahn (1999). In: Econy. Heft 2, S. 21-26.
GEMEINDE SPRAKEBÜLL (Hrsg.) [1992]: Chronik der Gemeinde Sprakebüll. Sprakebüll.
HENKEL, G. (1999): Der ländliche Raum. Gegenwart und Wandlungsprozesse seit dem 19. Jahrhundert in Deutschland. 3. völlig neu bearb. Aufl. Stuttgart, Leipzig (= Teubner Studienbücher der Geographie).
PRIGNITZER EISENBAHN GMBH (o.J.): Mit dem „Schienenbus" durch Nordbrandenburg. [Putlitz].
STAATLICHE ZENTRALVERWALTUNG FÜR STATISTIK (Hrsg.) (1970): Deutsche Demokratische Republik. Statistisches Taschenbuch 1970. Berlin.
STAATLICHE ZENTRALVERWALTUNG FÜR STATISTIK (Hrsg.) (Jahrgänge 1972-1973/1979-1980/1984-1989): Statistisches Jahrbuch der Deutschen Demokratischen Republik. Berlin.
STATISTISCHES AMT DER DDR (Hrsg.) (1990): Statistisches Jahrbuch '90 der Deutschen Demokratischen Republik. Berlin.
StBA (Hrsg.) (Jahrgänge 1952-1999): Statistisches Jahrbuch für die Bundesrepublik Deutschland. Wiesbaden.
STATISTISCHES REICHSAMT (Jahrgänge 1933 u. 1938): Statistisches Jahrbuch für das Deutsche Reich. Berlin.
Quellen von Karten und Abbildungen
Abb. 1: Anteil der Schienenstrecken mit ausschließlichem Güterverkehr 1950-1998: BMVBW (Hrsg.) (1999): Verkehr in Zahlen 1999. Hamburg. BUNDESMINISTER FÜR VERKEHR (Hrsg.) (1991). STAATLICHE ZENTRALVERWALTUNG FÜR STATISTIK / STATISTISCHES AMT DER DDR (Hrsg.) (Jahrgänge 1979-1980 / 1984-1990): Statistisches Jahrbuch der Deutschen Demokratischen Republik. Berlin. StBA (Hrsg.) (Jahrgänge 1952-1999).
Abb. 2: Zahl der Bahnhöfe im Schienenverkehr 1966-1991: StBA (Hrsg.) (Jahrgänge 1967-1992): Statistisches Jahrbuch für die Bundesrepublik Deutschland. Wiesbaden.
Abb. 3: Betriebslängen des Schienenverkehrs 1950-1997, Betriebslängen des Busverkehrs 1950-1997: BMVBW (Hrsg.) (1999). BUNDESMINISTER FÜR VERKEHR (Hrsg.) (1991). STAATLICHE ZENTRALVERWALTUNG FÜR STATISTIK/STATISTISCHES AMT DER DDR (Hrsg.) (Jahrgänge 1979-1980/1984-1990). StBA (Hrsg.) (Jahrgänge 1952-1999).
Abb. 4: Entwicklung der Bahnstrecken im ländlicher Raum: BBR (2000). DEUTSCHE BUNDESBAHN (1969): Verkehrswegekarte der Bundesrepublik Deutschland. Frankfurt a.M. DEUTSCHE REICHSBAHN (1962): Eisenbahn-Verkehrskarte der Deutschen Demokratischen Republik. Berlin. SCHLIEPHAKE, K. (2001): Das Eisenbahnnetz. In: IfL (Hrsg.): Nationalatlas Bundesrepublik Deutschland. Band 9: Verkehr und Kommunikation. Mithrsg. von DEITERS, J., P. GRÄF u. G. LÖFFLER. Heidelberg, Berlin, S. 31, Abb. 2.

Bildnachweis
S. 74: copyright P. Pez

S. 76-77: Der Trend zum Freizeitwohnen im ländlichen Raum
Autor: Dr. Walter Kuhn, Geographisches Institut der Technischen Universität München, Arcisstr. 21, 80290 München
Kartographische Bearbeiter
Abb. 1: Konstr: K. Großer; Red: S. Dutzmann; Bearb: S. Dutzmann
Abb. 2: Konstr: W. Kuhn, S. Dutzmann; Red: S. Dutzmann; Bearb: S. Dutzmann
Abb. 3: Konstr: W. Kuhn, S. Dutzmann; Red: S. Dutzmann; Bearb: S. Kanters
Literatur
BAUMHACKL, H. (1991): Die Aufspaltung der Wohnfunktion. Die Subventionierung des Zweitwohnungswesens der Wiener durch die Wohnungspolitik? In: Raumforschung und Raumordnung. Heft 2/3, S. 160-170.
BAYERISCHES STAATSMINISTERIUM FÜR LANDESENTWICKLUNG UND UMWELTFRAGEN (Hrsg.) (1976): Landesentwicklungsprogramm Bayern. München.
GRIMM, F.-D. u. W. ALBRECHT (1990): Freizeitwohnen und Freizeitsiedlungen in der DDR. In: Petermanns Geographische Mitteilungen. Heft 2, S. 87-94.
KOCH, E. u.a. (1984): Die Freizeitwohnsitze der Münchner. Unveröffentlichter Projektseminarbericht. TU München. München.
KUHN, W. (1982): Freizeit und Raumstruktur – ein Aufriß von Problemfeldern für den Geographieunterricht. In: KUHN, W., R. GEIPEL u. B.-J. MAYER: Freizeit und Raumstruktur. Stuttgart (= Der Erdkundeunterricht. Heft 42), S. 11-74.
MÖLLER-WITT, D. u. G. RUWENSTROTH (1987): Die Nachfrage nach Freizeitwohnen. In: Informationen zur Raumentwicklung. Heft 4, S. 183-190.
NEWIG, J. (2000): Freizeitwohnen mobil und stationär. In: IfL (Hrsg.): Nationalatlas Bundesrepublik Deutschland. Band 10: Freizeit und Tourismus. Mithrsg. von BECKER, C. u. H. JOB. Heidelberg, Berlin, S. 68-71.
ROCK, H. (1987): Flächeninanspruchnahme durch Freizeitwohnungen. In: Informationen zur Raumentwicklung. Heft 4, S. 175-182.
RUHL, G. u. H. SCHEMEL (1980): Umweltverträgliche Planung im Alpenraum. Arbeitshilfen zur Beachtung ökologischer Gesichtspunkte bei raumrelevanten Planungen im Alpenbereich. München.
StBA (Hrsg.) (1992): Statistisches Jahrbuch 1992 für die Bundesrepublik Deutschland. Wiesbaden.
StBA: Bauen und Wohnen: online im Internet unter: http://www.statistikbund.de/basis/d/bauwo/bawotxt.htm
Quellen von Karten und Abbildungen
Abb. 1: Anteil der Freizeitwohnungen am

Gesamtwohnungsbestand 1987/1995,
Abb. 2: Freizeitwohnen und Fremdenverkehr 1987/1995,
Abb. 3: Freizeitwohnungen und -unterkünfte 1987/1995: STÄDBL (Hrsg.) (1999): [CD-ROM] Statistik Regional. Daten und Informationen der Statistischen Ämter des Bundes und der Länder. Ausgabe 1999. Wiesbaden. STBA (1989): Gebäude- und Wohnungszählung vom 25. Mai 1987: Ausgewählte Eckzahlen für kreisfreie Städte und Landkreise (früheres Bundesgebiet). Wiesbaden (= Fachserie 5: Bautätigkeit und Wohnungen. Heft 2). Ausgabe auch als Diskettenversion GWZ-87. STBA (1997): Bestand an Wohnungen. Ergebnisse nach Kreisen. Wiesbaden (= Fachserie 5: Bautätigkeit und Wohnungen. Reihe 3). STBA (1997-1998): Gebäude- und Wohnungszählung vom 30. September 1995 in den neuen Ländern und Berlin-Ost. Wiesbaden (= Fachserie 5: Bautätigkeit und Wohnungen, 9 Hefte). Ausgabe auch als Diskettenversion GWZ 95.

S. 78-79: Ältere Menschen im ländlichen Raum
Autorin: Dipl.-Geogr. Birgit Glorius, Institut für Geographie der Martin-Luther-Universität Halle-Wittenberg, August-Bebel-Str. 13c, 06108 Halle (Saale)

Kartographische Bearbeiter
Abb. 1: Konstr: J. Blauhut; Red: S. Dutzmann, K. Großer; Bearb: S. Dutzmann, P. Mund
Abb. 2, 4: Red: K. Großer; Bearb: R. Bräuer
Abb. 3: Red: K. Großer; R. Bräuer, R. Richter
Abb. 5: Konstr: J. Blauhut; Red: S. Dutzmann, K. Großer; Bearb: S. Dutzmann, S. Kanters

Literatur
Altenheim-Adressbuch (2000). Hannover.
ASAM, W. H., U. ALTMANN u. W. VOGT (1990): Altsein im ländlichen Raum. Ein Datenreport. München (= Kommunale Sozialpolitik. Band 7).
BBR (Hrsg.) (1999): Aktuelle Daten zur Entwicklung der Städte, Kreise und Gemeinden. Ausgabe 1999. Bonn (= Berichte. Band 3).
BUCHER, H. (1996): Regionales Altern in Deutschland. In: Zeitschrift für Gerontologie und Geriatrie. Heft 1, S. 3-10.
DEUTSCHER BUNDESTAG (Hrsg.) (1998): Zweiter Bericht zur Lage der älteren Generation in der Bundesrepublik Deutschland: Wohnen im Alter und Stellungnahme der Bundesregierung zum Bericht der Sachverständigenkommission. Unterrichtung durch die Bundesregierung. Bonn (= Bundestags-Drucksache 13/9750 vom 28.01.98).
HÖHN, Ch. u. A. (1994): Die Alten der Zukunft. Bevölkerungsstatistische Datenanalyse. Forschungsbericht. Stuttgart (= Schriftenreihe des Bundesministeriums für Familien und Senioren. Band 32).
KLEIN, T. u. I. SALASKE (1996): Regionale Disparitäten im stationären Versorgungsangebot für alte Menschen. In: Zeitschrift für Gerontologie und Geriatrie, S. 65-75.
KRUG, W. u. G. REH (1992): Pflegebedürftigkeit in Heimen. Statistische Erhebung und Ergebnisse. Studie im Auftrag des Bundesministeriums für Familie und Senioren. Stuttgart u.a. (= Schriftenreihe des Bundesministeriums für Familie und Senioren. Band 3).
SCHNEEKLOTH, U. (1996): Entwicklung von Pflegebedürftigkeit im Alter. In: Zeitschrift für Gerontologie und Geriatrie, S. 11-17.
SCHNEEKLOTH, U. u. P. POTTHOFF (1993): Hilfe- und Pflegebedürftige in privaten Haushalten. Bericht zur Repräsentativerhebung im Forschungsprojekt „Möglichkeiten und Grenzen selbständiger Lebensführung". Im Auftrag des Bundesministeriums für Familien und Senioren. Stuttgart u.a. (= Schriftenreihe des Bundesministeriums für Familie und Senioren. Band 20,2).
SCHWITZER, K.-P. u. G. WINKLER (Hrsg.) (1993): Altenreport 1992. Zur sozialen Lage und Lebensweise älterer Menschen in den neuen Bundesländern. Berlin.

Quellen von Karten und Abbildungen
Abb. 1: Bevölkerungsentwicklung im ländlichen Raum 1997: BBR (Hrsg.) (1999), S. 18-24, S. 36-42 u. S. 53-59.
Abb. 2: Salden der Bevölkerungsentwicklung 1997: BBR (Hrsg.) (1999), S. 31 u. 48.
Abb. 3: Anteil der ab 65-Jährigen 1997: BBR (Hrsg.) (1999), S. 69-71.
Abb. 4: Hilfe- und Pflegebedürftigkeit: KRUG, W. u. G. REH (1992), S. 27 (Datenerhebung Universität Trier, 1989). SCHNEEKLOTH, U. u. P. POTTHOFF (1993), S. 105 (Datenerhebung Infratest 1992). STBA (Hrsg.) (1991): Statistisches Jahrbuch 1991 für das vereinte Deutschland. Wiesbaden, S. 66. Eigene Berechnung.
Abb. 5: Versorgung der älteren Bevölkerung mit Altenheimplätzen 1999: Altenheim-Adressbuch (2000), S. 29-378. BBR (Hrsg.) (1999), S. 71-77, S. 90-96. Eigene Berechnung.

S. 80-81: Stadtgründungsphasen und Stadtgröße
Autor: Prof. Dr. Herbert Popp, Fachgruppe Geowissenschaften der Universität Bayreuth, Universitätsstr. 30, 95447 Bayreuth

Kartographische Bearbeiter
Abb. 1: Konstr: H. Popp, K. Großer; Red: K. Großer; Bearb: R. Richter
Abb. 2: Konstr: J. Blauhut; Red: K. Großer; Bearb: J. Blauhut
Abb. 3: Konstr: H. Popp, J. Blauhut; Red: K. Großer; Bearb: J. Blauhut

Literatur
GORKI, H. F. (1974): Städte und „Städte" in der Bundesrepublik Deutschland. Ein Beitrag zur Siedlungsklassifikation. In: Geographische Zeitschrift, S. 29-52.
GRADMANN, R. (1931): Süddeutschland. Band 1: Allgemeiner Teil. Stuttgart (= Bibliothek Länderkundlicher Handbücher).
POPP, H. (1977): Die Kleinstadt. Ausgewählte Problemstellungen und Arbeitsmaterialien für den Erdkundeunterricht in der Sekundarstufe. Stuttgart (= Der Erdkundeunterricht. Band 25).
STOOB, H. (1956): Kartographische Möglichkeiten zur Darstellung der Stadtentstehung in Mitteleuropa, besonders zwischen 1450 und 1800. In: ARL (Hrsg.): Historische Raumforschung I. Hannover (= ARL Forschungs- und Sitzungsberichte. Heft 6), S. 21-76.

Quellen von Karten und Abbildungen
Abb. 1: Stadterhebungen aller deutschen Städte,
Abb. 2: Fläche der Gemeinden mit Stadtrecht 1999,
Abb. 3: Gründungsphasen und Größe heutiger Städte (Stadtrechtsgemeinden): BLASCHKE, K., G. KEHRER u. H. MACHATSCHEK (1979): Lexikon der Städte und Wappen der Deutschen Demokratischen Republik. Leipzig. Handbuch der historischen Stätten Deutschlands (versch. Jahrgänge): Bd. I: Schleswig Holstein und Hamburg (1976), Bd. II: Niedersachsen und Bremen (1986), Bd. III: Nordrhein-Westfalen (1970), Bd. IV: Hessen (1976), Bd. V: Rheinland-Pfalz und Saarland (1965), Bd. VI: Baden-Württemberg (1965), Bd. VII: Bayern (1974), Bd. VIII: Sachsen (1965), Bd. IX: Thüringen (1968), Bd. X: Berlin und Brandenburg (1985) u. Bd. XI: Provinz Sachsen Anhalt (1975). Alle Stuttgart. HESSENDIENST DER STAATSKANZLEI (Hrsg.) (1983): Hessisches Gemeindelexikon. Wiesbaden. KEYSER, E. (Hrsg.) (1964): Städtebuch Rheinland-Pfalz und Saarland. Stuttgart (= Deutsches Städtebuch. Handbuch städtischer Geschichte. Band IV). KEYSER, E. u. H. STOOB (Hrsg.) (1971 u. 1974): Bayerisches Städtebuch I und II. Stuttgart (= Deutsches Städtebuch. Handbuch städtischer Geschichte. Band V). SPINDLER, M. (Hrsg.) (1969): Bayerischer Geschichtsatlas. München. SIEFERT, F. (Hrsg.) (1981): Das deutsche Städtelexikon. 1500 Städte und Gemeinden in der Bundesrepublik Deutschland. Neubearbeitung. Stuttgart. Eigene Erhebungen.

Bildnachweis
S. 80: Wangen im Allgäu: copyright V. Bode

S. 82-85: Historische Stadttypen und ihr heutiges Erscheinungsbild
Autorin: Prof. Dr. Barbara Hahn, Institut für Geographie der Bayerischen Julius-Maximilians-Universität Würzburg, Am Hubland, 97074 Würzburg

Kartographische Bearbeiter
Abb. 1: Konstr: B. Hahn, S. Dutzmann; Red: S. Tzschaschel; Bearb: S. Dutzmann
Abb. 2: Red: W. Kraus; Bearb: M. Zimmermann
Abb. 3: Konstr: Stadt Regensburg; Red: W. Kraus; Bearb: B. Bolduan, S. Kanters
Abb. 4: Konstr: F. Gränitz; Red: W. Kraus; Bearb: K. Baum, M. Schmiedel
Abb. 5: Red: W. Kraus; Bearb: K. Baum
Abb. 6: Konstr: W. Kraus; Red: W. Kraus; Bearb: K. Baum, M. Schmiedel
Abb. 7: Red: W. Kraus; Bearb: K. Baum
Abb. 8: Konstr: Hansestadt Stralsund; Red: W. Kraus; Bearb: M. Schmiedel

Literatur
ALBERT, P. (1920): Achthundert Jahre Freiburg im Breisgau 1120-1920. Bilder aus der Geschichte der Stadt. Freiburg.
DAHLHEIM, W. (1995): Die Antike. Griechenland und Rom von den Anfängen bis zur Expansion des Islam. 4., erw. u. überarb. Aufl. Paderborn u.a.
ENNEN, E. (1981): Frühgeschichte der Europäischen Stadt. Nachträgliche Bemerkungen zum gegenwärtigen Forschungsstand. 3. Aufl. Bonn.
EWE, H. (1965): Stralsund. 2. Aufl. Leipzig.
FRITZE, K. (1961): Die Hansestadt Stralsund. Die beiden ersten Jahrhunderte ihrer Geschichte. Schwerin (= Veröffentlichungen des Stadtarchivs Stralsund. Heft 4).
FRÖLICH, K. (1949): Das Stadtbild von Goslar im Mittelalter. Gießen (= Beiträge zur Geschichte der Stadt Goslar. Heft 11).
GRIEP, H.-G. (1984): Das Bürgerhaus in Goslar. 2. Aufl. Tübingen.
GRUBER, K. (1952): Die Gestalt der deutschen Stadt. Ihr Wandel aus der geistigen Ordnung der Zeiten. München.
HARTL, M. (1998): Funktional-historische Gliederung der Stadt Regensburg. In: BREUER, T. u. C. JÜRGENS (Hrsg.): Luft- und Satellitenbildatlas Regensburg und das östliche Bayern. München, S. 30-33.
HUBER, E. (1962): Anlage und bauliche Gestaltung der Stadt Freiburg im Breisgau. In: Geographische Rundschau. Heft 5, S. 180-189.
JORDAN, K. (1963): Goslar und das Reich im 12. Jahrhundert. In: Niedersächsisches Jahrbuch für Landesgeschichte. Band 35, S. 49-77.
KIESOW, G. (1999): Gesamtkunstwerk – Die Stadt. Zur Geschichte der Stadt vom Mittelalter bis in die Gegenwart. Bonn.
KREUZER, G. (1969): Der Grundriß der Stadt Regensburg. Seine topographische und funktionale Differenzierung in historischer Sicht. In: Berichte zur deutschen Landeskunde. Heft 2, S. 209-256.
LENZ, J. (1998): Die Regensburger Altstadt. In: BREUER, T. u. C. JÜRGENS (Hrsg.): Luft- und Satellitenbildatlas Regensburg und das östliche Bayern. München, S. 34-39.
LEUCHT, K. W. u.a. (Hrsg.) (1958): Die Altstadt von Stralsund. Untersuchungen zum Baubestand und zur städtebaulichen Denkmalpflege. Städtebau und Siedlungswesen. Berlin (= Kurzberichte über Forschungsarbeiten und Mitteilungen. Heft 12/13).
SCHÖLLER, P. (1967): Die deutschen Städte. Wiesbaden (= Erdkundliches Wissen. Heft 17).
SCHWINEKÖPER, B. (1975): Historischer Plan der Stadt Freiburg im Breisgau (vor 1850). Freiburg i.Br. (= Veröffentlichungen aus dem Archiv der Stadt Freiburg im Breisgau. Band 14).
SÖLTER, W. (Hrsg.) (1981): Das römische Germanien aus der Luft. Bergisch Gladbach.
STOOB, H. (Hrsg.) (1973): Deutscher Städteatlas. Blatt Regensburg, Lieferung I Nr. 8. Dortmund u.a. (= Acta Collegii Historiae Urbanae Societatis Historicorum Internationalis. Ser. C).
STOOB, H. (Hrsg.) (1979): Deutscher Städteatlas. Blatt Goslar, Lieferung II Nr. 5. Dortmund u.a. (= Acta Collegii Historiae Urbanae Societatis Historicorum Internationalis. Ser. C).

Quellen von Karten und Abbildungen
Abb. 1: Stadtentstehungsphasen: Eigener Entwurf.
Abb. 2: Der Limes im 1./2. Jh. n. Chr.: DAHLHEIM, W. (1995), S. 495. Geschichte und Geschehen. Band D2. Geschichtliches Unterrichtswerk für die Sekundarstufe I (1999). 2. Aufl. Leipzig, S. 172. GRUBER, K. (1952), S. 59.
Abb. 3: Historisches Regensburg: Museen der Stadt Regensburg, Historisches Museum.
Abb. 4: Goslar – Stadtbild um 1300: GRIEP, H.-G. (1984), S. 13. Stoob, H. (Hrsg.) (1979). Goslar, Stadtarchiv.
Abb. 5: Goslar – Altstadt 2001: GALL, E. (Hrsg.) (1992): Handbuch der deutschen Kunstdenkmäler. Bremen/Niedersachsen. Begr. v. G. Dehio. Neubearb., stark erw. Aufl. München, Berlin, S. 522-553. Goslar, Stadtarchiv.
Abb. 6: Freiburg im Breisgau – Altstadt 2001: MÜLLER, M. u. G. TADDEY (Hrsg.) (1980): Baden-Württemberg. 2., verb. u. erweit. Aufl. Stuttgart (= Handbuch der historischen Stätten Deutschlands. Band VI). Freiburg i.Br., Stadtarchiv.
Abb. 7: Freiburg im Breisgau – Historischer Grundriß der Zähringerstadt, gegr. 1120: GRUBER, K. (1952), S. 59.
Abb. 8: Stralsund – Denkmalbestand von Altstadt und Hafeninsel 2000: HANSESTADT STRALSUND, BAUAMT (Hrsg.) (2000): [Denkmalkarte Stralsund]. Stand: Sept. 2000. Unveröff. Karte. Abt. Planung und Denkmalpflege, Untere Denkmalschutzbehörde. Stralsund.

Bildnachweis
S. 83: Regensburg: copyright Stadt Regensburg

S. 84: Stralsund – Marktplatz 1838: Friedrich Rossmäßler, Stahlstich 1838

S. 86-87: Neuzeitliche Planstädte
Autorin: Prof. Dr. Barbara Hahn, Institut für Geographie der Bayerischen Julius-Maximilians-Universität Würzburg, Am Hubland, 97074 Würzburg

Kartographische Bearbeiter
Abb. 1: Red: K. Großer; Bearb: J. Blauhut
Abb. 2: Red: K. Großer; Bearb: P. Mund
Abb. 3: Konstr: J. Blauhut, K. Großer; Red: K. Großer; Bearb: R. Richter

Literatur
BADISCHES LANDESMUSEUM KARLSRUHE (Hrsg.) (1990): Planstädte der Neuzeit vom 16. bis zum 18. Jahrhundert. Eine Ausstellung des Landes Baden-Württemberg veranstaltet vom Badischen Landesmuseum Karlsruhe, 15. Juni bis 14. Oktober 1990 im Karlsruher Schloss. Karlsruhe.
BAUMGÄRTNER, I. (1990): „Konstruierte Natur". Elemente der Stadtplanung und Architektur im klassischen französischen Garten und ihre Perzeption im Südwesten. In: BADISCHES LANDESMUSEUM KARLSRUHE, S.77-89.
BAUMUNK, B.-M. (1989): Residenzen. Von Arolsen und anderen Hauptstädten. In: BAUMUNK, B.-M. u. G. BRUNN (Hrsg.): Hauptstadt. Zentren, Residenzen, Metropolen in der deutschen Geschichte. Eine Ausstellung in Bonn, Kunsthalle am August-Macke-Platz, 19. Mai bis 20. August 1989. Köln, S. 216-229.
BIG-STÄDTEBAU-MECKLENBURG-VORPOMMERN GMBH (Hrsg.) (1999): Denkmalpflegerische Zielplanung Neustrelitz. Neustrelitz.
BORRMANN, N. (1990): Die Perspektive. In: BADISCHES LANDESMUSEUM KARLSRUHE, S. 39-50.
BOTT, H. (1962): Stadt und Festung Hanau nach dem Stockholmer Plan des Joachim Rumpf vom 8. Januar 1632 und nach anderen Plänen und Ansichten des 17. und 18. Jahrhunderts. In: Hanauer Geschichtsblätter. Nr. 18, S.183-222.
DENGEL, H. W. (1963): Karlsruhe. Von der Residenz zur Industriestadt. In: Geographische Rundschau. Heft 6, S. 237-243.
DETLEFFEN, D. (1906): Die städtische Entwicklung Glückstadts unter König Christian IV. In: Zeitschrift der Gesellschaft für Schleswig Holsteinische Geschichte, S. 191-256.
DÜRER, A. (1969): Etliche underricht zu befestigung der Stett, Schloss und flecken. Reproduktion der Nürnberger Ausgabe v. 1527. Unterschneidheim.
FREUDENSTADT, STADTARCHIV (Hrsg.) (1999): Planstadt Kurstadt Freudenstadt: Chronik einer Tourismusstadt [1599-1999]. Karlsruhe.
GOTHEIN, E. (1889): Mannheim im ersten Jahrhundert seines Bestehens. Ein Beitrag zur deutschen Städtegeschichte. In: Zeitschrift für die Geschichte des Oberrheins, S.129-211.
HOLL, J. (1990): Die historischen Bedingungen der philosophischen Planstadtentwürfe in der frühen Neuzeit. In: BADISCHES LANDESMUSEUM KARLSRUHE, S. 9-30.
JUNG, A. (1990): „Die Legende von den Hugenottenstädte". Deutsche Planstädte des 16. und 17. Jahrhunderts. In: BADISCHES LANDESMUSEUM KARLSRUHE, S. 181-188.
KRUFT, H.-W. (1989): Städte in Utopia. Die Idealstadt vom 15. bis zum 18. Jahrhundert zwischen Staatsutopie und Wirklichkeit. München.
KRUFT, H.-W. (1990): Utopie und Idealstadt. In: BADISCHES LANDESMUSEUM KARLSRUHE, S. 31-37.
MERKEL, U. (1990a): „Zu mehrere Zierde und Gleichheit des Orths". Der Modellhausbau des 18. Jahrhunderts in Karlsruhe. In: BADISCHES LANDESMUSEUM KARLSRUHE, S. 259-278.
MERTEN, K. (1990b): Residenzstädte in Baden-Württemberg im 17. und 18. Jahrhundert. In: BADISCHES LANDESMUSEUM KARLSRUHE, S. 221-230.
MÜLLER, C. (1990): Peuplierung. Zu einem Aspekt absolutistischer Residenzgründungen. In: BADISCHES LANDESMUSEUM KARLSRUHE, S. 259-278.
NEUMANN, H. (1990): Reißbrett und Kanonendonner. Festungsstädte der Neuzeit. In: BADISCHES LANDESMUSEUM KARLSRUHE, S. 51-76.
NICOLAI, H. (1954): Arolsen. Lebensbild einer deutschen Residenzstadt. Glücksburg.
SONNE, O. (1949): Geschichte der Stadt Karlshafen. Die Geschichte einer Hugenotten-Siedlung. Karlshafen.
STOBER, K. (1990): 140 Planstadtanlagen in Europa. In: BADISCHES LANDESMUSEUM KARLSRUHE, S. 339-363.
THÖNE, F. (1968): Wolfenbüttel. Geist und Glanz einer alten Residenz. 2. Aufl. München.
WASCHINSKI, E. (1962): Seit wann ist Rendsburg Stadt? In: Zeitschrift der Gesellschaft für Schleswig-Holsteinische Geschichte, S. 81-89.

Quellen von Karten und Abbildungen
Abb. 1: Neustrelitz – Luftbild 1999, Bautypen der Denkmalpflegerischen Zielplanung 1996: oben: copyright Stadtverwaltung Neustrelitz, Pressestelle; unten: copyright BIG-STÄDTEBAU-MECKLENBURG-VORPOMMERN GMBH (Hrsg.) (1999)/Michael Scheftel.
Abb. 2: Freudenstadt – Geplanter Grundriss: STOBER, K. (1990), S. 346.
Abb. 3: Planstädte 1550-1800: STOBER, K. (1990), S. 339-365.

Bildnachweis
S. 86: Vogelschauansicht von Mannheim 1758: copyright Reiss-Museum Mannheim, Kunst- und Stadtgeschichtliche Sammlungen/Jean Christen

S. 88-91: Kriegszerstörung und Wiederaufbau deutscher Städte nach 1945
Autor: Dipl.-Geogr. Volker Bode, Institut für Länderkunde, Schongauerstr. 9, 04329 Leipzig

Kartographische Bearbeiter
Abb. 1: Konstr: S. Dutzmann; Red: S. Dutzmann; Bearb: P. Mund
Abb. 2: Konstr: C. Hanewinkel; Red: S. Dutzmann; Bearb: R. Richter, M. Zimmermann
Abb. 4: Red: K. Großer; Bearb: J. Blauhut, P. Mund

Literatur
BEYME, K. V. (1987): Der Wiederaufbau. Architektur und Städtebaupolitik in beiden deutschen Staaten. München.
BODE, V. (1995): Kriegszerstörungen 1939-1945 in Städten der Bundesrepublik Deutschland. In: Europa Regional. Heft 3, S. 9-20.
BODE, V. (1998): Die Zerstörung der Städte im Zweiten Weltkrieg. In: IfL (Hrsg.): Atlas Bundesrepublik Deutschland. Pilotband. 2. korrigierte Aufl. Leipzig, S. 50-51.
BOLZ, L. (1951): Von deutschem Bauen. Reden und Aufsätze. Berlin.
DURTH, W. u. N. GUTSCHOW (1993): Träume in Trümmern. Stadtplanung 1940-1950. München (= dtv-Wissenschaft 4604).
GdS (Die sechzehn Grundsätze des Städtebaues). In: BOLZ, L. (1951), S. 87-90.
GESAMTDEUTSCHES INSTITUT – BUNDESANSTALT FÜR GESAMTDEUTSCHE AUFGABEN (Hrsg.) (1984): Bestimmungen der DDR zu Eigentumsfragen und Enteignungen. 2., völlig neu bearb. Aufl. Bonn.
GORMSEN, N. (1996): Leipzig – Stadt, Handel, Messe. Die städtebauliche Entwicklung der Stadt Leipzig als Handels- und Messestadt. Leipzig (= Daten – Fakten – Literatur zur Geographie Europas. Heft 3).
HILLEBRECHT, R. (1956): Die Planung – Grundlagen des Aufbaues. In: Hannover, Städtisches Presseamt (Hrsg.): Schritt in die Zukunft. Hannover. S. 60-74.
HOHN, U. (1991): Die Zerstörung deutscher Städte im Zweiten Weltkrieg. Regionale Unterschiede in der Bilanz der Wohnungstotalschäden und Folgen des Luftkrieges unter bevölkerungsgeographischem Aspekt. Dortmund (= Duisburger Geographische Arbeiten. Band 8).
LEIPZIG, RAT DER STADT (Hrsg.) (1949): Leipzig: Neuordnung und Gestaltung der Inneren Altstadt. Satzung zum Bebauungsplan Leipzig. Leipzig.
LEIPZIG, STADTBAUAMT [W. LUCAS] (1960): Der Aufbau des Stadtzentrums von Leipzig. In: Deutsche Architektur. Heft 9, S. 469-478.
NIERADE, K. (1960): Der Wettbewerb für städtebauliche Gestaltung des Promenadenrings in Leipzig. In: Deutsche Architektur. Heft 9, S. 278-284.
NIPPER, J. u. M. NUTZ (Hrsg.) (1993): Kriegszerstörung und Wiederaufbau deutscher Städte. Geographische Studien zu Schadensausmaß und Bevölkerungsschutz im Zweiten Weltkrieg, zu Wiederaufbauideen und Aufbaurealität. Köln (= Kölner Geographische Arbeiten. Heft 57).
SCHÖLLER, P. (1986): Städtepolitik, Stadtumbau und Stadterhaltung in der DDR. Stuttgart (= Erdkundliches Wissen. Heft 81).

Quellen von Karten und Abbildungen
Abb. 1: Wiederaufbaustädte und -gebiete 1950: Autorenvorlage.
Abb. 2: Kriegszerstörungen in Städten von 1939-1945: BODE, V. (1995).
Abb. 3: Hannover – Innenstadt von 1939-2002, Altstadt vor dem Zweiten Weltkrieg, Kriegszerstörungen 1945, Zustand 2002: copyright Stadtplanungsamt Hannover (Stadtmodelle, Foyer Neues Rathaus); Aufbauplanung 1949: HILLEBRECHT, R. (1956), S. 61.
Abb. 4: Leipzig – Innenstadt von 1939-2000, Altstadt vor dem Zweiten Weltkrieg, Sanierungsplan 1949: LEIPZIG, RAT DER STADT (Hrsg.) (1949), Anhang; Perspektivplan des Endzustandes 1959: LEIPZIG, STADTBAUAMT [W. LUCAS] (1960), S. 475; Zustand 2000: copyright Geospace GmbH, Köln.

S. 92-93: Hochschulstädte
Autorin: Prof. Dr. Ulrike Sailer, FB VI – Geographie/Geowissenschaften der Universität Trier, Universitätsring 15, 54286 Trier

Kartographische Bearbeiter
Abb. 1: Konstr: C. Enderle, U. Sailer; Red: K. Großer; Bearb: C. Enderle, R. Bräuer
Abb. 2: Konstr: C. Enderle, U. Sailer; Red: W. Kraus; Bearb: C. Enderle, R. Bräuer
Abb. 3: Konstr: C. Enderle, U. Sailer; Red: K. Großer; Bearb: C. Enderle, R. Richter

Literatur
BECKER, W. (1993): Universitärer Wissenstransfer und seine Bedeutung als regionaler Wirtschafts- bzw. Standortfaktor am Beispiel der Universität Augsburg. Augsburg (= Volkswirtschaftliche Diskussionsreihe. Nr. 98).
BLUME, L. u. O. FROMM (1999): Regionale Ausgabeneffekte von Hochschulen. Methodische Anmerkungen am Beispiel der Universität Gesamthochschule Kassel. In: Raumforschung und Raumordnung. Heft 5/6, S. 418-431.
DEILMANN, B. (1992): Hochschulen und Forschungseinrichtungen als regionales Entwicklungspotential in den neuen Bundesländern. In: Geographische Zeitschrift, S. 245-263.
DÖPP, W. (1977): Der Ausbau der Philipps-Universität, besonders im 19. Jahrhundert. In: GEOGRAPHISCHES INSTITUT DER UNIVERSITÄT MARBURG (Hrsg.): Hundert Jahre Geographie in Marburg. Festschrift aus Anlaß der 100-jährigen Wiederkehr der Einrichtung eines Lehrstuhls Geographie in Marburg, des Einzugs des Fachbereichs Geographie in das „Deutsche Haus" und des 450-jährigen Gründungsjubiläums der Philipps-Universität. Marburg (= Marburger Geographische Schriften. Band 71), S. 33-72.
FLORAX, R. (1992): The University: A Regional Booster? Economic Impacts of Academic Knowledge Infrastructure. Aldershot.
FÜRST, D. (1984): Die Wirkungen von Hochschulen auf ihre Region. In: ARL (Hrsg.): Wirkungsanalysen und Erfolgskontrolle in der Raumordnung. Hannover (= ARL Forschungs- und Sitzungsberichte. Band 154), S. 135-151.
KEEBLE, D. u. C. LAWSON (Hrsg.) (1997): University research links and spin-offs in the evolution of regional clusters of high-technology SMEs in Europe. Cambridge.
MAYR, A. (1979): Universität und Stadt. Ein stadt-, wirtschafts- u. sozialgeographischer Vergleich alter und neuer Hochschulstandorte in der Bundesrepublik Deutschland. Paderborn (= Münstersche Geographische Arbeiten. Band 1).
OBERHOFER, W. (1997): Die Universität als Wirtschaftsfaktor. In: MÖLLER, J. u. W. OBERHOFER (Hrsg.): Universität und Region. Studium, Struktur, Standort. Regensburg (= Schriftenreihe der Universität Regensburg. Band 25), S. 95-115.
VOIGT, E. (1998): Regionale Wissens-Spillovers Technischer Hochschulen. Untersuchungen zur Region Ilmenau und ihrer Universität. In: Raumforschung und Raumordnung. Heft 1, S. 27-35.

Quellen von Karten und Abbildungen
Abb. 1: Gesamtausgaben der Hochschulen und der Kommunen 1998: StÄdL.
Abb. 2: Räumliche Entwicklung der Universität: Philipps-Universität Marburg, Verwaltung.
Abb. 3: Hochschulstädte 1998: StBA. Hochschulrektorenkonferenz. Hochschulangaben.

S. 94-95: Hafenstädte
Autoren: Prof. Dr. Helmut Nuhn, Fachbereich Geographie der Philipps-Universität Marburg, Deutschhausstr. 10, 35032 Marburg

Dr. Martin Pries, Kulturgeographie im Fachbereich III der Universität Lüneburg, Scharnhorststr. 1, 21335 Lüneburg

Kartographische Bearbeiter
Abb. 1: Konstr: C. Mann, H. Nuhn u. M. Pries; Red: K. Baum; Bearb: R. Bräuer
Abb. 2: Konstr: C. Mann, H. Nuhn u. M. Pries; Red: K. Baum; Bearb: K. Baum, M. Schmiedel
Abb. 3: Konstr: H. Nuhn u. M. Pries; Red: K. Baum; Bearb: K. Baum
Abb. 4: Konstr: H. Nuhn u. M. Pries; Red: K. Baum; Bearb: K. Baum, M. Schmiedel

Literatur

ABROKAT, S. (1997): Politischer Umbruch und Neubeginn in Wismar 1989 bis 1990. Hamburg.

GHS (GESELLSCHAFT FÜR HAFEN- UND STANDORTENTWICKLUNG, Hrsg.) (2000): Hafencity Hamburg – Masterplan. Hamburg.

GORDON, D. L. (1996): Planning, design and managing change in urban waterfront redevelopment. In: Town Planning Review. Heft 3, S. 261-290.

GRÜN, P. u. H. JACOBS (1965): Unser Wilhelmshaven: Die Hafen- und Industriestadt an der Nordsee. Wilhelmshaven.

GRUNDIG, E. (1957): Chronik der Stadt Wilhelmshaven. 2 Bände. Wilhelmshaven.

HOYLE, B. S. u. D. A. PINDER (Hrsg.) (1988): Revitalising the waterfront – International dimensions of dockland redevelopment. London.

HUSCHNER, N. (1996): Wismar: Vom Flächendenkmal zum Hafen. In: Städteheft Mecklenburg-Vorpommern. Heft 3, S. 54-63, 10 III.

KOOP, K., GALLE u. F. KLEIN (1982): Von der kaiserlichen Werft zum Marinearsenal. München.

KRAFT-WIESE, B. (2000): Perlenkette – Hamburgs Hafenrand. Revitalisierung des nördlichen Elbufers. Hamburg.

LAFRENZ, J. (1994) Spekulationen zur Speicherstadt in Hamburg – Vergangenheit und Gegenwart. In: Die alte Stadt. Heft 4, S. 318-338.

NUHN, H. (1989): Der Hamburg Hafen – Strukturwandel und Perspektiven für die Zukunft. In: Geographische Rundschau. Heft 11, S. 646-654.

NUHN, H. (1996): Seehäfen als Gateways im zusammenwachsenden Europa. In: Europa Regional. Heft 4, S. 20-30.

OTTO, F. W. (1976): Wismar. Lebensbild einer Stadt. Wismar.

PRIEBS, A. (1998): Hafen und Stadt – Nutzungswandel und Revitalisierung alter Häfen als Herausforderung für Stadtentwicklung und Stadtgeographie. In: Geographische Zeitschrift. Heft 1, S. 16-30.

PRIEBS, A. (2000): Die Kopenhagener Orestad und die Hamburger Hafencity – Chancen und Risiken marktorientierter Ansätze bei städtebaulichen Großvorhaben. In: Erdkunde. Heft 3, S. 208-220.

REINHARDT, W. (1982): Wilhelmshaven, vom preußischen Marinehafen zum deutschen Tiefseehafen. Wilhelmshaven.

RÖDEL, V. (Hrsg.) (1998): Reclams Führer zu den Denkmalen der Industrie und Technik in Deutschland. Band 2. Stuttgart, S. 329-330.

SCHUBERT, D. (1999): Revitalisierung von Hafen- und Uferzonen in Deutschland – Chancen für die Stadtentwicklung. In: HANSA – Schiffahrt, Schiffbau, Hafen. Heft 3, S. 67-74.

SCHULTZ-BERND, R. G. (1999): HafenCity in Hamburg. In: HANSA – Schiffahrt, Schiffbau, Hafen. Heft 9, S. 60-67.

STROBEL, D. (1996) Mit MTW zur See. Schiffbau in Wismar. Rostock.

UPHOFF, R. (1995): „Hier laßt uns einen Hafen bau`n!": Entstehungsgeschichte der Stadt Wilhelmshaven, 1848-1890. Oldenburg.

WIEGANDT, M. (1955): Wismar: Stadt und Hafen. Schwerin.

Quellen von Karten und Abbildungen

Abb. 1: Hamburg – Strukturkonzept HafenCity: GHS (2000)

Abb. 2: Hamburg – Hafen: Fotohintergrund: copyright: FM, Matthias Friedel, Luftbildfotografie. Eigene Kartierungen.

Abb. 3: Wismar – Strukturwandel der Hafenstadt 2001: Stadt Wismar (1999): Flächennutzungsplan der Hansestadt Wismar. Eigene Kartierungen.

Abb. 4: Wilhelmshaven – Hafen- und Marinestadt 2001: Stadt Wilhelmshaven (1999): Kommunale Vermessung, Maßstab 1: 20000. Stadt Wilhelmshaven (1989): Flächennutzungsplan, Stand 1989. Eigene Kartierungen.

S. 96-97: Messestädte

Autoren: Dipl.-Geogr. Volker Bode und Prof. Dr. Joachim Burdack, Institut für Länderkunde, Schongauerstr. 9, 04329 Leipzig

Kartographische Bearbeiter

Abb. 1: Red: K. Großer; Bearb: M. Zimmermann, R. Richter
Abb. 2: Red: W. Kraus; Bearb: R. Bräuer
Abb. 3, 4: Red: K. Großer; Bearb: R. Richter
Abb. 5: Konstr: V. Bode, J. Burdack; Red: K. Großer; Bearb: R. Richter

Literatur

BODE, V. u. J. BURDACK (1997): Messen und ihre regionalwirtschaftliche Bedeutung. In: IFL (Hrsg.): Atlas Bundesrepublik Deutschland. Pilotband. Leipzig, S. 70-73.

GRUNDMANN, L. (1996): Die Leipziger Messe – Standort- und Funktionsverlagerung im tertiären Sektor. In: GRUNDMANN, L., S. TZSCHASCHEL u. M. WOLLKOPF (Hrsg.): Leipzig – ein geographischer Führer durch Stadt und Umland. Leipzig, S. 156-177.

HENCKEL, D. u.a. (1993): Entwicklungschancen deutscher Städte – die Folgen der Vereinigung. Stuttgart, Berlin, Köln (= Schriften des Difu. Band 86).

MÖLLER, H. (1989): Persistenz und Wandel im System deutscher Messe- und Ausstellungsstädte. Mit einem Exkurs über die Standortbedingungen von Tagungs- und Kongreßstädten in der Bundesrepublik Deutschland. In: WOLF, K. (Hrsg.): Zum System und zur Dynamik hochrangiger Zentren im nationalen und internationalen Maßstab. Frankfurt a.M. (= Frankfurter Geographische Hefte. Heft 58), S. 103-145.

Quellen von Karten und Abbildungen

Abb. 1: Bedeutungsfelder der Messestadt: Eigener Entwurf.
Abb. 2: Messestandorte seit 1918: GRUNDMANN, L. (1996).
Abb. 3: Messestädte vor dem Zweiten Weltkrieg: MÖLLER, H. (1989).
Abb. 4: Lage der Messegelände: Autorenvorlage.
Abb. 5: Messestädte internationaler Bedeutung: AUMA (AUSSTELLUNGS- UND MESSE-AUSSCHUSS DER DEUTSCHEN WIRTSCHAFT) (2000): AUMA Handbuch Messeplatz Deutschland 2001. Köln. AUMA (2000): AUMA Handbuch Regional 2001. Köln. m+a VERLAG FÜR MESSEN, AUSSTELLUNGEN UND KONGRESSE (Hrsg.) (2000): m+a MessePlaner 2000/2001. Messen & Ausstellungen International. Frankfurt a.M.

Bildnachweis

S. 96: Die Messe in Hannover: copyright Deutsche Messe AG Hannover

S. 98-99: Kurorte und Bäderstädte

Autoren: Prof. em. Dr. Christoph Jentsch, Geographisches Institut der Universität Mannheim, Schloss, 68131 Mannheim
Dr. Steffen C. Schürle, Neue Straße 8, 97944 Boxberg

Kartographische Bearbeiter

Abb. 1: Konstr: Stadt Baden-Baden; Red: W. Kraus; Bearb: S. Kanters
Abb. 2: Konstr: S. Dutzmann; Red: S. Dutzmann; Bearb: S. Kanters

Literatur

BOTHE, R. (Hrsg.) (1984): Kurstädte in Deutschland. Zur Geschichte einer Baugattung. Berlin.

FLÖTTMAN-VERLAG GMBH u. HAMMER TECHNOLOGIE- UND GRÜNDERZENTRUM GMBH (Hrsg.): Kur, Wellness, Urlaub in Deutschland – der Bäderkalender im Internet: online im Internet unter: http://www.kubis.de

LANDESARCHIVDIREKTION BADEN-WÜRTTEMBERG IN VERBINDUNG MIT DER STADT BADEN-BADEN (Hrsg.) (1995): Der Stadtkreis Baden-Baden. Sigmaringen (= Kreisbeschreibungen des Landes Baden-Württemberg).

SÄCHSISCHE STAATSBÄDER GMBH BAD BRAMBACH-BAD ELSTER (Hrsg.). (1998): Festschrift zum 150jährigen Bestehen des Sächsischen Staatsbades Bad Elster. Bad Elster.

SCHÜRLE, S. (2001): Die Kur als touristische Erscheinungsform unter besonderer Berücksichtigung der Mineralheilbäder Baden-Württembergs. Mannheim (= Südwestdeutsche Schriften. Heft 29).

Quellen von Karten und Abbildungen

Abb. 1: Baden-Baden – Innenstadtbereich einschließlich Kuranlagen: STADT BADEN-BADEN, VERMESSUNGSAMT (o.J.): Innenstadtplan. Maßstab 1:6000. Baden-Baden.
Abb. 2: Kur- und Bäderorte 1998: DEUTSCHER BÄDERVERBAND E. V. (Hrsg.) (versch. Jahrgänge): Deutscher Bäderkalender. Gütersloh. Eigene Erhebungen.

Bildnachweis

S. 98: Sächsisches Staatsbad Bad Elster – Kurhaus: copyright Sächsische Staatsbäder GmbH

Methodische Anmerkung zu Abb. 2

In Ergänzung zum Beitrag Brittner (▶▶ Bd. 10, S. 32), wird das Thema in vorliegenden Band unter dem Gesichtspunkt der Prägung der Orte durch den Kurverkehr behandelt. Grundlage für die Darstellung bildet der „Deutsche Bäderkalender", herausgegeben vom Deutschen Bäderverband e.V., in dem die staatlich anerkannten Heilbäder und Kurorte zusammengeschlossen sind (zuzüglich selbst recherchierter Ergänzungen). Ein besonders prägendes Merkmal in den Kurorten und -städten stellen die Kurkliniken dar, deren Bettenangebot einen guten Indikator für die Bedeutung des Ortes bietet, mit Ausnahme weniger Fälle (z.B. Bad Birnbach), wo Privatquartiere die Funktion der Unterbringung übernehmen.

Auf die Frage der Auslastung wird an dieser Stelle nicht eingegangen, weil diese zu eng mit den Problemen der Gesundheitspolitik und der Sozialversicherungsträger verquickt ist und diese Rahmenbedingungen sich kurzfristig verändern können. Auch auf die Wiedergabe von Übernachtungszahlen wurde verzichtet, da sie im Falle von Kurorten, die gleichzeitig bevorzugte Fremdenverkehrsgemeinden sind, zu erheblichen Verfälschungen führen. Die Bädersparte dagegen ist eine wichtige Information, auf die nicht verzichtet werden kann, weil sie die regionale Verschiedenheit der Kurorte widerspiegelt. Schließlich wurde die Unterscheidung zwischen Dorf und Stadt deshalb getroffen, weil es eine beträchtliche Anzahl von Städten gibt, die ihre Stadtrechtsverleihung dem Bädercharakter oder ihrer Erhebung zum Staatsbad verdanken.

S. 100-101: Städtetourismus – Touristenstädte

Autor: PD Dr. Peter Pez, Kulturgeographie im Fachbereich III der Universität Lüneburg, Scharnhorststr. 1, 21335 Lüneburg

Kartographische Bearbeiter

Abb. 1: Konstr: K. Manz, R. Bräuer, W. Kraus; Red: W. Kraus; Bearb: S. Kanters
Abb. 2: Red: K. Großer; Bearb: R. Bräuer
Abb. 3: Konstr: J. Blauhut; Red: K. Großer; Bearb: J. Blauhut

Literatur

BENTHIEN, B. (1997): Geographie der Erholung und des Tourismus. Gotha (= Perthes Geographiekolleg).

KIESOW, G. (1995): Die Erhaltung der Stadt Quedlinburg. In: QUEDLINBURG, STADT (Hrsg.): Weltkulturerbestadt Quedlinburg. Heft 1/96. Quedlinburg, S. 7-10.

MANZ, K. (1999): Quedlinburg – Auswirkungen des Status als UNESCO-Weltkulturerbe auf die Stadtentwicklung. In: Europa Regional. Heft 4, S. 14-22.

MEIER, I. (1994): Städtetourismus. Trier (= Trierer Tourismus Bibliographien. Band 6).

NEWIG, J. (1974): Die Entwicklung von Fremdenverkehr und Freizeitwohnwesen in ihren Auswirkungen auf Bad und Stadt Westerland auf Sylt. Kiel (= Schriften des Geographischen Instituts der Universität Kiel. Band 42).

SCHAUER, H.-H. (1990): Quedlinburg. Das städtebauliche Denkmal und seine Fachwerkbauten. Berlin.

STADT QUEDLINBURG (1996): Quedlinburger Stadtgeschichte in Daten. Unveröff. Quedlinburg.

STADT WESTERLAND (1998): Tourismus-Statistik 1998. Westerland und die Insel Sylt. Westerland.

STÖVER, H.-J. (1980): Westerland auf Sylt. Das Bad im Wandel der Zeit. Husum.

WEDEMEYER, M. u. H. VOIGT (1980): Westerland. Bad und Stadt im Wandel der Zeit. Zum 125jährigen Bad- und 75jährigen Stadtjubiläum. Westerland.

Quellen von Karten und Abbildungen

Abb. 1: Quedlinburg – UNESCO-Schutzgebiet und weitere Denkmalbereiche 1999: MANZ, K. (1999): Quedlinburg-Auswirkungen des Status als UNESCO-Weltkulturerbe auf die Stadtentwicklung. In: Europa Regional. Heft 4, S. 14-22.
Abb. 2: Westerland und Quedlinburg – Einwohner und Gäste pro Einwohner 1986-1998: STADT QUEDLINBURG (1996), S. 120. STADT WESTERLAND (1998), S. 3. Angaben der Stadtverwaltungen und Arbeitsämter in Westerland und Quedlinburg sowie des Landkreises Quedlinburg.
Abb. 3: Ausgewählte Touristenstädte 1998: StÄdL.

Bildnachweis

S. 100: Quedlinburg; Westerland: copyright P. Pez

S. 102-103: Bischofs- und Wallfahrtsstädte

Autoren: Markus Hummel, Prof. Dr. Gisbert Rinschede und Philipp Sprongl, Institut für Geographie der Universität Regensburg, Universitätsstr. 31, 93053 Regensburg

Kartographische Bearbeiter

Abb. 1: Konstr: G. Rinschede; Red: W. Kraus; Bearb: R. Bräuer, A. Müller
Abb. 2, 3: Konstr: G. Rinschede; Red: W. Kraus; Bearb: W. Kraus, A. Müller
Abb. 4: Konstr: G. Rinschede; Red: W. Kraus, A. Müller; Bearb: A. Müller
Abb. 5: Konstr: G. Rinschede, C. Hanewinkel; Red: W. Kraus; Bearb: R. Bräuer

Literatur

DOHMS, P. (Hrsg.) (1992): Die Wallfahrt nach Kevelaer zum Gnadenbild der „Trösterin der Betrübten". Nachweis und Geschichte der Prozessionen von

den Anfängen bis zur Gegenwart. Kevelaer.
ENNEN, E. (1988): Bischof und mittelalterliche Stadt: Die Entwicklung in Oberitalien, Frankreich und Deutschland. In: KIRCHGÄSSNER, B. u. W. BAER (Hrsg.): Stadt und Bischof. Sigmaringen (= Stadt in der Geschichte. Band 14), S. 29-42.
FLACHENECKER, H. u. E. BRAUN (1992): Eichstätt. Geschichte und Kunst. München, Zürich.
GRÖTZBACH, E. (1998): Zur stadtgeographischen Entwicklung Eichstätts seit dem Zweiten Weltkrieg. In: GRÖTZBACH, E. (Hrsg.): Eichstätt und die Altmühlalb. Eichstätt (= Eichstätter Geographische Arbeiten. Band 9), S. 22-34.
GRUBER, K. (1976): Die Gestalt der deutschen Stadt. Ihr Wandel aus der geistigen Ordnung der Zeiten. 2., überarb. Aufl. München.
HANSEN, S. (Hrsg.) (1991): Die deutschen Wallfahrtsorte. Ein Kunst- und Kulturführer zu über 1000 Gnadenstätten. 2. Aufl. Augsburg.
HECKENS, J. u. R. SCHULTE-STAADE (Hrsg.) (1992): Consolatrix afflictorum. Das Marienbild zu Kevelaer. Kevelaer.
HEMMER, M. (1988): Der Wallfahrtsort Kevelaer – die Prägung der Raumstrukturen durch die Gruppe der Wallfahrer. Unveröff. Staatsexamensarbeit. Universität Münster. Münster.
JANSSEN, D. (1993): Kevelaer als Wallfahrtsort – Eine wirtschafts- und sozialgeographische Studie. Unveröff. Staatsexamensarbeit. Universität Düsseldorf. Düsseldorf.
LEUDEMANN, N. (1980): Deutsche Bischofsstädte im Mittelalter. Zur topographischen Entwicklung der deutschen Bischofsstadt im Heiligen Römischen Reich. München.
MERZBACHER, F. (1961): Die Bischofsstadt. Köln (= Veröffentlichungen der Arbeitsgemeinschaft des Landes Nordrhein-Westfalen. Geisteswissenschaften. Heft 93).
PETRI, F. (Hrsg.) (1976): Bischofs- und Kathedralstädte des Mittelalters und der frühen Neuzeit. Köln, Wien (= Städteforschung. Reihe A. Darstellungen. Band 1).
RINSCHEDE, G. (1999): Religionsgeographie. Braunschweig (= Das Geographische Seminar).
SCHÖLLER, P. (1967): Die deutschen Städte. Wiesbaden (= Erdkundliches Wissen. Heft 17).
SCHÖRNER, G. (1974): Eichstätt. Die Residenz- und Bischofsstadt im Altmühltal. Ingolstadt.
TERMOLEN, R. (1985): Wallfahrten in Europa. Pilger auf den Straßen Gottes. Aschaffenburg.

Quellen von Karten und Abbildungen
Abb. 1: Katholische Bischofs- und Wallfahrtsstädte 2000: Eigene Erhebungen
Abb. 2: Kevelaer – Gebäudenutzung 2000: JANSSEN, D. (1993) [ergänzt]
Abb. 3: Eichstätt – Gebäudenutzung 1997: nach GRÖTZBACH, E. (1998) [verändert]
Abb. 4: Kevelaer – Einzugsbereich der organisierten Wallfahrergruppen 1995: Angaben der Wallfahrtsleitung Kevelaer
Abb. 5: Eichstätt – Einzugsbereich des Diözesanfestes 1987: Eigene Erhebungen.

S. 104-105: Garnisonsstädte und Konversionsfolgen
Autoren: PD Dr. Peter Pez, Kulturgeographie im Fachbereich III der Universität Lüneburg, Scharnhorststr. 1, 21335 Lüneburg
Dr. Klaus Sachs, Geographisches Institut der Ruprecht-Karls-Universität Heidelberg, Berliner Str. 48, 69120 Heidelberg

Kartographische Bearbeiter
Abb. 1: Konstr: J. Blauhut, K. Großer; Red: K. Großer; Bearb: J. Blauhut, R. Richter

Literatur
BONN INTERNATIONAL CENTER FOR CONVERSION (1996): Conversion survey 1996. Global Disarmament, Demilitarization and Demobilization. Oxford.
BUNDESMINISTER DER VERTEIDIGUNG (1995): Informationen zur Sicherheitspolitik. Fünf Jahre Armee der Einheit – eine Bilanz. Bonn.
HERRMANN, B. (1994): Konversion der Scharnhorst-Kaserne in Lüneburg. In: Mitteilungen der Landesentwicklungsgesellschaften und Heimstätten. Heft 4, S. 3-12.
LOBECK, M., A. PÄTZ u. C.-C. WIEGANDT (1993): Konversion, Flächennutzung und Raumordnung. Bonn (= Materialien zur Raumentwicklung. Heft 59).
MINISTERIUM FÜR WIRTSCHAFT UND MITTELSTAND, TECHNOLOGIE UND VERKEHR DES LANDES NORDRHEIN-WESTFALEN (1997): Sieben Jahre Truppenabbau und Konversion in Nordrhein-Westfalen. Konversionsbericht. Band III. Düsseldorf.
STADT MAGDEBURG (1999): Magdeburg – Stadt der BUGA '99. Magdeburg.
STADT MAGDEBURG, STADTPLANUNGSAMT (1994): Magdeburg, Bundesgartenschau 1998. Rahmenplan. Magdeburg.
STADT MAGDEBURG, STADTPLANUNGSAMT (1999): Magdeburg. 1100 Jahre Befestigungsanlagen hinter Gräben, Wällen und Mauern. Magdeburg.
STADT MAGDEBURG, STADTPLANUNGS- UND GRÜNFLÄCHENAMT (1998): Parkanlagen der Stadt Magdeburg. Beitrag zur BUGA '99. Magdeburg.
WENZKE, R. (1998): Die Nationale Volksarmee 1989/90. In: Information für die Truppe – Zeitschrift für Innere Führung. Heft 5, S. 9-19.
WIESMANN, H. (1999): Magdeburg – Stadt neben dem Strom. Bundesgartenschau als Mosaikstein einer zukunftsfähigen Stadtentwicklung. In: Bundesbaublatt. Heft 5, S. 39-44.

Quellen von Karten und Abbildungen
Abb. 1: Garnisonsstädte und Konversionsflächen 1990-2000: BONN INTERNATIONAL CENTER FOR CONVERSION (1996), S. 202-203. BUNDESMINISTERIUM DER VERTEIDIGUNG [2001]: Ressortkonzept Stationierung: online im Internet unter: http://www.bundeswehr.de LOBECK, M., A. PÄTZ u. C.-C. WIEGANDT (1993), S. 15. MINISTERIUM FÜR WIRTSCHAFT UND MITTELSTAND, TECHNOLOGIE UND VERKEHR DES LANDES NORDRHEIN-WESTFALEN (1997), S. 76-84. Unveröff. Daten der Oberfinanzdirektionen, der Bundesvermögensämter u. des Bundesministeriums der Finanzen. Eigene Berechnungen.

Bildnachweis
S. 104: Campus der Universität Lüneburg: copyright Henning Zühlsdorff, Univ. Lüneburg; Elbauenpark in Magdeburg: copyright P. Pez

S. 106-107: Industriestädte
Autorin: Dr. Petra Pudemat, Zum alten Elbufer 38, 21039 Lüneburg

Kartographische Bearbeiter
Abb. 1: Konstr. K. Großer; Red: K. Großer; Bearb: P. Mund
Abb. 2, 3: Konstr: P. Pudemat; Red: W. Kraus; Bearb: R. Bräuer
Abb. 4, 5: Konstr: P. Pudemat; Red: K. Großer; Bearb: P. Mund

Literatur
BEIER, R. (Hrsg.) (1997): Aufbau West – Aufbau Ost. Die Planstädte Wolfsburg und Eisenhüttenstadt in der Nachkriegszeit. Berlin.
BUCHHOLZ, H. J. (1985): Die DDR und ihre Städte. In: Geographie heute. Heft 30, S. 30-35.
DEUTSCHER STÄDTETAG (Hrsg.) (1999): Statistisches Jahrbuch Deutscher Gemeinden. Köln, Berlin.
DURTH, W. (1997): Städtebau und Weltanschauung. In: BEIER, R. (Hrsg.): Aufbau West – Aufbau Ost. Die Planstädte Wolfsburg und Eisenhüttenstadt in der Nachkriegszeit. Berlin, S. 35-48.
ECKART, K. (1994): Wirtschaftliche Strukturen und Entwicklungen in den östlichen Grenzgebieten Deutschlands. II. Teil. Stuttgart (= Erdkundeunterricht. Heft 2), S. 47-55.
HASENPFLUG, H. u. H. KOWALKE (1991): Gedanken zur wirtschaftsräumlichen Gliederung der ehemaligen DDR und ihrer Anpassungsprobleme beim Übergang in die soziale Marktwirtschaft. Dargestellt am Beispiel der industriellen Dichtegebiete. In: Zeitschrift für Wirtschaftsgeographie. Heft 2, S. 68-82.
HAUBOLD, H.-W. u. R. SÜDHOFF (2000): Die Planstadt – Eisenhüttenstadt. Die Wohnkomplexe I-IV. Eisenhüttenstadt.
HENNING, F.-W. (1984): Die Industrialisierung in Deutschland 1800 bis 1914. 6. Aufl. Paderborn.
HERLYN, U. u. W. TESSIN (2000): Faszination Wolfsburg. 1938-2000. Opladen.
HOFMEISTER, B. (1993): Stadtgeographie. Braunschweig (= Das Geographische Seminar).
JUNGHANNS, G. (1995): Eisenhüttenstadt bleibt Stahlstandort. In: Praxis Geographie. Heft 10, S. 16-19.
KAUTT, D. (1997): Wolfsburg im Wandel städtebaulicher Leitbilder. In: BEIER, R. (Hrsg.): Aufbau West – Aufbau Ost. Die Planstädte Wolfsburg und Eisenhüttenstadt in der Nachkriegszeit. Berlin, S. 99-109.
KIESOW, G. (1999): Gesamtkunstwerk – die Stadt. Zur Geschichte der Stadt vom Mittelalter bis in die Gegenwart. Bonn.
LEUPOLT, B. (1993): Entwicklung der Industrie in Berlin – Brandenburg. In: Geographische Rundschau. Heft 10, S. 594-599.
LICHTENBERGER, E. (1986): Stadtgeographie. Begriffe, Konzepte. Modelle. Prozesse. Band 1. Stuttgart (= Teubner Studienbücher der Geographie).
METZ, F. (1959): Die deutschen Städte. In: Geographische Rundschau. Heft 2, S. 111-116.
REICHHOLD, O. (Hrsg.) (1998): ...erleben, wie eine Stadt entsteht. Städtebau, Architektur und Wohnen in Wolfsburg 1938-1998. Begleitband zur Ausstellung vom 16. Mai bis 28. Mai 1998 in der Bürgerhalle des Wolfsburger Rathauses. Braunschweig.
REUBER, P. u. P. KÖSTER (1995): Eisenhüttenstadt – Anpassungsprobleme einer Stahlregion nach der Wiedervereinigung Deutschlands. In: Europa Regional. Heft 3, S. 1-8.
RICHTER, J., H. FÖRSTER u. U. LAKEMANN (1997): Stalinstadt – Eisenhüttenstadt: Von der Utopie zur Gegenwart. Wandel industrieller, regionaler und sozialer Strukturen in Eisenhüttenstadt. Marburg.
SCHINZ, A. (1958): Wolfsburg – Eine reine Industriestadt. In: Geographische Rundschau. Heft 2, S. 63-78.
SCHNEIDER, C. (1979): Stadtgründungen im Dritten Reich. Wolfsburg und Salzgitter. München.
SCHÖLLER, P. (1967): Die deutschen Städte. Wiesbaden (= Erdkundliches Wissen. Heft 17).
SCHWARZ, G. (1989): Allgemeine Siedlungsgeographie. Teil 2. Die Städte. 4. Aufl. Berlin, New York.
STADT EISENHÜTTENSTADT (Hrsg.) (2000): Statistischer Jahresbericht 1999. Eisenhüttenstadt.
STELZER-ROTHE, T. (1990): Standortbewährung und Raumwirkung junger Industriegründungen unter besonderer Berücksichtigung des Raumpotentials – dargestellt an den Beispielen Brunsbüttel, Stade und Wolfsburg. Köln (= Kölner Forschungen zur Wirtschafts- und Sozialgeographie. Band 39).
TOPFSTEDT, T. (1997): Abschied von der Utopie. Zur städtebaulichen Entwicklung Eisenhüttenstadts seit Mitte der fünfziger Jahre. In: BEIER, R. (Hrsg.), S. 89-97.

Quellen von Karten und Abbildungen
Abb. 1: Industriestädte 1997: DEUTSCHER STÄDTETAG (1999)
Abb. 2: Eisenhüttenstadt – Sozialistische Planstadt: RICHTER, J. u.a. (1997), S. 202. TOPFSTEDT, T. (1997), HAUBOLD, H.-W. (2000), S.13. JUNGHANNS, G. (1995)
Abb. 3: Wolfsburg – Industrielle Planstadt: HERLYN, U. u. W. TESSIN (2000), S. 34. REICHHOLD, O. (1998).
Abb. 4: Eisenhüttenstadt – Kennziffern der Stadtentwicklung 1951-1998: RICHTER, J. u.a. (1997), S. 28. Stadt Eisenhüttenstadt (Hrsg.) (2000), S. 24, 126.
Abb. 5: Wolfsburg – Kennziffern der Stadtentwicklung 1945-1998: HERLYN, U. u. W. TESSIN (2000), S. 181. REICHHOLD, O. (1998), S. 16f., 44, 63.

Bildnachweis
S. 107: Wolfsburg: Photowerk, Foto-Presse Agentur GmbH, Fotograf: Roland Hermstein

S. 108-111: Industriestädte im Wandel
Autor: Prof. Dr. Hans-Werner Wehling, Institut für Geographie der Universität Essen, Universitätsstr. 15, 45141 Essen

Kartographische Bearbeiter
Abb. 1: Konstr: B. Sattler, H.-W. Wehling; Red: K. Großer; Bearb: G. Reichert, R. Richter
Abb. 2, 3, 4, 7, 8: Konstr: B. Sattler, H.-W. Wehling; Red: K. Großer; Bearb: G. Reichert, B. Sattler, A. Müller
Abb. 5, 6: Konstr: B. Sattler, H.-W. Wehling; Red: K. Großer; Bearb: G. Reichert, R. Richter

Literatur
CHEMNITZER WIRTSCHAFTSFÖRDERUNGS- UND ENTWICKLUNGSGESELLSCHAFT MBH (Hrsg.) (2000): Jahresbericht 1999. Chemnitz.
DEUTSCHER INDUSTRIE- UND HANDELSTAG (Hrsg.) (1990): Die neuen Bundesländer, Produktionsstandort Sachsen. Bonn (= Deutscher Industrie- und Handelstag. Heft 301).
GEOGRAPHISCHE GESELLSCHAFT FÜR DAS RUHRGEBIET (Hrsg.) (1990): Essen im 19. und 20. Jahrhundert. Karten und Interpretationen zur Entwicklung einer Stadtlandschaft. Essen (= Essener Geographische Arbeiten. Sonderband 2).
KOHL, H., J. MARCINEK u. B. NITZ (1980): Geographie der DDR. 3. Aufl. Gotha, Leipzig (= Studienbücherei. Geographie für Lehrer. Band 7).
KOWALKE, H. (Hrsg.) (2000): Sachsen. Gotha, Stuttgart (= Perthes Länderprofile).
REIF, H. (1993): Die verspätete Stadt. Industrialisierung, städtischer Raum und Politik in Oberhausen 1846-1929. Köln (= Schriften des Rheinischen Industriemuseums. Heft 1).
STAATSMINISTERIUM FÜR WIRTSCHAFT UND ARBEIT (Hrsg.) (1996): Wirtschaft und Arbeit in Sachsen. Bericht zur wirtschaftlichen Lage im Freistaat Sachsen. Dresden.
STEINBERG, H.-G. (1978): Bevölkerungs-

entwicklung des Ruhrgebietes im 19. und 20. Jahrhundert. Düsseldorf (= Düsseldorfer Geographische Schriften. Band 11).
WEHLING, H.-W. (1991): The crisis of the Ruhr: causes, phases and socioeconomic effects. In: WILD, T. u. P. JONES (eds.): De-industrialisation and new industrialisation in Britain and Germany. London, S. 325-344.
WEHLING, H.-W. (1999): Montan-industrielle Kulturlandschaft Ruhrgebiet. Raumzeitliche Entwicklung im regionalen und europäischen Kontext. In: FEHN, K. u. H.-W. Wehling (Hrsg.): Bergbau- und Industrielandschaften, unter besonderer Berücksichtigung von Steinkohlenbergbau und Eisen- und Stahlindustrie. Essen, S. 167-189.
WIEL, P. (1970): Wirtschaftsgeschichte des Ruhrgebiets. Tatsachen und Zahlen. Essen.
ZEMMRICH, J. (1991): Landeskunde von Sachsen. Ergänzte Neubearb. v. K. Blaschke. 1. Aufl. Berlin.

Quellen von Karten und Abbildungen
Abb. 1: Bevölkerungsentwicklung der Städte 1840-1998: STEINBERG, H.-G. (1978). WIEL, P. (1970). Daten des Kommunalverbandes Ruhrgebiet (KVR).
Abb. 2: Westliches Ruhrgebiet – Flächennutzung 1845: TK 1:25.000 Bl. 4406, Bl. 4407, Bl. 4408, Bl. 4506, Bl. 4507, Bl. 4508.
Abb. 3: Westliches Ruhrgebiet – Flächennutzung 1896: TK 1:25.000. Bl. 4406, Bl. 4407, Bl. 4408, Bl. 4506, Bl. 4507, Bl. 4508.
Abb. 4: Westliches Ruhrgebiet – Flächennutzung 1999: TK 1:25.000 Bl. 4406, Bl. 4407, Bl. 4408, Bl. 4506, Bl. 4507, Bl. 4508.
Abb. 5: Beschäftigte 1895-1939: WIEL, P. (1970).
Abb. 6: Sozialversicherungspflichtig Beschäftigte 1977-1997: Daten des Kommunalverbandes Ruhrgebiet (KVR).
Abb. 7: Chemnitz – Flächennutzung 1940: TK 1:25.000 Bl. 5143, Bl. 5243.
Abb. 8: Chemnitz – Flächennutzung 1999: TK 1:25.000 Bl. 5143, Bl. 5243.

Bildnachweis
S. 110: Blick vom Gasometer aufs CentrO Oberhausen: copyright G. Reichert

S. 112-113: Kommunale Finanzen – Struktur und regionale Disparitäten
Autorin: Dipl.-Geogr. Claudia Kaiser, Institut für Geographie der Martin-Luther-Universität Halle-Wittenberg, August-Bebel-Str. 13c, 06108 Halle (Saale)
Kartographische Bearbeiter
Abb. 1: Konstr: J. Blauhut; Red: K. Großer; Bearb: J. Blauhut
Abb. 2: Konstr: J. Blauhut, K. Großer; Red: K. Großer; Bearb: J. Blauhut, R. Richter

Literatur
KAISER, C. u. S. MARETZKE (1997): Regionale Einkommensdisparitäten in Deutschland. In: Regionalbarometer Neue Bundesländer – Dritter zusammenfassender Bericht. Bonn (= Materialien zur Raumentwicklung. Heft 83), S. 57-69.
MÄDING, H. u. R. VOIGT (Hrsg.) (1998): Kommunalfinanzen im Umbruch. Opladen (= Städte und Regionen in Europa. Band 3).
REICHENBACH, M. (1997): Die Zukunft der kommunalen Finanzen. In: HENCKEL, D. u.a. (Hrsg.): Entscheidungsfelder städtischer Zukunft. Stuttgart (= Schriften des DIfU. Band 90), S. 39-76.
SCHELFMEIER, H. (1998): Finanzausgleich für zentrale Orte? Die Berücksichtigung zentralörtlicher Aufgaben und Belastungen im Kommunalen Finanzausgleich. In: Raumforschung und Raumordnung. Heft 4, S. 299-306.

Quellen von Karten und Abbildungen
Abb. 1: Frankfurt a.M. und Umland – Kommunalfinanzen 1998,
Abb. 2: Steuern und Sozialhilfe 1997: BBR (Hrsg.) (1999): Aktuelle Daten zur Entwicklung der Städte, Kreise und Gemeinden. Ausgabe 1999. Bonn (= Berichte. Band 3). HESSISCHES STATISTISCHES LANDESAMT (2000): Sonderauswertung der hessischen Kassen- und Schuldenstandstatistik 1999. Wiesbaden.

S. 114-115: Nachhaltige Stadtentwicklung
Autor: Prof. Dr. Claus-Christian Wiegandt, Geographisches Institut der Technischen Universität München, Arcisstr. 21, 80290 München
Kartographische Bearbeiter
Abb. 1: Konstr: BBR, C.-C. Wiegandt; Red: K. Großer; Bearb: R. Richter
Abb. 2: Konstr: BBR, C.-C. Wiegandt; Red: B. Hantzsch; Bearb: B. Hantzsch, S. Kanters

Literatur
AT-NRW (AGENDA-TRANSFER NORDRHEIN-WESTFALEN, Hrsg.) (1997): Lokale Agenda 21. Initiativen und Beispiele zukunftsfähiger Stadtentwicklung. Bonn.
BBR (Hrsg.) (1999): Städte der Zukunft. Auf der Suche nach der Stadt von morgen. Bonn (= Werkstatt: Praxis. Nr. 4/1999).
BFLR (Hrsg.) (1996): [Themenheft] Nachhaltige Stadtentwicklung. In: Informationen zur Raumentwicklung. Heft 2/3.
DÖHNE, H.-J. u. M. KRAUTZBERGER (1997): Nachhaltige Siedlungsentwicklung. Zum Stand der Umsetzung der Weltsiedlungskonferenz Habitat II 1996. In: Bundesbaublatt. Heft 2, S. 82-86.
ICLEI (INTERNATIONALER RAT FÜR KOMMUNALE UMWELTINITIATIVEN) u. S. KUHN (Hrsg.) (1998): Lokale Agenda 21 – Deutschland. Kommunale Strategien für eine zukunftsbeständige Entwicklung. Berlin.

Quellen von Karten und Abbildungen
Abb. 1: Entwicklung der räumlichen Muster der Daseinsgrundfunktionen: BBR (Hrsg.) (1999). BUNDESMINISTERIUM FÜR RAUMORDNUNG, BAUWESEN UND STÄDTEBAU (Hrsg.) (1996): Raumordnung in Deutschland. 2. Aufl. Bonn, S. 37.
Abb. 2: Initiativen zur nachhaltigen Stadtentwicklung 2000: CAF Agenda-Transfer, Bonn. Laufende Raumbeobachtung des BBR. Charta der Europäischen Städte und Gemeinden auf dem Weg zur Zukunftsbeständigkeit: online im Internet unter: www.sustainable-cities.org/city.html

Bildnachweis
S. 114: Siedlungsdispersion; Räumliche Entmischung; Verkehrswachstum: copyright Bundesbildstelle

S. 116-119: Stadterneuerung
Autoren: Andreas Hohn, Transferstelle Hochschule-Praxis der Gerhard-Mercator-Universität Gesamthochschule Duisburg, Lotharstr. 65, 47048 Duisburg
PD Dr. Uta Hohn, Institut für Geographie der Gerhard-Mercator-Universität Gesamthochschule Duisburg, Lotharstr. 1, 47048 Duisburg
Kartographische Bearbeiter
Abb. 1, 2, 5: Konstr: A. Hohn, U. Hohn; Red: K. Großer; Bearb: A. Hohn, U. Hohn, R. Richter
Abb. 3: Konstr: A. Hohn, U. Hohn; Red: K. Großer; Bearb: A. Hohn, U. Hohn, S. Kanters, R. Richter
Abb. 4: Konstr: Senatsverwaltung für Stadtentwicklung Berlin; Red: K. Großer, W. Kraus; Bearb: A. Müller
Abb. 6: Konstr: A. Hohn, U. Hohn; Red: K. Großer; Bearb: A. Hohn, U. Hohn, J. Blauhut

Literatur
BBR (2000): Stadtentwicklung und Städtebau in Deutschland. Ein Überblick. Bonn (= Berichte. Band 5).
BOTE, P. u. M. KRAUTZBERGER (1999): Der Beginn der städtebaulichen Erneuerung in den heutigen neuen Bundesländern. In: Jahrbuch Stadterneuerung 1999, S. 83-94
BUNDESMINISTERIUM FÜR RAUMORDNUNG, BAUWESEN UND STÄDTEBAU (Hrsg.) (1990): Ideen – Orte – Entwürfe. Architektur und Städtebau in der Bundesrepublik Deutschland. Ausstellungskatalog. Berlin.
BUNDESMINISTERIUM FÜR RAUMORDNUNG, BAUWESEN UND STÄDTEBAU u. DEUTSCHE STIFTUNG DENKMALSCHUTZ (Hrsg.) (1996): Alte Städte – Neue Chancen. Städtebaulicher Denkmalschutz. Bonn.
HARLANDER, T. (1999): Wohnen und Stadtentwicklung in der Bundesrepublik. In: FLAGGE, I. (Hrsg.): Geschichte des Wohnens – 1945 bis heute. Aufbau – Neubau – Umbau. Band 5. Stuttgart, S. 233-417.
HIEBER, U. (1999): Stadtsanierung und Stadtentwicklung gestern und morgen. In: Die Alte Stadt. Heft 1, S. 51-60.
HOHN, U. u. A. HOHN (1995): Urban Renewal in Eastern and Western Germany – A Comparative Survey. In: FLÜCHTER, W. (Hrsg.): Japan and Central Europe – Restructuring. Geographical Aspects of Socio-economic, Urban and Regional Development. Wiesbaden, S. 140-159.
SCHMIDT-EICHSTAEDT, G. (1998): Städtebaurecht. Einführung und Handbuch. 3. überarb. u. erweit. Aufl. Stuttgart, Berlin, Köln.
SCHUBERT, D. (1998): Vom „sanierenden" Wiederaufbau zur „nachhaltigen Stadterneuerung". Kontinuitäten und Paradigmenwechsel. In: Jahrbuch Stadterneuerung, S. 125-139.

Quellen von Karten und Abbildungen
Abb. 1: Bundesfinanzhilfen zur Förderung städtebaulicher Sanierungs- und Entwicklungsmaßnahmen 1971-1901: Autorenentwurf.
Abb. 2: Ablauf einer städtebaulichen Sanierungsmaßnahme:
Abb. 3: Städtebauförderung 1971-1999: Unveröffentlichte Unterlagen des BBR. Eigene Recherchen
Abb. 4: Berlin – Vielfalt der Stadterneuerungsaufgaben: Senatsverwaltung für Stadtentwicklung Berlin (2000): Stadterneuerungsgebiete Berlin. Thematische Karte 1:50000.
Abb. 5: Lübeck - Stadterneuerung bis 2000: Unveröffentlichte Unterlagen des Amtes für Stadtplanung der Hansestadt Lübeck. Eigene Erhebungen
Abb. 6: Rostock - Stadterneuerung bis 2001: Unveröffentlichte Unterlagen des Amtes für Stadtplanung der Hansestadt Rostock, der Rostocker Gesellschaft für Stadterneuerung, Stadtentwicklung und Wohnungsbau mbH. Eigene Erhebungen

Anmerkung zu Abb. 3
Die Platzierung der Signaturen erfolgte auf Basis der Postleitzahlen.

Rechtliche Grundlagen
Das 1971 erlassene und 1987 in das Baugesetzbuch integrierte Städtebauförderungsgesetz schuf erstmals ein Sonderrecht für Stadtsanierungsmaßnahmen (§ 136-164 BauGB) und Städtebauliche Entwicklungsmaßnahmen (§ 165-171 BauGB). Es war von Beginn an so konzipiert, dass es von den Gemeinden sowohl für Flächensanierungen als auch für behutsame Erneuerungen eingesetzt werden konnte. Es enthielt Hinweise auf die Schutzwürdigkeit von Bauten, Straßen, Plätzen oder Ortsteilen von geschichtlicher, künstlerischer oder städtebaulicher Bedeutung.
Die Denkmalschutzgesetzgebung der Länder machte erst im Verlauf der 1970er Jahre – mit einer zusätzlichen Dynamik durch das Europäische Jahr des Denkmalschutzes 1975 – den Ensembleschutz und die Ausweisung von Denkmalbereichen neben der Bewahrung von Einzeldenkmalen zur zweiten Säule ihrer Erhaltungsbemühungen. Vorreiter war 1971 Baden-Württemberg, gefolgt von Bayern 1973 und Hessen 1974.
Weitere wichtige rechtliche Instrumente in der Stadterneuerung sind die Landesbauordnungen mit ihren Möglichkeiten der Formulierung von Gestaltungssatzungen sowie die Erhaltungssatzungen nach BauGB §172, Absatz 1, Satz 1, Nr. 1 (Erhaltung der städtebaulichen Eigenart) bzw. Nr. 2 (Erhaltung der Zusammensetzung der Wohnbevölkerung, d.h. Milieuschutz).

S. 120-121: Die innere Struktur von Verdichtungsräumen
Autoren: Dipl.-Geogr. Christian Langenhagen-Rohrbach und Prof. Dr. Klaus Wolf, Institut für Kulturgeographie, Stadt- und Regionalforschung der Johann Wolfgang Goethe-Universität Frankfurt am Main, Senckenberganlage 36, 60325 Frankfurt a.M.
Dipl.-Geogr. Jens Peter Scheller, Planungsverband Ballungsraum Frankfurt / Rhein-Main, Am Hauptbahnhof 18, 60329 Frankfurt a.M.
Kartographische Bearbeiter
Abb. 1: Konstr: S. Dutzmann; Red: S. Dutzmann; Bearb: S. Dutzmann
Abb. 2, 3: Konstr: K. Wolf; Red: S. Dutzmann; Bearb: S. Dutzmann
Abb. 4, 5: Konstr: K. Wolf; Red: S. Dutzmann; Bearb: R. Richter

Literatur
BBR (Hrsg.) (2000): Raumordnungsbericht 2000. Bonn (= Berichte. Band 7).
INSTITUT FÜR KULTURGEOGRAPHIE, STADT- U. REGIONALFORSCHUNG (Hrsg.) (2000): Regionalatlas Rhein-Main. Natur – Gesellschaft – Wirtschaft. Frankfurt a.M. (= Rhein-Mainische Forschung. Heft 120).
STATISTISCHES LANDESAMT DES FREISTAATES SACHSEN (2000): Sächsische Gemeindestatistik. Ausgewählte Strukturdaten. Kamenz.

Quellen von Karten und Abbildungen
Abb. 1: Übersicht: IfL-Kartographie.
Abb. 2: Einwohner-Arbeitsplatz-Dichte 1999,
Abb. 3: Fertiggestellte Wohnungen 1999: STATISTISCHES LANDESAMT DES FREISTAATES SACHSEN (2000).
Abb. 4: Ausländische Bevölkerung 1998: INSTITUT FÜR KULTURGEOGRAPHIE, STADT- U. REGIONALFORSCHUNG (Hrsg.) (2000), S. 36.
Abb. 5: Steuereinnahmen 1995: INSTITUT FÜR KULTURGEOGRAPHIE, STADT- U. REGIONALFORSCHUNG (Hrsg.) (2000), S. 84.

Bildnachweis
S. 120: Frankfurt am Main: copyright C. Langhagen-Rohrbach

S. 122-123: Städtebauliche Strukturen in den kreisfreien Städten
Autoren: Dr. Günter Arlt, Dr. Bernd Heber, Dipl.-Ing. Iris Lehmann und Dipl.-Ing. Ulrich Schumacher, Institut für ökologische Raumentwicklung, Weberplatz 1, 01217 Dresden
Kartographische Bearbeiter
Abb. 1, 2, 3, 4: Konstr: G. Arlt, S.

Dutzmann; Red: S. Dutzmann; Bearb: S. Kanters
Abb. 5: Konstr: G. Arlt, J. Blauhut; Red: S. Dutzmann, W. Kraus; Bearb: S. Kanters, J. Blauhut

Literatur
ARLT, G. u.a. (2000): Die Bewertung von Flächennutzungsstrukturen in Stadtregionen unter den Aspekten der Bodenversiegelung und des Bodenpreises. Abschlußbericht. Institut für ökologische Raumentwicklung Dresden. Dresden.
BRÜMMERHOFF, D. (1995): Volkswirtschaftliche Gesamtrechnung. 5., völlig überarb. u. erweit. Aufl. München, Wien.
HEBER, B. u. I. LEHMANN (1996): Beschreibung und Bewertung der Bodenversiegelung in Städten. Dresden (= IÖR-Schriften. Heft 15).
HENNERSDORF, J. (1998): Strukturelle Determinanten der Bodenpreise in den kreisfreien Städten Deutschlands. Unveröff. Diplomarbeit. Technische Universität Dresden. Dresden.
PAULEIT, S. u. F. DUHME (1999): Stadtstrukturtypen. Bestimmung der Umweltleistungen von Stadtstrukturtypen für die Stadtplanung. In: RaumPlanung. Heft 84, S. 33-44.
THINH, N. X. (1999): Charakterisierung städtischer Siedlungsstrukturen. In: GRÜTZNER, R. u. M. MÖHRING (Hrsg.): Werkzeuge für die Modellierung und Simulation im Umweltbereich. Marburg, S. 155-166.

Quellen von Karten und Abbildungen
Abb. 1: Flächenanteil des Siedlungsraumes und Freiraumes,
Abb. 5: Typische städtebauliche Strukturen kreisfreier Städte 1997:
ATKIS, Digitales Landschaftsmodell 1: 1 000 000 (DLM 1 000), Stand 1995/1996. Institut für Angewandte Geodäsie Frankfurt a.M. 1997; CORINE Land-Cover-Projekt für die Bundesrepublik Deutschland, Stand 1989-1992. STBA (Hrsg.) (1997): [CD-ROM] Daten zur Bodenbedeckung für die Bundesrepublik Deutschland. Wiesbaden. Eigene Berechnungen.
Abb. 2: Flächenproduktivität und -versiegelungsgrad,
Abb. 3: Häufigkeitsverteilung nach dem Flächenversiegelungsgrad 2000,
Abb. 4: Häufigkeitsverteilung nach der Flächenproduktivität 2000: BBR (Hrsg.) (1998): Aktuelle Daten zur Entwicklung der Städte, Kreise und Gemeinden. Berichte des Bundesamtes für Bauwesen und Raumordnung, Band I, Ausgabe 1998. Bonn. Eigene Berechnungen.

S. 124-127: Wohnsuburbanisierung in Verdichtungsräumen
Autoren: Dr. Günter Herfert, Institut für Länderkunde, Schongauerstr. 9, 04329 Leipzig
Prof. Dr. Marlies Schulz, Geographisches Institut der Humboldt-Universität zu Berlin, Chausseestr. 86, 10115 Berlin

Kartographische Bearbeiter
Abb. 1, 2, 3, 4, 7, 8, 9, 11: Konstr: T. Lohwasser; Red: S. Dutzmann; Bearb: S. Dutzmann
Abb. 5: Konstr: U. Hein, T. Lohwasser; Red: S. Dutzmann; Bearb: S. Dutzmann
Abb. 6: Konstr: U. Hein; Red: S. Dutzmann; Bearb: S. Dutzmann
Abb. 10: Konstr: J. Aring; Red: S. Dutzmann; Bearb: R. Richter
Abb. 12: Konstr: S. Dutzmann; Red: S. Dutzmann; Bearb: S. Dutzmann

Literatur
ARING, J. (1999): Suburbia – Postsuburbia – Zwischenstadt. Die jüngere Wohnsiedlungsentwicklung im Umland der großen Städte Westdeutschlands und Folgerungen für die regionale Planung und Steuerung. Hannover (= ARL: Arbeitsmaterial. Nr. 262).
ARING, J. u. G. HERFERT (2001): Neue Muster der Wohnsuburbanisierung. In: BRAKE, K., J. S. DANGSCHAT u. G. HERFERT, S. 43-56.
BRAKE, K., J. S. DANGSCHAT u. G. HERFERT (Hrsg.) (2001): Suburbanisierung in Deutschland – Aktuelle Tendenzen. Opladen.
HERFERT, G. (2001): Stadt-Umland-Wanderungen nach 1990. In: IfL (Hrsg.): Nationalatlas Bundesrepublik Deutschland. Band 4: Bevölkerung. Mithrsg. von GANS, P. u. F.-J. KEMPER. Heidelberg, Berlin, S. 116-119.
HERFERT, G. u.a. (2001): Aktuelle Suburbanisierungsprozesse in Mitteldeutschland. In: BERKNER, A. u.a (Hrsg.): Exkursionsführer Mitteldeutschland. Braunschweig (= Das Geographische Seminar – spezial), S. 32-53.

Quellen von Karten und Abbildungen
Abb. 1: Wanderungsmuster der 1990er Jahre in Verdichtungsräumen: StÄdL. Eigener Entwurf.
Abb. 2: Veränderung des Suburbanisierungsgrades 1990-1998: StÄdL. Eigene Berechnung.
Abb. 3: Bevölkerungsentwicklung in Verdichtungsräumen 1990-1998: StÄdL. Eigene Berechnung.
Abb. 4: Wohnsuburbanisierung 1961-1999: StLÄ BB, BE u. BY. Eigene Berechnung.
Abb. 5: Wohnsuburbanisierung in den Verdichtungsräumen 1990-1998: StÄdL. Eigene Berechnung.
Abb. 6: Zuzüge ins Umland aus den Kernstädten der Verdichtungsräume 1993-1998: StÄdL. Eigene Berechnung.
Abb. 7: Fertiggestellte Wohnungen 1992-1998: StLÄ BB, BE u. BY. Eigene Berechnung.
Abb. 8: Wohnungen in Ein- und Zweifamilienhäusern 1995-1999: StLÄ BB, BE u. BY. Eigene Berechnung.
Abb. 9: Veränderung des Bevölkerungsanteils mit höherem Ausbildungsabschluss 1993-1999: StLÄ BB, BE u. BY. Eigene Berechnung.
Abb. 10: Bodenpreisgebirge 1994: BRAKE, K., J. S. DANGSCHAT u. G. HERFERT (Hrsg.) (2001), S. 196.
Abb. 11: Veränderung der Haushaltsstruktur 1993-99: StLÄ BB, BE u. BY. Eigene Berechnung.
Abb. 12: Kleinräumige Reurbanisierungstendenzen 1999-2000: StLA SN.

Bildnachweis
S. 126: Leipziger Umland: copyright G. Herfert

S. 128-129: Suburbanisierung von Industrie und Dienstleistungen
Autor: Dr. Peter Franz, Abteilung Regional- und Kommunalforschung des Instituts für Wirtschaftsforschung, Kleine Märkerstr. 8, 06108 Halle (Saale)

Kartographische Bearbeiter
Abb. 1: Konstr: G. Herfert, S. Dutzmann; Red: S. Dutzmann; Bearb: S. Dutzmann
Abb. 2: Konstr: H. Usbeck, S. Dutzmann; Red: S. Dutzmann; Bearb: S. Dutzmann
Abb. 3: Konstr: P. Franz, J. Blauhut; Red: K. Großer; Bearb: J. Blauhut

Literatur
BADE, F.-J. (1990): Expansion und regionale Ausbreitung der Dienstleistungen. Eine empirische Analyse des Tertiärisierungsprozesses mit besonderer Berücksichtigung der Städte in Nordrhein-Westfalen. Dortmund.
BADE, F.-J. u. K. NIEBUHR (1999): Zur Stabilität des räumlichen Strukturwandels. In: Jahrbuch für Regionalwissenschaft. Heft 1, S. 131-156.
FRANZ, P. u.a. (1996): Suburbanisierung von Handel und Dienstleistungen. Ostdeutsche Innenstädte zwischen erfolgreicher Revitalisierung und drohendem Verfall. Berlin.
SEITZ, H. (1996): Die Suburbanisierung der Beschäftigung: Eine empirische Untersuchung für Westdeutschland. In: Jahrbücher für Nationalökonomie und Statistik. Journal of economics and statistics. Heft 1, S. 69-91.

Quellen von Karten und Abbildungen
Abb. 1: Dominante Branchen in Gewerbegebieten 1990-2000
USBECK, H. (2001): Die Thüringer Städtereihe – Suburbanisierung außerhalb der Agglomerationsräume. In: BRAKE, K., S. DANGSCHAT u. G. HERFERT (Hrsg.): Suburbanisierung in Deutschland. Aktuelle Tendenzen. Opladen, S. 201- 210, Karte XIII auf S.140.
Abb. 2: Veränderung der Beschäftigten in den Gemeinden 1986-1996
HARLANDER, T. u. J. JESSEN (2001): Stuttgart – polyzentrale Stadtregion im Strukturwandel. In: BRAKE, K., S. DANGSCHAT u. G. HERFERT (Hrsg.), S. 187-199, Karte XII auf S. 140.
Abb. 3: Veränderung von Beschäftigtenanteilen in Kernstädten und ihrem Umland 1994-1999
Bundesanstalt für Arbeit; eig. Berechnungen

Bildnachweis
S. 128: Gewerbesuburbanisierung im Umland von Stuttgart: copyright WFL-GmbH

S. 130-131: Großwohngebiete
Autoren: Dipl.-Ing. Bernd Breuer, Referat I 2 Stadtentwicklung und Bodenmarkt, Bundesamt für Bauwesen und Raumordnung, Deichmanns Aue 31-37, 53179 Bonn
Dr. Evelin Müller, Institut für Länderkunde, Schongauerstr. 9, 04329 Leipzig

Kartographische Bearbeiter
Abb. 1: Konstr: N. Frank; Red: K. Großer; Bearb: N. Frank, M. Zimmermann
Abb. 2: Red: K. Großer; Bearb: M. Zimmermann
Abb. 3: Konstr: N. Frank; Red: K. Großer; Bearb: N. Frank, R. Richter

Literatur
BBR (Hrsg.) (1998): Großwohnsiedlungen von heute – attraktive Stadtteile für morgen. Bericht von der Auftaktveranstaltung zum Planspiel Leipzig-Grünau am 17. und 18. November 1997. Bonn (= Werkstatt: Praxis. Nr. 1/1998).
BfLR (Hrsg.) (1994): [Themenheft] Große Neubaugebiete. Bestand, städtebauliche Handlungsfelder und Perspektiven. In: Informationen zur Raumentwicklung. Heft 9.
BUNDESMINISTERIUM FÜR RAUMORDNUNG, BAUWESEN UND STÄDTEBAU (Hrsg.) (1994): Großsiedlungsbericht 1994. Bonn.
BUNDESMINISTERIUM FÜR RAUMORDNUNG, BAUWESEN UND STÄDTEBAU (Hrsg.) (1996): Städtebauliche Entwicklung großer Neubaugebiete in den fünf neuen Bundesländern und Berlin-Ost. Forschungsvorhaben des experimentellen Wohnungs- und Städtebaus. Bonn.
EUROPÄISCHE AKADEMIE FÜR STÄDTISCHE UMWELT (Hrsg.) (1998): A future for large housing estates. European strategies for prefabricated housing estates in central and eastern Europe. Berlin.
FRIEDRICH, K. u. S. MÜLLER (2000): Halle-Neustadt. Gegenwart und Perspektiven eines ostdeutschen Großwohngebiets im Zeichen kumulativer Schrumpfungsprozesse. In: Hallesches Jahrbuch Geowissenschaften. Reihe A: Geographie und Geoökologie. Band 22, S. 119-129.
INSTITUT FÜR REGIONALENTWICKLUNG UND STRUKTURPLANUNG (Hrsg.) (1994): Großsiedlungen in Mittel- und Osteuropa. Berlin (= Regio 4).
KAHL, A. (2002): Erlebnis Plattenbau. Eine Langzeitstudie. Opladen (= Stadtforschung aktuell 84).
MÜLLER, E. (Hrsg.) (1997): Großwohnsiedlungen in europäischen Städten. Probleme und Perspektiven aus der Sicht von Wissenschaft und Praxis. Leipzig (= Beiträge zur Regionalen Geographie. Band 45).
RIETDORF, W. (Hrsg.) (1997): Weiter wohnen in der Platte. Probleme der Weiterentwicklung großer Neubaugebiete in den neuen Bundesländern. Berlin.
RIETDORF, W. u. H. LIEBMANN (Bearb.) (1999): Eine Zukunft für die Plattenbausiedlungen. Abschlußbericht der Forschungsbegleitung zum Bund-Länder-Förderprogramm „Städtebauliche Weiterentwicklung größer Neubaugebiete in den neuen Ländern und im Ostteil Berlins". Erarbeitet im Auftrag des BMVBW durch das Institut für Regionalentwicklung und Strukturplanung e.V. Berlin.
Überforderte Nachbarschaften. Zwei sozialwissenschaftliche Studien über Wohnquartiere in den alten und den neuen Bundesländern. Im Auftrag des Bundesverbands Deutscher Wohnungsunternehmen (1998). Köln (= Gesamtverband der Wohnungswirtschaft: GdW-Schriften 48).

Quellen von Karten und Abbildungen
Abb. 1: Großwohngebiete 1995: BBR-Dokumentation Großwohnsiedlungen (Stand: 1995). STBA (Hrsg.) (1999): Statistisches Jahrbuch 1999 für die Bundesrepublik Deutschland. Wiesbaden.
Abb. 2: Großwohngebiet Halle-Neustadt, Halle a.d. Saale – Wohnbevölkerung und Altersstruktur 1967-1997: FRIEDRICH, K. u. S. MÜLLER (2000), S. 123.
Abb. 3: Großwohngebiete 1995: BBR-Dokumentation Großwohnsiedlungen (Stand: 1995). Laufende Raumbeobachtung des BBR. STBA (Hrsg.) (1999).

Bildnachweis
S. 41: Berlin-Hellersdorf: copyright IRS

S. 132-135: Nutzung und Verkehrserschließung von Innenstädten
Autor: Prof. Dr. Rolf Monheim, Fachgruppe Geowissenschaften der Universität Bayreuth, Universitätsstr. 30, 95447 Bayreuth

Kartographische Bearbeiter
Abb. 1: Konstr: R. Monheim; Red: W. Kraus; Bearb: K. Baum, B. Hantzsch, M. Schmiedel
Abb. 2, 4, 5: Konstr: R. Monheim; Red: W. Kraus; Bearb: K. Baum, B. Hantzsch
Abb. 3: Konstr: R. Monheim; Red: W. Kraus, K. Baum; Bearb: K. Baum
Abb. 6: Konstr: R. Monheim; Red: J. Breunig, W. Kraus; Bearb: J. Breunig, B. Hantzsch, M. Schmiedel
Abb. 7: Konstr: R. Monheim; Red: W. Kraus; Bearb: K. Baum, R. Bräuer, B. Hantzsch
Abb. 8: Konstr: R. Monheim; Red: K. Großer; Bearb: R. Bräuer
Abb. 9: Konstr: R. Monheim; Red: K. Großer; Bearb: P. Mund
Abb. 10: Konstr: R. Monheim; Red: W. Kraus; Bearb: M. Schmiedel

Abb. 11, 12: Konstr: R. Monheim; Red: J. Breunig; Bearb: J. Breunig, K. Baum, M. Schmiedel

Abb. 13: Konstr: R. Monheim; Red: J. Breunig; Bearb: K. Baum, J. Breunig

Literatur

ANDRÄ, K., R. KLINKER u. R. LEHMANN (1981): Fußgängerbereiche in Stadtzentren. Berlin.

INITIATOREN DES PROJEKTES „Ab in die Mitte! Die City-Offensive NRW" (Hrsg.) (2000): Dokumentation 2000. Düsseldorf.

ISENBERG, W. (Hrsg.) (1999): Musicals und urbane Entertainmentkonzepte. Markt, Erfolg und Zukunft. Zur Bedeutung multifunktionaler Freizeit- und Erlebniskomplexe. Bensberg (= Bensberger Protokolle. Band 90).

KRAUS, C. u. M. WUNDERLICH (2000): Stadtbausteine der Münchener Altstadt 2000. München.

LANDESHAUPTSTADT DRESDEN, DEZERNAT FÜR STADTENTWICKLUNG UND BAU (Hrsg.) (2000): Dresden – Europäische Stadt. Rückblick und Perspektiven der Stadtentwicklung. Dresden.

LEHMANN, R. (1998): Entwicklung der Fußgängerbereiche in Altstädten der DDR. In: Die alte Stadt. Heft 1, S. 80-99.

MASSKS (MINISTERIUM FÜR ARBEIT, SOZIALES UND STADTENTWICKLUNG, KULTUR UND SPORT DES LANDES NORDRHEIN-WESTFALEN, Hrsg.) (1999a): Stadtmarketing in Nordrhein-Westfalen. Bilanz und Perspektiven. Düsseldorf (= MASSKS. Nr.).

MASSKS (Hrsg.) (1999b): Stadtplanung als Deal? Urban Entertainment Center und private Stadtplanung – Beispiele aus den USA und Nordrhein-Westfalen. Düsseldorf (= MASSKS. Nr. 1322).

MEYER, G. u. R. PÜTZ (1997): Transformation der Einzelhandelsstandorte in ostdeutschen Großstädten. In: Geographische Rundschau. Heft 9, S. 492-498.

MONHEIM, R. (1975): Fußgängerbereiche. Bestand und Planung – eine Dokumentation. Köln (= DST-Beiträge zur Stadtentwicklung. Reihe E. Heft 4).

MONHEIM, R. (1987): Entwicklungstendenzen von Fußgängerbereichen und verkehrsberuhigten Einkaufsstraßen. Bayreuth (= Arbeitsmaterialien zur Raumordnung und Raumplanung. Heft 41).

MONHEIM, R. (Hrsg.) (1997): „Autofreie" Innenstädte – Gefahr oder Chance für den Handel? Bayreuth (= Arbeitsmaterialien zur Raumordnung und Raumplanung. Heft 134).

MONHEIM, R. (Hrsg.) (1998): [Themenheft] Nutzungen und Verkehr in historischen Innenstädten. In: Die alte Stadt. Heft 1.

MONHEIM, R. (1999): Methodische Gesichtspunkte der Zählung und Befragung von Innenstadtbesuchern. In: HEINRITZ, G. (Hrsg.): Die Analyse von Standorten und Einzugsbereichen. Passau (= Geographische Handelsforschung. Band 2), S. 65-131.

MONHEIM, R. (2000): Fußgängerbereiche in deutschen Innenstädten. Entwicklungen und Konzepte zwischen Interessen, Leitbildern und Lebensstilen. In: Geographische Rundschau. Heft 7/8, S. 40-46.

MONHEIM, R. (2002): Nutzung und Bewertung von Innenstädten. In: APEL, D., H. HOLZAPFEL u. F. KIEPE (Hrsg.): Handbuch der kommunalen Verkehrsplanung, Kap. 2.1.3.1. Bonn.

MULZER, E. (1972): Der Wiederaufbau der Altstadt von Nürnberg 1945 bis 1970. Erlangen (= Erlanger Geographische Arbeiten. Heft 31).

PEZ, P. (2000): Verkehrsberuhigung in Stadtzentren. Ihre Auswirkungen auf Politik, Ökonomie, Mobilität, Ökologie und Verkehrssicherheit – unter besonderer Berücksichtigung des Fallbeispiels Lüneburg. In: Archiv für Kommunalwissenschaften. Heft 1, S. 117-145.

RODEMERS, J. u. C. BANNWARTH (2001): Im Mittelpunkt der Städte: Galerien und Fußgängerzonen. Dortmund (= ILS Schriften 171).

SEEWER, U. (2000): Fußgängerbereiche im Trend? Strategien zur Einführung großflächiger Fußgängerbereiche in der Schweiz und in Deutschland im Vergleich in den Innenstädten von Zürich, Bern, Aachen und Nürnberg. Bern (= Geographica Bernensia. Reihe G. Nr. 65).

Für weitere Literatur zu Innenstadt-Studien s.: MONHEIM 1999, 2000 und 2002 sowie SEEWER 2000.

Quellen von Karten und Abbildungen

Abb. 1: Innenstadt Frankfurt am Main: Stadtvermessungsamt: Stadtkarte 1:5000. Eigene Erhebung 2001.

Abb. 2: Innenstadt München: Eigene Erhebung 2001.

Abb. 3: Passagen in München: Landeshauptstadt München, Planungsreferat HA I/42: Maßnahmenkonzept zur Aufwertung der Münchner Innenstadt: Nutzungen im öffentlichen Raum. Eigene Erhebung 2001.

Abb. 4: Innenstadt Dresden: Landeshauptstadt Dresden, Stadtplanungsamt: Schwarzplan aktuell, Straßenplan, Luftbild. Eigene Erhebung 2001.

Abb. 5: Innenstadt Leipzig: Eigene Erhebung 2001.

Abb. 6: Innenstadt Bayreuth: Eigene Erhebung 2001.

Abb. 7: Innenstadt Freiburg: Eigene Erhebung 2001.

Abb. 8: Passantenaufkommen in Haupteinkaufsstraßen: Passantenbefragungen Abteilung Angewandte Stadtgeographie, Universität Bayreuth, 1999, 2000.

Abb. 9: Wohnort und Besuchszwecke in Beispielstädten: Passantenbefragungen Abteilung Angewandte Stadtgeographie, Universität Bayreuth, 1996-2000.

Abb. 10: Logos: versch. Vorlagen des Einzelhandelsverbandes und des Altstadtmarketings.

Abb. 11: Nürnberg – Verkehrsentwicklung der Altstadt 1971-1992/96: Stadtplanungsamt Nürnberg.

Abb. 12: Gastronomie in der Nürnberger Altstadt: Eigene Erhebung 2001.

Abb. 13: Altstadt Nürnberg: Eigene Erhebung 2001.

Bildnachweis

S. 133: Blick in die Prager Straße in Dresden: copyright Foto +Co, Peter Schubert, Dresden

S. 135: Nürnberg. copyright Bischof+Broel KG

Anmerkung zu den Karten und Befragungen

Die Karten beruhen auf eigenen Geländeaufnahmen 2000/2001. Nutzungen, die nur kleinere Parzellen einnehmen, sind nicht gesondert dargestellt. „Öffentliche" Nutzungen sind zum Teil privatrechtlich; hier entscheidet die subjektive Nutzerwahrnehmung. In Nebengeschäftslagen (EG Handel u.ä.) wird das Grundstück nach der vorherrschenden Obergeschoss-Nutzung gekennzeichnet und die publikumsorientierte Erdgeschosszone gesondert gekennzeichnet. Bei 1a-Geschäftslagen können Interpretationsprobleme entstehen, wenn dort gelegene Betriebe bis zu rückwärtigen Straßen reichen (insbesondere Kauf- und Warenhäuser); es erscheint jedoch nicht sinnvoll, einen durchgehenden Betrieb verschiedenen Geschäftslagen zuzuordnen. Aus dem räumlichen Verteilungsmuster kann in der Regel geschlossen werden, auf welcher Blockseite sich die 1a-Lage befindet. Als Einkaufszentren werden nur von einem Betreiber gemanagte Einheiten ab 3000 m² Verkaufsfläche dargestellt.

Die hier verwendeten Passantenbefragungen stammen aus Erhebungen der Abteilung Angewandte Stadtgeographie der Universität Bayreuth 1996-2000.

S. 136-139: Die City – Entwicklung und Trends

Autor: Prof. Dr. Bodo Freund, Geographisches Institut der Humboldt-Universität zu Berlin, Chausseestr. 86, 10115 Berlin

Kartographische Bearbeiter

Abb. 1: Konstr: B. Freund, J. Kirsch; Red: M. Winkelbrandt, W. Kraus; Bearb: M. Winkelbrandt, S. Kanters

Abb. 2, 5, 6, 7: Konstr: B. Freund; Red: M. Winkelbrandt, K. Großer; Bearb: M. Winkelbrandt, R. Richter

Abb. 3: Konstr: B. Freund; Red: W. Kraus, M. Winkelbrandt; Bearb: G. Schilling, K. Baum

Abb. 4: Konstr: Stadt Frankfurt, M. Solymossy; Red: W. Kraus, M. Winkelbrandt; Bearb: M. Winkelbrandt, J. Blauhut

Abb. 8: Konstr: B. Freund; Red: M. Winkelbrandt, W. Kraus; Bearb: M. Winkelbrandt, K. Baum, S. Kanters

Abb. 9, 13: Konstr: B. Freund; Red: M. Winkelbrandt, W. Kraus; Bearb: M. Winkelbrandt, K. Baum

Abb. 10: Konstr: Freund; Red: M. Winkelbrandt, K. Großer; Bearb: M. Winkelbrandt, R. Richter

Abb. 11: Konstr: Stadt Frankfurt; Red: M. Winkelbrandt, W. Kraus; Bearb: M. Winkelbrandt, M. Schmiedel

Abb. 12: Konstr: B. Freund; Red: G. Schilling, K. Großer; Bearb: G. Schilling, R. Richter

Literatur

BERGE, T. u. M. BLOCK (1997): Die Frankfurter City – Ein Einzelhandelsstandort mit sinkender Attraktivität? In: WOLF, K. u. E. THARUN: Einzelhandelsentwicklung. Zielorientierte Regionale Geographie. Frankfurt a.M. (= Institut für Kulturgeographie, Stadt- und Regionalforschung der J.-W.-Goethe-Universität Frankfurt a.M.: Materialien. Nr. 21), S. 43-80.

DEUTSCHER BUNDESTAG (Hrsg.) (1998): Politik zur Erhaltung und Stärkung der Innenstädte. Antrag der Abgeordneten ... der Fraktion der CDU/CSU sowie der Abgeordneten ... der Fraktion der F.D.P. Bonn (= Bundestags-Drucksache 13/10536 vom 28.04.98).

FREUND, B. (2000): Deutschlands Hochhaus-Metropole Frankfurt. In: Frankfurter statistische Berichte, S. 39-60.

GIESE, E. (1999): Bedeutungsverlust innerstädtischer Geschäftszentren in Westdeutschland. In: Berichte zur deutschen Landeskunde. Heft 1, S. 33-66.

GÜTTLER, H. u. C. ROSENKRANZ (1998): Aktuelle Herausforderungen für die Raumordnungs- und Stadtentwicklungspolitik bei der Erhaltung und Sicherung funktionsfähiger Innenstädte. In: Informationen zur Raumentwicklung. Heft 2/3, S. 81-88.

JUNKER, R. (1997): Zwischen Leitbild und Realität – sieben Thesen zur Entwicklung der Innenstädte in den alten Ländern. In: Der Städtetag. Heft 1, S. 8-13.

LICHTENBERGER, E. (1986): The Crisis of the Central City. In: HEINRITZ, G. u. E. LICHTENBERGER (Hrsg.): The Take-off of Suburbia and the Crisis of the Central City. Stuttgart (= Erdkundliches Wissen. Heft 76).

MÜLLER-RAEMISCH, H.-R. (1996): Frankfurt am Main. Stadtentwicklung und Planungsgeschichte seit 1945. Frankfurt a.M.

SCHEMBS, H.-O. (1987): Frankfurt in den Jahren 1945 bis 1960. Würzburg.

STÖBER, G. (1964a): Das Standortgefüge der Großstadtmitte. In: DEZERNAT PLANUNG UND BAU u. DEZERNAT STADTWERKE UND VERKEHR DER STADT FRANKFURT AM MAIN (Hrsg.): Wege zur neuen Stadt. Band 3. Frankfurt a.M.

STÖBER, G. (1964b): Struktur und Funktion der Frankfurter City. Eine ökonomische Analyse der Stadtmitte. In: DEZERNAT PLANUNG UND BAU u. DEZERNAT STADTWERKE UND VERKEHR DER STADT FRANKFURT AM MAIN (Hrsg.): Wege zur neuen Stadt. Band 2. Frankfurt a.M.

WENTZ, M. (1991): Stadtplanung in Frankfurt. Wohnen, Arbeiten, Verkehr. Frankfurt a.M.

Quellen von Karten und Abbildungen

Abb. 1: Frankfurt am Main – Gebäudefunktionen der Innenstadt: Stadtvermessungsamt Frankfurt a.M., Geländeaufnahmen von J. Kirsch

Abb. 2: Frankfurt am Main – Bevölkerungsentwicklung in der City und im übrigen Stadtgebiet 1871-2000: Autorenvorlage nach Amt für Statistik und Wahlen der Stadt Frankfurt.

Abb. 3: Frankfurt am Main – Wohn- und Erwerbsfunktionen der Stadtbezirke: Arbeitsstättenzählung 1987. Autorenvorlage.

Abb. 4: Frankfurt am Main – Veränderungen im zentralen Bereich – Bebauungsstrukturen 1943 und 1996: Schwarzpläne der Stadt Frankfurt a.M.

Abb. 5: Anteil der Beschäftigten 1987: Arbeitsstättenzählung 1987.

Abb. 6: Spitzenmieten in Bürolagen 1988-2000: Autorenvorlage nach H. Stolzmann, Helaba, Frankfurt

Abb. 7: Bürospitzenmieten 1980-2000: Autorenvorlage nach Jones Lang LaSalle, Aengeveld

Abb. 8: Frankfurt a.M. – Bürostadt Niederrad: Autorenvorlage

Abb. 9: Frankfurt a.M. – Mertonviertel – Bürobetriebe: Autorenvorlage.

Abb. 10: Gewerblicher Immobilienbestand der offenen Immobilienfonds Ende 2000: Autorenvorlage nach Rechenschaftsbericht der offenen Immobilienfonds, Jones Lang LaSalle Research 2000.

Abb. 11: Frankfurt am Main – Zentraler Hochhausbereich 2001: Stadt Frankfurt a.M., Amt für kommunale Gesamtentwicklung und Stadtplanung.

Abb. 12: Nutzfläche der fertiggestellten Büro- und Verwaltungsgebäude 1986-1999:
HESSISCHES STATISTISCHES LANDESAMT (1998). Wiesbaden. Eigene Recherche.

Abb. 13: Frankfurt am Main – Bodenpreise 2000:
Gutachterausschuss für Grundstückswerte Frankfurt am Main (2000), Stadt Frankfurt a.M., Stadtvermessungsamt

S. 140-141: Gentrifizierung

Autoren: Prof. Dr. Jürgen Friedrichs und Dr. Robert Kecskes, Forschungsinstitut für Soziologie der Universität zu Köln, Greinstr. 2, 50939 Köln

Kartographische Bearbeiter

Abb. 1: Konstr: J. Friedrichs, R. Kecskes; Red: S. Dutzmann; Bearb: S. Kanters

Abb. 2: Konstr: J. Friedrichs; Red: J. Friedrichs; Bearb: P. Mund

Abb. 3: Konstr: J. Friedrichs; Red: S.

Dutzmann; Bearb: P. Mund
Abb. 4: Konstr: M. Bontje, A. Müller; Red: K. Großer; Bearb: A. Müller, S. Kanters

Literatur

DANGSCHAT, J. S. (1988): Gentrification: Der Wandel innenstadtnaher Wohnviertel. In: FRIEDRICHS, J. (Hrsg.): Soziologische Stadtforschung. Opladen (= Kölner Zeitschrift für Soziologie und Sozialpsychologie. Sonderheft 29), S. 272-292.

DANGSCHAT, J. S. u. J. FRIEDRICHS (1988): Gentrification in Hamburg. Eine empirische Untersuchung des Wandels von 3 Wohnvierteln. Hamburg (= Veröffentlichungen der Gesellschaft für Sozialwissenschaftliche Stadtforschung (GSS). Band 8).

DEUTSCHER STÄDTETAG (Hrsg.) (1986): Die Innenstadt. Reihe E. Köln (= DST-Beiträge zur Stadtentwicklung und Umweltschutz. Heft 14).

FRIEDRICH, K. (2000): Gentrifizierung. Theoretische Ansätze und Anwendung auf Städte in den neuen Ländern. In: Geographische Rundschau. Heft 7/8, S. 34-39.

FRIEDRICHS, J. (2000): Gentrification. In: HÄUSSERMANN, H. (Hrsg.): Großstadt. Soziologische Stichworte. 2. Aufl. Opladen, S. 57-66.

GALE, D. E. (1979): Middle Class Resettlement in Older Urban Neighborhoods. In: Journal of American Planning Association. Band 45, S. 293-304.

GALE, D. E. (1980): Neighborhood Resettlement: Washington, D.C. In: LASKA, S. B. u. D. SPAIN (Hrsg.): Back to the City. Issues in Neighborhood Renovation. New York (= Pergamon policy studies on urban affairs), S. 95-115.

GÜTTER, R. u. W. KILLISCH (1992): Die Folgen der Umwandlung von Miet- in Eigentumswohnungen. In: Wohnungswirtschaft und Mietrecht. Heft 9, S. 455-458.

HAMNETT, C. (1991): The Blind Men and the Elephant: The Explanation of Gentrification. In: WEESEP, J. V. u. S. MUSTERD (Hrsg.): Urban Housing for the Better-Off. Gentrification in Europe. Utrecht, S. 30-51.

HARDT, C. (1996): Gentrification im Kölner Friesenviertel. Ein Beispiel für konzerngesteuerte Stadtplanung. In: FRIEDRICHS, J. u. R. KECSKES (Hrsg.): Gentrification. Theorie und Forschungsergebnisse. Opladen, S. 283-311.

HARTH, A., U. HERLYN u. G. SCHELLER (1996): Ostdeutsche Städte auf Gentrificationkurs? Empirische Befunde zur „gespaltenen" Gentrification in Magdeburg. In: FRIEDRICHS, J. u. R. KECSKES (Hrsg.), S. 167-191.

HUDSON, J. R. (1980): Revitalization of Inner-City Neighborhoods. An Ecological Approach. In: Urban Affairs Quarterly. Band 15, S. 397-408.

KECSKES, R. (1997): Das Individuum und der Wandel städtischer Wohnviertel. Eine handlungstheoretische Erklärung von Aufwertungsprozessen. Pfaffenweiler (= Soziologische Studien. Band 22).

KILLISCH, W., R. GÜTTER u. M. RUF (1990): Bestimmungsfaktoren, Wirkungszusammenhänge und Folgen der Umwandlung von Miet- in Eigentumswohnungen. In: BLASIUS, J. u. J. S. DANGSCHAT (Hrsg.): Gentrification. Die Aufwertung innenstadtnaher Wohnviertel. Frankfurt a.M., New York (= Beiträge zur empirischen Sozialforschung), S. 325-352.

KREIBICH, V. (1990): Die Gefährdung preisgünstigen Wohnraums durch wohnungspolitische Rahmenbedingungen. In: BLASIUS, J. u. J. S. DANGSCHAT (Hrsg.), S. 51-68.

KRONAWITTER, G. (1994): Wohnen und Mieten in München. In: KRONAWITTER, G. (Hrsg.): Rettet unsere Städte jetzt! Das Manifest der Oberbürgermeister. 2. Aufl. Düsseldorf, S. 107-128.

LEY, D. (1980): Liberal Ideology and the Postindustrial City. In: Annals of the Association of American Geographers. Nr. 2, S. 238-258.

LEY, D. (1981): Inner-City Revitalization in Canada: A Vancouver Case Study. In: Canadian Geographer. Band 25, S. 124-148.

LEY, D. (1986): Alternative Explanations for Inner-City Gentrification: A Canadian Assessment. In: Annals of the Association of American Geographers. Nr. 4, S. 521-535.

MARCUSE, P. (1986): Abandonment, Gentrification, and Displacement: The Linkages in New York City. In: SMITH, N. u. P. WILLIAMS (Hrsg.): Gentrification of the City. Boston, S. 153-177.

SMITH, N. (1979): Toward a Theory of Gentrification. A Back to the City Movement by Capital not People. In: Journal of the American Planners Association. Band 45, S. 538-548.

SMITH, N. (1985): Gentrification and Capital: Practice and Ideology in Society Hill. In: Antipode. Band 17. Sonderdruck, S. 163-173.

SMITH, N. (1987): Gentrification and the Rent Gap. In: Annals of the Association of the American Geographer. Nr. 3, S. 462-465.

SMITH, N. (1991): On Gaps in Our Knowledge of Gentrification. In: WEESEP, J. v. u. S. MUSTERD (Hrsg.): Urban Housing for the Better-Off. Gentrification in Europe. Utrecht, S. 52-62.

ZUKIN, S. (1987): Gentrification: Culture and Capital in the Urban Core. In: Annual Review of Sociology. Band 13, S. 129-147.

Quellen von Karten und Abbildungen

Abb. 1: Köln – Altbauten und Veränderung der Ausländeranteile 1998: Amt für Stadtentwicklung und Statistik. Die Kölner Stadtteile im Internet: online im Internet unter: http://www.koelnbrueck.de/service/stadtteile.htm

Abb. 2: Der doppelte Invasions-Sukzessions-Zyklus: DANGSCHAT, J. S. (1988), S. 281. Eigene Darstellung.

Abb. 3: Entwicklung der Haushaltstypen 1980-1996: ALLBUS (Allgemeine Bevölkerungsumfragen der Sozialwissenschaften) 1980-1996. Eigene Berechnungen.

Abb. 4: Berlin-Ost – Gebäudenutzung im Sanierungsgebiet Kollwitzplatz 1992 und 1995: Stadt Berlin (1992): Sanierungsgebiet Kollwitzplatz. Thematische Karte 1:4000. Erhebungen M. Bontje.

S. 142-143: Innerstädtische Segregation in deutschen Großstädten

Autor: Prof. Dr. Günther Glebe, Geographisches Institut der Heinrich-Heine-Universität Düsseldorf, Universitätsstr. 1, 40225 Düsseldorf

Kartographische Bearbeiter

Abb. 1, 2, 3, 4, 5: Konstr: C. Dehling; Red: K. Großer; Bearb: R. Richter

Literatur

DANGSCHAT, J. S. (1997): Armut und sozialräumliche Ausgrenzung in den Städten der Bundesrepublik Deutschland. In: FRIEDRICHS, J. (Hrsg.): Die Städte in den 90er Jahren. Demographische, ökonomische und soziale Entwicklungen. Opladen, S. 167-212.

FARWICK, A. (1999): Segregierte Armut in der Stadt – das Beispiel Bielefeld. Ursachen und soziale Folgen der räumlichen Konzentration von Sozialhilfeempfängern in benachteiligten Gebieten der Stadt Bielefeld. Bremen (= Zentrale Wissenschaftliche Einrichtung „Arbeit und Region" an der Universität Bremen: Arbeitspapiere. Nr. 33).

GLEBE, G. (1997a): Housing an Segregation of Turks in Germany. In: ÖZÜEKREN, O. u. R. VAN KEMPEN (Hrsg.): Turks in European Cities: Housing and Urban Segregation. Utrecht, S. 122-157.

GLEBE, G. (1997b): Urban Economic Restructuring and Ethnic Segregation in Düsseldorf. In: TESG-Tijdscrift voor economische en sociale geografie (TESG). Nr. 2, S. 147-157.

GLEBE, G. (1998) Struktur und Segregation statushoher qualifizierter Migranten in Deutschen Großstädten. In: KEMPER, F.-J. u. P. GANS (Hrsg.): Ethnische Minoritäten in Europa und Amerika. Berlin (= Berliner Geographische Arbeiten. Heft 86), S. 17-32.

HARTH, A. (1997): Soziale Ausdifferenzierung und räumliche Segregation in den Städten der neuen Bundesländer. Allgemeine Befunde und eine Fallstudie aus Halle/Saale. In: SCHÄFER, U. (Hrsg.): Städtische Strukturen im Wandel. Opladen (= Beiträge zu den Berichten der Kommission für die Erforschung des Sozialen und Politischen Wandels in den Neuen Bundesländern e.V.: Beiträge zum Bericht 5 Städte und Regionen, räumliche Folgen des Transformationsprozesses. Band 2), S. 251-365.

HARTH, A., U. HERLYN u. G. SCHELLER (1998): Segregation in ostdeutschen Städten. Opladen.

KLAGGE, B. (1999): Armut in den Städten der Bundesrepublik – Ausmaß, Strukturen und räumliche Ausprägungen. Endbericht des DFG-Forschungsprojektes Ta 49/11-1. Hamburg.

LICHTENBERGER, E. (1998): Segregationsprozesse als räumliches Organisationsprinzip der städtischen Gesellschaft. In: LICHTENBERGER, E. (Hrsg.): Stadtgeographie. Band 1: Begriffe, Konzepte, Modelle, Prozesse. 3. neubearb. u. erweit. Aufl. Stuttgart (= Teubner Studienbücher der Geographie), S. 239-272.

Quellen von Karten und Abbildungen

Abb. 1: Düsseldorf – Sozialhilfeempfänger und Alleinerziehende 1999: Stadt Düsseldorf, Amt für Statistik und Wahlen. Eigene Berechnungen.

Abb. 2: Düsseldorf – Nationalitäten ehemaliger Anwerbeländer und Japaner 1999: Stadt Düsseldorf, Amt für Statistik und Wahlen.

Abb. 3: Duisburg – Türken und Griechen 2000: Stadt Duisburg, Statistisches Amt.

Abb. 4: München – Ausgewählte Altersgruppen und Einpersonenhaushalte 1999: Stadt München, Statistisches Amt.

Abb. 5: München – Türken, Griechen, US-Amerikaner und Briten1999: Stadt München, Statistisches Amt.

S. 144-147: Einkaufszentren – Konkurrenz für die Innenstädte

Autoren: Dr. Ulrike Gerhard, Institut für Geographie der Bayerischen Julius-Maximilians-Universität Würzburg, Am Hubland, 97074 Würzburg

PD Dr. Ulrich Jürgens, Geographisches Institut der Christian-Albrechts-Universität zu Kiel, Ludewig-Meyn-Str. 14, 24098 Kiel

Kartographische Bearbeiter

Abb. 1, 2, 3, 6: Red: K. Großer; Bearb: R. Bräuer

Abb. 4: Konstr: J. Blauhut; Red: K. Großer; Bearb: J. Blauhut, R. Richter

Abb. 5, 7: Konstr: U. Gerhard, U. Jürgens; Red: W. Kraus; Bearb: R. Bräuer, M. Schmiedel

Abb. 8: Konstr: U. Gerhard, U. Jürgens; Red: W. Kraus; Bearb: S. Kanters

Literatur

BAG (Bundesarbeitsgemeinschaft der Mittel- und Großbetriebe für den Einzelhandel) (1996): Untersuchung Kundenverkehr 1996. Kurzfassung der Ergebnisse Düsseldorf. Köln.

CRAWFORD, M. (1995): Die Welt der Malls. In: Werk, Bauen + Wohnen. Heft 4, S. 40-48.

DHI (DEUTSCHES HANDELSINSTITUT) (Hrsg.) (1991): Shopping-Center-Report. Köln.

EHI (EURO-HANDELSINSTITUT E.V.) (Hrsg.) (2000): Shopping-Center-Report 2000. Hauptband. Innenstadt – Stadtteil – grüne Wiese. Köln (= EHI-Fachdokumentation).

GWH DR. LADEMANN & PARTNER (2000a): Moderiertes Einzelhandelsentwicklungskonzept für die Landeshauptstadt Düsseldorf. Hamburg.

GWH DR. LADEMANN & PARTNER (2000b): Interkommunales Einzelhandelskonzept für den Kreis Mettmann. CD-Rom-Version. Hamburg.

HEINEBERG, H. u. A. MAYR (1988): Neue Standortgemeinschaften des großflächigen Einzelhandels im polyzentrisch strukturierten Ruhrgebiet. In: Geographische Rundschau. Heft 7/8, S. 28-38.

INDUSTRIE- UND HANDELSKAMMER DÜSSELDORF (1999): IHK Spezial. Großflächiger Einzelhandel und Fachmärkte im IHK-Bezirk Düsseldorf. Düsseldorf.

INSTITUT FÜR GEWERBEZENTREN (Hrsg.) (2000): Shopping-Center-Report. Starnberg.

INSTITUT FÜR HANDELSFORSCHUNG AN DER UNIVERSITÄT KÖLN (1995): Katalog E – Begriffsdefinitionen aus der Handels- und Absatzwirtschaft. Köln.

JÜRGENS, U. (1995): Großflächiger Einzelhandel in den neuen Bundesländern und seine Auswirkungen auf die Lebensfähigkeit der Innenstädte. In: Petermanns Geographische Mitteilungen. Heft 3, S. 131-142.

JÜRGENS, U. (1998): Einzelhandel in den Neuen Bundesländern. Die Konkurrenzsituation zwischen Innenstadt und „Grüner Wiese", dargestellt anhand der Entwicklungen in Leipzig, Rostock und Cottbus. Kiel (= Kieler Geographische Schriften. Band 98).

LANDESHAUPTSTADT DÜSSELDORF (1978): Konzept räumlicher Ordnung. Düsseldorfer Zentrenkonzept. Düsseldorf.

LANDESHAUPTSTADT DÜSSELDORF (1995): Fachmärkte in Düsseldorf. Rahmenkonzept zur Beurteilung von Ansiedlungsvorhaben. Düsseldorf.

MAYR, A. (1980): Entwicklung, Struktur und planungsrechtliche Problematik von Shopping-Centern in der Bundesrepublik Deutschland. In: HEINEBERG, H. (Hrsg.): Einkaufszentren in Deutschland. Entwicklung, Forschungsstand und Probleme. Paderborn (= Münstersche Geographische Arbeiten. Heft 5), S. 9-46.

WESTDEUTSCHE IMMOBILIENBANK (Hrsg.) (2000): Einzelhandel in Europa 2000. Mainz.

Quellen von Karten und Abbildungen

Abb. 1: Fläche in Einkaufszentren pro 1000 Einwohner 2000: BBE Data Kompakt Nr. 275 vom 06.07.2000 nach Healey & Baker Research.

Abb. 2: Gesamtfläche und Pro-Kopf-Fläche von Einkaufszentren 2000: WESTDEUTSCHE IMMOBILIEN BANK (Hrsg.) (2000): Einzelhandel in Europa (Marktbericht X). Mainz.

Abb. 3: Verkaufsfläche in großen Einkaufs-

zentren je 1000 Einwohner 1998/99: GWH Dr. Lademann & Partner (2000).
Abb. 4: Einkaufszentren 1999: EHI (Hrsg.) (2000).
Abb. 5: Rostock und Umgebung - Einkaufszentren 2000: Amt für Raumordnung und Landesplanung Mittleres Mecklenburg/Rostock. Stand August (2000).
Abb. 6: Branchenstruktur der Einkaufszentren 2000: EHI (2000), Falk (2000). Eigene Erhebungen Gerhard (2000).
Abb. 7: Düsseldorf und Umgebung - Einkaufszentren 2000: Eigene Erhebung.
Abb. 8: Grundrissplan der Schadow Arkaden: Management Schadow Arkaden (2000). Eigene Erhebungen U. Gerhard.

Bildnachweis
S. 144: Lifestyle – Kaufhaus Sevens in Düsseldorf: copyright Sevens Management
S. 146: Straßenszene in Rostock (1998): copyright U. Jürgens
S. 147: Portcenter in Rostock (1998): copyright U. Jürgens

Gesprächspartner und unveröffentlichte Unterlagen
Frau Berger, Projektentwicklung DeTeImmobilien und Service GmbH
Herr Feit, Centermanagement Schadow Arkaden Betriebsgesellschaft m.b.H.
Frau Helleckes, Centerverwaltung Kö Galerie City Center GmbH
Herr Henke, Geschäftsführender Gesellschafter Portcenter
Frau Lessnau-Eick, Planungsamt Düsseldorf
Herr Trompeter, Einzelhandelsverband Düsseldorf

S. 148-151: Stadttypen, Mobilitätsleitbilder und Stadtverkehr

Autor: Prof. Dr. Andreas Kagermeier, Fachbereich 1 – Geographie der Universität-Gesamthochschule Paderborn, Warburger Straße 100, 33095 Paderborn

Kartographische Bearbeiter
Abb. 1, 2, 3, 5, 6, 7, 8: Konstr: A. Kagermeier; Red: K. Großer; Bearb: R. Richter
Abb. 4: Konstr: A. Kagermeier, J. Blauhut; Red: K. Großer; Bearb: J. Blauhut, S. Kanters
Abb. 9: Konstr: A. Kagermeier; Red: K. Großer; A. Kagermeier, P. Mund

Literatur
GÖDERITZ, J., R. RAINER u. H. HOFFMANN (1957): Die gegliederte und aufgelockerte Stadt. Tübingen (= Archiv für Städtebau und Landesplanung. Heft 4).
HILLEBRECHT, R. (1962): Städtebau und Stadtentwicklung. In: Archiv für Kommunalwissenschaften. Heft 1, S. 41-64.
HOWARD, E. (1960): Garden cities of tomorrow. Nachdruck d. Ausgabe v. 1902. London.
LEHNER, F. (1966): Wechselbeziehungen zwischen Städtebau und Nahverkehr. Bielefeld (= Schriftenreihe Verkehr und Technik. Heft 29).
STADT MÜNSTER, STADTPLANUNGSAMT (Hrsg.) (1995): Zeitbudget und Verkehrsteilnahme. Haushaltsbefragung Münster 1994. Münster (= Beiträge zur Stadtforschung, Stadtentwicklung, Stadtplanung. Nr. 3).

Quellen von Karten und Abbildungen
Abb. 1: Wachstum und Verkehrserschließung der Stadt 1650-2000: nach LEHNER, F. (1966).
Abb. 2: Radialstruktur einer idealtypischen Gartenstadt (Schema): Autorenentwurf nach HOWARD, E. (1960), S.53ff.
Abb. 3: Strukturmodell einer Stadtregion mit Gartenstädten: Autorenentwurf nach HOWARD, E. (1960), S.143.
Abb. 4: Pkw-Besatz und Siedlungsdichte 2000: BBR (Hrsg.) (2001): INKAR. Indikatoren und Karten zur Raumentwicklung (CD-ROM). Bonn.
Abb. 5: Schema einer Stadtregion: nach HILLEBRECHT, R. (1962).
Abb. 6: Struktur einer gegliederten und aufgelockerten Stadt: nach GÖDERITZ, J., R. RAINER u. H. HOFFMANN (1957).
Abb. 7: Münster – Verkehrsmittelwahl 1995 nach Wohnstandorten: Stadt Münster, Stadtplanungsamt (Hrsg.) (1995), S.81ff.
Abb. 8: Münster – Verkehrsmittelwahl 1995 nach Entfernungsklassen: Stadt Münster (1995), S.81ff.
Abb. 9: Südbayern – Jährliche Bevölkerungsveränderung 1961-70 und 1992-1997: Bayerisches Statistisches Landesamt.

Bildnachweis
S. 148: copyright S. Tschaschel

S. 152-153: Leitlinien der Stadtentwicklung – die Beispiele Frankfurt und Leipzig

Autor: Prof. Dr. Johann Jessen, Städtebau-Institut der Universität Stuttgart, Keplerstr. 11, 10174 Stuttgart

Kartographische Bearbeiter
Abb. 1: Konstr: J. Jessen; Red: S. Dutzmann; Bearb: S. Kanters
Abb. 2: Konstr: Stadtplanungsamt Leipzig; Red: S. Dutzmann; Bearb: S. Dutzmann
Abb. 3: Konstr: Magistrat der Stadt Frankfurt a.M.; Red: S. Dutzmann; Bearb: S. Dutzmann

Literatur
BBR (Hrsg.) (1999): Aktuelle Daten zur Entwicklung der Städte, Kreise und Gemeinden. Ausgabe 1999. Bonn (= Berichte. Band 3).
BECKER, H., J. JESSEN u. R. SANDER (Hrsg.) (1998): Ohne Leitbild? Städtebau in Deutschland und Europa. Stuttgart, Zürich.
Entwicklung des Stadtraums Main. Abschlußbericht des Consiliums 1990-1992. Auftraggeber Stadt Frankfurt, Dezernat Planung (1992). Frankfurt.
JUCKEL, L. u. D. PRAECKEL (Hrsg.) (1996): Stadtgestalt Frankfurt: Speers Beiträge zur Stadtentwicklung 1964-1995. Stuttgart.
LÜTKE DALDRUP, E. (1999): Stadtentwicklung im Zeitraffer. In: LÜTKE DALDRUP, E. (Hrsg.): Leipzig: Bauten 1989-1999. Basel, Berlin, Boston, S. 9-16.
MAGFFM (MAGISTRAT DER STADT FRANKFURT, AMT FÜR KOMMUNALE GESAMTENTWICKLUNG UND STADTPLANUNG, DEZERNAT PLANUNG, Hrsg.) (1995): Bericht zur Stadtentwicklung Frankfurt am Main 1995. Ausgangssituationen, Entwicklungschancen und -risiken, Konzepte und Maßnahmen räumlicher Frankfurter Stadtentwicklungsplanung. Frankfurt a.M.
MÜLLER-RAEMISCH, H.-R. (1998): Frankfurt am Main: Stadtentwicklung und Planungsgeschichte seit 1945. Frankfurt a.M., New York.
STADT LEIPZIG (Hrsg.) (1994): Flächennutzungsplan 1994. Leipzig.
STADT LEIPZIG (Hrsg.) (1997): Gestaltungskonzept für den öffentlichen Raum der Innenstadt. Leipzig (= Beiträge zur Stadtentwicklung. Nr. 14).
STADT LEIPZIG (Hrsg.) (2000a): Stadtentwicklungsplan Zentren. Leipzig (= Beiträge zur Stadtentwicklung. Nr. 28).
STADT LEIPZIG (Hrsg.) (2000b): Stadtentwicklungsplan Wohnungsbau und Stadterneuerung. Leipzig (= Beiträge zur Stadtentwicklung. Nr. 30).
STADT LEIPZIG, DEZERNAT FÜR PLANUNG UND BAU (Hrsg.) (2000): Gesamtprogramm Neue Gründerzeit. Leipzig.
WENTZ, M. (Hrsg.) (1996): Stadt-Entwicklung. Frankfurt a.M., New York (= Die Zukunft des Städtischen. Band 9).
WENTZ, M. (1996): Strategien und Rahmenbedingungen von Stadtentwicklung. In: WENTZ, M. (Hrsg.): Stadt-Entwicklung. Frankfurt a.M., New York (= Die Zukunft des Städtischen. Band 9), S. 12-20.

Quellen von Karten und Abbildungen
Abb. 1: Frankfurt a.M. und Leipzig – Strukturdaten Ende der 1990er Jahre: BBR (Hrsg.) (1999).
Abb. 2: Leipzig – Stadtentwicklungsplan Wohnungsbau und Stadterneuerung 2000: Stadt Leipzig (Hrsg.) (2000b), S. 78/79.
Abb. 3: Frankfurt am Main – Entwicklungsvorhaben in der Innenstadt 1995: MAGFFM (1995), S. 17.

Bildnachweis
S. 152: copyright C. Langhagen-Rohrbach
S. 152: copyright H. Morgenstern

S. 154-155: Moscheen als stadtbildprägende Elemente

Autor: Dipl.-Geogr. Thomas Schmitt, Zukunftswerkstatt Saar e.V., Lindenstr. 13, 66763 Dillingen/Saar

Kartographische Bearbeiter
Abb. 1: Konstr: T. Schmitt; Red: B. Hantzsch, W. Kraus; Bearb: R. Bräuer
Abb. 2: Konstr: M. Erkal; Red: B. Hantzsch; Bearb: S. Kanters
Abb. 3: Konstr: T. Schmitt; Red: B. Hantzsch; Bearb: S. Kanters

Literatur
ABDULLAH, M. S. (1981): Geschichte des Islams in Deutschland. Graz, Wien, Köln (= Islam und westliche Welt. Band 5).
DEUTSCHER BUNDESTAG (Hrsg.) (2000): Islam in Deutschland. Antwort der Bundesregierung auf die Große Anfrage der Abgeordneten Dr. Jürgen Rüttgers, Erwin Marschewski (Recklinghausen), Wolf Zeitlmann, weiterer Abgeordneter und der Fraktion der CDU/CSU – Drucksache 14/2301 –. Berlin (= Bundestags-Drucksache 14/4530 vom 08.11.2000).
FRISHMAN, M. u. H.-U. KHAN (Hrsg.) (1995): Die Moscheen der Welt. Frankfurt a.M.
JONKER, G. u. A. KAPPHAN (Hrsg.) (1999): Moscheen und islamisches Leben in Berlin. Berlin (= Die Ausländerbeauftragte des Senats: Miteinander leben in Berlin).
KRAFT, S. (2000): Neue Sakralarchitektur des Islams in Deutschland. Eine Untersuchung islamischer Gotteshäuser in der Diaspora anhand ausgewählter Moscheeneubauten. Dissertation. Universität Marburg. Marburg.
PEDERSEN, J. (1991): Masdjid (I A-G). In: The Encyclopedia of Islam. Band 6. New Edition. Leiden, S. 644-677.
SCHMITT, T. (2001): Moscheen in Deutschland. Konflikte um ihre Errichtung und Nutzung. Unveröff. Dissertation. Technische Universität München. München.
SPULER-STEGEMANN, U. (1998): Muslime in Deutschland. Nebeneinander oder miteinander? Freiburg i.Br., Basel, Wien (= Herder-Spektrum. Band 4419).
VOLKSHOCHSCHULE DUISBURG (Hrsg.) (1999): Informationsblatt zur Foto-Ausstellung „Moscheen in Deutschland". Bearbeitet von Metin Ilhan und Wolfgang Esch. Duisburg.

Quellen von Karten und Abbildungen
Abb. 1: Duisburg – Moscheen und Ausländer 2000: STADT DUISBURG u. ARBEITERWOHLFAHRT DUISBURG (Hrsg.) (1997): Islam in Duisburg. Duisburg. Stadt Duisburg, Vermessungs- und Katasteramt. Stadt Duisburg: Angaben zu Ausländeranteilen (Stand: Mai 2000). Eigene Erhebungen (Stand: September 1999).
Abb. 2: Schnittdarstellung einer Moschee: Autorenvorlage.
Abb. 3: Sichtbare Moscheen 2000: VOLKSHOCHSCHULE DUISBURG (Hrsg.) (1999). Eigene Erhebungen (Stand: Dezember 2000).

Bildnachweis
S. 154: copyright T. Schmitt

Anmerkung zu Abb. 3
Kleinere Minarette wurden in der Karte nur teilweise berücksichtigt.

Danksagung
Für Informationen dankt der Autor zahlreichen Mitarbeitern von Behörden und islamischen Organisationen.

S. 156-159: Landeshauptstädte

Autorin: Cornelia Gotterbarm, M.A., Kulturgeographie im Fachbereich III der Universität Lüneburg, Scharnhorststr. 1, 21335 Lüneburg

Kartographische Bearbeiter
Abb. 1: Konstr: C. Gotterbarm; Red: W. Kraus, A. Müller; Bearb: K. Baum, A. Müller
Abb. 2: Konstr: Atlasredaktion; Red: K. Großer; Bearb: S. Kanters
Abb. 3: Konstr: C. Gotterbarm, Atlasredaktion; Red: K. Großer; Bearb: R. Richter
Abb. 4, 5, 6, 8: Konstr: C. Gotterbarm; Red: W. Kraus; Bearb: K. Baum
Abb. 7: Konstr: C. Gotterbarm; Red: W. Kraus; Bearb: M. Schmiedel

Literatur
BAUER, R. u. E. PIPER (1996): München – Geschichte einer Stadt. München.
BAUMUNK, B.-M. u. G. BRUNN (Hrsg.) (1989): Hauptstadt. Zentren, Residenzen, Metropolen in der deutschen Geschichte. Eine Ausstellung in Bonn, Kunsthalle am August-Macke-Platz, 19. Mai bis 20. August 1989. Köln.
BAYERISCHES STAATSMINISTERIUM FÜR LANDESENTWICKLUNG UND UMWELTFRAGEN (Hrsg.) (1999): Verwaltungsatlas Bayern. Atlas der Verwaltungs-, Planungs- und anderer Zuständigkeitsbereiche. München.
BLANK, B. (1995): Die westdeutschen Länder und die Entstehung der Bundesrepublik. Zur Auseinandersetzung um die Frankfurter Dokumente vom Juli 1948. München (= Studien zur Zeitgeschichte. Band 44).
BRUNN, G. (1989): München – Die Hauptstadt der Kunst. In: BAUMUNK, B.- M. u. G. BRUNN (Hrsg.) (1989): Hauptstadt: Zentren, Residenzen, Metropolen in der deutschen Geschichte. Eine Ausstellung in Bonn, Kunsthalle am August-Macke-Platz. 19. Mai bis 20. August 1989. Köln, S. 315-319.
DÜSSELDORF, PRESSEAMT DER LANDESHAUPTSTADT (Hrsg.) (1999): Düsseldorf – die junge NRW-Landeshauptstadt. Düsseldorf.
DÜWELL, K. (1996): Hauptstadt und Hauptstädte. In: DEUTSCHES INSTITUT FÜR URBANISTIK (Hrsg.): Hauptstadt und Hauptstädte. Berlin (= Informationen zur modernen Stadtgeschichte. Heft 2), S. 3-6.
ERFURT, THÜRINGER LANDTAG (Hrsg.) (1992): 175 Jahre Parlamentarismus in Thüringen (1817-1992). Jena (= Schriften zur Geschichte des Parlamentarismus in Thüringen. Heft 1).
FÖRST, W. (Hrsg.) (1989): Die Länder und der Bund. Beiträge zur Entstehung der Bundesrepublik Deutschland. Essen.
GELBERG, K.-U. (1995): Bayerischer Land-

tag und Föderalismus in Deutschland nach 1945. In: ZIEGLER, W. (Hrsg.) (1995): Der Bayerische Landtag vom Spätmittelalter bis zur Gegenwart. Probleme und Desiderate historischer Forschung. Kolloquium des Instituts für Bayerische Geschichte am 20. Januar 1995 im Maximilianeum in München. München (= Beiträge zum Parlamentarismus. Band 8), S. 185-204.
HARTMANN, J. (Hrsg.) (1994): Handbuch der deutschen Bundesländer. 2. rev. u. aktual. Aufl. Frankfurt a.M., New York.
HEIDENREICH, B. (Hrsg.) (1998): Deutsche Hauptstädte – von Frankfurt nach Berlin. Wiesbaden.
KÖRNER, H.-M. u. K. Weigand (Hrsg.) (1995): Hauptstadt. Historische Perspektiven eines deutschen Themas. München.
LAUFER, H. u. U. MÜNCH (1997): Das föderative System der Bundesrepublik Deutschland. Bonn.
POTSDAM, LANDESHAUPTSTADT (Hrsg.) (2000): Die Landeshauptstädte der Bundesrepublik Deutschland im statistischen Vergleich 1999. Potsdam.
SCHLÖGL, D. (1995): Stationen des Parlamentarismus in Bayern. Ein Überblick. In: ZIEGLER, W. (Hrsg.) (1995): Der Bayerische Landtag vom Spätmittelalter bis zur Gegenwart. Probleme und Desiderate historischer Forschung. Kolloquium des Instituts für Bayerische Geschichte am 20. Januar 1995 im Maximilianeum in München. München (= Beiträge zum Parlamentarismus. Band 8), S. 19-34.
SCHÖLLER, P. (1980a): Die Deutschen Städte. 2. Aufl. Wiesbaden (= Erdkundliches Wissen. Heft 17).
SCHÖLLER, P. (1980b): The Federal System - Development and Problems of States and Capital. In: SCHÖLLER, P. , W. W. PULS u. H. J. BUCHHOLZ (Hrsg.) (1980): Federal Republic of Germany. Spatial Development and Problems. Paderborn (= Bochumer Geographische Arbeiten. Heft 38), S. 5-10.
SCHÖLLER, P. u.a. (Hrsg.) (1973): Bibliographie zur Stadtgeographie. Deutschsprachige Literatur 1952-1970. Paderborn (= Bochumer Geographische Arbeiten. Heft 14).
SCHÖLLER, P., H. H. BLOTEVOGEL, H. J. BUCHHOLZ (Hrsg.) (1980): Federal Republic of Germany. Spatial Development and Problems. Paderborn (= Bochumer Geographische Arbeiten. Heft 38).
SCHÜTZ, F. (1996): "Le siège de ce Land est fixé à Mayence" – Mainz auf dem Weg zur Hauptstadt des Landes Rheinland-Pfalz 1946-1950. Mainz.
SCHWERIN, LANDESHAUPTSTADT (Hrsg.) (o.J.): Landeshauptstadt Schwerin. Schwerin.
THEISSEN, A. (1989): Mainz – "Diadem des Reiches" In: BAUMUNK, B.-M. u. G. BRUNN (Hrsg.) (1989): Hauptstadt: Zentren, Residenzen, Metropolen in der deutschen Geschichte. Eine Ausstellung in Bonn, Kunsthalle am August-Macke-Platz, 19. Mai bis 20. August 1989. Köln, S.146-154.
ZIEGLER, W. (Hrsg.) (1995): Der Bayerische Landtag vom Spätmittelalter bis zur Gegenwart. Probleme und Desiderate historischer Forschung. Kolloquium des Instituts für Bayerische Geschichte am 20. Januar 1995 im Maximilianeum in München. München (= Beiträge zum Parlamentarismus. Band 8).

Quellen von Karten und Abbildungen
Abb. 1: Wahl der Landeshauptstädte: BUNDESZENTRALE FÜR POLITISCHE BILDUNG (Hrsg.) (1998): Deutsche Wappen und Flaggen. Bonn.
Abb. 2: Abweichung der Lage der Landeshauptstädte vom Landesmittelpunkt und vom Bevölkerungsschwerpunkt: Berechnungen der Atlasredaktion.
Abb. 3: Landeshauptstädte und Städte mit bedeutenden Landeseinrichtungen 2002: OECKL, A. (Hrsg.) (2001): Taschenbuch des öffentlichen Lebens. Deutschland 2001/2002. Bonn. DEUTSCHER STÄDTETAG (Hrsg.) (2000): Statistisches Jahrbuch Deutscher Gemeinden.
Abb. 4: München – Landeshauptstadt von Bayern: OECKL (2001). Eigene Recherche.
Abb. 5: Potsdam – Landeshauptstadt von Brandenburg: OECKL (2001). Eigene Recherche.
Abb. 6: Schwerin – Landeshauptstadt von Mecklenburg-Vorpommern: OECKL (2001). Eigene Recherche.
Abb. 7: Wiesbaden – Landeshauptstadt von Hessen: OECKL (2001). Eigene Recherche.
Abb. 8: Mainz – Landeshauptstadt von Rheinland-Pfalz: OECKL (2001). Eigene Recherche.

Bildnachweis
S. 157: Landtag von Rheinland-Pfalz: copyright Klaus Benz; Landtag des Saarlands: Presseagentur Becker 6 Bredel Fotografen GbR; Landtag von Brandenburg: Dietmar Horn; Abgeordnetenhaus von Berlin: Presse- und Informationsamt des Landes Berlin/Thie; Landtag von Mecklenburg-Vorpommern: Landeshauptstadt Schwerin; Bürgerschaft der Freien und Hansestadt Hamburg: Michael Zapf Pressefotografie; sowie die Landtage/Bürgerschaften der jeweiligen Länder.

S. 160-163: Berlin – von der geteilten Stadt zur Bundeshauptstadt
Autorin: Prof. Dr. Bärbel Leupolt, Institut für Geographie der Universität Hamburg, Bundesstr. 55, 20146 Hamburg

Kartographische Bearbeiter
Abb. 1: Red: A. Müller; Bearb: S. Dutzmann, A. Müller
Abb. 2: Konstr: Senatsverwaltung für Stadtentwicklung; Red: W. Kraus, A. Müller; Bearb: A. Müller
Abb. 3: Konstr: Bien & Giersch, J. Rohland; Red: W. Kraus, A. Müller; Bearb: A. Müller
Abb. 4: Konstr: Bien & Giersch; Red: W. Kraus, A. Müller; Bearb: A. Müller

Literatur
BIEN & GIERSCH PROJEKTAGENTUR GMBH (Hrsg.) (2000): Luftbildplan Berlin. Berlin.
LEUPOLT, B. (1998): Berlin und Berliner Umland. In: KULKE, E. (Hrsg.) (1998): Wirtschaftsgeographie Deutschlands. Gotha, Stuttgart, S.345-379.
PIB (PRESSE- UND INFORMATIONSAMT DER BUNDESREGIERUNG, Hrsg.) (1994a): Die Bundesregierung zieht um. Bonn, Berlin.
PIB (Hrsg.) (1994b): Dokumente zur Bundeshauptstadt Berlin. Berlin.
PILB (PRESSE- UND INFORMATIONSAMT DES LANDES BERLIN, Hrsg.) (1996): Die Mauer und ihr Fall. Berlin.
PILB (Hrsg.) (1997): Hauptstadt im Werden. Berlin.
PILB (Hrsg.) (1999): Berlin im Überblick. Berlin.
SCHERF, K. u. H. VIEHRIG (Hrsg.) (1995): Berlin und Brandenburg auf dem Weg in die gemeinsame Zukunft. Gotha.
SENATSVERWALTUNG FÜR BAU- UND WOHNUNGSWESEN (Hrsg.) (1995): Topographischer Atlas Berlin. Berlin.
SVSU (SENATSVERWALTUNG FÜR STADTENTWICKLUNG UND UMWELTSCHUTZ, Hrsg.) (1993): Räumliches Strukturkonzept. Grundlagen für die Flächennutzungsplanung. Berlin.
SENATSVERWALTUNG FÜR STADTENTWICKLUNG u. H. STIMMANN (Hrsg.) (2000): Berlin 1940-1953-1989-200-2010. Physiognomie einer Großstadt. Milano.
SÜSS, W. u. RYTLEWSKI, R. (Hrsg.) (1999): Berlin. Die Hauptstadt. Vergangenheit und Zukunft einer europäischen Metropole. Bonn.
SVSU (Hrsg.) (1994a): Flächennutzungsplan Berlin. Berlin.
SVSU (Hrsg.) (1994b): Projekte der räumlichen Planung in Berlin. Berlin.
SVS-ABT. III (SENATSVERWALTUNG FÜR STADTENTWICKLUNG, ABTEILUNG III - GEOINFORMATION UND VERMESSUNG, Hrsg.) (1998): Digitale Luftbilder Berlin – Bildflug1989. Münster.
SVS-ABT. III (Hrsg.) (2000): Standorte von Parlament und Regierung (Karte). Münster.
SVSUT (SENATSVERWALTUNG FÜR STADTENTWICKLUNG, UMWELTSCHUTZ UND TECHNOLOGIE, Hrsg.) (1999): Planwerk Innenstadt Berlin. Ergebnis, Prozeß, Sektorale Planungen und Werkstätten. Berlin.
SVSUT (Hrsg.) (versch. Jahrgänge): Städtebauliche Gutachten: – Umfeld Reichstag, Pariser Platz - Umfeld Reichstag, Luisenblöcke Städtebaulicher Wettbewerb: Potsdamer Platz/Leipziger Platz. Berlin.
STLA BE (Hrsg.) (1999): Die kleine Berlin-Statistik 1999. Berlin.
ZIMM, A. (Hrsg.) (1990): Berlin (Ost) und sein Umland. Darmstadt (= Ergänzungsheft zu Petermanns Geographische Mitteilungen. Nr. 286).

Quellen von Karten und Abbildungen
Abb. 1: Berlin 1945 und nach dem Bau der Mauer 1961: Autorenvorlage.
Abb. 2: Zerstörung, Teilung, Neugestaltung: Schwarzpläne copyright Senatsverwaltung für Stadtentwicklung, Bauen, Wohnen und Verkehr, Berlin.
Abb. 3: Berlin – Innerstädtische Peripherie 1989: SVSUT (1999), SÜß, W. u. RYTLEWSKI, R. (Hrsg.) (1999). SVS-ABT. III (1998). Luftbild Berlin copyright Bien&Giersch Projektagentur, Berlin.
Abb. 4: Berlin – Überwindung der innerstädtischen Peripherie 2000: SVSUT (1999), SVS-ABT. III (1998). SÜß, W. u. RYTLEWSKI, R. (Hrsg.) (1999). Luftbild Berlin copyright Bien&Giersch Projektagentur, Berlin.

Bildnachweis
S. 160: Blick auf den Potsdamer Platz: Presse- und Informationsamt des Landes Berlin/G. Schneider

S. 164-165: Kulturstadt Berlin
Autor: Prof. em. Dr. Ulrich Freitag, Institut für Geographische Wissenschaften der Freien Universität Berlin, Malteserstr. 74-100, 12249 Berlin

Kartographische Bearbeiter
Abb. 1: Konstr: U. Freitag; Red: W. Kraus, A. Müller; Bearb: A. Müller
Abb. 2: Konstr: U. Freitag; Red: W. Kraus; Bearb: A. Müller

Literatur
AUGSTEIN, R. (Hrsg.) (1999): Aufbruch zur Weltstadt – New Berlin. In: Der Spiegel Nr. 36, 6.9.99, S. 33-105.
FREITAG, U. (1995): Bildung und Kultur. In: SENATSVERWALTUNG FÜR BAU- UND WOHNUNGSWESEN BERLIN, ABTEILUNG VERMESSUNGSWESEN (Hrsg.): Topographischer Atlas Berlin. Berlin, S. 178-187.
JENA, H.-J. v. (1995): Kulturmetropole Berlin. In: SÜSS, W. (Hrsg.): Hauptstadt Berlin. Band 2: Berlin im vereinten Deutschland. Berlin, S. 563-584.
SIEBENHAAR, K. (1993): Kultur. In: PRESSE- UND INFORMATIONSAMT DES LANDES BERLIN (Hrsg.): Berlin Handbuch. Das Lexikon der Bundeshauptstadt. Berlin, S. 702-723.
tip MAGAZIN: Berlin-Magazin. Berlin.
zitty: Illustrierte Stadtzeitung. Berlin.

Quellen von Karten und Abbildungen
Abb. 1: Veranstaltungs- und Sammlungsorte 2001: Eigene Recherche.
Abb. 2: Besucherzahlen1998/99: STATISTISCHES LANDESAMT BERLIN (Hrsg.) (2000): Statistisches Jahrbuch 2000. Berlin.

Bildnachweis
S. 164: Charlottenburg; Gendarmenmarkt; Kulturforum; Reichstagsverhüllung: copyright U. Freitag

S. 166-167: Die Metropolregion Berlin-Brandenburg
Autoren: Dipl.-Ing. Wolf Beyer, Zentralabteilung: Referat Raumbeobachtung, Landesumweltamt Brandenburg, Breite Straße 7a, 14467 Potsdam
Dipl.-Ing. Stefan Krappweis und Dipl.-Ing. Jörg Räder, Gemeinsame Landesplanungsabteilung Berlin-Brandenburg im Ministerium für Landwirtschaft, Umweltschutz und Raumordnung des Landes Brandenburg, Lindenstraße 34a, 14467 Potsdam
Dipl.-Ing. Torsten Maciuga, Ministerium für Landwirtschaft, Umweltschutz und Raumordnung, Heinrich-Mann-Allee 103, 14473 Potsdam
Univ.-Prof. Dipl.-Ing. Manfred Sinz, Grundsatzabteilung A 3(B), Bundesministerium für Verkehr, Bau und Wohnungswesen, Krausenstr. 17-20, 10117 Berlin

Kartographische Bearbeiter
Abb. 1, 2: Konstr: B. Hurtz; Red: K. Großer; Bearb: J. Blauhut
Abb. 3, 4, 6: Konstr: B. Hurtz; Red: K. Großer; Bearb: R. Bräuer
Abb. 5: Konstr: B. Hurtz; Red: B. Hantzsch; Bearb: S. Dutzmann

Quellen von Karten und Abbildungen
Abb. 1: Berlin – Entwicklung der Siedlungsfläche und der Hauptverkehrswege: Gemeinsame Landesplanungsabteilung.
Abb. 2: Ausgewählte Kennziffern der Stadt-Umland-Entwicklung: Landesumweltamt Z9.
Abb. 3: Raumordnerisches Leitbild der dezentralen Konzentration: GEMEINSAME LANDESPLANUNG BERLIN-BRANDENBURG (Hrsg.) (1998): Raumordnungsbericht 1998. Berlin, S. 23.
Abb. 4: Siedlungsentwicklung und Freiraumschutz in den verschiedenen Gemeindetypen: GEMEINSAME LANDESPLANUNGSABTEILUNG DER LÄNDER BERLIN UND BRANDENBURG (Bearb. u. Red.) (1998): Gemeinsam planen für Berlin und Brandenburg. Gemeinsames Landesentwicklungsprogramm der Länder Berlin und Brandenburg. Gemeinsamer Landesentwicklungsplan für den engeren Verflechtungsraum Brandenburg-Berlin. 2. red. überarb. Aufl. Potsdam, S. 25.
Abb. 5: Potenzielle Siedlungsbereiche: GEMEINSAME LANDESPLANUNG BERLIN-BRANDENBURG (Hrsg.) (1998): Raumordnungsbericht 1998. Berlin, S. 33.
Abb. 6: Regionalparks gemäß LEPeV 1998: GEMEINSAME LANDESPLANUNG BERLIN-BRANDENBURG (Hrsg.) (2000): Regionalparks in Berlin und Brandenburg. Potsdam, S.14/15.

Sachregister

A

Absolutismus 16, 54
Abwanderung 22, 74, 76, 78
Abwanderungsgebiete 76
Ackerbürgerstädte 15, 22, 54
Agenda 21 114
Agglomerationen/Agglomerationsräume 12, 14, 17, 22, 30, 36, 37, 39, 44, 46, 66, 72, 79, 112, 124, 127, 128, 130f
Agrarwirtschaft 11, 22, 23, 48, 52, 68f, 74
Alleinerziehende 142
Alliierte Sektoren (Berlin) 160
Altbauten 17, 44, 46, 110
Altenheimplätze 79
ältere Menschen 78f
alternde Gesellschaft 78
Altersgruppen 28, 78f
Altersruhesitz 22
Altersruhesitzwanderer 74
Angerdorf 50, 51, 53
Arbeiterbewegung 27
Arbeiterstädte 109
Arbeiterwohnviertel 27, 110, 116, 142, 143
Arbeitsbedingungen 13, 18
Arbeitskräfte 64, 66f, 68, 70, 108f, 138, 166
Arbeitslosigkeit 13, 29, 70, 110, 127
Arbeitsmarkt 24, 26, 28, 29, 31, 70f, 112, 124, 142
Arbeitsmigranten (ausländische) 143
Arbeitspendler 70, 112
Arbeitsplätze 70f, 138
Armut 24, 46, 142
Arztdichte 72, 73
Aufenthaltsqualität 134
aufgelockerte Stadt 16, 133, 150
Auflösung der Länder (DDR) 32
Ausdünnung (Stadtstruktur) 153
Ausländer/innen 17, 28, 39, 120, 121, 140, 142, 143, 154
Außenwanderung 62
Ausstellungswesen 96
Autobahnnetz 42
autochthone Baustoffe 20
Autofahrer-Gesellschaft 136
autogerechte Stadt 88, 90, 116, 150
Autostadt 106

B

Backwash-Effekte 41, 42
Bäderorte 17, 98f
Badetourismus 98, 100
Ballungsräume 18, 32, 77, 144, 167
Bankenviertel 139
Bastion 86, 87
Bauernhäuser 48f, 50
bäuerliche Tradition 68
Baugesetzbuch 34, 114
Bauland 39, 44, 77, 166
Baulandpreise 39, 45, 166
Baulandreserven 44
Bauleitplanung 18, 20, 27, 139, 166
Baumaterial 20, 21
Baustile 20, 21, 48f
Bautradition (Bauernhäuser) 48
Bauwesen (DDR) 118
Bauwirtschaft 116
Beamtenstadt 54, 159
Beherbergungsgewerbe 77
Behördenstadt 64
benachteiligte Stadtquartiere 25, 117
Bergbaustädte 40, 82, 84, 108f
Berliner Mauer 160, 161
Berufspendler 22, 70, 112
Beschäftigte 64, 66f, 68, 70, 138
Beschäftigtenstruktur 138
Beschäftigungsentwicklung 64
Betriebsstillegungen 111
Bevölkerungsdichte 10, 14, 19, 27, 29, 78, 150
Bevölkerungsentwicklung 12, 17, 38, 51, 62f, 64, 68, 74,76, 78f, 108ff, 110, 124, 125, 125, 130, 137, 167
Bevölkerungsrückgang 15, 72, 124, 130f, 153, 159
Bevölkerungsstruktur 22, 78, 79, 120
Bewohnerstruktur 140
Bildung 92
Bildungswanderer 78
Binnengrenzen 32
Binnenwanderung 62
Bischofsstädte 17, 22, 102f
Blockentkernung 153
Bodenmanagement 115
Bodenpreise 44, 127, 138, 139
Bourgeoisie 27
Brachen 12, 111, 119, 153, 160, 162
Branchenstruktur (Einzelhandel) 146
Brauchtum 52
Bruttowertschöpfung 122
Bundesgartenschau (BUGA) 104
Bund-Länder-Programme 24, 25, 117
Bürgerbeteiligung 114, 115, 116
Bürgerinitiativen 32
bürgerliche Kultur 164
Bürgerstadt 86
Büromieten 139
Büroparks 138
Bürostädte 138
Business-Center 111
Busverkehr 74

C

Campingplätze 76
Charta von Aalborg 115
Charta von Athen 16, 148, 150
Chemiestädte 106
City 17, 36, 107, 132, 134, 136ff, 144, 146, 147, 160
Citymanagement 134
Containerhafen 95

D

Daseinsgrundfunktionen 15
DDR-Städtebau 12, 28, 90, 91, 106, 107
Deglomeration 12, 18
Degradierung 133
Deindustrialisierung 12, 29, 94, 66f, 110f, 128, 138
Dekonzentrationsprozess 12, 124
demographische Alterung 12, 78
demographische Rahmenbedingungen 124
demographische Segregation 142
demographische Wellen 130f
demographischer Schrumpfungsprozess 126
demographischer Wandel 24
Denkmalschutz 23, 85, 91, 116, 117, 118, 119, 137, 139
Desurbanisierung 15
deutsche Stadtkultur 21
dezentrale Entwicklung 156
dezentrale Konzentration 18, 32, 114, 166, 167
Dienstleistungsbeschäftigte 128, 129
Diözese 102, 103
Disparitäten 24, 30, 39, 70, 112f
disperse Siedlungsentwicklung 153
disperse Stadtstrukturen 114
Dispersion 39, 114, 153
Domstadt 102
Dorfentwicklung 50ff
Dörfer 22f, 48f, 50ff, 72, 74, 75, 109
Dorferneuerung 23
Dorfgemeinschaft 23, 75
dörflicher Lebensraum 52
Dreiseithöfe 48
Drogenmissbrauch 13, 24
Drubbel 50
durchmischte Stadt 152, 153
Durchschnittseinkommen 26

E

Eigenheime 17, 44, 127
Eigentümerhaushalte 47
Eigentumsverhältnisse (ungeklärte) 46
Eigentumswohnungen 44
Einfamilienhäuser 47, 60, 124, 127
Einfirsthof 48
Eingemeindungen 32, 62
Einhaus 48
Einkaufspassagen 132ff, 147
Einkaufszentren 111, 128, 133, 137, 144ff
Einkommensunterschiede 29
Einpersonenhaushalte 140, 142, 143
Einwanderung 109
Einwohner-Arbeitsplatz-Dichte 17, 120
Einzelhandel 15, 22, 34, 40, 58, 59, 72, 128, 129, 132ff, 136, 144ff, 153
Einzelhandelsbeschäftigte 128, 129
Einzelhändler 134
Einzelhöfe 50, 51
Einzugsbereiche 103, 146
endogene Potenziale 52
Entdichtung 28
Entertainment-Center 147
Entleerung (ländlicher Raum) 74f
Entmischung 114
Entwicklungsachsen 18, 34f, 128
Entwicklungsdynamik 31
Entwicklungsmaßnahmen 116ff
Entwicklungsphasen (Städte) 54, 82
Entwicklungszentren (regionale) 167
Erreichbarkeit 132, 134, 136
ethnische Heterogenität 29
ethnische Minderheiten 142, 143, 154, 155
ethnische Probleme 24
ethnische Viertel 143
europäische City 136
europäische Integration 40
europäische Metropolen 42, 166
europäische Raumentwicklung 166
europäische Raumordnung 42
European Metropolitan Regions 34
Exulanten 54, 57
Exulantenstädte 82

F

Fachhochschulen 92f
Fachmärkte 147
Fachwerk 20
Factory-Outlet-Center 144, 147
Fahrradverkehr 151
Fehnkolonien 51
Feriengebiete 44
Ferienwohnungen 48, 76
Festivalisierung 133
Festung 54
Festungsstädte 15, 82, 86
Finanzhilfen 25, 116
finanzielle Förderung 119
Finanzprobleme (Gemeinden) 112f
Finanzsituation (Kommunen) 28, 112f
Flächenexpansion 54
Flächeninanspruchnahme 122
Flächenintensität 122
Flächennutzung 10, 11, 108ff, 122f, 133
Flächennutzungsplan 152
Flächennutzungsstrukturen (Stadt) 122f
Flächenproduktivität 122, 123
Flächensanierung 116
Flächenverbrauch 114
Flächenversiegelung 122, 123
Flächenwachstum 12
Flüchtlinge 16, 57, 59, 110
Flughäfen 167
Flurbereinigung 23, 50
Flurformen 50
föderative Struktur 10, 17, 156
Fördergebiete 25, 31, 116ff
Fördermittel 25, 64, 116
Förderprogramme 25, 28, 116ff, 130f
Freilichtmuseen 48
Freiraum 122
Freiraumschutz 167
Freizeitangebote 100
Freizeiteinrichtungen 100, 111, 144
Freizeitmotive 76
Freizeitstadt 22
Freizeittätigkeiten 134
Freizeitunterkünfte 76, 77
Freizeitverhalten 15
Freizeitwohnen 76f
Fremdenverkehr 17, 21, 22, 40, 52, 56, 74, 76, 77, 87, 100f, 102, 111
Fremdenverkehrsintensität 76
Fremdenverkehrsort 87, 100
Fremdenverkehrsregionen 74
Fremdenverkehrsstädte 40
Frühmittelalter 102
frühneuzeitliche Stadttypen 82
funktionale Entmischung 114
funktionale Verflechtungen 40ff
Funktionsverluste 42, 64, 68
Fürstenstädte 82
Fußgängerbereiche/-zonen 17, 116, 132ff, 137
Fußgängerstadt 148

G

Garnisonsstädte 15, 22, 82, 104f, 159
Gartenstadt 16, 106, 148, 150
Gästeübernachtungen 64
Gastronomie 134, 134
Gebäudeverfall 147
Gebietskategorien 30f
Gebietskörperschaften 10, 33, 64f
Gebietsreformen 32, 64f
Geburtenentwicklung 26, 62, 72, 78
Gegenreformation 103
gegliederte Stadt 16, 150
Geldströme 40
Gemarkungsfläche 16
Gemeindegrößen 12, 18
Gemeindereformen 32f, 80
Gemeinschaftsaufgabe „Verbesserung der regionalen Wirtschaftsstruktur" 31
Gemeinschaftsinitiativen (Bund-Länder) 25, 117
generatives Verhalten 62
genetisch-historische Entwicklung 54ff
Gentrifizierung 12, 15, 17, 24, 59, 116, 133, 140f, 143
geographische Übersicht 10
geplante ländliche Siedlungen 51
Geschäftsreiseverkehr 100
Geschosswohnungsbau 46, 52
Gesellschaftsstruktur 142
geteilte Stadt 160ff
Gewaltverbrechen 13
Gewerbebrachen 44
Gewerbeflächenmangel 111
Gewerbegebiete 128, 138, 139
Gewerbesteueraufkommen 64
gewerblicher Immobilienbestand 139
Glaubensflüchtlinge 86, 87
gleichwertige Lebensverhältnisse 18, 34, 167
global player 106
globales Städtesystem 40
Globalisierung 14, 29, 36, 40
Grenzanlagen (Berlin) 160, 162
Grenzöffnung (Berlin) 160
Grenzregionen 40
Grenzübergangsstellen (Berlin) 160
großflächiger Einzelhandel 34, 111, 128, 133, 137, 147, 153, 144ff
Großgrundbesitz 51
Großhandel 42
Großlandschaften 10
Großstädte 28, 32, 62f, 82, 88, 130f, 136, 142f, 150
Großwohngebiete/-siedlungen 12, 24, 28, 54, 59, 94, 110, 116, 117, 118, 130f, 143
gründerzeitliche Quartiere 154
gründerzeitliche Stadterweiterungen 54, 148
Gründerzeitviertel 54, 110, 116, 148, 153
Grundherrschaft 102
Grundsätze des Städtebaus (DDR) 90
Gruppensiedlungen 50
Güterverkehr 75, 94
Gutsdörfer 50, 51, 52

H

Habitat Agenda 115
Hafenfunktionen 94f
Hafengebiete 94f
Hafenstädte 21, 40, 94f
Hagenhufendorf 51
Hakenhof 48
Handelsstädte 40, 87, 152
Handlsmetropolen 152
Hanse 94
Hansestädte 85
Haufendörfer 50, 51, 53
Haufenhöfe 48
Hauptstädte 15, 16, 92, 156, 160, 162, 166
Hausformen 48
Haushalte 28, 29, 47, 141, 142
Headquater 40, 41, 42
Heilbäder 98
heilklimatische Kurorte 57, 59, 99
Heimatbewusstsein 32
Heimatvertriebene 16
Herrschaftszentren 21
Hierarchieprofil 42
historische Binnengrenzen 32
historische Dorfformen 50ff
historische Stadtanlagen 148

historische Stadttypen 82ff
Hochgeschwindigkeits-Bahnlinien 42
Hochhausbebauung 136, 139
Hochmittelalter 16
Hochschulausgaben 92
Hochschulbeschäftigte 93
Hochschulstädte 92f
Hochschulstandorte 92f

I

Idealstadt 86
Identität 23, 24, 32, 52, 96, 132, 134, 160, 162, 163, 193
Immobilienfonds 139
Immobilien-Management 138
Immobilienmarkt 17, 44f
Individualität 26
Individualverkehr 22, 34
Industrialisierung 12, 15, 17, 18, 26, 27, 29, 36, 66f, 74, 80, 94, 118, 121, 164, 166
Industrie 40, 108ff, 128f
Industriebrachen 12, 111, 153
Industriedenkmäler 111
Industriedörfer 66, 109, 111
industrielle Kerne 66
industrielle Kulturlandschaft 108, 109
industrielle Planstädte 106
industrieller Strukturwandel 108ff
Industriestädte 40, 54, 58, 59, 66, 106f, 108ff
Informationsströme 40
Innenstadtbesucher 134
Innenstädte 14, 17, 24, 59, 88, 90, 91, 98, 100, 110, 118, 119, 128, 132ff, 136ff, 142f, 144, 147, 160ff
Innenstadtzerstörungen 88ff
innere Erreichbarkeit 132
innerstädtische Peripherie 160, 162
innerstädtische Segregation 142f
innerstädtische Strukturen 88ff, 132ff, 136ff, 140f, 142f, 144ff, 148ff, 152f, 154f, 160ff
integrierte Einkaufszentren 133, 144, 146
interkommunale Kooperationen 18, 167
internationale Messestädte 96f
internationale Verflechtungen 42
interregionale Wanderungen 124ff
intraregionaler Dekonzentrationsprozess 124
Islam 143, 154f

K

Kasernen 104
Kaufkraftabzug 136
Kaufmannsstädte 94, 102
Kern-Rand-Gefälle 120
Kern-Rand-Wanderungen 17
Kiezkultur 164
kinderlose Haushalte 126
Kirchenbauten 20
Kleinbürgerstadt 54
Kleinstaaterei 58
Kleinstädte 19, 21, 22, 58ff, 82, 88
kleinteilige Nutzungsmischung 153
Kleinzentren 18, 68, 72
Klimaschutz 114
Klostergründungen 102
Kneippheilbäder 99
Kokereistandorte 111
Kolonisationsstädte 82
kommunale Finanzen 111, 112f
kommunale Kompetenzen 32
kommunale Neugliederung 32f, 64f
kommunale Selbstverwaltung 18, 33
kommunale Zusammenarbeit 114
Kommunalplanung 136, 152f
Kommunalpolitik 27, 64, 136, 138, 152
Kommunikationskultur 114
kompakte Stadt 12, 124, 152, 153
Konsolidierungsprozess 110
Konversionsfolgen 104f
Krankenhausbettendichte 73
Krankenhausdichte 72
kreisfreie Städte 122f
Kreisgebietsreformen 22, 32f, 64f
Kreissitze 32f, 64f
Kreissitzverlust 64, 65
Kreisstädte 32f, 60, 64
Kreisverwaltungen 32, 33, 64, 65
Kriegszerstörungen 16, 27, 82, 88ff, 95, 110, 116, 132, 133, 136, 159, 160, 161, 166
Kriminalität 24
Kultur 92, 164f
Kultureinrichtungen 100, 11, 135, 164
Kulturförderung 137, 164
kulturgenetisch 14
Kulturkreis 13
Kulturmetropole 164, 165
Kulturpessimismus 26
Kulturstadt 164f
Kulturstätten 164f
Kulturtourismus 54, 101
Kundeneinzugsbereich 144
Kurkliniken 99
Kurorte 57, 59, 98f, 159
Kurstädte 98f
Kurtourismus 57
Kurviertel 57

L

Ladenmieten 133
Landbevölkerung 68
Landbusverkehr 74
Länderfusion 166
Ländergrenzen 32
Landeseinrichtungen 156ff
Landesentwicklungspläne 38, 166, 167
Landeshauptstädte 17, 156ff, 166
Landesnatur 10
Landesplanung 18, 166
ländliche Ortsformen 50ff
ländliche Räume 44
ländliche Siedlungen 22f, 48f, 50ff, 72, 74, 109
ländlicher Raum 15, 17, 20, 22f, 30, 31, 34, 37, 39, 44, 48f, 50ff, 54ff, 58ff, 60, 62, 66f, 68f, 70f, 72f, 74f, 76f, 78f, 98, 130f
landschaftliche Attraktivität 78
landschaftliche Gliederung 10
Land-Stadt-Wanderung 74
Landwirtschaft 11, 22, 23, 48, 52, 68f, 74
Landwirtschaftliche Produktionsgenossenschaften (LPGs) 23, 52, 68f
Lebensbedingungen 13, 18, 30, 31, 107
Lebenserwartung 78, 79
Lebensformen 22, 28, 29
Lebensqualität 26, 70f
Lebensstile 23, 76
Lebensverhältnisse 34, 148
Lebenszyklus 142
Leitbilder 13, 14, 16, 18, 23, 39, 88, 90, 114, 115, 116, 133, 148ff, 150, 151, 152, 166, 167
Liberalismus 16
Limes 82, 83
Lofts 139
lokale Identität 23, 52, 160, 162, 163
LPG-Zentralsiedlungen 68f
Luftverkehr 42

M

Marinestadt 95
Marschhufendorf 51
Marshallplan 88
Maschinenbau 110
Mauerbau 160, 166
Mehrfamilienhäuser 60, 124
mehrgeschossiger Wohnungsbau 68, 127
Mehrheitsgesellschaft 142
Merkmale der Stadt 13
Messestädte 91, 96f, 152
Metropolen 12, 16,40ff, 94, 138, 139, 163, 164, 165, 166f
Mieterhaushalte 47
Mietfläche (Einkaufszentren) 145
Mietpreise 17, 127, 138, 140
Mietskasernen 110, 166
Mietwohnungen 44, 124, 126
Migration 24, 62, 107, 124, 143
Milieus 29
militärische Liegenschaften 104, 105
Militärstandorte 104f
Minderheiten 24, 143
Minderstädte 21, 82
Mineralheilbäder 99
Mischung 114, 133
Mittelalter 15, 18, 21, 26, 80
mittelalterliche Stadt 12, 15, 82, 102, 148
Mittelschicht 28, 29, 39
Mittelstädte 22, 82, 88, 58ff, 62f, 106f
Mittelzentren 18, 75, 120
MKRO 17, 22, 30
mobiler Einzelhandel 72
Mobilität 28, 29, 32, 34, 79, 114, 115, 148ff
Modernisierung 12, 24, 59, 116, 141
Monofunktionalität 17, 138
monostrukturierte Räume 106
monozentrisch 30, 120
Montanindustrie 110
Montanstädte 106, 110
Moorhufendorf 51
morphogenetisch 12, 14, 54
Moscheen 154f
Motorisierung 17, 34
Multifunktionalität 134, 146
Münzrecht 102
Museen 164, 165
Museumsbahnen 75
Mutterstädte 82

N

Nachbarschaftsläden 72
nachhaltige Stadt-/Siedlungsentwicklung 24, 31f, 114, 115, 116, 122
Nachhaltigkeit 34, 114, 151, 153
Nachverdichtung 133, 151, 153
Naherholung 17, 167
Nahverkehrsstrecken 75
Nationalsozialismus 16, 20, 21, 56, 106, 107, 164, 165
nationalsozialistische Planstädte 106, 107
nationalsozialistischer Städtebau 20, 21
natürliche Bevölkerungsentwicklung 74, 78
Nebenwohnsitze 101
Nutzungsintensität 122
Nutzungskonflikte 77

O

Oberschicht 143
Oberzentren 18, 40ff, 75, 120
Objektsanierung 116
öffentliche Daseinsvorsorge 112
öffentliche Finanzhilfen 21, 116, 130f
öffentliche Haushalte 112f
öffentliche Investitionen 26
öffentlicher Verkehr 22, 74f, 135
Ökologisierung 52
ökonomischer Strukturwandel 12, 29, 68f, 108ff, 152
ÖPNV 22, 74f, 114, 130f, 136, 148, 150, 151, 166
Ortsgrundrissformen (Dörfer) 50ff
Ostkolonisation 56, 85

P

Parahotellerie 76, 77
Passagen 132ff, 147, 153
Passantenaufkommen 134, 135
Pendler 15, 68, 70, 112, 138, 166
Persistenz 12, 18, 54, 61, 116
Peuplierungspolitik 164
Pflegebedürftigkeit 79
Pflegeheimplätze 79
Pflegeleistungen 78
Pilgerströme 103
Pkw-Dichte 150
Pkw-Motorisierung 147
Planstädte 106, 107, 148
Planungsregionen 30
Planungsverbände 18
Polarisierung (Gesellschaft) 24
polyzentrisch 30, 38, 120, 162
postindustrielle Gesellschaft 142
postindustrielle Stadt 23
postmoderne Stadt 24
Privatbahnen 75
Prognosen 12, 23, 52, 62, 78, 127, 128, 130f
Pro-Kopf-Einkommen 126
Pro-Kopf-Verschuldung 112

R

Radialstadt 86, 87
Raumaneignung 13
Raumbeobachtung 30
Raumordnung 14, 18f, 30, 34, 35, 39, 42, 166
Raumordnungsgesetz 18, 30, 31, 34
Raumstruktur 30f, 36ff, 62
Raumwahrnehmung 13
Realerbteilung 52
Regierungssitz 102, 156
Regierungsviertel 54, 156, 162
regionale Disparitäten 24, 30, 39, 70, 112f
regionale Entwicklungszentren 167
regionale Identität 32, 52, 160, 162, 163
regionale Stadttypen 18, 20f
regionaler Strukturwandel 108ff
Regionalismus 156
Regionalmetropolen 16, 40f
Regionalparks 167
Regionalplanung 18, 34, 77, 147
Regionalzentren 144
Regionstypen 30f
Reihensiedlungen 51, 53
Reiseverhalten 98
Rekonstruktion 88, 118
rekonstruktiver Wiederaufbau 88
Renaissancestadt 57
Reparationsleistungen 90
Residenzstädte 15, 21, 22, 54, 59, 60, 82, 86, 102, 103, 148, 158, 159, 166
ressourcenschonende Stadt-/Siedlungsentwicklung 39, 114
Restitutionsansprüche 124, 147
Retortenstädte 106
Reurbanisierung 127, 162
Revitalisierung 12, 24, 52, 116, 144, 153
römische Städte 82, 83
Rückbaumaßnahmen 130f, 153
Ruhesitzwanderer 78
Rundsiedlungen 50, 51

S

Sakralbauten 20
Sanierung 12, 17, 24, 59, 110, 116ff, 118, 132, 134, 141, 144, 153, 166
S-Bahnbau 136
Scheidungsraten 79
Schienenersatzverkehr 74
Schienen(personennah)verkehr 74f
Schloss 56
Schrumpfungsprozess 12, 126
Schulbusverkehr 74
Schulversorgung 72, 73
Seeheilbäder 98
Segregation 12, 13, 17, 24, 29, 39, 45f, 114, 142
sektorale Funktionsspezialisierungen 42
sektorale Teilzentralitäten 41ff
Sektorengrenze 160
Shopping-Center 144ff
Shopping-Mall 134, 147, 153
Siedlungsdichte 18, 30, 120, 149
Siedlungsdispersion 39, 124
Siedlungsdruck 114, 127
Siedlungsentwicklung 39, 108ff, 116, 167
Siedlungsflächen 11, 17, 18, 28, 30, 37, 38, 39, 44, 108ff, 120, 166
Siedlungskontinuität 15
Siedlungsstruktur 18, 22, 30f, 36ff, 150
Singles 143
Slums 27, 36
Soldaten 104, 105
Sozialhilfe 21, 121
Sozialausgaben 28, 121
soziale Differenzierung 28, 29
soziale Entmischung 39, 114
soziale Mischung 130
soziale Missstände 119
soziale Stadt 24
Soziale Stadt (Bund-Länder-Programm) 25, 117
soziale Transformation 29
soziale Verstädterung 36
sozialer Mietwohnungsbau 27, 44, 46, 107, 124, 141
sozialer Raum 26ff
sozialer Wandel 24
Sozialhilfe 29, 112, 113, 142
Sozialhilfeempfänger 142
sozialistische Lebensweise 28
sozialistische Stadt 12, 28, 91, 106, 107,
sozialistischer Städtebau 12, 21f, 28, 91, 106, 107
Sozialleben 22
sozialräumliche Differenzierung 26ff, 142f
Sozialstruktur 30, 127
Sozialwohnungen 29, 142
Speckgürtel 126
staatliche Eigentumsförderung 29
staatliche Raumplanung 18
staatliche Versorgungssysteme 26
Staatsaufbau (politisch-administrativ) 40
Staatsgebiet 10
Stadtdefinition 13
Städtebau 15f, 21, 54ff, 88, 92, 114, 116ff, 122f, 130f
Städtedichte 21
Städtenetze 34, 80f
Stadtentstehungsphasen 80f, 102
Stadtentwicklung 15, 26, 28, 64, 88, 90, 91, 107, 108ff, 114f, 152f
Stadtentwicklungsmodelle 14
Stadtentwicklungsplanung 64, 88, 90, 91, 152, 153, 90, 91
Stadterneuerung 14, 110, 116ff, 133
Städtesystem 14, 15, 16f, 35, 40ff, 75, 80f
Städtetourismus 17, 54, 57, 100f, 156
Stadtforschung 12f
Stadtgrenzen 16
Stadtgründungen 21, 36, 80f
Stadtimages 14, 96
städtische Atmosphäre 92
städtische Gesellschaften 13
städtische Kultur 134, 153, 164f
städtische Lebensstile 13, 15
städtische Peripherie 140
Stadt-Land-Differenzen 26
Stadt-Land-Gegensatz 22, 36f
Stadt-Land-Kontinuum 22, 36f, 52
Stadtlandschaften 21
Stadtmarketing 134
Stadtmodelle 14, 17, 27, 61
Stadtorganismus 90
Stadtplanung 26, 88ff, 106,

192 | *Nationalatlas Bundesrepublik Deutschland – Dörfer und Städte*

.... 107, 136, 137, 139
Stadtrechtsgemeinden 19, 80f
Stadtrechtsverleihung 80f, 84,
.... 98, 102
Stadtregionen 39, 128, 129,
.... 148, 150, 166
Stadttypen 12, 28, 54,
.... 70, 80f, 82ff, 86f,
.... 88ff, 92f, 94f, 96f,
.... 98f, 100f, 102f,
.... 104f, 106f, 108f,
.... 123, 148ff
Stadtumland 128
Stadt-Umland-Beziehungen 17,
.... 112, 120
Stadt-Umland-Wanderungen 124ff,
.... 128f, 166
Stadtverkehr 148ff
Stahlindustrie 111
Stahlwerke 109
Standortmarketing 134
Standortwahl (unter-
nehmerische) 128
Steuern 28, 64, 112f,
.... 121, 127, 146
Straßendörfer 50, 51
Streuhöfe 48
Streusiedlungen 109
Strukturfördermittel 64
Studierende 92, 93
Suburbanisierung 17, 21, 22,
.... 28, 31, 34, 39,
.... 52, 53, 62, 74,
.... 112, 120, 121,
.... 124ff, 128f
Subzentren 60
Sustainable Development 114

T

Technische Hochschulen 92
Teilung 42, 160, 161

Terminals 94
territoriale Zugehörigkeit 21
Territorialgliederung 32
Territorialplanung 18
Territorialveränderung 32
Territorium (Staat) 10
Tertiärisierung 29, 52, 53, 140
Textilindustrie 110
Tourismus 17, 21, 22, 52,
.... 56, 76, 77, 100f,
.... 102, 111
Touristenstädte 17, 22, 100f
tradierte Hausformen 22
traditionelle Stadtstrukturen 58ff
Transformation 12, 24, 40,
.... 54, 128
Truppenreduzierung 104

U

U-Bahnbau 136
Übernachtungen (Tourismus) 101
Umgebindehaus 48
Umweltbeeinträchtigungen 15,
.... 114, 167
Umweltschutz 115
umweltverträgliche Siedlungs-
entwicklung 39, 114
Universitätsstädte 17, 22, 92f
Unternehmensverwaltungen 17
Unternehmenszentralen 40
unternehmerische Standortwahl ... 128
Unterzentren 18
URBAN 21 .... 12, 13, 115
Urban Entertainment Center 135
Urbanität 137, 144, 152

V

Vandalismus 24
Veranstaltungsorte 165
Verdichtungsräume 12, 17, 18,

.... 22, 30, 31, 34,
.... 38, 44, 52, 62,
.... 66, 70, 78, 120f,
.... 124ff, 128f,
.... 130f, 144
Verkaufsfläche (Einzelhandel) 144,
.... 146
Verkehr 74f, 94, 95, 114,
.... 115, 132, 148ff
Verkehrsachsen 132
Verkehrsberuhigung 132
Verkehrsbrachen 153
Verkehrserschließung 94, 109,
.... 132ff, 148
Verkehrsfläche 11, 18, 30, 38, 150
Verkehrsinfrastruktur 22, 34,
.... 54, 74f, 116
Verkehrsteilnahme 150
verlängerte Werkbänke 70
Verödung (Innenstädte) 17
Versorgung (ländlicher Raum) 72f
Versicherungswesen 42
Verstädterung 12, 13, 15, 26,
.... 27, 29, 30, 36, 37,
.... 38, 39, 50, 75, 106
Verstädterungsgrad 30, 38
Vertriebene 110
Verwahrlosung 24
verwaltungsräumliche
Gliederung 10
Verwaltungsstädte 40
Vierungsstadt 86
Volkseigene Betriebe (VEB) 69
Volkshochschulen 19, 72, 73

W

Währungsreform 136
Waldhufendorf 50, 51
Wallfahrten 103
Wallfahrtsstädte 17, 102f

Wallfahrtsstätten 102
Wanderungen 15, 17, 22, 29,
.... 36, 62, 74, 76, 78,
.... 79, 109, 112, 124ff,
.... 126, 127, 128f, 166
weiche Standortfaktoren 137
Weiler 50, 51
Weltkulturerbe 100, 101
Weltwirtschaftskrise 164
Wiederaufbau 16, 28, 57, 88ff,
.... 116, 132, 133, 136
Wiederaufbaukonzepte 88ff
Wiederaufbaustädte (DDR) 88
Winkelhof 48
wirtschaftliche Prosperität 32,
.... 136, 152
wirtschaftlicher Strukturwandel ... 66f,
.... 68f, 108ff
Wirtschaftsförderung 115, 116
Wirtschaftswunder 32, 136
Wochenendhäuser 76
Wohnansprüche 76
Wohneigentumsförderung 124,
.... 127, 141
Wohnfläche 26, 28, 47, 127
Wohngeld 121
Wohnimmobilienmärkte 44f
Wohnimmobilienpreise 44
Wohnqualität 26
Wohnsuburbanisierung 12, 124ff,
.... 144
Wohnumfeld 114, 116, 130f
Wohnungsbau 16, 44, 88,
.... 124, 127, 130f
Wohnungsbauförderung 44, 127
Wohnungsbaureform 130f
Wohnungsbestand 17, 76,
.... 46f, 124
Wohnungsgröße 26, 47
Wohnungsleerstände 12, 24, 46,
.... 116, 124, 127
Wohnungsmarkt 16, 26, 28,

.... 44f, 46f, 140,
.... 141, 153
Wohnungsnot 88
Wohnungszerstörungsgrad 89
Wohnverhältnisse 111
Wurtendörfer 51

Z

Zechen 109, 111
zentrale Orte 13, 14, 18, 19,
.... 32, 34ff, 38, 40ff,
.... 96, 128
Zentrale-Orte-Konzept 34
Zentralität 12, 13, 14, 19,
.... 22, 30, 40ff, 58, 96,
.... 100, 112, 114, 146, 147
Zentrentypen (DDR) 42
Zersiedlung 17, 34, 106
Zitadelle 86, 87
Zollrecht 102
Zuckerbäckerstil 90
Zweistaatlichkeit 166
Zweitwohnsitze 48, 76, 101
Zwergstädte 21, 82
Zwischenstadt 39

Ortsregister

A

Aachen 15, 98, 112, 125, 154
Ahrensburg 112
Altötting 102, 103
Ansbach 87
Arnstadt 58, 59, 60
Aschaffenburg 121, 125
Augsburg 125

B

Baalsdorf (Leipzig) 52, 53
Bad Arolsen 87
Bad Elster 98
Bad Homburg 112
Bad Karlshafen 87
Bad Langensalza 62
Bad Pyrmont 98
Bad Soden a.T. 112
Baden-Baden 98
Bamberg 92, 125
Bautzen 70
Bayreuth 92, 133, 134
Berlin 16, 30, 41, 42,
.... 70, 80, 91, 97, 116,
.... 118, 124ff, 130, 134,
.... 138, 139, 141, 144,
.... 154, 157, 160ff,
.... 164f, 166f
Bernau 119
Bielefeld 17, 125
Bingen 92
Bonn 16, 42, 112, 127, 128
Borna 62, 127
Bottrop 70
Braunschweig 84, 123, 125
Bremen 80, 87, 125, 134, 157
Bremerhaven 88, 125
Breunsdorf 50

C

Chemnitz 88, 92, 110f
Cottbus 123

D

Dahlewitz 166
Dannenberg 57
Darmstadt 88, 121
Delitzsch 127
Dessau 88
Dingolfing 130
Döbeln 72, 127
Dömitz 87
Dortmund 16, 88
Dresden 41, 42, 46, 54,
.... 88, 91, 125, 128,
.... 132, 133, 156, 157
Duisburg 143, 154
Düren 88
Düsseldorf 41, 42, 97,
.... 112, 123, 138, 139,
.... 142, 144, 146, 147,
.... 156, 157, 158

E

Eichstätt 80, 102, 103
Eilenburg 80, 127
Eisenhüttenstadt 106, 107, 130

F

Emden 13, 80, 88
Erfurt 17, 42, 125, 156, 157
Erlangen 87
Essen 16, 87, 88, 108, 110
Eutin 19, 58, 59, 61

F

Flensburg 92
Frankfurt a.M. 16, 42, 62, 70,
.... 80, 97, 112, 116,
.... 121, 127, 128, 132,
.... 133, 134, 136ff, 144,
.... 152f, 156, 158
Freiberg i. Erzg. 84, 118
Freiburg i.Br. 84, 92, 125, 132, 134
Freising 70
Freudenstadt 54ff, 86, 87, 88
Friedrichshafen 97
Friedrichstadt 87
Fulda 92

G

Garmisch-Partenkirchen 44
Geithain 127
Gelsenkirchen 70, 111
Gera 125, 156
Gießen 32, 88, 125
Glückstadt 87
Goslar 80, 83, 84
Greifswald 92, 119
Grimma 127
Großbothen 68, 69
Güstrow 13, 68
Gütersloh 17

H

Hagen 88
Halberstadt 88
Halle (Saale) 42, 80, 88, 128
Hamburg 16, 26ff, 41, 42,
.... 70, 88, 94, 96, 97,
.... 125, 127, 133, 134,
.... 138, 139, 144, 157, 166
Hameln 116
Hanau 87, 88, 112, 121
Hannover 16, 62, 88, 90,
.... 96, 97, 112, 125,
.... 139, 156, 157
Heidelberg 15, 44
Heilbronn 88
Heiligenstadt i.OFr. 72
Herrnhut 87
Hilden 147
Hildesheim 88, 116
Hindelang 76
Hoyerswerda 106, 130

I

Ingolstadt 125

J

Jena 92, 125, 156

K

Karlsruhe 15, 86, 87, 92, 116
Kassel 87, 88, 125

Kehlheim 134
Kelkheim 112
Kempten 83
Kevelaer 102, 103
Kiel 87, 112, 125, 156, 157
Koblenz 83, 88, 125, 159
Köln 12, 15, 16, 42, 70,
.... 80, 88, 97, 112, 127,
.... 128, 137, 139, 140,
.... 141, 144, 158
Köln-Mühlheim 87
Konstanz 92
Köthen 80
Kramerschlag 52, 53
Krämgen 50

L

Landshut 130
Langenfeld 147
Lauingen a.d.Donau 155
Leipzig 16, 24, 41, 42, 53,
.... 54, 62, 91, 96, 97,
.... 121, 127, 128, 130,
.... 133, 138, 139, 140, 152f
Lemgo 116
Leverkusen 106
Limburg 58, 59
Lörrach 125
Lübeck 54, 85, 88, 119,
.... 125, 134
Lübeln 50
Lüchow (Wendland) 54ff
Ludwigsburg 87, 92
Ludwigshafen 106, 134
Ludwigslust 87
Lüneburg 84, 104

M

Magdeburg 42, 54, 88, 104,
.... 125, 140, 156, 157
Mainz 88, 92, 121, 157, 159
Mannheim 15, 86, 87
Marburg 92
Margarethenhöhe (Essen) 16
Markkleeberg 127
Moers 70
Mülheim 108
München 40, 41, 42, 44,
.... 62, 70, 76, 80, 97,
.... 123, 124ff, 130, 132,
.... 133, 134, 137, 138,
.... 139, 141, 142, 143,
.... 144, 150, 151, 154,
.... 156, 157, 158, 166
Münster 88, 125, 150, 151
Mustin 68, 69

N

Naumburg 64
Neckarwestheim 50
Neubrandenburg 88
Neu-Isenburg 87
Neuruppin 62
Neustrelitz 15, 87
Neuwied 87
Neviges 102
Norderstedt 112
Nordhausen 88
Nürnberg 88, 97, 132, 133,
.... 135, 137, 141, 144

O

Oberhausen 70, 106, 111
Oberursel 112
Offenbach 88, 112, 121
Oldenburg (Oldb) 125
Oranienburg 87
Oschatz 127
Osnabrück 125

P

Paderborn 88, 125
Passau 92
Pforzheim 88
Plauen 88
Potsdam 42, 87, 92, 156, 157,
.... 158, 159, 166, 167
Prenzlau 88
Prichsenstadt 17
Putlitz 74, 75

Q

Quedlinburg 80, 100, 101

R

Rastatt 87
Rathenow 88
Ratzeburg 87
Regensburg 82, 83, 92, 125
Reinbek 112
Reinholdshain 50
Reiskirchen 53
Rosenheim 58, 59, 92
Rostock 42, 54, 85, 91, 92,
.... 119, 125, 128, 144,
.... 146, 147, 156, 158
Rottenburg a.N. 70
Rottweil 85
Rüsselsheim 106

S

Saarbrücken 156, 157
Saarlouis 87
Salzgitter 106
Salzwedel 57
Scheinfeld 64
Schönbach 68, 69
Schönefeld 166
Schönfeld 50
Schwedt 106, 130
Schwerin 17, 68, 125, 156,
.... 157, 158, 159
Sermuth 68, 69
Siegen 125
Sindelfingen 106
Soest 80
Solingen 88
Sprakebüll 74, 75
Staffelstein 64
Starnberg 112
Sternberg 68
Stralsund 85
Strathöfken 50
Straubing 130
Stuttgart 41, 44, 96, 97,
.... 125, 127, 137,
.... 139, 144, 157
Sulzbach 136

T

Telgte 102
Torgau 118, 127
Trier 15, 83
Tübingen 24, 92

U

Ulm 88

V

Vallendar 102
Villingen 85

W

Walldürn 102
Wasserburg am Inn 18
Weimar 54ff, 92, 156
Weingarten 102
Werl 102
Wernigerode 118
Westerland 100, 101
Wetzlar 32
Wiesbaden 88, 98, 112, 121,
.... 139, 157, 158, 159
Wilhelmshaven 95
Wismar 54ff, 70, 92, 94, 95
Witzin 68, 69
Wolfenbüttel 87
Wolfsburg 18, 70, 106, 107
Woltow 50
Wuppertal 123
Würzburg 88, 125
Wurzen 62, 127

X

Xanten 83

Z

Zeitz 64
Zweibrücken 88
Zwickau 130